# 周期表

| 10 素 | 11 | 12 $s^2d^{10}$ | 13 $s^2p$ | 14 $s^2p^2$ | 15 $s^2p^3$ | 16 | 17 | 18 $s^2p^6$ |
|---|---|---|---|---|---|---|---|---|
| | | | | | | | | $_2$He $1s^2$ $^1S_0$ .002602 |
| | | | $_5$B $2s^22p$ $^2P_{1/2}$ 10.81 | $2s^22p^2$ $^3P_0$ 12.011 | $2s^22p^3$ $^4S_{3/2}$ 14.007 | $2s^22p^4$ $^3P_2$ 15.999 | $2s^22p^5$ $^2P_{3/2}$ 18.9984032 | $_{10}$Ne $2s^22p^6$ $^1S_0$ 20.1797 |
| | | | $_{13}$Al $3s^23p$ $^2P_{1/2}$ 26.981539 | $_{14}$Si $3s^23p^2$ $^3P_0$ 28.085 | $_{15}$P $3s^23p^3$ $^4S_{3/2}$ 30.973762 | $_{16}$S $3s^23p^4$ $^3P_2$ 32.06 | $_{17}$Cl $3s^23p^5$ $^2P_{3/2}$ 35.45 | $_{18}$Ar $3s^23p^6$ $^1S_0$ 39.948 |
| $_{28}$Ni $3d^84s^2$ $^3F_4$ 58.6934 | $_{29}$Cu $3d^{10}4s$ $^2S_{1/2}$ 63.546 | $_{30}$Zn $3d^{10}4s^2$ $^1S_0$ 65.38 | $_{31}$Ga $3d^{10}4s^24p$ $^2P_{1/2}$ 69.723 | $_{32}$Ge $3d^{10}4s^24p^2$ $^3P_0$ 72.630 | $_{33}$As $3d^{10}4s^24p^3$ $^4S_{3/2}$ 74.92160 | $_{34}$Se $3d^{10}4s^24p^4$ $^3P_2$ 78.971 | $_{35}$Br $3d^{10}4s^24p^5$ $^2P_{3/2}$ 79.904 | $_{36}$Kr $3d^{10}4s^24p^6$ $^1S_0$ 83.798 |
| $_{46}$Pd $4d^{10}$ $^1S_0$ 106.42 | $_{47}$Ag $4d^{10}5s$ $^2S_{1/2}$ 107.8682 | $_{48}$Cd $4d^{10}5s^2$ $^1S_0$ 112.414 | $_{49}$In $4d^{10}5s^25p$ $^2P_{1/2}$ 114.818 | $_{50}$Sn $4d^{10}5s^25p^2$ $^3P_0$ 118.710 | $_{51}$Sb $4d^{10}5s^25p^3$ $^4S_{3/2}$ 121.760 | $_{52}$Te $4d^{10}5s^25p^4$ $^3P_2$ 127.60 | $_{53}$I $4d^{10}5s^25p^5$ $^2P_{3/2}$ 126.90447 | $_{54}$Xe $4d^{10}5s^25p^6$ $^1S_0$ 131.293 |
| $_{78}$Pt $4f^{14}5d^96s$ $^3D_3$ 195.084 | $_{79}$Au $4f^{14}5d^{10}6s$ $^2S_{1/2}$ 196.96657 | $_{80}$Hg $4f^{14}5d^{10}6s^2$ $^1S_0$ 200.592 | $_{81}$Tl $4f^{14}5d^{10}6s^26p$ $^2P_{1/2}$ 204.38 | $_{82}$Pb $4f^{14}5d^{10}6s^26p^2$ $^3P_0$ 207.2 | $_{83}$Bi $4f^{14}5d^{10}6s^26p^3$ $^4S_{3/2}$ 208.98040 | $_{84}$Po $4f^{14}5d^{10}6s^26p^4$ $^3P_2$ (210) | $_{85}$At $4f^{14}5d^{10}6s^26p^5$ $^2P_{3/2}$ (210) | $_{86}$Rn $4f^{14}5d^{10}6s^26p^6$ $^1S_0$ (222) |
| $_{110}$Ds $5f^{14}6d^97s$ $^3D_3$ (281) | $_{111}$Rg $5f^{14}6d^97s^2$ $^2D_{5/2}$ (280) | $_{112}$Cn $5f^{14}6d^{10}7s^2$ $^1S_0$ (285) | $_{113}$Nh $5f^{14}6d^{10}7s^27p$ $^2P_{1/2}$ (278) | $_{114}$Fl $5f^{14}6d^{10}7s^27p^2$ $^3P_0$ (289) | $_{115}$Mc $5f^{14}6d^{10}7s^27p^3$ $^4S_{3/2}$ (289) | $_{116}$Lv $5f^{14}6d^{10}7s^27p^4$ $^3P_2$ (293) | $_{117}$Ts $5f^{14}6d^{10}7s^27p^5$ $^2P_{3/2}$ (293) | $_{118}$Og $5f^{14}6d^{10}7s^27p^6$ $^1S_0$ (294) |
| $_{63}$Eu $4f^76s^2$ $^8S_{7/2}$ 151.964 | $_{64}$Gd $4f^75d6s^2$ $^9D_2$ 157.25 | $_{65}$Tb $4f^96s^2$ $^6H_{15/2}$ 158.92535 | $_{66}$Dy $4f^{10}6s^2$ $^5I_8$ 162.500 | $_{67}$Ho $4f^{11}6s^2$ $^4I_{15/2}$ 164.93033 | $_{68}$Er $4f^{12}6s^2$ $^3H_6$ 167.259 | $_{69}$Tm $4f^{13}6s^2$ $^2F_{7/2}$ 168.93422 | $_{70}$Yb $4f^{14}6s^2$ $^1S_0$ 173.045 | $_{71}$Lu $4f^{14}5d6s^2$ $^2D_{3/2}$ 174.9668 |
| $_{95}$Am $5f^77s^2$ $^8S_{7/2}$ (243) | $_{96}$Cm $5f^76d7s^2$ $^9D_2$ (247) | $_{97}$Bk $5f^97s^2$ $^6H_{15/2}$ (247) | $_{98}$Cf $5f^{10}7s^2$ $^5I_8$ (252) | $_{99}$Es $5f^{11}7s^2$ $^4I_{15/2}$ (252) | $_{100}$Fm $5f^{12}7s^2$ $^3H_6$ (257) | $_{101}$Md $5f^{13}7s^2$ $^2F_{7/2}$ (258) | $_{102}$No $5f^{14}7s^2$ $^1S_0$ (259) | $_{103}$Lr $5f^{14}7s^27p?$ $^2P_{1/2}?$ (262) |

# 量子化学

### 上巻

原田義也 著

Quantum Chemistry

裳華房

# Quantum Chemistry
## Vol. 1

by

Yoshiya Harada, Dr. Sci.

SHOKABO

TOKYO

# はじめに

　本書の旧版が基礎化学選書の一冊として出版されてから30年近く経過した．この間にコンピューターは著しく進歩し，当時は一部の研究室でしかできなかった量子化学の計算がパソコンでできるようになった．このような情勢の変化には，コンピューターの進歩だけでなく，新しい計算法の開発やソフトの普及が寄与していることはいうまでもない．

　旧版の「まえがき」でも述べたように，本書は初学者が量子力学の基本原理を学んだ後に，量子化学で用いられるモデルや近似計算の物理的意味を十分理解できるようになることを目的とした．大学初年級の読者を想定して数学や物理の基礎を含めて計算過程を詳述し，量子化学の最近の進歩まで言及したので，旧版に比べて大幅なページ数の超過となった．下巻の20章以降では主に著者が実際に手元のパソコンで求めた数値を用いながら，計算結果を解説している．巻末の付録では量子化学のソフトと簡単な使用法についても述べたので，読者が時折コンピューターを操作しながら，本書を読んでいただくことを期待している．

　著者は量子化学の理論が専門ではないので，この方面の専門家である京都大学福井謙一記念研究センター准教授の石田俊正博士に本書の査読をしていただいた．同博士は本書を懇切丁寧に通読され，数多くの有益な助言や誤りの指摘をされた．本書が完成できたのは同博士のおかげであると深く感謝している．

　最後に校正その他の事務でお世話いただいた裳華房の小島敏照氏と山口由夏さんに厚く御礼申し上げる．

2007年10月

著　者

## 旧版のまえがき

　量子化学は量子力学の化学への応用である．したがって量子化学で取り扱う問題を理解するには，あらかじめ量子力学の知識を必要とする．この本では量子力学の考え方および基本原理を解説した後，それを原子，分子に適用することを試みた．

　物理学の場合に比べて，化学では複雑な物質を対象とするので，量子力学を適用するにあたって，適当な近似計算や簡単化したモデルが用いられることが多い．これらの近似やモデルの物理的内容を十分理解しておかないと，それらの適用範囲を越えた議論が行われることになる．最近の電子計算機の進歩によって，多くの人々が既製のプログラムを用いて分子軌道法による計算を行うことができるようになった．しかし上記の点を認識しないと，"ブラック・ボックス"から答だけを取り出すことになり，計算値を過信する結果となる．この本で量子力学の基本原理の解説に相当のページ数をさいたのは，この点を考慮したためである．

　この本は大学初年級の読者にも楽に読み通せるように書くことを試みた．そのため，簡単な偏微分の計算を除いては，予備知識として高校で学ぶ数学や物理学程度のものしか要求していない．また式の誘導やその物理的意味はできるだけ詳しくわかりやすく記したつもりである．さらに論旨の飛躍は極力避けることにした．例えば，閉殻の角運動量がすべて0になること (p.187) や，水素分子の基底状態の配置間相互作用の計算に $|\phi_g \bar{\phi}_g|$ と $|\phi_u \bar{\phi}_u|$ だけを取り入れればよいこと (p.221) などは，通常の本では2～3行で述べられているが本書では4～5ページを費して説明した．これらは初学者には自明のこととは考えられないからである．

　以上の執筆方針を貫いたので，量子化学の基本事項しか述べられなかったに

もかかわらず，予定のページ数を大幅に超過してしまった．量子化学が応用される分野は最近ますます増加しているが，読者がさらに進んで量子化学の各分野を勉強していく上での基礎として本書が役立つことを期待している．

なお，本文中で程度が高い部分や計算が複雑な部分は小活字で組んである．これらの箇所は省略しても後の理解に差支えない．

この本は分子科学研究所の井口洋夫教授と埼玉大学の下沢隆教授の懇切丁寧な査読をいただいた．また1〜4章と10章は東京大学の波田野彰氏，14, 15章は大野公一氏に通読していただいた．本書の誤りや不満足な点が改善されたのは，これらの方々のおかげである．なお東京大学の高橋隆氏，宗像利明氏，千葉大学の日野照純氏にも有益な助言をいただいたことを付記したい．

最後に裳華房の遠藤恭平氏の御配慮と，校正その他の事務で一方ならぬお世話になった坂倉正昭氏および清水香苗さんに厚く御礼申上げる．

1978年10月

著　者

# 目　次

## 1　古典論から量子論へ
§1・1　量子化学　1
§1・2　古典物理学の破綻　2
　(a)　空洞輻射（黒体輻射）　2
　(b)　光電効果　5
　(c)　水素の原子構造　7
§1・3　水素のスペクトルと Bohr の理論　8
§1・4　Bohr の理論から現代の量子論へ　17

## 2　波動性
§2・1　光の波動性　19
§2・2　X 線回折　22
§2・3　de Broglie 波　24
§2・4　波の式　27

## 3　Schrödinger の波動方程式
§3・1　時間に依存しない Schrödinger 方程式　33
§3・2　時間に依存する Schrödinger 方程式　36
§3・3　Schrödinger 方程式の解釈　39
§3・4　1 次元の箱の中の粒子　43
§3・5　3 次元の箱の中の粒子　49
§3・6　調和振動子―古典論と量子論　53
§3・7　調和振動子の解の性質　60

## 4　量子力学の基礎
§4・1　系の状態　64
§4・2　固有値　66

§4・3　古典物理量の演算子の性質　68
§4・4　系の一般的状態と固有状態　76
§4・5　交換関係　82
§4・6　定常状態と運動の定数　87
§4・7　不確定性原理　91

## 5　角運動量

§5・1　交換関係　96
§5・2　極座標による表示　98
§5・3　角運動量の$z$成分の固有状態　102
§5・4　角運動量の2乗の固有状態　105
§5・5　空間量子化　109
§5・6　一般の角運動量　111
§5・7　昇降演算子　113
§5・8　角運動量の合成　115

## 6　水素原子

§6・1　エネルギー固有値と固有関数　118
§6・2　エネルギー固有関数の形　126

## 7　スピン

§7・1　角運動量と磁場　138
§7・2　電子スピン　141
§7・3　スピン角運動量　143
§7・4　核スピン―ESRとNMR　147

## 8　粒子の同等性

§8・1　対称な波動関数と反対称な波動関数　153
§8・2　Slaterの行列式　155

## 9 近似法

§9・1 縮重がない場合の摂動論　160
§9・2 ヘリウム原子（摂動法）　164
§9・3 縮重がある場合の摂動論　168
§9・4 変分法　175
§9・5 ヘリウム原子（変分法）　178
§9・6 電子の相関　182
§9・7 Ritz の変分法　184
§9・8 時間に依存する摂動論　188
§9・9 光と物質の相互作用　190

## 10 一般の原子

§10・1 Hartree-Fock の SCF 法　197
§10・2 Slater 軌道　206
§10・3 周期律　209
§10・4 電子配置のエネルギー　219
§10・5 角運動量 $L, S$ による状態の分類　225
§10・6 スピン軌道相互作用の効果　230
§10・7 電子の配列と $LS$ 項―閉殻　237
§10・8 電子の配列と $LS$ 項―開殻　241

## 11 水素分子

§11・1 原子単位　253
§11・2 水素分子イオン　255
§11・3 水素分子―VB 法　265
§11・4 VB 法の改良　272
§11・5 水素分子―MO 法　273
§11・6 MO 法の改良　276
§11・7 水素分子の正確な波動関数　283

## 12 2原子分子

- §12·1 LCAO MO　286
- §12·2 2原子分子の軌道　289
- §12·3 等核2原子分子　293
- §12·4 異核2原子分子　305
- §12·5 結合の極性　312
- §12·6 電気陰性度　317

## 13 多原子分子

- §13·1 VB法とMO法　323
- §13·2 多原子分子のMO法—水とアンモニア　328
- §13·3 $sp^3$混成　337
- §13·4 $sp^2$混成とsp混成　341
- §13·5 混成軌道の性質　345
- §13·6 d軌道を含む混成　348
- §13·7 多原子分子の形　351

## 14 π電子系

- §14·1 π電子系のVB法による取り扱い　356
- §14·2 Hückel法　359
- §14·3 π電子の共役鎖と共役環　370
- §14·4 交互炭化水素と非交互炭化水素　379
- §14·5 分子図　384
  - (a) π電子密度　384
  - (b) 結合次数　387
  - (c) 自由原子価　392
- §14·6 ヘテロ原子を含むπ電子系　397
- §14·7 反応性指数　403
  - (a) 孤立分子モデル　406
  - (b) 局在化モデル　413
- §14·8 軌道対称性の保存—Woodward-Hoffman則　416

(a) エチレンの2量化によるシクロブタンの生成　416
　　　(b) *cis*-ブタジエンとエチレンからのシクロヘキセンの生成　420
　　　(c) *cis*-ブタジエンの環化　422
　§14・9　Hückel 法の問題点　425

## A1（付録Ⅰ）
　§A1・1　複　素　数　429
　§A1・2　行　列　式　432
　　　(a) 置　換　432
　　　(b) 行　列　式　434
　　　(c) 行列式の性質　436
　　　(d) 余　因　子　438
　　　(e) 1 次方程式　441

参　考　書　444

索　引　447

元素の周期表　表見返し（見開き）

SI 接頭語／物理定数　裏見返し（左）　　エネルギー換算表　裏見返し（右）

### 「下巻」主要目次
15　行列による取り扱い
16　原子核の運動を含む式
17　群　論
18　Hartree-Fock の方法
19　*ab initio* 分子軌道法
20　*ab initio* 分子軌道法の応用
21　密度汎関数法
22　半経験的分子軌道法
23　分子力学法
24　化学反応
A2（付録Ⅱ）

# 1 古典論から量子論へ

> この章では，はじめに量子化学の由来について簡単に述べた後，19世紀末までに完成したと信じられていた物理学（古典物理学）が，どのような実験事実によって破綻を来したかを記す．また，この問題を解決するために20世紀初頭にPlanck, Einstein, Bohrらによって提案された基本的な概念を説明する．なぜ新しい物理学の体系（量子力学）が必要であるかという点に留意されたい．

## §1·1 量子化学

われわれが科学の研究をする場合，まず感覚を基にして自然現象を観察するであろう．このように，われわれの感覚で直接観測できるような大きさ，時間，エネルギーなどを対象にし，それらの量の間の関係を求める立場を**巨視的**な (macroscopic) 立場という．これに対し**微視的**な (microscopic) 立場がある．それは物質を構成する分子，原子さらには素粒子の状態にまで立ち入って考察する立場である．例えば熱力学は圧力，温度，体積など直接測定できる量の間の関係を研究する巨視的な立場に立つ学問である．これに対し現代の統計力学は，熱力学で扱う系を原子や分子の集合としてとらえ，それら個々の構成粒子の運動の総合的結果として巨視的な世界の法則を導き出すという方法をとっているので，微視的な考え方から出発している．

前世紀末までの物理学は，主に巨視的な立場で研究されていた．このような立場に立つ限り，すべての自然現象は**古典物理学** (classical physics)，すなわちNewton（ニュートン）の力学とMaxwell（マクスウェル）の電磁気学[1]を基

---

1) Newton (1643-1727) は，よく知られているように古典力学の基礎をつくった．Maxwell (1831-1879) は Faraday（ファラデー，1791-1867）の電磁場の考え方を基にして，電磁場の基礎方程式を導いた．

礎にして説明することができる．すなわち当時，物理学は基本的には完成したと信じられていたのである．しかし20世紀に入ってから（実際には19世紀末から），微視的な立場に立った研究が開始されるに及んで，古典物理学の法則は次々と破綻を来すようになった．これを解決するためにつくられた新しい理論体系が**量子力学**(quantum mechanics) である．

**量子化学** (quantum chemistry) は量子力学の化学への応用である．したがって，20世紀に入ってから発展してきた物理化学（理論化学）の一分野である．従来の古典的な物理化学は，主に熱力学を理論的支柱としていた．例えば熱化学，化学平衡，溶液論，電気化学などはすべて熱力学の原理を用いて論じられてきたのである．

この新しい物理化学的方法 —量子化学— の実際問題への適用は容易ではない．例えば，量子力学が正確に（解析的に）適用できるのは，水素原子と水素分子イオン ($H_2^+$) のみである．最も簡単な分子である水素分子のエネルギーを求める際にも，数値計算に頼らなければならないのである．しかし近年のコンピューターの急激な進歩に伴って，複雑な分子に対する量子力学的計算がよい精度で行われるようになった．さらに最近ではパソコンで化学反応の経路が推定されるようになっている．

本書でははじめに量子力学の考え方をできるだけやさしく解説した後，それを原子および分子の計算に適用する方法を述べることにする．

## §1·2 古典物理学の破綻

前節で，20世紀初頭以来，古典物理学で説明できないような現象が見出されるようになったと述べたが，その代表的な例を次に三つあげることにする．

### （a）空洞輻射（黒体輻射）

空洞輻射は量子力学の成立の発端となった現象で，1900年，Planck (プランク) によって説明された．

図1·1に示すように，温度 $T$ の壁で囲まれた空洞があるとする．この空洞内には電磁波が存在していて，空洞の壁との間でエネルギーのやりとりをしてい

る．壁の絶対温度 $T$ が一定のとき，壁から放射される光（電磁波）のエネルギーと壁に吸収される光のエネルギーとが等しいところで平衡に達する．この平衡状態にある空洞内の光エネルギーの波長分布は，どのようになっているであろうか[1]．それには空洞に小さい穴をあけて，放射される光を分光器で分光して調べればよい．われわれの経験によると（炉の場合を考えてみればわかるように），常温では空洞内は真暗であるが（赤外線は存在している），壁の温度が上昇すると赤くなり，さらに温度が上がると白熱状態になるはずである．

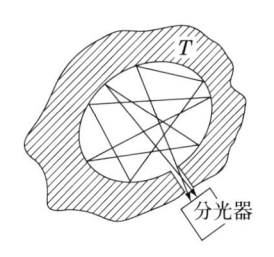

図 1・1 空洞輻射の観測

ところで，この問題に古典物理学を適用すると，空洞内の光の振動数を $\nu$ として（光の速度を $c$ とすると光の振動数 $\nu$ と波長 $\lambda$ の間には $c = \nu\lambda$ の関係が成立する），$\nu \sim \nu + d\nu$ の範囲にある空洞の単位体積当たりの輻射エネルギー $E(\nu)\,d\nu$ は次式のように求められる．

$$E(\nu)\,d\nu = \frac{8\pi kT}{c^3}\nu^2 d\nu \qquad (1\cdot2\cdot1)$$

ただし $k$ は Boltzmann 定数，すなわち気体定数 $R$ を Avogadro 数 $N_A$ でわった値（$k = R/N_A$）である．(1・2・1) 式を **Rayleigh-Jeans**（レイリー-ジーンズ）**の式**という[2]．

この式がまずいのは明らかである．なぜならば，まず (1・2・1) を $\nu$ について 0 から $\infty$ まで積分すると，$\int_0^\infty E(\nu)\,d\nu = \infty$ となる．すなわち空洞内の単位体積当たりの全輻射エネルギーは無限大になってしまうが，このようなことはありえないことである．次に (1・2・1) によると，温度が上がるとそれに比例して光の強度は増すが，われわれの経験事実，すなわち，赤外線 → 赤色 → 白色に相当

---

1) すべての波長の電磁波を完全に吸収する（仮想的な）物体を黒体という．空洞の輻射は平衡状態にある黒体の輻射と近似的に等しいと考えてよい．空洞の小穴から電磁波を入れると，電磁波は空洞内の壁と何回もぶつかり，外に出てくることはないからである．
2) この式の導き方については巻末参考書 (3) 参照．

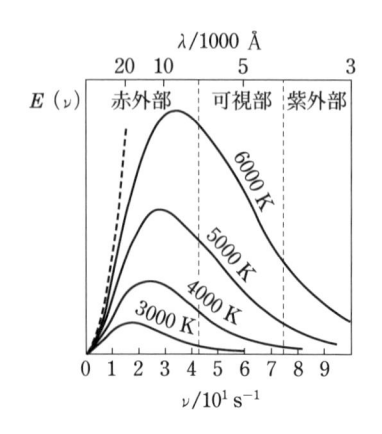

**図1・2** 空洞輻射のスペクトルの温度変化．破線はRayleigh-Jeansの式((1・2・1))による．

するスペクトル[1]の変化を説明することができない．

それでは，実際にどのようなスペクトルが得られているのであろうか．測定結果を図1・2に示す．この図によると $\int_0^\infty E(\nu)\,d\nu$ が無限大になることはない．また，われわれの経験のように，温度が上昇するにつれて $E(\nu)$ の極大の位置は次第に高振動数側（短波長側）に移っている．

Planck は，古典物理学の概念を大幅に変革することによって，上の実験結果が説明できることを示した．彼は輻射を吸収したり発散したりする空洞の壁は多数の振動子からなるというモデルを用いたが，その際，振動数 $\nu$ の振動子が吸収，発散できる輻射エネルギー $\varepsilon$ は $h\nu$ の整数倍に限られるという仮説（**量子仮説**）を採用した．すなわち

$$\varepsilon = nh\nu \qquad n = 1, 2, 3, \cdots \qquad (1\cdot 2\cdot 2)$$

である．ただし $h$ は Planck の定数

$$h = 6.626069 \times 10^{-34}\,\text{J s}$$

である．(1・2・2)で $h\nu$ はエネルギーの単位になっている量で，（エネルギー）**量子**(quantum) と呼ばれる．このようにエネルギーが不連続になるという考え方は革命的なものである．古典物理学では，Newton の力学でも Maxwell の電磁気学でもエネルギーは連続的な値をとるものとされていた．実際，Rayleigh-Jeans の式は電磁波のエネルギーが，波としての振幅の2乗に比例した連続的な値をとるという考え方から導かれたものである．

上の量子仮説を用いた Planck の計算結果によると，(1・2・1) の $E(\nu)\,d\nu$ は

---

[1] 物体からの光をプリズムなどで分けて得られる，光の波長（振動数）と強度との関係を示す図をスペクトルという．

次のようになる[1].

$$E(\nu)\,d\nu = \frac{8\pi h}{c^3}\frac{\nu^3}{e^{h\nu/(kT)}-1}\,d\nu \qquad (1\cdot2\cdot3)$$

この式は実験結果を完全に再現する．また上式で $h\nu \ll kT$ の場合には $e^{h\nu/(kT)} = 1 + [h\nu/(kT)] + (1/2!)\,[h\nu/(kT)]^2 + \cdots$ の第2項までとって右辺の分母に代入すると

$$E(\nu)\,d\nu \fallingdotseq \frac{8\pi h}{c^3}\frac{\nu^3}{h\nu/(kT)}\,d\nu = \frac{8\pi kT}{c^3}\nu^2 d\nu$$

となり，(1・2・1) が得られる．すなわち，とびとびのエネルギー単位 $h\nu$ が $kT$ に比べて十分小さいときは，(1・2・3) はエネルギーを連続的と考えて得られた Rayleigh-Jeans の式と一致するのである．図1・2の破線は Rayleigh-Jeans の式から求めたもので，$\nu$ が小さい範囲では Planck の式による曲線と一致している．

上の計算でもわかるとおり，一般に $h \to 0$ の極限（連続エネルギー）では量子論の式は古典論の式と一致する．実際，$h$ の値は非常に小さいので，古典論の巨視的な見方ではエネルギーの不連続性は問題にならなかったのである．

### (b) 光電効果

光電効果とは，金属に光を当てたとき電子が飛び出す現象である[2]．図1・3に光電効果の観測法の一例を示す．このような方法で入射光の振動数 $\nu$ と放出する電子の最大運動エネルギー $E_{max}$ の関係を調べると，図1・4の結果が得られる．すなわち $E_{max}$ と $\nu$ は直線関係にあるが，ある一定値

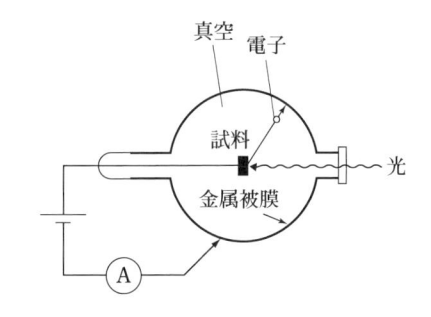

図 1・3　光電効果の観測法の一例

---

1) 巻末参考書 (3) 参照．
2) 短波長の光を用いれば，金属に限らず他の固体でも光電効果が観測される．

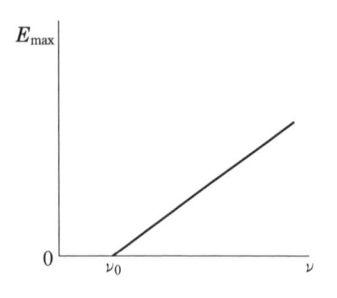

**図1·4** 光電効果における電子の最大運動エネルギー $E_{max}$ と入射光の振動数 $\nu$ の関係

($\nu_0$) 以上の振動数の光を照射しないと $E_{max} \geq 0$ とならないため，電子は飛び出さない．また $\nu > \nu_0$ の光について，その強度を変えると放出する電子の運動エネルギーは変化せず，単位時間の放出電子数だけが増加することもわかった．

この実験結果を古典論で説明できるであろうか．Maxwell の古典電磁気学によると光は横波である．したがって光 (電磁波) のエネルギーは，波としての振幅の2乗に比例するはずであるから，強い光 (振幅の大きい波) を金属に当てれば，波長 (または振動数) に関係なく，金属から電子が飛び出すことになる．しかし，このような考えでは図1·4の実験結果を説明できない．

Einstein (アインシュタイン) は図1·4の結果を次のように説明した (1905年)．<u>光を波とする代わりに，Planck のエネルギー量子 $h\nu$ をもった粒子と考える</u>．すなわち粒子としてそのエネルギーを

$$E = h\nu \tag{1·2·4}$$

とする．このとき金属内から電子1個を外にもち出すために必要な最低エネルギーを $W$ とすれば，放出した電子がもつ最大運動エネルギーは

$$E_{max} = h\nu - W = h(\nu - \nu_0) \tag{1·2·5}$$

となる．ただし上式で $h\nu_0 \equiv W$ とした．この式からわかるように，$\nu < \nu_0$ では $E_{max} < 0$ となるので電子は外に出ない．また光の強度は単位時間に飛んでくるエネルギー $h\nu$ をもった粒——これを**光量子**(light quantum) または**光子**(photon) と呼ぶ——の数によって決まる．すなわち光の強度を増すと単位時間の入射光子数が増し，したがって放出電子数も増加するのである．

Einstein の説の革命的な点は，従来の光の波動説に対して光をエネルギー $h\nu$ の粒子とする粒子説を用いた点である．しかし光を波と考えなければ説明できない現象もある．例えば光の回折や干渉の現象である．すなわち光は粒子とし

ての性質の他に，波としての性質も合わせもっていると考えなければならない—**光の性質の二重性**．この点については後にふれる（2章）．

### （c）水素の原子構造

水素の示す発光や吸収スペクトルの性質は1913年，Bohr（ボーア）によって説明された．その話に入る前に，1900年代のはじめに水素原子の構造がどのように考えられていたかを説明する．水素原子のモデルとしては，当時 **Thomson**（トムソン）によるものと**長岡**によるものがあった．

Thomson は水素原子に対して図1·5 (a) に示すように電子のまわりに正電荷が分布しているモデルを考えた．電子は通常正電荷の中心に静止しているが，外からエネルギーを与えられてこの釣合いの位置からずれると，そのまわりで振動し電磁波を放射する．電磁波の放射に伴ってエネルギーを失うと，徐々に元の釣合いの位置に戻る．これに対し長岡のモデル（図1·5 (b)）では正電荷（原子核）は原子の中心に集中していて，電子は正電荷から受けるクーロン引力によって太陽のまわりの惑星のように回転運動をしている．

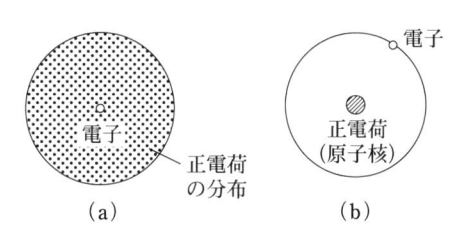

**図1·5** 水素原子のモデル．(a) Thomson のモデル，(b) 長岡のモデル

以上の二つの説を古典論で考えると，Thomson のモデルの方が妥当性がある．古典電磁気学によると，荷電粒子が加速度運動を行うと電磁波が放射されることになっているが，長岡モデルでは電子が回転運動（加速度は中心方向に向く）をしているので，電磁波（光）が放射されるはずである．これに伴って電子はエネルギーを失い次第に小さい軌道をまわるようになり，最後には正電荷と合体してしまう．すなわち，このようなモデルでは水素原子は安定ではない．これに反し Thomson のモデルでは原子は安定である．しかし，実際には，次に示す **Rutherford**（ラザフォード）**の実験**によって長岡モデルの方が正しいこと

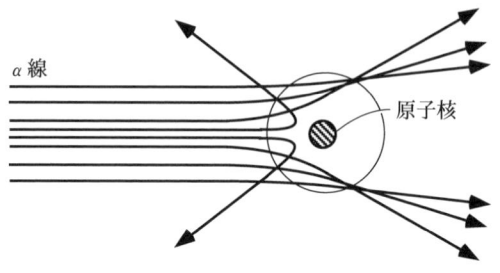

図1・6　α線の原子による散乱

が証明された[1]．

　Rutherfordは放射性元素から発生するα線（$He^{2+}$の粒子線）を厚さ$10^{-7}$ m程度の金の薄膜に衝突させて散乱されるα粒子の角度分布を調べた．その結果によると，大部分のα粒子は小さい角度しか曲がらないが，少数の粒子は大きく曲げられることがわかった．この実験結果は，長岡モデルによると解釈できるのである．電子はα粒子に比べて質量が小さいので，α粒子と電子が相互作用してもα粒子の進路はほとんど変わらない．すなわち大部分のα粒子はあまり曲がらないで通り過ぎてしまう．しかしα粒子が原子核のそばを通るときは，長岡モデルによると原子核は大きい質量をもち，正電荷が集中しているので，強く曲げられる．これがときどき大きい散乱角を作る原因である（図1・6参照）．これに対してThomsonのモデルでは正電荷が広い範囲に分布しているので，α粒子は大きく曲げられることがないはずである．

　しかし長岡モデルでは，前述したような難点があるうえ，次節で述べるように水素原子のスペクトルを説明することができなかった．これらの困難を解決したのがBohrである．

## §1・3　水素のスペクトルとBohrの理論

　原子のスペクトルは気体の**発光スペクトル** (emission spectrum)，または連

---

[1] 外国では実験者の名をとって長岡モデルの代わりにRutherfordモデルと呼ぶ．

## §1・3 水素のスペクトルと Bohr の理論

続光が気体を通過したときに得られる**吸収スペクトル**（absorption spectrum）を研究することによって，19世紀末から調べられていた．例えば低圧の水素気体の中で二つの電極の間に高電圧をかけて放電させると，高いエネルギー状態の水素原子が生じる．この水素原子が低いエネルギーの安定な状態に戻るとき光を放出する．この光のスペクトルが発光スペクトルである．逆に，原子または分子は光の吸収によって高いエネルギー状態に移る．このため白色光が気体試料を通過すると，一部の光が吸収される．試料通過後の光を分光したものが吸収スペクトルである．したがって，発光スペクトルと吸収スペクトルは，原子または分子のエネルギー状態を知るための手がかりとなる．

水素のスペクトルについては 1885 年，Balmer（バルマー）がスペクトルのいくつかの線の波長 $\lambda$ について次式のような簡単な公式があてはまることを見出した．

$$\frac{1}{\lambda} = R\left(\frac{1}{2^2} - \frac{1}{n^2}\right) \quad n = 3, 4, 5, 6, \cdots \tag{1・3・1}$$

ただし $R$ は **Rydberg**（リュードベリ）**定数**と呼ばれる定数で，その後の正確な測定によると $R = 1.096776 \times 10^7 \, \text{m}^{-1}$ である[1]．(1・3・1) の線系列を Balmer 系列という．Balmer 以後の研究者がさらに水素のスペクトルを研究した結果，一般に

$$\boxed{\frac{1}{\lambda} = R\left(\frac{1}{m^2} - \frac{1}{n^2}\right)} \quad m, n \text{ は正整数で } m < n \tag{1・3・2}$$

で与えられる線系列が存在することがわかった．発見者の名前をとって

$m = 1$　　Lyman　系列
$m = 2$　　Balmer　系列
$m = 3$　　Paschen　系列
$m = 4$　　Brackett 系列

---

[1] (1・3・1) は Balmer の実験式のもとの形ではない．Rydberg がこの形にまとめたものである．

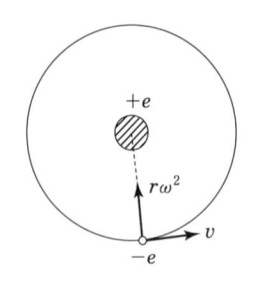

**図1·7** 水素原子における電子の運動

と名づけられている．

　さて前節の水素原子に対する困難な問題を Bohr がいかに解決したかという話に移るが，その前に長岡モデルにおける電子の運動を古典的に考えてみよう．図 1·7 に示すように電子は円運動をしているから，その角速度を $\omega$，軌道半径を $r$ とすると，電子は原子の中心の方向に $r\omega^2$ の加速度をもっている．この加速度は原子核と電子の間のクーロン引力によって生じているから，電気素量を $e$，電子の質量を $m_e$ とすれば

$$m_e r \omega^2 = \frac{e^2}{4\pi\varepsilon_0 r^2} \tag{1·3·3}$$

が成立する[1]．ただし $\varepsilon_0$ は真空の誘電率である[1]．(1·3·3) から角速度は

$$\omega = \sqrt{\frac{e^2}{4\pi\varepsilon_0 m_e r^3}}$$

したがって電子の回転振動数は

$$\nu = \frac{\omega}{2\pi} = \frac{1}{2\pi}\sqrt{\frac{e^2}{4\pi\varepsilon_0 m_e r^3}} \tag{1·3·4}$$

となる．電磁気学によると原子はこの振動数の電磁波を放出するが[2]，上式は $r$ が小さくなると $\nu$ が $r^{-3/2}$ に比例して大きくなることを示す．

　次に原子の全エネルギー $E$ は，電子の運動エネルギー $T$ と位置エネルギー $V$ の和である．$V$ は次のように計算される．電子を核の引力 ($f = -e^2/(4\pi\varepsilon_0 r^2)$)

---

[1] SI単位系（国際単位系）を用いたので，真空中で二つの単位電荷（＝電気素量）$e$ の間に働くクーロン力は $e^2/(4\pi\varepsilon_0 r^2)$ となる．本書では以後しばらくはSI単位系を使う．静電単位系およびガウス単位系（電場については静電単位系，磁場については電磁単位系を用いるもの）では，相当するクーロン力は $e^2/r^2$ と簡単になる代わりに，電磁気学の Maxwell の方程式の中に $4\pi$ が現れる．なお，11章以降ではSI単位の他に原子単位 (p.253) を使う．原子単位を使うと量子論の式が簡単になり，見通しもよくなる．

[2] 正確には (1·3·4) の整数倍の振動数の電磁波（高調波）も放出される．すなわち (1·3·4) は基本波の振動数である．

§1・3 水素のスペクトルとBohrの理論

に逆らって $r$ の位置から無限遠まで引き離すために要する仕事は

$$\int_r^\infty \frac{e^2}{4\pi\varepsilon_0 r^2}\,dr = \left[-\frac{e^2}{4\pi\varepsilon_0 r}\right]_r^\infty = \frac{e^2}{4\pi\varepsilon_0 r}$$

である．したがって無限遠で $V=0$ とすれば，電子が核から $r$ の距離にあるときの位置エネルギーは

$$V = -\frac{e^2}{4\pi\varepsilon_0 r} \tag{1・3・5}$$

で与えられる．全エネルギー $E$ は電子の速さを $v$ として

$$E = T + V = \frac{1}{2}m_\mathrm{e}v^2 - \frac{e^2}{4\pi\varepsilon_0 r} = \frac{1}{2}m_\mathrm{e}(r\omega)^2 - \frac{e^2}{4\pi\varepsilon_0 r}$$

となる．(1・3・3) より $(r\omega)^2 = e^2/(4\pi\varepsilon_0 m_\mathrm{e} r)$ であるから

$$E = \frac{1}{2}\frac{e^2}{4\pi\varepsilon_0 r} - \frac{e^2}{4\pi\varepsilon_0 r}$$

$$\therefore\quad E = -\frac{1}{2}\frac{e^2}{4\pi\varepsilon_0 r}\left(=-T=\frac{1}{2}V\right) \tag{1・3・6}$$

となる．すなわち全エネルギーは $r$ が小さくなると減少する（負で絶対値が増す）ことがわかる．(1・3・4)，(1・3・6) を合わせて考えると，回転している電子は (1・3・4) で表される振動数の光を放出してエネルギーを失うが，エネルギーが小さくなると (1・3・6) の示すように回転半径が小さくなる．回転半径が小さくなると (1・3・4) によって放出される光の振動数が増加する．すなわち電子は次第に小さい軌道をまわるようになり（原子として不安定），同時に放射する光の振動数が連続的に増す（連続の発光スペクトルを与える一線スペクトルとはならない）ことがわかる．これが前節でも述べたように長岡モデルの難点である．

以上は古典論で考えたときの話であるが，この問題にPlanck以来の新しい概念をあてはめると，どのようになるのであろうか．まずPlanckによると，エネルギーはとびとびの値をとり得る，すなわち量子化されている．またEinsteinによると，光は $E=h\nu$ の粒子である．この二つのことが水素原子にもあては

まるものとすれば，前者から水素原子はエネルギーの小さい順に

$$E = E_1, E_2, E_3, \cdots$$

のようにとびとびのエネルギーをもつはずである．また後者から，電子がエネルギー $E_n$ の状態から $E_m$ の状態に移ったとき放射される光の振動数を $\nu$ とすれば

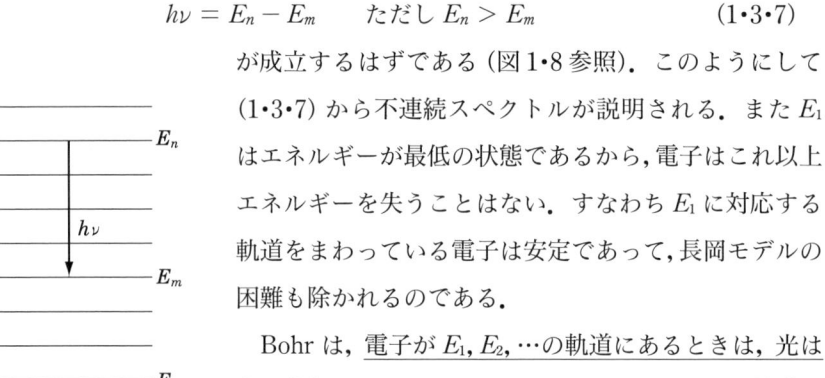

$$h\nu = E_n - E_m \qquad ただし E_n > E_m \qquad (1\cdot 3\cdot 7)$$

が成立するはずである（図1・8参照）．このようにして (1・3・7) から不連続スペクトルが説明される．また $E_1$ はエネルギーが最低の状態であるから，電子はこれ以上エネルギーを失うことはない．すなわち $E_1$ に対応する軌道をまわっている電子は安定であって，長岡モデルの困難も除かれるのである．

Bohr は，電子が $E_1, E_2, \cdots$ の軌道にあるときは，光は全然放射されない．(1・3・7) の示すように，ある軌道からそれよりも小さい別の軌道に移るときに初めて光が放射されると仮定した．この意味でエネルギー $E_1, E_2, \cdots$ をもつ状態を**定常状態** (stationary state) と名づけた．さて，スペクトルの実験結果 (1・3・2) に合うようなエネルギー値 $E_n, E_m$ を求めることを考えてみよう．電磁波の振動数 $\nu$ と波長 $\lambda$ の間に成り立つ関係 $c = \nu\lambda$ を用いて

$$E = h\nu = \frac{hc}{\lambda}$$

であるから，(1・3・2) の両辺に $hc$ をかけて

$$h\nu = \frac{Rhc}{m^2} - \frac{Rhc}{n^2} \qquad (1\cdot 3\cdot 8)$$

$$h\nu = \left(-\frac{Rhc}{n^2}\right) - \left(-\frac{Rhc}{m^2}\right) \qquad (1\cdot 3\cdot 9)$$

となる．上式を (1・3・7) と比較すると

図1・8 定常状態間の遷移

§1·3 水素のスペクトルと Bohr の理論

$$E_n = -\frac{Rhc}{n^2} \tag{1·3·10}$$

とおくことができそうである．ただし (1·3·8) から (1·3·9) に移るときに − 符号をつけたのは $E_m, E_n < 0$ のためである．(1·3·10) から，とびとびのエネルギーは $1/n^2$ に比例していることが予想される．このことを念頭において，古典論の式を考えてみよう．全エネルギー $E$ は (1·3·6) と (1·3·5) を用いて

$$E = \frac{E^2}{E} = \frac{\left(\frac{1}{2}V\right)^2}{-T} = \frac{\left(-\dfrac{e^2}{8\pi\varepsilon_0 r}\right)^2}{-\dfrac{m_e v^2}{2}} = \frac{-m_e e^4}{32\pi^2\varepsilon_0^2 (m_e r v)^2} = -\frac{m_e e^4}{32\pi^2\varepsilon_0^2 l^2} \tag{1·3·11}$$

と書くことができる．ただし $l = m_e r v$ は角運動量の大きさである．

ここで角運動量について簡単に説明しておこう．粒子の座標を $\boldsymbol{r}$，その運動量を $\boldsymbol{p} = m\boldsymbol{v}$ とすると，角運動量はそれらのベクトル積（外積）として

$$\boldsymbol{l} = \boldsymbol{r} \times \boldsymbol{p} \tag{1·3·12}$$

で定義される．したがって $\boldsymbol{l}$ は $\boldsymbol{r}$ および $\boldsymbol{p}$ に垂直で（$\boldsymbol{l}$ の向きは $\boldsymbol{r}$ から $\boldsymbol{p}$ の方向へ右ねじをまわしたとき，ねじの進む向き），その大きさは

$$l = |\boldsymbol{l}| = |\boldsymbol{r}||\boldsymbol{p}|\sin\theta \tag{1·3·13}$$

に等しい．ただし $\theta$ は $\boldsymbol{r}$ と $\boldsymbol{p}$ のなす角である．粒子が円運動をしている場合は，図1·9 に示すように $\boldsymbol{l}$ は軌道面に垂直に向き，その大きさは

$$l = rp = mrv$$

に等しい．

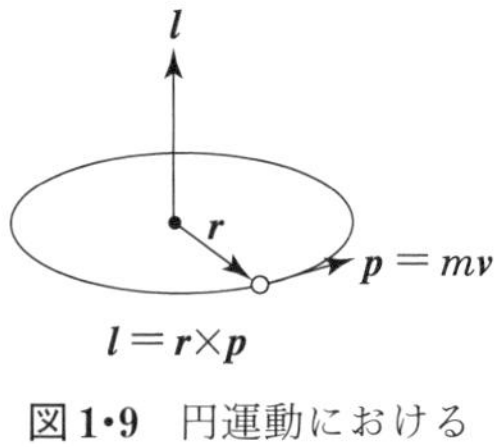

図1·9 円運動における角運動量

(1·3·11) から古典論では

$$E \propto -\frac{1}{l^2}$$

となることがわかる．これに対し Planck 以来の新しい考え方とスペクトルの実験結果からの要請（(1·3·10)）は

である．

$$E \propto -\frac{1}{n^2}$$

である．この二つの式を比較して

$$l \propto n$$

となることが予想される．Bohr は実際に比例定数を $h/2\pi$ として

$$l = \frac{nh}{2\pi} = n\hbar \tag{1・3・14}$$

とおいたのである[1]．ただし

$$\boxed{\hbar \equiv \frac{h}{2\pi}} = 1.054572 \times 10^{-34} \text{ J s} \tag{1.3.15}$$

は，後に Dirac（ディラック）の用いた記号で $h$ bar と呼ばれる．

(1・3・11) の $l$ に (1・3・14) を代入すると

$$\boxed{E_n = -\frac{m_e e^4}{8\varepsilon_0^2 h^2 n^2}} \tag{1・3・16}$$

また上式と (1・3・10) より Rydberg 定数は

---

[1] Bohr のこの仮定は Planck の空洞輻射の理論から導入された．Planck は空洞輻射の式を導くとき，座標 $q$ とそれに対応する運動量 $p$ の間に**量子条件**

$$\boxed{\oint p\,dq = nh} \qquad n = 1, 2, 3, \cdots \tag{A}$$

が成立すると仮定した．ただし $\oint$ は運動の 1 周期について積分することを意味する．いまの場合，電子の円運動の回転角 $\varphi$ を $q$ とおき，それに対応する運動量（角運動量）$l$ を $p$ とすると，$l$ は一定であるから (p. 125 注)

$$\oint l\,d\varphi = l\oint d\varphi = 2\pi l = nh$$

となり，(1・3・14) が得られる．ただし (1・3・14) は後に発展した真の量子論によると，正しい式ではない (p. 110 注 2) 参照）．

§1·3 水素のスペクトルと Bohr の理論

$$R = \frac{m_\mathrm{e} e^4}{8\varepsilon_0^2 ch^3} \tag{1·3·17}$$

となる．右辺を数値計算すると[1]）

$$R = \frac{(9.109384 \times 10^{-31}\,\mathrm{kg})(1.602177 \times 10^{-19}\,\mathrm{C})^4}{8(8.854188 \times 10^{-12}\,\mathrm{C^2\,N^{-1}\,m^{-2}})^2 (2.997925 \times 10^8\,\mathrm{m\,s^{-1}})(6.626070 \times 10^{-34}\,\mathrm{J\,s})^3}$$
$$= 1.09737 \times 10^7\,\mathrm{m}^{-1}$$

となって実験値を再現する[2]．このようにして Bohr 理論の正しさが実証されたわけである．

Bohr の理論によってスペクトルの各系列を図示すると図 1·10 のようになる．図には光の放出の場合を画いたが，光を吸収する場合は逆の遷移をする．図で電子が $E_1$ にある状態を**基底状態** (ground state)，それ以外の $E_2, E_3, \cdots$ にある状態を**励起状態** (excited state) と呼ぶ．

基底状態にある電子を無限遠まで引き離す（原子をイオン化する）ために必要なエネルギーを**イオン化エネルギー** (ionization energy) と呼ぶが，これを $I$ とすれば

$$I = -E_1 = \frac{m_\mathrm{e} e^4}{8\varepsilon_0^2 h^2} = 2.1799 \times 10^{-18}\,\mathrm{J} = 13.606\,\mathrm{eV}$$

となる[3]．次に Bohr の理論から，定常状態の円軌道の半径を求めてみよう．(1·3·6) から

$$E_n = -\frac{1}{2}\frac{e^2}{4\pi\varepsilon_0 r_n}$$

この式と (1·3·16) より

---

1) 単位の計算の際には，$\mathrm{N = kg\,m\,s^{-2}}$, $\mathrm{J = N\,m}$ を用いた．
2) p.9 の実験値 $R = 1.096776 \times 10^7\,\mathrm{m}^{-1}$ とわずかに異なっている理由は，Bohr の理論では原子核の運動を無視（核を固定）しているためである (p.124 参照)．なお本書の見返しに示した $R_\infty$ の値は核の質量を無限大（核は固定）としたときの値で上の計算値に等しい．
3) 1 eV は単位電荷 $e$ が 1 V の電位差の間で加速されたとき得るエネルギーで $(1.602177 \times 10^{-19}\,\mathrm{C}) \times (1\,\mathrm{V}) = 1.602177 \times 10^{-19}\,\mathrm{J}$ に相当する．

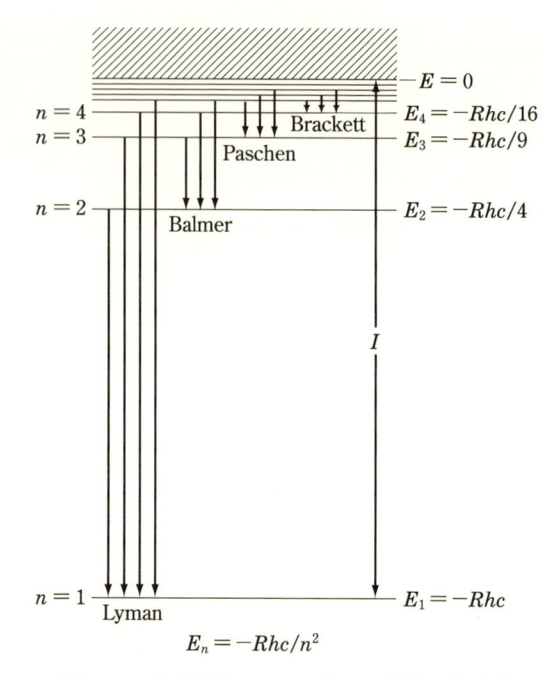

**図1・10** 水素原子における電子の遷移と線系列の関係（発光スペクトルの場合）．吸収スペクトルの場合は電子は逆の遷移をする．斜線の部分（$E > 0$）は電子が無限遠にあって（$V = 0$），運動エネルギーをもつ状態で連続エネルギーとなる．

$$r_n = \frac{\varepsilon_0 h^2 n^2}{\pi m_e e^2} = a_0 n^2 \tag{1・3・18}$$

が得られる．ただし

$$\boxed{a_0 = \frac{\varepsilon_0 h^2}{\pi m_e e^2}} = 5.29177 \times 10^{-11}\,\text{m} \fallingdotseq 0.529\,\text{Å} \tag{1・3・19}$$

である（$1\,\text{Å} = 10^{-10}\,\text{m}$）．(1・3・18)より $r_1 = a_0$ であるから，$a_0$ は基底状態の電子の軌道半径である．$a_0$ は **Bohr 半径**（Bohr radius）と呼ばれる．このようにして水素原子の大きさが $0.1\,\text{nm}$（$= 1\,\text{Å}$）のオーダーになることがわかった

が，これは従来の原子の大きさの推定値と一致しており，Bohr の理論の正しさを立証するものであった．

## §1・4　Bohr の理論から現代の量子論へ

　Bohr の後に登場した Sommerfeld（ゾンマーフェルト）は Bohr の理論を拡張した．Bohr は水素原子の電子軌道を円軌道に限定したが，Sommerfeld はその他に楕円軌道を考えたのである（原子核は楕円の一つの焦点にある）．楕円軌道を用いると，後に述べる空間量子化や Zeeman（ゼーマン）効果に対してある程度の説明を与えることができたが，その説明は完全なものではなかった．さらに Bohr-Sommerfeld の量子論は二つの電子を含む系である He に応用することが困難であった．また水素のスペクトル系列は正しく予言したが，スペクトル線の強度に大小があること，すなわちある遷移が他の遷移と異なった確率で起こることについても，満足な説明を与えることができなかった．

　このように不満足な結論が得られた原因は，後に出た正しい量子論から考えると次のようになる．Bohr の理論の出発点は古典力学である．すなわち図 1・7 に示したように電子は核のまわりを明確な古典的軌道を画いてまわっているとし，この軌道に古典力学の式 (1・3・3) を用いて計算を進めた．そして古典論を修正するために (1・3・14) の量子条件 $l = nh$ を入れたのである．しかし実際には，電子は図 1・7 のような明確な軌道上をまわっているのではない．後述のように，原子核のまわりに一定の確率をもって存在しているのである．したがって，Bohr-Sommerfeld の量子論は量子条件という修正があるにせよ，古典力学—古典軌道の概念を出発点にしているところに問題がある．換言すれば古典力学を量子条件により修正した，ある意味でつぎはぎの理論である．したがって Bohr-Sommerfeld の量子論は**古典量子論**または**前期量子論**と呼ばれている．

　Bohr の量子論はその後 Heisenberg（ハイゼンベルク）によって受けつがれ**行列力学** (matrix mechanics) —物理量を行列で表現した式を用いるから行列力学と呼ばれる（下巻 §15・5）— として完成し，正しい量子論となった．一方，de Broglie（ド・ブロイ）は波動と粒子の二重性は光の場合だけでなく電子の

場合にも存在するという提案を行ったが，この考え方に立って Schrödinger（シュレーディンガー）は**波動力学** (wave mechanics) を確立した．その後，行列力学と波動力学は同じ物理的内容を異なった形式で表現しているということが証明されて，量子力学が完成したのである．

本書では，数学的形式が簡単な波動力学から入っていくことにする．

# 2 波動性

前章で述べたように，光電効果の現象や水素のスペクトルを説明するためには，光を $h\nu$ のエネルギーをもつ粒子（光子）と考えなければならない．しかし光を波としなければ説明のつかない現象 ―回折と干渉― がある．本章では，まずこれらの現象が光の粒子像といかに相容れないものであるかを述べる．量子力学の誕生以来，波と考えられてきた光に粒子性がもち込まれたが，逆に粒子と考えられてきた電子や中性子に波動性が伴わないであろうか．この予見は de Broglie の鋭い直観により提唱され，電子の波動性を用いた電子線回折の実験によって証明された．§2.4 では，次章で量子力学の根本方程式（Schrödinger の式）を導くための準備として，古典論における波の式を説明する．

## §2·1 光の波動性

Einstein の光電効果の説明 (pp. 5-6) によって，光はエネルギー $h\nu$ の粒子と考えなければならないことがわかったが，光を波としなければ解釈できない現象もある．その代表的な例が**回折** (diffraction) と**干渉** (interference) の現象である．

まず回折の例をあげよう．平行光線を幅 $d$[1] のスリットを通した後，スリット後方のスクリーン上で観測する場合を考える．光を粒子と考えれば，図 2·1 (a) に示すようにスリットの幅に相当する部分 A'B' だけが明るいはずである．ところが実際には光はスリット AB の外側にもまわり込み，図 2·1 (b) の右に示すように明暗の縞模様（回折像）を生じることはよく知られている．この結果は光を波と考えれば，次のように簡単に説明することができる．波の場合にはス

---
[1] スリット幅 $d$ は光の波長と同程度とする．

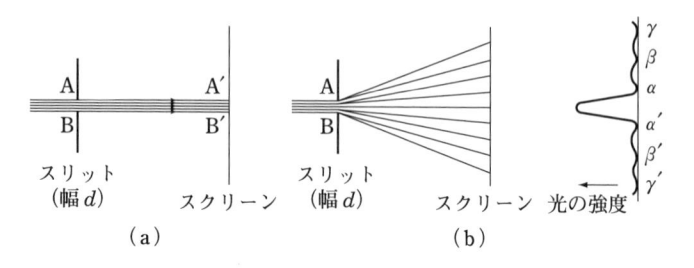

図 2・1 スリットを通過する光．(a) 光を粒子と考えた場合，(b) 光を波と考えた場合．右の図はスクリーン上の光の強度分布を示す．

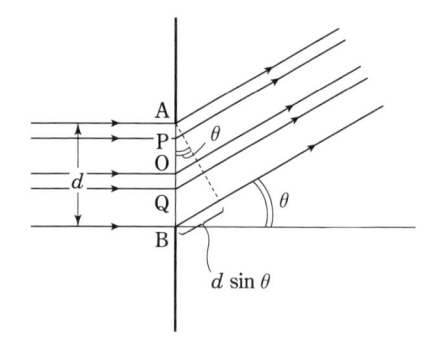

図 2・2 スリットによる光の回折

リット AB 上の各点からあらゆる方向に進む光波（部分波）が出る．このうち図 2・2 に示すように $\theta$ 方向に進む光を考えると，B を通る波と A を通る波の間には $d\sin\theta$ の光路差を生じる．いまこの光路差が，ちょうど光の波長 $\lambda$ に等しいとする．すなわち

$$d\sin\theta = \lambda$$

このとき AB の中点 O を通る波と A を通る波の光路差は，$\lambda/2$ となって波の山と谷が重なり合い，互いに打ち消し合う．同様に AO 間の任意の点 P を通る波は，AP = OQ を満足する OB 間の点 Q を通る波と光路差が $\lambda/2$ となり打ち消し合う．したがって AO 間の各点を通る波は OB 間の各点を通る波と打ち消し合い，全体として強度が 0 になることになる．これが図 2・1 (b) の強度分布で，暗部 $\alpha$ を生じる原因である．次の暗部 $\beta$ は $d\sin\theta = 2\lambda$ を満足する $\theta$ 方向で生じる．このときは AB を 4 等分したとき，隣り合った部分の各点を通る波が互いに打ち消し合うのである．このようにして一般に

$$d\sin\theta = n\lambda \qquad n = \pm 1, \pm 2, \cdots \qquad (2\cdot 1\cdot 1)$$

の条件で暗部 $\alpha, \alpha', \beta, \beta', \cdots$ を生じ，その中間は明るいので回折像ができるの

## §2・1 光の波動性

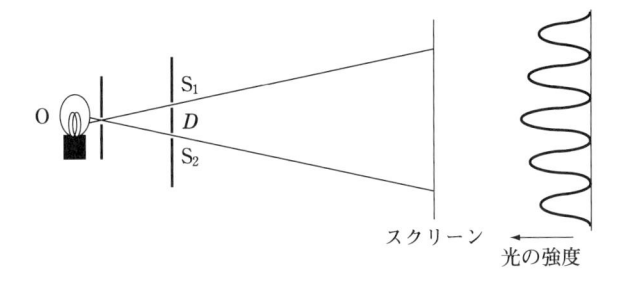

**図2・3** Youngの実験．右の図はスクリーン上の光の強度分布を示す．

である．

次に光の干渉の例として有名な**Young(ヤング)の実験**をあげよう．図2・3に示すように，光源Oからの光を間隔$D$の二つのスリット$S_1$, $S_2$を通してスクリーン上に投影すると，スクリーン上に明暗の縞模様(干渉像)を生じる．この像の原

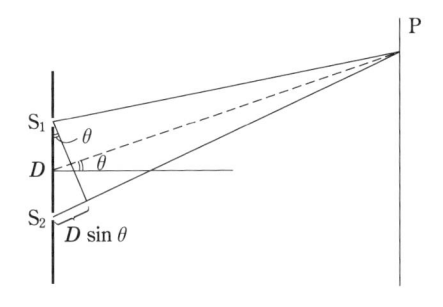

**図2・4** Youngの実験の説明

因も光を波と考えれば解釈することができる．図2・4のように$S_1$, $S_2$から$\theta$方向に進む光$S_1P$, $S_2P$を考えると，$\theta$が小さいときには[1]その行路差は$D\sin\theta$とみなしてよい．したがって

$$D\sin\theta = n\lambda \qquad n = 0, \pm 1, \pm 2, \cdots \tag{2・1・2}$$

ならば波の山と山が重なり合いP点は明るい．これに対し

$$D\sin\theta = \left(n+\frac{1}{2}\right)\lambda \qquad n = 0, \pm 1, \pm 2, \cdots \tag{2・1・3}$$

が成立する$\theta$方向で暗くなる．すなわち一つの光源Oから出た光[2]が二つの光

---

[1] Youngの実験ではスリットとスクリーンの距離は充分大きくとるので$\theta$は小さい．
[2] 別々の光源からの光では$S_1$, $S_2$の所で位相がそろっているとは限らないので干渉しない．

路に分れて進み，互いに干渉し合うため明暗の縞ができる．この干渉現象も，光を粒子と考えると解釈できないのは明らかである．

さらに Young の実験でスリットの一方，例えば $S_1$ を閉じて $S_2$ だけを開いた場合を考えると，やはり回折像を生じるが，その縞模様の間隔は (2・1・1) と同様にスリット幅 $d$ に依存するであろう．逆に $S_2$ を閉じて $S_1$ を開いた場合も，間隔が $d$ に依存する回折像を生じる．ところで $S_1$ による回折像と $S_2$ による回折像を重ね合せても，(2・1・2), (2・1・3) で表されるような干渉像（スリット $S_1$, $S_2$ の間隔 $D$ に依存する）が得られないことは明らかである．すなわち光を粒子と考えて，もし何らかの理由（例えば粒子間の相互作用，粒子とスリットの間の相互作用など）で (2・1・1) の回折像が得られたとしても，Young の実験結果は説明できないのである．なぜならば光を粒子と考える限り，$S_1$ による像と $S_2$ による像を重ね合せたものしか得られないからである．

以上で，光の回折と干渉の現象は波動説によらなければ解釈できないことがわかった．しかし一方で，Einstein の光電効果の現象は粒子説によらなければ理解できない．粒子説をとらないと説明できない現象は他にも **Compton**(コンプトン) **効果**[1] などがあり，この光の波動性と粒子性の対立は量子論が成立するまで未解決の問題であった．

## §2・2　X線回折

光の波動性を示す例として **X線回折**(X-ray diffraction) がある．X線は波長がほぼ $0.001 \sim 10 \text{Å}$ の電磁波である．このように波長が短い光は人工の回折格子[2]では回折実験を行うことができない．Laue (ラウエ) は X 線の波長が結晶の隣り合った原子間の距離と同程度であることを考えて，結晶を X 線回折に

---

1) X線を物質に当てると電子が飛び出すが，このとき散乱される X 線の中に，入射 X 線より波長の長いものが含まれている現象．これは X 線のエネルギーの一部が電子に与えられるためである．光量子と電子に対して，エネルギーと運動量の保存則を適用して説明された．

2) 人工の回折格子は，線間隔の最も小さいものでも 400 nm (2500 本/mm) 程度である．

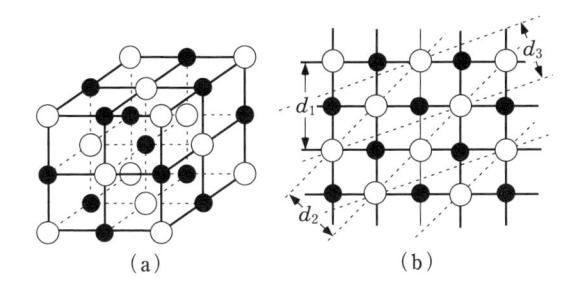

図 2·5 (a) NaCl 型結晶格子，(b) 2 次元の NaCl 型格子．$d_1$, $d_2$, $d_3$ などは 3 次元における面間隔に相当する．

応用することを提案した．

図 2·5 (a) に NaCl 型の 3 次元の結晶格子を示す．この結晶格子に対して図 2·5 (b) に 2 次元で示したように，種々の格子面を考えることができる．これらの格子面の間隔 $d$ は X 線回折を用いて次のように求められる．図 2·6 に示すように，波長 $\lambda$ の X 線が格子面に対し $\theta$ の角度で入射するものとする．格子の第 1 面に当たった X 線ビームは原子 A で，第 2 面に当たったビームは原子 B でそれぞれあらゆる方向に散乱される．これらの散乱ビームが干渉して強め合う条件は，入射角と散乱角が等しいこと（通常の光の反射と同じ），および二つのビームの光路差が $\lambda$ の整数倍に等しいことである[1]．入射角と反射角が等しい場合の光路差は，図 2·6 (a) から明らかなように $2d\sin\theta$ であるから

$$2d\sin\theta = n\lambda \qquad n = 1, 2, 3, \cdots \qquad (2\cdot2\cdot1)$$

が各ビームが干渉して強め合う条件である．これを **Bragg**(ブラッグ)**の条件**と呼ぶ．格子面の間隔を実験的に決定するには，通常 $\lambda$ 一定の X 線を角度を変えながら結晶に当てて，散乱 X 線の強度が極大になる $\theta$ を求め，(2·2·1) 式から $d$ を計算する．

---

[1] 第 1 面と第 2 面の散乱光が強め合う場合，第 2 面と第 3 面，第 3 面と第 4 面，… が強め合うことは明らかである．

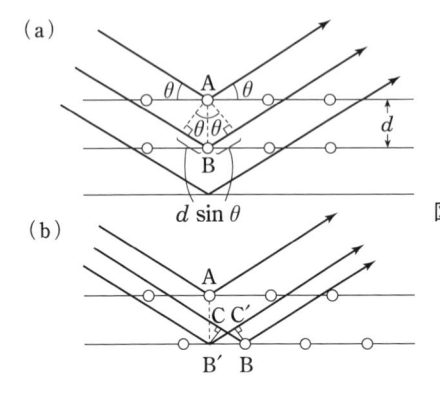

**図 2·6** X 線回折．(a) 第 2 層の原子 B が第 1 層の原子 A の真下にある場合．A と B で散乱される光の光路差は $2d\sin\theta$，(b) 第 2 層の原子 B の位置がずれている場合にも，BC = B′C′ であるから，光路差は変わらない．

X 線は主に電子によって散乱される．散乱 X 線の強度分布を精密に解析することによって，結晶内の電子分布がわかる．また電子分布から結晶中の原子配置—分子性結晶では分子構造—を知ることができる．

## §2·3　de Broglie 波

この節では de Broglie の提唱した物質波の概念を述べることにするが，その前に光子の運動量を求めておこう．

光の粒子としてのエネルギーは

$$E = h\nu \tag{2·3·1}$$

であった．相対性理論によると，自由粒子のエネルギーと質量の間には

$$E = \sqrt{m^2c^4 + p^2c^2} \tag{2·3·2}$$

の関係がある．ただし $p$ は運動量，$c$ は光速である[1]．光の場合は上式で質量 $m$ を 0 として

$$E = cp$$

---

1) (2·3·2) で $p = mv$ とすると，$E = \sqrt{m^2c^4 + m^2v^2c^2} = mc^2\sqrt{1+(v/c)^2}$ となる．粒子の速さが光速に比べて充分小さいとき ($v \ll c$) には $E \fallingdotseq mc^2\{1+(1/2)(v/c)^2\} = mc^2 + (1/2)mv^2$ が成立する．右辺の第 2 項は通常の運動エネルギーである．第 1 項は $v = 0$ のときにも存在するエネルギーで静止エネルギーと呼ばれる．この項は質量とエネルギーの相互変換性を表している．

§ 2·3 de Broglie 波

を得る．この式と (2·3·1) および $c = \nu\lambda$ から，光に対し

$$p = \frac{h\nu}{c} = \frac{h}{\lambda} \qquad (2\cdot 3\cdot 3)$$

が得られる．上式は光の波としての波長 $\lambda$ と粒子としての運動量 $p$ の間をつなぐ関係である．この式が実験的にも正しいことは，この式を用いて Compton 効果 (p. 22 の注 1) 参照) が説明されたことによって明らかとなった．

さて古典論で波動と考えられていた光が，量子論の誕生以来粒子性をもつことが明らかになったが，逆にそれまで粒子と考えられていた物質が波動性を示すことはないのであろうか．このことに着目したのが de Broglie である (1924 年)．例えば電子は 19 世紀末に Thomson（トムソン）や Millikan（ミリカン）によって研究され，粒子としての質量 $m_e$ と電荷 $e$ が決定された．Bohr は彼の原子モデルにおいて電子を粒子として扱い，一応の成功を収めたのである．ところで電子を粒子ではなく波と考えると，Bohr の定常状態の軌道（安定な軌道）はどのようになるであろうか．電子が波動として原子核のまわりに安定に存在するためには，波動論でよく知られているように定常波をつくらなければならない．両端を固定した弦の**定常波**は図 2·7 (a) に示すとおりである（図 2·10 も参照）．電子が原子核の周囲にある場合の定常波は，図 2·7 (b) の形になるであろう．すなわち一周の軌道の中に整数個の波長が含まれていることになる．したがって，軌道半径を $r$ とすると

$$\frac{2\pi r}{\lambda} = n \qquad n = 1, 2, 3, \cdots \qquad (2\cdot 3\cdot 4)$$

が得られる．いま (2·3·3) の光の波長と運動量の関係 $p = h/\lambda$ が電子の場合にも成立すると仮定すれば，(2·3·4) の $1/\lambda$ の代わりに $p/h$ を入れて

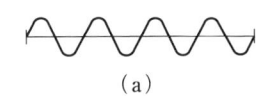

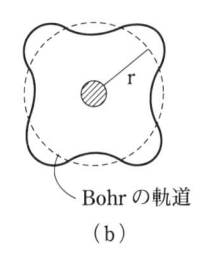

図 2·7 定常波．(a) 両端を固定した弦における定常波の一つ，(b) 円軌道に沿った定常波の一つ

$$\frac{2\pi rp}{h} = n \quad \therefore \quad rp = \frac{h}{2\pi}n$$

が得られる．$rp$ は円運動の角運動量 $l$ であるから（(1・3・13) の次の式参照）

$$l = n\hbar$$

となる．これは Bohr の量子条件 (1・3・14) である．すなわち Bohr の軌道は，電子を波動と考えたときにうまく説明されるのである．

　電子が波動性をもつという de Broglie の仮説は，やがて実験的に証明された．電子が波動性をもつとすれば，光の波動性を用いた X 線回折に対応して**電子線回折** (electron diffraction) が観測されるはずである．1927 年，Davisson と Germer（米），G. P. Thomson（英），菊池（日）がそれぞれ Ni の単結晶，金の薄膜および雲母に電子線を当て，X 線とほとんど同様な回折効果を得たのである．

　現在，電子線回折は X 線回折とともに構造決定に用いられている．電子線は X 線に比べて透過力が弱いため，主に気体分子や固体表面の構造の研究に応用される．

　ここで電位差 $V$ のもとで加速された電子の波長を求めておこう．この場合，電場のした仕事 $eV$ が電子の運動エネルギーに等しいから，電子の質量を $m_\mathrm{e}$，速さを $v$ として

$$eV = \frac{1}{2}m_\mathrm{e}v^2 \qquad v = \sqrt{\frac{2eV}{m_\mathrm{e}}} \qquad (2 \cdot 3 \cdot 5)$$

が成立する．(2・3・3) より電子の波長 $\lambda$ は

$$\lambda = \frac{h}{p} = \frac{h}{m_\mathrm{e}v} \qquad (2 \cdot 3 \cdot 6)$$

上式の $v$ に (2・3・5) を代入して

$$\lambda = \frac{h}{\sqrt{2m_\mathrm{e}eV}} \qquad (2 \cdot 3 \cdot 7)$$

が得られる．上式に $m_\mathrm{e}$, $e$, $h$ の値を入れて数値計算すれば $\lambda/\text{Å}$ と $V/\text{volt}$ の関係は

$$\boxed{\lambda = \sqrt{\frac{150}{V}}} \qquad (2\cdot 3\cdot 8)$$

となる．電子顕微鏡で高電圧を用いるのは，上式からわかるとおり波長を小さくして分解能を高くするためである．

さて波動の性質を示す物体は電子だけではない．中性子線や原子線も適当な結晶によって回折される．一般に運動している物体は波動性と粒子性をもっていて，波としての波長は，運動量 $p$ から (2・3・3) の関係

$$\boxed{\lambda = \frac{h}{p}} \qquad (2\cdot 3\cdot 9)$$

で決定される．これが **de Broglie** の**物質波**(material wave) の概念である．物体の波動性と粒子性のうち，どちらの性質が顕著に現れるかは，われわれの観測方法によるのである．これについてはまた後にふれる (p.94 参照)．なお下の例題でもわかるとおり巨視的物体では波動性は現れない．<u>質量が小さい電子，原子などの微視的粒子において初めて波の性質を考慮しなければならない</u>のである．

[例題 2・1] 5 km h$^{-1}$ で歩いている体重 60 kg の人に伴う波長を求めよ．
[解] (2・3・9) より

$$\lambda = \frac{h}{p} = \frac{h}{mv} = \frac{6.63 \times 10^{-34} \text{ J s}}{(60 \text{ kg})(5 \times 10^3 \text{ m}/60^2 \text{ s})}$$
$$= 8.0 \times 10^{-36} \text{ m}$$

人の大きさに比べて波長は極めて小さく，波動性を無視することができる．

## §2・4 波の式

この章を終わる前に，古典的な波動に対して成立する関係をあげておこう．最も簡単な例として，$x$ 軸を正の方向に伝わる正弦波を考える．弦で生じる横波がその例である．時刻 $t = 0$ で波が図 2・8 の形をとっているとすれば，波

図2·8 波長 $\lambda$ の正弦波（横波）

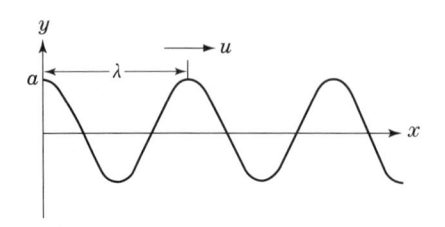

長を $\lambda$ として $t=0$ で

$$y = a\cos\frac{2\pi}{\lambda}x$$

が成立する．ただし $a$ は波の振幅である．波の速さを $u$ とすれば，時間 $t$ の後には図の曲線が右へ $ut$ だけ平行移動するから，波の式は

$$y = a\cos\frac{2\pi}{\lambda}(x-ut) \tag{2·4·1}$$

となる．波の振動数 $\nu$ は，単位時間に $x$ が一定の点を通過する波の数であるから，単位時間に波が進む距離 $u$ を波長 $\lambda$ でわって

$$\nu = \frac{u}{\lambda} \tag{2·4·2}$$

である．$\nu$ の逆数が周期 $T$ で

$$T = \frac{1}{\nu} = \frac{\lambda}{u} \tag{2·4·3}$$

となる．(2·4·2) を用いて (2·4·1) を変形すると

$$y = a\cos\left(\frac{2\pi}{\lambda}x - 2\pi\nu t\right) \tag{2·4·4}$$

が得られる．ここで

$$\boxed{k \equiv \frac{2\pi}{\lambda}} \qquad \boxed{\omega \equiv 2\pi\nu} \tag{2·4·5}$$

とし，各々（角）波数および（角）振動数と呼ぶ[1]．以後波数または振動数というときは $k$ または $\omega$ を意味するものとする．(2·4·4), (2·4·5) から波の式として

$$y = a\cos(kx - \omega t) \tag{2·4·6}$$

---

1) 波数は単位長さに含まれる波の数であるから，実際には $1/\lambda$ である．なお $\omega$ は正弦振動を円運動に対応させたときの角速度に相当する．

が得られる．

以上は $y$ 軸方向の変位が伝わる横波の例であるが，一般にある物理量 $\Psi$ が
$$\Psi(x,t) = a\cos(kx - \omega t) \tag{2・4・7}$$
の形で変化するものも波動と考えられる．例えば空気中の音は空気の粗密波で $\Psi$ に相当するものは空気の密度である．

次に式 (2・4・7) を3次元に拡張して平面波の式を求めよう．**平面波**(plane wave) とは波面 ($\Psi = $ 一定の面) が平面である波である．図2・9でSを一つの波面とすると，この平面上では $\Psi$ は一定である．平面波の伝わる方向 (Sに垂直な方向) を $x'$ とし，O$x'$ 方向の単位ベクトルを $\boldsymbol{l}$ とする．この場合，(2・4・7) 式の $x$ に対応する値は $x' = \overline{\mathrm{OQ}}$ であるから，(2・4・7) の $x$ の代わりに $\overline{\mathrm{OQ}} = \boldsymbol{l}\cdot\boldsymbol{r}$ ($\boldsymbol{r} = \overrightarrow{\mathrm{OP}}$) を代入して[1)]，S上の任意の点P($x,y,z$) における $\Psi$ として
$$\Psi(\boldsymbol{r},t) = a\cos(k\,\boldsymbol{l}\cdot\boldsymbol{r} - \omega t)$$
が得られる．いま
$$k\,\boldsymbol{l} \equiv \boldsymbol{k} \tag{2・4・8}$$
とおけば，平面波の式は

$$\boxed{\Psi(\boldsymbol{r},t) = a\cos(\boldsymbol{k}\boldsymbol{r} - \omega t)} \tag{2・4・9}$$

になる．ここで $\boldsymbol{k}$ は**波数ベクトル**と呼ばれる．(2・4・8) からわかるように，波数ベクトルはその大きさが波数を表し，その方向が平面波の進む方向を表す．

次に $\Psi$ の満足する微分方程式を求めよう．$\boldsymbol{k}$ の $x, y, z$ 成分を $k_x, k_y, k_z$ とすれば
$$\Psi = a\cos(k_x x + k_y y + k_z z - \omega t)$$

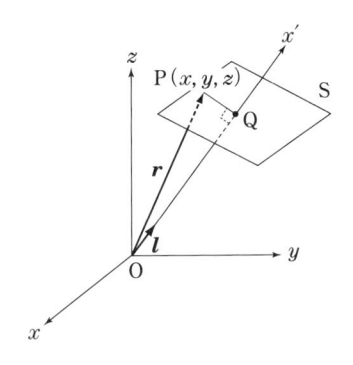

図2・9 平面波．$\boldsymbol{l}$ は平面波の進む方向にとった単位ベクトル

---

1) $\boldsymbol{l}\cdot\boldsymbol{r}$ はベクトル $\boldsymbol{l}$ とベクトル $\boldsymbol{r}$ のスカラー積 (内積) で，$\boldsymbol{l}$ と $\boldsymbol{r}$ の成す角を $\theta$ とすると $\boldsymbol{l}\cdot\boldsymbol{r} = |\boldsymbol{l}||\boldsymbol{r}|\cos\theta = r\cos\theta = \overline{\mathrm{OQ}}$ となる．ただし，本書では・を省略して $lr$ と記す場合が多い．

である．したがって

$$\frac{\partial \Psi}{\partial x} = -a k_x \sin(k_x x + k_y y + k_z z - \omega t)$$

$$\frac{\partial^2 \Psi}{\partial x^2} = -a k_x{}^2 \cos(k_x x + k_y y + k_z z - \omega t)$$

$$\therefore \quad \frac{\partial^2 \Psi}{\partial x^2} = -k_x{}^2 \Psi \tag{2・4・10}$$

同様に

$$\frac{\partial^2 \Psi}{\partial y^2} = -k_y{}^2 \Psi, \quad \frac{\partial^2 \Psi}{\partial z^2} = -k_z{}^2 \Psi \tag{2・4・11}$$

また

$$\frac{\partial^2 \Psi}{\partial t^2} = -\omega^2 \Psi \tag{2・4・12}$$

が得られる．$k^2 = k_x{}^2 + k_y{}^2 + k_z{}^2$ であるから (2・4・10) と (2・4・11) より

$$\frac{\partial^2 \Psi}{\partial x^2} + \frac{\partial^2 \Psi}{\partial y^2} + \frac{\partial^2 \Psi}{\partial z^2} = -k^2 \Psi \tag{2・4・13}$$

となる．(2・4・12) と (2・4・13) から $\Psi$ を消去すると

$$\frac{\partial^2 \Psi}{\partial t^2} = \frac{\omega^2}{k^2}\left(\frac{\partial^2 \Psi}{\partial x^2} + \frac{\partial^2 \Psi}{\partial y^2} + \frac{\partial^2 \Psi}{\partial z^2}\right)$$

また (2・4・2), (2・4・5) から $\omega = ku$ が成立するから，結局

$$\frac{\partial^2 \Psi}{\partial t^2} = u^2\left(\frac{\partial^2 \Psi}{\partial x^2} + \frac{\partial^2 \Psi}{\partial y^2} + \frac{\partial^2 \Psi}{\partial z^2}\right) \tag{2・4・14}$$

が得られる．上式の右辺の ( ) 内は形式的に

$$\frac{\partial^2 \Psi}{\partial x^2} + \frac{\partial^2 \Psi}{\partial y^2} + \frac{\partial^2 \Psi}{\partial z^2} = \left(\frac{\partial^2}{\partial x^2} + \frac{\partial^2}{\partial y^2} + \frac{\partial^2}{\partial z^2}\right)\Psi = \nabla^2 \Psi = \Delta \Psi$$

とおかれる．ここで

$$\boxed{\Delta \equiv \nabla^2 = \left(\frac{\partial^2}{\partial x^2} + \frac{\partial^2}{\partial y^2} + \frac{\partial^2}{\partial z^2}\right)} \tag{2・4・15}$$

は関数 $\Psi$ に作用する微分**演算子**(operator)[1] (脚注次頁) で，$\Delta$ はラプラシア

ン (Laplacian), $\nabla$ はナブラ (nabla)[2] と呼ばれる. $\Delta$ を用いると (2・4・14) は

$$\boxed{\frac{\partial^2 \Psi}{\partial t^2} = u^2 \Delta \Psi} \qquad (2\cdot 4\cdot 16)$$

となる. 上式は平面波 (2・4・9) から導かれたが, 一般に速さ $u$ の波動の満足する方程式であることが証明されている. (2・4・16) を **波動方程式** (wave equation) と呼ぶ.

次に定常波の式を求めよう. 両端を固定した弦に生じる定常波の波長は, 図2・10 に示すように弦の長さを $L$ とすると $(2/n)L$ $(n = 1, 2, 3, \cdots)$ である. 弦の方向を $x$ 軸, それに垂直な方向を $y$ 軸, 弦の左端を $x = 0$ とすれば, $x$ における変位は

$$y = a \sin \frac{\pi n}{L} x \cos \omega t \qquad (2\cdot 4\cdot 17)$$

と表すことができる ($x = 0, L$ で $y$ は常に 0). この式で $a$ の他に $\sin(\pi n/L)x$ までを振幅に含めて考え, $A(x) = a \sin(\pi n/L)x$ とおくと (2・4・17) は

$$y = A(x) \cos \omega t$$

となる. この式を3次元に拡張すると, 一般的な定常波の式として

$$\Psi(\boldsymbol{r}, t) = \phi(\boldsymbol{r}) \cos \omega t \qquad (2\cdot 4\cdot 18)$$

が得られる. ただし $\phi(\boldsymbol{r})$ は定常波の振幅で, 3次元空間内で関数 $\phi$ に従って変化するものとする. また定常波の式として次の形を使うこともある.

$$\boxed{\Psi(\boldsymbol{r}, t) = \phi(\boldsymbol{r}) e^{-i\omega t}} \qquad (2\cdot 4\cdot 19)$$

ここで $e^{-i\omega t} = \cos \omega t - i \sin \omega t$ であるから (p. 430 (A1・1・6) 式参照), (2・4・

---

1) ある関数 $\varphi$ を一定の規則に従って別の関数 $\psi$ に移す操作を表す記号を一般に演算子という. 例えば変数 $x$ と $y$ の交換を表す演算子をPとすれば, $\psi(x, y) = \varphi(y, x)$ として $\psi(x, y) = P \varphi(x, y)$ である. また $\psi(x) = \varphi'(x)$ として $\psi(x) = (d/dx) \varphi(x)$ であるから $d/dx$ は (微分) 演算子の一つである.
2) $\nabla$ はベクトル演算子でその成分は $\left(\frac{\partial}{\partial x}, \frac{\partial}{\partial y}, \frac{\partial}{\partial z}\right)$ と定義される. したがって $\nabla^2 = \frac{\partial^2}{\partial x^2} + \frac{\partial^2}{\partial y^2} + \frac{\partial^2}{\partial z^2}$ となる.

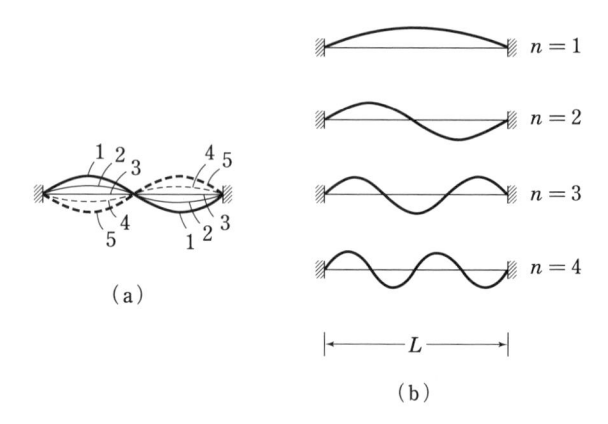

**図 2·10** 両端を固定した弦における定常波. (a) 定常波は 1, 2, …, 5, 4, …, 1 の順に変位する, (b) 種々の定常波. $n$ は定常波に含まれる半波長の数である.

19) の実数部分をとれば (2·4·18) が得られる. あるいは (2·4·19) の $\Psi$ は (2·4·18) の $\psi\cos\omega t$ と, それから $\pi/2$ だけ位相のずれた $i\psi\cos(\omega t+\pi/2)=-i\psi\sin\omega t$ を重ね合わせたものと考えてもよい.

さて (2·4·19) を波動方程式 (2·4·16) に代入してみよう. $\Delta$ は $r$ にのみ作用する微分演算子であるから,

$$(-i\omega)^2\psi(\boldsymbol{r})\,e^{-i\omega t}=u^2\{\Delta\psi(\boldsymbol{r})\}e^{-i\omega t}$$

$$u^2\Delta\psi+\omega^2\psi=0$$

を得る. 上式の両辺を $u^2$ でわって, $\omega=ku$ であることに注意すれば

$$\boxed{\Delta\psi+k^2\psi=0} \tag{2·4·20}$$

が得られる. この式は波数 $k$ の定常波の振幅 $\psi$ が満足すべき方程式である.

# 3 Schrödinger の波動方程式

この章では，古典論における波動方程式に粒子性をもち込むことによって，微視的粒子が従うべき方程式—Schrödinger の式—を導くことにする．Schrödinger の式は波動方程式を出発点としているため，その中に波動関数 $\psi$ を含む．この $\psi$ の物理的解釈（粒子として見たときの）が Schrödinger の式を応用する上で重要な問題となる．次に Schrödinger の式を箱の中の自由粒子と調和振動子の場合に適用することにする．これらの例を用いて，固有関数，固有値，固有関数の規格直交性，縮重などの基本的な概念を説明する．

## §3·1 時間に依存しない Schrödinger 方程式

電子，原子などの微視的粒子が従うべき方程式を見出すのが，この節および次の節の目的である．そのために波動の式から出発する．前ページで述べたように定常波

$$\Psi = \phi(\boldsymbol{r})\, e^{-i\omega t} \tag{3·1·1}$$

の振幅 $\phi(\boldsymbol{r})$ が満足すべき方程式は

$$\Delta \phi(\boldsymbol{r}) + k^2 \phi(\boldsymbol{r}) = 0 \tag{3·1·2}$$

である．ただし $\omega, k$ は波の振動数および波数である．<u>微視的粒子には波動性と粒子性が認められているから，上の古典的な波動の式に粒子性を加味すれば，目的とする方程式に到達すると考えられる</u>．

そのための手がかりは，次の Einstein の式 (1·2·4) と de Broglie の式 (2·3·9) である．

$$E = h\nu \tag{3·1·3}$$

$$p = \frac{h}{\lambda} \tag{3·1·4}$$

(3·1·3)，(3·1·4) の左辺は粒子に関連したエネルギーと運動量，右辺は波動に

関連した振動数と波長を表しており，粒子性と波動性を関係づけている．(2・4・5) を用いて上の式を書き直すと，$\hbar = h/2\pi$ (p. 14 (1・3・15)) であるから

$$\boxed{E = \hbar\omega} \qquad (3・1・5)$$

$$\boxed{\boldsymbol{p} = \hbar\boldsymbol{k}} \qquad (3・1・6)$$

となる．ただし運動量および波数はともにベクトルであるから，(3・1・6) ではそれらをベクトル表示にした．(3・1・2) の $k$ に (3・1・6) を用いると

$$\Delta\psi + \frac{\boldsymbol{p}^2}{\hbar^2}\psi = 0$$

となる．これを書き直して

$$\left(\frac{\partial^2}{\partial x^2} + \frac{\partial^2}{\partial y^2} + \frac{\partial^2}{\partial z^2}\right)\psi + \frac{p_x^2 + p_y^2 + p_z^2}{\hbar^2}\psi = 0$$

$$\therefore\quad [p_x^2 + p_y^2 + p_z^2]\psi = \left[\left(\frac{\hbar}{i}\frac{\partial}{\partial x}\right)^2 + \left(\frac{\hbar}{i}\frac{\partial}{\partial y}\right)^2 + \left(\frac{\hbar}{i}\frac{\partial}{\partial z}\right)^2\right]\psi \qquad (3・1・7)$$

となる．この式は波動の式 (3・1・2) に $\boldsymbol{p} = \hbar\boldsymbol{k}$ の関係を用いて粒子性をもち込んだとき得られた式で，両辺の [ ] 内を比較すると，粒子に関連した運動量の各成分 $p_x, p_y, p_z$ が

$$\begin{cases} p_x \longrightarrow \dfrac{\hbar}{i}\dfrac{\partial}{\partial x} \\[6pt] p_y \longrightarrow \dfrac{\hbar}{i}\dfrac{\partial}{\partial y} \\[6pt] p_z \longrightarrow \dfrac{\hbar}{i}\dfrac{\partial}{\partial z} \end{cases} \qquad (3・1・8)$$

のように対応することを示している[1] (脚注次頁)．すなわち，粒子を波動に '直訳' する関係は (3・1・6) の $\boldsymbol{p} \to \hbar\boldsymbol{k}$ であるが，粒子性を残して '翻訳' すると

$$\boxed{\boldsymbol{p} \longrightarrow \frac{\hbar}{i}\nabla} \qquad (3・1・9)$$

§3·1 時間に依存しない Schrödinger 方程式

が得られるのである．

(3·1·8) を用いて 1 粒子の場合の式を求めてみよう．運動エネルギーと位置エネルギー $V(\boldsymbol{r})$ の和は全エネルギー $E$ であるから

$$\frac{\boldsymbol{p}^2}{2m} + V(\boldsymbol{r}) = E \tag{3·1·10}$$

となる．これは古典的な粒子の式であるが，これに (3·1·9) を用いて波動性を入れると

$$-\frac{\hbar^2}{2m}\nabla^2 + V(\boldsymbol{r}) = E$$

または

$$-\frac{\hbar^2}{2m}\Delta + V(\boldsymbol{r}) = E$$

が得られる．上式の左辺は微分演算子を含んでいるから，このままでは方程式にならない．(3·1·2) のように両辺が $\psi(\boldsymbol{r})$ に作用すると考えて

$$\boxed{\left[-\frac{\hbar^2}{2m}\Delta + V(\boldsymbol{r})\right]\psi(\boldsymbol{r}) = E\psi(\boldsymbol{r})} \tag{3·1·11}$$

を得る．この式には $t$ は入っていない．この式を<u>時間に依存しない Schrödinger の方程式</u>(time-independent Schrödinger's equation) という．また $\psi(\boldsymbol{r})$ は**波動関数**(wave function) と呼ばれる．

(3·1·11) は別の表現で書くこともできる．運動エネルギーと位置エネルギー

---

1) (3·1·7) は次のように書くこともできる．

$$[p_x^2 + p_y^2 + p_z^2]\psi = \left[\left(i\hbar\frac{\partial}{\partial x}\right)^2 + \left(i\hbar\frac{\partial}{\partial y}\right)^2 + \left(i\hbar\frac{\partial}{\partial z}\right)^2\right]\psi$$

このとき，対応関係として

$$p_x \to i\hbar\partial/\partial x \quad p_y \to i\hbar\partial/\partial y \quad p_z \to i\hbar\partial/\partial z$$

が予想される．(3·1·8) の代わりに，この対応関係を使ってもよい．実際，その場合も後に得られる Schrödinger 方程式 (3·1·11) は変わらない．本書では通常使われている (3·1·8) の対応関係を採用した．この問題については p. 84 の注も参照されたい．

の和はハミルトン関数 $H$ と呼ばれる量であるから[1]

$$H(\boldsymbol{p}, \boldsymbol{r}) = \frac{\boldsymbol{p}^2}{2m} + V(\boldsymbol{r})$$

となる．上式を (3・1・9) で変換すると

$$H\left(\frac{\hbar}{i}\nabla, \boldsymbol{r}\right) = -\frac{\hbar^2}{2m}\nabla^2 + V(\boldsymbol{r}) \tag{3・1・12}$$

を得る．この式の左辺はハミルトン関数に含まれる $\boldsymbol{p}$ を $(\hbar/i)\nabla$ におき換えたもので，**ハミルトン演算子**(Hamiltonian operator) または単に**ハミルトニアン**という．以後

$$H\left(\frac{\hbar}{i}\nabla, \boldsymbol{r}\right) \equiv \hat{H} \tag{3・1・13}$$

と記すことにしよう．この記号を用いると，(3・1・11) は簡単に

$$\boxed{\hat{H}\psi = E\psi} \tag{3・1・14}$$

と書くことができる．

　Schrödinger の方程式 (3・1・11) または (3・1・14) は上の手続きを見ればわかる通り，論理的に誘導されたものではない．しかしその妥当性はこの式の解 (後述) と種々の観測結果とを比較することによって確かめられた．古典力学においても事情は同じである．Newton の式や Maxwell の方程式は論理的に導かれたものではない．それらの式をあらゆる力学的現象や電磁気の現象に適用して，正しいことが立証されたのである．

### §3・2　時間に依存する Schrödinger 方程式

　今度は平面波の式から出発しよう．p. 29 の (2・4・9) に虚数部 $ia\sin(\boldsymbol{k}\boldsymbol{r}-$

---

[1] 正確には，$H$ は運動エネルギー $T$ と位置エネルギー $V$ の和として定義されたものではない．力が $\boldsymbol{F} = -\nabla V$ の形で $V$ から導かれる場合に限り $H = T + V$ となる (詳しくは解析力学について述べた本，例えば，原島 鮮，力学 (三訂版)，裳華房 (1985) を参照されたい)．

## §3·2 時間に依存する Schrödinger 方程式

$\omega t$) を加えて複素関数で書くと

$$\Psi = ae^{i(\boldsymbol{kr}-\omega t)} \tag{3·2·1}$$

となる (§A1·1 参照). $\boldsymbol{kr} = k_x x + k_y y + k_z z$ であるから

$$\frac{\partial \Psi}{\partial x} = a_i k_x e^{i(\boldsymbol{kr}-\omega t)} = ik_x \Psi$$

$$\frac{\partial^2 \Psi}{\partial x^2} = i\, k_x \frac{\partial \Psi}{\partial x} = -k_x{}^2 \Psi$$

同様に

$$\frac{\partial^2 \Psi}{\partial y^2} = -k_y{}^2 \Psi, \qquad \frac{\partial^2 \Psi}{\partial z^2} = -k_z{}^2 \Psi$$

を得る. したがって

$$\Delta \Psi = \left(\frac{\partial^2}{\partial x^2} + \frac{\partial^2}{\partial y^2} + \frac{\partial^2}{\partial z^2}\right)\Psi = -k^2 \Psi \tag{3·2·2}$$

また

$$\frac{\partial \Psi}{\partial t} = -a\, i\, \omega\, e^{i(\boldsymbol{kr}-\omega t)} = -i\omega \Psi \tag{3·2·3}$$

(3·2·2), (3·2·3) は古典的な波動の式である. 前節と同様にこれらの式に $\boldsymbol{p} = \hbar \boldsymbol{k}$ と $E = \hbar \omega$ をもち込む. まず (3·2·2) と $\boldsymbol{p} = \hbar \boldsymbol{k}$ から

$$\Delta \Psi = -\frac{\boldsymbol{p}^2}{\hbar^2}\Psi \tag{3·2·4}$$

また $E = \hbar \omega$ と (3·2·3) から

$$\frac{\partial \Psi}{\partial t} = -\frac{iE}{\hbar}\Psi \tag{3·2·5}$$

が得られる. (3·2·4) からは前節と同様に

$$\boldsymbol{p} \longrightarrow \frac{\hbar}{i}\nabla \tag{3·2·6}$$

を得るが, (3·2·5) を書き直すと

$$E\Psi = i\hbar \frac{\partial \Psi}{\partial t} \tag{3·2·7}$$

となるから，新しい対応関係

$$\boxed{E \longrightarrow i\hbar \frac{\partial}{\partial t}} \tag{3・2・8}$$

が予想される．すなわち粒子から波動への直接の変換は $E \to \hbar\omega$ で，われわれが求めている 粒子 → (粒子 + 波動) への変換は (3・2・8) と考えられるのである[1]．

前と同様に全エネルギーの式

$$\frac{\boldsymbol{p}^2}{2m} + V = E$$

の両辺に (3・2・6), (3・2・8) を適用すると

$$-\frac{\hbar^2}{2m}\Delta + V = i\hbar \frac{\partial}{\partial t}$$

を得る．さらにこの式の両辺が $\varPsi$ に作用するものと考えて

$$\boxed{\left[-\frac{\hbar^2}{2m}\Delta + V\right]\varPsi = i\hbar \frac{\partial \varPsi}{\partial t}} \tag{3・2・9}$$

または (3・1・13) の記号を用いて

$$\boxed{\hat{H}\varPsi = i\hbar \frac{\partial \varPsi}{\partial t}} \tag{3・2・10}$$

に到達する．(3・2・9) が時間に依存する (time-dependent) Schrödinger の方程式である．この方程式は平面波の式，(3・2・1) から導かれたものであるが，実は一般の場合にも成立する最も根本的な方程式であることが，この式を実際の物

---

[1] 古典力学 (解析力学) では，座標 $x, y, z$ の共役変数が運動量 $p_x, p_y, p_z$ である．同様に，$t$ の共役変数が $-E$ である (原島 鮮，力学 (三訂版)，裳華房 (1985) 参照)．(3・1・8) の $p_x \to (\hbar/i)\partial/\partial x$, $p_y \to (\hbar/i)\partial/\partial y$, $p_z \to (\hbar/i)\partial/\partial z$ と，(3・2・8) の $E \to i\hbar\partial/\partial t = -(\hbar/i)\partial/\partial t$ との関係は，この古典力学の関係に対応している．

理現象に当てはめてみて確かめられた．

(3・2・9) から，前節の時間に依存しない Schrödinger 方程式を次のように導くことができる．定常波の式 (3・1・1) に $E = \hbar\omega$ を用いると

$$\Psi = \phi(\boldsymbol{r})e^{-i\omega t} = \phi(\boldsymbol{r})e^{-i(E/\hbar)t} \tag{3・2・11}$$

を得るが，これを (3・2・9) に代入すると

$$\left(-\frac{\hbar^2}{2m}\Delta + V\right)\phi(\boldsymbol{r})e^{-i(E/\hbar)t} = E\phi(\boldsymbol{r})e^{-i(E/\hbar)t}$$

したがって

$$\left(-\frac{\hbar^2}{2m}\Delta + V\right)\phi = E\phi \tag{3・2・12}$$

となり，時間に依存しない Schrödinger 方程式が得られる．

上の導き方からわかるように，時間に依存しない Schrödinger 方程式は $\Psi(\boldsymbol{r}, t)$ が $\phi(\boldsymbol{r}) \cdot e^{-i(E/\hbar)t}$ の形（定常波の形）のとき，すなわち $\boldsymbol{r}$ の関数と $t$ の関数に分離されるときに成立する式である．これに対し，このような分離を行うことができない一般の場合には (3・2・9) を出発点とすることになる．

## §3・3  Schrödinger 方程式の解釈

§3・1，§3・2 で Schrödinger の方程式が得られたが，この式から微視的粒子の振舞いがどのようにして説明されるかを明らかにしなければならない．そのためには Schrödinger 方程式を解釈すること，特に波動関数 $\Psi$ または $\phi$ の物理的意味を知ることが必要である．

ここで §2・1 のスリットによる光の回折の例を再び取り上げることにしよう．図 2・1 の実験で光の強度を極端に小さくしていき，（光を粒子としたとき）光量子 1 個ずつがポツポツとスリットの間を通り抜ける程度にまでしたとする．この場合も，光の粒子説をとればスリットを通過した 1 個の光量子は図 2・1 (a) のスクリーン上の A′B′ の範囲のどこかにくることが予想される．また光を波と考えれば，どのように光の強度が弱くても（光子 1 個に相当するほど弱くても），直ちに図 2・1 (b) の回折像が得られるはずである．そして光子を次々

と送り込めば，この回折像は次第に明瞭になっていくであろう．ところが実際にはこの二つの予想はいずれも正しくないのである．最近では光電子増倍管[1)]

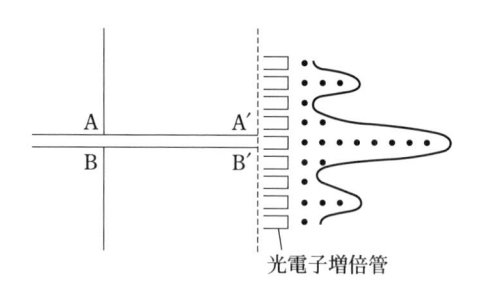

**図3・1** スリットを通過する光の光電子増倍管による観測．右側に光の強度分布を示した．黒点は光電子増倍管でカウントされる光子数を模式的に示す．

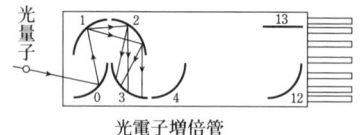

1) 光電子増倍管は左図のような構造になっていて，電極 0, 1, 2, …, 13 の間に高電圧が分割してかけてある．入射した光量子は光電効果により陰極面から電子を放出させる．この電子は電場で加速されてダイノード1に到達し，$j$ 個の電子を放出させる．以下同様にして電子数が増加し，図の例 (12 段の増倍管) では1個の光子から生じた $j^{12}$ 個の電子が陽極面 13 で電気信号として観測される．最近では，光電子増倍管の代わりにチャネル電子増倍管が使われる．これはガラス (内壁に Pb または V を含むリン酸塩ガラス) やセラミックス (ZnTiO$_3$) の細い管を渦巻き状に整形したもので，両端の陽極と陰極の間に高電圧をかけると，ダイオードが無数に配置されたと同様な効果を示す (図参照)．このタイプの増倍管は小型で増倍率も大きい ($\sim 10^8$)．さらに直径が 10 $\mu$m，長さが 1 mm 程度の毛細管 (チャネル) を多数溶接して板状にしたマイクロチャネルプレート (MCP) がある．板の両面に高電圧をかけると，MCP の各チャネルは独立した増倍管としてはたらくので，光子が入射した位置を 10 $\mu$m 程度の精度で検出できる (MCP の後に蛍光板を置き，増幅後衝突した電子の位置をイメージセンサーで検出する)．

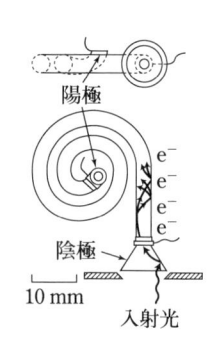

## §3・3 Schrödinger 方程式の解釈

と計数回路を用いて光子1個ずつを数えることができる．このような計数管をスクリーンの位置に多数並べて，光子がどこに飛んでくるか調べたとしよう（図3・1）．そうすると光子は A'B' の位置に限らずその外側にも到達していることがわかるであろう．ただし光子の1個1個がどの計数管に入るかあらかじめ予測できない．バラバラと方々の計数管で検出される．そして長時間観測を行うと，図3・1に示すように，**結果として図2・1 (b) の回折像と同様な計数分布が得られるのである**．すなわち回折像の明るい位置には多数の光子が検出され，暗い位置では検出される光子数が少ない[1]．いいかえると，<u>光の波動論に従って求められる波の強度は，粒子を見出す確率に相当している</u>ことになる．

さて Schrödinger 方程式 (3・1・11) において，波動関数 $\phi(x, y, z)$ は波動としては定常波 $\Psi = \phi(r)e^{-i\omega t}$ の振幅を意味している．また波動論によると，波の強度は振幅の2乗に比例する．したがって，粒子を見出す確率が波動関数 $\phi(r)$ の2乗に比例すると解釈してもよいであろう．もっと正確には

$$\left.\begin{array}{l} x \sim x + dx \\ y \sim y + dy \\ z \sim z + dz \end{array}\right\} \text{の範囲内に粒子を見出す確率} \propto |\phi(x, y, z)|^2 dxdydz$$

とすることができるであろう．ここで $\phi^2$ の代わりに $\phi$ の絶対値の2乗を用いたのは，Schrödinger 方程式の解が複素数になる場合もあることを考慮したためである．

このようにして $|\phi|^2$ が粒子を見出す確率に比例すると考えると，次の (1) 〜 (3) の要請は自然に導かれる．

(1) $\int |\phi|^2 dv = 1 \quad (dv = dxdydz)$

$|\phi|^2 dv$ が体積素片 $dv$ の中に粒子を見出す確率であるから，これを全空間について積分したものは，全空間内に粒子を見出す確率を意味する．したがって，その値は当然1でなければならない．ところで Schrödinger 方程式 (3・1・11)

---

[1] 最近の X 線回折の実験では，回折写真をとる代わりに計数装置を用いて光子の数を数える場合があるが，両者の測定結果は一致する．

の解を $\phi$ とすると,それに任意の定数 $C$ をかけた $C\phi$ も解である ((3・1・11) は $\phi$ の代わりに $C\phi$ を入れても成立する).よって上の要請を満たすために,方程式の任意の解を $\phi'$ として

$$\phi = C\phi' \tag{3・3・1}$$

とおき

$$\int |\phi|^2 \, dv = C^2 \int |\phi'|^2 \, dv = 1$$

とする.この式が成立するためには

$$C = \frac{1}{\sqrt{\int |\phi'|^2 \, dv}} \tag{3・3・2}$$

でなければならない.このようにして任意の解 $\phi'$ から未定常数 $C$ を定め,目的とする $\phi$ を見出す操作を波動関数を**規格化する**(normalize) という.

(2) <u>$\phi$ は 1 価連続有限でなければならない</u>

$|\phi(x, y, z)|^2$ が $(x, y, z)$ において粒子を見出す確率を意味するから,$\phi$ が多価関数ならば確率がいくつもあることになり不都合である.また不連続的な確率の変化や無限大の確率は考えられない.

(3) <u>$\phi$ と $\phi e^{i\theta}$ は同じ状態を意味するものとする</u>[1]

$\phi$ が Schrödinger 方程式の規格化された解ならば,複素数の位相(§A 1・1 参照) が $\theta$ だけずれた $\phi' = \phi e^{i\theta}$ も規格化された解であるが,この二つの解の相違は無視するという意味である.われわれは $\phi$ ではなく $|\phi|^2$ に確率としての意味を与えたわけであるから,$|\phi|^2$ が同じならば同じ物理的状態を表すと考えるのである.実際

$$|\phi'|^2 = \phi'\phi'^* = \phi e^{i\theta} \phi^* e^{-i\theta} = |\phi|^2$$

となって確率は同じである.もちろん $\phi$ と $\pm\pi$ だけ位相のずれた $-\phi$ は同じ

---

[1] これは一つの状態(波動関数 $\phi$)について成り立つ.状態 $\phi$ がいくつかの状態(波動関数 $\varphi_i$)の重ね合わせからなるとき($\phi$ が $\varphi_i$ の一次結合からなるとき,すなわち $\phi = \sum_i c_i \varphi_i$ のとき)は,通常の波動の場合と同様に $\varphi_i$ 相互間の位相の違いを無視してはならない.

状態である．

以上の要請，特に (2) を考慮に入れて Schrödinger の方程式を解くと量子状態を求めることができるが，それは次の節に実例をあげて示すことにする．

## §3·4　1次元の箱の中の粒子

Schrödinger 方程式の解を求める手続を示す最も簡単な例として，1次元の箱の中に閉じ込められた自由粒子を取り扱うことにする．

いま箱の大きさを $a$ とし，箱の長さの方向に $x$ 軸をとり，箱の左端を $x=0$ とする．箱の右端は $x=a$ である．自由粒子であるから箱の中では力がはたらかない．すなわち位置エネルギー $V=0$ とすることができる．また粒子は箱の外に出られないから，箱の外では $V=\infty$ である（図 3·2 参照）．

1次元の運動であるから，粒子のハミルトン関数（全エネルギー）は

$$H = \frac{p_x^2}{2m} + V$$

ハミルトン演算子は $p_x \to (\hbar/i)(d/dx)$ により

$$\hat{H} = -\frac{\hbar^2}{2m}\frac{d^2}{dx^2} + V$$

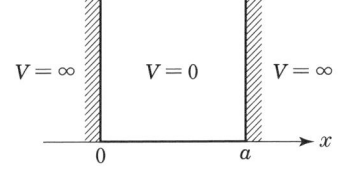

図 3·2　1次元の箱の中の粒子のポテンシャル

時間に依存しない Schrödinger 方程式 $\hat{H}\psi = E\psi$ は

$$\left(-\frac{\hbar^2}{2m}\frac{d^2}{dx^2} + V\right)\psi = E\psi \tag{3·4·1}$$

となる[1]．これを変形すると

$$\frac{d^2\psi}{dx^2} + \frac{2m}{\hbar^2}(E-V)\psi = 0 \tag{3·4·2}$$

が得られる．次に上式を箱の中と外で別々に解くことを考える．

---

1) $V$ が時間 $t$ に関係しないから，時間に依存しない Schrödinger 方程式を用いる．

まず箱の外では $V = \infty$ であるから，$E$ および $d^2\psi/dx^2$ が有限である限り (3·4·2) から $\psi = 0$ でなければならない．すなわち

$$x \leqq 0 \text{ および } x \geqq a \text{ で} \quad \psi(x) = 0 \qquad (3\cdot4\cdot3)$$

となる．この結果は $|\psi|^2 = 0$，すなわち粒子が箱の外に存在する確率が 0 であることを意味している．

次に箱の中では $V = 0$ であるから (3·4·2) は

$$\frac{d^2\psi}{dx^2} + \frac{2m}{\hbar^2} E\psi = 0 \qquad (3\cdot4\cdot4)$$

となる．上式は 2 階線形微分方程式であるから，一般解 $\psi$ は二つの特殊解 $\psi_1$，$\psi_2$ の一次結合として

$$\psi = C_1\psi_1 + C_2\psi_2 \qquad (3\cdot4\cdot5)$$

の形で表すことができる．ここで特殊解を求めるために $\psi = e^{\gamma x}$ とおき，(3·4·4) に代入すると

$$\gamma^2 e^{\gamma x} + \frac{2m}{\hbar^2} E\, e^{\gamma x} = 0$$

となる．これから $\gamma$ を求めると

$$\gamma = \pm i\frac{\sqrt{2mE}}{\hbar}$$

となり，$\psi = e^{\gamma x}$ に入れると二つの特殊解が得られる．したがって一般解

$$\psi = C_1 e^{i(\sqrt{2mE}/\hbar)x} + C_2 e^{-i(\sqrt{2mE}/\hbar)x} \qquad (3\cdot4\cdot6)$$

を得る．さて $e^{\pm i\sqrt{2mE}\,x/\hbar} = \cos(\sqrt{2mE}\,x/\hbar) \pm i\sin(\sqrt{2mE}\,x/\hbar)$ であるから，$\alpha$，$\beta$ を任意定数として一般解を

$$0 < x < a \text{ で} \quad \psi(x) = \alpha\cos\frac{\sqrt{2mE}}{\hbar}x + \beta\sin\frac{\sqrt{2mE}}{\hbar}x \qquad (3\cdot4\cdot7)$$

の形に書くこともできる[1]（脚注次頁）．ここまでで数学的には方程式が解けたわけであるが，次に波動関数 $\psi$ に前節の要請を入れて物理的に意味のある解にしなければならない．まず波動関数が 1 価連続有限であるという要請（前節の

(2)) を考慮してみよう．

　箱の外と中の解，(3・4・3) と (3・4・7) は１価有限であるが，箱の境界 $x=0$ と $x=a$ で連続とは限らない．箱の外の解は常に $\phi=0$ であるから，$\phi$ が $-\infty < x < \infty$ で連続であるためには箱の中の解が $x=0$ と $x=a$ で 0 でなければならないのである．

　まず $x=0$ では (3・4・7) から

$$\phi(0) = \alpha = 0$$

である必要がある．したがって箱の中の解は

$$\phi(x) = \beta \sin \frac{\sqrt{2mE}}{\hbar} x \qquad (3\cdot4\cdot8)$$

になる．次に $x=a$ では上式から

$$\phi(a) = \beta \sin \frac{\sqrt{2mE}}{\hbar} a = 0 \qquad (3\cdot4\cdot9)$$

でなければならない．したがって

$$\frac{\sqrt{2mE}}{\hbar} a = n\pi \qquad n = 1, 2, 3, \cdots \qquad (3\cdot4\cdot10)$$

が得られる．この結果を (3・4・8) に入れると，箱の中の解は

$$\phi(x) = \beta \sin \frac{n\pi}{a} x \qquad n = 1, 2, 3, \cdots \qquad (3\cdot4\cdot11)$$

となる．(3・4・10), (3・4・11) で $n$ を正整数に限定したが，$n$ を 0 にしても (3・4・9) を満足する．しかし $n$ を 0 にすると $\phi=0$，すなわち $|\phi|^2=0$ となって箱の中でも粒子が存在しないことになり意味がなくなる．

　最後に $\phi$ を規格化しよう（前節の要請 (1)）．１次元であるから

---

1) $\cos \frac{\sqrt{2mE}}{\hbar} x$ と $\sin \frac{\sqrt{2mE}}{\hbar} x$ が (3・4・4) の特殊解になっていることは，それらを (3・4・4) に代入してみてもすぐわかる．(3・4・7) はこの二つの特殊解の一次結合による一般解である．

$$\int_{-\infty}^{\infty} |\psi|^2 dx = 1$$

を満足するように (3・4・11) の $\beta$ を定めればよい.

$$\int_{-\infty}^{\infty} |\psi|^2 dx = |\beta|^2 \int_0^a \sin^2 \frac{n\pi}{a} x \, dx = |\beta|^2 \int_0^a \frac{1 - \cos \frac{2n\pi}{a} x}{2} dx$$
$$= \frac{a}{2} |\beta|^2 = 1$$

となるから

$$\beta = \sqrt{\frac{2}{a}}$$

となる(数学的には $\beta = \sqrt{2/a} \, e^{i\theta}$ ($\theta$ は複素数の位相) となるが, 前節の要請 (3) によりこのようにしてよい). したがって規格化された解として

$$\begin{cases} x \leqq 0 \text{ および } x \geqq a \text{ で} & \psi_n(x) = 0 \\ 0 < x < a \text{ で} & \psi_n(x) = \sqrt{\dfrac{2}{a}} \sin \dfrac{n\pi}{a} x \quad n = 1, 2, 3, \cdots \end{cases}$$

(3・4・12)

を得る. この解に対応するエネルギーは (3・4・10) から

$$\boxed{E_n = \frac{\pi^2 \hbar^2}{2m} \frac{n^2}{a^2}} \quad n = 1, 2, 3, \cdots \tag{3・4・13}$$

である.

　(3・4・12), (3・4・13) の結果は図 3・3 のように示すことができる. 粒子のエネルギーは量子数 $n$ の増加に伴って不連続的に増加する. これは古典論の場合 (連続エネルギー) との大きな相違である. また波動関数は両端を固定した弦に生じる定常波と同じ形をもち, エネルギーの増加とともに節の数が増す. なお最低エネルギー $E_1$ は, 古典論の場合と異なり有限の値をもつ. このエネルギーを**零点エネルギー** (zero-point energy) と呼ぶ[1] (脚注次頁). 図 3・4 に箱の中に粒子を見出す確率 $|\psi_n|^2$ を示す. 古典的粒子では, ポテンシャルエネルギー

## §3・4 1次元の箱の中の粒子

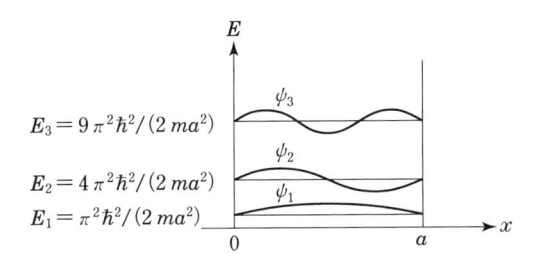

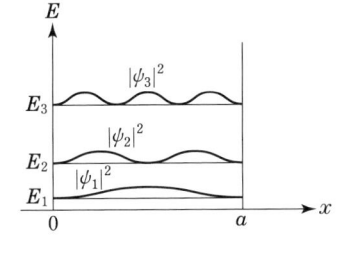

$E_3 = 9\pi^2\hbar^2/(2ma^2)$

$E_2 = 4\pi^2\hbar^2/(2ma^2)$

$E_1 = \pi^2\hbar^2/(2ma^2)$

図3・3　1次元の箱の中の粒子の固有状態 $\psi_i$ と固有値 $E_i$

図3・4　1次元の箱の中で粒子を見出す確率 $|\psi_n|^2$

$V=0$（または一定）のときは等速運動をするので，箱の中で粒子を見出す確率は一定である．これに対し微視的粒子では事情は全く異なっている．図からわかるように，最低エネルギーの状態 $E_1$ では，箱の中心で粒子を見出す確率が最も大きい．$E_2, E_3$ では，$E_1$ と異なったところに節をもっている．

　上の例では Schrödinger の方程式を箱の境界で解がつながるという**境界条件**(boundary condition) を入れて解いた．その結果，量子化されたとびとびのエネルギー $E_n$ と波動関数 $\psi_n$ が自然に得られたのである．このように境界条件を満足する（要請 (2) を満たす）波動関数 $\psi_n$ をエネルギー**固有関数**(eigen function)，それに対応するエネルギー $E_n$ をエネルギー**固有値**(eigen value) という[2]．次に積分

$$\int_{-\infty}^{\infty} \psi_m{}^*(x)\,\psi_n(x)\,dx$$

を計算してみよう．$\psi_m$ は規格化されているから，$m=n$ のときはもちろん積

---

1) 古典論では粒子が静止している状態 ($E=0$) でエネルギーが最低である．これに対し量子論では最低エネルギー状態でも粒子は零点エネルギーをもつ．これは水素原子の基底状態が陽子と電子が合体した状態ではなく，電子が Bohr 軌道を占める状態であることと同様である．なお，零点エネルギーの存在は§4・7で述べる不確定性原理で説明される．これについては p.95 を参照されたい．

2) $\psi_n, E_n$ は $\hat{H}\psi = E\psi$ の解である．$\hat{H}$ は全エネルギーから導かれた演算子であるから，$\psi_n$, $E_n$ をそれぞれエネルギー固有関数，エネルギー固有値という．§4・2ではエネルギー以外の一般の物理量の固有関数と固有値について述べる．

分値は 1 である．そこで $m \neq n$ とする．(3・4・12) から

$$\int_{-\infty}^{\infty} \psi_m{}^*(x)\, \psi_n(x)\, dx$$

$$= \frac{2}{a} \int_0^a \sin\frac{m\pi}{a} x \sin\frac{n\pi}{a} x\, dx$$

$$= -\frac{1}{a} \int_0^a \left\{ \cos\frac{(m+n)\pi}{a} x - \cos\frac{(m-n)\pi}{a} x \right\} dx$$

$$= \frac{-1}{(m+n)\pi} \left[ \sin\frac{(m+n)\pi}{a} x \right]_0^a + \frac{1}{(m-n)\pi} \left[ \sin\frac{(m-n)\pi}{a} x \right]_0^a$$

$$= 0$$

したがって $m = n$ の場合も含めて表すと

$$\int_{-\infty}^{\infty} \psi_m{}^*(x)\, \psi_n(x)\, dx = \delta_{mn} \tag{3・4・14}$$

となる[1]．一般に二つの関数 $\psi(\boldsymbol{r})$ と $\varphi(\boldsymbol{r})$ の間に

$$\int \psi^*(\boldsymbol{r}) \varphi(\boldsymbol{r})\, dv = 0 \tag{3・4・15}$$

が成立するとき $\psi$ と $\varphi$ は**直交する**(orthogonal；形容詞) という．いまの場合，関数系 $\psi_1, \psi_2, \cdots, \psi_n, \cdots \equiv \{\psi_n\}$ の各関数は互いに直交している．さらに各関数は規格化されているから，$\{\psi_n\}$ は**規格直交関数系**をなしているのである．

[例題 3.1] 長さ 10 cm の 1 次元の箱の中に閉じ込められた質量 10 g の古典的な球と幅 1Å の領域に存在している電子のエネルギー固有値を求めよ．また球の速さを $1\,\mathrm{m\,s^{-1}}$，電子のエネルギーを数百 eV 程度としてエネルギー量子化の効果を検討せよ．

[**解**] (3・4・13) からエネルギー固有値は

$$E_n = \frac{\pi^2 \hbar^2}{2m} \frac{n^2}{a^2} = \frac{h^2 n^2}{8ma^2} = \frac{(6.6261 \times 10^{-34}\,\mathrm{J\,s})^2}{8} \frac{n^2}{ma^2} = 5.488 \times 10^{-68} \frac{n^2}{ma^2}\,\mathrm{J^2\,s^2}$$

したがって球に対しては

$$E_n = 5.488 \times 10^{-68}\,\mathrm{J^2\,s^2} \frac{n^2}{(0.001\,\mathrm{kg})(0.1\,\mathrm{m})^2} = 5.488 \times 10^{-63}\, n^2\,\mathrm{J} \tag{1}$$

---

[1] $\delta_{mn}$ は $m = n$ のとき 1，$m \neq n$ のとき 0 を意味する記号である．

電子に対して

$$E_n = 5.488 \times 10^{-68} \frac{n^2}{9.109 \times 10^{-31}(10^{-10})^2} \text{J} = 6.02 \times 10^{-18} \, n^2 \, \text{J}$$

$$= 37.6 \, n^2 \, \text{eV} \tag{2}$$

となる．いま球の速さを $1 \, \text{m s}^{-1}$ とすれば，そのエネルギーは

$$E = \frac{1}{2} mv^2 = \frac{1}{2} \times (0.01 \, \text{kg}) \times (1 \, \text{m s}^{-1})^2 = 5 \times 10^{-3} \, \text{J}$$

となる．このエネルギーに対応する量子数 $n$ は (1) から $9.55 \times 10^{29}$ である．この $n$ の付近のエネルギー準位の間隔は

$$E_{n+1} - E_n = 5.49 \times 10^{-63}[(n+1)^2 - n^2] \, \text{J}$$
$$= 5.49 \times 10^{-63}(2n+1) \, \text{J}$$
$$\fallingdotseq 5.49 \times 10^{-63} \times 2 \times 9.55 \times 10^{29} \, \text{J}$$
$$= 1.0 \times 10^{-32} \, \text{J}$$

となって，球のエネルギー $5 \times 10^{-3}$ J と比較すると無視できる．すなわち古典的な球ではエネルギーは連続的とみなすことができる．エネルギーが数百 eV 程度の電子では，(2) から $n$ は 1 のオーダーであるからエネルギー量子化の効果が直接現れることがわかる．

## §3・5　3次元の箱の中の粒子

前節の議論を拡張して3次元の箱の中の自由粒子を考えてみよう．箱の3辺の長さを $a, b, c$ とし座標を図3・5のようにとる．1次元の場合と同様に箱の中では $V = 0$，箱の外では $V = \infty$ である．便宜上

$$V = V_x + V_y + V_z \tag{3・5・1}$$

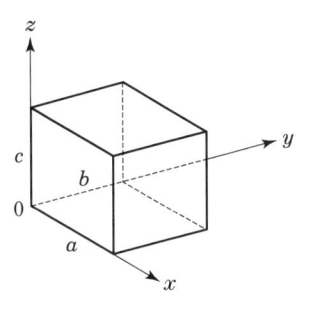

図3・5　3次元の箱

と表し

$$\begin{cases} 0 < x < a, \; 0 < y < b, \; 0 < z < c \; \text{で} & V_x = V_y = V_z = 0 \\ \text{それ以外の}\,(x, y, z)\,\text{で} & V_x = V_y = V_z = \infty \end{cases} \tag{3・5・2}$$

とする．
Schrödinger の方程式 $\hat{H}\psi = E\psi$ は，3次元であるから

$$\left[-\frac{\hbar^2}{2m}\left(\frac{\partial^2}{\partial x^2}+\frac{\partial^2}{\partial y^2}+\frac{\partial^2}{\partial z^2}\right)+V\right]\psi=E\psi \tag{3・5・3}$$

となる．これを解くために

$$\psi(x,y,z)=X(x)Y(y)Z(z) \tag{3・5・4}$$

とおき，(3・5・3) に代入すると

$$-\frac{\hbar^2}{2m}\left(YZ\frac{d^2X(x)}{dx^2}+XZ\frac{d^2Y(y)}{dy^2}+XY\frac{d^2Z(z)}{dz^2}\right)+VXYZ=EXYZ$$

となる．この式の両辺に $-2m/(\hbar^2 XYZ)$ をかけて移項すると

$$\frac{1}{X(x)}\frac{d^2X(x)}{dx^2}+\frac{1}{Y(y)}\frac{d^2Y(y)}{dy^2}+\frac{2m}{\hbar^2}(E-V_x-V_y)$$

$$=-\frac{1}{Z(z)}\frac{d^2Z(z)}{dz^2}+\frac{2m}{\hbar^2}V_z$$

を得る．ただし $V=V_x+V_y+V_z$ を用いた．上式の左辺は $x$ と $y$ だけの関数，右辺は $z$ だけの関数である．したがって上式が任意の $x, y, z$ に対して成立するためには，両辺が定数でなければならない（定数でないとすると，$x, y$ と $z$ を自由に変えたとき，それに伴って両辺の値が独立に自由に変わるので，等式が恒等的には成立しない）．この定数を $(2m/\hbar^2)E_z$ とおくと，次の二つの方程式が得られる．

$$\frac{1}{X(x)}\frac{d^2X(x)}{dx^2}+\frac{1}{Y(y)}\frac{d^2Y(y)}{dy^2}+\frac{2m}{\hbar^2}(E-V_x-V_y)=\frac{2m}{\hbar^2}E_z \tag{3・5・5}$$

$$\frac{d^2Z(z)}{dz^2}+\frac{2m}{\hbar^2}(E_z-V_z)Z(z)=0 \tag{3・5・6}$$

さらに (3・5・5) を移項して

$$\frac{1}{X(x)}\frac{d^2X(x)}{dx^2}+\frac{2m}{\hbar^2}(E-E_z-V_x)=-\frac{1}{Y(y)}\frac{d^2Y(y)}{dy^2}+\frac{2m}{\hbar^2}V_y$$

を得る．この式の左辺は $x$ だけの関数，右辺は $y$ だけの関数であるから，前と同様に両辺を定数，$(2m/\hbar^2)E_y$ とおいて

$$\frac{d^2 X(x)}{dx^2} + \frac{2\,m}{\hbar^2}(E_x - V_x) X(x) = 0 \tag{3・5・7}$$

$$\frac{d^2 Y(y)}{dy^2} + \frac{2\,m}{\hbar^2}(E_y - V_y) Y(y) = 0 \tag{3・5・8}$$

を得る．ただし (3・5・7) において
$$E = E_x + E_y + E_z \tag{3・5・9}$$
とした．結局，はじめの方程式 (3・5・3) は $\psi(x, y, z) = X(x)\,Y(y)\,Z(z)$ とおくことによって，それぞれ一つの変数だけを含む三つの方程式 (3・5・6) 〜 (3・5・8) に分離されたのである．以上のような方法を**変数分離の方法**という．

方程式 (3・5・6) 〜 (3・5・8) は前節の 1 次元の式 (3・4・2) と同じ形である．また境界条件 (3・5・2) も前と同じであるから，各方程式のエネルギー固有関数とエネルギー固有値は直ちに得られる．すなわち (3・4・12), (3・4・13) から，例えば (3・5・7) の解は量子数を $n_x$ として

$$\begin{cases} x \leqq 0 \text{ および } x \geqq a \text{ で} & X_{n_x}(x) = 0 \\ 0 < x < a \text{ で} & X_{n_x}(x) = \sqrt{\dfrac{2}{a}} \sin \dfrac{n_x \pi}{a} x \end{cases}$$

$$E_{n_x} = \frac{\pi^2 \hbar^2}{2\,m} \frac{n_x^2}{a^2} \qquad n_x = 1, 2, 3, \cdots$$

となる．(3・5・6) および (3・5・8) の解も同様である．(3・5・4) を考慮すると，箱の体積を $v(=abc)$ として，Schrödinger 方程式の解は

$$\begin{cases} \text{箱の外で} & \psi_{n_x n_y n_z}(x, y, z) = 0 \\ \text{箱の中で} & \psi_{n_x n_y n_z}(x, y, z) = \sqrt{\dfrac{8}{v}} \sin \dfrac{n_x \pi}{a} x \sin \dfrac{n_y \pi}{b} y \sin \dfrac{n_z \pi}{c} z \end{cases}$$
$$\tag{3・5・10}$$

これに対応するエネルギー固有値は (3・5・9) より

$$\boxed{E_{n_x n_y n_z} = \frac{\pi^2 \hbar^2}{2m}\left(\frac{n_x^2}{a^2} + \frac{n_y^2}{b^2} + \frac{n_z^2}{c^2}\right)} \qquad n_x, n_y, n_z = 1, 2, 3, \cdots$$

(3・5・11)

となる．また次の計算も 1 次元の場合と同様であるから明らかであろう[1]．

$$\iiint_{-\infty}^{\infty} \psi_{n_x n_y n_z}{}^*(\boldsymbol{r})\, \psi_{n_x' n_y' n_z'}(\boldsymbol{r})\, dv$$
$$= \int_0^a X_{n_x}{}^*(x)\, X_{n_x'}(x)\, dx \int_0^b Y_{n_y}{}^*(y)\, Y_{n_y'}(y)\, dy \int_0^c Z_{n_z}{}^*(z)\, Z_{n_z'}(z)\, dz$$
$$= \delta_{n_x n_x'} \delta_{n_y n_y'} \delta_{n_z n_z'}$$
$$= \delta_{n_x n_y n_z,\, n_x' n_y' n_z'}$$

$(n_x, n_y, n_z)$ は (111), (112) など三つの正整数の組で表されるが，$(n_x, n_y, n_z)$ をまとめて $n$ で表すと[2]，上式は

$$\iiint_{-\infty}^{\infty} \psi_n{}^*(\boldsymbol{r})\, \psi_{n'}(\boldsymbol{r})\, dv = \delta_{nn'} \tag{3・5・12}$$

となる．すなわち固有関数系 $\{\psi_n(\boldsymbol{r})\}$ は規格直交系をなすのである．

次に $a = b = c$ すなわち立方体の箱の場合を考えてみよう．このときはエネルギー固有値 (3・5・11) は

$$E_{n_x n_y n_z} = \frac{\pi^2 \hbar^2}{2ma^2}(n_x^2 + n_y^2 + n_z^2) \tag{3・5・13}$$

となる．したがって (112) と (121) のように異なった整数の組でも，$n_x^2 + n_y^2 + n_z^2$ が等しいときには固有値は等しい（図3・6）．一方，エネルギー固有関数は

$$\psi_{n_x n_y n_z} = \sqrt{\frac{8}{v}} \sin\frac{n_x \pi}{a}x\, \sin\frac{n_y \pi}{a}y\, \sin\frac{n_z \pi}{a}z \tag{3・5・14}$$

---

1) 次式の $\delta_{n_x n_y n_z,\, n_x' n_y' n_z'}$ は $n_x = n_x'$, $n_y = n_y'$ および $n_z = n_z'$ が同時に成立するとき 1, それ以外では 0 を意味する記号である．
2) このとき (111), (112), $\cdots$ には通し番号 $n = 1, 2, \cdots$ がつくことになる．

であるから整数の組が異なれば異なる．すなわち立方体では<u>同じ固有値にいくつかの異なった固有関数が対応し得る</u>のである．このような場合，固有値は**縮重**または**縮退**して (degenerate) いるという．図3·6によると，最低固有値と下から5番目の固有値は縮重していないが，2〜4番目の固有値の状態は3重に縮重している．なお一つの固有値に対応する固有関数の数を，その固有値の**縮重度**(degeneracy)

$E_{n_x n_y n_z} \Big/ \left( \dfrac{\pi^2 \hbar^2}{2ma^2} \right)$
$(= n_x^2 + n_y^2 + n_z^2)$

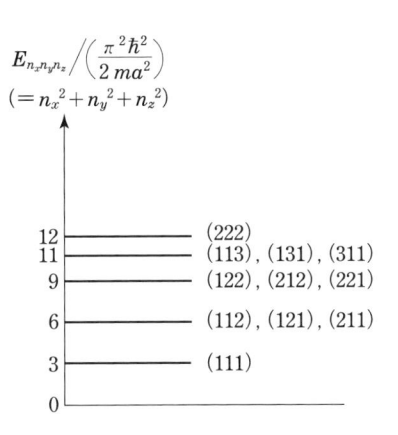

12 ── (222)
11 ── (113), (131), (311)
9 ── (122), (212), (221)
6 ── (112), (121), (211)
3 ── (111)
0

**図3·6** 3次元の箱の中の粒子の固有値（立方体の場合）

という．立方体の場合，エネルギー固有値の縮重度はエネルギーの低い順に1, 3, 3, 3, 1, ⋯ である．

上で述べた箱の中の自由粒子の波動関数は，分子間に力がはたらかない理想気体の分子の波動関数として使われる．また，金属中の電子の振舞いを近似的に説明するのにも使われる（自由電子モデル）．これらの例では，統計力学の原理を用いて自由粒子の波動関数から理想気体や金属の巨視的性質が導かれる．

## §3·6　調和振動子―古典論と量子論

この節では，1次元調和振動子の Schrödinger 方程式を解くことを試みる．この系は分子振動のモデルとして重要である．まず，1次元調和振動子を古典力学で取り扱うことにする．図3·7はバネに固定された質量 $m$ の質点である．質点を平衡位置 ($x=0$) から $x$ の位置まで移動すると，質点はバネによって $-kx$ の力を受ける．ただし $k$ はバネ定数である．したがって，Newton の運動方程式は

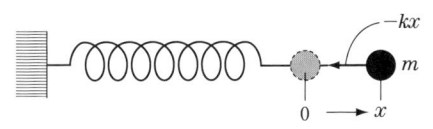

**図3·7**　バネに固定された質量 $m$ の質点にはたらく力

$$m\frac{d^2x}{dt^2} = -kx \tag{3・6・1}$$

である．これを変形して

$$\frac{d^2x}{dt^2} + \frac{k}{m}x = 0$$

この式は (3・4・4) と同じ形の微分方程式であるから，一般解は (3・4・7) と同じ形で

$$x = a\cos\sqrt{\frac{k}{m}}t + \beta\sin\sqrt{\frac{k}{m}}t \tag{3・6・2}$$

となる．速度は

$$v = \frac{dx}{dt} = \sqrt{\frac{k}{m}}\left(-a\sin\sqrt{\frac{k}{m}}t + \beta\cos\sqrt{\frac{k}{m}}t\right)$$

である．$t = 0$ で $x = a, v = 0$ とすれば ($x = a$ の位置までバネを伸ばして，運動を開始した場合)，上の二つの式から $x = a = a, v = \sqrt{k/m}\,\beta = 0$，すなわち $a = a, \beta = 0$ であるから，(3・6・2) は

$$\boxed{x = a\cos\sqrt{\frac{k}{m}}t} \tag{3・6・3}$$

と書ける．上式で表されるような運動を一般に**単振動**(simple harmonic oscillation) または**調和振動**(harmonic oscillation) という．また，$a$ を**振幅**(amplitude) という．この振動の周期，振動数および角振動数は

$$T = \frac{2\pi}{\sqrt{k/m}} \qquad \nu = \frac{1}{T} = \frac{1}{2\pi}\sqrt{\frac{k}{m}} \qquad \omega = 2\pi\nu = \sqrt{\frac{k}{m}} \tag{3・6・4}$$

である．上式を用いて (3・6・3) を書き直すと

$$x = a\cos\omega t \tag{3・6・5}$$

また

$$v = -a\omega\sin\omega t \tag{3・6・6}$$

$$k = m\omega^2 \tag{3・6・7}$$

## §3·6 調和振動子—古典論と量子論

となる．次に，質点をバネの力 $(-kx)$ に抗して平衡位置 $(x=0)$ から $x$ まで移動させるのに要する仕事は

$$W = \int_0^x kx\,dx = \frac{1}{2}kx^2 = \frac{m\omega^2 x^2}{2}$$

であるが，この仕事は，質点が $x$ においてもつ，位置エネルギー（ポテンシャルエネルギー）に相当する．すなわち

$$V = \frac{1}{2}kx^2 = \frac{m\omega^2 x^2}{2} = \frac{m\omega^2}{2}a^2\cos^2\omega t \qquad (3\cdot6\cdot8)$$

である．一方，運動エネルギーは，(3·6·6) を用いて

$$T = \frac{1}{2}mv^2 = \frac{m\omega^2}{2}a^2\sin^2\omega t \qquad (3\cdot6\cdot9)$$

となる．よって，全エネルギーは

$$H = T + V = \frac{m\omega^2 a^2}{2} \qquad (3\cdot6\cdot10)$$

であり，一定である．

次に量子論に移る．ハミルトニアンは

$$\hat{H} = \hat{T} + \hat{V} = -\frac{\hbar^2}{2m}\frac{d^2}{dx^2} + \frac{m\omega^2 x^2}{2}$$

であるから，時間に依存しない Schrödinger 方程式 $\hat{H}\psi = E\psi$ は

$$\left[-\frac{\hbar^2}{2m}\frac{d^2}{dx^2} + \frac{m\omega^2 x^2}{2}\right]\psi = E\psi \qquad (3\cdot6\cdot11)$$

$$\frac{d^2\psi}{dx^2} + \left(\frac{2mE}{\hbar^2} - \frac{m^2\omega^2 x^2}{\hbar^2}\right)\psi = 0$$

となる．この式を簡単にするために

$$\xi = \alpha x \qquad \alpha = \sqrt{\frac{m\omega}{\hbar}} \qquad \lambda = \frac{2E}{\hbar\omega} \qquad (3\cdot6\cdot12)$$

とおけば，$d^2/dx^2 = \alpha^2(d^2/d\xi^2)$ であるから，

$$\frac{d^2\psi}{d\xi^2} + (\lambda - \xi^2)\,\psi = 0 \qquad (3\cdot6\cdot13)$$

を得る．(3·6·12) では $\xi$ も $\lambda$ も次元のない量である[1])．

まず，(3·6·13) の解を $|\xi| \to \infty$ の場合に考察してみよう．このときは (3·6·13) は

$$\frac{d^2\psi}{d\xi^2} - \xi^2 \psi = 0 \qquad (3\cdot6\cdot14)$$

と書ける．この式は $\psi \propto e^{c\xi^2}$ 型の解をもつ．実際，$\psi = e^{c\xi^2}$ とすると

$$\frac{d\psi}{d\xi} = 2\,c\xi e^{c\xi^2} \qquad \frac{d^2\psi}{d\xi^2} = 2\,c e^{c\xi^2} + 4\,c^2\xi^2 e^{c\xi^2} \approx 4\,c^2\xi^2 e^{c\xi^2} \quad (|\xi| \to \infty)$$

である．これらの式を (3·6·14) に入れて

$$4\,c^2\xi^2 e^{c\xi^2} - \xi^2 e^{c\xi^2} = 0$$

となる．よって，$4\,c^2 = 1$，$c = \pm 1/2$ が得られる．すなわち，$\psi \propto e^{\pm\xi^2/2}$ が (3·6·14) の解である．ところで，この解で＋の符号をとると，$|\xi| \to \infty$ で，$\psi \to \infty$ となり，解は発散する．したがって，波動関数として許される解は

$$\psi \propto e^{-\xi^2/2} \qquad \text{ただし } |\xi| \to \infty \qquad (3\cdot6\cdot15)$$

である．

次に $\xi$ の任意の値における解を求めるために，上式 ($|\xi| \to \infty$ における漸近解) を考慮して

$$\psi = H(\xi)\,e^{-\xi^2/2} \qquad (3\cdot6\cdot16)$$

とおき，(3·6·13) に代入することにする[2])．上式から

$$\psi' = H'\,e^{-\xi^2/2} - \xi H\,e^{-\xi^2/2} = \{H' - \xi H\}e^{-\xi^2/2}$$

$$\psi'' = \{H'' - H - \xi H'\}e^{-\xi^2/2} + \{H' - \xi H\}(-\xi)e^{-\xi^2/2}$$

$$= \{H'' - 2\xi H' - H + \xi^2 H\}e^{-\xi^2/2}$$

であるから，(3·6·13) は次のようになる．

---

[1) 次元を [ ] で表すと，$[\xi] = [m\omega/\hbar]^{1/2}[x] = [\mathrm{MT^{-1}}/(\mathrm{ML^2T^{-1}})\,]^{1/2}[\mathrm{L}] = [1]$，$[\lambda] = [E]/[\hbar\omega] = [E]/[E] = [1]$．
2) $H$ は §3·1 で導入したハミルトン関数ではない．(3·6·16) を満たすある関数である．

## §3・6 調和振動子—古典論と量子論

$$H''(\xi) - 2\xi H'(\xi) + (\lambda - 1)H(\xi) = 0 \qquad (3\cdot6\cdot17)$$

すなわち，$H(\xi)$ を求めるには，この微分方程式を解けばよいことになる．

上式を解くために

$$H(\xi) = \sum_{n=0}^{\infty} c_n \xi^n \qquad (3\cdot6\cdot18)$$

とおいてみる．これを**多項式法**という．この式から

$$H'(\xi) = \sum_{n=1}^{\infty} n c_n \xi^{n-1} = \sum_{n=0}^{\infty} n c_n \xi^{n-1}$$

$$H''(\xi) = \sum_{n=2}^{\infty} n(n-1) c_n \xi^{n-2} = \sum_{m=0}^{\infty} (m+2)(m+1) c_{m+2} \xi^m$$

$$= \sum_{n=0}^{\infty} (n+1)(n+2) c_{n+2} \xi^n$$

ただし，上の変形では，まず $n-2 = m$ とおき，次に $m$ を $n$ におき換えた．これらの式を (3・6・17) に代入すると

$$\sum_{n=0}^{\infty} \{(n+1)(n+2) c_{n+2} - 2n c_n + (\lambda - 1) c_n\} \xi^n = 0$$

この式が任意の $\xi$ で成立するためには，{ } 内が 0 でなければならないから

$$c_{n+2} = \frac{2n+1-\lambda}{(n+1)(n+2)} c_n \qquad (3\cdot6\cdot19)$$

これは展開係数を一つおきに定める式である．すなわち，$c_0$ を選ぶと，$c_2, c_4, c_6,$ …（偶数項）が決定され，$c_1$ を選ぶと，$c_3, c_5, c_7,$ …（奇数項）が決定される．したがって，(3・6・13) の解として，次の二つの可能性がある．

$$\psi = e^{-\xi^2/2} \sum_{l=0}^{\infty} c_{2l}\, \xi^{2l} \qquad (3\cdot6\cdot20)$$

$$\psi = e^{-\xi^2/2} \sum_{l=0}^{\infty} c_{2l+1} \xi^{2l+1} \qquad (3\cdot6\cdot21)$$

ただし，上の二つの式の第一項の係数 $c_0$ と $c_1$ は任意定数で，他の項の係数は (3・6・19) により決まる．次に上式が物理的に許される解かどうかをみるために $\xi \to \infty$ における振舞いを調べてみよう．(3・6・20), (3・6・21) とも，$n \to \infty$ に

おける，隣り合った項の係数の比は，(3・6・19) から

$$\frac{c_{n+2}}{c_n} \to \frac{2n}{n^2} = \frac{2}{n} \tag{3・6・22}$$

である．一方，$e^x = \sum_{m=0}^{\infty} x^m/m!$ であるから，

$$e^{\xi^2} = \sum_{m=0}^{\infty} \frac{\xi^{2m}}{m!} = \sum_{n=0}^{\infty} \frac{\xi^n}{(n/2)!} \quad (n = 偶数)$$

となるが，この級数の隣り合った項の係数の比は，$n \to \infty$ で

$$\frac{(n/2)!}{\{(n+2)/2\}!} = \frac{2}{n+2} \to \frac{2}{n}$$

となり，(3・6・20), (3・6・21) の $\psi$ と同様な振舞いを示す ((3・6・22) 参照)．ところで，$e^{x^2}$ は発散するから，(3・6・20), (3・6・21) の $\psi$ も無限級数のままでは発散すると考えられる．つまり，物理的に受け入れられる解になるためには，$\psi$ の級数は有限 (多項式) でなければならないのである．ところで，(3・6・19) から，$2n+1-\lambda = 0$，すなわち

$$\lambda = 2n+1 \quad n = 0, 1, 2, \cdots \tag{3・6・23}$$

が成立すれば，$c_{n+2} = c_{n+4} = \cdots = 0$ となり，$\psi$ は $\xi^n$ までの項を含む多項式となる．上式と (3・6・12) から

$$E = \frac{\lambda \hbar \omega}{2} = \frac{(2n+1)\hbar\omega}{2} \tag{3・6・24}$$

となるので

$$E_n = \left(n + \frac{1}{2}\right)\hbar\omega \quad n = 0, 1, 2, \cdots \tag{3・6・25}$$

の条件が成立すれば

$$\left.\begin{array}{l} \psi_n = e^{-\xi^2/2}(c_0 + c_2\xi^2 + \cdots + c_n\xi^n) \quad n = 偶数 \\ \psi_n = e^{-\xi^2/2}(c_1\xi + c_3\xi^3 + \cdots + c_n\xi^n) \quad n = 奇数 \end{array}\right\} \tag{3・6・26}$$

となり，物理的に意味がある解 (エネルギー固有関数) が得られる．なお，(3・6・25) はこれらの関数に対応するエネルギー固有値である．(3・6・26) 上の二つ

の式の ( ) 内は (3・6・19) を用いて $\xi^n$ の項まで求めることによって，次のようになる．

$$
\begin{aligned}
&n = 0, \ \lambda = 1 \quad && c_0 \\
&n = 1, \ \lambda = 3 \quad && c_1 \xi \\
&n = 2, \ \lambda = 5 \quad && c_0(1 - 2\,\xi^2) \\
&n = 3, \ \lambda = 7 \quad && c_1\left(\xi - \frac{2}{3}\,\xi^3\right) \\
&n = 4, \ \lambda = 9 \quad && c_0\left(1 - 4\,\xi^2 + \frac{4}{3}\,\xi^4\right)
\end{aligned}
$$

................................

上のような多項式は **Hermite（エルミート）の多項式**に相当する．Hermite の多項式は

$$
\boxed{H_n(\xi) = (-1)^n e^{\xi^2} \frac{d^n e^{-\xi^2}}{d\xi^n}} \tag{3・6・27}
$$

から求められ

$$
\frac{d^2 H_n}{d\xi^2} - 2\,\xi\,\frac{dH_n}{d\xi} + 2\,n\,H_n = 0 \tag{3・6・28}
$$

を満たす[1]．上式は (3・6・17) で $\lambda = 2n+1$ として，そのときの $H$ を $H_n$ としたものに当たる．$H_n$ については，次の関係が成立する（証明略）．

$$
\left.\boxed{\begin{aligned}
&\int_{-\infty}^{\infty} H_n(\xi) H_m(\xi) e^{-\xi^2} d\xi = 2^n\, n!\sqrt{\pi}\,\delta_{nm} \\
&\xi H_n(\xi) = n\,H_{n-1}(\xi) + (1/2)\,H_{n+1}(\xi)
\end{aligned}}\right\} \tag{3・6・29}
$$

$n$ が 6 までの $H_n$ を次に記す．

---

[1] Hermite の多項式については，例えば，巻末参考書 (1) 参照．

$$H_0(\xi) = 1 \quad H_1(\xi) = 2\,\xi \quad H_2(\xi) = 4\,\xi^2 - 2 \quad H_3(\xi) = 8\,\xi^3 - 12\,\xi$$
$$H_4(\xi) = 16\,\xi^4 - 48\,\xi^2 + 12 \quad H_5(\xi) = 32\,\xi^5 - 160\,\xi^3 + 120\,\xi$$
$$H_6(\xi) = 64\,\xi^6 - 480\,\xi^4 + 720\,\xi^2 - 120$$

$$(3 \cdot 6 \cdot 30)$$

これらの式を使うと，規格化定数を $N$ として

$$\psi_n(\xi) = N\, e^{-\xi^2/2}\, H_n(\xi) \tag{3·6·31}$$

となる．$N$ は $\int_{-\infty}^{\infty} |\psi_n(x)|^2\, dx = 1$ から決まる．(3·6·12) と (3·6·29) を用いて

$$1 = \int_{-\infty}^{\infty} |\psi_n(x)|^2 dx = N^2 \int_{-\infty}^{\infty} e^{-\xi^2}(H_n(\xi))^2 \frac{1}{\alpha} d\xi = N^2 2^n\, n!\, \frac{\sqrt{\pi}}{\alpha}$$

を得る．この式から求められる $N$ を用いて波動関数とそれに対応する固有値は次のようになる．

$$\boxed{\begin{aligned}\psi_n &= \left(\frac{\alpha}{\pi^{1/2} 2^n\, n!}\right)^{1/2} e^{-\alpha^2 x^2/2} H_n(\alpha x) \qquad \alpha = \sqrt{\frac{m\omega}{\hbar}} \\ E_n &= \left(n + \frac{1}{2}\right)\hbar\omega\end{aligned}} \quad n = 0, 1, 2, \cdots$$

$$(3 \cdot 6 \cdot 32)$$

なお，(3·6·29) から異なった固有値に対応する波動関数 $\psi_n$ と $\psi_m$ は直交することがわかる．すなわち，

$$\int_{-\infty}^{\infty} \psi_n\, \psi_m\, dx = \delta_{nm} \tag{3·6·33}$$

である．したがって，関数系 $\{\psi_n\}$ は規格直交系をなす．

## §3·7 調和振動子の解の性質

前節で求めた調和振動子のエネルギー固有値 $E_n$ とエネルギー固有関数 $\psi_n$ の性質を調べよう．図 3·8 に (3·6·32) より求めた波動関数 $\psi_n$ を，図 3·9 に粒子 (質点) を見出す確率 $|\psi_n|^2 = \psi_n^2$ と固有値 $E_n$ を示す．なお，図 3·9 では古典

§3·7 調和振動子の解の性質

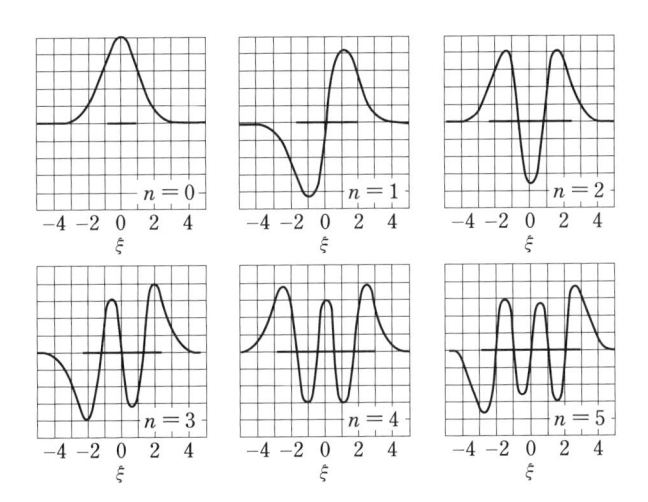

図 3·8 調和振動子の波動関数 $\psi_n$. 横線は古典的粒子の存在範囲を示す (L. Pauling, E. B. Wilson, Introduction to Quantum Mechanics, McGraw-Hill (1935)).

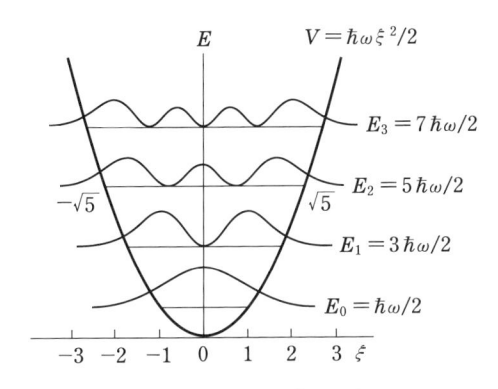

図 3·9 粒子を見出す確率 $\psi_n^2$ と固有値 $E_n$. $V$ は古典論による位置エネルギー曲線.

論による位置エネルギー曲線 $V = (1/2)m\omega^2 x^2 = \hbar\omega\xi^2/2$ も示してある ((3·6·8) および (3·6·12) 参照).

まず, 固有値は量子数が $n = 0, 1, 2, \cdots\cdots$ で

$$\frac{1}{2}\hbar\omega, \frac{3}{2}\hbar\omega, \frac{5}{2}\hbar\omega, \frac{7}{2}\hbar\omega, \cdots\cdots$$

というとびとびの値をもつ．古典的には最低エネルギーが0であるのに対し，量子論では，このように$(1/2)\hbar\omega$という零点エネルギーをもつことが特徴的である．最低エネルギーが有限の例は，箱の中の自由粒子 (p.46) の場合にも示された．

次に古典論では，粒子は図3・9の$E_n = $ 一定 の横線の外に出ることはない．$E_2$の場合に記入したように，粒子は$\xi$が$aa (=\sqrt{5})$と$-aa (=-\sqrt{5})$の間を往復する．これは振幅の両端の点で全エネルギー$E_2 = V$となり，運動エネルギーが0になるからである．このような古典的運動範囲を示す横線は図3・8にも示してある．ところで図3・8と図3・9によると，$\psi_n, \psi_n{}^2$ともにこの範囲の外側にしみ出している．これは量子論特有の現象である．粒子はエネルギーの壁を通り抜けて$E-V<0$の領域にも存在確率をもつのである．一般に粒子がしみ出す確率は，ポテンシャル壁の高さが低いほど，壁の厚さが薄いほど大きい[1]（脚注次頁）．なお，古典論では存在確率は粒子の運動の速さの逆数に比例す

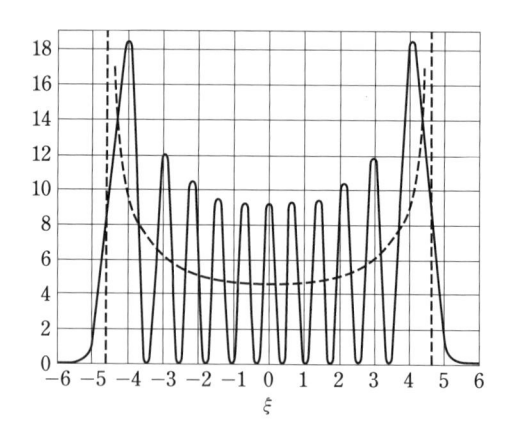

図3・10  $n=10$の場合の存在確率$\psi_n{}^2$と古典論による存在確率（点線）(L. Pauling, E. B. Wilson, Introduction to Quantum Mechanics, McGraw-Hill (1935)).

## §3・7 調和振動子の解の性質

る．(3・6・5), (3・6・6) によると

$$\text{存在確率（古典論）} \propto \frac{1}{|v|} = \frac{1}{|a\omega \sin \omega t|} = \frac{1}{a\omega \sqrt{1-(x/a)^2}}$$

である．図3・10 に $n = 10$ の場合の古典論による存在確率（点線）と $\psi_n{}^2$ を示した．図3・9 と図3・10 から，量子論では $n$ の値が小さいときは粒子は中心付近に存在しているが，$n$ が大きくなると次第に端の方にも存在するようになり，$\psi_n{}^2$ が振動することを除くと，量子論の結果は古典論の結果に近づくことがわかる．同様な傾向は図3・4 (p. 47) の箱の中の自由粒子の場合にもみられる．

---

1) p. 47 の箱の中の粒子の場合は，ポテンシャル壁の高さ $V$ も壁の厚さもともに無限大にしたので，粒子が外にしみ出すことはなかった．

# 4 量子力学の基礎

　この章では前章で述べた議論を一般化して，量子力学（波動力学）の基礎をなしているいくつかの根本仮定と，それから導かれる一般原理を述べることにする．これらの仮定は，幾何学における公理と同様に証明できるものではない．それから得られた結論が実験結果と一致するかどうかで，その正当性が判断されるものである．
　この章は他の章に比べて抽象的な記述が多いので，そのような内容に初めて接する読者にはやや難解かも知れない．一読して理解できない場合には，5章以下の具体的な問題に関連してこの章を何回も読み直し，その物理的意味を理解するように努めていただきたい．

## §4·1 系の状態

　われわれが量子論で考察の対象とする微視的粒子の集まりを一つの系と考える．このような系の状態は，どのように記述されるであろうか．前章では1粒子の時間に依存しない系を考え，その状態が（規格化された）波動関数 $\psi(x, y, z)$ で与えられるとした．また粒子を $x \sim x+dx$, $y \sim y+dy$, $z \sim z+dz$ ($=dv$) に見出す確率が $|\psi(x, y, z)|^2 dv$ になると仮定した．これを時間に依存する一般の系の場合にも拡張して，次の仮定を設ける．

> **仮定 I** 系の座標を $q$ とすると時刻 $t$ における系の状態は波動関数 $\Psi(q, t)$ によって与えられる．なお，$|\Psi(q,t)|^2 dq$ は系の座標が $q \sim q+dq$ をとる確率を表す．

　上の仮定で $q$ は系を記述するために必要な座標をまとめて表したもので，例えば $n$ 個の粒子系の場合には $x_1, y_1, z_1, \cdots, x_n, y_n, z_n$ を代表して $q$ で表すものとする．この場合，$|\Psi(q,t)|^2 dq = |\Psi(x_1, y_1, z_1, \cdots, z_n, t)|^2 dx_1 dy_1 dz_1 \cdots dz_n$

は $n$ 個の粒子をそれぞれ $x_1 \sim x_1+dx_1$, $y_1 \sim y_1+dy_1$, $z_1 \sim z_1+dz_1$, $\cdots$, $z_n \sim z_n+dz_n$ の領域に見出す確率に相当する．

系の状態が $\Psi(q,t)$ で決められるという量子力学の仮定は，古典物理学の考え方と根本的に対立する．古典物理学では系の状態は座標 $q$ と運動量 $p$ で決定され，$q$ も $p$ も時間 $t$ の関数として，各瞬間に明確に定まっている．例えば質量 $m$ の質点の運動は $t=0$ における位置座標 $\boldsymbol{r}_0$ と速度 $\boldsymbol{v}_0$ を与えれば，運動方程式

$$\boldsymbol{F} = m\frac{d^2\boldsymbol{r}}{dt^2}$$

によって自動的に決められる．すなわち $\boldsymbol{r}(t)$, $\boldsymbol{p}(t)$ $(=m\boldsymbol{v}(t))$ が決定するのである．これに対し量子力学では，系の座標 $q$ は $|\Psi(q,t)|^2$ を通して確率的にしか決められない．$p$ についても同様な事情があるが，それについては後述する（§4・7 参照）．

なお pp. 41-42 で述べた $\psi$ についての三つの要請は，$|\Psi(q,t)|^2$ を確率と考える以上，$\Psi(q,t)$ についても成立するとしなければならない．すなわち

(1) $\int |\Psi(q,t)|^2 dq = 1$ [1)]

(2) $\underline{\Psi\text{ は 1 価連続有限である．}}$

(3) $\underline{\Psi \text{ と } \Psi e^{i\theta} \text{ とは同じ状態を表す．}}$

次に仮定 II に移る．

---

**仮 定 II**　系の波動関数 $\Psi$ は

$$\hat{H}\Psi = i\hbar\frac{\partial \Psi}{\partial t} \quad\quad (4\cdot 1\cdot 1)$$

を満足する．

---

これは時間に依存する Schrödinger 方程式 (3・2・10) であって，§3・2 で最も

---

1) 積分 $\int |\Psi(q,t)|^2 dq$ が収束しない場合もある．このときは (1) の要請を満たすことができない．この場合，$|\Psi(q,t)|^2$ は相対確率を表すものとする．

根本的な方程式として導入したものである．$\hat{H}$ は古典的なハミルトン関数である $H(q,p,t)$ から，$p \to (\hbar/i)(\partial/\partial q)$ の操作によって得られる演算子 $H(q,(\hbar/i)(\partial/\partial q),t)$ であることは前と同様である[1]．仮定 I の波動関数は，$\Psi$ の初期値 $\Psi(q,t_0)$ を与えると適当な境界条件の下に (4・1・1) を解いて決定されることになる．

## §4・2 固 有 値

§3・4〜§3・6 では時間に依存しない Schrödinger の方程式 $\hat{H}\psi = E\psi$ を，前節の要請 (1)〜(3) の下に解いてエネルギー固有関数とエネルギー固有値 $\psi_n, E_n$ を得た．仮定 III で一般的に述べるように，エネルギー固有値は，われわれが系のエネルギーを測定したとき得られる値である．3次元の箱の中にある粒子の場合，粒子のエネルギーの測定値として $E_{n_x n_y n_z} = (\pi^2 \hbar^2/2m)(n_x^2/a^2 + n_y^2/b^2 + n_z^2/c^2)$ $(n_x, n_y, n_z = 1, 2, 3 \cdots)$ のうちの一つが得られるのである．

われわれが古典物理学で測定の対象とする**古典物理量**[2] はエネルギーの他にも運動量，角運動量などいろいろあり，全エネルギー $H$ の場合と同様に系の座標と運動量の関数として表すことができる．例えば角運動量 $l$ は $l = r \times p$ であるから (p. 13 (1・3・12))，これを成分に分けて書くと，

$$\left. \begin{array}{l} l_x = yp_z - zp_y \\ l_y = zp_x - xp_z \\ l_z = xp_y - yp_x \end{array} \right\} \quad (4・2・1)$$

となる．すなわち $l(r, p) = l(x, y, z, p_x, p_y, p_z)$ である．前節のように，いくつかの座標と運動量をまとめてそれぞれ $q, p$ と記すと，一般の古典物理量 $F$ は $F(q,p)$ で表すことができる．さて量子力学的系に対して古典物理量 $F$ を測

---

1) 古典的なハミルトン関数が得られないような純量子論的効果 (例えばスピン-7章) を含む場合には，$\hat{H}$ をこのようにして定めることができない．したがって仮定 II を採用しない本も多い．
2) このような物理量を測定可能という意味でオブザーバブル (observable) という．

## §4・2 固 有 値

定したとき,測定値としてどのような値が得られるであろうか.それに関する仮定が,次の仮定 III である.

---

**仮定 III** 古典物理量 $F(q,p)$ の測定値 $f$ は

$$\hat{F}\psi = f\psi \qquad f:\text{定数} \qquad (4\cdot2\cdot2)$$

を適当な境界条件の下に解いて得られる.ただし $\hat{F}$ は $F(q,p)$ $\to F(q,(\hbar/i)(\partial/\partial q))$ の変換により得られる演算子である.

---

この仮定は,エネルギー固有値を求める方程式 (時間に依存しない Schrödinger 方程式) $\hat{H}\psi = E\psi$ を一般の物理量 $F$ の場合にも拡張したものである.$\hat{H}\psi = E\psi$ を解いて $E_i, \psi_i$ $(i=1,2,\cdots)$ が得られたように,適当な境界条件の下に $\psi$ が1価連続有限という要請を入れて $\hat{F}\psi = f\psi$ を解くと,$f_i, \psi_i$ $(i=1,2,\cdots)$ が得られる.このとき <u>$f_i$ を $F$ の固有値,$\psi_i$ を ($f_i$ に対応する) 固有関数という</u>.上の仮定 III から,$F$ の測定値としてどのような値が得られるか知るためには,$F$ の固有値を求めればよいことになる.

角運動量の $x$ 成分の場合,(4・2・1) の $p_z, p_y$ をそれぞれ $(\hbar/i)(\partial/\partial z)$, $(\hbar/i)(\partial/\partial y)$ に変えると演算子

$$\hat{l}_x = y\frac{\hbar}{i}\frac{\partial}{\partial z} - z\frac{\hbar}{i}\frac{\partial}{\partial y} = \frac{\hbar}{i}\left(y\frac{\partial}{\partial z} - z\frac{\partial}{\partial y}\right)$$

を得る.したがって

$$\frac{\hbar}{i}\left(y\frac{\partial}{\partial z} - z\frac{\partial}{\partial y}\right)\psi = m_x\psi$$

に境界条件を入れて解くと,$l_x$ の固有値 $m_{x_1}, m_{x_2}, \cdots$ とそれに対応する固有関数 $\psi_{x_1}, \psi_{x_2}, \cdots$ が求められる (5章).われわれがある系に対して $l_x$ の測定を行うと,$m_{x_1}, m_{x_2}, \cdots$ のうちの一つの値が得られるのである.$l_y, l_z$ についても同様である.角運動量の各成分の演算子を下にまとめておく.

$$\boxed{\begin{aligned}\hat{l}_x &= \frac{\hbar}{i}\left(y\frac{\partial}{\partial z} - z\frac{\partial}{\partial y}\right) \\ \hat{l}_y &= \frac{\hbar}{i}\left(z\frac{\partial}{\partial x} - x\frac{\partial}{\partial z}\right) \\ \hat{l}_z &= \frac{\hbar}{i}\left(x\frac{\partial}{\partial y} - y\frac{\partial}{\partial x}\right)\end{aligned}} \qquad (4\cdot 2\cdot 3)$$

[例題 4・1] 運動量の固有値を求める方程式を書け.

[解] $\boldsymbol{p} \to (\hbar/i)\nabla$ の変換により
$$\hat{\boldsymbol{p}} = (\hbar/i)\nabla$$
固有値を $\boldsymbol{p}_0\,(p_{0x}, p_{0y}, p_{0z})$ とすると $(\hbar/i)\nabla\psi = \boldsymbol{p}_0\psi$ が求める方程式である. 成分に分けて書くと次式のようになる.

$$\left.\begin{aligned}\frac{\hbar}{i}\frac{\partial \psi}{\partial x} &= p_{0x}\psi \\ \frac{\hbar}{i}\frac{\partial \psi}{\partial y} &= p_{0y}\psi \\ \frac{\hbar}{i}\frac{\partial \psi}{\partial z} &= p_{0z}\psi\end{aligned}\right\}$$

## §4・3 古典物理量の演算子の性質

前節では古典物理量から得られる演算子 $\hat{F}$ とその固有値について述べたが, $\hat{F}$ の性質について次の仮定を設ける.

---

**仮定 IV** 古典物理量 $F$ の演算子 $\hat{F}$ は一次演算子である. すなわち $c$ を任意定数として

$$\left.\begin{aligned}\hat{F}(\Psi_1 + \Psi_2) &= \hat{F}\Psi_1 + \hat{F}\Psi_2 \\ \hat{F}(c\Psi) &= c\hat{F}\Psi\end{aligned}\right\} \qquad (4\cdot 3\cdot 1)$$

が成立する.

---

一般に (4・3・1) の性質をもつ演算子を**一次演算子**という. (4・3・1) が成立するとき, $n$ 個の関数 $\Psi_1, \Psi_2, \cdots, \Psi_n$ の一次結合 $\Psi = \sum_{i=1}^{n} c_i \Psi_i$ に $\hat{F}$ を作用させると

§4・3 古典物理量の演算子の性質

$$\hat{F}\Psi = \hat{F}\left(\sum_{i=1}^{n} c_i \Psi_i\right) = \sum_{i=1}^{n} c_i (\hat{F}\Psi_i) \tag{4・3・2}$$

が成り立つことは明らかであろう．

1粒子のハミルトン演算子 (p.36 (3・1・12))，前節の角運動量演算子，運動量演算子などが一次演算子としての性質，(4・3・1) または (4・3・2) を満足することは容易に確かめられる．

さて，上の仮定 IV は次に述べるように重ね合せの原理からの要請である．<u>重ね合せの原理とは，$\Psi_1$, $\Psi_2$ が系の状態ならば $c_1\Psi_1 + c_2\Psi_2$ も系の状態である．一般に $\Psi_1, \Psi_2, \cdots, \Psi_n$ が系の状態ならば $\sum_i c_i \Psi_i$ も系の状態であるという原理</u>で，光学，電磁気学，弦の振動など，波動論一般の基礎になっている考え方である．例えば光の屈折や反射の現象は，ある点の波の強さを，それより前の波面上のあらゆる点から出た波動の重ね合せと考えれば解釈できる（Huygens（ホイヘンス）の原理）．したがって波動力学に基礎をおく量子力学においても，重ね合せの原理に対応する仮定を設けたのである．$\hat{F} = \hat{H}$ の場合を考えてみよう．仮定 II から $\Psi_1$, $\Psi_2$ が系の状態ならば

$$\hat{H}\Psi_1 = i\hbar \frac{\partial \Psi_1}{\partial t}, \qquad \hat{H}\Psi_2 = i\hbar \frac{\partial \Psi_2}{\partial t} \tag{4・3・3}$$

が同時に成立する．さて $\Psi = c_1\Psi_1 + c_2\Psi_2$ に $\hat{H}$ を作用させると，$\hat{H}$ が一次演算子ならば

$$\hat{H}\Psi = c_1 \hat{H}\Psi_1 + c_2 \hat{H}\Psi_2$$

となる．上式に (4・3・3) を代入して

$$\hat{H}\Psi = c_1 i\hbar \frac{\partial \Psi_1}{\partial t} + c_2 i\hbar \frac{\partial \Psi_2}{\partial t} = i\hbar \frac{\partial}{\partial t}(c_1 \Psi_1 + c_2 \Psi_2)$$

$$\therefore \quad \hat{H}\Psi = i\hbar \frac{\partial \Psi}{\partial t}$$

となる．すなわち $\hat{H}$ が一次演算子ならば，$\Psi_1$, $\Psi_2$ が系の状態のとき $\Psi = c_1\Psi_1 + c_2\Psi_2$ も系の状態になるのである．これを一般化して，$\hat{H}$ 以外の演算子 $\hat{F}$ も一次演算子と仮定したのである．

ところで固有状態（固有関数の状態）の重ね合せは一般に固有状態ではない. $\hat{F}\psi_1 = f_1\psi_1$, $\hat{F}\psi_2 = f_2\psi_2$ のとき，$\psi = c_1\psi_1 + c_2\psi_2$ に $\hat{F}$ を作用させると，$\hat{F}\psi = c_1f_1\psi_1 + c_2f_2\psi_2$ となって $\hat{F}\psi = \text{const} \cdot \psi$ の形にならないからである. ただし以下に示すように，固有値が縮重 (p.53 参照) しているときはこの限りではない. いま $\hat{F}\psi = f\psi$ の固有値の一つ $f_i$ が $n$ 重に縮重しているとしよう. すなわち，$f_i$ に対し $n$ 個の固有関数 $\psi_{i1}, \psi_{i2}, \cdots, \psi_{in}$ が対応するものとする. このときは

$$\hat{F}\psi_{i1} = f_i\psi_{i1}, \quad \hat{F}\psi_{i2} = f_i\psi_{i2}, \quad \cdots, \quad \hat{F}\psi_{in} = f_i\psi_{in} \quad (4\cdot3\cdot4)$$

が同時に成立する. ここで $\psi_{ij}$ ($j = 1, 2, \cdots, n$) の任意の一次結合 $\psi_i' = \sum_{j=1}^{n} c_j\psi_{ij}$ に $\hat{F}$ を作用させると

$$\begin{aligned}
\hat{F}\psi_i' &= \hat{F}\left(\sum_j c_j\psi_{ij}\right) = \sum_j c_j\hat{F}\psi_{ij} \quad (\because \ \hat{F} \text{ は一次演算子}) \\
&= \sum_j c_j f_i \psi_{ij} \quad\quad ((4\cdot3\cdot4) \text{ を代入}) \\
&= f_i\left(\sum_j c_j\psi_{ij}\right) = f_i\psi_i'
\end{aligned}$$

となるから $\psi_i'$ も $f_i$ に対応する固有関数であることがわかる. このようにして固有値が縮重しているときは，一次結合をとることによって無数の固有関数をつくることができる. ただし $n$ 重縮重の場合，そのうちの $n$ 個だけが一次独立である[1]. 以上述べたことを定理として次に示す.

**定理 I** 演算子 $\hat{F}$ の固有値 $f_i$ が $n$ 重に縮重しているとき，すなわち $f_i$ に $n$ 個の固有関数 $\psi_{i1}, \psi_{i2}, \cdots, \psi_{in}$ が対応しているときは，それらの任意の一次結合

$$\psi_i' = \sum_{j=1}^{n} c_j\psi_{ij}$$

も $f_i$ に対応する $\hat{F}$ の固有関数である.

---

1) $n$ 個の関数の組があり，そのうちのどの一つの関数も他の関数の一次結合で表すことができないとき，これら $n$ 個の関数は互いに一次独立であるという. 例えば3次元空間のベクトルのうち，$x, y, z$ 方向の単位ベクトル ($\boldsymbol{i}, \boldsymbol{j}, \boldsymbol{k}$) は互いに一次独立である. 他の任意のベクトル $\boldsymbol{r}$ は $\boldsymbol{r} = x\boldsymbol{i} + y\boldsymbol{j} + z\boldsymbol{k}$ の形に表すことができるので, ($\boldsymbol{i}, \boldsymbol{j}, \boldsymbol{k}$) に対して一次独立ではない（一次従属である）.

## §4·3 古典物理量の演算子の性質

$\hat{F}$ の性質については仮定 IV の他，さらに次の仮定を設ける．

---
**仮 定 V** 古典物理量 $F$ の演算子 $\hat{F}$ は，エルミート演算子である．すなわち系の任意の二つの状態を $\Psi$, $\Phi$ とすると

$$\int \Psi \hat{F} \Phi \, dq = \int \Phi \hat{F}^* \Psi \, dq \tag{4·3·5}$$

が成立する．

---

**エルミート演算子**(Hermitian operator) とは (4·3·5) が成立する演算子をいう[1]．ただし (4·3·5) で，$\hat{F}^*$ は $\hat{F}$ の表式中の $i$ をすべて $-i$ におき換えて得られる演算子である．

さていままでに例としてあげた運動量，角運動量，およびハミルトン演算子がすべてエルミート演算子であることは容易に示すことができる．運動量演算子の一つの成分 $\hat{p}_x$ について確かめてみよう（$\hat{H}$ については p. 75 の例題 4·2 を参照されたい）．

$\Psi$, $\Phi$ を $x, y, z$ の関数とすると

$$\iiint_{-\infty}^{\infty} \Psi \hat{p}_x \Phi \, dxdydz = \iiint_{-\infty}^{\infty} \Psi \frac{\hbar}{i} \frac{\partial \Phi}{\partial x} \, dxdydz$$

$$= \frac{\hbar}{i} \iint_{-\infty}^{\infty} \left( [\Psi \Phi]_{x=-\infty}^{x=\infty} - \int_{-\infty}^{\infty} \frac{\partial \Psi}{\partial x} \Phi \, dx \right) dydz$$

無限遠で $\Psi$ および $\Phi$ は 0 であるから[2]，上式の（ ）内の第 1 項は 0 である．したがって

---

1) (4·3·5) が成立するとき $\int \Psi^* \hat{F} \Phi \, dq = \int \Phi \hat{F}^* \Psi^* \, dq$ である．通常，この式を書き直した $\left( \int \Phi^* \hat{F} \Psi \, dq \right)^* = \int \Psi^* \hat{F} \Phi \, dq$ をエルミート演算子の定義とする．(4·3·5) は Landau による定義で，通常の定義より簡明である（巻末参考書 (4)）．

2) 状態関数 $\Psi$ または $\Phi$ は無限遠で 0 でないと，積分 $\int |\Psi|^2 dv$ または $\int |\Phi|^2 dv$ が収束しない．

$$\iiint_{-\infty}^{\infty} \Psi \hat{p}_x \Phi \, dxdydz = \iiint_{-\infty}^{\infty} \frac{\hbar}{(-i)} \frac{\partial \Psi}{\partial x} \Phi \, dxdydz$$

$$= \iiint_{-\infty}^{\infty} \Phi \hat{p}_x{}^* \Psi \, dxdydz$$

となる．$\hat{p}_y$, $\hat{p}_z$ のエルミート性も同様に証明される．

$\hat{p}$, $\hat{H}$ などがエルミート演算子であることはわかったが，一般の物理量の演算子に対しても，仮定 V によってエルミート性を要請する理由は，エルミート演算子では次の定理が成立するためである．

**定理 II** エルミート演算子の固有値は実数である．

[証明] $\hat{F}$ をエルミート演算子とし，その固有値と固有関数をそれぞれ $f$, $\psi$ とすると

$$\hat{F}\psi = f\psi \tag{4・3・6}$$

が成立する．両辺の複素共役をとると

$$\hat{F}^*\psi^* = f^*\psi^* \tag{4・3・7}$$

となる．(4・3・6) 式の両辺に左から $\psi^*$ をかけて座標で積分すると，$\int \psi^*\psi \, dq = 1$ であるから

$$\int \psi^* \hat{F} \psi \, dq = \int \psi^* f \psi \, dq = f \tag{4・3・8}$$

が得られる．次に (4・3・7) の両辺に左から $\psi$ をかけて積分すると

$$\int \psi \hat{F}^* \psi^* \, dq = \int \psi f^* \psi^* \, dq = f^* \tag{4・3・9}$$

となる．$\hat{F}$ がエルミート演算子ならば (4・3・8) と (4・3・9) の左辺は等しくなるから

$$f = f^*$$

が得られる．すなわち固有値 $f$ は実数である．

仮定 III で述べたように，$\hat{F}$ の固有値 $f$ は古典物理量 $F$ を測定したときの測定値である．したがって $f$ は実数でなければならない．仮定 V は $f$ を実数にするための要請，$\int \psi^* \hat{F} \psi \, dq = \int \psi \hat{F}^* \psi^* \, dq$ を一般化したものと考えることがで

## §4·3 古典物理量の演算子の性質

きる．

**定理 III** エルミート演算子 $\hat{F}$ の異なった固有値 $f_i, f_j$ に対応する波動関数 $\psi_i, \psi_j$ は直交する．

すなわち $\int \psi_i^* \psi_j \, dq = 0$ が成立する．

[証明] いま

$$\hat{F}\psi_i = f_i \psi_i \qquad (4\cdot3\cdot10)$$

$$\hat{F}\psi_j = f_j \psi_j \qquad (4\cdot3\cdot11)$$

で $f_i \neq f_j$ が成立している．(4·3·10) の両辺の複素共役をとった後，左から $\psi_j$ をかけて $q$ で積分すると

$$\int \psi_j \hat{F}^* \psi_i^* \, dq = \int \psi_j f_i^* \psi_i^* \, dq = f_i \int \psi_j \psi_i^* \, dq \qquad (4\cdot3\cdot12)$$

となる．ただし上の変形で $f_i$ が実数であること (定理 II) を用いた．次に (4·3·11) に左から $\psi_i^*$ をかけて積分すると

$$\int \psi_i^* \hat{F} \psi_j \, dq = f_j \int \psi_i^* \psi_j \, dq \qquad (4\cdot3\cdot13)$$

となる．さて $\hat{F}$ がエルミート演算子であるから，(4·3·12) と (4·3·13) の左辺は等しい．したがって右辺を等しいとして

$$f_i \int \psi_j \psi_i^* \, dq = f_j \int \psi_i^* \psi_j \, dq$$

$$(f_i - f_j) \int \psi_i^* \psi_j \, dq = 0$$

となる．$f_i \neq f_j$ であるから上式の両辺を $f_i - f_j$ でわると

$$\int \psi_i^* \psi_j \, dq = 0$$

が得られる．

上の定理によって異なった固有値に対応する固有関数は直交することがわ

かったが,固有値が縮重している場合,すなわち同じ固有値にいくつかの固有関数が対応している場合,それらの固有関数は一般には互いに直交しない.しかし次に示すように,固有関数の適当な一次結合をとることによって相互に直交させることができる.

いま $\hat{F}$ の固有値の一つ $f_i$ が $n$ 重に縮重している場合を考えよう.すなわち $f_i$ に固有関数 $\psi_{i1}, \cdots, \psi_{in}$ が対応するとしよう.このときは定理Ⅰにより $\psi_{ij}$ ($j = 1, 2, \cdots, n$) の一次結合でつくられる関数はすべて $f_i$ の固有関数である.ただしその中で互いに一次独立なものは $n$ 個しかない.$\psi_{ij}$ の一次結合でつくられる $n$ 個の独立な関数を $\psi_{ik}'(k = 1, 2, \cdots, n)$ とすると

$$\psi_{ik}' = \sum_{j=1}^{n} c_{jk} \psi_{ij} \quad (k = 1, 2, \cdots, n) \tag{4・3・14}$$

の形になる.さて $c_{jk}$ を適当に選ぶことによって

$$\int \psi_{ik}'^* \psi_{il}' \, dq = \delta_{kl}$$

にする,すなわち $\psi_{ik}'$ を規格直交化することを考えよう.

まず $\psi_{i1}' = \psi_{i1}$ とする ((4・3・14) で $c_{11} = 1, c_{j1} = 0$ $(j \neq 1)$ に相当する).次に $\psi_{i2}$ がすでに $\psi_{i1}$ に直交していれば $\psi_{i2}' = \psi_{i2}$ とする.直交していなければ

$$\psi_{i2}' = c_{12} \psi_{i1} + c_{22} \psi_{i2} \tag{4・3・15}$$

とおいて

$$\int \psi_{i2}'^* \psi_{i2}' \, dq = 1 \quad \text{(規格化)} \tag{4・3・16}$$

$$\int \psi_{i1}'^* \psi_{i2}' \, dq = 0 \quad \text{(直交化)} \tag{4・3・17}$$

の条件から $c_{12}, c_{22}$ を定める(例題4・3).さらに $\psi_{i3}' = c_{13}\psi_{i1} + c_{23}\psi_{i2} + c_{33}\psi_{i3}$ の係数を,$\psi_{i3}'$ が規格化され $\psi_{i1}'$ および $\psi_{i2}'$ と直交するという条件から定める.以下,同様にして $\psi_{in}'$ までの係数を定めると $\psi_{i1}', \cdots, \psi_{in}'$ は規格直交系となる.このような方法を **Schmidt**(シュミット)の**直交化法**という.

## §4・3 古典物理量の演算子の性質

以上によって古典物理量 $F$ から導かれる演算子 $\hat{F}$(エルミート演算子) の固有関数はすべて直交することがわかった．以後，縮重がある場合も，固有値の小さい順に通し番号をつけて固有関数を $\psi_i$ で表すことにする[1]．このようにすると一般に次式が成立する．

$$\boxed{\int \psi_i{}^* \psi_j \, dq = \delta_{ij}} \qquad (4\cdot 3\cdot 18)$$

すなわち $\hat{F}$ の固有関数の全系は規格直交系をなすのである．箱の中の粒子および調和振動子のエネルギー固有関数が規格直交系をなしていることは§3・4〜§3・6ですでに示した．

[例題 4・2] 1 粒子のハミルトニアン

$$\hat{H} = -\frac{\hbar^2}{2m}\Delta + V(x, y, z)$$

がエルミート演算子であることを示せ．

[解] $\hat{H}^* = \hat{H}$ であるから

$$\int\!\!\int\!\!\int_{-\infty}^{\infty} \Psi \hat{H} \Phi \, dxdydz = \int\!\!\int\!\!\int_{-\infty}^{\infty} \Phi \hat{H} \Psi \, dxdydz \qquad (1)$$

となることを示せばよい．$\hat{H}$ の第 2 項 $V(x, y, z)$ については，$V\Phi$ は単なる積であるから

$$\int\!\!\int\!\!\int_{-\infty}^{\infty} \Psi V \Phi \, dxdydz = \int\!\!\int\!\!\int_{-\infty}^{\infty} \Phi V \Psi \, dxdydz \qquad (2)$$

となることは明らかである．$\hat{H}$ の第 1 項 $(-\hbar^2/2m)(\partial^2/\partial x^2 + \partial^2/\partial y^2 + \partial^2/\partial z^2)$ のうち $\partial^2/\partial x^2$ について考えると

$$\int\!\!\int\!\!\int_{-\infty}^{\infty} \Psi \frac{\partial^2 \Phi}{\partial x^2} \, dxdydz = \int\!\!\int_{-\infty}^{\infty} \left( \left[ \Psi \frac{\partial \Phi}{\partial x} \right]_{x=-\infty}^{x=\infty} - \int_{-\infty}^{\infty} \frac{\partial \Psi}{\partial x} \frac{\partial \Phi}{\partial x} \, dx \right) dydz$$

$$= -\int\!\!\int\!\!\int_{-\infty}^{\infty} \frac{\partial \Psi}{\partial x} \frac{\partial \Phi}{\partial x} \, dxdydz$$

同様に

---

[1] 例えば固有値 $f_2$ が 2 重縮重の場合，対応する波動関数を $\psi_{12}, \psi_{22}$ とする代わりに $\psi_2, \psi_3$ とする．

$$\iiint_{-\infty}^{\infty} \Phi \frac{\partial^2 \Psi}{\partial x^2} \, dxdydz = -\iiint_{-\infty}^{\infty} \frac{\partial \Phi}{\partial x} \frac{\partial \Psi}{\partial x} \, dxdydz$$

$$\therefore \iiint_{-\infty}^{\infty} \Psi \left(\frac{\partial^2}{\partial x^2}\right) \Phi \, dxdydz = \iiint_{-\infty}^{\infty} \Phi \left(\frac{\partial^2}{\partial x^2}\right) \Psi \, dxdydz$$

同様な式は $\partial^2/\partial y^2$ および $\partial^2/\partial z^2$ についても成立するから

$$\iiint_{-\infty}^{\infty} \Psi \left(-\frac{\hbar^2}{2m}\Delta\right) \Phi \, dxdydz = \iiint_{-\infty}^{\infty} \Phi \left(-\frac{\hbar^2}{2m}\Delta\right) \Psi \, dxdydz \tag{3}$$

(2), (3) より (1) が導かれる.

[例題 4・3] (4・3・16), (4・3・17) の条件を用いて (4・3・15) の係数 $c_{12}$, $c_{22}$ を定めよ. ただし $\psi_{i1}' = \psi_{i1}$ である.

[解] (4・3・17) で $\psi_{i1}'^* = \psi_{i1}^*$ とおき, (4・3・15) を代入すると

$$\int \psi_{i1}^* (c_{12}\psi_{i1} + c_{22}\psi_{i2}) \, dq = c_{12} \int \psi_{i1}^* \psi_{i1} \, dq + c_{22} \int \psi_{i1}^* \psi_{i2} \, dq$$

$$= c_{12} + c_{22} I = 0$$

ただし $I \equiv \int \psi_{i1}^* \psi_{i2} \, dq$ とした. 上式から

$$c_{12} = -c_{22} I \tag{1}$$

となる. 次に (4・3・16) に (4・3・15) を代入すると

$$\int (c_{12}^* \psi_{i1}^* + c_{22}^* \psi_{i2}^*)(c_{12}\psi_{i1} + c_{22}\psi_{i2}) \, dq$$

$$= |c_{12}|^2 + |c_{22}|^2 + c_{12}^* c_{22} I + c_{12} c_{22}^* I^* = 1$$

上式に (1) を用いると

$$|c_{22}|^2 |I|^2 + |c_{22}|^2 - |c_{22}|^2 |I|^2 - |c_{22}|^2 |I|^2 = 1$$

$$|c_{22}|^2 (1 - |I|^2) = 1$$

$$c_{22} = \frac{1}{\sqrt{1 - |I|^2}} \tag{2}$$

が得られる. ただし $c_{22}$ の複素数の位相は無視した (p. 42 参照). (1), (2) から

$$c_{12} = \frac{-I}{\sqrt{1 - |I|^2}} \tag{3}$$

が得られる.

## §4・4 系の一般的状態と固有状態

§4・1 の仮定 I と II の波動関数 $\Psi(q,t)$ は系の一般的状態を表す. 系の状態

## §4・4 系の一般的状態と固有状態

は一般に時間とともに変化するので，$\Psi$ は座標 $q$ の他に時間 $t$ の関数になっている．これに対し §4・2, §4・3 で述べた固有関数 $\psi_i(q)$ は，$q$ だけの関数である．それでは固有関数で表される状態（固有状態）と系の一般的状態とはどのような関係があるのであろうか．これに関連する仮定が次の仮定 VI と VII である．

> **仮定 VI** 系の状態を表す波動関数 $\Psi(q,t)$ は，系の任意の古典物理量の固有関数 $\psi_i(q)$ の一次結合で表すことができる．すなわち
> $$\Psi(q,t) = \sum_i c_i(t)\,\psi_i(q) \qquad (4\cdot4\cdot1)$$
> である．

この仮定は，系の状態が任意の古典物理量の固有関数の重ね合せで表すことができることを意味する．例えば 1 次元の箱の中の粒子の例では，箱の中の粒子の一般的状態 $\Psi(x,t)$ は (3・4・12) のエネルギー固有関数 $\phi_n(x)$ の一次結合

$$\Psi(x,t) = \sum_n c_n(t)\sqrt{\frac{2}{a}}\sin\frac{n\pi}{a}x \qquad (4\cdot4\cdot2)$$

で表現することができるのである．この間の事情は一般の古典的振動が単振動の重ね合せとして表されることに対応している．

数学では任意の関数[1]がある関数系の一次結合で表されるとき，その関数系を**完全系**（または完備系，complete system）という．例えば区間 $[a,b]$ で滑らかな関数 $f(x)$ は，次のように正弦関数と余弦関数の一次結合で展開できることが証明されている．

$$f(x) = \sum_{n=0}^{\infty} a_n \cos\frac{n\pi}{l}x + \sum_{n=1}^{\infty} b_n \sin\frac{n\pi}{l}x \qquad (4\cdot4\cdot3)$$

ただし　　$l = \dfrac{b-a}{2}$　　$a_n, b_n$ は定数

である．上式の右辺を **Fourier**（フーリエ）**級数**という．上式により関数系，$\cos(n\pi x/l)$ $(n=0,1,2,\cdots)$，$\sin(n\pi x/l)$ $(n=1,2,3,\cdots)$ は完全系をなしているといえる．これと同様に仮定 VI によると，任意の物理量の固有関数系 $\{\psi_i\}$ は系の波動関数 $\Psi$ に対して完全系をなすのである．ただし数学における

---

[1] ただし連続関数などの制限がつく．

完全系とは異なって，(4・4・1) の $\Psi$ は任意の関数ではない．$\Psi$ は系のとり得る状態でなければならない．箱の中の粒子の例でいうと，粒子が箱から出られないことに対応して $\Psi(x,t)$ は箱の境界で 0 である．したがって (4・4・3) とは異なって (4・4・2) のように $\Psi(x,t)$ は箱の境界で 0 である $\sin(n\pi x/a)$ ($n = 1, 2, 3, \cdots$) だけで展開できるのである．

前節の固有関数の規格直交性 ((4・3・18))[1] と仮定 VI の完全性をまとめて，固有関数系は完全規格直交系をなすということができる．

固有関数の規格直交性を用いると，(4・4・1) の係数 $c_i$ は $\Psi$ を用いて次のように表すことができる．

$$\Psi = \sum_j c_j \phi_j$$

この式の両辺に左から $\phi_i^*$ をかけて $q$ で積分すると

$$\int \phi_i^* \Psi \, dq = \sum_j c_j \int \phi_i^* \phi_j \, dq = \sum_j c_j \delta_{ij}$$

を得る．$\delta_{ij}$ は $j = i$ のときだけ 1 で $j \neq i$ では 0 となるから，上式の右辺の和のうち $i$ 番目の項だけが残る．

$$\therefore \quad \boxed{c_i = \int \phi_i^* \Psi \, dq} \tag{4・4・4}$$

が得られる[2]．

1) $\int \phi_i^* \phi_j \, dq = \delta_{ij}$ に対応して，フーリエ級数の場合も
$$\int_{-l}^{l} \left(\frac{1}{\sqrt{l}} \cos \frac{m\pi}{l} x\right)\left(\frac{1}{\sqrt{l}} \sin \frac{n\pi}{l} x\right) dx = 0, \quad \int_{-l}^{l} \left(\frac{1}{\sqrt{l}} \cos \frac{m\pi}{l} x\right)\left(\frac{1}{\sqrt{l}} \cos \frac{n\pi}{l} x\right) dx = \delta_{mn},$$
$$\int_{-l}^{l} \left(\frac{1}{\sqrt{l}} \sin \frac{m\pi}{l} x\right)\left(\frac{1}{\sqrt{l}} \sin \frac{n\pi}{l} x\right) dx = \delta_{mn} \text{ が成立する．}$$

2) 同様に (4・4・3) の両辺に $\frac{1}{\sqrt{l}} \cos \frac{m\pi}{l} x$ または $\frac{1}{\sqrt{l}} \sin \frac{m\pi}{l} x$ をかけて積分すると，前注の式により展開係数として
$$\sqrt{l} \, a_m = \int_{-l}^{l} \left(\frac{1}{\sqrt{l}} \cos \frac{m\pi}{l} x\right) f(x) \, dx, \quad \sqrt{l} \, b_m = \int_{-l}^{l} \left(\frac{1}{\sqrt{l}} \sin \frac{m\pi}{l} x\right) f(x) \, dx$$
を得るが，これらの式は (4・4・4) に対応している．

## §4・4 系の一般的状態と固有状態

> **仮定 VII** 系が波動関数 $\Psi$ で表される状態にあり，$\Psi$ が古典物理量 $F$ の演算子 $\hat{F}$ の固有関数 $\psi_i$ によって
> $$\Psi = \sum_i c_i \psi_i$$
> のように展開されるとき，この系で $F$ の測定を行うと，測定値として $\hat{F}$ の固有値 $f_i$ を得る確率は $|c_i|^2$ である．

　上の仮定で系の一般的状態 $\Psi$ が $\hat{F}$ の固有関数で展開できることは，すでに仮定 VI で保証されている．さてある系に対して $F$ の測定を行うと，測定値として $\hat{F}$ の固有値の一つが得られる（仮定 III）．ただし一般的状態にある系では測定値としてどの固有値が得られるか，われわれはあらかじめ予測できない．同一の系に対して多数回の測定を行うとき，特定の固有値 $f_i$ を得る確率が知れるにすぎないのである．この事情は §3・3 (p.39) のスリットを通った後のスクリーン上の光子の位置の予測と同様である．すなわち個々の光子の位置は全く予測できず，光子を見出す確率だけが濃淡の縞模様として観測されるのである．仮定 VII では，測定値として $i$ 番目の固有値 $f_i$ を得る確率が展開係数の 2 乗 $|c_i|^2$ に等しいとする．

　さて $\Psi$ が規格化されているとすると

$$\begin{aligned}
1 = \int \Psi^* \Psi\, dq &= \int \left(\sum_i c_i{}^* \psi_i{}^*\right)\left(\sum_j c_j \psi_j\right) dq \\
&= \sum_{i,j} c_i{}^* c_j \int \psi_i{}^* \psi_j\, dq \\
&= \sum_{i,j} c_i{}^* c_j \delta_{ij}
\end{aligned}$$

上式で $\delta_{ij}$ は $i = j$ のときだけ 1 で $i \neq j$ では 0 となるから，2 重和は 1 重和となる．すなわち

$$\boxed{\sum_i |c_i|^2 = 1} \qquad (4\cdot4\cdot5)$$

が得られる．上式は確率の和が 1 となることを意味している．

ところで系が $i$ 番目の固有状態にあるとすると

$$\Psi = \phi_i$$

である. このときは $|c_i|^2 = 1$ であるから, $F$ の測定を行うと必ず固有値 $f_i$ が得られることになる. すなわち<u>固有状態 $\phi_i$ は測定値として確定値 $f_i$ を得る状態である</u>. 仮定 VII は系の一般的状態 $\Psi$ の中に固有状態 $\phi_1, \phi_2, \cdots$ が $|c_1|^2, |c_2|^2, \cdots$ の割合で含まれていると考えると, 自然に解釈することができる. なぜならば $\phi_1, \phi_2, \cdots$ の状態では $F$ の測定値として $f_1, f_2, \cdots$ が得られるのであるから, $\Psi$ の状態では測定値 $f_1, f_2, \cdots$ が $|c_1|^2, |c_2|^2, \cdots$ の割合で得られるからである.

同じ状態の系に対して何度も $F$ を測定したとき得られる測定値の平均を $F$ の**期待値** (expectation value) という. 期待値については次の定理が成立する.

**定理 IV** 系が波動関数 $\Psi(q,t)$ で表される状態にあるとき, 古典物理量 $F$ を測定したときの期待値 (平均値) は

$$\langle F \rangle = \int \Psi^*(q,t)\,\hat{F}\,\Psi(q,t)\,dq \tag{4・4・6}$$

で与えられる.

[証明] 系が $\Psi$ の状態にあるときは, 仮定 VII によって, $\Psi$ を $\hat{F}$ の固有関数 $\phi_i$ で

$$\Psi = \sum_i c_i \phi_i \tag{4・4・7}$$

と展開したとき, 測定値 (固有値) $f_1, f_2, \cdots$ を得る確率は $|c_1|^2, |c_2|^2, \cdots$ である. したがって $F$ の測定値の平均値は

$$\langle F \rangle = \sum_i |c_i|^2 f_i \tag{4・4・8}$$

で与えられる. (4・4・7) の両辺に $\hat{F}$ を作用させると, $\hat{F}\phi_i = f_i \phi_i$ であるから

$$\hat{F}\Psi = \hat{F}\left(\sum_i c_i \phi_i\right) = \sum_i c_i (\hat{F}\phi_i) = \sum_i c_i f_i \phi_i$$

を得る. したがって

§4・4 系の一般的状態と固有状態

$$\int \Psi^* \hat{F} \Psi dq = \int \left(\sum_j c_j^* \psi_j^*\right)\left(\sum_i c_i f_i \psi_i\right) dq$$

$$= \sum_{i,j} c_j^* c_i f_i \int \psi_j^* \psi_i \, dq$$

$$= \sum_{i,j} c_j^* c_i f_i \delta_{ij}$$

$$\therefore \int \Psi^* \hat{F} \Psi \, dq = \sum_i |c_i|^2 f_i \tag{4・4・9}$$

となる．(4・4・8)，(4・4・9) から

$$\langle F \rangle = \int \Psi^* \hat{F} \Psi dq$$

が得られる．

なお系が座標 $q \sim q+dq$ をとる確率は $\Psi^*(q,t)\Psi(q,t)dq$ である（仮定 I）．したがってポテンシャルエネルギー $V(\boldsymbol{r})$ のように系の座標だけに依存する物理量 $G(q)$ があるとき，その平均値は

$$\langle G \rangle = \int G(q)\Psi^*(q,t)\Psi(q,t)\,dq = \int \Psi^*(q,t)G(q)\Psi(q,t)\,dq$$

と表される．$G$ の中には $p$ を含んでいないので $\hat{G}(q) = G(q)$ である．したがって

$$\langle G \rangle = \int \Psi^*(q,t)\hat{G}(q)\Psi(q,t)\,dq \tag{4・4・10}$$

となる．定理 IV の (4・4・6) 式は上式を $\hat{F}(q,p)$ の場合にも拡張した式とみなすことができる．

以上で量子力学の根本仮定を説明した．一読して理解し難い箇所もあると思われるが，5章以下の具体的な問題に関連して何度か読み返していただければ，その物理的内容が次第に理解されるであろう．

なお以上の議論では，固有値はすべて不連続な値をとるものとしたが，実際には連続固有値をとるような系も存在する[1]（脚注次頁）．この場合には，仮定

Ⅵ の (4・4・1) 式は $i$ についての和の代わりに積分の形となる．また固有関数の規格直交性を表す式 (4・3・18) も異なった表現となる．この本では以下で連続固有値をもつ系を取り扱わないので，これらの定式化については省略する．この問題に興味のある読者は巻末の参考書 (2) ～ (5) を参照されたい．

## §4・5 交換関係

§4・2 の仮定 Ⅲ において古典物理量 $F$ から演算子 $\hat{F}$ が導かれたが，この節では二つの物理量 $F, G$ から誘導される二つの演算子 $\hat{F}, \hat{G}$ を一つの波動関数 $\psi$ に作用させる場合を考える．

$\psi$ にまず $\hat{G}$ を作用させた後，$\hat{F}$ を作用させる場合，$\hat{F}(\hat{G}\psi)$ と書けるが，( ) を取り去って

$$\hat{F}(\hat{G}\psi) \equiv \hat{F}\hat{G}\psi \tag{4・5・1}$$

と書くものとする．すなわち二つの演算子の積が一つの波動関数 $\psi$ に作用する形に書き表されている場合は，まず右の演算子を $\psi$ に作用させた後で，左の演算子を作用させるものとする．

ところで $\psi$ に二つの演算子を作用させる場合，作用させる順序を変えると結果が異なることがある．すなわち一般には

$$\hat{F}\hat{G}\psi \neq \hat{G}\hat{F}\psi$$

である．例をあげよう．演算子としては最も簡単なものを選び，$\hat{F} = \hat{x} = x$, $\hat{G} = \hat{p}_x = (\hbar/i)(\partial/\partial x)$ とすると

$$\hat{x}\hat{p}_x\psi = x\left(\frac{\hbar}{i}\frac{\partial}{\partial x}\right)\psi = \frac{\hbar}{i}x\frac{\partial\psi}{\partial x}$$

$$\hat{p}_x\hat{x}\psi = \left(\frac{\hbar}{i}\frac{\partial}{\partial x}\right)x\psi = \frac{\hbar}{i}\frac{\partial(x\psi)}{\partial x} = \frac{\hbar}{i}\psi + \frac{\hbar}{i}x\frac{\partial\psi}{\partial x}$$

を得る．したがって

---

1) 例えば水素原子の $E > 0$ の状態（図 1・10 の斜線の領域）は連続的なエネルギー固有値の状態である．量子論の特徴は不連続な固有値をとることにあるが，連続固有値も存在することに注意しなければならない．

## §4·5 交換関係

$$\hat{p}_x \hat{x} \psi = \frac{\hbar}{i} \psi + \hat{x} \hat{p}_x \psi$$

となり，$\hat{x}$, $\hat{p}_x$ を $\psi$ に作用させる順序を変えると結果が異なることがわかる．上式を変形して

$$(\hat{x}\hat{p}_x - \hat{p}_x\hat{x})\psi = i\hbar \psi$$

を得るが，これを演算子だけの関係で書くと

$$\hat{x}\hat{p}_x - \hat{p}_x\hat{x} = i\hbar$$

となる．この式の左辺を $[\hat{x}, \hat{p}_x]$ で表すと

$$[\hat{x}, \hat{p}_x] = i\hbar \qquad (4\cdot 5\cdot 2)$$

が得られる．一般に二つの演算子 $\hat{F}$, $\hat{G}$ について

$$\boxed{[\hat{F},\hat{G}] \equiv \hat{F}\hat{G} - \hat{G}\hat{F}} \qquad (4\cdot 5\cdot 3)$$

と書き，$[\hat{F},\hat{G}]$ を $\hat{F}$ と $\hat{G}$ の**交換子**(commutator) という．<u>$[\hat{F},\hat{G}] = 0$ のとき，すなわち $\hat{F}\hat{G} = \hat{G}\hat{F}$ （または $\hat{F}\hat{G}\psi = \hat{G}\hat{F}\psi$）のとき，二つの演算子 $\hat{F}$ と $\hat{G}$ は**可換**(交換可能) という</u>．または単に交換するという．

一般に運動量の各成分の演算子 $\hat{p}_x$, $\hat{p}_y$, $\hat{p}_z$ は互いに可換である．これは $\hat{p}_x = (\hbar/i)\partial/\partial x$, $\hat{p}_y = (\hbar/i)\partial/\partial y$, $\hat{p}_z = (\hbar/i)\partial/\partial z$ であって，$\psi$ に成分の順序を変えて作用させることは $\psi$ を $x$, $y$, $z$ で偏微分する順序を変えるに過ぎないからである．$p_x$, $p_y$, $p_z$ を $p_1$, $p_2$, $p_3$ で表せば

$$\boxed{[\hat{p}_i,\hat{p}_j] = 0} \qquad (4\cdot 5\cdot 4)$$

となる．座標の各成分の演算子 $\hat{x} = x$, $\hat{y} = y$, $\hat{z} = z$ の $\psi$ に対する作用は単なるかけ算であるから，これらはもちろん可換である．$x$, $y$, $z$ を $x_1$, $x_2$, $x_3$ で表すと

$$\boxed{[\hat{x}_i,\hat{x}_j] = 0} \qquad (4\cdot 5\cdot 5)$$

となる．次に座標と運動量の各成分については，成分の方向が違えば交換することは明らかである．例えば $\hat{x}\hat{p}_y\psi = \hat{p}_y\hat{x}\psi$，または $\hat{x}\hat{p}_y = \hat{p}_y\hat{x}$ である．一

84    4 量子力学の基礎

一般に
$$[\hat{x}_i, \hat{p}_j] = 0 \quad (i \neq j) \tag{4・5・6}$$
となる．また成分の方向が同じときは (4・5・2) と同様の関係が成立することも明らかであろう．すなわち
$$[\hat{x}_i, \hat{p}_i] = i\hbar \tag{4・5・7}$$
である[1]．(4・5・6), (4・5・7) をまとめて
$$\boxed{[\hat{x}_i, \hat{p}_j] = i\hbar \delta_{ij}} \tag{4・5・8}$$
と書くことができる．

演算子 $\hat{F}$ と $\hat{G}$ が交換可能のときには，次の定理が成立する．

**定理 V**  古典物理量 $F, G$ の演算子 $\hat{F}, \hat{G}$ が可換ならば，$\hat{F}, \hat{G}$ に共通な固有関数系が存在する．すなわち $F$ と $G$ は同時に確定値をとることができる．また，その逆も成立する．

[証　明]　簡単のため $\hat{F}, \hat{G}$ の固有値が縮重していない場合を考える．$\psi_i^f$ を $\hat{F}$ の固有値 $f_i$ に対応する固有関数とすれば
$$\hat{F}\psi_i^f = f_i \psi_i^f \tag{4・5・9}$$

---

[1] Dirac は，本書の記述とは逆に，古典力学との対応から (4・5・7) を量子条件として仮定し，$[x, \hat{p}_x]\psi = i\hbar\psi$, $[y, \hat{p}_y]\psi = i\hbar\psi$, $[z, \hat{p}_z]\psi = i\hbar\psi$ が成立するためには
$$p_x \to (\hbar/i)\partial/\partial x \quad p_y \to (\hbar/i)\partial/\partial y \quad p_z \to (\hbar/i)\partial/\partial z \tag{I}$$
でなければならないとした (P. A. M. Dirac 著，朝永振一郎，玉木英彦，木庭二郎，大塚益比古訳，量子力学，岩波書店 (1954) 参照)，この式が本書の (3・1・8) である．量子条件としては (4・5・7) の代わりに，$[x_i, \hat{p}_j] = -i\hbar\delta_{ij}$ を仮定することもできる．このときは，(I) の代わりに
$$p_x \to i\hbar\partial/\partial x \quad p_y \to i\hbar\partial/\partial y \quad p_z \to i\hbar\partial/\partial z \tag{II}$$
としなければならない．ただし，(II) を採用したときは，p.38，注1) で述べた，古典力学との関連から $E \to -i\hbar\partial/\partial t$ とするのが妥当である．このとき，時間に依存する Schrödinger の方程式 (3・2・10) は $\hat{H}\Psi = -i\hbar\partial\Psi/\partial t$ となる．この式で両辺の複素共役をとると，$\hat{H}\Psi^* = i\hbar\partial\Psi^*/\partial t$ である．この式の解 $\Psi^*$ は複素数の位相差を無視すると，(3・2・10) の解 $\Psi$ と一致するので，(3・2・10) の代わりに $\hat{H}\Psi = -i\hbar\partial\Psi/\partial t$ を基本方程式としてもよい．すなわち，(I), (II) のどちらの変換を用いてもいままでの議論は成立する．

§4・5 交換関係

が成立する．上式の両辺に左から $\hat{G}$ を作用させると

$$\hat{G}\hat{F}\psi_i^f = \hat{G}f_i\psi_i^f$$

を得るが，$\hat{G}\hat{F} = \hat{F}\hat{G}$ であるからこの式は

$$\hat{F}(\hat{G}\psi_i^f) = f_i(\hat{G}\psi_i^f) \qquad (4\cdot5\cdot10)$$

と書ける．上式は $\psi_i^f$ に $\hat{G}$ を作用させることにより得られる関数 $\hat{G}\psi_i^f$ が $\hat{F}$ の固有値 $f_i$ に対応する固有関数であることを意味している．もし固有値 $f_i$ が縮重していなければ，$f_i$ に対応する独立な固有関数は 1 個しかない．したがって，$\hat{G}\psi_i^f$ と $\psi_i^f$ とは定数倍 ($g_i$) だけ異なっているはずである[1]．すなわち

$$\hat{G}\psi_i^f = g_i\psi_i^f \qquad (4\cdot5\cdot11)$$

となる．上式は $\psi_i^f$ が $\hat{G}$ の固有値 $g_i$ に対応する固有関数でもあることを示す．すなわち状態 $\psi_i^f$ は $\hat{F}, \hat{G}$ に共通の固有状態であって，この状態で $F$ および $G$ の測定を行うと，確定値 $f_i$ および $g_i$ を得るのである (p.80 参照)．

逆に関数系 $\{\psi_i\}$ が $\hat{F}, \hat{G}$ に共通な固有関数系になっているとすれば

$$\hat{F}\psi_i = f_i\psi_i \qquad (4\cdot5\cdot12)$$
$$\hat{G}\psi_i = g_i\psi_i \qquad (4\cdot5\cdot13)$$

が成立する．(4・5・12), (4・5・13) の両辺に左からそれぞれ $\hat{G}, \hat{F}$ をかけて差し引くと

$$\hat{G}\hat{F}\psi_i - \hat{F}\hat{G}\,\psi_i = \hat{G}f_i\psi_i - \hat{F}g_i\psi_i$$
$$(\hat{G}\hat{F} - \hat{F}\hat{G})\psi_i = f_ig_i\psi_i - f_ig_i\psi_i = 0$$

となる．ゆえに

$$\hat{G}\hat{F} - \hat{F}\hat{G} = 0$$

が得られる．よって $\hat{F}$ と $\hat{G}$ は可換である．

なお上の証明では $\hat{F}$ の固有値 $f_i$ が縮重していないとしたが，$f_i$ が $n$ 重に縮重しているときは，$f_i$ に対応する固有関数として $\psi_{i1}^f, \psi_{i2}^f, \cdots, \psi_{in}^f$ が存在する．このときは (4・5・9), (4・5・10) はそれぞれ

---

[1] $\psi_i^f$ は規格化されているが，$\hat{G}\psi_i^f$ は規格化されているとは限らないから．

$$\hat{F}\psi_{ij}{}^f = f_i \psi_{ij}{}^f \qquad j = 1, 2, \cdots, n \qquad (4\cdot5\cdot14)$$

$$\hat{F}(\hat{G}\psi_{ij}{}^f) = f_i(\hat{G}\psi_{ij}{}^f) \qquad j = 1, 2, \cdots, n \qquad (4\cdot5\cdot15)$$

となる．(4·5·15) は $\hat{G}\psi_{ij}{}^f$ が $f_i$ に対応する固有関数であることを意味している．ところで，$f_i$ は $n$ 重に縮重しているから，定理 I (p. 70) により，この固有関数は一般には $\psi_{ij}{}^f$ の一次結合になる．よって

$$\hat{G}\psi_{ij}{}^f = \sum_{k=1}^{n} c_k \psi_{ik}{}^f$$

である．しかしこの場合も $\psi_{i1}{}^f, \psi_{i2}{}^f, \cdots, \psi_{in}{}^f$ の代わりに新たにそれらの適当な一次結合

$$\psi_{ij}{}^{f'} = \sum_{k=1}^{n} a_{kj} \psi_{ik}{}^f \qquad j = 1, 2, \cdots, n \qquad (4\cdot5\cdot16)$$

をとることにより

$$\hat{G}\psi_{ij}{}^{f'} = g_{ij} \psi_{ij}{}^{f'} \qquad (g_{ij} = 定数) \qquad j = 1, 2, \cdots, n \qquad (4\cdot5\cdot17)$$

とすることができる (証明略)．上式は $\hat{G}$ の固有値が $g_{ij}$, それに対応する固有関数が $\psi_{ij}{}^{f'}$ であることを意味する．なお $\psi_{ij}{}^{f'}$ は $\hat{F}$ の固有関数であることはもちろんである (定理 I)．以上をまとめると次のようになる．

<u>$\hat{F}$ と $\hat{G}$ が可換であっても，$\hat{F}$ の固有値 $f_i$ が縮重しているときには，それに対応する固有関数 $\psi_{ij}{}^f$ ($j = 1, 2, \cdots, n$) は $\hat{G}$ の固有関数とは限らない．ただし $\psi_{ij}{}^f$ の適当な一次結合をとることにより，$\hat{F}$, $\hat{G}$ 共通の固有関数系 $\psi_{ij}{}^{f'}$ ($j = 1, 2, \cdots, n$) をつくることができる．</u>このようにして定理 V は縮重固有値の場合にも成立するのである．上の例では

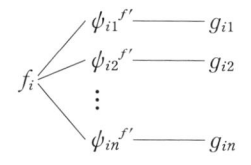

$$f_i \begin{cases} \psi_{i1}{}^{f'} \longrightarrow g_{i1} \\ \psi_{i2}{}^{f'} \longrightarrow g_{i2} \\ \vdots \\ \psi_{in}{}^{f'} \longrightarrow g_{in} \end{cases}$$

の対応をつけることができる．すなわち $\psi_{ij}{}^{f'}$ の状態では $F, G$ はそれぞれ確定値 $f_i, g_{ij}$ をとるのである．このようにして <u>$\hat{F}$ の固有値 $f_i$ では縮重した状態を，$\hat{F}$ と可換な演算子 $\hat{G}$ を用いることによって分離することができる．</u>

[例題 4・4] 三つの演算子，$\hat{F}, \hat{G}, \hat{H}$ について[1]

$$[\hat{F},\hat{G}+\hat{H}]=[\hat{F},\hat{G}]+[\hat{F},\hat{H}] \quad (a)$$

$$[\hat{F}+\hat{G},\hat{H}]=[\hat{F},\hat{H}]+[\hat{G},\hat{H}] \quad (b)$$

$$[\hat{F}\hat{G},\hat{H}]=\hat{F}[\hat{G},\hat{H}]+[\hat{F},\hat{H}]\hat{G} \quad (c)$$

$$[\hat{F}^2,\hat{H}]=\hat{F}[\hat{F},\hat{H}]+[\hat{F},\hat{H}]\hat{F} \quad (d)$$

を証明せよ．

[解] $[\hat{F},\hat{G}+\hat{H}] = \hat{F}(\hat{G}+\hat{H}) - (\hat{G}+\hat{H})\hat{F}$
$= (\hat{F}\hat{G} - \hat{G}\hat{F}) + (\hat{F}\hat{H} - \hat{H}\hat{F})$
$= [\hat{F},\hat{G}] + [\hat{F},\hat{H}]$

により (a) が成立することがわかる．(b) についても同様に証明される．次に，

(c) の右辺 $= \hat{F}(\hat{G}\hat{H} - \hat{H}\hat{G}) + (\hat{F}\hat{H} - \hat{H}\hat{F})\hat{G}$
$= \hat{F}\hat{G}\hat{H} - \hat{H}\hat{F}\hat{G}$
$= [\hat{F}\hat{G},\hat{H}]$

(d) の右辺 $= \hat{F}(\hat{F}\hat{H} - \hat{H}\hat{F}) + (\hat{F}\hat{H} - \hat{H}\hat{F})\hat{F}$
$= \hat{F}^2\hat{H} - \hat{F}\hat{H}\hat{F} + \hat{F}\hat{H}\hat{F} - \hat{H}\hat{F}^2$
$= [\hat{F}^2,\hat{H}]$

となり，(c), (d) も成り立つ．

## §4・6 定常状態と運動の定数

時間に依存しない Schrödinger 方程式 $\hat{H}\psi = E\psi$ の解を $E_j, \psi_j$ とすると

$$\hat{H}\psi_j = E_j\psi_j \quad (4\cdot6\cdot1)$$

が成立する．ここで $\psi_j$ はエネルギーの固有状態である．系がこの状態にあれば，仮定 I における系の波動関数は

$$\Psi(q,t) = \psi_j(q) \quad (4\cdot6\cdot2)$$

となる．または仮定 II の (4・1・1)

$$\hat{H}\Psi = i\hbar\frac{\partial\Psi}{\partial t} \quad (4\cdot6\cdot3)$$

を形式的に満足させるため，(4・6・2) の代わりに $\Psi$ を

$$\Psi(q,t) = e^{-iE_j t/\hbar}\psi_j(q) \quad (4\cdot6\cdot4)$$

---

[1] この場合，$\hat{H}$ はハミルトニアンではなく一般の演算子を考えている．

と表すこともある[1]．実際，(4・6・4) を (4・6・3) に代入すると

$$e^{-iE_jt/\hbar}\hat{H}\psi_j = i\hbar\left(-\frac{iE_j}{\hbar}\right)e^{-iE_jt/\hbar}\psi_j$$

$$\hat{H}\psi_j = E_j\psi_j \tag{4・6・5}$$

となり，(4・6・4) は (4・6・3) を満足することがわかる．もちろん，(4・6・2) と (4・6・4) の $\Psi$ は複素数の位相だけが異なっているから同じ状態である．

さて (4・6・2)，(4・6・4) のどちらを用いても

$$|\Psi(q,t)|^2 = |\psi_j(q)|^2$$

となり，$|\Psi|^2$ は時間によらない．すなわち系の状態は時間に依存しないのである．このためエネルギー固有状態を**定常状態** (stationary state) という．またこの状態で系のエネルギーを測定すれば確定値 $E_j$ が得られる (p.80)．よって定常状態はエネルギーが確定値をとる状態であるということもできる．

これに対し系の一般的状態はエネルギー固有関数 $\psi_i$ を用いて

$$\Psi(q,t) = \sum_i c_i(t)\psi_i(q) \tag{4・6・6}$$

と表されるから (仮定 VI)，系の状態は時間に依存する．また，系のエネルギーを測定すれば，$E_i$ を得る確率が $|c_i(t)|^2$ であって (仮定 VII)，これも時間に依存する．(4・6・6) を (4・6・3) に代入すると

$$\sum_i c_i(t)\hat{H}\psi_i(q) = i\hbar\sum_i \frac{dc_i(t)}{dt}\psi_i(q) \tag{4・6・7}$$

上式の両辺に左から $\psi_m^*$ をかけて $q$ で積分すると

$$\sum_i c_i(t)E_i\int\psi_m^*\psi_i\,dq = i\hbar\sum_i\frac{dc_i(t)}{dt}\int\psi_m^*\psi_i\,dq$$

ただし，左辺の変形で (4・6・5) を用いた．$\int\psi_m^*\psi_i\,dq = \delta_{mi}$ であるから

$$c_m(t)E_m = i\hbar\frac{dc_m(t)}{dt} \quad \therefore \quad \frac{1}{c_m(t)}\frac{dc_m(t)}{dt} = \frac{E_m}{i\hbar}$$

---

[1] (4・6・4) は定常波の式に相当する (p.39 (3・2・11) 参照)．

§4・6　定常状態と運動の定数

を得る．右の式の両辺を $0 \sim t$ の範囲で積分すると，$\ln = \log_e$ として

$$[\ln c_m(t)]_0^t = [\{E_m/(i\hbar)\}t]_0^t \qquad \ln c_m(t) - \ln c_m(0) = E_m t/(i\hbar)$$

$$\therefore \quad c_m(t) = c_m(0)\, e^{-(i/\hbar)E_m t} \tag{4・6・8}$$

この結果を (4・6・6) に代入して

$$\Psi(q,t) = \sum_i c_i(0)\, e^{-(i/\hbar)E_i t} \psi_i(q) \tag{4・6・9}$$

上式から $t=0$ における $\Psi$ は

$$\Psi(q,0) = \sum_i c_i(0)\, \psi_i(q) \tag{4・6・10}$$

$\Psi(q,0)$ が規格化されていれば，(4・4・5) より

$$\sum_i |c_i(0)|^2 = 1 \tag{4・6・11}$$

が成立する．(4・6・8) より $|c_i(t)|^2 = |c_i(0)|^2$ であるから

$$\sum_i |c_i(t)|^2 = 1$$

も成り立つ．よって

$$\int |\Psi(q,t)|^2\, dq = \int |\Psi(q,0)|^2\, dq = 1 \tag{4・6・12}$$

すなわち波動関数 $\Psi$ は $t=0$ で規格化されていれば，すべての時刻で規格化されていることになる．

　以上，エネルギーの個々の測定値またはそれを得る確率について述べたが，同じ状態の系に対して何回もエネルギーを測定したときの平均値，すなわちエネルギー期待値の時間変化はどのようになるであろうか．それには

$$\frac{d\langle H \rangle}{dt} = \frac{d}{dt} \int \Psi^* \hat{H} \Psi\, dq$$

を計算すればよい (定理 IV)．いま $\hat{H}$ に限らず一般の物理量の演算子 $\hat{F}$ について考えよう．

$$\frac{d}{dt}\langle F \rangle = \frac{d}{dt}\int \Psi^* \hat{F} \Psi \, dq$$

$$= \int \frac{\partial \Psi^*}{\partial t} \hat{F}\Psi \, dq + \int \Psi^* \hat{F} \frac{\partial \Psi}{\partial t} \, dq + \int \Psi^* \frac{\partial \hat{F}}{\partial t} \Psi \, dq \quad (4\cdot 6\cdot 13)$$

である.(4・6・3)とその複素共役の式 $\hat{H}^*\Psi^* = -i\hbar \partial \Psi^*/\partial t$ より

$$\frac{\partial \Psi}{\partial t} = -\frac{i}{\hbar}\hat{H}\Psi \qquad \frac{\partial \Psi^*}{\partial t} = \frac{i}{\hbar}\hat{H}^*\Psi^*$$

が得られるから,これらを (4・6・13) に代入すると

$$\frac{d}{dt}\langle F \rangle = \frac{i}{\hbar}\left[\int \hat{H}^*\Psi^* \hat{F}\Psi \, dq - \int \Psi^* \hat{F}\hat{H}\Psi \, dq\right] + \int \Psi^* \frac{\partial \hat{F}}{\partial t} \Psi \, dq$$
$$(4\cdot 6\cdot 14)$$

を得る.上式の [ ] 内の第1項は

$$\int (\hat{H}^*\Psi^*)(\hat{F}\Psi) \, dq = \int (\hat{F}\Psi)(\hat{H}^*\Psi^*) \, dq$$

$$= \int \Psi^* \hat{H}\hat{F}\Psi \, dq \qquad (\hat{H} \text{ のエルミート性 }(4\cdot 3\cdot 5) \text{ による})$$

となる.この結果を (4・6・14) に代入して

$$\frac{d}{dt}\langle F \rangle = \frac{i}{\hbar}\left[\int \Psi^* \hat{H}\hat{F}\Psi \, dq - \int \Psi^* \hat{F}\hat{H}\Psi \, dq\right] + \int \Psi^* \frac{\partial \hat{F}}{\partial t} \Psi \, dq$$

$$\therefore \quad \frac{d}{dt}\langle F \rangle = \frac{i}{\hbar}\int \Psi^*(\hat{H}\hat{F} - \hat{F}\hat{H})\Psi \, dq + \int \Psi^* \frac{\partial \hat{F}}{\partial t} \Psi \, dq \quad (4\cdot 6\cdot 15)$$

または

$$\boxed{\frac{d}{dt}\langle F \rangle = \frac{i}{\hbar}\langle \hat{H}\hat{F} - \hat{F}\hat{H}\rangle + \left\langle \frac{\partial \hat{F}}{\partial t}\right\rangle} \quad (4\cdot 6\cdot 16)$$

を得る.この式は $F$ の期待値の時間変化を表す式である[1].(4・6・16)において

---

1) (4・6・16) は,行列力学において Heisenberg の運動方程式と呼ばれている式の波動力学による表現である.

$\hat{H}$ と $\hat{F}$ が可換ならば，右辺の第1項は0となる．また $F$ が $t$ にあらわに依存しないとき ($F(q,p,t)$ でない場合) は[1]，第2項も0になる．よってこのときは

$$\frac{d\langle F \rangle}{dt} = 0 \tag{4・6・17}$$

となる．すなわち $F$ が $t$ にあらわに依存しないときは，$\hat{F}$ と $\hat{H}$ が可換ならば $F$ の期待値は時間によらない．$\langle F \rangle$ は同じ状態の系に対して何回も $F$ を測定したときの測定値の平均であるから，古典力学の系のように原理的には測定値にちらばりがないときは $\langle F \rangle$ は $F$ の値そのものと一致する．この意味で量子力学の系においても，(4・6・17) が成立するとき $F$ は**運動の定数** (constant of motion)，または**保存量**になっているという．

特に (4・6・16) において $\hat{F} = \hat{H}$ ならば

$$\boxed{\frac{d\langle H \rangle}{dt} = \left\langle \frac{\partial \hat{H}}{\partial t} \right\rangle} \tag{4・6・18}$$

が成立する．よって $H$ が時間にあらわに依存しないときは[2]エネルギー期待値は時間変化しない．または $H$ は運動の定数である．これは古典力学におけるエネルギー保存則に対応する．

## §4・7　不確定性原理

p.84 の定理 V によって，二つの古典物理量 $F, G$ の演算子 $\hat{F}, \hat{G}$ が交換不可能のときには $F, G$ は同時に確定値をとり得ない．すなわち $F$ が確定値をとる状態 $\psi_f$ ($\hat{F}\psi_f = f\psi_f$ の成立する状態) で $G$ を観測すれば，$G$ の測定値として

---

1) 古典力学では $q, p$ は時間の関数，すなわち $q(t), p(t)$ であるから，$F(q, p)$ で表される古典物理量は $q, p$ を通して時間に依存する．しかし $t$ にあらわに依存するわけではない．ただし $F(q,p,t)$ の場合には $\hat{F} = F(q,(\hbar/i)(\partial/\partial q),t)$ となるから $\hat{F}\psi = f\psi$ を解いたときの固有値と固有関数 $f_i, \psi_i$ は時間変化する．
2) $H$ が $t$ にあらわに依存する例としては，ポテンシャルが時間変化する場合，すなわち1粒子系で表すと $H = (p^2/2m) + V(r,t)$ の場合がある．

$\hat{G}$ の固有値のどれか一つが得られるが，確定値は得られない ($\hat{G}\psi_f = g\psi_f$ とはならない)．逆に $G$ が確定値をとる状態では $F$ は確定値をとらないのである．

座標と運動量の成分 $\hat{x}$, $\hat{p}_x$ について考えてみよう (4・5・2)(または (4・5・8))に示したように $\hat{x}$ と $\hat{p}_x$ は交換しない．したがって $x$ と $p_x$ は同時には確定しないのである．例えば粒子が $x$ の正方向に進む平面波の状態にあれば，その波動関数は

$$\psi = ae^{i(k_x x - \omega t)} \qquad (4・7・1)$$

である (p. 37 (3・2・1))．$\psi$ に $\hat{p}_x$ を作用させると

$$\hat{p}_x \psi = \frac{\hbar}{i}\frac{\partial}{\partial x}(ae^{i(k_x x - \omega t)}) = \hbar k_x ae^{i(k_x x - \omega t)} = \hbar k_x \psi$$

となるから，$\psi$ は $\hat{p}_x$ の固有状態でその固有値は $\hbar k_x$ である．すなわち，この状態で粒子の $p_x$ を測定すれば確定値 $\hbar k_x$ が得られる．一方，$x \sim x + dx$ に粒子を見出す確率は

$$|\psi|^2 dx = a^2 dx$$

であるから，座標によらない．すなわち粒子を見出す確率はいたる所一定で，粒子はどこに存在するのか全くわからないこと —$x$ は全く不確定— になる．(4・7・1) の $\psi$ の実数部を図示すると図 4・1 (a) のようになる．逆に図 4・1 (b) に示すように粒子の位置をある範囲，例えば $\Delta x$ に限定しようとすると，波動論でよく知られているように波数 (波長) の異なった多くの波を合成しなければならない．このときの $\psi$ は

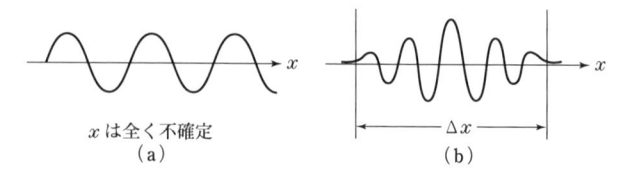

図 4・1　波の状態．(a) 平面波の場合，(b) 波束を $\Delta x$ の範囲に限定した場合

## §4・7 不確定性原理

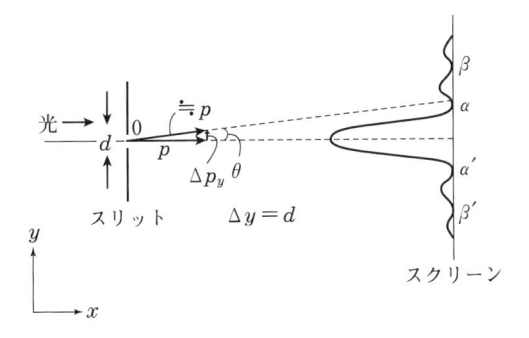

**図 4・2** スリットを通過した後の光量子の位置と運動量の不確定 $\Delta y$, $\Delta p_y$

$$\psi = \sum_j a_j e^{i(k_{x_j}x - \omega_j t)} \tag{4・7・2}$$

の形になる．上式は $\hat{p}_x$ の固有関数[1]，$\mathrm{const}\, e^{ik_{x_j}x}$ の一次結合であるから，$p_x$ は確定しないことになる．

以上の関係は図 4・2 のスリットによる光の回折の実験でも示すことができる．幅 $d$ のスリットを通して運動量 $p$ の光量子が入射する場合，光量子の $y$ 軸方向の位置の不確定さは

$$\Delta y = d \tag{4・7・3}$$

である．スリットを通り過ぎた後，光量子はスクリーン上で図に示した確率分布で観測されるが，大部分の光量子は図の $\alpha$ と $\alpha'$ の間（回折像の最初の暗部と暗部の間）に到達しているとしてよい．したがってスリットを通過した後の $y$ 方向の光量子の運動量の不確定さは，図の $\Delta p_y$ 程度と考えられる．図の $\theta$ は極めて小さいので

$$\Delta p_y \fallingdotseq p \sin\theta$$

とすることができる．さて光の波長を $\lambda$ とすると，p. 20 の (2・1・1) より

---

[1] $\hat{p}_x e^{ik_{x_j}x} = \dfrac{\hbar}{i}\dfrac{\partial}{\partial x} e^{ik_{x_j}x} = \hbar k_{x_j} e^{ik_{x_j}x}$ であるから，$\hat{p}_x$ の固有関数を $\psi_j$ とすると $\psi_j \propto e^{ik_{x_j}x}$，これに対応する固有値は $\hbar k_{x_j}$ である．

が成立する．したがって

$$d \sin \theta = \lambda$$

$$\Delta p_y \fallingdotseq \frac{p\lambda}{d}$$

となる．上式に de Broglie の式 $p = h/\lambda$ (p. 25 (2・3・3)) を用いると

$$\Delta p_y \fallingdotseq \frac{h}{d} \qquad (4・7・4)$$

が得られる．(4・7・3), (4・7・4) より

$$\Delta y \Delta p_y \sim h \qquad (4・7・5)$$

となる．上式は，スリットにより光量子の位置を $\Delta y = d$ の範囲に限定したときに，回折現象を生じ運動量に $\Delta p_y = h/d$ の不確定さを生じたために得られた関係である．幅 $d$ のスリットにより光量子の位置を限定するということは，われわれが $\Delta y = d$ の精度で光量子の $y$ 方向の位置を知るために一種の測定操作を加えたことに相当する．このとき，(4・7・5) により $\Delta p_y \sim h/\Delta y$ の運動量の不確定さを生じるのである．もし光量子の位置を正確に知ろうとして $\Delta y = d$ を無限小にする（無限に幅の狭いスリットを用いる）と，(4・7・5) より運動量の不確定さ $\Delta p_y$ は無限大になる．逆に $\Delta p_y$ を無限小にしようとする（回折現象を生じないようにする）ためには，$\Delta y = d = \infty$, すなわち無限に幅の広いスリットを用いなければならないのである[1]．この場合，光量子の位置を正確に測定しようとすると波動性が現れ，運動量を正確に測定しようとすると粒子性が現れるということもできる．また (4・7・5) の関係は次のように表現することもできる．$\Delta y = d \to 0$ のスリットを用いることにより光量子は座標 $y$ が確定した状態になるが，この状態では $p_y$ は確定しない．$\Delta y = d \to \infty$ として光量子の座標が全く不確定な状態になったときに，初めて $p_y$ は確定値をとる状態になるのである．

(4・7・5) と同様の関係は，$x$ および $z$ 方向についても存在する．すなわち

---

[1] ここで述べた不確定さ $\Delta y, \Delta p_y$ は，実験値の誤差によるものではなく原理的なものであることに留意されたい．

## §4·7 不確定性原理

$$\boxed{\begin{aligned}\Delta x \Delta p_x &\sim h \\ \Delta y \Delta p_y &\sim h \\ \Delta z \Delta p_z &\sim h\end{aligned}} \qquad (4\cdot7\cdot6)$$

である．(4·7·6) は Heisenberg により導かれた関係で，**不確定性関係**と呼ばれる．上の説明からもわかるように，一般に二つの物理量の演算子 $\hat{F}, \hat{G}$ が交換しない場合には不確定性関係が成立する．すなわち $F$ を正確に測定しようとすると系は $F$ が確定値をとる状態になるが，その状態では $G$ が不確定になる．逆に $G$ が確定値をとる状態では $F$ は不確定であり，$F$ と $G$ の不確定さ $\Delta F, \Delta G$ の間には一定の関係が存在するのである．したがって，互いに可換でない，角度と角運動量の間，角運動量の $x$ 成分と $y$ 成分の間などにも不確定性関係が成立する (p. 97)．

なお交換関係と直接の関係はないが，エネルギーの測定に伴う不確定さ $\Delta E$ とその測定に要する時間 $\Delta t$ の間にも (4·7·6) と同様の関係が成立することが知られている．すなわち

$$\boxed{\Delta E \Delta t \sim h} \qquad (4\cdot7\cdot7)$$

である．(4·7·6), (4·7·7) のような関係を Heisenberg の**不確定性原理**(uncertainty principle) という．

なお，p. 46 と p. 62 で，箱の中の粒子や調和振動子が零点エネルギーをもつことを指摘した．零点エネルギーの存在は，不確定性原理の現れである．仮に，エネルギーが最低の状態でその値が 0 とすると，粒子が停止して，位置が確定するが，このとき (4·7·6) から粒子の運動量の不確定さが無限大となり，エネルギーが 0 であることと矛盾する．したがって，最低の状態でもエネルギーは 0 であってはならない．なお，水素原子の (電子の) 運動エネルギーの最低値は $T_1 = -E_1 > 0$ である ((1·3·6), (1·3·16))．これも不確定性原理に基づく．

# 5 角運動量

　角運動量は7章で述べる電子スピンと密接に関連している他，角運動量の量子数は原子，分子のエネルギー固有関数の分類に用いられるので，量子力学において極めて重要である．この章では前章の一般原理を随所に引用した．そのため記述がやや冗長になったが，この章を読んで量子力学の基礎をより深く理解していただければ幸いである．

## §5·1 交換関係

pp. 67-68 で述べたように，角運動量 $\boldsymbol{l} = \boldsymbol{r} \times \boldsymbol{p}$ の演算子は

$$\hat{\boldsymbol{l}} = \hat{\boldsymbol{r}} \times \hat{\boldsymbol{p}} \tag{5·1·1}$$

で，これを $x$, $y$, $z$ 成分に分けて書くと

$$\left.\begin{aligned} \hat{l}_x &= y\hat{p}_z - z\hat{p}_y \\ \hat{l}_y &= z\hat{p}_x - x\hat{p}_z \\ \hat{l}_z &= x\hat{p}_y - y\hat{p}_x \end{aligned}\right\} \tag{5·1·2}$$

$$\left.\begin{aligned} \hat{l}_x &= \frac{\hbar}{i}\left(y\frac{\partial}{\partial z} - z\frac{\partial}{\partial y}\right) \\ \hat{l}_y &= \frac{\hbar}{i}\left(z\frac{\partial}{\partial x} - x\frac{\partial}{\partial z}\right) \\ \hat{l}_z &= \frac{\hbar}{i}\left(x\frac{\partial}{\partial y} - y\frac{\partial}{\partial x}\right) \end{aligned}\right\} \tag{5·1·3}$$

となる．§4·5 で導入した関係を用いて成分同士の交換関係を調べてみよう．例えば

$$[\hat{l}_x, \hat{l}_y] = \hat{l}_x\hat{l}_y - \hat{l}_y\hat{l}_x$$

において $\hat{l}_x\hat{l}_y$ を展開すると

§5・1 交換関係

$$\hat{l}_x\hat{l}_y = (y\hat{p}_z - z\hat{p}_y)(z\hat{p}_x - x\hat{p}_z)$$
$$= y\hat{p}_z z\hat{p}_x + z\hat{p}_y x\hat{p}_z - y\hat{p}_z x\hat{p}_z - z\hat{p}_y z\hat{p}_x$$

となるが,右辺の第3項と第4項は (4・5・4), (4・5・5) によると自由に交換できる演算子の積であるから, $[\hat{l}_x, \hat{l}_y]$ において $\hat{l}_y\hat{l}_x$ の対応する項と打ち消し合う.したがって

$$[\hat{l}_x, \hat{l}_y] = y\hat{p}_z z\hat{p}_x + z\hat{p}_y x\hat{p}_z - z\hat{p}_x y\hat{p}_z - x\hat{p}_z z\hat{p}_y$$

となる.上式の各項において交換できないものは $z$ と $\hat{p}_z$ だけであるから

$$[\hat{l}_x, \hat{l}_y] = y\hat{p}_x(\hat{p}_z z - z\hat{p}_z) + x\hat{p}_y(z\hat{p}_z - \hat{p}_z z)$$
$$= (z\hat{p}_z - \hat{p}_z z)(x\hat{p}_y - y\hat{p}_x)$$
$$= [z, \hat{p}_z]\hat{l}_z$$

を得る.さらに p.84 の (4・5・8) から $[z, \hat{p}_z] = i\hbar$ であるから,結局

$$[\hat{l}_x, \hat{l}_y] = i\hbar\hat{l}_z$$

となる.同様に他の成分についても,$x, y, z$ を循環的におき換えた関係が得られる.すなわち

$$\boxed{\begin{aligned}[\hat{l}_y, \hat{l}_z] &= i\hbar\hat{l}_x \\ [\hat{l}_z, \hat{l}_x] &= i\hbar\hat{l}_y \\ [\hat{l}_x, \hat{l}_y] &= i\hbar\hat{l}_z\end{aligned}} \quad\quad (5\cdot1\cdot4)$$

となる. (5・1・4) によると角運動量の各成分は交換不可能である.したがって角運動量の成分が同時に確定値をとるような状態は存在しないことになる (p.84 定理 V).

次に角運動量の2乗の演算子

$$\hat{l}^2 = \hat{l}_x^2 + \hat{l}_y^2 + \hat{l}_z^2$$

と成分の一つの交換関係を求めよう. p.87 の例題 4・4 の (b), (d) 式を用いると

$$[\hat{l}^2, \hat{l}_x] = [\hat{l}_x^2 + \hat{l}_y^2 + \hat{l}_z^2, \hat{l}_x]$$
$$= [\hat{l}_y^2, \hat{l}_x] + [\hat{l}_z^2, \hat{l}_x] \quad\quad (\because\ [\hat{l}_x^2, \hat{l}_x] = 0)$$
$$= \hat{l}_y[\hat{l}_y, \hat{l}_x] + [\hat{l}_y, \hat{l}_x]\hat{l}_y + \hat{l}_z[\hat{l}_z, \hat{l}_x] + [\hat{l}_z, \hat{l}_x]\hat{l}_z$$

となる.上式に (5・1・4) の関係を用いて

$$[\hat{l}^2,\hat{l}_x] = -i\hbar \hat{l}_y\hat{l}_z - i\hbar \hat{l}_z\hat{l}_y + i\hbar \hat{l}_z\hat{l}_y + i\hbar \hat{l}_y\hat{l}_z = 0$$

を得る．$\hat{l}_y, \hat{l}_z$ についても同様な関係が成立するから

$$\left.\begin{array}{l}[\hat{l}^2,\hat{l}_x] = 0 \\ [\hat{l}^2,\hat{l}_y] = 0 \\ [\hat{l}^2,\hat{l}_z] = 0\end{array}\right\} \quad (5\cdot1\cdot5)$$

またはまとめて

$$\boxed{[\hat{l}^2,\hat{\boldsymbol{l}}] = 0} \quad (5\cdot1\cdot6)$$

と書くことができる．すなわち<u>角運動量の 2 乗と成分の一つは可換で両者が同時に確定値をとるような状態が存在する</u>のである．

## §5・2　極座標による表示

(5・1・3) は角運動量演算子を直交座標で表した式であるが，次節で角運動量の固有値を求めるための準備として，この式を極座標に変換することを試みる．極座標への変換は水素原子の波動関数を求める際にも重要になる．

図 5・1 から明らかなように，直交座標 $(x, y, z)$ と極座標 $(r, \theta, \varphi)$ の間には

$$\left.\begin{array}{l}x = r\sin\theta\cos\varphi \\ y = r\sin\theta\sin\varphi \\ z = r\cos\theta\end{array}\right\} \quad (5\cdot2\cdot1)$$

の関係がある．(5・2・1)（または図 5・1）から

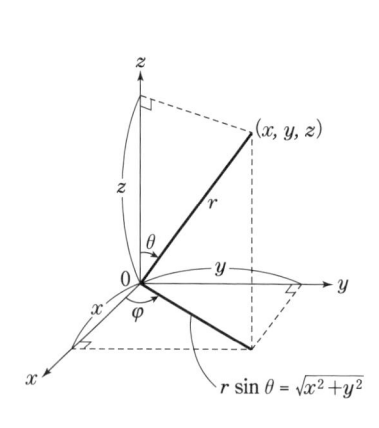

$$\left.\begin{array}{l}r^2 = x^2 + y^2 + z^2 \\ \tan^2\theta = \dfrac{x^2+y^2}{z^2} \\ \tan\varphi = \dfrac{y}{x}\end{array}\right\} \quad (5\cdot2\cdot2)$$

図 5・1　直交座標と極座標の関係

が成立する．さて $\psi(r, \theta, \varphi)$ を $x$ で偏微分

## §5・2 極座標による表示

する場合，$r, \theta, \varphi$ はそれぞれ $x, y, z$ の関数になっているから

$$\frac{\partial \psi}{\partial x} = \frac{\partial \psi}{\partial r}\frac{\partial r}{\partial x} + \frac{\partial \psi}{\partial \theta}\frac{\partial \theta}{\partial x} + \frac{\partial \psi}{\partial \varphi}\frac{\partial \varphi}{\partial x}$$

となる．微分演算子だけの関係は

同様に

$$\left.\begin{aligned}\frac{\partial}{\partial x} &= \frac{\partial r}{\partial x}\frac{\partial}{\partial r} + \frac{\partial \theta}{\partial x}\frac{\partial}{\partial \theta} + \frac{\partial \varphi}{\partial x}\frac{\partial}{\partial \varphi} \\ \frac{\partial}{\partial y} &= \frac{\partial r}{\partial y}\frac{\partial}{\partial r} + \frac{\partial \theta}{\partial y}\frac{\partial}{\partial \theta} + \frac{\partial \varphi}{\partial y}\frac{\partial}{\partial \varphi} \\ \frac{\partial}{\partial z} &= \frac{\partial r}{\partial z}\frac{\partial}{\partial r} + \frac{\partial \theta}{\partial z}\frac{\partial}{\partial \theta} + \frac{\partial \varphi}{\partial z}\frac{\partial}{\partial \varphi}\end{aligned}\right\} \quad (5\cdot2\cdot3)$$

である．次に $\partial r/\partial x, \partial \theta/\partial x, \partial \varphi/\partial x, \partial r/\partial y, \cdots$ を $r, \theta, \varphi$ の関数として求め，上式に代入して $\partial/\partial x, \partial/\partial y, \partial/\partial z$ を極座標で表した式を求める．これらの式と $(5\cdot2\cdot1)$ を $(5\cdot1\cdot3)$ に代入すれば，$\hat{l}_x, \hat{l}_y, \hat{l}_z$ の極座標表示 $(5\cdot2\cdot8)$ が得られる．計算は次のように行われる．

$\partial r/\partial x$ を求めるために $(5\cdot2\cdot2)$ の第1式の両辺を $x$ で偏微分すれば

$$2r\frac{\partial r}{\partial x} = 2x \quad \therefore \quad \frac{\partial r}{\partial x} = \frac{x}{r}$$

同様に $(5\cdot2\cdot2)$ の第1式の両辺を $y, z$ で偏微分することにより

$$\frac{\partial r}{\partial y} = \frac{y}{r} \qquad \frac{\partial r}{\partial z} = \frac{z}{r}$$

を得る．これらの関係に $(5\cdot2\cdot1)$ を用いて

$$\frac{\partial r}{\partial x} = \sin\theta\cos\varphi \qquad \frac{\partial r}{\partial y} = \sin\theta\sin\varphi \qquad \frac{\partial r}{\partial z} = \cos\theta \qquad (5\cdot2\cdot4)$$

となる．次に $(5\cdot2\cdot2)$ の第2式の両辺を $x$ で偏微分し $(5\cdot2\cdot1)$ を用いると

$$2\tan\theta\sec^2\theta\,\frac{\partial \theta}{\partial x} = \frac{2x}{z^2}$$

$$\frac{\partial \theta}{\partial x} = \frac{r\sin\theta\cos\varphi}{r^2\cos^2\theta}\frac{\cos^2\theta}{\tan\theta} = \frac{\cos\theta\cos\varphi}{r}$$

を得る．さらに第2式の両辺を $y$, $z$ で偏微分することにより

$$\frac{\partial \theta}{\partial x} = \frac{\cos\theta\cos\varphi}{r} \qquad \frac{\partial \theta}{\partial y} = \frac{\cos\theta\sin\varphi}{r} \qquad \frac{\partial \theta}{\partial z} = -\frac{\sin\theta}{r} \qquad (5\cdot2\cdot5)$$

となる．同様にして (5·2·2) の第3式の両辺を $x$, $y$, $z$ で偏微分して

$$\frac{\partial \varphi}{\partial x} = -\frac{\sin\varphi}{r\sin\theta} \qquad \frac{\partial \varphi}{\partial y} = \frac{\cos\varphi}{r\sin\theta} \qquad \frac{\partial \varphi}{\partial z} = 0 \qquad (5\cdot2\cdot6)$$

が求められる．(5·2·4) ～ (5·2·6) を (5·2·3) に代入して

$$\left.\begin{array}{l}\dfrac{\partial}{\partial x} = \sin\theta\cos\varphi\dfrac{\partial}{\partial r} + \dfrac{\cos\theta\cos\varphi}{r}\dfrac{\partial}{\partial \theta} - \dfrac{\sin\varphi}{r\sin\theta}\dfrac{\partial}{\partial \varphi} \\[2mm] \dfrac{\partial}{\partial y} = \sin\theta\sin\varphi\dfrac{\partial}{\partial r} + \dfrac{\cos\theta\sin\varphi}{r}\dfrac{\partial}{\partial \theta} + \dfrac{\cos\varphi}{r\sin\theta}\dfrac{\partial}{\partial \varphi} \\[2mm] \dfrac{\partial}{\partial z} = \cos\theta\dfrac{\partial}{\partial r} - \dfrac{\sin\theta}{r}\dfrac{\partial}{\partial \theta}\end{array}\right\} \qquad (5\cdot2\cdot7)$$

が得られる．さらに (5·2·1), (5·2·7) を (5·1·3) に代入することにより，次の $\hat{l}_x$, $\hat{l}_y$, $\hat{l}_z$ の極座標表示に到達する．

$$\boxed{\begin{array}{l}\hat{l}_x = i\hbar\left(\sin\varphi\dfrac{\partial}{\partial \theta} + \cot\theta\cos\varphi\dfrac{\partial}{\partial \varphi}\right) \\[2mm] \hat{l}_y = i\hbar\left(-\cos\varphi\dfrac{\partial}{\partial \theta} + \cot\theta\sin\varphi\dfrac{\partial}{\partial \varphi}\right) \\[2mm] \hat{l}_z = -i\hbar\dfrac{\partial}{\partial \varphi}\end{array}} \qquad (5\cdot2\cdot8)$$

次に $\hat{l}^2 = \hat{l}_x^2 + \hat{l}_y^2 + \hat{l}_z^2$ は上の各式の右辺を2乗して加えることにより求められる．途中の計算を省略して結果のみ記すと

$$\boxed{\hat{l}^2 = -\hbar^2\left[\frac{1}{\sin\theta}\frac{\partial}{\partial \theta}\left(\sin\theta\frac{\partial}{\partial \theta}\right) + \frac{1}{\sin^2\theta}\frac{\partial^2}{\partial \varphi^2}\right]} \qquad (5\cdot2\cdot9)$$

である[1]．なお (5·2·9) と (5·2·8) の第3式から $[\hat{l}^2, \hat{l}_z] = 0$ が成立することは

---

[1] 途中の計算については，宮崎智雄，量子化学演習，朝倉書店 (1976) 参照．

## §5·2 極座標による表示

直ちにわかる．同様に極座標の軸を $x$ または $y$ 方向にとれば $[\hat{l}^2, \hat{l}_x] = 0$ および $[\hat{l}^2, \hat{l}_y] = 0$ となることもわかる．さらに $\Delta = \partial^2/\partial x^2 + \partial^2/\partial y^2 + \partial^2/\partial z^2$ の極座標表示は (5·2·7) の右辺を 2 乗して加えることにより

$$\Delta = \frac{\partial^2}{\partial r^2} + \frac{2}{r}\frac{\partial}{\partial r} - \frac{\hat{l}^2}{\hbar^2 r^2} \tag{5·2·10}$$

のように導かれる（計算は省略）．

最後に，極座標で表された関数 $\psi(r,\theta,\varphi)$ の規格化

$$\int |\psi(r,\theta,\varphi)|^2\, dv = 1$$

について考察しよう．上式の体積素片 $dv$ は，直角座標では $dxdydz$ であるが，極座標では図 5·2 から

$$dv = r^2 dr \sin\theta\, d\theta\, d\varphi \tag{5·2·11}$$

である．角運動量が存在する空間に制限がないとすると，全空間については $r = 0 \sim \infty$, $\theta = 0 \sim \pi$, $\varphi = 0 \sim 2\pi$ であるから，規格化の式は

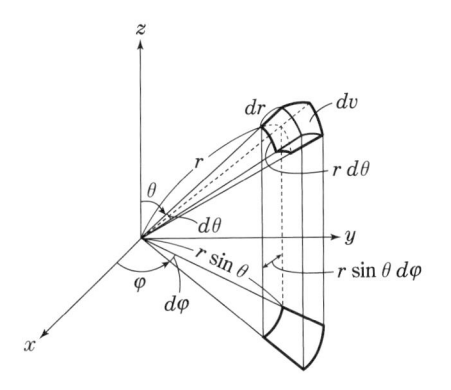

図 5·2　極座標における体積素片．図から
$dv = r\, d\theta \cdot r\sin\theta\, d\varphi \cdot dr$
$\quad = r^2 dr \sin\theta\, d\theta\, d\varphi$
であることがわかる．

$$\int_0^\infty \int_0^\pi \int_0^{2\pi} |\psi(r,\theta,\varphi)|^2 r^2 dr \sin\theta\, d\theta\, d\varphi = 1 \tag{5·2·12}$$

となる．もし

$$\psi(r,\theta,\varphi) = R(r)\,\Theta(\theta)\,\Phi(\varphi) \tag{5·2·13}$$

のように $\psi$ が $r, \theta, \varphi$ の関数の積に分離されるときは，(5·2·12) は

$$\int_0^\infty |R(r)|^2 r^2 dr \int_0^\pi |\Theta(\theta)|^2 \sin\theta\, d\theta \int_0^{2\pi} |\Phi(\varphi)|^2 d\varphi = 1$$

となるので

$$\int_0^\infty |R(r)|^2 r^2 dr = 1, \quad \int_0^\pi |\Theta(\theta)|^2 \sin\theta d\theta = 1, \quad \int_0^{2\pi} |\Phi(\varphi)|^2 d\varphi = 1$$
$$(5\cdot 2\cdot 14)$$

のように $R, \Theta, \Phi$ の各関数をそれぞれ規格化しておけばよい．

## §5・3　角運動量の $z$ 成分の固有状態

前節の結果を用いて角運動量の $z$ 成分 $\hat{l}_z$ の固有値と固有関数を求めよう．$\hat{l}_z$ の固有値を $\mu$ とすると，前章の仮定 III (p. 67) により

$$\hat{l}_z \psi = \mu\psi \tag{5・3・1}$$

を解けばよい．(5・2・8) 第3式より上式は

$$-i\hbar \frac{\partial \psi}{\partial \varphi} = \mu\psi \tag{5・3・2}$$

となる．$\psi = cf(r,\theta) e^{a\varphi}$ とおき ($c, a$ は定数，$f$ は $r, \theta$ の関数)，上式に代入すると

$$-i\hbar cfa e^{a\varphi} = \mu cf e^{a\varphi}$$

となるから

$$a = \frac{i\mu}{\hbar} \tag{5・3・3}$$

が得られる．すなわち (5・3・2) の解は

$$\psi(r,\theta,\varphi) = cf(r,\theta) e^{i\mu\varphi/\hbar} \tag{5・3・4}$$

となる．ところで波動関数は1価連続でなければならないが，$\psi$ は1価関数とは限らない．なぜならば $\psi(r,\theta,\varphi)$ が1価関数であるためには

$$\psi(r,\theta,\varphi) = \psi(r,\theta,\varphi+2\pi)$$

でなければならないからである ($(r,\theta,\varphi)$ と $(r,\theta,\varphi+2\pi)$ は空間上の同じ点である)．この条件を (5・3・4) に入れると

$$e^{i\mu\varphi/\hbar} = e^{i\mu(\varphi+2\pi)/\hbar}$$

$$e^{2\pi i\mu/\hbar} = 1$$

となる．$m$ を0または正負の整数として $1 = e^{2\pi im}$ であるから (p. 430 (A1・1・9)

## §5・3 角運動量の $z$ 成分の固有状態

参照),上式から

$$\frac{\mu}{\hbar} = m \qquad m = 0, \pm 1, \pm 2, \cdots \tag{5・3・5}$$

が得られる.したがって,$\hat{l}_z$ の固有関数とそれに対応する固有値は (5・3・4),(5・3・5) から

$$\psi_m(r,\theta,\varphi) = cf(r,\theta)\,e^{im\varphi}, \qquad \mu_m = m\hbar \qquad m = 0, \pm 1, \pm 2, \cdots \tag{5・3・6}$$

である.この結果から<u>角運動量の $z$ 成分の固有値は,$\hbar$ を単位として 0 または正負の整数である</u>ことがわかる.

次に $\psi_m(r,\theta,\varphi)$ を規格化しよう.いま

$$\varPhi_m(\varphi) = ce^{im\varphi} \tag{5・3・7}$$

とすると

$$\psi_m(r,\theta,\varphi) = f(r,\theta)\,\varPhi_m(\varphi) \tag{5・3・8}$$

となる.(5・2・12) より $\psi_m$ の規格化の式は

$$\int_0^\infty \int_0^\pi \int_0^{2\pi} |\psi_m(r,\theta,\varphi)|^2 r^2 dr \sin\theta\, d\theta d\varphi$$
$$= \int_0^\infty \int_0^\pi |f(r,\theta)|^2 r^2 dr \sin\theta d\theta \int_0^{2\pi} |\varPhi_m(\varphi)|^2 d\varphi = 1$$

である.よって

$$\int_0^\infty \int_0^\pi |f(r,\theta)|^2 r^2\, dr \sin\theta d\theta = 1 \tag{5・3・9}$$

$$\int_0^{2\pi} |\varPhi_m(\varphi)|^2\, d\varphi = 1 \tag{5・3・10}$$

とすれば $\psi_m$ が規格化される.(5・3・7),(5・3・10) より

$$\int_0^{2\pi} |\varPhi_m(\varphi)|^2\, d\varphi = c^2 \int_0^{2\pi} 1\, d\varphi = 2\pi c^2 = 1 \tag{5・3・11}$$

$$\therefore\quad c = \frac{1}{\sqrt{2\pi}}$$

である．これを (5・3・7) に入れて

$$\boxed{\varPhi_m(\varphi) = \frac{1}{\sqrt{2\pi}} e^{im\varphi} \qquad m = 0, \pm 1, \pm 2, \cdots} \qquad (5 \cdot 3 \cdot 12)$$

である．$\varPhi_m(\varphi)$ を用いて $\hat{l}_z$ の規格化された解とそれに対応する固有値をもう一度書くと

$$\varPhi_m(r, \theta, \varphi) = f(r,\theta)\,\varPhi_m(\varphi) \qquad \mu_m = m\hbar \qquad m = 0, \pm 1, \pm 2, \cdots \qquad (5 \cdot 3 \cdot 13)$$

となる．ただし $f(r,\theta)$ は (5・3・9) を満足する任意の 1 価連続な関数である．

$m \neq n$ のときは

$$\int_0^{2\pi} \varPhi_m{}^*(\varphi)\,\varPhi_n(\varphi)\,d\varphi = \frac{1}{2\pi} \int_0^{2\pi} e^{i(n-m)\varphi}\,d\varphi$$
$$= \frac{1}{2\pi} \int_0^{2\pi} [\cos(n-m)\varphi + i\sin(n-m)\varphi]\,d\varphi = 0$$

となる．この結果と (5・3・10) を組合わせて

$$\boxed{\int_0^{2\pi} \varPhi_m{}^*(\varphi)\,\varPhi_n(\varphi)\,d\varphi = \delta_{mn}} \qquad (5 \cdot 3 \cdot 14)$$

が得られる．すなわち関数系 $\{\varPhi_m(\varphi)\}$ は規格直交系をなしている．(5・3・13)，(5・3・14) から

$$\int \psi_m{}^*(r,\theta,\varphi)\,\psi_n(r,\theta,\varphi)\,dv = \delta_{mn} \qquad (5 \cdot 3 \cdot 15)$$

も明らかであろう．$m \neq n$ のときは $\psi_m$, $\psi_n$ は $\hat{l}_z$ の異なった固有値に対応する波動関数であるから互いに直交するのは当然である（§4・3 の仮定 V (p.71) と定理 III (p.73) 参照）．

なお極座標の軸を $x$ または $y$ 方向にとれば，上と同様な計算を行うことができるから，$\hat{l}_x$, $\hat{l}_y$ の固有値も $\hbar$ を単位として 0 または正負の整数値であることがわかる．

## §5・4　角運動量の2乗の固有状態

角運動量の 2 乗 $\hat{l}^2$ の固有関数と固有値を求めよう．固有値を $\lambda$ とすれば，固有方程式は

$$\hat{l}^2 \psi = \lambda \psi \tag{5・4・1}$$

である．$\hat{l}^2$ に (5・2・9) を用いて

$$-\hbar^2 \left[ \frac{1}{\sin\theta} \frac{\partial}{\partial\theta}\left(\sin\theta \frac{\partial}{\partial\theta}\right) + \frac{1}{\sin^2\theta} \frac{\partial^2}{\partial\varphi^2} \right] \psi = \lambda \psi \tag{5・4・2}$$

を解けばよい．変数分離をするために

$$\psi(r,\theta,\varphi) = R(r)\Theta(\theta)\Phi(\varphi) \tag{5・4・3}$$

とおき (5・4・2) に代入すると

$$-\frac{\hbar^2}{\sin\theta} \frac{d}{d\theta}\left(\sin\theta \frac{d\Theta}{d\theta}\right) R\Phi - \frac{\hbar^2}{\sin^2\theta} \frac{d^2\Phi}{d\varphi^2} R\Theta = \lambda R\Theta\Phi$$

となる．両辺に $\sin^2\theta/(R\Theta\Phi)$ をかけて移項すると

$$\frac{\hbar^2 \sin\theta}{\Theta} \frac{d}{d\theta}\left(\sin\theta \frac{d\Theta}{d\theta}\right) + \lambda \sin^2\theta = -\frac{\hbar^2}{\Phi} \frac{d^2\Phi}{d\varphi^2}$$

を得る．上式の左辺は $\theta$ だけの関数，右辺は $\varphi$ だけの関数であるから，上式が任意の $\theta$, $\varphi$ について恒等的に成立するためには，両辺が定数でなければならない．この定数を $m^2\hbar^2$ とすると（$m$ が複素数とすると一般性を失わない）

$$\frac{\hbar^2 \sin\theta}{\Theta} \frac{d}{d\theta}\left(\sin\theta \frac{d\Theta}{d\theta}\right) + \lambda \sin^2\theta = m^2\hbar^2$$

$$-\frac{\hbar^2}{\Phi} \frac{d^2\Phi}{d\varphi^2} = m^2\hbar^2$$

となる．

$$\lambda = l(l+1)\hbar^2 \tag{5・4・4}$$

とおいてこれらの式を変形すると

$$\frac{1}{\sin\theta} \frac{d}{d\theta}\left(\sin\theta \frac{d\Theta}{d\theta}\right) + \left[l(l+1) - \frac{m^2}{\sin^2\theta}\right]\Theta = 0 \tag{5・4・5}$$

$$\frac{d^2\Phi}{d\varphi^2} = -m^2\Phi \qquad (5\cdot4\cdot6)$$

を得る．

(5・4・6) の解は前節の (5・3・12)

$$\Phi_m(\varphi) = \frac{1}{\sqrt{2\pi}}\,e^{im\varphi} \qquad m = 0, \pm1, \pm2, \cdots \qquad (5\cdot4\cdot7)$$

である．実際に上の $\Phi_m(\varphi)$ を (5・4・6) に代入すれば解となっていることがわかる[1]．なお，前節と同様に $\Phi_m(\varphi)$ が1価関数であるためには，$m = 0, \pm1, \pm2, \cdots$ でなければならない．

次に (5・4・5) の解であるが，それを導く数学的手続き[2] は複雑であるから，ここでは結果だけ記すことにしよう．(5・4・5) の1価連続有限な解，すなわち波動関数となり得る解は $l$ が0または正の整数で，$|m| \leqq l$ のときだけ存在し

$$\Theta_{lm}(\theta) = cP_l^{|m|}(\cos\theta) \qquad (5\cdot4\cdot8)$$

である．ただし $c$ は任意定数，$P_l^{|m|}(\cos\theta)$ は **Legendre**(ルジャンドル) **の陪多項式** (associated Legendre polynomial) である[3] (脚注次頁)．$P_l^{|m|}(\cos\theta)$ については次の関係が成立することが証明されている．

$$\int_0^\pi P_l^{|m|}(\cos\theta)\,P_{l'}^{|m|}(\cos\theta)\sin\theta d\theta = \frac{2}{2l+1}\frac{(l+|m|)!}{(l-|m|)!}\delta_{ll'} \qquad (5\cdot4\cdot9)$$

さて (5・4・3) の $\psi(r,\theta,\varphi)$ の $\Theta$ 部分と $\Phi$ 部分の解がわかったので，$\psi$ を規格化することを考えよう．

$$\psi_{lm}(r,\theta,\varphi) = R(r)\,\Theta_{lm}(\theta)\,\Phi_m(\varphi) \qquad (5\cdot4\cdot10)$$

において，(5・2・14) より

$$\int_0^\infty |R(r)|^2 r^2\,dr = 1 \quad \int_0^\pi |\Theta_{lm}(\theta)|^2\sin\theta\,d\theta = 1 \quad \int_0^{2\pi}|\Phi_m(\varphi)|^2\,d\varphi = 1$$
$$(5\cdot4\cdot11)$$

---

1) 前節と同様な方法で (5・4・6) を直接解いても (5・4・7) は容易に得られる．
2) 巻末参考書 (1), (4), (5), または (12) 参照．

## §5・4 角運動量の2乗の固有状態

とすればよい．上の第3式はすでに成立している((5・3・14))．第2式については (5・4・8), (5・4・9) より

$$1 = \int_0^\pi |\Theta_{lm}(\theta)|^2 \sin\theta \, d\theta = c^2 \int_0^\pi [P_l^{|m|}(\cos\theta)]^2 \sin\theta \, d\theta$$

$$= c^2 \frac{2}{2l+1} \frac{(l+|m|)!}{(l-|m|)!}$$

$$\therefore \quad c = \sqrt{\frac{2l+1}{2} \frac{(l-|m|)!}{(l+|m|)!}}$$

ならばよい．よって (5・4・8) の規格化された解は

$$\boxed{\Theta_{lm}(\theta) = \sqrt{\frac{2l+1}{2} \frac{(l-|m|)!}{(l+|m|)!}} \, P_l^{|m|}(\cos\theta)} \qquad (5\cdot4\cdot12)$$

となる．上式で $m$ は $\Phi_m(\varphi)$ の $m$ と共通のため ((5・4・5), (5・4・6))，$m = 0, \pm 1, \pm 2, \cdots$ である．また前述したように，<u>$l = 0, 1, 2, \cdots$ で，$|m| \leq l$ でなければならないから</u>，$l$ をある整数に指定すると $m$ は

$$m = -l, \, -l+1, \cdots, 0, \cdots, l-1, l$$

---

3) **Legendre の多項式**は

$$P_l(\cos\theta) \equiv \frac{1}{2^l l!} \frac{d^l}{(d\cos\theta)^l} (\cos^2\theta - 1)^l \qquad l = 0, 1, 2, \cdots \tag{1}$$

で，**Legendre の微分方程式** ((5・4・5) で $m = 0$ とおいて得られる微分方程式)

$$\frac{1}{\sin\theta} \frac{d}{d\theta}\left(\sin\theta \frac{dP_l}{d\theta}\right) + l(l+1) P_l = 0 \tag{2}$$

を満足することが知られている．二，三の $P_l(\cos\theta)$ を示すと

$$P_0(\cos\theta) = 1$$
$$P_1(\cos\theta) = \cos\theta$$
$$P_2(\cos\theta) = \frac{1}{2}(3\cos^2\theta - 1)$$
$$P_3(\cos\theta) = \frac{1}{2}(5\cos^3\theta - 3\cos\theta)$$

である．
　Legendre の陪多項式は

$$P_l^{|m|}(\cos\theta) \equiv \sin^{|m|}\theta \, \frac{d^{|m|} P_l(\cos\theta)}{(d\cos\theta)^{|m|}} \qquad |m| = 0, 1, 2, \cdots \tag{3}$$

で定義される．したがって $P_l^0(\cos\theta) = P_l(\cos\theta)$ である．

のように $2l+1$ 個の値に限定される．すなわち $l=0$ のとき $m=0$；$l=1$ のとき $m=-1,0,1$；$l=2$ では $m=-2,-1,0,1,2$；… である．$l=0\sim 2$ の $\Theta_{lm}(\theta)$ を次に示す．

$$\Theta_{00} = \frac{1}{\sqrt{2}} \qquad\qquad \Theta_{10} = \sqrt{\frac{3}{2}}\cos\theta$$

$$\Theta_{1,\pm 1} = \frac{\sqrt{3}}{2}\sin\theta \qquad \Theta_{20} = \sqrt{\frac{5}{8}}(3\cos^2\theta - 1) \qquad (5\cdot 4\cdot 13)$$

$$\Theta_{2,\pm 1} = \frac{\sqrt{15}}{2}\sin\theta\cos\theta \qquad \Theta_{2,\pm 2} = \frac{\sqrt{15}}{4}\sin^2\theta$$

なお $(5\cdot 4\cdot 12)$, $(5\cdot 4\cdot 9)$ より

$$\boxed{\int_0^\pi \Theta_{lm}(\theta)\,\Theta_{l'm}(\theta)\sin\theta\,d\theta = \delta_{ll'}} \qquad (5\cdot 4\cdot 14)$$

が成立することがわかる

$(5\cdot 4\cdot 4)$, $(5\cdot 4\cdot 10)$ より $\hat{l}^2\psi = \lambda\psi$ の固有関数と固有値は

$$\psi_{lm}(r,\theta,\varphi) = R(r)\,\Theta_{lm}(\theta)\,\Phi_m(\varphi) \qquad \lambda_l = l(l+1)\hbar^2 \qquad (5\cdot 4\cdot 15)$$

$$l = 0,1,2,\cdots \qquad m = -l, -l+1, \cdots, l$$

となる．ただし，$R(r)$ は $(5\cdot 4\cdot 11)$ の第1式を満足する1価連続有限な関数である．

さて

$$\boxed{Y_{lm}(\theta,\varphi) \equiv \Theta_{lm}(\theta)\,\Phi_m(\varphi)} \qquad (5\cdot 4\cdot 16)$$

と表すことが多い[1]．$Y_{lm}(\theta,\varphi)$ を**球面調和関数** (spherical harmonics) という．これを用いると，$\psi_{lm}$ は

$$\psi_{lm}(r,\theta,\varphi) = R(r)\,Y_{lm}(\theta,\varphi) \qquad (5\cdot 4\cdot 17)$$

となる．$Y_{lm}(\theta,\varphi)$ については $(5\cdot 3\cdot 14)$, $(5\cdot 4\cdot 14)$ より

---

[1] 後に述べる昇降演算子との関係で $Y_{lm}(\theta,\varphi) \equiv (-1)^{\{(m+|m|)/2\}}\Theta_{lm}(\theta)\,\Phi_m(\varphi)$ とすることもある (p.113, 注2) 参照).

$$\boxed{\int_0^\pi \int_0^{2\pi} Y_{lm}{}^*(\theta,\varphi)\, Y_{l'm'}(\theta,\varphi) \sin\theta\, d\theta\, d\varphi = \delta_{ll'}\delta_{mm'}} \tag{5・4・18}$$

が成立する．$l=2$ までの $Y_{lm}(\theta,\varphi)$ は (5・4・7), (5・4・13) から下のように求められる．

$$Y_{00} = \frac{1}{2\sqrt{\pi}} \qquad\qquad Y_{10} = \frac{1}{2}\sqrt{\frac{3}{\pi}} \cos\theta$$

$$Y_{1,\pm 1} = \frac{1}{2}\sqrt{\frac{3}{2\pi}} \sin\theta\, e^{\pm i\varphi} \qquad Y_{20} = \frac{1}{4}\sqrt{\frac{5}{\pi}}(3\cos^2\theta - 1)$$

$$Y_{2,\pm 1} = \frac{1}{2}\sqrt{\frac{15}{2\pi}} \sin\theta \cos\theta\, e^{\pm i\varphi} \qquad Y_{2,\pm 2} = \frac{1}{4}\sqrt{\frac{15}{2\pi}} \sin^2\theta\, e^{\pm 2i\varphi}$$

$$\tag{5・4・19}$$

## §5・5　空間量子化

§5・3, §5・4 の結果 ((5・3・13), (5・4・15)) によると $\hat{l}_z$ と $\hat{l}^2$ の固有関数と固有値は

$$\psi_m \propto \Phi_m(\varphi) \qquad \mu_m = m\hbar \qquad m = 0, \pm 1, \pm 2, \cdots$$

$$\psi_{lm} \propto Y_{lm}(\theta,\varphi) = \Theta_{lm}(\theta)\, \Phi_m(\varphi)$$

$$\lambda_l = l(l+1)\hbar^2 \qquad l = 0, 1, 2, \cdots;\ |m| < l$$

である．ゆえに $\psi_{lm}$ は同時に $\hat{l}^2$ と $\hat{l}_z$ の固有関数になっている．すなわち

$$\hat{l}^2 \psi_{lm} = l(l+1)\,\hbar^2 \psi_{lm} \tag{5・5・1}$$

$$\hat{l}_z \psi_{lm} = m\hbar\, \psi_{lm} \tag{5・5・2}$$

である．したがって $\psi_{lm}$ の状態で角運動量の2乗とその $z$ 成分を測定すると確定値 $l(l+1)\hbar^2$ と $m\hbar$ が得られる．

(5・4・17), (5・4・18) より

$$\int \psi_{lm}{}^*(r,\theta,\varphi)\, \psi_{l'm'}(r,\theta,\varphi)\, dv = \delta_{ll',mm'} \tag{5・5・3}$$

が成立するが，これは $l \neq l'$ または $m \neq m'$ ならば関数 $\psi_{lm}, \psi_{l'm'}$ において

$l^2$ と $l_z$ の固有値の少なくとも一方が異なるため二つの関数が直交するからである (p.73 定理III)．ところで $l$ を決めると $m$ は $m = -l, -l+1, \cdots, l$ と $2l+1$ 個の値をとる．すなわち $\hat{l}^2$ の固有値 $l(l+1)\hbar^2$ に $\psi_{l,-l}, \psi_{l,-l+1}\cdots, \psi_{l,l}$ が対応する．よって固有値 $l(l+1)\hbar^2$ は $2l+1$ 重に縮重している．

または $\hat{l}^2$ と可換な $\hat{l}_z$ ((5・1・5)) によって $\hat{l}^2$ では縮重した状態が

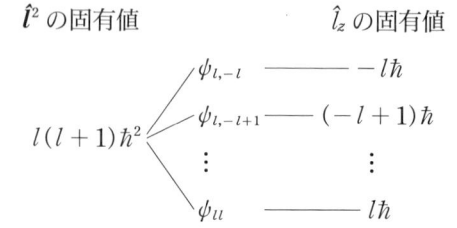

$\hat{l}^2$ の固有値　　　　　　$\hat{l}_z$ の固有値

$$l(l+1)\hbar^2 \begin{cases} \psi_{l,-l} &\!\!\!\!\!\!\!—— -l\hbar \\ \psi_{l,-l+1} &\!\!\!\!\!\!\!—— (-l+1)\hbar \\ \vdots & \vdots \\ \psi_{l,l} &\!\!\!\!\!\!\!—— l\hbar \end{cases}$$

のように分離されているといってもよい (p.86)．

さて $\hat{l}^2$ と $l_z$ が同時に確定値をとることができるのは，§5・1 で述べたように $\hat{l}^2$ と $\hat{l}_z$ が可換のためである．これに対し角運動量の成分同士は交換しないから，$l_z$ が確定した状態 $\psi_{lm}$ では $l_x, l_y$ は定まらない．すなわち $\psi_{lm}$ の状態で $l_x$ または $l_y$ を測定すれば，その固有値[1] $-l\hbar, (-l+1), \cdots l\hbar$ のうちの一つが測定値として得られるが，どの固有値が得られるかは予測できない．

以上の関係は，角運動量ベクトルを図示するとよく理解することができる．$l = 2$ の場合を例にしよう．このときは $\hat{l}^2$ の固有値は $l(l+1)\hbar^2 = 2\cdot3\hbar^2 = 6\hbar^2$ であるから，角運動量の大きさは $|l| = \sqrt{6}\hbar \fallingdotseq 2.45\hbar$ である[2]．またその $z$ 成分は $l_z = m\hbar = -2\hbar, -\hbar, 0, \hbar, 2\hbar$ である．したがって角運動量ベクトルは図5・3 (a) の矢印で表すことができる．ただし $l_x, l_y$ は確定しないから，矢印の頭の位置は半径 $\sqrt{6}\hbar$ の球面を $l_z = m\hbar$ の平面で切ったときの切口の円周上のどこにあってもよいことになる (図5・3 (b) 参照)．なおベクトルは $l_z$ 方向にはならない．なぜならばこの方向では $l_x = l_y = 0, l_z = |l|$ となり，

---

[1] 極座標の軸を $x$ または $y$ 方向にとれば $\hat{l}_x, \hat{l}_y$ の固有値も $-l\hbar, (-l+1)\hbar, \cdots, l\hbar$ であることがわかる．

[2] Bohr の量子論では角運動量の大きさは $l = n\hbar (n = 1, 2, 3, \cdots)$ であった (p.14 (1・3・14))．真の量子論では角運動量の大きさに相当するものは $|l| = \sqrt{l(l+1)}\hbar$ ($l = 0, 1, 2, \cdots$) であるから両者は異なる．

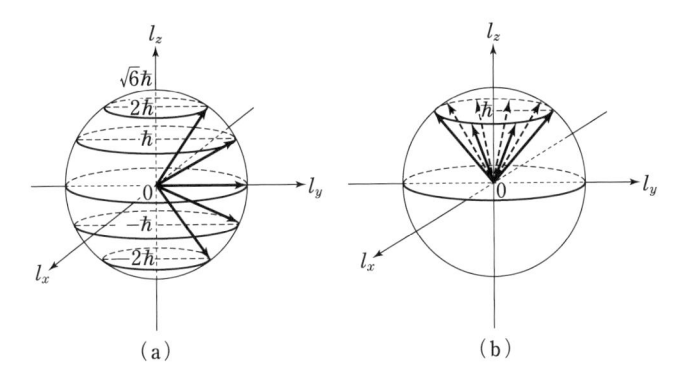

**図5·3** 角運動量のベクトル表示，$l=2$ の場合．(a) $m=2,1,0,-1,-2$ に対応するベクトル，(b) ベクトルの $l_x, l_y$ 成分は不定

$l_x, l_y, l_z$ が同時に確定するからである．このようにして角運動量の方向は空間内で制限される．これを空間量子化または方向量子化という．

## §5·6 一般の角運動量

いままで述べた角運動量 $\boldsymbol{l} = \boldsymbol{r} \times \boldsymbol{p}$ は，粒子が1個の場合の軌道角運動量に相当する（図1·9参照）．$n$ 個の粒子がある場合には**合成軌道角運動量**

$$\boldsymbol{L} \equiv \sum_{i=1}^{n} \boldsymbol{l}_i = \sum_{i=1}^{n} \boldsymbol{r}_i \times \boldsymbol{p}_i \tag{5·6·1}$$

が定義される．$\boldsymbol{L}$ の演算子 $\hat{\boldsymbol{L}}$ の成分間にも (5·1·4) と同様な関係

$$\left.\begin{array}{l} [\hat{L}_y, \hat{L}_z] = i\hbar \hat{L}_x \\ [\hat{L}_z, \hat{L}_x] = i\hbar \hat{L}_y \\ [\hat{L}_x, \hat{L}_y] = i\hbar \hat{L}_z \end{array}\right\} \tag{5·6·2}$$

が成立することが次のようにしてわかる．$n=2$ の場合を考えてみよう．

$$\hat{\boldsymbol{L}} = \boldsymbol{l}_1 + \boldsymbol{l}_2 \tag{5·6·3}$$

において，(5·1·4) と同様に

$$[\hat{l}_{1y},\hat{l}_{1z}] = i\hbar\hat{l}_{1x}, \quad [\hat{l}_{1z},\hat{l}_{1x}] = i\hbar\hat{l}_{1y}, \quad [\hat{l}_{1x},\hat{l}_{1y}] = i\hbar\hat{l}_{1z} \tag{5・6・4}$$

$$[\hat{l}_{2y},\hat{l}_{2z}] = i\hbar\hat{l}_{2x}, \quad [\hat{l}_{2z},\hat{l}_{2x}] = i\hbar\hat{l}_{2y}, \quad [\hat{l}_{2x},\hat{l}_{2y}] = i\hbar\hat{l}_{2z} \tag{5・6・5}$$

が成り立つ．また $\hat{l}_1$ と $\hat{l}_2$ は異なった座標と運動量よりなるから $[\hat{l}_1,\hat{l}_2]=0$ である．したがって

$$[\hat{L}_y,\hat{L}_z] = [\hat{l}_{1y}+\hat{l}_{2y}, \hat{l}_{1z}+\hat{l}_{2z}] = [\hat{l}_{1y},\hat{l}_{1z}] + [\hat{l}_{2y},\hat{l}_{2z}]$$
$$= i\hbar\hat{l}_{1x} + i\hbar\hat{l}_{2x} = i\hbar\hat{L}_x$$

となる．(5・6・2) の他の式も同様に導くことができる．さらに一般の $L$ の場合にも (5・6・2) が成立することは明らかであろう．

一般に (5・6・2) と同様な交換関係をみたす演算子 $\hat{\boldsymbol{J}}$ を広い意味で角運動量演算子という．すなわち

$$\boxed{\begin{aligned}[\hat{J}_y,\hat{J}_z] &= i\hbar\hat{J}_x \\ [\hat{J}_z,\hat{J}_x] &= i\hbar\hat{J}_y \\ [\hat{J}_x,\hat{J}_y] &= i\hbar\hat{J}_z\end{aligned}} \tag{5・6・6}$$

である．(5・1・4) から (5・1・6) が導かれたのと全く同様にして，上式から $\hat{\boldsymbol{J}}^2 = \hat{J}_x^2 + \hat{J}_y^2 + \hat{J}_z^2$ に対して

$$\boxed{[\hat{\boldsymbol{J}}^2,\hat{\boldsymbol{J}}] = 0} \tag{5・6・7}$$

の関係が得られる．すなわち一般の角運動量の場合も，その2乗と成分の一つが同時に確定値をとるような状態が存在する．このような状態を $\psi_{JM}$ とすると (5・5・1), (5・5・2) と同様な関係

$$\boxed{\begin{aligned}\hat{\boldsymbol{J}}^2\psi_{JM} &= J(J+1)\hbar^2\psi_{JM} \\ \hat{J}_z\psi_{JM} &= M\hbar\psi_{JM}\end{aligned}} \tag{5・6・8}$$
$$\tag{5・6・9}$$

が成立することが証明されている[1]．ただし $J$ は 0 以上の整数または半整数値[2]

---

1) 巻末の参考書 (2), (4), または (5) を参照されたい．
2) 半整数とは，整数に 1/2 を加えたもので，整数は含まれない．

$$J = 0, \frac{1}{2}, 1, \frac{3}{2}, 2, \cdots$$

をとる．また $M$ は一つの $J$ に対して

$$M = -J, -J+1, \cdots, J-1, J$$

と $(2J+1)$ 個の値をとる[1]．前節までに述べた軌道角運動量は，$J(=l)$ が整数値をとる角運動量の例である．$J$ が半整数値の角運動量の例としてはスピン角運動量があるが，それについては7章で述べる．

## §5·7 昇降演算子

一般の角運動量の成分，$\hat{J}_x$, $\hat{J}_y$ から

$$\hat{J}_\pm \equiv \hat{J}_x \pm i\hat{J}_y \tag{5·7·1}$$

を定義し $\hat{J}_+$ と $\hat{J}_-$ をまとめて**昇降演算子** (step operator) という．$\hat{J}^2$ と $\hat{J}_z$ の共通の固有関数 $\psi_{JM}$ ((5·6·8), (5·6·9) 参照) に $\hat{J}_+$ または $\hat{J}_-$ を作用させると，次に示すように

$$\hat{J}_\pm \psi_{JM} = \sqrt{(J \mp M)(J \pm M + 1)}\, \hbar \psi_{J,M\pm 1} \tag{5·7·2}$$

となる[2]．すなわち $\psi_{JM}$ に $\hat{J}_+$ を作用させると $\psi_{J,M+1}$ が，$\hat{J}_-$ を作用させると $\psi_{J,M-1}$ が得られる．$\hat{J}_\pm$ は量子数 $M$ を一つずつ上げ下げする演算子である．$\hat{J}_\pm$ が昇降演算子と呼ばれるのはこのためである．

次に (5·7·2) を証明することにしよう．$\hat{J}_z$ と $\hat{J}_\pm$ の交換関係を調べると

$$[\hat{J}_z, \hat{J}_\pm] = [\hat{J}_z, \hat{J}_x] \pm i[\hat{J}_z, \hat{J}_y]$$
$$= i\hbar \hat{J}_y \pm i(-i\hbar \hat{J}_x)$$
$$= i\hbar \hat{J}_y \pm \hbar \hat{J}_x$$
$$= \pm \hbar (\hat{J}_x \pm i\hat{J}_y)$$

---

[1] $2J+1$ が整数であるためには $J$ は整数か半整数でなければならない．
[2] ただし，$Y_{lm}$ に対しこの式の関係が成立するためには，(5·4·16) の右辺に $(-1)^{\{(m+|m|)/2\}}$ をかけて，符号を調節する必要がある．

$$\therefore \quad [\hat{J}_z, \hat{J}_\pm] = \pm\hbar\hat{J}_\pm \tag{5・7・3}$$

を得る．次に

$$\hat{J}_+\hat{J}_- = (\hat{J}_x + i\hat{J}_y)(\hat{J}_x - i\hat{J}_y) = \hat{J}_x{}^2 + \hat{J}_y{}^2 + i\hat{J}_y\hat{J}_x - i\hat{J}_x\hat{J}_y$$
$$= \hat{\boldsymbol{J}}^2 - \hat{J}_z{}^2 - i(\hat{J}_x\hat{J}_y - \hat{J}_y\hat{J}_x) = \hat{\boldsymbol{J}}^2 - \hat{J}_z{}^2 - i(i\hbar\hat{J}_z)$$

であるから

$$\hat{J}_+\hat{J}_- = \hat{\boldsymbol{J}}^2 - \hat{J}_z{}^2 + \hbar\hat{J}_z$$

となる．同様にして，$\hat{J}_-\hat{J}_+ = \hat{\boldsymbol{J}}^2 - \hat{J}_z{}^2 - \hbar\hat{J}_z$ も容易に確かめられる．上の二つの式から

$$\hat{\boldsymbol{J}}^2 = \frac{1}{2}(\hat{J}_+\hat{J}_- + \hat{J}_-\hat{J}_+) + \hat{J}_z{}^2 \tag{5・7・4}$$

を得る．

さて $\hat{\boldsymbol{J}}^2$ と $\hat{J}_z$ の共通の固有関数 $\psi_{JM}$ に $\hat{J}_z\hat{J}_\pm$ を作用させてみよう．(5・7・3) より $\hat{J}_z\hat{J}_\pm - \hat{J}_\pm\hat{J}_z = \pm\hbar\hat{J}_\pm$ であるから

$$\hat{J}_z\hat{J}_\pm\psi_{JM} = (\hat{J}_\pm\hat{J}_z \pm \hbar\hat{J}_\pm)\psi_{JM}$$
$$= \hat{J}_\pm M\hbar\psi_{JM} \pm \hbar\hat{J}_\pm\psi_{JM} \quad ((5・6・9) \text{ 参照})$$
$$= (M\hbar \pm \hbar)\hat{J}_\pm\psi_{JM}$$
$$\therefore \quad \hat{J}_z(\hat{J}_\pm\psi_{JM}) = (M \pm 1)\hbar(\hat{J}_\pm\psi_{JM})$$

を得る．上式から $\hat{J}_\pm\psi_{JM}$ が $\hat{J}_z$ の固有関数でその固有値が $(M\pm 1)\hbar$ であることがわかる．次に $\hat{J}_\pm\psi_{JM}$ が $\hat{\boldsymbol{J}}^2$ の固有関数かどうかを調べるために $\hat{\boldsymbol{J}}^2$ を作用させると

$$\hat{\boldsymbol{J}}^2(\hat{J}_\pm\psi_{JM}) = \hat{J}_\pm\hat{\boldsymbol{J}}^2\psi_{JM} \quad (\because \; \hat{\boldsymbol{J}}^2 \text{ と } \hat{J}_x, \hat{J}_y \text{ は可換であるから } \hat{\boldsymbol{J}}^2 \text{ と } \hat{J}_\pm \text{ は可換})$$
$$= \hat{J}_\pm J(J+1)\hbar^2\psi_{JM} \quad ((5・6・8) \text{ 参照})$$
$$\therefore \quad \hat{\boldsymbol{J}}^2(\hat{J}_\pm\psi_{JM}) = J(J+1)\hbar^2(\hat{J}_\pm\psi_{JM})$$

となる．ゆえに $\hat{J}_\pm\psi_{JM}$ は $\hat{\boldsymbol{J}}^2$ の固有関数 (固有値 $J(J+1)\hbar^2$) でもあることがわかる．ところで量子数 $J, M+1$ (または $J, M-1$) をもつ $\hat{\boldsymbol{J}}^2, \hat{J}_z$ に共通な固有関数は一つしかないから

$$\hat{J}_\pm\psi_{JM} \propto \psi_{J,M\pm 1}$$

でなければならない．比例定数を $C_\pm$ とすると

$$\hat{J}_\pm \psi_{JM} = C_\pm \psi_{J,M\pm 1}$$

である．$C_\pm$ の値は $\hat{J}_\pm \psi_{JM}$ を規格化すれば得られる．途中の計算を省略して結果のみ記すと

$$\hat{J}_\pm \psi_{JM} = \sqrt{(J \mp M)(J \pm M + 1)}\hbar \psi_{J,M\pm 1}$$

である．

[例題 5・1] $\hat{J}_+ \psi_{JJ} = \hat{J}_- \psi_{J,-J} = 0$ となることを示せ．

[解] (5・7・2) により
$$\hat{J}_+ \psi_{JJ} = \sqrt{(J-J)(J+J+1)}\hbar \psi_{J,J+1} = 0$$
$$\hat{J}_- \psi_{J,-J} = \sqrt{(J-J)(J+J+1)}\hbar \psi_{J,-J-1} = 0$$

$\psi_{JM}$ において $M = -J, -J+1, \cdots, J$ であって $\psi_{J,J+1}, \psi_{J,-J-1}$ は存在しないから，これは当然の結果である．

## §5・8 角運動量の合成

二つの角運動量演算子 $\hat{\boldsymbol{J}}_1, \hat{\boldsymbol{J}}_2$ の合成により生じる演算子

$$\hat{\boldsymbol{J}} = \hat{\boldsymbol{J}}_1 + \hat{\boldsymbol{J}}_2$$

について考察しよう．$\hat{\boldsymbol{J}}$ が角運動量演算子としての定義 (5・6・6) を満足することは，(5・6・3)～(5・6・5) から (5・6・2) が導かれたことから明らかであろう．

さて $\hat{\boldsymbol{J}}_1^2, \hat{\boldsymbol{J}}_2^2$ が量子数 $J_1, J_2$ をとるような状態にあるとき，合成角運動量 $\hat{\boldsymbol{J}}^2$ の量子数 $J$ はどのような値になるであろうか．いま $\hat{\boldsymbol{J}}_1$ について量子数 $J_1, M_1$ の状態を $\psi_{J_1 M_1}$ とすると (5・6・8), (5・6・9) から

$$\hat{\boldsymbol{J}}_1^2 \psi_{J_1 M_1} = J_1(J_1+1)\hbar^2 \psi_{J_1 M_1}, \quad \hat{J}_{1z}\psi_{J_1 M_1} = M_1 \hbar \psi_{J_1 M_1} \quad (M_1 = -J_1, \cdots, J_1)$$

が成立する．同様に $\hat{\boldsymbol{J}}_2$ の状態 $\varphi_{J_2 M_2}$ についても

$$\hat{\boldsymbol{J}}_2^2 \varphi_{J_2 M_2} = J_2(J_2+1)\hbar^2 \varphi_{J_2 M_2}, \quad \hat{J}_{2z}\varphi_{J_2 M_2} = M_2 \hbar \varphi_{J_2 M_2} \quad (M_2 = -J_2, \cdots, J_2)$$

となる．さて $\Psi = \psi_{J_1 M_1}\varphi_{J_2 M_2}$ に $\hat{J}_z$ を作用させると

$$\hat{J}_z \Psi = (\hat{J}_{1z} + \hat{J}_{2z})\psi_{J_1 M_1}\varphi_{J_2 M_2}$$

であるが，$\hat{J}_{1z}$ は $\psi$ だけに，また $\hat{J}_{2z}$ は $\varphi$ だけに作用するから

表 5·1　角運動量の合成（$J_1 = 2, J_2 = 1$ の場合）

| $M = M_1 + M_2$ | $(M_1, M_2)$ | $\Psi(J, M)$ | | |
|---|---|---|---|---|
| 3 | (2, 1) | $\Psi(3, 3)$ | | |
| 2 | (2, 0) (1, 1) | $\Psi(3, 2)$ | $\Psi(2, 2)$ | |
| 1 | (2, −1) (1, 0) (0, 1) | $\Psi(3, 1)$ | $\Psi(2, 1)$ | $\Psi(1, 1)$ |
| 0 | (1, −1) (0, 0) (−1, 1) | $\Psi(3, 0)$ | $\Psi(2, 0)$ | $\Psi(1, 0)$ |
| −1 | (0, −1) (−1, 0) (−2, 1) | $\Psi(3, −1)$ | $\Psi(2, −1)$ | $\Psi(1, −1)$ |
| −2 | (−1, −1) (−2, 0) | $\Psi(3, −2)$ | $\Psi(2, −2)$ | |
| −3 | (−2, −1) | $\Psi(3, −3)$ | | |

$$\hat{J}_z \Psi = (\hat{J}_{1z} \psi_{J_1 M_1}) \varphi_{J_2 M_2} + \psi_{J_1 M_1} (\hat{J}_{2z} \varphi_{J_2 M_2})$$
$$= M_1 \hbar \psi_{J_1 M_1} \varphi_{J_2 M_2} + \psi_{J_1 M_1} M_2 \hbar \varphi_{J_2 M_2}$$
$$= (M_1 + M_2) \hbar \Psi$$

となる．すなわち $\Psi = \psi_{J_1 M_1} \varphi_{J_2 M_2}$ は $\hat{J}_z$ の固有関数でその固有値は $(M_1 + M_2) \hbar$ である．ところで $M_1 = -J_1, \cdots, J_1$, $M_2 = -J_2, \cdots, J_2$ であるから，このようにして生じる $\hat{J}_z$ の最大固有値は $M\hbar = (J_1 + J_2) \hbar$ である．さらに $M = -J, \cdots, J$ であり，$M$ の最大値が $J_1 + J_2$ であるから $J$ の最大値もまた $J = J_1 + J_2$ である．したがって $J, M$ の最大値に対応する $\hat{J}$ の状態は $\Psi(J_1 + J_2, J_1 + J_2)$ である．次に大きい $M$ は $J_1 + J_2 - 1$ であるが，これを生じる $(M_1, M_2)$ の組は $(J_1, J_2 - 1)$ および $(J_1 - 1, J_2)$ であり，対応する $\Psi(J, M)$ の状態は $\Psi(J_1 + J_2, J_1 + J_2 - 1)$ と $\Psi(J_1 + J_2 - 1, J_1 + J_2 - 1)$ である．以下，簡単のために $J_1 = 2, J_2 = 1$ として，$M = M_1 + M_2$ と対応する $(M_1, M_2)$, $\Psi(J, M)$ を表にすると表 5·1 のようになる．表において，状態 $\psi_{J_1 M_1} \varphi_{J_2 M_2}$ に対応する $(M_1, M_2)$ の数は $(2J_1 + 1)(2J_2 + 1) = 5 \times 3 = 15$ 個である．したがって $\Psi(J, M)$ も 15 個しかあり得ない．結局，$J_1 = 2, J_2 = 1$ の場合 $J = 3, 2, 1$ となる（表 5·1 参照）．これは $J = J_1 + J_2, J_1 + J_2 - 1, J_1 - J_2$ に対応する．

以上の結果を一般化して，角運動量の合成 $\hat{J} = \hat{J}_1 + \hat{J}_2$ において生じる $J$ の値は

$$\boxed{J = J_1 + J_2, J_1 + J_2 - 1, \cdots, |J_1 - J_2|} \tag{5·8·1}$$

である[1].

[例題 5・2] $J_1 = 3$, $J_2 = 3/2$ の量子数をもつ角運動量 $\hat{\bm{J}}_1, \hat{\bm{J}}_2$ を合成して $\hat{\bm{J}} = \hat{\bm{J}}_1 + \hat{\bm{J}}_2$ としたとき $J$ のとり得る値を求めよ．

[解]　(5・8・1) により $J = 3 + \dfrac{3}{2}, 3 + \dfrac{3}{2} - 1, \cdots, \left|3 - \dfrac{3}{2}\right|$ であるから $J = \dfrac{9}{2}, \dfrac{7}{2}, \dfrac{5}{2}, \dfrac{3}{2}$ である．

状態数は，合成前は $(2J_1 + 1)(2J_2 + 1) = 7 \times 4 = 28$, 合成後は $\left(2 \times \dfrac{9}{2} + 1\right) + \left(2 \times \dfrac{7}{2} + 1\right) + \left(2 \times \dfrac{5}{2} + 1\right) + \left(2 \times \dfrac{3}{2} + 1\right) = 28$ であるから一致する．

---

[1] $J_1 < J_2$ の場合も含めて，(5・8・1) で $|J_1 - J_2|$ とする．

# 6 水素原子

この章では原子核のまわりに電子が1個ある系（水素類似原子）のエネルギー固有関数と固有値を求め，その性質を述べることにする．水素類似原子の波動関数は一般の原子や分子の近似波動関数を求める際に出発点として用いられることが多いので，その性質を十分理解しておくことが必要である．

## §6·1 エネルギー固有値と固有関数

水素原子は $e$ の電荷をもつ原子核のまわりに1個の電子がある系であるが，以下では原子核の電荷が $Ze$ で，そのまわりに1個の電子がある**水素類似原子** (hydrogenlike atom) を取り扱うことにする（図6·1）．$Z = 1, 2, 3, \cdots$ に従って H, He$^+$, Li$^{2+}$, $\cdots$ である．原子核は電子に対してはるかに質量が大きいので，核は固定しているものとすると，原子の全エネルギーは

$$H = \frac{1}{2m_\mathrm{e}}(p_x{}^2 + p_y{}^2 + p_z{}^2) + V(r) \tag{6·1·1}$$

である．ただし $m_\mathrm{e}$ は電子の質量，$V(r)$ は原子核と電子の間のクーロンエネルギーで

$$V(r) = -\frac{Ze^2}{4\pi\varepsilon_0 r} \tag{6·1·2}$$

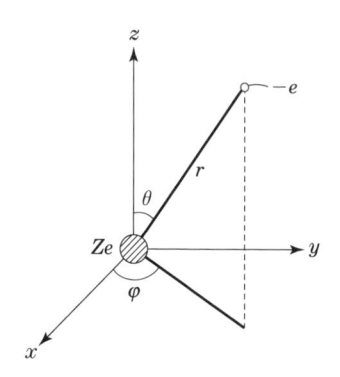

図 6·1 水素類似原子の極座標による表示

となる．なお上式で $Z = 1$ とすれば，p. 11 の (1·3·5) が得られる．いままで何度も用いたように $\boldsymbol{p} \to \dfrac{\hbar}{i}\nabla$ のおき換えをすればエネルギーの固有方程式 $\hat{H}\psi = E\psi$ は

## §6·1 エネルギー固有値と固有関数

$$\left[-\frac{\hbar^2}{2m_\text{e}}\Delta + V(r)\right]\psi = E\psi \tag{6·1·3}$$

となる.上式には極座標 $r, \theta, \varphi$ の一つ,$r$ が含まれているので,これを解くために $\Delta$ を極座標で表すことにする.p.101 の (5·2·10) を (6·1·3) に代入して

$$\left[-\frac{\hbar^2}{2m_\text{e}}\left(\frac{\partial^2}{\partial r^2}+\frac{2}{r}\frac{\partial}{\partial r}\right)+\frac{\hat{l}^2}{2m_\text{e}r^2}+V(r)\right]\psi = E\psi \tag{6·1·4}$$

が得られる.変数分離をするために

$$\psi(r,\theta,\varphi) = R(r)\,Y(\theta,\varphi) \tag{6·1·5}$$

とおき,(6·1·4) に代入する.(5·2·9) により $\hat{l}^2$ が $Y(\theta,\varphi)$ にのみ作用することを考慮すると次式を得る.

$$-\frac{\hbar^2}{2m_\text{e}}\left(\frac{d^2R}{dr^2}+\frac{2}{r}\frac{dR}{dr}\right)Y+\frac{R\hat{l}^2Y}{2m_\text{e}r^2}+V(r)RY = ERY$$

上式の両辺に $-2m_\text{e}r^2/(\hbar^2 RY)$ をかけて移項すると

$$\frac{r^2}{R}\frac{d^2R}{dr^2}+\frac{2r}{R}\frac{dR}{dr}+\frac{2m_\text{e}}{\hbar^2}r^2(E-V(r)) = \frac{\hat{l}^2Y}{\hbar^2Y}$$

となる.これで左辺が $r$ だけの関数,右辺が $\theta, \varphi$ だけの関数に分離されたから,両辺を定数 $\alpha$ とおいて

$$\frac{r^2}{R}\frac{d^2R}{dr^2}+\frac{2r}{R}\frac{dR}{dr}+\frac{2m_\text{e}}{\hbar^2}r^2(E-V(r))-\alpha = 0 \tag{6·1·6}$$

$$\hat{l}^2Y = \hbar^2\alpha Y \tag{6·1·7}$$

を得る(変数分離 p.51).

(6·1·7) は $\hbar^2\alpha = \lambda$ とすれば角運動量の 2 乗の固有方程式 (5·4·1) と一致するから,すでに解かれている.その解は (5·4·15) で $R(r) = 1$ として

$$Y = Y_{lm}(\theta,\varphi) = \Theta_{lm}(\theta)\,\Phi_m(\varphi) \tag{6·1·8}$$

で,対応する固有値は

$$\hbar^2\alpha = l(l+1)\hbar^2 \tag{6·1·9}$$

となる.ただし $l = 0, 1, 2, \cdots$,$m = -l, -l+1, \cdots, l$ である.

次に (6·1·6) を解くことになるが,(6·1·9) から $\alpha = l(l+1)$ であるから,

これを入れて変形すると

$$\frac{d^2R}{dr^2} + \frac{2}{r}\frac{dR}{dr} + \left[\frac{2m_e}{\hbar^2}(E - V(r)) - \frac{l(l+1)}{r^2}\right]R = 0 \quad (6\cdot1\cdot10)$$

を得る．この式は $V(r)$ がクーロンポテンシャル，すなわち $V(r) \propto -1/r$ のときは解けるが，その他の場合は解析的な解がないことが知られている．そこで上式に (6・1・2) を代入して

$$\frac{d^2R}{dr^2} + \frac{2}{r}\frac{dR}{dr} + \left[\frac{2m_e}{\hbar^2}\left(E + \frac{Ze^2}{4\pi\varepsilon_0 r}\right) - \frac{l(l+1)}{r^2}\right]R = 0 \quad (6\cdot1\cdot11)$$

とする．上式で

$$E = -\frac{Z^2 m_e e^4}{8\varepsilon_0^2 h^2 n^2} \quad (6\cdot1\cdot12)$$

$$r = \frac{\varepsilon_0 h^2 n}{2\pi m_e e^2 Z}\rho = \frac{a_0 n}{2Z}\rho \quad (6\cdot1\cdot13)$$

とおく．ただし核と電子が原子を形成しているときは $E < 0$ となるので（図 1・10 参照），(6・1・12) で $-$ 符号をつけた．また (6・1・13) の $a_0$ は Bohr 半径(p.16(1・3・19)) である．(6・1・12), (6・1・13) を (6・1・11) に代入すると次式を得る[1]．

$$\frac{d^2R}{d\rho^2} + \frac{2}{\rho}\frac{dR}{d\rho} + \left[-\frac{1}{4} + \frac{n}{\rho} - \frac{l(l+1)}{\rho^2}\right]R = 0$$

さらに上式で

$$R = u(\rho)\,\rho^l e^{-\rho/2} \quad (6\cdot1\cdot14)$$

とすると

$$\rho\frac{d^2u}{d\rho^2} + (2l + 2 - \rho)\frac{du}{d\rho} + (n - l - 1)u = 0 \quad (6\cdot1\cdot15)$$

が得られる．これは Laguerre (ラゲール) の陪方程式

$$\rho\frac{d^2u}{d\rho^2} + (\beta + 1 - \rho)\frac{du}{d\rho} + (\alpha - \beta)u = 0 \quad (6\cdot1\cdot16)$$

---

[1] ここから (6・1・15) までの変形は計算の筋道を述べたもので，途中の計算を気にする必要はない．

の一種である．(6・1・16) は $\alpha-\beta=0,1,2,\cdots$ のとき $\rho=0\sim\infty$ で1価連続有限の解 $u=cL_\alpha^\beta(\rho)$ ($c$ は任意定数) をもつことが知られている[1]．ただし $L_\alpha^\beta(\rho)$ は **Laguerre**（ラゲール）**の陪多項式** (associated Laguerre polynomial) $L_\alpha^\beta(\rho)$ である[2]．

(6・1・15), (6・1・16) を比較すると $\beta+1=2l+2$, $\alpha-\beta=n-l-1$, すなわち

$$\beta=2l+1 \qquad \alpha=\beta+n-l-1=n+l \tag{6・1・17}$$

の対応があることがわかる．よって (6・1・15) は $\alpha-\beta=n-l-1=0,1,2,\cdots$ のとき $\rho=0\sim\infty$ ($r=0\sim\infty$) で1価連続有限な解

$$u(\rho)=cL_{n+l}^{2l+1}(\rho) \tag{6・1・18}$$

をもつことになる．さて $n-l-1=0,1,2,\cdots$ であるから，$n\geqq l+1$ である．また $l=0,1,2,\cdots$ を考慮すると

$$n=1,2,\cdots; \qquad l=0,1,2,\cdots,n-1$$

となる．(6・1・18) を (6・1・14) に代入して，(6・1・11) の1価連続有限な解とし

---

[1] 詳しいことは巻末の参考書 (1), (4), (5), または (12) を参照されたい．

[2]
$$L_\alpha(\rho)\equiv e^\rho\frac{d^\alpha}{d\rho^\alpha}(\rho^\alpha e^{-\rho}) \qquad \alpha=0,1,2,\cdots \tag{1}$$

で定義される多項式を **Laguerre の多項式** という．$L_\alpha(\rho)$ は **Laguerre の方程式**（(6・1・16) で $\beta=0$ とおいた式）

$$\rho\frac{d^2u}{d\rho^2}+(1-\rho)\frac{du}{d\rho}+\alpha u=0 \tag{2}$$

の解であることが知られている．$\alpha=0\sim3$ の $L_\alpha(\rho)$ を次に示す．

$$\left.\begin{array}{l}L_0(\rho)=1 \quad L_1(\rho)=-\rho+1 \quad L_2(\rho)=\rho^2-4\rho+2\\ L_3(\rho)=-\rho^3+9\rho^2-18\rho+6\end{array}\right\} \tag{3}$$

Laguerre の陪多項式は

$$L_\alpha^\beta(\rho)\equiv\frac{d^\beta}{d\rho^\beta}L_\alpha(\rho) \qquad \beta=0,1,2,\cdots;\ \beta\leqq\alpha \tag{4}$$

で定義される．したがって $L_\alpha^0(\rho)=L_\alpha(\rho)$ である．$L_\alpha^\beta(\rho)$ は (3), (4) から容易に得られる．例えば

$$L_3^0(\rho)=L_3(\rho)=-\rho^3+9\rho^2-18\rho+6$$

であり，上式を次々と $\rho$ で微分して

$$L_3^1(\rho)=-3\rho^2+18\rho-18 \quad L_3^2(\rho)=-6\rho+18 \quad L_3^3(\rho)=-6$$

を得る．

て

$$R(\rho) = c\rho^l e^{-\rho/2} L_{n+l}^{2l+1}(\rho) \qquad (6\cdot1\cdot19)$$

を得る．ただし (6・1・13) により $\rho = 2Zr/(a_0 n)$ である．なお $L_\alpha^\beta(\rho)$ については直交関係

$$\int_0^\infty [e^{-\rho/2}\rho^{(\beta+1)/2}L_\alpha^\beta(\rho)][e^{-\rho/2}\rho^{(\beta+1)/2}L_{\alpha'}^\beta(\rho)]\,d\rho$$
$$= \int_0^\infty e^{-\rho}\rho^{\beta+1}L_\alpha^\beta(\rho)L_{\alpha'}^\beta(\rho)\,d\rho = \frac{(2\alpha-\beta+1)(\alpha!)^3}{(\alpha-\beta)!}\delta_{\alpha\alpha'} \qquad (6\cdot1\cdot20)$$

が成立することが証明されている．(6・1・17) の $\alpha, \beta$ を上式に入れると

$$\int_0^\infty [e^{-\rho/2}\rho^{l+1}L_{n+l}^{2l+1}(\rho)][e^{-\rho/2}\rho^{l+1}L_{n'+l}^{2l+1}(\rho)]\,d\rho$$
$$= \int_0^\infty e^{-\rho}\rho^{2l+2}L_{n+l}^{2l+1}(\rho)L_{n'+l}^{2l+1}(\rho)\,d\rho = \frac{2n[(n+l)!]^3}{(n-l-1)!}\delta_{nn'} \qquad (6\cdot1\cdot21)$$

である．

さて (5・2・14) を用いて (6・1・19) を $dv = r^2 dr \sin\theta d\theta d\varphi$ の $r$ 部分について規格化しよう．(6・1・13) から $r^2 dr = (a_0 n/2Z)^3 \rho^2 d\rho$ であるから

$$1 = \int_0^\infty |R(r)|^2 r^2\,dr = \left(\frac{a_0 n}{2Z}\right)^3 \int_0^\infty R(\rho)^2 \rho^2\,d\rho$$
$$= c^2 \left(\frac{a_0 n}{2Z}\right)^3 \int_0^\infty e^{-\rho}\rho^{2l+2}[L_{n+l}^{2l+1}(\rho)]^2\,d\rho$$
$$= c^2 \left(\frac{a_0 n}{2Z}\right)^3 \frac{2n[(n+l)!]^3}{(n-l-1)!} \qquad ((6\cdot1\cdot21)参照)$$

である．よって

$$c = \left(\frac{2Z}{a_0 n}\right)^{3/2} \sqrt{\frac{(n-l-1)!}{2n[(n+l)!]^3}} = \sqrt{\frac{4(n-l-1)!}{n^4[(n+l)!]^3}}\left(\frac{Z}{a_0}\right)^{3/2}$$

となる．結局 (6・1・11) の規格化された 1 価連続有限な解は

§6·1　エネルギー固有値と固有関数

$$R_{nl}(\rho) = -\sqrt{\frac{4(n-l-1)!}{n^4[(n+l)!]^3}}\left(\frac{Z}{a_0}\right)^{3/2}\rho^l e^{-\rho/2}L_{n+l}^{2l+1}(\rho), \qquad \rho = \frac{2Z}{a_0 n}r$$
$$n = 1, 2, 3, \cdots; \qquad l = 0, 1, 2, \cdots, n-1$$

(6·1·22)

である．ただし上式の右辺に －符号をつけたのは $R_{nl}(\rho)$ を $\rho = 0$ の近傍で正にするためである[1]．$n = 1 \sim 3$ の $R_{nl}$ を次に示す．

$$\left.\begin{array}{l} R_{10} = 2\left(\dfrac{Z}{a_0}\right)^{3/2} e^{-\rho/2} \qquad R_{20} = \dfrac{1}{2\sqrt{2}}\left(\dfrac{Z}{a_0}\right)^{3/2}(2-\rho)\,e^{-\rho/2} \\[2mm] R_{21} = \dfrac{1}{2\sqrt{6}}\left(\dfrac{Z}{a_0}\right)^{3/2}\rho e^{-\rho/2} \qquad R_{30} = \dfrac{1}{9\sqrt{3}}\left(\dfrac{Z}{a_0}\right)^{3/2}(6-6\rho+\rho^2)\,e^{-\rho/2} \\[2mm] R_{31} = \dfrac{1}{9\sqrt{6}}\left(\dfrac{Z}{a_0}\right)^{3/2}(4\rho-\rho^2)\,e^{-\rho/2} \qquad R_{32} = \dfrac{1}{9\sqrt{30}}\left(\dfrac{Z}{a_0}\right)^{3/2}\rho^2 e^{-\rho/2} \\[2mm] \qquad\qquad\qquad\text{ただし}\ \rho = \dfrac{2Z}{a_0 n}r \end{array}\right\}$$

(6·1·23)

なお (6·1·21), (6·1·22) より

$$\int_0^\infty R_{nl}{}^*(r)\,R_{n'l}(r)\,r^2\,dr = \delta_{nn'}$$

(6·1·24)

は容易に確かめられる．

(6·1·5), (6·1·8) から水素類似原子のエネルギー固有関数は

$$\psi_{nlm}(r,\theta,\varphi) = R_{nl}(r)\,Y_{lm}(\theta,\varphi) = R_{nl}(r)\,\Theta_{lm}(\theta)\,\Phi_m(\varphi)$$
$$n = 1, 2, 3, \cdots;\quad l = 0, 1, 2, \cdots, n-1;\quad m = -l, -l+1, \cdots, l-1, l$$

(6·1·25)

---

[1] p. 65 の要請 (3) により $R_{nl}(\rho)$ の符号は自由に変えてよい．(6·1·22) の右辺に －符号をつけないと (6·1·23) は $R_{10} \propto -e^{-\rho/2}$, $R_{20} \propto -(2-\rho)e^{-\rho/2}$ などとなり $\rho = 0$ の近くで $R_{nl} < 0$ となる．

対応する固有値は (6・1・12) から

$$E_n = -\frac{Z^2 m_e e^4}{8\varepsilon_0^2 \hbar^2 n^2} \qquad n = 1, 2, 3, \cdots \qquad (6・1・26)$$

となる．上式で $Z = 1$ とすると，Bohr の水素原子についての結果 (p.14 (1・3・16)) と一致することがわかる．すなわちエネルギー固有方程式を解いて 1 価連続有限な波動関数を求めることによって，自然に ((1・3・14) のような特別な量子条件をもち込むことなく) 不連続エネルギーが得られたのである．なお上の計算では原子核は固定しているものとしたが，核も動くとすると上式の $m_e$ を**換算質量** (reduced mass)

$$\mu = \frac{m_e M}{m_e + M}$$

におき換えればよいことが示されている (下巻§A2・3参照)．ただし $M$ は核の質量である．$M$ は $m_e$ の 1840 倍程度であるから，$\mu = m_e$ とおいても $E_n$ にほとんど誤差を生じない．

(6・1・25) において $Y_{lm}(\theta, \varphi)$ は $\hat{l}^2, \hat{l}_z$ の固有値 $l(l+1)\hbar^2, m\hbar$ に対応する固有関数であるから，状態 $\psi_{nlm}$ はエネルギー，角運動量の 2 乗およびその $z$ 成分が同時に確定値 $E_n, l(l+1)\hbar^2, m\hbar$ をとる状態である．このような状態が得られた理由は，次の交換関係

$$[\hat{H}, \hat{l}^2] = 0, \qquad [\hat{H}, \hat{l}_z] = 0, \qquad [\hat{l}^2, \hat{l}_z] = 0 \qquad (6・1・27)$$

が同時に成立するためである (p.84 定理 V，なお上の最初の二つの式の証明については次ページの例題参照)．

なお p.109 の (5・4・18) および (6・1・24) から

$$\int_0^\infty \int_0^\pi \int_0^{2\pi} \psi_{nlm}{}^*(r,\theta,\varphi)\, \psi_{n'l'm'}(r,\theta,\varphi)\, r^2 dr\, \sin\theta d\theta d\varphi = \delta_{nn'} \delta_{ll'} \delta_{mm'}$$

$$(6・1・28)$$

が成立する．量子数 $n, l, m$ のうち，一つが異なれば $\psi$ が直交するのは，その

## §6·1 エネルギー固有値と固有関数

とき固有値, $E_n$, $l(l+1)\hbar^2$, または $m\hbar$ のうちの一つが異なるので当然の結果である (p.73 定理 III).

(6·1·27) の第2式 $[\hat{H}, \hat{l}_z] = 0$ が成立すると, 極座標の向きを $x$ または $y$ 方向にとれば, $[\hat{H}, \hat{l}_x] = 0$, $[\hat{H}, \hat{l}_y] = 0$ も成り立つ. これらの式をまとめて書くと

$$[\hat{H}, \hat{\boldsymbol{l}}] = 0 \tag{6·1·29}$$

である. よって $\hat{H}\hat{\boldsymbol{l}} - \hat{\boldsymbol{l}}\hat{H} = 0$, また, $\hat{\boldsymbol{l}}$ は時間にあらわに依存しないから $\partial \hat{\boldsymbol{l}}/\partial t = 0$ である. これらの式を p.90 の (4·6·16) に代入すると

$$\frac{d}{dt}\langle \hat{\boldsymbol{l}} \rangle = 0 \tag{6·1·30}$$

となる. すなわち水素原子において角運動量の期待値は時間変化しない. この結果は古典論における角運動量保存則に対応している[1].

[例題 6·1] 水素類似原子に対して $[\hat{H}, \hat{l}^2] = [\hat{H}, \hat{l}_z] = 0$ を証明せよ.

[解] (6·1·4) により

$$\hat{H} = -\frac{\hbar^2}{2m_e}\left(\frac{\partial^2}{\partial r^2} + \frac{2}{r}\frac{\partial}{\partial r}\right) + \frac{\hat{l}^2}{2m_e r^2} + V(r)$$

であるが, $\hat{l}^2$ は $r$ に作用しないから

$$[\hat{H}, \hat{l}^2] = \frac{1}{2m_e r^2}[\hat{l}^2, \hat{l}^2] = 0$$

となる. 同様に

$$[\hat{H}, \hat{l}_z] = \frac{1}{2m_e r^2}[\hat{l}^2, \hat{l}_z] = 0$$

---

[1] 古典力学では $\boldsymbol{r}$ にある質点にはたらく力 $\boldsymbol{F}$ のモーメントを $\boldsymbol{N}(\equiv \boldsymbol{r} \times \boldsymbol{F})$ とすれば

$$\frac{d\boldsymbol{l}}{dt} = \boldsymbol{N}$$

が成立する. よって $\boldsymbol{N} = 0$ のときは $d\boldsymbol{l}/dt = 0$ となり, 角運動量は時間変化しない. これが角運動量保存則である. 水素原子では電子にはたらく力は中心 (原子核) の方向を向いている ($\boldsymbol{r}$ と $\boldsymbol{F}$ は平行) ので, そのまわりの力のモーメントは 0 となる. よって角運動量保存則が成立する. 中心力場にある一般の質点系においても, 全角運動量 (各質点の角運動量の和) は保存されることが示されている.

## §6·2 エネルギー固有関数の形

前節の結果により水素類似原子のエネルギー固有関数と固有値が $\psi_{nlm}$, $E_n$ ((6·1·25), (6·1·26)) で与えられることがわかった。量子数 $n, l, m$ をもう一度示すと

$$n = 1, 2, 3, \cdots ; \quad l = 0, 1, 2, \cdots, n-1 ; \quad m = -l, -l+1, \cdots, l$$

である。$n$ を**主量子数** (principal quantum number),$l$ を**方位量子数**[1] (azimuthal quantum number),$m$ を**磁気量子数**[2] (magnetic quantum number) という。また $l = 0, 1, 2, 3, 4, \cdots$ に対して s, p, d, f, g, $\cdots$ という符号を使う。エネルギーは主量子数 $n$ だけで決まるから,$E_1$ は縮重していないが,$E_2$ は4重に,$E_3$ は9重に,一般に $E_n$ は $n^2$ 重に縮重している(表6·1参照)。エネルギーが $m$ の他に $l$ にも依存しないのは $V(r) \propto -1/r$ のときだけである。実際,(6·1·10)は $l$ を含んでいるから一般には $E_{nl}$ となる。

表 6·1 水素類似原子の量子数とエネルギー

| $nl$ | $m$ | $E_n$ |
|---|---|---|
| 1s | 0 | $E_1$ |
| 2s | 0 | $E_2$ |
| 2p | $-1, 0, 1$ | |
| 3s | 0 | $E_3$ |
| 3p | $-1, 0, 1$ | |
| 3d | $-2, -1, 0, 1, 2$ | |
| 4s | 0 | $E_4$ |
| 4p | $-1, 0, 1$ | |
| 4d | $-2, -1, 0, 1, 2$ | |
| 4f | $-3, -2, -1, 0, 1, 2, 3$ | |

次に波動関数の形を考察しよう。

$$\psi_{nlm} = R_{nl}(r) Y_{lm}(\theta, \varphi)$$

のうち $R_{nl}(r)$ の部分を図示すると図6·2のようになる。図からわかるように $R_{nl}(r)$ が横軸を切る点(節点)の数は 2s, 3s, 3p でそれぞれ1個,2個,1個である。一般に節点の数は $(n-l-1)$ 個となる。次に $r \sim r+dr$ の範囲に電子を見出す確率は $R_{nl}{}^2(r) r^2 dr$ に比例する(例題6·2参照)。図6·3は $r$ と $r^2 R_{nl}{}^2(r)$ の関係を示す図である。主量子数 $n$ の増加とともに電子の確率分布が核の外側に移っていく様子がよくわかる。1s軌道

---

[1] 軌道角運動量量子数 (orbital angular momentum quantum number) ともいう。
[2] 磁場によって $m$ で縮重した準位が分裂する (p.140) ので,この名称が使われる。

(orbital) の場合確率が最大となる $r$ は Bohr 半径 $a_0$ であり，$r$ の平均値 $\langle r \rangle$ は $(3/2)a_0$ となる（例題 6・2 参照）．ここで，「軌道」とは電子 1 個の波動関数をいい，軌道関数とも呼ぶ．したがって，この場合の「軌道 (orbital)」は人工衛星の軌道 (orbit) のように運動の道筋ではなく，電子 1 個の確率分布に関連している．本によっては，古典論の軌道 (orbit) と区別して「軌道」の代わりにオービタルと記す本もある．後に，電子が複数ある場合を扱うが，「軌道」という言葉は全電子の波動関数（全波動関数）と区別して電子 1 個の波動関数を表すためによく用いられる．

次に角度部分

$$Y_{lm}(\theta,\varphi) = \Theta_{lm}(\theta) \times \Phi_m(\varphi)$$

において $\Theta_{lm}(\theta)$ は実関数（実数の関数）であるが，$\Phi_m(\varphi)$ は $m \neq 0$ の場合は実関数ではない (p.106 (5・4・7))．そこで後の応用

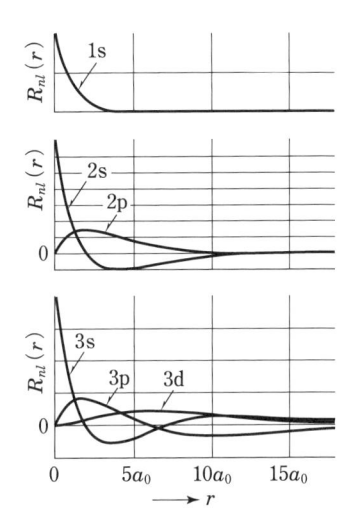

図 6・2 水素原子の波動関数の動径部分 $R_{nl}(r)$

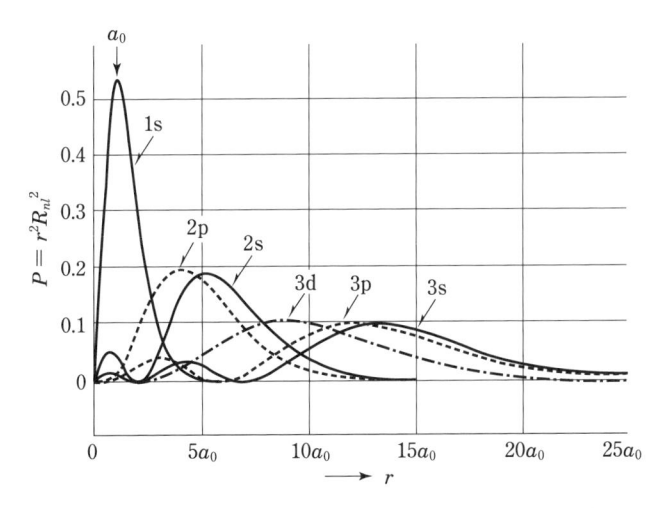

図 6・3 $r \sim r+dr$ の範囲の球殻に電子を見出す確率 $r^2 R_{nl}^2(r)$

の便のため，$m \neq 0$ のとき，$Y_{lm}(\theta, \varphi)$ と $Y_{l,-m}(\theta, \varphi)$ の一次結合から二つの独立な実関数

$$\begin{cases} \dfrac{1}{\sqrt{2}}\left(Y_{lm}(\theta,\varphi) + Y_{l,-m}(\theta,\varphi)\right) = \dfrac{1}{\sqrt{2}}\Theta_{lm}(\theta)\dfrac{1}{\sqrt{2\pi}}\left(e^{im\varphi} + e^{-im\varphi}\right) \\ \qquad\qquad\qquad\qquad\qquad = \dfrac{1}{\sqrt{\pi}}\Theta_{lm}(\theta)\cos m\varphi \\ \dfrac{1}{\sqrt{2}\,i}\left(Y_{lm}(\theta,\varphi) - Y_{l,-m}(\theta,\varphi)\right) = \dfrac{1}{\sqrt{2}\,i}\Theta_{lm}(\theta)\dfrac{1}{\sqrt{2\pi}}\left(e^{im\varphi} - e^{-im\varphi}\right) \\ \qquad\qquad\qquad\qquad\qquad = \dfrac{1}{\sqrt{\pi}}\Theta_{lm}(\theta)\sin m\varphi \end{cases}$$

(6・2・1)

をつくり，それらを新しい角度部分の関数とする．ただし左辺の係数 $1/\sqrt{2}$ は規格化の定数である．例えば $l = 1$ の p 関数の場合，p. 109 の (5・4・19) から $Y_{10}$ は実関数であるからそのまま用いるが，$Y_{11}$ と $Y_{1,-1}$ から (6・2・1) の形の一次結合 $(1/\sqrt{2})(Y_{11} + Y_{1,-1}) = (1/\sqrt{\pi})\Theta_{11}(\theta)\cos\varphi$ および $\{1/(\sqrt{2}\,i)\}(Y_{11} - Y_{1,-1}) = (1/\sqrt{\pi})\Theta_{11}(\theta)\sin\varphi$ をつくる．すなわち $\Theta_{lm}$ に p. 108 の (5・4・13) を用いて

$$\begin{cases} Y_{\mathrm{p}z} \equiv Y_{10} = \sqrt{\dfrac{3}{4\pi}}\cos\theta = \sqrt{\dfrac{3}{4\pi}}\dfrac{z}{r} \\ Y_{\mathrm{p}x} \equiv \dfrac{1}{\sqrt{2}}(Y_{11} + Y_{1,-1}) = \sqrt{\dfrac{3}{4\pi}}\sin\theta\cos\varphi = \sqrt{\dfrac{3}{4\pi}}\dfrac{x}{r} \\ Y_{\mathrm{p}y} \equiv \dfrac{1}{\sqrt{2}\,i}(Y_{11} - Y_{1,-1}) = \sqrt{\dfrac{3}{4\pi}}\sin\theta\sin\varphi = \sqrt{\dfrac{3}{4\pi}}\dfrac{y}{r} \end{cases}$$

(6・2・2)

である．ただし上の各式の最後の変形には (5・2・1) を用いた．さて $Y_{1,-1}$, $Y_{10}$, $Y_{11}$ は $\hat{l}^2$ の固有値 $l(l+1)\hbar^2 = 2\hbar^2$ に対する縮重した固有関数であるから，それらの一次結合からつくられた $Y_{\mathrm{p}x}$, $Y_{\mathrm{p}y}$, $Y_{\mathrm{p}z}$ も同じ固有値に対する固有関数である (p. 70 定理 I 参照)．しかしこれらの関数は，もはや $\hat{l}_z$ の固有関数ではないから注意を要する．d 状態および f 状態に対しても，同様に実関数

§6・2　エネルギー固有関数の形

$$\begin{cases}
Y_{\mathrm{d}z^2} \equiv Y_{20} = \sqrt{\dfrac{5}{16\pi}}\,(3\cos^2\theta - 1) = \sqrt{\dfrac{5}{16\pi}}\left(\dfrac{3z^2-r^2}{r^2}\right) \\[6pt]
Y_{\mathrm{d}zx} \equiv \dfrac{1}{\sqrt{2}}(Y_{21}+Y_{2,-1}) = \sqrt{\dfrac{15}{16\pi}}\sin 2\theta\cos\varphi = \sqrt{\dfrac{15}{16\pi}}\dfrac{2zx}{r^2} \\[6pt]
Y_{\mathrm{d}yz} \equiv \dfrac{1}{\sqrt{2}\,i}(Y_{21}-Y_{2,-1}) = \sqrt{\dfrac{5}{16\pi}}\sin 2\theta\sin\varphi = \sqrt{\dfrac{15}{16\pi}}\dfrac{2yz}{r^2} \\[6pt]
Y_{\mathrm{d},x^2-y^2} \equiv \dfrac{1}{\sqrt{2}}(Y_{22}+Y_{2,-2}) = \sqrt{\dfrac{15}{16\pi}}\sin^2\theta\cos 2\varphi = \sqrt{\dfrac{15}{16\pi}}\dfrac{x^2-y^2}{r^2} \\[6pt]
Y_{\mathrm{d}xy} \equiv \dfrac{1}{\sqrt{2}\,i}(Y_{22}-Y_{2,-2}) = \sqrt{\dfrac{15}{16\pi}}\sin^2\theta\sin 2\varphi = \sqrt{\dfrac{15}{16\pi}}\dfrac{2xy}{r^2}
\end{cases}$$

(6・2・3)

$$\begin{cases}
Y_{\mathrm{f},5z^3-3zr^2} \equiv Y_{30} = \sqrt{\dfrac{7}{16\pi}}(5\cos^3\theta - 3\cos\theta) = \sqrt{\dfrac{7}{16\pi}}\dfrac{5z^3-3zr^2}{r^3} \\[6pt]
Y_{\mathrm{f},5xz^2-xr^2} \equiv \dfrac{1}{\sqrt{2}}(Y_{31}+Y_{3,-1}) = \sqrt{\dfrac{21}{32\pi}}(5\cos^2\theta-1)\sin\theta\cos\varphi \\[4pt]
\qquad\qquad = \sqrt{\dfrac{21}{32\pi}}\dfrac{5xz^2-xr^2}{r^3} \\[6pt]
Y_{\mathrm{f},5yz^2-yr^2} \equiv \dfrac{1}{\sqrt{2}\,i}(Y_{31}-Y_{3,-1}) = \sqrt{\dfrac{21}{32\pi}}(5\cos^2\theta-1)\sin\theta\sin\varphi \\[4pt]
\qquad\qquad = \sqrt{\dfrac{21}{32\pi}}\dfrac{5yz^2-yr^2}{r^3} \\[6pt]
Y_{\mathrm{f},zx^2-zy^2} \equiv \dfrac{1}{\sqrt{2}}(Y_{32}+Y_{3,-2}) = \sqrt{\dfrac{105}{16\pi}}\cos\theta\sin^2\theta\cos 2\varphi \\[4pt]
\qquad\qquad = \sqrt{\dfrac{105}{16\pi}}\dfrac{zx^2-zy^2}{r^3} \\[6pt]
Y_{\mathrm{f}xyz} \equiv \dfrac{1}{\sqrt{2}\,i}(Y_{32}-Y_{3,-2}) = \sqrt{\dfrac{105}{16\pi}}\cos\theta\sin^2\theta\sin 2\varphi \\[4pt]
\qquad\qquad = \sqrt{\dfrac{105}{4\pi}}\dfrac{xyz}{r^3} \\[6pt]
Y_{\mathrm{f},x^3-3xy^2} \equiv \dfrac{1}{\sqrt{2}}(Y_{33}+Y_{3,-3}) = \sqrt{\dfrac{35}{32\pi}}\sin^3\theta\cos 3\varphi \\[4pt]
\qquad\qquad = \sqrt{\dfrac{35}{32\pi}}\dfrac{x^3-3xy^2}{r^3}
\end{cases}$$

$$\left|\begin{aligned}Y_{f,y^3-3x^2y} &\equiv \frac{1}{\sqrt{2}\,i}(Y_{33}-Y_{3,-3}) = \sqrt{\frac{35}{32\pi}}\sin^3\theta\sin 3\varphi \\ &= \sqrt{\frac{35}{32\pi}}\frac{y^3-3x^2y}{r^3}\end{aligned}\right.$$

(6・2・4)

が得られる.表6・2に水素類似原子の波動関数を示す.

次に波動関数を図で示すことにしよう.s関数の角度部分は

$$Y_s \equiv Y_{00} = \frac{1}{2\sqrt{\pi}} \tag{6・2・5}$$

であるから,全空間で一定の値をもつ.$R(r)$ まで含めると水素の1s軌道の場合,表6・2から

$$\psi_{1s} = R_{10}(r)\,Y_{00}(\theta,\varphi) = \frac{1}{\sqrt{\pi a_0^3}}e^{-r/a_0} \tag{6・2・6}$$

**表 6・2** 水素類似原子の波動関数 ($\rho=2Zr/(a_0n)$, $a_0=\varepsilon_0h^2/(\pi m_e e^2)$)

| $n$ $l$ $\lvert m\rvert$ | | 波 動 関 数 |
|---|---|---|
| 1　0　0 | 1s | $\dfrac{1}{\sqrt{\pi}}\left(\dfrac{Z}{a_0}\right)^{3/2}e^{-\rho/2}$ |
| 2　0　0 | 2s | $\dfrac{1}{4\sqrt{2\pi}}\left(\dfrac{Z}{a_0}\right)^{3/2}(2-\rho)e^{-\rho/2}$ |
| 2　1　0 | 2p$_z$ | $\dfrac{1}{4\sqrt{2\pi}}\left(\dfrac{Z}{a_0}\right)^{3/2}\rho e^{-\rho/2}\cos\theta$ |
| 2　1　1 | $\begin{cases}2\mathrm{p}_x \\ 2\mathrm{p}_y\end{cases}$ | $\begin{array}{lll}〃 & 〃 & \sin\theta\cos\varphi \\ 〃 & 〃 & \sin\theta\sin\varphi\end{array}$ |
| 3　0　0 | 3s | $\dfrac{1}{18\sqrt{3\pi}}\left(\dfrac{Z}{a_0}\right)^{3/2}(6-6\rho+\rho^2)e^{-\rho/2}$ |
| 3　1　0 | 3p$_z$ | $\dfrac{1}{18\sqrt{2\pi}}\left(\dfrac{Z}{a_0}\right)^{3/2}(4\rho-\rho^2)e^{-\rho/2}\cos\theta$ |
| 3　1　1 | $\begin{cases}3\mathrm{p}_x \\ 3\mathrm{p}_y\end{cases}$ | $\begin{array}{lll}〃 & 〃 & \sin\theta\cos\varphi \\ 〃 & 〃 & \sin\theta\sin\varphi\end{array}$ |
| 3　2　0 | 3d$_{z^2}$ | $\dfrac{1}{36\sqrt{2\pi}}\left(\dfrac{Z}{a_0}\right)^{3/2}\rho^2 e^{-\rho/2}\dfrac{1}{\sqrt{3}}(3\cos^2\theta-1)$ |
| 3　2　1 | $\begin{cases}3\mathrm{d}_{zx} \\ 3\mathrm{d}_{yz}\end{cases}$ | $\begin{array}{lll}〃 & 〃 & \sin 2\theta\cos\varphi \\ 〃 & 〃 & \sin 2\theta\sin\varphi\end{array}$ |
| 3　2　2 | $\begin{cases}3\mathrm{d}_{x^2-y^2} \\ 3\mathrm{d}_{xy}\end{cases}$ | $\begin{array}{lll}〃 & 〃 & \sin^2\theta\cos 2\varphi \\ 〃 & 〃 & \sin^2\theta\sin 2\varphi\end{array}$ |

## §6・2 エネルギー固有関数の形

となる．$\psi_{1s}$ は $r$ だけの関数であるから，原点を中心とする球面上で一定値をとる．図6・4(a)は水素の $\psi_{1s} = \mathrm{const}$ の球の $xy$ 平面による切口を等高線で示したものである．電子を見出す確率 $\psi_{1s}^2$ の同様な等高線を図6・4(b)に示す．$\psi_{2s}$, $\psi_{3s}$ なども $\psi_{1s}$ と同様に球対称の分布を示すが，図6・2からわかるように $R_{nl}(r)$ が節点をもつので，$\psi_{nlm}$ は節面をもつ．次に，$\mathrm{p}_z$ 関数の角度部分は(6・2・2)から $Y_{\mathrm{p}z} = \sqrt{3/(4\pi)}\cos\theta$ である．よって $Y_{\mathrm{p}z} = \mathrm{const}$ の面（等高面）上では $\theta = \mathrm{const}$ となる．したがって $Y_{\mathrm{p}z}$ の等高面の一つは原点を頂点とし，$z$ 軸を中心軸とする円錐の表面である．図6・5にそれを示す．ただし上の円錐は $Y_{\mathrm{p}z} = \mathrm{const} > 0$，下の円錐は $Y_{\mathrm{p}z} = \mathrm{const} < 0$ の面を表す．$\cos\theta$ は

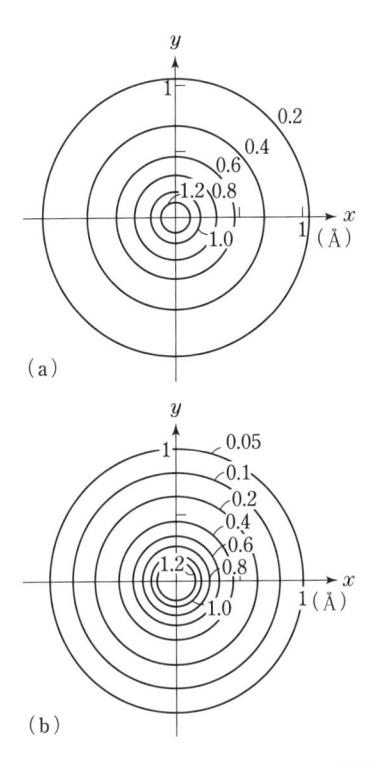

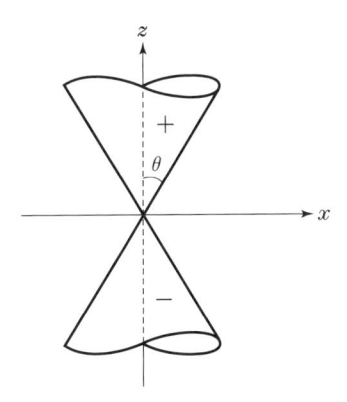

図 6・4 水素の 1s 関数．(a) $\psi_{1s}$ の等高線図，(b) $|\psi_{1s}|^2$ の等高線図

図 6・5 $\mathrm{p}_z$ 関数の角度部分の等高面（$Y_{\mathrm{p}z} = \mathrm{const}$）

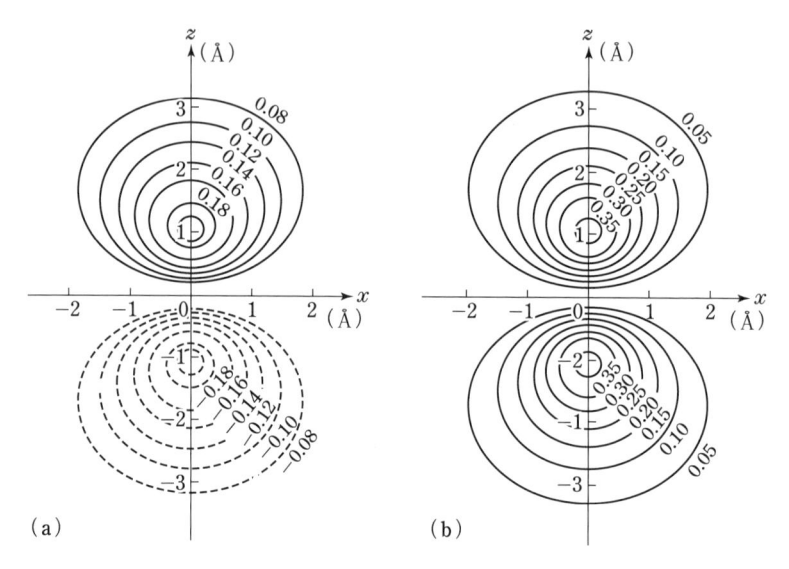

**図 6・6** 水素の $2p_z$ 関数. (a) $\psi_{2p_z}$ の等高線図, (b) $|\psi_{2p_z}|^2$ の等高線図. 負の値の曲線は破線で示す.

$0 \leqq \theta < \pi/2$ で正, $\pi/2 < \theta \leqq \pi$ で負であるから $Y_{pz}$ ($\propto \cos\theta$) も $xy$ 面の上方では正, 下方では負, $xy$ 面上では 0 となるのである. この符号を図 6・5 に示してある. $xy$ 面は節面である. 同様に $Y_{px}$, $Y_{py}$ の等高面は $x$ 軸および $y$ 軸を中心軸とする円錐の表面である ((6・2・2) より $Y_{pz} \propto z/r$, $Y_{px} \propto x/r$, $Y_{py} \propto y/r$ であるから, これらは中心軸が異なるだけである). $R(r)$ まで含めた水素の $2p_z$ 軌道関数 $\psi_{2p_z}$ の等高線図 ($xz$ 平面での切口) を図 6・6 (a) に示す. $\psi_{2p_z}$ の等高面はこれを $z$ 軸のまわりに回転すれば得られる. なお $xy$ 面が節面となっているのは $Y_{pz}$ のためである. 図 6・6 (b) には電子の確率分布 $|\psi_{2p_z}|^2$ の等高線図を示す[1]. 図 6・7 〜 6・9 に水素原子の 2p, 3d および 4f 軌道関数の等高面図を示す. この図では等高面の一つが描かれている. 点線は関数の値が負の曲面である.

---

1) 波動関数の符号は自由に変えることができるから (p.65 要請(3)), $\psi_{2p_z}$ の代わりに波動関数として $-\psi_{2p_z}$ を用いてもよい. このときは図 6・6 (a) の符号が逆転する. ただし物理的に意味がある確率分布 $|\psi_{2p_z}|^2$ は両者で変わらない.

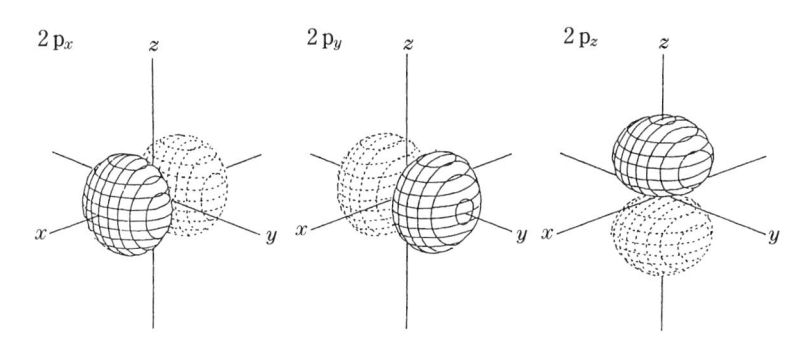

図 6·7 水素原子の 2p 軌道．実線は $0.02\,a_0^{-3/2}$ の，点線は $-0.02\,a_0^{-3/2}$ の等高面（菊池 修，基礎量子化学，朝倉書店 (1997)，図 1·5 より）．

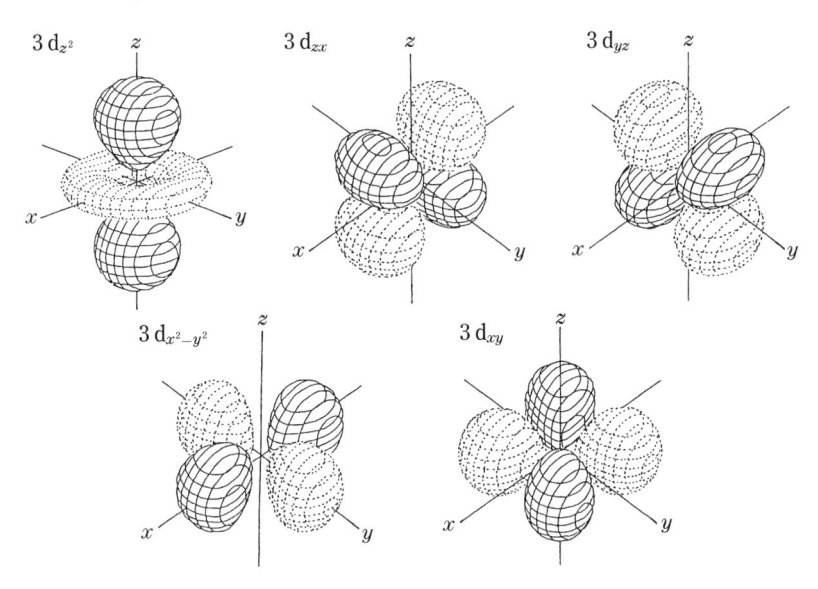

図 6·8 水素原子の 3d 軌道．実線は $0.01\,a_0^{-3/2}$ の，点線は $-0.01\,a_0^{-3/2}$ の等高面（菊池 修，基礎量子化学，朝倉書店 (1997)，図 1·6 より）．

図6·4 (b) や図6·6 (b) のように $|\psi|^2$ の分布を表す図を**電子密度分布**または**電子雲**と呼ぶことがあるが，電子がそのような密度で空間内に分布していると考えてはならない．電子は粒子であって雲のように拡がった存在ではないの

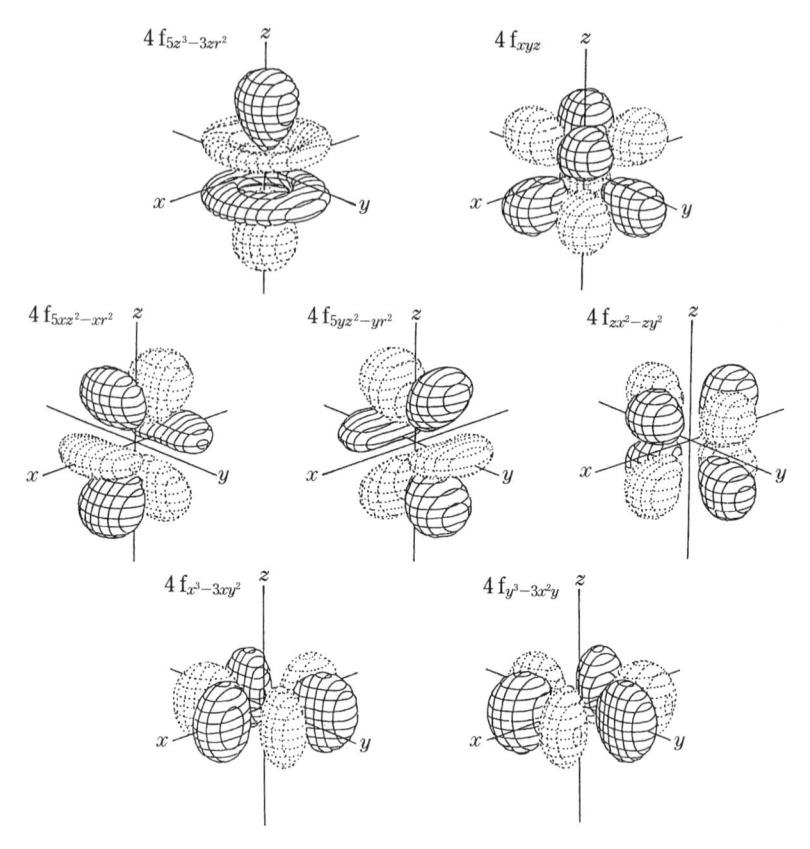

**図 6・9** 水素原子の 4f 軌道．実線は $0.005\ a_0^{-3/2}$ の，点線は $-0.005\ a_0^{-3/2}$ の等高面（菊池 修，基礎量子化学，朝倉書店 (1997)，図 1・7 より）

である．図 6・4 (b) や図 6・6 (b) は，われわれが電子の位置を測定したときそれを見出す確率を図示したものである．1s 関数について，これを端的に示すのが図 6・10 である．この図は 1s 状態にある水素の電子の位置を何回も測定し，測定点を次々と記録したとき得られるはずの図である．図からわかるように，原点（原子核の中心）の近傍では，電子を見出す確率が高いため，点の密度は高いが，原点から離れるに従って，確率密度が低くなるのである．

　[例題 6・2] 水素原子の 1s 軌道関数において，$r \sim r + dr$ に電子を見出す確率 $P_r dr$ を求め，$P_r$ が最大となる $r$ が Bohr 半径 $a_0$ に等しいことを示せ．また $r$ の期待

§6·2 エネルギー固有関数の形

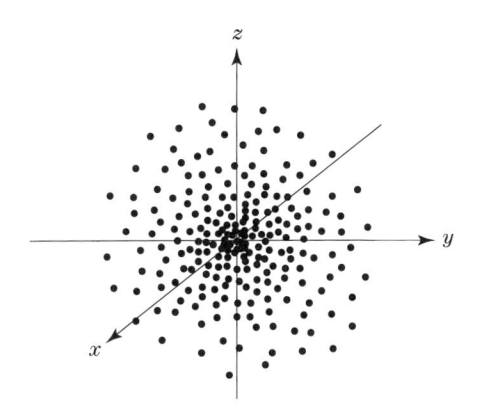

図 6·10 水素の $|\psi_{1s}|^2$ の分布．電子を見出すごとに点を打った場合．

値を求めよ．

[解] 一般に $dv$ の体積素片の中に電子を見出す確率は

$$|\psi_{nlm}(r,\theta,\varphi)|^2\,dv = |R_{nl}(r)|^2\,|Y_{lm}(\theta,\varphi)|^2\,r^2\,dr\sin\theta d\theta d\varphi$$

であるから，$r \sim r+dr$ の範囲の確率は

$$P_r\,dr = |R_{nl}(r)|^2\,r^2\,dr\int_0^\pi\int_0^{2\pi}|Y_{lm}(\theta,\varphi)|^2\sin\theta d\theta d\varphi$$

$$\therefore\quad P_r\,dr = R_{nl}{}^2(r)\,r^2\,dr \qquad \text{(p. 109 (5·4·18) 参照)}$$

となる．水素原子の 1s 関数の場合は，上式と (6·1·23) より

$$P_r\,dr = 4\left(\frac{1}{a_0}\right)^3 e^{-\rho}r^2\,dr = \frac{4}{a_0{}^3}r^2 e^{-2r/a_0}\,dr$$

である．$P_r$ が最大となる $r$ は $dP_r/dr = 0$ より得られる．すなわち

$$\frac{dP_r}{dr} \propto 2re^{-2r/a_0} + r^2\left(-\frac{2}{a_0}\right)e^{-2r/a_0} = 2r\left(1 - \frac{r}{a_0}\right)e^{-2r/a_0} = 0$$

より

$$r = a_0$$

となる．次に $r$ の期待値は (6·2·6) を用いて

$$\langle r \rangle = \int \psi_{1s}{}^{*}r\psi_{1s}\,dv = \frac{1}{\pi a_0{}^3}\int_0^\infty r^3 e^{-2r/a_0}\,dr\int_0^\pi \sin\theta\,d\theta\int_0^{2\pi}d\varphi$$

である．上式において

$$\int_0^\pi \sin\theta\, d\theta \int_0^{2\pi} d\varphi = 2\cdot 2\pi = 4\pi \tag{1}$$

であるから

$$\langle r \rangle = \frac{4}{a_0^3} \int_0^\infty r^3 e^{-2r/a_0}\, dr \tag{2}$$

となる．公式

$$\int_0^\infty x^n e^{-ax}\, dx = \frac{n!}{a^{n+1}} \tag{3}$$

より (2) 式右辺の積分は $3!(a_0/2)^4 = 3a_0^4/8$ となる．したがって

$$\langle r \rangle = \frac{3}{2} a_0 \tag{4}$$

である．

[例題 6·3] 古典力学によると水素原子の運動エネルギー $T$ とポテンシャルエネルギー $V$ の間に

$$V = -2T$$

の関係がある (p. 11 (1·3·6))．量子力学においても期待値について同様な式

$$\langle V \rangle = -2\langle T \rangle \tag{1}$$

が成立する (**原子におけるビリアル定理** (virial theorem))．この式を水素類似原子の 1s 関数について証明せよ．

[解] 
$$H = T + V$$

の両辺の期待値をとると

$$\langle H \rangle = \langle T \rangle + \langle V \rangle \tag{2}$$

である．1s 関数の場合

$$\langle H \rangle = \int \psi_{1s}{}^* \hat{H} \psi_{1s}\, dv = \int \psi_{1s}{}^* E_{1s} \psi_{1s}\, dv = E_{1s} \int \psi_{1s}{}^* \psi_{1s}\, dv = E_{1s}$$

となる．(6·1·26) と p. 16 の (1·3·19) より $E_{1s} = -Z^2 m_e e^4/(8\varepsilon_0^2 h^2) = -Z^2 e^2/(8\pi\varepsilon_0 a_0)$ であるから

$$\langle H \rangle = -\frac{Z^2 e^2}{8\pi\varepsilon_0 a_0} \tag{3}$$

を得る．次に

$$\langle V \rangle = \int \psi_{1s}{}^* \left(-\frac{Ze^2}{4\pi\varepsilon_0 r}\right) \psi_{1s}\, dv = -\frac{Ze^2}{4\pi\varepsilon_0} \int \psi_{1s}{}^* \left(\frac{1}{r}\right) \psi_{1s}\, dv \tag{4}$$

である．表 6·2 より

§6・2 エネルギー固有関数の形

$$\psi_{1s} = \frac{1}{\sqrt{\pi}} \left(\frac{Z}{a_0}\right)^{3/2} e^{-Zr/a_0} \tag{5}$$

であるから,これを (4) に代入して

$$\langle V \rangle = -\frac{Ze^2}{4\pi^2 \varepsilon_0} \left(\frac{Z}{a_0}\right)^3 \int_0^\infty e^{-2Zr/a_0} \left(\frac{1}{r}\right) r^2 \, dr \int_0^\pi \sin\theta \, d\theta \int_0^{2\pi} d\varphi$$

$\theta, \varphi$ についての積分は例題 6・2 の (1) 式より $4\pi$ である.よって

$$\langle V \rangle = -\frac{Ze^2}{\pi\varepsilon_0} \left(\frac{Z}{a_0}\right)^3 \int_0^\infty r e^{-2Zr/a_0} \, dr$$

を得る.上式の右辺の積分は例題 6・2 の (3) より求められる.

$$\therefore \quad \langle V \rangle = -\frac{Ze^2}{\pi\varepsilon_0} \left(\frac{Z}{a_0}\right)^3 \left(\frac{a_0}{2Z}\right)^2 = -\frac{Z^2 e^2}{4\pi\varepsilon_0 a_0} \tag{6}$$

(3), (6) より

$$\langle H \rangle = \frac{1}{2} \langle V \rangle \tag{7}$$

これを (2) に代入して

$$\langle T \rangle = \frac{1}{2} \langle V \rangle - \langle V \rangle = -\frac{1}{2} \langle V \rangle$$

$$\therefore \quad \langle V \rangle = -2 \langle T \rangle \tag{8}$$

が得られる.

　(1) 式は,一般の原子においても成立する.したがって,近似により求めた原子のエネルギー固有関数 $\psi$ がどの程度真の関数に近いかを判定する基準の一つとして用いられる(近似関数 $\psi$ を用いて (8) の両辺を計算し,両者の一致の程度をみる).

# 7 スピン

> この章では量子論特有の概念，スピンについて説明する．はじめに電子の軌道角運動量に伴う磁気モーメントおよび磁気モーメントと磁場との相互作用の式を古典電磁気学を用いて導く．得られた式は量子論においても正しいことが示されている．次に核スピンについて述べた後，スピンと外部磁場との相互作用によって分裂した準位間の電磁波の吸収，ESR（電子スピンの場合）と NMR（核スピンの場合）の現象を解説する．

## §7·1 角運動量と磁場

古典的に半径 $r$ の円軌道をまわる電子を考えてみよう（図 7·1）．電子の速さを $v$ とすると，軌道を一周するのに要する時間（周期）$T$ は

$$T = \frac{2\pi r}{v} \qquad (7 \cdot 1 \cdot 1)$$

である．この間に $-e$ の電気量が円軌道を流れるから，電流 $I$ は次式によって与えられる．

$$I = \frac{-e}{T} = -\frac{ev}{2\pi r} \qquad (7 \cdot 1 \cdot 2)$$

古典電磁気学によると，環電流 $I$ は大きさが

$$\mu = IS \qquad (7 \cdot 1 \cdot 3)$$

の磁気モーメントをもつ磁石と同等である．ただし $S$ は環の囲む面積である[1]．なお $\mu$ の方向は電流の向きに右ねじをまわしたとき，ねじが進む方向と一致す

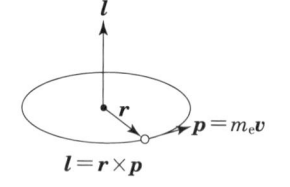

図 7·1 軌道角運動量

---

1) $\mu = IS$ となるのは，SI 単位系で電場 $E$ に磁束密度 $B$ を対応させた場合である（$EB$ 対応単位系）．この場合，磁荷 $q$ にはたらく力は $F = qB$ となる．電場 $E$ に磁場 $H$ を対応させる $EH$ 対応単位系では $\mu = IS/\mu_0$ となる．

## §7・1 角運動量と磁場

る (図7・2).したがって電子の円運動に伴う磁気モーメントの大きさは

$$\mu = -\frac{ev}{2\pi r}\pi r^2 = -\frac{ev}{2}r \qquad (7・1・4)$$

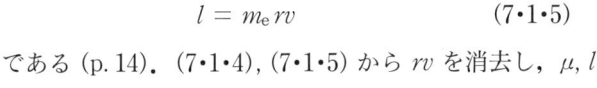

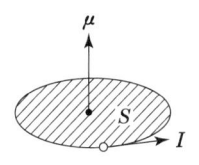

**図 7・2** 環電流に伴う磁気モーメント

となる.一方,電子の角運動量の大きさは円運動の場合

$$l = m_e rv \qquad (7・1・5)$$

である (p.14).(7・1・4),(7・1・5) から $rv$ を消去し,$\mu, l$ をベクトルで書くと

$$\boxed{\boldsymbol{\mu} = -\frac{e}{2m_e}\boldsymbol{l}} \qquad (7・1・6)$$

が得られる.すなわち円運動をしている電子は角運動量と逆向きの磁気モーメントをもつのである.

次に磁束密度 $\boldsymbol{B}$ の均一磁場の中にある磁気モーメントのポテンシャルエネルギーを求めよう.大きさ $m$ の磁気モーメントは $\pm q$ の磁荷が距離 $l$ だけ離れて存在し,$\mu = ql$ となっている場合に相当する.ただし,ベクトル $\boldsymbol{\mu}$ は $-q$ から $q$ の方向に向く (図7・3).磁場の中では磁荷 $q$ に $\boldsymbol{F} = q\boldsymbol{B}$ の力がはたらく (前ページ注参照).$\boldsymbol{B}$ の方向を $z$ 軸にすると,$F_z = qB$ で,磁荷 $q$ のポテンシャルエネルギーは $V = -qBz$ である ($\because F_z = -\partial V/\partial z$).図7・3の場合,磁荷 $q$ が $z = z + l\cos\theta$ に,$-q$ が $z = z$ に存在するから,両者のポテンシャルエネルギーの和は

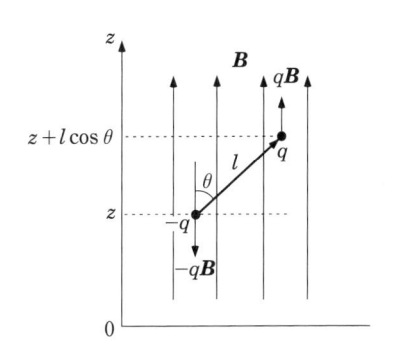

**図 7・3** 磁気モーメントと外部磁場の相互作用

$$E_V = -qB(z + l\cos\theta) - (-q)Bz = -qlB\cos\theta = -\mu B\cos\theta$$
$$\therefore \quad E_V = -\boldsymbol{\mu}\boldsymbol{B} \qquad (7・1・7)$$

で与えられる．$\boldsymbol{\mu}$ が $\boldsymbol{B}$ の方向を向けば，$E_V = -\mu B$ となって $E_V$ が最低となるが，これはモーメントが外部磁場の向きに向こうとする傾向があるためである．逆に $\boldsymbol{\mu}$ が $\boldsymbol{B}$ と反平行になれば $E_V$ は最大となる．

(7・1・6), (7・1・7) より軌道角運動量 $\boldsymbol{l}$ の電子と磁場との相互作用の (位置) エネルギーは

$$E_V = \frac{e}{2m_\mathrm{e}} \boldsymbol{l} \boldsymbol{B} \tag{7・1・8}$$

で与えられる．いま磁場の方向を $z$ 軸にとれば $\boldsymbol{B} = (0, 0, B)$ であるから

$$E_V = \frac{eB}{2m_\mathrm{e}} l_z \tag{7・1・9}$$

となる．さて角運動量の2乗の量子数を $l$ とすれば $l_z$ の大きさは

$$l_z = m\hbar \qquad m = -l, -l+1, \cdots, l \tag{7・1・10}$$

であるから，(7・1・9) は

$$\boxed{E_V = \frac{em\hbar}{2m_\mathrm{e}} B = \beta_\mathrm{B} m B} \qquad m = -l, -l+1, \cdots, l \tag{7・1・11}$$

となる．ただし

$$\boxed{\beta_\mathrm{B} = \frac{e\hbar}{2m_\mathrm{e}}} = 9.27401 \times 10^{-24} \mathrm{\ J\ T^{-1}} \tag{7・1・12}$$

は **Bohr 磁子** (Bohr magneton) と呼ばれ，原子や分子の磁気モーメントの単位として用いられる[1]．(7・1・11) の結果を図示すると，図 7・4 のようになる．軌道角運動量の2乗の量子数が $l$ の電子の状態は，磁場がないときは角運動量の $z$ 成分の量子数 $m$ について縮重しているが，磁場があると角運動量に基づく磁気モーメントと磁場との相互作用のエネルギー $E_V$ が加わるため $2l+1$ 個の準位に分裂する．分裂した準位の間隔は $\beta_\mathrm{B} B$ である．このように角運動量の $z$ 成

---

[1] T (テスラ) は磁束密度 $B$ の単位で，$\mathrm{T = Wb\ m^{-2} = kg\ s^{-1}\ C^{-1}}$ である．

分の縮重した状態が磁場の作用で分裂する現象を **Zeeman**（ゼーマン）**効果**という[1].

なお上では (7・1・9) までは古典論を用い, (7・1・11) で量子論の式 (7・1・10) を代入したので正しい取り扱いではない. しかし (7・1・11) 式は実験的にも理論的にも正しいことが示されている.

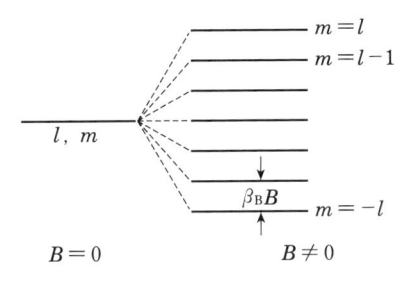

図 7・4 $(l, m)$ 準位の磁場による分裂

## §7・2 電子スピン

**電子スピン** (spin) は古典的モデルで考えると, 電子の自転に基づく角運動量 $s$ で, 原子スペクトルで観測されるエネルギー準位の分裂を説明するために導入された. これに対し, いままで述べてきた軌道角運動量 $l$ は, 原子核の周囲を電子が'公転'することによる角運動量である (図 7・5).

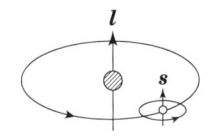

図 7・5 軌道角運動量とスピン角運動量

原子スペクトルのうち, ナトリウムの D 線を考えてみよう. D 線はナトリウムの黄色の炎色反応の原因となるもので, 分光器で観測すると二重線をなし, その波長は 5889.95 Å と 5895.92 Å であることがわかる. ところでナトリウムの原子核のまわりには 11 個の電子が存在するが, そのうち 10 個の電子は主量子数 $n = 2$ までの軌道を占め, 残りの 1 個の電子は外側の 3s 軌道に入っている $((1s)^2(2s)^2(2p)^6(3s))$[2]. 原子核と内側の 10 個の電子はネオンと同じ安定な構造をもち, **原子芯** (core) と呼ばれる. さてナトリウムのスペクトルを研

---

[1] ここでは軌道角運動量による Zeeman 効果を考えた. 次節で述べるように, 電子スピンに基づく角運動量も存在する. 電子スピン角運動量が 0 であるときには, 図 7・4 のような Zeeman 効果 (正常 Zeeman 効果) が得られるが, 電子スピンが 0 でないときには, 電子スピンも影響した異常 Zeeman 効果がみられる.

[2] 原子核の周囲の電子配置については §10・3 で述べる.

究した結果，D線は外殻の3s電子がまず二つに分裂した3p軌道（分裂の原因については後述）に励起され，そこからもとの3s軌道に遷移するときに放射されることがわかった（図7・6）．

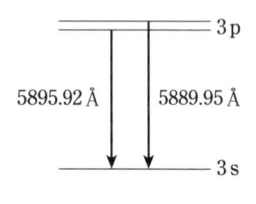

図 7・6　NaのD線

上述の3p軌道の分裂は電子スピンの概念を導入すると，次のように説明される．図7・7 (a) に示すように，3p電子は $+e$ の電荷をもつ原子芯のまわりを $l$ の角運動量でまわっているとする．また電子の自転に伴う角運動量（スピン角運動量）を $s$ とする．ところで図7・7 (a) の運動を電子から見ると（電子に固定した座標系では），そのまわりを原子芯がまわっていることになる（図7・7 (b)）．この原子芯の運動に伴って電子の位置に磁場が生じる．この磁場 $B'$ の方向は電子の軌道角運動量 $l$

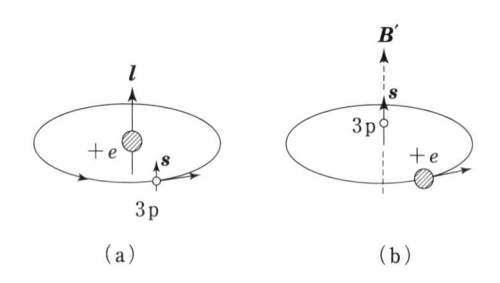

図 7・7　Naの3p電子と原子芯
(a) 原子芯のまわりの電子の運動，(b) 電子から見たときの原子芯の運動

の方向と一致し，強さもその大きさに比例すると考えてよい．すなわち

$$B' \propto l$$

である．この磁場と電子スピンの角運動量 $s$ に基づく磁気モーメント $\boldsymbol{\mu}_e$ が相互作用すると，(7・1・7) により

$$E_V = -\boldsymbol{\mu}_e B' \propto -\boldsymbol{\mu}_e l \tag{7・2・1}$$

のエネルギーを生じる．さて (7・1・6) 式からの類推により

$$\boldsymbol{\mu}_e \propto -s \tag{7・2・2}$$

と考えてもよいであろう．(7・2・1), (7・2・2) より (比例定数を $\zeta$ として)

$$E_V = \zeta \boldsymbol{l}\boldsymbol{s} \tag{7・2・3}$$

が得られる ($\zeta > 0$)．いま $\boldsymbol{l}$ 方向 ($\boldsymbol{B'}$ 方向) を $z$ 軸に選んで $s_z$ が二つの値をとるものとすれば，これに対応して $E_V = \zeta l s_z$ も二つの値をとることになり，この付加エネルギーによって 3p 準位は二つに分裂する．これに対し 3s 軌道では $l = 0$ であるから $E_V = 0$ となり，その準位は分裂しないのである．

さてナトリウム以外の原子のスペクトルや磁場中の原子の運動を調べた結果，$s_z$ の値が常に二つしかないこと，また (7・2・2) 式の比例定数が (7・1・6) のそれのほぼ 2 倍に等しく

$$\boldsymbol{\mu}_{\mathrm{e}} = \frac{g_{\mathrm{e}} e}{2 m_{\mathrm{e}}} \boldsymbol{s} = g_{\mathrm{e}} \beta_{\mathrm{B}} \frac{\boldsymbol{s}}{\hbar} \quad g_{\mathrm{e}} = -2.002319 \tag{7・2・4}$$

となることが確かめられた．電子スピンの存在は，Dirac の相対論を取り入れた量子力学によって証明された．Dirac の理論によると，スピン角運動量は電子の自転というようなあやふやな古典的な概念によらず自然に導かれる (下巻 A2・9 参照)．

## §7・3 スピン角運動量

p. 112 で (5・6・6) の交換関係を満たす演算子 $\hat{\boldsymbol{J}}$ を一般の角運動量演算子と定義した．また (5・6・6) が成立する場合，$\hat{\boldsymbol{J}}^2$ の固有値は $J(J+1)\hbar^2$，$\hat{J}_z$ の固有値は $M\hbar$ で，$M$ は一つの $J$ に対し $-J$ から $J$ までの $2J+1$ 個の値をとることも述べた．さて電子スピン角運動量 $\boldsymbol{s}$ も一般の角運動量としての性質をもつものとすれば，(5・6・6) に対応する関係

$$\left.\begin{array}{l} [\hat{s}_y, \hat{s}_z] = i\hbar \hat{s}_x \\ [\hat{s}_z, \hat{s}_x] = i\hbar \hat{s}_y \\ [\hat{s}_x, \hat{s}_y] = i\hbar \hat{s}_z \end{array}\right\} \tag{7・3・1}$$

が成立する．したがって $\hat{\boldsymbol{s}}^2, \hat{s}_z$ の量子数をそれぞれ $s, m_s$ とすると，$\hat{\boldsymbol{s}}^2$ の固有値

は $s(s+1)\hbar^2$, $\hat{s}_z$ の固有値は $m_s\hbar$ で, $m_s$ は $-s$ から $s$ までの $2s+1$ 個の値になる. ところで前節に述べたように, $s_z$ は二つの値しかとり得ないから $2s+1=2$, したがって

$$s = \frac{1}{2}$$

である. すなわち電子スピンの角運動量は, その2乗の量子数が半整数となる角運動量の例である. しかも $s$ の値は $1/2$ だけに限定されている. $s=1/2$ であることに対応して $\hat{s}^2$ の固有値は $(1/2)(1/2+1)\hbar^2=(3/4)\hbar^2$, $\hat{s}_z$ の固有値は $m_s = \pm(1/2)\hbar$ となる. $m_s = 1/2$ に対応する固有関数 $\alpha$, $m_s = -1/2$ に対応するそれを $\beta$ で表せば

$$\boxed{\begin{aligned} \hat{s}^2 \begin{Bmatrix} \alpha \\ \beta \end{Bmatrix} &= \frac{3}{4}\hbar^2 \begin{Bmatrix} \alpha \\ \beta \end{Bmatrix} \\ \hat{s}_z \begin{Bmatrix} \alpha \\ \beta \end{Bmatrix} &= \pm \frac{\hbar}{2} \begin{Bmatrix} \alpha \\ \beta \end{Bmatrix} \end{aligned}} \qquad (7\cdot3\cdot2)$$

である. $\alpha$ の状態を**上向きスピン** (up-spin), $\beta$ 状態を**下向きスピン** (down-spin) という (図 7・8).

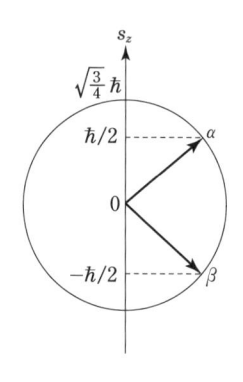

図 7・8 上向きスピン $\alpha$ と下向きスピン $\beta$

以上の結果を古典的な剛体球と対比させて考えてみよう. 剛体球では空間上における重心の位置を表すのに三つの座標 $(x, y, z)$, 重心のまわりの球の向きを表すため三つの座標 $(\xi, \eta, \zeta)$[1] が必要である. これに対し電子では, その位置を表すための $(x, y, z)$ 座標の他, 角運動量の向きが上向きか下向きかに従って $s_z = \pm\hbar/2$ を指定すればよいのである. このように剛体球の六つの自由度に対し, 電子では四つの自由度しかない理由は, (7・3・1) により $\hat{s}$ の成分が互いに交換しないので $s_x, s_y, s_z$ のうちの一つしか確定しないため

---

1) $(\xi, \eta, \zeta)$ は Euler (オイラー) 角と呼ばれる.

である (p. 110 参照). しかも $(\xi, \eta, \zeta)$ は連続的な値をとるのに対し, $s_z$ の値は空間量子化により $\pm\hbar/2$ に限定されている.

いままでは電子の波動関数を $\psi(x,y,z)$ で記述してきたが, 電子スピンが上向きか, 下向きかというもう一つの自由度があるので, スピン座標 $\sigma$ を導入し
$$\psi(x,y,z,\sigma)$$
で電子の状態を記述することにする. ただし $\sigma$ はスピンが上向きか下向きかによって $1/2$ と $-1/2$ の二つの値しかとり得ないとする. (7・3・2) の $\alpha(\sigma)$ は上向きスピンの固有状態であるから $\sigma = 1/2$ のとき 1, $\sigma = -1/2$ のとき 0 となる. $\beta(\sigma)$ についても同様である.

$$\left.\begin{aligned}\alpha(1/2) &= 1 & \alpha(-1/2) &= 0\\ \beta(1/2) &= 0 & \beta(-1/2) &= 1\end{aligned}\right\} \quad (7\cdot3\cdot3)$$

さて $\alpha(\sigma), \beta(\sigma)$ は $\hat{s}^2$ および $\hat{s}_z$ の固有関数の一組であるから, $\sigma$ の状態関数に対して完全系をなしているはずである (p. 77 仮定 VI 参照[1]). いま $\psi(x,y,z,\sigma)$ を $\alpha, \beta$ を用いて展開すれば
$$\psi(x,y,z,\sigma) = \phi_\alpha(x,y,z)\,\alpha(\sigma) + \phi_\beta(x,y,z)\,\beta(\sigma) \quad (7\cdot3\cdot4)$$
となる. ただし $\phi_\alpha, \phi_\beta$ は展開係数である. (7・3・3), (7・3・4) より

$$\left.\begin{aligned}\psi\left(x,y,z,\tfrac{1}{2}\right) &= \phi_\alpha(x,y,z)\\ \psi\left(x,y,z,-\tfrac{1}{2}\right) &= \phi_\beta(x,y,z)\end{aligned}\right\} \quad (7\cdot3\cdot5)$$

となる. ここで $|\psi(x,y,z,1/2)|^2 dv$ および $|\psi(x,y,z,-1/2)|^2 dv$ は, それぞれ上向きまたは下向きスピンの電子を $dv$ の体積素片内に見出す確率である. したがって

$$\int\left|\psi\left(x,y,z,\tfrac{1}{2}\right)\right|^2 dv + \int\left|\psi\left(x,y,z,-\tfrac{1}{2}\right)\right|^2 dv = 1 \quad (7\cdot3\cdot6)$$

---

[1] $\hat{s}^2$ および $\hat{s}_z$ は古典物理量の演算子ではないが, 仮定 VI を古典物理量に限らず一般の物理量の演算子の場合にも拡張するものとする.

がスピンの向きまで考えたときの規格化の条件である．いま関数 $f(\sigma)$ の $\sigma$ についての積分を

$$\boxed{\int f(\sigma)\, d\sigma \equiv f\left(\frac{1}{2}\right) + f\left(-\frac{1}{2}\right)} \tag{7・3・7}$$

で定義すれば

$$\int |\phi(x,y,z,\sigma)|^2\, dv d\sigma = \int \left|\phi\left(x,y,z,\frac{1}{2}\right)\right|^2 dv + \int \left|\phi\left(x,y,z,-\frac{1}{2}\right)\right|^2 dv$$

となる．上式の右辺は (7・3・6) の左辺と一致するから，スピン座標を含む関数の規格化の条件は

$$\int |\phi(x,y,z,\sigma)|^2\, dv d\sigma = 1 \tag{7・3・8}$$

と書くことができる．<u>変数 $x, y, z, \sigma$ をまとめて $\tau$，$dv d\sigma$ をまとめて $d\tau$ で表す</u>と，上式は

$$\int |\phi(\tau)|^2\, d\tau = 1 \tag{7・3・9}$$

とすることもできる．

なお $\hat{s}$ はスピン座標 $\sigma$ にしか作用しないので，$\alpha(\sigma)$ または $\beta(\sigma)$ に $(x,y,z)$ の任意の関数 $\phi(x,y,z)$ をかけたものも $\hat{s}^2$ および $\hat{s}_z$ の固有関数である（(7・3・2) 参照）．次章以下では

$$\boxed{\begin{array}{l}\phi(x,y,z)\, \alpha(\sigma) \equiv \phi \\ \phi(x,y,z)\, \beta(\sigma) \equiv \overline{\phi}\end{array}} \tag{7・3・10}$$

と略記する場合もある．

なお (7・3・7), (7・3・3) を用いると

$$\int |\alpha(\sigma)|^2\, d\sigma = \left|\alpha\left(\frac{1}{2}\right)\right|^2 + \left|\alpha\left(-\frac{1}{2}\right)\right|^2 = 1$$

同様に $\int |\beta(\sigma)|^2 d\sigma = 1$, また

$$\int \alpha^*(\sigma)\beta(\sigma)\, d\sigma = \alpha^*\left(\frac{1}{2}\right)\beta\left(\frac{1}{2}\right) + \alpha^*\left(-\frac{1}{2}\right)\beta\left(-\frac{1}{2}\right) = 0$$

となるから，次の $\alpha, \beta$ の規格直交性が成り立つ．

$$\boxed{\int |\alpha(\sigma)|^2 d\sigma = 1 \qquad \int |\beta(\sigma)|^2 d\sigma = 1 \qquad \int \alpha^*(\sigma)\beta(\sigma)\, d\sigma = 0}$$

(7・3・11)

[例題 7・1] $\quad \gamma_\pm(\sigma_1, \sigma_2) = \dfrac{1}{\sqrt{2}} \{\alpha(\sigma_1)\beta(\sigma_2) \pm \alpha(\sigma_2)\beta(\sigma_1)\}$ \hfill (1)

において，$\gamma_\pm(\sigma_1, \sigma_2)$ がスピン座標について規格化された関数であること，すなわち

$$\iint |\gamma_\pm(\sigma_1, \sigma_2)|^2 d\sigma_1 d\sigma_2 = 1 \qquad (2)$$

が成立することを証明せよ．

[解] $\quad \displaystyle\iint |\gamma_\pm(\sigma_1, \sigma_2)|^2 d\sigma_1 d\sigma_2$

$\displaystyle = \frac{1}{2}\Big[\int |\alpha(\sigma_1)|^2 d\sigma_1 \int |\beta(\sigma_2)|^2 d\sigma_2 + \int |\alpha(\sigma_2)|^2 d\sigma_2 \int |\beta(\sigma_1)|^2 d\sigma_1$

$\displaystyle \quad \pm \int \alpha^*(\sigma_1)\beta(\sigma_1)\, d\sigma_1 \int \beta^*(\sigma_2)\alpha(\sigma_2)\, d\sigma_2$

$\displaystyle \quad \pm \int \alpha(\sigma_1)\beta^*(\sigma_1)\, d\sigma_1 \int \beta(\sigma_2)\alpha^*(\sigma_2)\, d\sigma_2\Big]$

$\displaystyle = \frac{1}{2}[1 + 1 \pm 0 \pm 0]$ \hfill ((7・3・11) 参照)

$= 1$

## §7・4 核スピン―ESR と NMR

前節までは電子スピンについて述べたが，原子核にもスピン角運動量が存在し，磁気モーメントの原因となる．電子スピンの量子数 $s$ に対応する**核スピン**の量子数には通常 $I$ という記号が使われる．すなわち核スピン角運動量の 2 乗の固有値は $I(I+1)\hbar^2$，その $z$ 成分の固有値は $m_I \hbar (m_I = -I, \cdots, I)$ であ

る．$I$ の値は核によって異なる[1]．(7・1・12) の Bohr 磁子に対応して核スピンでは磁気モーメントの単位として**核磁子** (nuclear magneton) $\beta_N$ が使われる．

$$\boxed{\beta_N \equiv \frac{e\hbar}{2m_P}} = 5.05078 \times 10^{-27} \text{ J T}^{-1} \qquad (7\cdot4\cdot1)$$

である．ただし $m_P$ は陽子 (proton) の質量である．したがって $\beta_N$ は $\beta_B$ の約 1/1800 となる．(7・2・4) からも予想されるように，核スピンの角運動量 $I$ とそれに伴う磁気モーメント $\boldsymbol{\mu}_N$ の間には

$$\boxed{\boldsymbol{\mu}_N = g_N \beta_N \frac{\boldsymbol{I}}{\hbar}} \qquad (7\cdot4\cdot2)$$

の関係が成立する．ここで $g_N$ は 1 のオーダーの定数である．$I$ および $g_N I$ の値を表 7・1 に示した．

電子スピンまたは核スピンが磁場 $\boldsymbol{B}$ ($z$ 方向) の中におかれると軌道角運動量の場合と同様に，$z$ 軸のまわりのスピンの向きの違いによってエネルギー準

表 7・1 原子核とスピン

| 原子核 | $I$ | 存在比/% | $g_N I$ [a] | 原子核 | $I$ | 存在比/% | $g_N I$ [a] |
|---|---|---|---|---|---|---|---|
| $^1$H | 1/2 | 99.989 | 2.79285 | $^{17}$O | 5/2 | 0.038 | $-1.8938$ |
| $^2$H | 1 | 0.012 | 0.85744 | $^{19}$F | 1/2 | 100 | 2.62887 |
| $^7$Li | 3/2 | 92.41 | 3.25644 | $^{31}$P | 1/2 | 100 | 1.1316 |
| $^9$Be | 3/2 | 100 | $-1.1776$ | $^{35}$Cl | 2/3 | 75.76 | 0.82187 |
| $^{11}$B | 3/2 | 80.1 | 2.6886 | $^{37}$Cl | 2/3 | 24.24 | 0.68412 |
| $^{13}$C | 1/2 | 1.07 | 0.70241 | $^{79}$Br | 2/3 | 50.69 | 2.10640 |
| $^{14}$N | 1 | 99.636 | 0.40376 | $^{81}$Br | 2/3 | 49.31 | 2.270562 |
| $^{15}$N | 1/2 | 0.364 | $-0.28319$ | $^{127}$I | 5/2 | 100 | 2.8133 |

a) $g_N I$ は (7・4・2) より $\beta_N/\hbar$ を単位とする磁気能率である．

---

1) 原子核は陽子，中性子などの核子からなる．陽子，中性子のスピン量子数は 1/2 である．原子核の磁気モーメントは，核子自身のスピン角運動量と核の内部における核子の軌道運動に由来する角運動量を合成したもので決まる．一般に質量数を $A$，陽子数を $Z$ とすると，$A$ が偶数の原子核では $I$ は整数，$A$ が奇数の原子核では $I$ は半整数となる．特に $A$ も $Z$ もともに偶数の原子核 ($^{12}_{6}$C, $^{16}_{8}$O など) の $I$ は 0 である．

位が分裂する．電子スピンの場合は $s_z = m_s \hbar$ として (7・1・7) と (7・2・4) より

$$E_V = -\boldsymbol{\mu}_e \boldsymbol{B} = -g_e \beta_B \frac{s_z B}{\hbar} = -g_e \beta_B m_s B \tag{7・4・3}$$

核スピンの場合は $I_z = m_I \hbar$ であるから，(7・1・7) と (7・4・2) より

$$E_V = -\boldsymbol{\mu}_N \boldsymbol{B} = -g_N \beta_N m_I B \tag{7・4・4}$$

である．スピンがこの分裂した準位の間隔に相当するエネルギーの電磁波を吸収すると準位間で遷移が起こる．この現象を電子スピンの場合，**電子スピン共鳴** (electron spin resonance，**ESR**)，核スピンでは**核磁気共鳴** (nuclear magnetic resonance，**NMR**) という．ただし NMR では選択則により $\Delta m_I = \pm 1$ である (図 7・9)．図 7・9 より共鳴の条件は

$$\text{ESR} \quad \boxed{h\nu = |g_e|\beta_B B} \tag{7・4・5}$$

$$\text{NMR} \quad \boxed{h\nu = |g_N|\beta_N B} \tag{7・4・6}$$

となる．

ESR も NMR も通常一定の振動数の電磁波を与え，外部磁場を掃引してスペクトルを得る．このとき (7・4・5) または (7・4・6) を満足する $B$ で電磁波の吸収が起こる．ESR の場合，通常波長 3.2 cm (9400 MHz，X-バンドという) の電磁波が用いられる．共鳴の起こる磁場の強さはほぼ 0.34 T である．NMR では

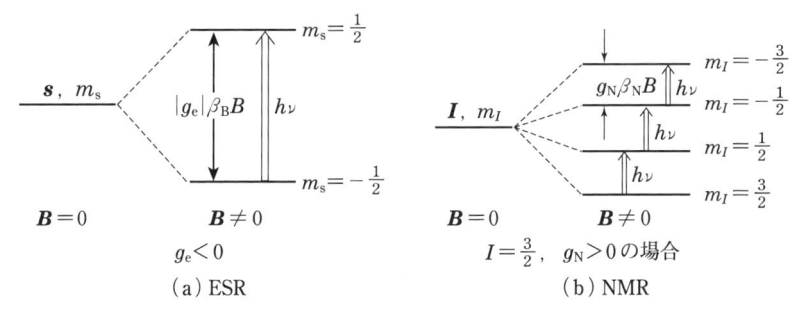

図 7・9 磁場によるスピン準位の分裂と電磁波の吸収

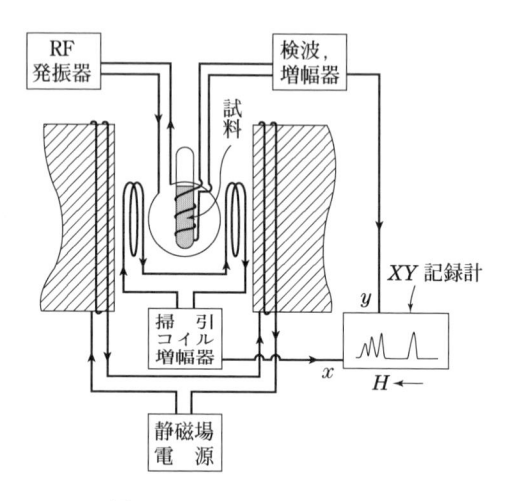

図 7・10　NMR 測定装置の一例

　60 MHz または 100 MHz の振動数の電磁波を用いることが多い．このとき'裸'のプロトンはそれぞれ 1.41 T および 2.35 T の磁場で共鳴する（例題 7・2 参照）．図 7・10 に NMR の装置の模式図を示す．図において静磁場は共鳴が起こる付近の一定の強さにしてあり，掃引コイルに流す電流を変えて外部磁場を掃引する．RF 発振器からの電波の試料による吸収は試料のまわりの受信コイルによって検出される[1]．ESR の測定にも同様な装置を用いるが，この場合はマイクロ波領域の電磁波であるからコイルの代わりに導波管が使われる．

　ESR は電子スピンをもつ物質（遊離基など）の電子状態や化学結合を研究するための手段として用いられる．化合物では ESR スペクトルは 1 本の鋭い吸収線ではなく，何本かに分裂した吸収線や幅広い吸収を与えることが多い．これは主に電子スピンと核スピン（プロトンの場合が多い）との相互作用のため

---

[1] 最近ではフーリエ変換 NMR (Fourier Transform (FT) NMR) 法が主流になっている．この方法では磁場中にある試料に短時間パルス状の電磁波を当てて，核スピンを一斉に励起する．その後，スピンは磁場中で歳差運動をしながら元に戻る．それに伴って放出される電磁波は試料の共鳴周波数で変調された減衰曲線となるので，その曲線をフーリエ解析して NMR スペクトルとすることができる．この FT NMR 法を用いると，従来の CW (continuous wave) 法に比べて，測定時間が大幅に短縮される．

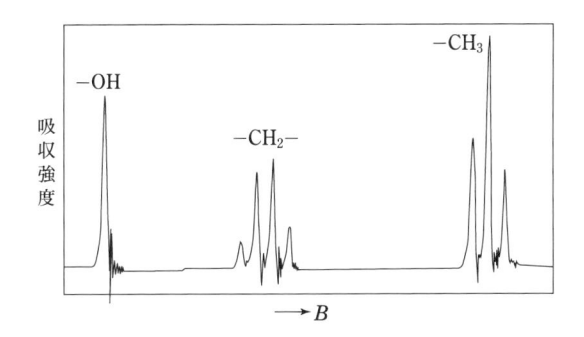

**図 7·11** エチルアルコール（液体）の高分解能 NMR スペクトル．吸収のピークは図に示した結合位置のプロトンに基づく．電子によるプロトンのしゃへい度は $-\mathrm{OH} < -\mathrm{CH_2}- < -\mathrm{CH_3}$ であるから，共鳴する外部磁場 $B$ の値はこの順に大きくなる．

である．化合物の NMR スペクトルには主に二つの効果が反映する．その第一は原子核が電子によって取り巻かれているため，核スピンにはたらく磁場は実際には外部磁場 $B$ ではなく，電子によってしゃへいされた磁場（有効磁場という）$B_{\mathrm{eff}}$ であることである．したがって (7·4·6) の $B$ は原子では $B_{\mathrm{eff}}$ と書き直す必要がある．$B_{\mathrm{eff}}$ の大きさは核の電子によるしゃへいの程度，すなわち核スピンをもつ原子が他の原子とどのような化学結合をしているかによる．よってこの効果による吸収線のずれを**化学シフト**（chemical shift）という．第二は着目した核スピンと分子内の他の核スピンとの相互作用である．この効果によって吸収線は何本かに分裂する．化学シフトや吸収線の分裂は分子内の原子の結合や分子の電子状態を反映するので，ESR の場合と同様にそれらの有力な研究手段となる．図 7·11 に，エチルアルコール（液体）の NMR スペクトルを示す．プロトンの吸収が結合状態の相違によって異なった位置に現れていること，また各吸収線がプロトンの核スピン間の相互作用によって分裂していることがわかる．

[**例題 7·2**] 研究室で通常用いられる定常磁場の強さは，1 T 程度である．ESR と NMR で共鳴吸収を起こす電磁波の振動数を求めよ．

[**解**] ESR の場合 (7・4・5) より

$$\nu = \frac{|g_\mathrm{e}|\beta_\mathrm{B} H}{h} = \frac{2\times(9.27\times10^{-24}\,\mathrm{J\,T^{-1}})\times1\,\mathrm{T}}{6.63\times10^{-34}\,\mathrm{J\,s}}$$

$$\fallingdotseq 2.8\times10^{10}\,\mathrm{s^{-1}} = 28000\,\mathrm{MHz}$$

NMR の場合,'裸' のプロトンについて計算すると,表 7・1 より $g_\mathrm{N} I = 2.79285$, $g_\mathrm{N} = 2.79285\times2 \fallingdotseq 5.59$ であるから (7・4・6) を用いて

$$\nu = \frac{|g_\mathrm{N}|\beta_\mathrm{N} B}{h} = \frac{5.59\times(5.05\times10^{-27}\,\mathrm{J\,T^{-1}})\times1\,\mathrm{T}}{6.63\times10^{-34}\,\mathrm{J\,s}}$$

$$\fallingdotseq 4.3\times10^{7}\,\mathrm{s^{-1}} = 43\,\mathrm{MHz}$$

となる.

# 8 粒子の同等性

　量子力学では粒子の軌道を正確に知ることができない．そのため2個の同種粒子を区別することが原理的に不可能になる．この結果から，粒子の交換に関して対称な波動関数と反対称な波動関数という概念が得られる．多電子系の状態は反対称な波動関数 —Slater の行列式— で表現され，Pauli の原理に従う．Slater の行列式は 10 章以下で多電子系の近似関数としてしばしば用いるので，その物理的意味を十分理解しておくことが必要である．

## §8・1　対称な波動関数と反対称な波動関数

p. 65 でもふれたように，古典力学では初期条件 $(r_0, v_0)$ を与えると粒子のその後の位置は Newton の方程式によって一義的に決定される．したがって各瞬間で粒子の位置をいくらでも正確に知ることができる．ところが量子力学では，粒子の位置は波動関数を通して確率的にしか決まらない．$|\Psi(x,y,z,t)|^2 \, dv$ は $t$ において $dv$ に粒子を見出す確率を与えるに過ぎないのである．この原理的な相違は，以下に述べるように2個の同種粒子を対象にしたときに決定的となる．

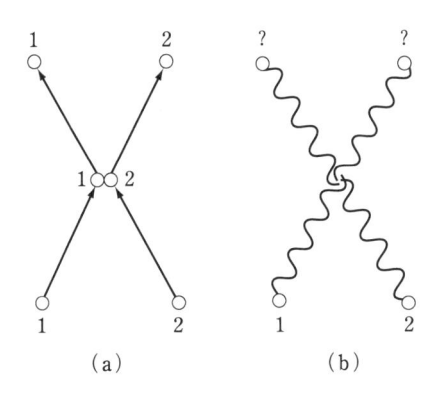

図 8・1　2個の粒子の軌道．(a) 古典的粒子，(b) 微視的粒子

古典力学では各瞬間で2個の粒子の位置が正確にわかるので，それらをそれぞれの軌道に沿って追跡することができる．よって両者は区別できる(図8・1(a))．ところが量子力学の対象となる微視的粒子では，その軌道は確率的にしか決まらない(図8・1(b)では波の形で示した)ので，ある時刻で粒子1と2を区別したとしても他の時刻ではどちらが1か2かわからなくなる．

以上の関係を不確定性原理に基づいて考察してみよう．いま粒子の座標と運動量をまとめてそれぞれ $q, p$ とすれば，p.95 (4・7・6) より

$$\Delta q \Delta p \sim h \tag{8・1・1}$$

が成立する．したがってある瞬間に位置を正確に決定すれば($\Delta q = 0$ とすれば)，$\Delta p = m \Delta v = \infty$ となり，その瞬間の速度の不確定さは $\infty$ となる．すなわち速度は全く予測できないので，次の瞬間に粒子がどの位置を占めるか全然わからない．このように，量子力学では個々の粒子の軌道を知ることは原理的に不可能なため，同種粒子を区別できないのである．もし $q, p$ の正確な決定をあきらめて(8・1・1)の許す範囲内で $q, p$ を定めだいたいの軌道を知ったとしても，図8・1(b)のように二つの粒子が衝突する場合には区別ができなくなることは明らかであろう．

このようにして，われわれは<u>同種粒子を区別する手段をもたない以上，二つの同種粒子は原理的に同等であると考える</u>．いま二つの同種粒子の座標(位置座標とスピン座標)をそれぞれ $\tau_1, \tau_2$，二つの粒子からなる状態を $\psi(\tau_1, \tau_2)$ とすると，粒子が同等で区別できないため $\tau_1$ と $\tau_2$ を交換した状態 $\psi(\tau_2, \tau_1)$ も $\psi(\tau_1, \tau_2)$ と同じ状態であるとしなければならない．すなわち

$$\psi(\tau_2, \tau_1) = e^{i\theta} \psi(\tau_1, \tau_2) \tag{8・1・2}$$

である．上式で右辺に $e^{i\theta}$ が入る理由は，複素数の位相差だけ異なった状態は同じ状態とみなしてよいためである(p.65 要請(3)参照)．$\psi(\tau_2, \tau_1)$ に対しても，$\tau_1$ と $\tau_2$ を交換すると，(8・1・2)と同様な式が成立することは明らかである．

$$\psi(\tau_1, \tau_2) = e^{i\theta} \psi(\tau_2, \tau_1) \tag{8・1・3}$$

(8・1・2), (8・1・3) より

$$\psi(\tau_1, \tau_2) = e^{2i\theta} \psi(\tau_1, \tau_2)$$

が得られ
$$e^{2i\theta} = 1, \quad e^{i\theta} = \pm 1$$
となる．この結果を (8・1・2) に代入すると
$$\psi(\tau_2, \tau_1) = \pm \psi(\tau_1, \tau_2) \tag{8・1・4}$$
を得る．すなわち<u>粒子を交換するとき，波動関数の符号が変わらないものと，変わるものとがあるのである．前者を**対称な**(symmetric) 波動関数，後者を**反対称な**(anti-symmetric) 波動関数という</u>．

粒子の波動関数が対称になるか，反対称になるかは粒子の種類によって決まる．相対論を考慮した量子力学によると次のようになる．

$\Bigg\{$ スピン量子数が整数の粒子 (**Bose**(ボース) **粒子**という，光子など)
 ……… 対称の波動関数
スピン量子数が半整数の粒子 (**Fermi**(フェルミ) **粒子**という，電子，陽子，中性子など) ……反対称の波動関数

原子 (または原子核) の波動関数の対称性はそれを構成している電子，陽子，中性子の数の和によって決まる．これらの素粒子はそれぞれスピン量子数が 1/2 であるから反対称性をもつ．二つの原子 (または原子核) を交換することは，その中に含まれている素粒子を同時に交換することになるので，素粒子の数の和が偶数の原子 (または原子核) は対称の，奇数のものは反対称の波動関数になる．原子核の質量数は陽子と中性子の和であるから，<u>原子核では質量数が偶数であれば対称の波動関数になり，奇数ならば反対称の波動関数になる</u>．原子では原子核のまわりの電子数は原子番号に等しい．よって<u>原子の波動関数が対称になるか反対称になるかは核の質量数と原子番号の和の偶奇によって決まる</u>．水素とヘリウムの例を右の表に示す．

|  | 原子核 | 原 子 |
|---|---|---|
| $^1_1$H | 反対称 | 対　称 |
| $^2_1$H | 対　称 | 反対称 |
| $^3_2$He | 反対称 | 反対称 |
| $^4_2$He | 対　称 | 対　称 |

## §8・2　Slater の行列式

いま二つの粒子 1, 2 に作用する演算子 $\hat{F}(1, 2)$ があって，それが

$$\hat{F}(1,2) = \hat{F}_1(1) + \hat{F}_2(2) \tag{8・2・1}$$

と粒子1または2のみに作用する演算子 $\hat{F}_1, \hat{F}_2$ の和の形で表される場合を考えよう．$\hat{F}_1, \hat{F}_2$ の固有関数と固有値をそれぞれ $\psi_1(1), f_1$；$\psi_2(2), f_2$ とすれば

$$\left.\begin{array}{l}\hat{F}_1(1)\,\psi_1(1) = f_1\psi_1(1) \\ \hat{F}_2(2)\,\psi_2(2) = f_2\psi_2(2)\end{array}\right\} \tag{8・2・2}$$

が成立する．ここで

$$\Psi(1,2) = \psi_1(1)\,\psi_2(2) \tag{8・2・3}$$

とすると

$$\begin{aligned}\hat{F}\Psi(1,2) &= [\hat{F}_1(1) + \hat{F}_2(2)]\psi_1(1)\,\psi_2(2)\\ &= [\hat{F}_1(1)\,\psi_1(1)]\psi_2(2) + \psi_1(1)\,\hat{F}_2(2)\,\psi_2(2)\\ &= f_1\psi_1(1)\,\psi_2(2) + f_2\psi_1(1)\,\psi_2(2) \qquad ((8・2・2)\, より)\\ &= (f_1 + f_2)\,\Psi(1,2)\end{aligned}$$

となって，$\Psi(1,2)$ は $\hat{F}(1,2)$ の固有関数になっていることがわかる．またそれに対応する固有値は $f_1+f_2$ である[1]．一般に $N$ 粒子系で，$\hat{F}(1,2,\cdots,N)$ が

$$\hat{F}(1,2,\cdots,N) = \sum_{i=1}^{N} \hat{F}_i(i) \tag{8・2・4}$$

と各粒子のみに作用する演算子の和の形に分離されるときは

$$\Psi(1,2,\cdots,N) = \prod_{i=1}^{N}\psi_i(i), \qquad f = \sum_{i=1}^{N}f_i \tag{8・2・5}$$

は $\hat{F}$ の固有関数とそれに対応する固有値である．ただし

$$\hat{F}_i(i)\,\psi_i(i) = f_i\psi_i(i) \qquad i = 1,2,\cdots,N \tag{8・2・6}$$

が成立しているものとする．例えば箱の中に2個の自由電子を入れた場合のハミルトン演算子は，二つの電子間の距離を $r_{12}$ とすると

$$\hat{H}(1,2) = -\frac{\hbar^2}{2m_\mathrm{e}}\Delta_1 - \frac{\hbar^2}{2m_\mathrm{e}}\Delta_2 + \frac{e^2}{4\pi\varepsilon_0 r_{12}} \tag{8・2・7}$$

---

[1] p.115 の $\hat{j}_{1z}$ と $\hat{j}_{2z}$ についても同様である．$\hat{j}_{1z}$ は $\psi_{J_1M_1}$ だけに，$\hat{j}_{2z}$ は $\psi_{J_2M_2}$ だけに作用するので，$\hat{j}_z = \hat{j}_{1z} + \hat{j}_{2z}$ の固有値と固有関数はそれぞれ $(M_1+M_2)\hbar$ と $\psi_{J_1M_1}\psi_{J_2M_2}$ になった．

§8・2 Slater の行列式

である．ただし上式の第1項と第2項は電子1および2の運動エネルギー，第3項は電子1-2の間のクーロンエネルギーである．(8・2・7) で第3項が他の項に比べて省略できるときは，

$$\hat{H}(1,2) = \hat{H}_1(1) + \hat{H}_2(2) \tag{8・2・8}$$

の形となる．この場合，$\hat{H}_1(1), \hat{H}_2(2)$ の解は pp. 51-52 の (3・5・10), (3・5・11) であるから，$\hat{H}(1,2)$ の固有関数と固有値を

$$\Psi(1,2) = \phi_{n_{x1}n_{y1}n_{z1}}(x_1,y_1,z_1)\,\phi_{n_{x2}n_{y2}n_{z2}}(x_2,y_2,z_2) \tag{8・2・9}$$

$$E = E_{n_{x1}n_{y1}n_{z1}} + E_{n_{x2}n_{y2}n_{z2}} \tag{8・2・10}$$

のように書き下すことができる．

さて一般の2粒子系を考えることにしよう．ハミルトン演算子は

$$\hat{H}(1,2) = \hat{H}_1(1) + \hat{H}_2(2) + \hat{H}_{12}(1,2) \tag{8・2・11}$$

の形になる．ただし $\hat{H}_{12}$ は粒子間の相互作用を与える項で，(8・2・7) では第3項がそれに相当する．上例と同じように相互作用が小さい ($\hat{H}_{12}(1,2) \ll \hat{H}_1(1), \hat{H}_2(2)$) ときには，$\hat{H}(1,2)$ の固有関数は $\hat{H}_1, \hat{H}_2$ の固有関数 $\phi_1, \phi_2$ を用いて

$$\Psi(\tau_1,\tau_2) = \phi_1(\tau_1)\,\phi_2(\tau_2) \tag{8・2・12}$$

で近似される．ただし (8・2・12) では位置座標 $(x,y,z)$ の他にスピン座標 $(\sigma)$ まで含めて，変数を $\tau$ とした．ここで粒子の同等性を考慮すると，(8・1・4) より

$$\Psi(\tau_1,\tau_2) = \pm\,\Psi(\tau_2,\tau_1) \tag{8・2・13}$$

でなければならない．ただし＋符号は Bose 粒子，－符号は Fermi 粒子の場合である．ところで (8・2・12) によると $\Psi(\tau_2,\tau_1) = \phi_1(\tau_2)\phi_2(\tau_1)$ となるので，(8・2・12) は (8・2・13) の要請を満たしていないことは明らかである．(8・2・12) に (8・2・13) の性質をもたせるためには，(8・2・12) を次のように書き換えればよい．

$$\Psi(\tau_1,\tau_2) = \frac{1}{\sqrt{2}}\{\phi_1(\tau_1)\phi_2(\tau_2) \pm \phi_1(\tau_2)\phi_2(\tau_1)\} \tag{8・2・14}$$

＋Bose 粒子, －Fermi 粒子

ただし上式で $1/\sqrt{2}$ は規格化の定数である．(8・2・14) で $\tau_1$ と $\tau_2$ を交換すると確かに (8・2・13) が成立していることがわかる．

ここで電子の場合を考えてみよう．電子は Fermi 粒子であるから

$$\Psi(\tau_1, \tau_2) = \frac{1}{\sqrt{2}} \{\phi_1(\tau_1)\phi_2(\tau_2) - \phi_1(\tau_2)\phi_2(\tau_1)\} \tag{8・2・15}$$

となる．この式を行列式で表現すると

$$\Psi(\tau_1, \tau_2) = \frac{1}{\sqrt{2!}} \begin{vmatrix} \phi_1(\tau_1) & \phi_1(\tau_2) \\ \phi_2(\tau_1) & \phi_2(\tau_2) \end{vmatrix} \tag{8・2・16}$$

が得られる[1]．上式を $N$ 粒子系に一般化すると

$$\boxed{\Psi(\tau_1, \tau_2, \cdots, \tau_N) = \frac{1}{\sqrt{N!}} \begin{vmatrix} \phi_1(\tau_1) & \phi_1(\tau_2) & \cdots & \phi_1(\tau_N) \\ \phi_2(\tau_1) & \phi_2(\tau_2) & \cdots & \phi_2(\tau_N) \\ \vdots & \vdots & \ddots & \vdots \\ \phi_N(\tau_1) & \phi_N(\tau_2) & \cdots & \phi_N(\tau_N) \end{vmatrix}} \tag{8・2・17}$$

となることが予想されるが，実際にこの式は $N$ 個の粒子の同等性から導くことができる．なお上式で規格化の定数が $1/\sqrt{N!}$ になっている理由は，右辺の行列式を展開すると $N!$ 個の項の和となるからである．この式は **Slater の行列式**と呼ばれ，相互作用の小さい Fermi 粒子系の近似波動関数として用いられる．

(8・2・17) において $\tau_1$ と $\tau_2$ を交換すると行列式の1列と2列が交換する．行列式は任意の2列（または2行）を交換すると符号が変わる性質をもっているので，粒子1と2の交換に対して (8・2・17) が反対称性をもつことがわかる．一般に $\tau_i$ と $\tau_j$ の交換に対しても，(8・2・17) の符号が変わることは明らかであろう．次に $\phi_1 = \phi_2$ の場合には行列式の1行目と2行目が等しくなる．行列式は任意の2行（または列）が等しいとその値が0となるので，このときは $\Psi = 0$ となる．すなわち，そのような確率はないことになる．一般に $\phi_i = \phi_j$ の場合も同様である．このようにして二つの電子（または Fermi 粒子）は同じ1粒子状態（$\phi_i$ が同じ状態）を占めることができない．これを **Pauli**（パウリ）**の原理**という．パウリの原理を原子に適用すると，§10・3 でも述べるように原子内の

---

[1) 行列式については §A1・2 参照．

## §8·2 Slater の行列式

電子の状態は量子数 $n, l, m, m_s$ で指定されるので，一つの状態 $\psi_{nlmm_s}$ には1個の電子しか収容できないことになる．

金属中の電子についても事情は同じである．金属中の電子は自由電子とみなすことができるため[1]，p. 49 §3·5 の箱の中の自由粒子のモデルを用いることができる．したがって (3·5·11) のエネルギー準位（ただし $m = m_e$ とする）を下から順に2個ずつの電子が占めているものと考えてよい（2個ずつ入るのは，上向きスピンと下向きスピンでは異なった状態になるからである）．最高の被占準位（$N$ 個の電子がある場合，$N/2$ 番目の準位）を **Fermi 準位** (Fermi level) という．常温では Fermi 準位付近の電子が電導に寄与する．

Bose 粒子は Fermi 粒子の場合と異なって Pauli の原理による制限がないので，一つの状態を何個でも占めることができる．例えば前節で例にあげた $^4_2$He は絶対0度近くの温度で大部分の粒子が最低のエネルギー準位を占めるようになる．これは **Bose-Einstein 凝縮** (condensation) と呼ばれ，液体ヘリウムの超流動[2]の原因となることが知られている．

多数の粒子を対象とする統計力学において，一つの状態を1個の粒子しか占めないということを出発点とする統計を **Fermi-Dirac 統計** (statistics)，一つの状態を何個の粒子でも占有できることを基礎とする統計を **Bose-Einstein 統計** という．これが Fermi 粒子と Bose 粒子の名前の由来である．

---

1) 自由電子に近いため金属は電気伝導性がよい．
2) 異常に流れやすい現象．この状態の液体ヘリウムは細い管の両端の圧力差が無限小であっても有限の速度で流れる．なお最近 $^3_2$He にも超流動の現象が見出された．$^3_2$He は Fermi 粒子であるが，2個が対になって Bose 粒子を形成すると考えられている．

# 9 近似法

この章では近似法の代表的な例として摂動法と変分法を取り上げ，それらをヘリウム原子の基底状態のエネルギー固有関数と固有値を求めるのに応用する．これに関連して，2電子以上の系の波動関数において考慮すべき問題，電子相関について述べる．最後に時間に依存する摂動論を導入し，それを用いて光と物質の相互作用を論じる．

## §9·1 縮重がない場合の摂動論

ハミルトン演算子 $\hat{H}$ が主な項 $\hat{H}_0$ と $\hat{H}_0$ に比べて十分小さい項よりなるとする．

$$\hat{H} = \hat{H}_0 + (小さい項)$$

$\hat{H}_0$ の固有値と固有関数が既知のとき，それらを用いて逐次近似により $\hat{H}$ の固有値と固有関数を求める方法を**摂動法** (perturbation method) という．また上式で小さい項を**摂動項**と呼ぶ．

摂動法は古典力学においても用いられる．例えば地球の運動を論じるとき，太陽の引力に比べて他の惑星の引力は十分小さいので，これを摂動項とみなして，太陽だけの引力で定まる運動を補正する．

さて以下の計算では便宜上，(小さい項) を $\lambda \hat{H}'$ で表し，$\hat{H}_0$ と $\hat{H}'$ は同程度の大きさ，$\lambda$ は $\lambda \ll 1$ の定数とする．すなわち

$$\hat{H} = \hat{H}_0 + \lambda \hat{H}' \tag{9·1·1}$$

この式で $\hat{H}_0$ の固有値と固有関数を用いて

$$\hat{H}\psi = E\psi \tag{9·1·2}$$

の近似的な解を求めるのである．

$\hat{H}_0$ の $i$ 番目の固有関数を $\psi_i^{(0)}$，それに対応する固有値を $E_i^{(0)}$ とすると

## §9・1 縮重がない場合の摂動論

$$\hat{H}_0 \psi_i^{(0)} = E_i^{(0)} \psi_i^{(0)} \qquad i = 1, 2, \cdots \tag{9・1・3}$$

が成立する．ここで固有値は縮重していないものとする．すなわち

$$E_i^{(0)} \neq E_j^{(0)} \qquad i \neq j \tag{9・1・4}$$

を仮定する（縮重がある場合は§9・3で扱う）．(9・1・1) の $\lambda \hat{H}'$ は $\hat{H}_0$ に比べて十分小さいから，(9・1・2) の $n$ 番目の固有関数と固有値は次のように $\lambda$ のべき級数で展開できるであろう．

$$\psi_n = \psi_n^{(0)} + \lambda \psi_n^{(1)} + \lambda^2 \psi_n^{(2)} + \cdots \tag{9・1・5}$$

$$E_n = E_n^{(0)} + \lambda E_n^{(1)} + \lambda^2 E_n^{(2)} + \cdots \tag{9・1・6}$$

上の二つの式で $\lambda = 0$ とおけば，$\psi_n, E_n$ はそれぞれ $\psi_n^{(0)}, E_n^{(0)}$ となって，無摂動系のハミルトニアン $\hat{H}_0$ の固有関数と固有値を与える．(9・1・5), (9・1・6) を (9・1・2) に代入すると

$$(\hat{H}_0 + \lambda \hat{H}')(\psi_n^{(0)} + \lambda \psi_n^{(1)} + \lambda^2 \psi_n^{(2)} + \cdots)$$
$$= (E_n^{(0)} + \lambda E_n^{(1)} + \lambda^2 E_n^{(2)} + \cdots)(\psi_n^{(0)} + \lambda \psi_n^{(1)} + \lambda^2 \psi_n^{(2)} + \cdots) \tag{9・1・7}$$

を得る．この式を展開すると

$$\hat{H}_0 \psi_n^{(0)} + (\hat{H}' \psi_n^{(0)} + \hat{H}_0 \psi_n^{(1)})\lambda + (\hat{H}' \psi_n^{(1)} + \hat{H}_0 \psi_n^{(2)})\lambda^2 + \cdots$$
$$= E_n^{(0)} \psi_n^{(0)} + (E_n^{(1)} \psi_n^{(0)} + E_n^{(0)} \psi_n^{(1)})\lambda$$
$$\quad + (E_n^{(2)} \psi_n^{(0)} + E_n^{(1)} \psi_n^{(1)} + E_n^{(0)} \psi_n^{(2)})\lambda^2 + \cdots$$

となるが，上式の両辺が恒等的に等しいためには，$\lambda$ の各べきごとに両辺が等しくなければならない．したがって

$\lambda^0$ の係数 $\qquad \hat{H}_0 \psi_n^{(0)} = E_n^{(0)} \psi_n^{(0)} \tag{9・1・8}$

$\lambda^1$ 〃 $\qquad \hat{H}' \psi_n^{(0)} + \hat{H}_0 \psi_n^{(1)} = E_n^{(1)} \psi_n^{(0)} + E_n^{(0)} \psi_n^{(1)} \tag{9・1・9}$

$\lambda^2$ 〃 $\qquad \hat{H}' \psi_n^{(1)} + \hat{H}_0 \psi_n^{(2)} = E_n^{(2)} \psi_n^{(0)} + E_n^{(1)} \psi_n^{(1)} + E_n^{(0)} \psi_n^{(2)} \tag{9・1・10}$

......
......

が成立する．ところで (9・1・8) はすでに満足されている．(9・1・9) から既知の $\psi_n^{(0)}, E_n^{(0)}$ を用いて $\psi_n^{(1)}$ と $E_n^{(1)}$ を求める．次に (9・1・10) から $\psi_n^{(0)}, \psi_n^{(1)}, E_n^{(0)}, E_n^{(1)}$ を用いて $\psi_n^{(2)}$ と $E_n^{(2)}$ を求める．以下同様にして (9・1・5), (9・1・6) の $\lambda$ の係数

を求める方法 —逐次近似法— を適用する．

まず (9・1・9) を用いて 1 次近似の解を求めることにしよう．$\psi_n^{(1)}$ は $\hat{H}_0$ の固有関数系 $\{\psi_i^{(0)}\}$ によって

$$\psi_n^{(1)} = \sum_i a_i \psi_i^{(0)} \tag{9・1・11}$$

と展開できるはずである．これを (9・1・9) に代入すると，(9・1・3) により

$$\hat{H}'\psi_n^{(0)} + \sum_i a_i E_i^{(0)} \psi_i^{(0)} = E_n^{(1)} \psi_n^{(0)} + E_n^{(0)} \sum_i a_i \psi_i^{(0)} \tag{9・1・12}$$

を得る．上式の両辺に左から $\psi_n^{(0)*}$ をかけて積分すると，$\psi_i^{(0)}$ の規格直交性，$\int \psi_n^{(0)*} \psi_i^{(0)} d\tau = \delta_{ni}$ を考慮して

$$\int \psi_n^{(0)*} \hat{H}' \psi_n^{(0)} d\tau + a_n E_n^{(0)} = E_n^{(1)} + E_n^{(0)} a_n$$

となる．したがって

$$H_{mn}' \equiv \int \psi_m^{(0)*} \hat{H}' \psi_n^{(0)} d\tau \tag{9・1・13}$$

とおくと

$$E_n^{(1)} = H_{nn}' \tag{9・1・14}$$

を得る．次に (9・1・12) の両辺に左から $\psi_j^{(0)*}$ ($j \neq n$) をかけて積分すると

$$H_{jn}' + a_j E_j^{(0)} = E_n^{(0)} a_j$$

となる．(9・1・4) より $E_n^{(0)} \neq E_j^{(0)}$ であるから

$$a_j = \frac{H_{jn}'}{E_n^{(0)} - E_j^{(0)}} \qquad (j \neq n) \tag{9・1・15}$$

が得られる．上式により $j \neq n$ の $a_j$ が求められたが，$a_n$ は $\psi_n$ の規格化を考慮すると $a_n = 0$ とおいてよいことがわかる（例題 9・1 参照）．したがって $\lambda$ の 1 次までの近似で $\psi_n$, $E_n$ は (9・1・5), (9・1・6), (9・1・11) より

$$\psi_n = \psi_n^{(0)} + \lambda \sum_{i(\neq n)} a_i \psi_i^{(0)}, \qquad E_n = E_n^{(0)} + \lambda E_n^{(1)}$$

となる．上式に (9・1・14), (9・1・15) を代入すると，1 次摂動の波動関数とエネルギーは

$$\psi_n = \psi_n^{(0)} + \lambda \sum_{i(\neq n)} \frac{H_{in}'}{E_n^{(0)} - E_i^{(0)}} \psi_i^{(0)} \tag{9・1・16}$$

$$E_n = E_n^{(0)} + \lambda H_{nn}' \tag{9・1・17}$$

で与えられる．さて，いままで摂動計算を行うための便宜上，摂動項を $\lambda \hat{H}'$ とおいてきたが，

$$\hat{H} = \hat{H}_0 + \hat{H}' \tag{9・1・18}$$

として摂動項に $\lambda$ を含まない形にした方が都合がよい．このときは $\hat{H}' \ll \hat{H}_0$ であることはもちろんである．このようにすると (9・1・16), (9・1・17) は ($\lambda = 1$ としたことに相当して)

$$\boxed{\psi_n = \psi_n^{(0)} + \sum_{i(\neq n)} \frac{H_{in}'}{E_n^{(0)} - E_i^{(0)}} \psi_i^{(0)} \tag{9・1・19}}$$

$$\boxed{E_n = E_n^{(0)} + H_{nn}' \tag{9・1・20}}$$

となる．(9・1・13) によれば $H_{nn}'$ は $\psi_n^{(0)}$ における $\hat{H}'$ の期待値 (平均値) である．したがって<u>1次摂動ではエネルギー固有値に対する補正項は摂動エネルギーの期待値である</u>．

上と同様な方法で2次摂動の $\psi_n$ と $E_n$ を求めることができる．$E_n$ についての結果だけを下に示す．

$$\boxed{E_n = E_n^{(0)} + H_{nn}' + \sum_{i(\neq n)} \frac{|H_{in}'|^2}{E_n^{(0)} - E_i^{(0)}} \tag{9・1・21}}$$

上式で $n = 1$ とすると $E_1^{(0)} < E_i^{(0)}$ であるから，第3項は負となる．すなわち<u>基底状態に対する2次摂動項は常に負である</u>ことがわかる．

[**例題 9・1**] (9・1・11) において $a_n = 0$ としてよいことを示せ．

[**解**] $$\psi_n = \psi_n^{(0)} + \lambda \psi_n^{(1)} + \lambda^2 \psi_n^{(2)} + \cdots$$

を規格化すると

$$\int \psi_n^* \psi_n \, d\tau = \int \psi_n^{(0)*} \psi_n^{(0)} \, d\tau + \lambda \left[ \int \psi_n^{(0)*} \psi_n^{(1)} \, d\tau + \int \psi_n^{(1)*} \psi_n^{(0)} \, d\tau \right]$$
$$+ \lambda^2 [\cdots] + \cdots = 1$$

$\int \psi_n^{(0)*} \psi_n^{(0)} \, d\tau = 1$ であるから，上式が成立するためには $\lambda$ の各べきごとに係数が 0 で

なければならない．ゆえに

$$\int \phi_n^{(0)*} \phi_n^{(1)}\, d\tau + \int \phi_n^{(1)*} \phi_n^{(0)}\, d\tau = 0 \quad \text{など．}$$

上式に $\phi_n^{(1)} = \sum_i a_i \phi_i^{(0)}$（(9・1・11)）を代入すると，$\phi_i^{(0)}$ の規格直交性により

$$a_n + a_n^* = 0$$

となる．したがって $a_n$ は純虚数であるから，$a_n = i\theta$ とおける．これを用いると，$\lambda$ の 1 次までの近似で

$$\psi_n = \phi_n^{(0)} + \lambda \psi_n^{(1)} = \phi_n^{(0)} + \lambda a_n \phi_n^{(0)} + \lambda \sum_{i(\neq n)} a_i \phi_i^{(0)}$$
$$= \phi_n^{(0)}(1 + \lambda i\theta) + \lambda \sum_{i(\neq n)} a_i \phi_i^{(0)}$$

である．さて $\lambda$ の 1 次までの近似では $e^{i\lambda\theta} \fallingdotseq 1 + i\lambda\theta$ であるから

$$\psi_n = \phi_n^{(0)} e^{i\lambda\theta} + \lambda \sum_{i(\neq n)} a_i \phi_i^{(0)}$$

となる．上の結果によると $a_n = i\theta$ としても $a_n = 0$ としたときの式（(9・1・15) の次の式）に比べて $\phi_n^{(0)}$ の位相が変わるだけである．ゆえに $a_n = 0$ としてよい（p. 65 要請 (3)）．

## §9・2　ヘリウム原子（摂動法）

前節の結果を用いてヘリウム原子の基底状態のエネルギーを求めてみよう．ヘリウムでは原子核のまわりに 2 個の電子があるから，ハミルトン演算子は

$$\hat{H} = -\frac{\hbar^2}{2m_e}\Delta_1 - \frac{\hbar^2}{2m_e}\Delta_2 - \frac{Ze^2}{4\pi\varepsilon_0 r_1} - \frac{Ze^2}{4\pi\varepsilon_0 r_2} + \frac{e^2}{4\pi\varepsilon_0 r_{12}} \tag{9・2・1}$$

である（図 9・1）．ただし $Z$ は核の電荷（ヘリウムの場合，$Z = 2$）である．上式で第 1 項と第 2 項は電子 1 および 2 の運動エネルギー，第 3 項と第 4 項は電子 1 および 2 と核の間のクーロンエネルギー，第 5 項は電子 1, 2 間のクーロンエネルギーである．(9・2・1) を書き直すと

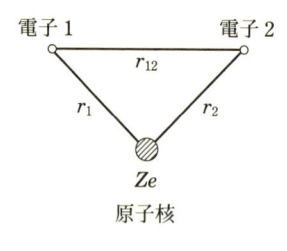

図 9・1　ヘリウム原子の座標

$$\hat{H} = \left(-\frac{\hbar^2}{2m_\mathrm{e}}\Delta_1 - \frac{Ze^2}{4\pi\varepsilon_0 r_1}\right) + \left(-\frac{\hbar^2}{2m_\mathrm{e}}\Delta_2 - \frac{Ze^2}{4\pi\varepsilon_0 r_2}\right) + \frac{e^2}{4\pi\varepsilon_0 r_{12}} \qquad (9\cdot2\cdot2)$$

となり

$$\hat{H}(1,2) = \hat{H}_1(1) + \hat{H}_2(2) + \hat{H}_{12}(1,2)$$

の形になる。いま第3項を摂動項とみなすと

$$\hat{H}(1,2) = \hat{H}_0(1,2) + \hat{H}'(1,2) \qquad (9\cdot2\cdot3)$$

と書ける。ただし

$$\hat{H}_0(1,2) = \hat{H}_1(1) + \hat{H}_2(2) = \left(-\frac{\hbar^2}{2m_\mathrm{e}}\Delta_1 - \frac{Ze^2}{4\pi\varepsilon_0 r_1}\right) + \left(-\frac{\hbar^2}{2m_\mathrm{e}}\Delta_2 - \frac{Ze^2}{4\pi\varepsilon_0 r_2}\right) \qquad (9\cdot2\cdot4)$$

$$\hat{H}'(1,2) = \hat{H}_{12}(1,2) = \frac{e^2}{4\pi\varepsilon_0 r_{12}} \qquad (9\cdot2\cdot5)$$

である。さて $\hat{H}_0(1,2)$ は電子1または2のみに作用する演算子 $\hat{H}_1(1)$ と $\hat{H}_2(2)$ の和であるから，§8・2 (p.156) で述べたように，その固有関数と固有値は $\hat{H}_1(1)$ と $\hat{H}_2(2)$ の固有関数と固有値 $\phi_1(1)$, $E_1$ および $\phi_2(2)$, $E_2$ を用いて

$$\psi_0(1,2) = \phi_1(1)\,\phi_2(2) \qquad (9\cdot2\cdot6)$$
$$E_0 = E_1 + E_2 \qquad (9\cdot2\cdot7)$$

のように表すことができる。ところで

$$\hat{H}_1(1) = -\frac{\hbar^2}{2m_\mathrm{e}}\Delta_1 - \frac{Ze^2}{4\pi\varepsilon_0 r_1} \qquad (9\cdot2\cdot8)$$

は水素類似原子のハミルトン演算子に他ならないから，その固有関数と固有値はすでに求められている。いまヘリウム原子の基底状態が問題であるから，1s状態を使うことにして，p.130 の表6・2 と p.124 の (6・1・26) から

$$\phi_1(1) = \frac{1}{\sqrt{\pi}}\left(\frac{Z}{a_0}\right)^{3/2} e^{-(Zr_1/a_0)}, \qquad E_1 = Z^2 E_{1\mathrm{s}} \qquad (9\cdot2\cdot9)$$

となる。ただし

$$E_{1\mathrm{s}} = -\frac{m_\mathrm{e} e^4}{8\varepsilon_0^2 h^2} = -\frac{e^2}{8\pi\varepsilon_0 a_0} \qquad (9\cdot2\cdot10)$$

は水素原子の 1s 状態のエネルギーである. 同様に

$$\phi_2(2) = \frac{1}{\sqrt{\pi}} \left(\frac{Z}{a_0}\right)^{3/2} e^{-(Zr_2/a_0)}, \qquad E_2 = Z^2 E_{1s} \qquad (9 \cdot 2 \cdot 11)$$

である. この結果を (9·2·6), (9·2·7) に代入すると, 基底状態における無摂動系 $\hat{H}_0(1, 2)$ の波動関数とエネルギーとして

$$\psi_0(1, 2) = \frac{1}{\pi} \left(\frac{Z}{a_0}\right)^3 e^{-(Z/a_0)(r_1 + r_2)} \qquad (9 \cdot 2 \cdot 12)$$

$$E_0 = 2Z^2 E_{1s} \qquad (9 \cdot 2 \cdot 13)$$

が得られる.

前節の (9·1·20) より 1 次摂動のエネルギーは, 基底状態 ($n = 0$) に対して

$$E = E_0 + H_{00}'$$
$$= 2Z^2 E_{1s} + \iint \psi_0^* \frac{e^2}{4\pi\varepsilon_0 r_{12}} \psi_0 \, dv_1 dv_2$$

となる. 上式の積分は電子 1, 2 を含むので, 1, 2 両方の座標について行わなければならない. ただし

$$dv_1 = r_1^2 \, dr_1 \sin\theta_1 \, d\theta_1 d\varphi_1, \quad dv_2 = r_2^2 \, dr_2 \sin\theta_2 \, d\theta_2 d\varphi_2$$

である. (9·2·12) を用いると上の積分は

$$H_{00}' = \frac{e^2}{4\pi^3\varepsilon_0} \left(\frac{Z}{a_0}\right)^6 \iint \frac{e^{-(2Z/a_0)(r_1+r_2)}}{r_{12}} \, dv_1 dv_2$$

となるが, 公式 (巻末参考書 (10), (12) 参照)

$$\iint \frac{e^{-\alpha(r_1+r_2)}}{r_{12}} \, dv_1 dv_2 = \frac{20\pi^2}{\alpha^5} \qquad (9 \cdot 2 \cdot 14)$$

により

$$H_{00}' = \frac{e^2}{4\pi^3\varepsilon_0} \left(\frac{Z}{a_0}\right)^6 20\pi^2 \left(\frac{a_0}{2Z}\right)^5 = \frac{5}{32\pi\varepsilon_0} \frac{Ze^2}{a_0} = -\frac{5}{4} Z E_{1s}$$

を得る.

このようにして, ヘリウムおよびその類似原子の基底状態のエネルギーは

§9•2 ヘリウム原子 (摂動法)

$$E = 2Z^2 E_{1s} - \frac{5}{4} ZE_{1s}$$
$$= \left(2Z - \frac{5}{4}\right) ZE_{1s}$$

となる．上式で $Z = 2$, $E_{1s} = -13.606\,\text{eV}$ (p.15) とすると，ヘリウムの基底状態のエネルギーとして $-74.83\,\text{eV}$ が得られる．

ところで $E$ の測定値は $-79.005\,\text{eV}$ であって，上の計算値と測定値の一致はよくない．これは無摂動系のエネルギー (0次のエネルギー), $2Z^2 E_{1s} = -108.8\,\text{eV}$ に対し，1次の摂動エネルギー，$-(5/4) ZE_{1s} = 34.0\,\text{eV}$ が $1/3$ にも達するから，摂動法による取り扱いが妥当とはいえない ((9•1•1) において $\lambda \ll 1$ とはならない) からである．

なお，ヘリウムの第2イオン化ポテンシャル (電子を2個とも無限遠に引き離すために必要なエネルギー) を $I_2$ とすると，$-I_2$ がヘリウムの基底状態のエネルギーに相当する．その理由は，エネルギー固有値の計算ではエネルギーの零点を電子と核をバラバラにした状態にとっているからである．

[例題 9•2] ヘリウムの基底状態のエネルギーの計算値 $E(\text{He}) = -74.83\,\text{eV}$ を用いて，ヘリウムの第1イオン化ポテンシャル (電子1個を無限遠に引き離すためのエネルギー), $I_1$ を求めよ．

[解] 電子1個を無限遠に引き離すと $\text{He}^+$ になるから，
$$I_1 = E(\text{He}^+) - E(\text{He})$$
で与えられる．$\text{He}^+$ は水素類似原子であるから，(9•2•9) により
$$E(\text{He}^+) = Z^2 E_{1s} = 4E_{1s} = 4 \times (-13.606\,\text{eV}) = -54.424\,\text{eV}$$
となる．ゆえに
$$I_1 = -54.42\,\text{eV} + 74.83\,\text{eV} = 20.41\,\text{eV}$$
である．これに対し実測値は $24.587\,\text{eV}$ である[1]．

---

1) $E(\text{He})$ の測定値は，この例題の計算とは逆に，スペクトルによる $I_1$ の実測値と $E(\text{He}^+)$ の計算値から得られた．ただし $E(\text{He}^+)$ の値は核の運動と相対論による効果を補正すると (§9•6 参照)，$-54.418\,\text{eV}$ となる．よって $E(\text{He})$ の測定値は $E(\text{He}) = E(\text{He}^+) - I_1 = -54.418 - 24.587 = -79.005\,(\text{eV})$ となる．

[**例題 9・3**] ヘリウムの 2 個の電子の同等性を考慮した場合も，この節の計算結果が変わらないことを示せ．

[**解**] 電子の同等性を考慮すると，無摂動系の波動関数として (9・2・6) の代わりに p.158 の Slater の行列式 (8・2・17) を用いなければならない．基底状態では二つの電子は 1s の $\alpha$ スピン状態と $\beta$ スピン状態を占めるので，行列式は

$$\Phi_0(\tau_1, \tau_2) = \frac{1}{\sqrt{2}} \begin{vmatrix} \phi_1(\boldsymbol{r}_1)\,\alpha(\sigma_1) & \phi_1(\boldsymbol{r}_2)\,\alpha(\sigma_2) \\ \phi_1(\boldsymbol{r}_1)\,\beta(\sigma_1) & \phi_1(\boldsymbol{r}_2)\,\beta(\sigma_2) \end{vmatrix}$$

$$= \phi_1(\boldsymbol{r}_1)\,\phi_1(\boldsymbol{r}_2)\,\frac{1}{\sqrt{2}}\,[\alpha(\sigma_1)\,\beta(\sigma_2) - \alpha(\sigma_2)\,\beta(\sigma_1)]$$

$$= \psi_0(1,2)\,\frac{1}{\sqrt{2}}\,[\alpha(\sigma_1)\,\beta(\sigma_2) - \alpha(\sigma_2)\,\beta(\sigma_1)]$$

となる．この場合，1 次の摂動エネルギーは

$$\iint \Phi_0{}^*(\tau_1, \tau_2)\,\frac{1}{4\pi\varepsilon_0}\frac{e^2}{r_{12}}\,\Phi_0(\tau_1, \tau_2)\,d\tau_1 d\tau_2$$

$$= \iint \psi_0{}^*(1,2)\,\frac{1}{4\pi\varepsilon_0}\frac{e^2}{r_{12}}\,\psi_0(1,2)\,dv_1 dv_2\,\frac{1}{2}\iint |\alpha(\sigma_1)\,\beta(\sigma_2) - \alpha(\sigma_2)\,\beta(\sigma_1)|^2\,d\sigma_1 d\sigma_2$$

上式に p.147 の例題 7・1 式 (2) を用いると

$$\iint \Phi_0{}^*(1,2)\,\frac{1}{4\pi\varepsilon_0}\frac{e^2}{r_{12}}\,\Phi_0(1,2)\,d\tau_1 d\tau_2 = \iint \psi_0{}^*(1,2)\,\frac{1}{4\pi\varepsilon_0}\frac{e^2}{r_{12}}\,\psi_0(1,2)\,dv_1 dv_2$$

が成立し，電子の同等性を考慮しない場合と同じになる．0 次のエネルギー $E_0$ についても同様である．

## §9・3　縮重がある場合の摂動論

§9・1 では 0 次のエネルギー固有値 $E_i^{(0)}$ が縮重していないときの摂動論を述べたが，この節では縮重がある場合を取り扱うことにする．

一般に $E^{(0)}$ に $f$ 個の固有関数 $\psi_1^{(0)}, \psi_2^{(0)}, \cdots, \psi_f^{(0)}$ が対応しているときは，それらの一次結合 $\varphi^{(0)} = \sum_{i=1}^{f} c_i \psi_i^{(0)}$ も $E^{(0)}$ に対応する固有関数になるので (p.70 定理 I)，無摂動系の固有関数 (0 次近似の固有関数) は不定である．ところでこの系に摂動 $\lambda \hat{H}'$ が加わると，$\lambda \cong 0$ の場合でも $\lambda \neq 0$ でない限り一定の 0

次近似の固有関数の組がつくられる．次に例をあげよう．図9･2は原点にある原子のp軌道に$y$軸上の$-e$の電荷が摂動を与える場合を示す．電荷がなければ，$p_x, p_y, p_z$またはその一次結合からつくられる軌道を占めている電子は同じエネルギーをもつ．これに電荷が摂動として加わると，確率分布が$y$軸方向に伸びている$p_y$軌道の電子は$p_x, p_z$軌道の電子に比べて$-e$の電荷とのクーロン相互作用が大きく，それらより高いエネルギーをもつようになる．すなわち

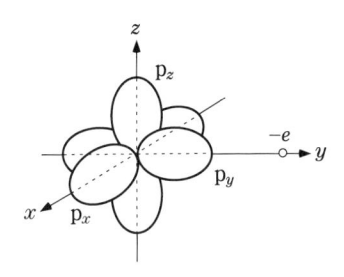

図 9･2　p軌道に対する電荷，$-e$の摂動

$$\begin{array}{c} p_x, p_y, p_z\ \text{または} \\ \text{それらの一次結合} \\ (3\text{重縮重}) \end{array} \xrightarrow{\text{摂動}} \begin{cases} p_y \\ p_x, p_z\ \text{または} \\ \text{それらの一次結合} \\ (2\text{重縮重}) \end{cases}$$

となるのである．このようにして縮重が一部解けることになる．

d軌道の例として$[\mathrm{Fe(CN)_6}]^{4-}$や$[\mathrm{Co(CN)_6}]^{3-}$などの錯イオンを考えよう．これらでは金属イオン（$\mathrm{Fe^{2+}}$または$\mathrm{Co^{3+}}$）のまわりを6個の$\mathrm{CN^-}$イオンが対称的に取りかこんでいる（図9･3）．図からわかるように，金属の$d_{xy}$軌道は二つの陰イオンの中間の方向に伸びているので，$d_{x^2-y^2}$軌道よりエネルギーが低い．また対称性により$d_{yz}, d_{zx}$軌道が$d_{xy}$軌道と同じエネルギーをもつ（p.

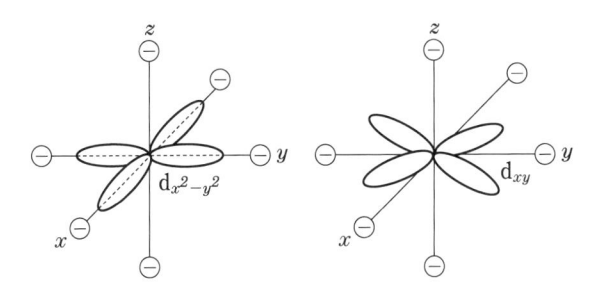

図 9･3　金属のd軌道と$\mathrm{CN^-}$イオン．⊖は$\mathrm{CN^-}$を示す．

133 図 6·7 参照). $d_{z^2}$ 軌道は p. 129 (6·2·3) より

$$d_{z^2} \propto \frac{3z^2}{r^2} - 1 = \frac{3z^2 - (x^2 + y^2 + z^2)}{r^2}$$
$$= \frac{z^2 - x^2}{r^2} + \frac{z^2 - y^2}{r^2} \propto (d_{z^2-x^2} + d_{z^2-y^2})$$

となり $d_{z^2-x^2}$ と $d_{z^2-y^2}$ の一次結合の形に書けるので, $d_{x^2-y^2}$ 軌道と同じエネルギーをもつ. したがって金属イオンの 5 重縮重した d 軌道は陰イオンからの摂動により $d_{xy}, d_{yz}, d_{zx}$ からなる $d\varepsilon$ 軌道と $d_{z^2}, d_{x^2-y^2}$ からなる $d\gamma$ 軌道に分裂するのである. $Fe^{2+}$ の場合, 3d 軌道の 6 個の電子は $[Fe(CN)_6]^{4-}$ ではエネルギーの低い $d\varepsilon$ 軌道を占める (図 9·4)[1]. 以上 6 個の $CN^-$ 配位子がある場合を例にしたが, 他の錯イオンの場合も配位子の数とその配置の対称性により中心金属の d 軌道の分裂の仕方が定まるのである.

以上のように一般に無摂動系の波動関数が縮重している場合, 摂動が加わるとエネルギーが分裂し, 分裂した各エネルギー準位にもとの波動関数の一定の一次結合からつくられた 0 次近似の波動関数が対応する.

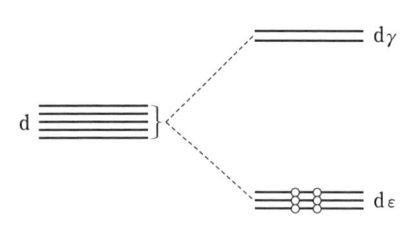

図 9·4 正 8 面体型配位子場における Fe の d 軌道の分裂 ($[Fe(CN)_6]^{4-}$ の場合)

いま無摂動系において $n$ 番目のエネルギー固有値 $E_n^{(0)}$ に固有関数 $\psi_{n1}^{(0)}, \psi_{n2}^{(0)},$ …, $\psi_{nf}^{(0)}$ が対応するとしよう ($f$ 重縮重). すなわち

$$\hat{H}_0 \psi_{ni}^{(0)} = E_n^{(0)} \psi_{ni}^{(0)} \quad (i = 1, 2, \cdots, f) \qquad (9·3·1)$$

である. 摂動が加わると 0 次近似の波動関数は

---

[1] $[Fe(CN)_6]^{4-}$ は配位子場 (配位子による静電場) が強い例である. 配位子場が弱い場合には $d\varepsilon$ 軌道と $d\gamma$ 軌道の分裂が小さいため, 電子は下から順に 2 個ずつ各軌道を占めるより, Hund の規則 (p. 229) によってなるべくスピンを平行にした方が安定である. 例えば $(FeF_6)^{3-}$ では $Fe^{3+}$ の 5 個の d 電子はスピンを平行にして 1 個ずつ $d\varepsilon$ および $d\gamma$ 軌道を占める.

## §9·3 縮重がある場合の摂動論

$$\varphi_n^{(0)} = \sum_{j=1}^{f} c_j \psi_{nj}^{(0)} \tag{9·3·2}$$

の形の一次結合に移るとする．§9·1 の場合と同様に

$$\hat{H} = \hat{H}_0 + \lambda \hat{H}' \tag{9·3·3}$$

の固有関数と固有値を次のように $\lambda$ のべきで展開する．

$$\psi_n = \varphi_n^{(0)} + \lambda \varphi_n^{(1)} + \lambda^2 \varphi_n^{(2)} + \cdots \tag{9·3·4}$$

$$E_n = E_n^{(0)} + \lambda E_n^{(1)} + \lambda^2 E_n^{(2)} + \cdots \tag{9·3·5}$$

さて

$$\hat{H} \psi_n = E_n \psi_n \tag{9·3·6}$$

に (9·3·3)～(9·3·5) を代入すると，(9·1·8), (9·1·9) に対応する式

$\lambda^0$ の係数
$$\hat{H}_0 \varphi_n^{(0)} = E_n^{(0)} \varphi_n^{(0)} \tag{9·3·7}$$

$\lambda^1$ 〃
$$\hat{H}' \varphi_n^{(0)} + \hat{H}_0 \varphi_n^{(1)} = E_n^{(1)} \varphi_n^{(0)} + E_n^{(0)} \varphi_n^{(1)} \tag{9·3·8}$$

$$\cdots\cdots$$
$$\cdots\cdots$$

が得られる．

ところで (9·3·7) はすでに成立している ((9·3·1), (9·3·2) 参照，$\varphi_n^{(0)}$ は $\psi_{nj}^{(0)}$ の一次結合であるから，当然 $E_n^{(0)}$ に対応する固有関数である)．前と同様に $\varphi_n^{(1)}$ を $\hat{H}_0$ の固有関数で展開する．すなわち

$$\varphi_n^{(1)} = \sum_s a_s \psi_s^{(0)} = \sum_{j=1}^{f} a_{nj} \psi_{nj}^{(0)} + \sum_{\beta(\neq n)} a_\beta \psi_\beta^{(0)} \tag{9·3·9}$$

上式の右辺ではすべての固有状態についての和 $\left(\sum_s\right)$ を，問題とする縮重状態についての和 $\left(\sum_j\right)$ と残りの状態についての和 $\left(\sum_{\beta(\neq n)}\right)$ に分けた[1]．(9·3·2), (9·3·9) を (9·3·8) に代入すると

$$\sum_{j=1}^{f} c_j \hat{H}' \psi_{nj}^{(0)} + \sum_{j=1}^{f} a_{nj} \hat{H}_0 \psi_{nj}^{(0)} + \sum_\beta a_\beta \hat{H}_0 \psi_\beta^{(0)}$$
$$= E_n^{(1)} \sum_{j=1}^{f} c_j \psi_{nj}^{(0)} + E_n^{(0)} \sum_{j=1}^{f} a_{nj} \psi_{nj}^{(0)} + E_n^{(0)} \sum_\beta a_\beta \psi_\beta^{(0)}$$

---

[1] 以下 $ni$, $nj$ は問題とする縮重状態，$\alpha$, $\beta$ はそれ以外の状態を指定する添字とする．

となるが, $\hat{H}_0\psi_{nj}^{(0)} = E_n^{(0)}\psi_{nj}^{(0)}$ を考慮すると, 左辺の第2項と右辺の第2項は消し合い,

$$\sum_{j=1}^{f} c_j \hat{H}' \psi_{nj}^{(0)} + \sum_{\beta} a_\beta E_\beta^{(0)} \psi_\beta^{(0)} = E_n^{(1)} \sum_{j=1}^{f} c_j \psi_{nj}^{(0)} + E_n^{(0)} \sum_{\beta} a_\beta \psi_\beta^{(0)} \qquad (9\cdot3\cdot10)$$

を得る. 上式の両辺に左から $\psi_{ni}^{(0)*}$ をかけて座標で積分すると, $\psi_s^{(0)}$ の規格直交性により

$$\sum_{j=1}^{f} c_j H_{ij}' = E_n^{(1)} \sum_{j=1}^{f} c_j \delta_{ij} \qquad (9\cdot3\cdot11)$$

が得られる. ただし上式で $i$ は1から $f$ までの任意の値を取り得る. また

$$H_{ij}' \equiv \int \psi_{ni}^{(0)*} \hat{H}' \psi_{nj}^{(0)} \, d\tau \qquad (9\cdot3\cdot12)$$

とした. $(9\cdot3\cdot11)$ を移項すると

$$\boxed{\sum_{j=1}^{f} (H_{ij}' - E_n^{(1)} \delta_{ij}) c_j = 0} \qquad (i = 1, 2, \cdots, f) \qquad (9\cdot3\cdot13)$$

となる. 上式を展開して書き下すと

$$\left.\begin{array}{l} (H_{11}' - E_n^{(1)}) c_1 + H_{12}' c_2 + \cdots + H_{1f}' c_f = 0 \\ H_{21}' c_1 + (H_{22}' - E_n^{(1)}) c_2 + \cdots + H_{2f}' c_f = 0 \\ \qquad \cdots\cdots\cdots \\ \qquad \cdots\cdots\cdots \\ H_{f1}' c_1 + H_{f2}' c_2 + \cdots + (H_{ff}' - E_n^{(1)}) c_f = 0 \end{array}\right\} \qquad (9\cdot3\cdot14)$$

である. これは $c_i \ (i=1,\cdots,f)$ についての連立1次方程式である. しかも定数項を含まない斉次方程式の形であるから $c_1 = c_2 = \cdots = c_f = 0$ 以外の解をもつための必要十分条件は, 係数でつくった行列式の値が0となることである[1]. すなわち

---

1) §A1·2, p.443 参照.

$$\begin{vmatrix} H_{11}{}' - E_n^{(1)} & H_{12}{}' & \cdots & H_{1f}{}' \\ H_{21}{}' & H_{22}{}' - E_n^{(1)} & \cdots & H_{2f}{}' \\ \vdots & \vdots & \ddots & \vdots \\ H_{f1}{}' & H_{f2}{}' & \cdots & H_{ff}{}' - E_n^{(1)} \end{vmatrix} = 0 \qquad (9\cdot3\cdot15)$$

または

$$\boxed{|H_{ij}{}' - E_n^{(1)}\delta_{ij}| = 0} \qquad (9\cdot3\cdot16)$$

が成立しなければならない．上式を展開すると $E_n^{(1)}$ の $f$ 次方程式が得られる．(9・3・16) の形の式を**永年方程式** (secular equation) という．(9・3・16) を解くと $f$ 個の根 $E_{n1}^{(1)}, E_{n2}^{(1)}, \cdots, E_{nf}^{(1)}$ が得られるが[1]，これらから 1 次摂動のエネルギー

$$E_{ni} = E_n^{(0)} + \lambda E_{ni}^{(1)} \qquad i = 1, 2, \cdots, f \qquad (9\cdot3\cdot17)$$

が定まる．次に根のうちの一つを (9・3・14) に代入して連立 1 次方程式を解くと $c_j$ の比，$c_1 : c_2 : \cdots : c_f$ または $c_2/c_1, c_3/c_1 \cdots, c_f/c_1$ が求められる．さらに各 $c_j$ の値を求めるには規格化の条件

$$\int \varphi_n^{(0)*} \varphi_n^{(0)} \, d\tau = \sum_i |c_i|^2 = 1$$

を使えばよい．このようにして $f$ 個の根から $f$ 組の $c_j$ $(j = 1, \cdots, f)$ が定まり，$f$ 個の 0 次近似の固有関数が求められることになる．以上をまとめると

---

[1] $\hat{H}'$ はエルミート演算子であるから

$$H_{ji}{}'^* = \left[\int \psi_{nj}^{(0)*} \hat{H}' \psi_{ni}^{(0)} \, d\tau\right]^* = \int \psi_{nj}^{(0)} \hat{H}'^* \psi_{ni}^{(0)*} \, d\tau$$
$$= \int \psi_{ni}^{(0)*} \hat{H} \psi_{nj}^{(0)} \, d\tau = H_{ij}{}'$$

が成立する (p. 71 仮定 V)．一般に $A_{ji}{}^* = A_{ij}$ が成立する行列 $(A_{ij})$ をエルミート行列という．エルミート行列からつくった永年方程式 $|A_{ij} - E\delta_{ij}| = 0$ の根はすべて実根である (下巻 §15・4 p. 20)．

$$(H_{ij}') \xrightarrow{(9 \cdot 3 \cdot 15)} \begin{cases} E_{n1}^{(1)} \xrightarrow{(9 \cdot 3 \cdot 14)} c_{11}, c_{21}, \cdots, c_{f1} \text{の比} \xrightarrow{\text{規格化}} \varphi_{n1}^{(0)} = \sum_{j=1}^{f} c_{j1} \psi_{nj}^{(0)} \\ E_{n2}^{(1)} \longrightarrow c_{12}, c_{22}, \cdots, c_{f2} \text{の比} \longrightarrow \varphi_{n2}^{(0)} = \sum_{j=1}^{f} c_{j2} \psi_{nj}^{(0)} \\ E_{nf}^{(1)} \longrightarrow c_{1f}, c_{2f}, \cdots, c_{ff} \text{の比} \longrightarrow \varphi_{nf}^{(0)} = \sum_{j=1}^{f} c_{jf} \psi_{nj}^{(0)} \end{cases}$$

である．なお $f$ 個の根の中には等根もあり得る（この節のはじめにあげた例では $p_x, p_z$ が等根に対応する）．

以上で1次近似のエネルギーと0次近似の波動関数が求められた．1次近似の波動関数を求めるために (9・3・10) に左から $\psi_a^{(0)*}$ をかけて積分すると

$$\sum_{j=1}^{f} c_j H'_{anj} + a_a E_a^{(0)} = E_n^{(0)} a_a$$

$$a_a = \frac{\sum_{j=1}^{f} c_j H'_{anj}}{E_n^{(0)} - E_a^{(0)}}$$

を得る．上式と (9・3・4), (9・3・9) より，$\lambda$ の1次までの近似で

$$\psi_n = \varphi_n^{(0)} + \lambda \left( \sum_{j=1}^{f} a_{nj} \psi_{nj}^{(0)} + \sum_{a(\neq n)} \frac{\sum_{j=1}^{f} c_j H'_{anj}}{E_n^{(0)} - E_a^{(0)}} \psi_a^{(0)} \right)$$

となるが，§9・1 の場合と同様に $a_{nj} = 0$ $(j=1, \cdots, f)$ としてよいことが証明できる．結局，$n$ 番目の準位が $f$ 重に縮重しているときの第1次近似の波動関数とエネルギーは，$\lambda \hat{H}'$ を $\hat{H}'$ にして

$$\boxed{\begin{aligned} \psi_{ni} &= \sum_{j=1}^{f} c_{ji} \psi_{nj}^{(0)} + \sum_{a(\neq n)} \frac{\sum_{j=1}^{f} c_{ji} H'_{anj}}{E_n^{(0)} - E_a^{(0)}} \psi_a^{(0)} \\ E_{ni} &= E_n^{(0)} + E_{ni}^{(1)} \qquad i = 1, \cdots, f \end{aligned}} \qquad (9 \cdot 3 \cdot 18)$$

で与えられる．ただし $E_{ni}^{(1)}$ は永年方程式 (9・3・16) の $i$ 番目の根，$c_{ji}$ $(j=1,2,\cdots,f)$ は $E_{ni}^{(1)}$ を代入したときの連立1次方程式 (9・3・13) の根である．

## §9・4 変 分 法

変分法 (variation method) では次の変分原理を用いてハミルトン演算子 $\hat{H}$ の最低固有値と固有関数を近似的に求める．実際の応用については次節を参照されたい．

---

$\hat{H}$ の最低固有値を $E_1$，それに対応する固有関数を $\psi_1$ とする．また

$$\int \varphi_1^* \varphi_1 \, d\tau = 1 \tag{9・4・1}$$

を満足する 1 価連続な関数を $\varphi_1$ とすると

$$W \equiv \int \varphi_1^* \hat{H} \varphi_1 \, d\tau \geqq E_1 \tag{9・4・2}$$

である．ただし上式で等号が成立するのは $\varphi_1 = \psi_1$ の場合に限る．

---

次にこれを示すことにしよう．$\hat{H}$ の固有関数と固有値を $\psi_i, E_i$ $(i=1, 2, \cdots)$ とする．$\psi_i$ は完全系をなすから，$\varphi_1$ を $\psi_i$ で展開し

$$\varphi_1 = \sum_i c_i \psi_i \tag{9・4・3}$$

とすると，$\psi_i$ の規格直交性 $\int \psi_i^* \psi_j \, d\tau = \delta_{ij}$ により

$$\int \varphi_1^* \varphi_1 \, d\tau = \int \left(\sum_i c_i^* \psi_i^*\right)\left(\sum_j c_j \psi_j\right) d\tau = \sum_{i,j} c_i^* c_j \delta_{ij} = \sum_i |c_i|^2$$

を得る．よって (9・4・1) より

$$\sum_i |c_i|^2 = 1 \tag{9・4・4}$$

である．次に

$$W = \int \varphi_1^* \hat{H} \varphi_1 \, d\tau = \int \left(\sum_i c_i^* \psi_i^*\right) \hat{H} \left(\sum_j c_j \psi_j\right) d\tau = \sum_{i,j} c_i^* c_j \int \psi_i^* \hat{H} \psi_j \, d\tau$$

$$= \sum_{i,j} c_i^* c_j \int \psi_i^* E_j \psi_j \, d\tau = \sum_{i,j} c_i^* c_j E_j \delta_{ij} = \sum_i |c_i|^2 E_i$$

$$\geqq \sum_i |c_i|^2 E_1 = E_1 \qquad ((9・4・4)\ \text{参照})$$

上式で不等号がついたのは，$\psi_i$ の固有値 $E_i$ をすべて最低固有値 $E_1$ におき換え

たためである．ただし $c_1 = 1$, $c_i = 0$ $(i \neq 1)$ のときは等号が成立するが，このときは (9・4・3) により $\varphi_1 = \psi_1$ である[1]．

以上の結果，$\varphi_1$ が最低固有値 $E_1$ に対応する真の固有関数 $\psi_1$ と一致する場合に限り，積分

$$W = \int \varphi_1{}^* \hat{H} \varphi_1 \, d\tau \tag{9・4・5}$$

が最小値 $E_1$ を与えることがわかる．$\varphi_1$ が $\psi_1$ の近似関数の場合には，上の積分値は最低固有値 $E_1$ よりも大きくなるのである．この原理を用いて，基底状態のエネルギー固有関数と固有値を近似的に求めるには，通常，$\varphi_1$ (これを**試行関数** (trial function) という) に適当なパラメータ $\lambda$ を含ませて，$\varphi_1(\lambda, \tau)$ の形にしておき，$\lambda$ を調節して (9・4・5) の積分値 $W$ を最小にする．このときの $\varphi_1$ と $W$ が ($\varphi_1(\lambda, \tau)$ 型の) 最良の近似固有関数と固有値であると期待できる．

例として，変分法を用いて水素原子の基底状態の波動関数とエネルギーを求めてみよう．試行関数を

$$\varphi_0 = N e^{-\lambda r} \tag{9・4・6}$$

とする．ただし，$N$ は規格化の定数である．この関数は真の基底状態の関数 (p. 130 (6・2・6))

$$\psi_{1s} = (1/\sqrt{\pi a_0{}^3}) \, e^{-r/a_0} \tag{9・4・7}$$

と同じ関数型であるから，変分法でこの真の波動関数とエネルギー (p. 124 (6・1・26) 参照)

$$E_1 = -\frac{m_e e^4}{8\varepsilon_0{}^2 h^2} = -\frac{e^2}{8\pi\varepsilon_0 a_0} \tag{9・4・8}$$

が得られるはずである．途中の計算を省略して，結果のみ記すと

$$W = \int \varphi_0{}^* \hat{H} \varphi_0 \, dv = \frac{h^2 \lambda^2}{8\pi^2 m_e} - \frac{e^2 \lambda}{4\pi\varepsilon_0} \tag{9・4・9}$$

となる．この極値を求めると

---

[1] 最低固有値が縮重しているとき，例えば $E_0 = E_1$ のときは $\varphi_0 = c_0 \psi_0 + c_1 \psi_1$ に対しても等号が成立するが，このような $\varphi_0$ も $E_0 (= E_1)$ に対応する固有関数である．

$$\frac{\partial W}{\partial \lambda} = \frac{h^2 \lambda}{4\pi^2 m_e} - \frac{e^2}{4\pi\varepsilon_0} = 0$$

$$\lambda = \frac{\pi m_e e^2}{\varepsilon_0 h^2} = \frac{1}{a_0}$$

が得られる.この $\lambda$ を (9・4・6) に代入すると真の波動関数 (9・4・7) が与えられるし,(9・4・9) に代入すると

$$W = \frac{h^2}{8\pi^2 m_e a_0^2} - \frac{e^2}{4\pi\varepsilon_0 a_0} = \frac{e^2}{8\pi\varepsilon_0 a_0} - \frac{e^2}{4\pi\varepsilon_0 a_0} = -\frac{e^2}{8\pi\varepsilon_0 a_0}$$

となって,真の基底状態のエネルギーが得られる.上の場合は試行関数として,真の波動関数と同じ関数型を採用した場合であるが,もし試行関数を

$$\varphi_0 = N e^{-\lambda r^2} \tag{9・4・10}$$

とすれば

$$W = \int \varphi_0^* \hat{H} \varphi_0 \, dv = \frac{3h^2}{8\pi^2 m_e} \lambda - \frac{e^2}{\sqrt{2\pi^3}\varepsilon_0} \sqrt{\lambda} \tag{9・4・11}$$

となり (計算省略),これから

$$\frac{\partial W}{\partial \lambda} = \frac{3h^2}{8\pi^2 m_e} - \frac{e^2}{2\sqrt{2\pi^3}\varepsilon_0 \sqrt{\lambda}} = 0$$

$$\sqrt{\lambda} = \frac{2\sqrt{2\pi}\, m_e e^2}{3\varepsilon_0 h^2} \qquad \lambda = \frac{8\pi m_e^2 e^4}{9\varepsilon_0^2 h^4} = \frac{8}{9\pi a_0^2}$$

を得る.この $\lambda$ を (9・4・11) に代入すると,基底状態のエネルギー固有値の近似値として

$$W = \frac{h^2}{3\pi^3 m_e a_0^2} - \frac{2e^2}{3\pi^2 \varepsilon_0 a_0} = \frac{e^2}{3\pi^2 \varepsilon_0 a_0} - \frac{2e^2}{3\pi^2 \varepsilon_0 a_0}$$

$$= -\frac{e^2}{3\pi^2 \varepsilon_0 a_0} = \frac{8}{3\pi} E_1 \cong 0.849\, E_1$$

が得られる.この値は真の固有値より 15% 程度エネルギーが高いのである.なお,(9・4・6) は Slater 型軌道 (Slater-type orbital, STO), $\varphi \propto r^{n^*-1} e^{-\zeta r}$ ($n^* = 1$) の,(9・4・10) は Gauss 型軌道 (Gaussian-type orbital, GTO), $\varphi \propto$

$x^i y^j z^k e^{-ar^2}$ ($i=j=k=0$) の例である．STO と GTO については，後に述べる (p.208)．

[**例題 9・4**] 最低のエネルギー固有値に対応する固有関数 $\psi_1$ が既知の場合，$\psi_1$ に直交する適当な関数 $\varphi_2 \left( \text{ただし} \int \varphi_2{}^* \varphi_2 \, d\tau = 1 \right)$ を用いると

$$\int \varphi_2{}^* \hat{H} \varphi_2 \, d\tau \geqq E_2$$

が成立することを示せ．ただし $E_2$ は $E_1$ の次に大きい固有値である．

[**解**] $\hat{H}$ の固有関数 $\psi_i$ を用いて $\varphi_2$ を展開すると

$$\varphi_2 = \sum_i c_i \psi_i$$

となるが，$\psi_1$ と $\varphi_2$ は直交するので

$$0 = \int \psi_1{}^* \varphi_2 \, d\tau = \sum_i c_i \int \psi_1{}^* \psi_i \, d\tau = \sum_i c_i \delta_{1i} = c_1$$

となり，上の展開式は

$$\varphi_2 = \sum_{i(\neq 1)} c_i \psi_i$$

となる．したがって

$$\int \varphi_2{}^* \hat{H} \varphi_2 \, d\tau = \sum_{i,j(\neq 1)} c_i{}^* c_j \int \psi_i{}^* \hat{H} \psi_j \, d\tau = \sum_{i,j(\neq 1)} c_i{}^* c_j E_j \delta_{ij}$$
$$= \sum_{i(\neq 1)} |c_i|^2 E_i \geqq \sum_{i(\neq 1)} |c_i|^2 E_2 = E_2$$

となる．なお上式の最後の変形で $\int \varphi_2{}^* \varphi_2 \, d\tau = \sum_{i(\neq 1)} |c_i|^2 = 1$ を用いた．

この例題の結果は $E_2$ と $\psi_2$ を近似的に求めるのに使われる．通常 $\psi_1$ も知られていないので，その近似関数 $\varphi_1$ に直交する $\varphi_2$ を選び上の積分を最小にする．ただしこのようにして求めた $\varphi_2$ は，$\varphi_1$ の場合よりも，近似の程度がさらにわるい．

## §9・5 ヘリウム原子（変分法）

前節の結果を用いて，ヘリウム原子の基底状態の近似波動関数とエネルギーを求めよう．

近似波動関数を §9・2 の無摂動系の波動関数（(9・2・12)）の形

## §9·5 ヘリウム原子 (変分法)

$$\varphi_0(1,2) = \frac{1}{\pi}\left(\frac{Z'}{a_0}\right)^3 e^{-(Z'/a_0)(r_1+r_2)} \tag{9·5·1}$$

にとる．ただし今回は $Z(=2)$ の代わりに，パラメータ $Z'$ を用い

$$W = \iint \varphi_0{}^*(1,2)\hat{H}\varphi_0(1,2)\,dv_1 dv_2 \tag{9·5·2}$$

を最小にするという条件から $Z'$ を決めて最適の $\varphi_0$ を求めるのである．(9·5·1) は水素類似原子の 1s 関数の積 (ただし $Z$ を $Z'$ に変更) であるから

$$\hat{H}_0{}'\varphi_0 = E_0{}'\varphi_0$$

の解である．ただし

$$\left.\begin{aligned}\hat{H}_0{}' &= \left(-\frac{\hbar^2}{2m_e}\Delta_1 - \frac{Z'e^2}{4\pi\varepsilon_0 r_1}\right) + \left(-\frac{\hbar^2}{2m_e}\Delta_2 - \frac{Z'e^2}{4\pi\varepsilon_0 r_2}\right) \\ E_0{}' &= 2Z'^2 E_{1s} \qquad ((9·2·9)\ 参照)\end{aligned}\right\} \tag{9·5·3}$$

である．また

$$\int \varphi_0{}^*(1,2)\,\varphi_0(1,2)\,dv_1 dv_2 = 1 \tag{9·5·4}$$

も成立している．次に $W$ を計算する．(9·2·1) の $\hat{H}$ を書き直して $\varphi_0$ に作用させると

$$\begin{aligned}\hat{H}\varphi_0 &= \left[\left(-\frac{\hbar^2}{2m_e}\Delta_1 - \frac{Z'e^2}{4\pi\varepsilon_0 r_1}\right) + \left(-\frac{\hbar^2}{2m_e}\Delta_2 - \frac{Z'e^2}{4\pi\varepsilon_0 r_2}\right)\right]\varphi_0 \\ &\quad -\frac{Z-Z'}{4\pi\varepsilon_0}\left(\frac{e^2}{r_1} + \frac{e^2}{r_2}\right)\varphi_0 + \frac{e^2}{4\pi\varepsilon_0 r_{12}}\varphi_0 \\ &= E_0{}'\varphi_0 - \frac{Z-Z'}{4\pi\varepsilon_0}\left(\frac{e^2}{r_1} + \frac{e^2}{r_2}\right)\varphi_0 + \frac{e^2}{4\pi\varepsilon_0 r_{12}}\varphi_0 \qquad ((9·5·3)\ 参照)\end{aligned}$$

となる．上式の両辺に左から $\varphi_0{}^*$ をかけて $v_1, v_2$ について積分すると，$\varphi_0$ は規格化されているから ((9·5·4) 参照)

$$W = E_0' - \frac{Z-Z'}{4\pi\varepsilon_0}\Big[\iint \varphi_0{}^*(1,2)\frac{e^2}{r_1}\varphi_0(1,2)\,dv_1dv_2$$
$$+ \iint \varphi_0{}^*(1,2)\frac{e^2}{r_2}\varphi_0(1,2)\,dv_1dv_2\Big]$$
$$+ \frac{1}{4\pi\varepsilon_0}\int \varphi_0{}^*(1,2)\frac{e^2}{r_{12}}\varphi_0(1,2)\,dv_1dv_2 \qquad (9\cdot5\cdot5)$$

上式の右辺の [ ] 内の二つの積分は等しい．第1の積分において積分変数1と2を交換すると，$\varphi_0(2,1) = \varphi_0(1,2)$ であるから，第2の積分が得られるからである．そこで第1の積分を計算する．$(9\cdot5\cdot1)$ を用いると

$$\iint \varphi_0{}^*(1,2)\frac{e^2}{r_1}\varphi_0(1,2)\,dv_1dv_2 = \frac{e^2}{\pi^2}\Big(\frac{Z'}{a_0}\Big)^6 \iint \frac{e^{-(2Z'/a_0)(r_1+r_2)}}{r_1}\,dv_1dv_2$$
$$= \frac{e^2}{\pi^2}\Big(\frac{Z'}{a_0}\Big)^6 \int_0^\infty\int_0^\pi\int_0^{2\pi} e^{-(2Z'/a_0)r_1} r_1\,dr_1\sin\theta_1\,d\theta_1 d\varphi_1$$
$$\times \int_0^\infty\int_0^\pi\int_0^{2\pi} e^{-(2Z'/a_0)r_2} r_2{}^2\,dr_2\sin\theta_2\,d\theta_2 d\varphi_2$$

上式で角度部分の積分はそれぞれ $4\pi$ を与える．また公式

$$\int_0^\infty x^n e^{-ax}\,dx = \frac{n!}{a^{n+1}} \qquad (9\cdot5\cdot6)$$

により

$$\int_0^\infty e^{-(2Z'/a_0)r_1} r_1\,dr_1 = \Big(\frac{a_0}{2Z'}\Big)^2,\quad \int_0^\infty e^{-(2Z'/a_0)r_2} r_2{}^2\,dr_2 = 2\Big(\frac{a_0}{2Z'}\Big)^3$$

である．ゆえに

$$\int \varphi_0{}^*(1,2)\frac{e^2}{r_1}\varphi_0(1,2)\,dv_1dv_2 = \frac{e^2}{\pi^2}\Big(\frac{Z'}{a_0}\Big)^6 (4\pi)^2 2\Big(\frac{a_0}{2Z'}\Big)^5 = \frac{Z'e^2}{a_0} = -8\pi\varepsilon_0 Z' E_{1\mathrm{s}}$$
$$((9\cdot2\cdot10)\;参照)$$

となり，$(9\cdot5\cdot5)$ の右辺の [ ] 内は $-16\pi\varepsilon_0 Z' E_{1\mathrm{s}}$ を与える．また $(9\cdot5\cdot5)$ の右辺の第3項の積分はすでに求められていて，その値は $-(5/4)Z'E_{1\mathrm{s}}$，である（p. 166 の $H_{00}'$，ただし $Z$ を $Z'$ に変更）．$E_0'$ に $(9\cdot5\cdot3)$ を用いて，$(9\cdot5\cdot5)$ は結局

## §9·5 ヘリウム原子(変分法)

$$W = 2Z'^2 E_{1s} - \frac{Z-Z'}{4\pi\varepsilon_0}(-16\pi\varepsilon_0 Z' E_{1s}) - \frac{5}{4}Z' E_{1s}$$

$$\therefore \quad W = \left(-2Z'^2 + 4ZZ' - \frac{5}{4}Z'\right)E_{1s} \tag{9·5·7}$$

となる.

さて上式で $I$ を極小にするための $Z'$ は

$$\frac{\partial W}{\partial Z'} = \left(-4Z' + 4Z - \frac{5}{4}\right)E_{1s} = 0$$

から得られる. これより

$$Z' = Z - \frac{5}{16} \tag{9·5·8}$$

となる. すなわち波動関数を水素類似原子の 1s 型関数の積 (9·5·1) で近似する場合, 真の核電荷 $Z$ の代わりに有効核電荷 $Z' = Z - 5/16$ を用いると最良の結果が得られるのである. ヘリウムの場合 $Z' = 2 - 5/16 = 1.6875$ となる. ヘリウムの電子1に着目すると, この電子が原子核から遠く離れているときには, 核の電荷が電子2によってしゃへいされるので有効核電荷は1である (図9·5 (a)). 逆に核に近い距離にあるときは, その値は2となる (図9·5 (b)). 実際には電子1と2は同じ軌道を占めるので $Z'$ は両者の中間の値をとるのである.

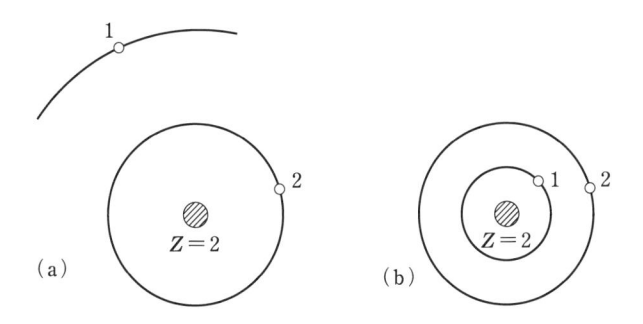

図 9·5 ヘリウムのまわりの2個の電子. (a) 電子1が核から離れている場合, (b) 電子1が核の近くにある場合

$Z' = Z - 5/16$ のときの $W$ を $E$ として $(9\cdot5\cdot7)$ から

$$E = \left(-2Z'^2 + 4\left(Z' + \frac{5}{16}\right)Z' - \frac{5}{4}Z'\right)E_{1s}$$
$$= 2Z'^2 E_{1s}$$

$$\therefore \quad E = 2\left(Z - \frac{5}{16}\right)^2 E_{1s} \qquad (9\cdot5\cdot9)$$

が得られる．上式で $Z = 2$, $E_{1s} = -13.606\,\text{eV}$ とすると，ヘリウムの基底状態のエネルギーとして $E = -77.49\,\text{eV}$ が得られる．この値は p.167 の摂動法による値 $-74.83\,\text{eV}$ よりも測定値 $-79.005\,\text{eV}$ に近い．

## §9·6 電子の相関

前節の変分法の結果によると，ヘリウムの基底状態のエネルギーの計算値と実測値の差は約 $1.5\,\text{eV}$ である．前節では試行関数を

$$\varphi_0(1,2) = \phi_1(1)\,\phi_2(2) \qquad (9\cdot6\cdot1)$$

とし，$\phi_1$（および $\phi_2$）に水素類似原子の 1s 型軌道関数を用いた．ところで変分法では原理的には試行関数の形に何の制限もない[1]．どのような $\phi_1$ を用いても[2] $W = \int \varphi_0{}^* \hat{H} \varphi_0 \, d\tau$ の値を小さくすればよい近似になる．そこで $\phi_1$ の形に全く制限を設けないで（$\phi_1$ を式の形でなく，空間上の各点に対して数値で与える），$I$ を最小にすると $E = -77.879\,\text{eV}$ が得られる．このエネルギーは Hartree と Fock の SCF 法（§10·1 参照）によって求められるので，**SCF エネルギー**（または **HF エネルギー**）と呼ばれる．SCF エネルギーは波動関数 $\varphi_0(1,2)$ を $(9\cdot6\cdot1)$ のように座標 1 または 2 のみの関数の積で表現したときの最良のエネルギーである．しかしこの値を測定値と比較すると，なお $1.13\,\text{eV}$ の誤差がある．

上述の議論では原子核は動かないものとしたが，核の運動を考慮すると上の

---

[1] ただし 1 価連続有限の条件は必要．
[2] 基底状態では $(9\cdot6\cdot1)$ の $\phi_1$ と $\phi_2$ は同じ形である．

## §9・6 電子の相関

計算値は $0.011\,\text{eV}$ 上昇する．また相対論的量子力学による補正[1]は $-0.0028$ eV である．これらを加えても SCF の計算値は $-77.871\,\text{eV}$ でほとんど改善されない[2]．それでは測定値と計算値の不一致は何に起因するのであろうか．それが次に述べる電子相関の効果である．

　上に述べた計算では，いずれも全波動関数 $\varphi_0(1,2)$ を座標 1 または 2 のみの関数 (1 電子波動関数) の積 $\phi_1(1)\phi_2(2)$ で表した．ところでハミルトン演算子 (9・2・1) には $e^2/r_{12}$ の項があるので，$\varphi_0(1,2)$ が $\phi_1(1)$ と $\phi_2(2)$ に分離できる理由がない．<u>一般に多電子系の波動関数 $\varphi(1,2,\cdots,n)$ を 1 電子波動関数の積 $\phi_1(1)\phi_2(2)\cdots\phi_n(n)$ で表現する近似を **1 電子近似** (one-electron approximation) という</u>が，いままでの計算では $\varphi_0(1,2)$ に 1 電子近似を用いていたのである．§10・1 で述べるように，1 電子近似の範囲内で最も良い結果を与える Hartree-Fock の SCF 法は，1 電子波動関数 $\phi_i(i)$ を求めるに際して，着目した電子 $i$ に対する他の電子のポテンシャルを平均的なクーロン場でおき換えて計算する．ところが各電子は ―古典的に表現すると― 運動しているので，各瞬間で電子間のクーロン相互作用の大きさが異なるのである．SCF エネルギーに比べて真のエネルギーが低いのは，各電子が互いに避け合ってクーロンエネルギーを下げながら運動するためであると考えてもよいであろう．以上のように<u>真の状態と 1 電子近似の状態との差に基づく効果を電子の**相関** (correlation) という</u>．相関エネルギーは厳密には

$$E_{\text{corr}} = E_{\text{NR}} - E_{\text{HF}} \qquad (9\cdot6\cdot2)$$

で定義される．ただし $E_{\text{NR}}$ は原子核を固定したときの非相対論の Schrödinger 方程式の真の固有値，$E_{\text{HF}}$ は Hartree-Fock の SCF エネルギーである．上述の

---

1) 速度とともに質量が変化する効果などが非相対論の Schrödinger 方程式には入っていないから補正が必要である．この補正値はヘリウムでは小さいが，大きい原子 (特に内殻の電子) では無視できなくなる (下巻 §A2・9 p.427 参照)．
2) 核の運動，相対論による効果の他にラムシフト (Lamb shift) と呼ばれる量子電磁気学による補正が必要であるが，その値 ($0.0006\,\text{eV}$) は小さい．

ことからわかるように，相関を考慮するには電子間距離 $r_{ij}$ をあらわに含む波動関数を用いればよい．Hylleraas（ヒレラス）は初めて He について電子間距離 $r_{12}$ を含む関数を用いて変分計算を行った．例えば

$$\Psi(1,2) \propto e^{-c_1(r_1+r_2)}\{1 + c_2 r_{12} + c_3(r_1 - r_2)^2\}$$

で $c_1 = 1.815$, $c_2 = 0.294$, $c_3 = 0.036$ とすると，測定値に対する誤差がわずかに $0.035\,\mathrm{eV}$ の値が得られる．さらに上式の { } 内の項の数を増せばよりよい値となる．現在では測定値を完全に再現する値が求められている．その結果によると，ヘリウムの $E_\mathrm{NR}$ は $-79.015\,\mathrm{eV}$ である．この値から $E_\mathrm{HF} = -77.879$ eV を差し引くと相関エネルギーは $-1.136\,\mathrm{eV}$ となる．

上で述べたように正確なエネルギーを求めるには，電子の相関を取り入れることが不可欠である．ここでは，電子間距離をあらわに含む波動関数によって電子相関を考慮する方法を述べたが，多電子系では計算が複雑になるため，この方法はほとんど用いられていない．その代わりに，下巻 19 章で述べる配置間相互作用法，Møller-Plesset の摂動論，結合クラスター理論などが使われる．

## §9·7 Ritz の変分法

この節では，以後の近似計算でしばしば用いられる変分法について述べる．いま，Schrödinger 方程式

$$\hat{H}\psi = E\psi \qquad (9\cdot 7\cdot 1)$$

の最低固有値 $E_1$ に対応する固有関数 $\psi_1$ が未知のとき，$\psi_1$ の近似関数 $\varphi$ を一次独立の関数系[1] $\chi_j$ ($j = 1, 2, \cdots, n$) の一次結合

$$\varphi = \sum_{j=1}^{n} c_j \chi_j \qquad (9\cdot 7\cdot 2)$$

で表現して，$c_j$ を調節することにより最良の $\varphi$ を得ることを考える（$\chi_j$ は変えないことにする）．変分法によると，そのためには

---

[1] p.70 注参照．

## §9·7 Ritz の変分法

$$W = \frac{\int \varphi^* \hat{H} \varphi \, d\tau}{\int \varphi^* \varphi \, d\tau} = \min \tag{9·7·3}$$

の条件から $c_j$ を決めればよい．なお，$\varphi$ が規格化されているときは，(9·4·2) によって $\int \varphi^* \hat{H} \varphi \, d\tau = \min$ が条件となるが，一般には $\varphi$ が規格化されているとは限らないので，それに規格化定数 $\left(\int \varphi^* \varphi \, d\tau\right)^{-1/2}$ の 2 乗をかけた上式を用いた．(9·7·2) を上式に代入して

$$W = \frac{\int \left(\sum_{i=1}^n c_i^* \chi_i^*\right) \hat{H} \left(\sum_{j=1}^n c_j \chi_j\right) d\tau}{\int \left(\sum_{i=1}^n c_i^* \chi_i^*\right)\left(\sum_{j=1}^n c_j \chi_j\right) d\tau} = \frac{\sum_{i,j=1}^n c_i^* c_j \int \chi_i^* \hat{H} \chi_j \, d\tau}{\sum_{i,j=1}^n c_i^* c_j \int \chi_i^* \chi_j \, d\tau} \tag{9·7·4}$$

を得る．よって

$$H_{ij} \equiv \int \chi_i^* \hat{H} \chi_j \, d\tau \qquad S_{ij} \equiv \int \chi_i^* \chi_j \, d\tau \tag{9·7·5}$$

とおくと

$$W \sum_{i,j=1}^n c_i^* c_j S_{ij} = \sum_{i,j=1}^n c_i^* c_j H_{ij} \tag{9·7·6}$$

となる．(9·7·5) において，$S_{ij}$ は関数 $\phi_i$ と $\phi_j$ の間の**重なり積分** (overlap integral) と呼ばれる．さて，一般に $c_i$ は複素数であるから，その実数部と虚数部を $\alpha_i, \beta_i$ として，$c_i = \alpha_i + \beta_i i$ と表すと，$c_i$ を変えることは $\alpha_i, \beta_i$ を独立に変えることに相当する．ゆえに $W$ が極小値をとるための条件は

$$\frac{\partial W}{\partial \alpha_i} = 0 \qquad \frac{\partial W}{\partial \beta_i} = 0 \qquad i = 1, 2, \cdots, n \tag{9·7·7}$$

である．上式の代わりに

$$\frac{\partial W}{\partial c_i} = 0 \qquad \frac{\partial W}{\partial c_i^*} = 0 \qquad i = 1, 2, \cdots, n \tag{9·7·8}$$

を用いてもよい[1] (脚注次頁)．そこで，(9·7·6) の両辺を $c_i^*$ で偏微分すると

$$\frac{\partial W}{\partial c_i^*} \sum_{i,j=1}^n c_i^* c_j S_{ij} + W \sum_{j=1}^n c_j S_{ij} = \sum_{j=1}^n c_j H_{ij}$$

となる．これに $\partial W / \partial c_i^* = 0$ の条件を入れると，左辺の第 1 項が消えて

$$\boxed{\sum_{j=1}^{n}(H_{ij}-WS_{ij})c_j=0 \qquad i=1,2,\cdots,n} \tag{9・7・9}$$

が得られる．次に (9・7・6) を $c_i$ で偏微分して $\partial W/\partial c_i=0$ とおくと，上式の複素共役の式が得られる (例題 9・5 参照)．したがって，$W$ が極小値をとるための条件として，上式を用いれば十分である．

(9・7・9) は $c_j$ ($j=1,2,\cdots,n$) についての連立 1 次方程式で，また定数項をもたない形であるから，$c_j=0$ ($j=1,2,\cdots,n$) 以外の解をもつための必要十分条件は

$$|H_{ij}-WS_{ij}|=0 \tag{9・7・10}$$

である ((9・3・13) ～ (9・3・16) 参照)．この永年方程式を解くと一般に重根を含めて

$$W_1\leqq W_2\leqq\cdots\leqq W_n$$

の $n$ 個の根が決まる．これらの各根を (9・7・9) に代入して $n$ 組の $c_j$ ($j=1,2,\cdots,n$) $=\{c_j\}$ の比を求める．さらに規格化の条件から $\{c_j\}$ が確定することになる．以上の手続きは (9・3・16) 以下で述べたことと同様である．$W_i$ に対応する $\{c_j\}$ を $\{c_{ji}\}$ と記せば

$$W_i\leftrightarrow\varphi_i=\sum_{j=1}^{n}c_{ji}\chi_j \qquad i=1,2,\cdots,n$$

を得る．以上の方法を **Ritz** (リッツ) **の変分法**という．

---

1) 簡単のため変数が 1 個の場合を考える．$c=\alpha+\beta i$，$c^*=\alpha-\beta i$ として $W=f(\alpha,\beta)=f(c,c^*)$ が極値をとるための条件は

$$\frac{\partial W}{\partial\alpha}=0 \qquad \frac{\partial W}{\partial\beta}=0 \tag{a}$$

である．$\varepsilon=f(c(\alpha,\beta),\ c^*(\alpha,\beta))$ であるから

$$\frac{\partial W}{\partial\alpha}=\frac{\partial W}{\partial c}\frac{\partial c}{\partial\alpha}+\frac{\partial W}{\partial c^*}\frac{\partial c^*}{\partial\alpha}=\frac{\partial W}{\partial c}+\frac{\partial W}{\partial c^*}=0$$

$$\frac{\partial W}{\partial\beta}=\frac{\partial W}{\partial c}\frac{\partial c}{\partial\beta}+\frac{\partial W}{\partial c^*}\frac{\partial c^*}{\partial\beta}=\frac{\partial W}{\partial c}i-\frac{\partial W}{\partial c^*}i=0$$

上の二つの式から

$$\frac{\partial W}{\partial c}=0 \qquad \frac{\partial W}{\partial c^*}=0 \tag{b}$$

が成立することがわかる．逆に (b) から (a) も導かれる．よって (a) と (b) は同等である．

## §9・7　Ritzの変分法

　変分法の一般論で $W$ の最低値 $W_1$ と真の最低固有値 $E_1$ の間には，$E_1 \leqq W_1$ の関係があり，$W_1$ を最低固有値の近似値として使うことができることを述べた．いま真の固有値が大きさの順に $E_1 \leqq E_2 \leqq \cdots \leqq E_n$ であるとすると，Ritzの方法で求めた $W_i$ と真の固有値 $E_i$ との間には，一般に次の関係があることが証明されている．

$$E_1 \leqq W_1, \quad E_2 \leqq W_2, \quad \cdots\cdots, \quad E_n \leqq W_n$$

したがって，$W_i$ $(i = 1, 2, \cdots, n)$ は下から $n$ 番目までの固有値の上限を与える．そして，$W_i$ に対応する $\varphi_i$ の基底となる関数 $\chi_i$ の数を増していき，$\{\chi_i\}$ が完全系となれば，真の固有値と固有関数に到達するのである．このようにして，Ritzの方法は基底状態だけでなく励起状態の近似にも使える．この方法は11章以後に実際の系にしばしば適用される．

[**例題 9・5**]　(9・7・6) の両辺を $c_i$ で偏微分して $\partial W/\partial c_i = 0$ とおくと，(9・7・9) の複素共役の式が得られることを示せ．

[**解**]　(9・7・6) において $i$ と $j$ を取り換えても式は変わらない．

$$W \sum_{j,i=1}^{n} c_j{}^* c_i S_{ji} = \sum_{j,i=1}^{n} c_j{}^* c_i H_{ji} \tag{1}$$

また

$$S_{ji} = \int \chi_j{}^* \chi_i \, d\tau = \int \chi_i \chi_j{}^* \, d\tau = S_{ij}{}^*$$

$$H_{ji} = \int \chi_j{}^* \hat{H} \chi_i \, d\tau = \int \chi_i \hat{H}^* \chi_j{}^* \, d\tau = H_{ij}{}^* \quad (\because \hat{H} \text{はエルミート演算子})$$

これらの式を (1) に代入して

$$W \sum_{i,j=1}^{n} c_i c_j{}^* S_{ij}{}^* = \sum_{i,j=1}^{n} c_i c_j{}^* H_{ij}{}^*$$

となる．両辺を $c_i$ で偏微分すると次式が得られる．

$$\frac{\partial W}{\partial c_i} \sum_{i,j=1}^{n} c_i c_j{}^* S_{ij}{}^* + W \sum_{j=1}^{n} c_j{}^* S_{ij}{}^* = \sum_{j=1}^{n} c_j{}^* H_{ij}{}^*$$

上式に $\partial W/\partial c_i = 0$ を用いて

$$\sum_{j=1}^{n} (H_{ij}{}^* - W^* S_{ij}{}^*) c_j{}^* = 0 \qquad i = 1, 2, \cdots, n$$

となる．ただし $W$ が実数 ($W^* = W$) であることを用いた．この式は (9・7・9) の複素共役の式である ($W$ が実数であることについては下巻§15・4, p.20参照).

## §9・8 時間に依存する摂動論

§9・1 と §9・3 では,摂動が時間に依存しない定常状態の摂動論を述べた.光と分子が相互作用するような場合,電磁場は時間とともに変わるので摂動項 $\hat{H}'$ (相互作用の項) に時刻 $t$ が含まれる.すなわち

$$\hat{H} = \hat{H}_0 + \hat{H}'(t) \tag{9・8・1}$$

この場合,系の状態を求めるには,時間に依存する Schrödinger 方程式 p.65 (4・1・1)

$$\hat{H}\Psi = i\hbar\frac{\partial \Psi}{\partial t} \tag{9・8・2}$$

を解かなければならない.この式は $\hat{H}' = 0$ のときは次のようになる.

$$\hat{H}_0 \Psi_0 = i\hbar\frac{\partial \Psi_0}{\partial t} \tag{9・8・3}$$

ここで

$$\hat{H}_0 \phi_k^{(0)} = E_k^{(0)} \phi_k^{(0)} \tag{9・8・4}$$

とすると,(9・8・3) の解は

$$\Psi_k^{(0)} = \exp(-iE_k^{(0)}t/\hbar)\,\phi_k^{(0)} \tag{9・8・5}$$

である (p.39 (3・2・11) 参照).よって,(9・8・3) の一般解は

$$\Psi_0 = \sum_k c_k \exp(-iE_k^{(0)}t/\hbar)\,\phi_k^{(0)} \tag{9・8・6}$$

$c_k$ には $t$ は含まれていない.$\Psi_k^{(0)}$ は完全系であるから,(9・8・2) の $\Psi$ も

$$\Psi(\tau,t) = \sum_k a_k(t) \exp(-iE_k^{(0)}t/\hbar)\,\phi_k^{(0)}(\tau) \tag{9・8・7}$$

の形に展開できる.今度は展開係数 $a_k$ は $t$ に依存する.ただし,$\tau$ は系の位置座標とスピン座標をまとめて表したものである.上式を (9・8・2) に代入して,(9・8・1) と (9・8・4) を用いると

$$\sum_k a_k \exp(-iE_k^{(0)}t/\hbar) E_k^{(0)} \phi_k^{(0)} + \sum_k a_k \exp(-iE_k^{(0)}t/\hbar) \hat{H}' \phi_k^{(0)}$$

$$= i\hbar \sum_k \frac{da_k}{dt}\exp(-iE_k^{(0)}t/\hbar)\,\phi_k^{(0)} + \sum_k a_k E_k^{(0)} \exp(-iE_k^{(0)}t/\hbar)\,\phi_k^{(0)}$$

$$\therefore\ \sum_k a_k \exp(-iE_k^{(0)}t/\hbar)\,\hat{H}'\phi_k^{(0)} = i\hbar \sum_k \frac{da_k}{dt}\exp(-iE_k^{(0)}t/\hbar)\,\phi_k^{(0)}$$

## §9・8 時間に依存する摂動論

この式の両辺に左から $\psi_m^{(0)*}$ をかけて全空間で積分すると

$$\int \psi_m^{(0)*} \psi_k^{(0)} d\tau = \delta_{mk} \tag{9・8・8}$$

であるから

$$\sum_k a_k \exp(-iE_k^{(0)}t/\hbar)\langle m|\hat{H}'|k\rangle = i\hbar \frac{da_m}{dt}\exp(-iE_m^{(0)}t/\hbar) \tag{9・8・9}$$

ただし

$$\langle m|\hat{H}'|k\rangle \equiv \int \psi_m^{(0)*} \hat{H}' \psi_k^{(0)} d\tau \tag{9・8・10}$$

(9・8・9) を変形すると次式が得られる.

$$\frac{da_m}{dt} = -\frac{i}{\hbar}\sum_k a_k \exp(2\pi i\nu_{mk}t)\langle m|\hat{H}'|k\rangle \tag{9・8・11}$$

ただし

$$E_m^{(0)} - E_k^{(0)} \equiv h\nu_{mk} \tag{9・8・12}$$

さて，$t=0$ で摂動が加わった後，時刻 $t$ における係数 $a_k(t)$ を考える．摂動が加わる前に系が $\psi_0^{(n)}$ の状態にあり ($a_n(0)=1$)，摂動項 $\hat{H}'(t)$ が $\hat{H}_0$ に比べて十分小さいとする．この場合，$a_k$ はゆっくり変わるので，(9・8・11) の右辺において，$a_n(t)=1$，$a_k(t)=0\ (k\neq n)$ とすることができる．よって

$$\frac{da_m}{dt} = -\frac{i}{\hbar}\exp(2\pi i\nu_{mn}t)\langle m|\hat{H}'|n\rangle$$

この式から時刻 $t$ における $a_m$ として次式が得られる.

$$\boxed{a_m(t) = -\frac{i}{\hbar}\int_0^t \exp(2\pi i\nu_{mn}t)\langle m|\hat{H}'|n\rangle dt} \tag{9・8・13}$$

上式を (9・8・7) に代入すると，初期状態 $\psi_0^{(n)}(\tau)$ の系の，時刻 $t$ における状態 $\Psi(\tau,t)$ を知ることができる．

### §9・9 光と物質の相互作用[1]

光(電磁波)と物質の相互作用を正式に取り扱うには,電磁場を量子化しなければならない.すなわち,古典的な物理量である電場の強さ $E$ や磁束密度 $B$ を対応する演算子に書き換えた後,原子や分子との相互作用を論じなければならない.以下では,簡単のため古典的な電磁波の式を用いるが,結論の本質的な部分は量子化された電磁場の場合と変わらない.

電場が $x$ 方向($x$ 偏光)で,$z$ 方向に進行する電磁波の電場は $E_x = E_{0x} \cos(kz - 2\pi\nu t)$ と書けるので,電荷 $q$ にはたらく力は

$$F = qE_{0x}\cos(kz - 2\pi\nu t) \qquad (9\cdot9\cdot1)$$

ただし $k\,(=2\pi/\lambda)$ と $\nu$ は電磁波の波数と振動数である(p.29, (2・4・6)参照).ポテンシャルエネルギーを $V$ とすると,$F = -dV/dx$ が成立するから

$$V = -E_{0x}qx\cos(kz - 2\pi\nu t) \qquad (9\cdot9\cdot2)$$

上式では電荷が1個の場合を考えたが,原子や分子のように荷電粒子(原子核と電子)がいくつもある場合は,それらの電荷と $x$ 座標を $q_i, x_i$ として

$$\hat{H}'(t) = -E_{0x}\Bigl(\sum_i q_i x_i\Bigr)\cos(kz - 2\pi\nu t) \qquad (9\cdot9\cdot3)$$

ただし,(9・9・2)の $V$ は粒子と電磁波の相互作用のエネルギーとみなすことができるので,摂動項とした.なお,上式には電磁波の磁場と粒子との相互作用が含まれていないが,その項は上の項に比べて無視できることが知られている[2].

上では光の電場 $E(E_x, E_y, E_z)$ の $x$ 成分 $E_x$ のみ($x$ 偏光)を考えたが,一般には $E_y$ および $E_z$ も寄与する.また,光(紫外〜赤外)の波長は1000 Å 以上で波動関数の分布範囲(1〜10 Å)に比べて十分大きいので,電磁波の場所に依存する項,すなわち $kz\,(=2\pi z/\lambda)$ を無視して $E = E_0\cos 2\pi\nu t$ とすること

---

[1] この節を省いても上巻の後の節の理解には差支えない.
[2] 電磁場の量子化に基づく理論によれば,磁場によるエネルギー項は電場による項の $1/10^5$ 程度になる.ただし,ESR や NMR では電子スピンや核スピンと磁場との相互作用が問題になる(§7・4).

ができる。よって $\hat{H}'(t)$ は次のようになる。

$$\hat{H}'(t) = -\boldsymbol{E}_0\boldsymbol{\mu}\cos 2\pi\nu t = -(\boldsymbol{E}_0\boldsymbol{\mu}/2)\{\exp 2\pi i\nu t + \exp(-2\pi i\nu t)\} \tag{9・9・4}$$

ただし，$\boldsymbol{\mu}$ は次式で定義される電気双極子モーメント (electric dipole moment) である。

$$\boldsymbol{\mu} = \sum_i q_i \boldsymbol{r}_i \tag{9・9・5}$$

$\boldsymbol{\mu}$ の物理的意味については p.313 で述べる。次に摂動に基づく状態の時間変化を求めるために前節の (9・8・13) を用いる。(9・9・4) を (9・8・13) に代入して

$$a_m(t) = (i/2\hbar)\boldsymbol{E}_0\langle m|\boldsymbol{\mu}|n\rangle \int_0^t \{\exp 2\pi i(\nu_{mn}+\nu)t + \exp 2\pi i(\nu_{mn}-\nu)t\}\,dt \tag{9・9・6}$$

(9・9・6) の積分を実行して

$$a_m(t) = (-1/2h)\boldsymbol{E}_0\langle m|\boldsymbol{\mu}|n\rangle\left\{\frac{1-\exp 2\pi i(\nu_{mn}+\nu)t}{\nu_{mn}+\nu} + \frac{1-\exp 2\pi i(\nu_{mn}-\nu)t}{\nu_{mn}-\nu}\right\} \tag{9・9・7}$$

よって，$a_m(t)$ は $\nu_{mn}=\pm\nu$ のとき大きい値をもつ（上式の分母が0でも後述のように発散しない）。$\nu_{mn}=-\nu$ のときは (9・8・12) から $h\nu = E_n^{(0)} - E_m^{(0)}$ となり，$h\nu$ の放出に相当する。一方，$\nu_{mn}=\nu$ のときは $h\nu = E_m^{(0)} - E_n^{(0)}$ であり，$h\nu$ の吸収に相当する。ここではまず後者の場合を考える。すなわち，次式を考察する。

$$a_m(t) = (-1/2h)\boldsymbol{E}_0\langle m|\boldsymbol{\mu}|n\rangle\frac{1-\exp 2\pi i(\nu_{mn}-\nu)t}{\nu_{mn}-\nu}$$

状態 $\Psi(\tau,t)$ において $\psi_m^{(0)}$ が占める確率は (9・8・7) より

$|a_m(t)\exp(-iE_m^{(0)}t/\hbar)|^2 = |a_m(t)|^2$ である。上式から

$$|a_m(t)|^2 = (1/4h^2)\,|\boldsymbol{E}_0\langle m|\boldsymbol{\mu}|n\rangle|^2$$
$$\times \frac{[1-\exp 2\pi i(\nu_{mn}-\nu)t][1-\exp\{-2\pi i(\nu_{mn}-\nu)t\}]}{(\nu_{mn}-\nu)^2}$$
$$\therefore\quad |a_m(t)|^2 = (1/h^2)\,|\boldsymbol{E}_0\langle m|\boldsymbol{\mu}|n\rangle|^2 \frac{\sin^2\pi(\nu_{mn}-\nu)t}{(\nu_{mn}-\nu)^2} \tag{9·9·8}$$

となる[1]．ところで，入射光の振動数は厳密には一定のものだけではなく，その近傍のものも含むため，上式を $\nu$ について積分しなければならない．すなわち

$$|a_m(t)|^2 = (1/h^2)\int |\boldsymbol{E}_0(\nu)\langle m|\boldsymbol{\mu}|n\rangle|^2 \frac{\sin^2\pi(\nu_{mn}-\nu)t}{(\nu_{mn}-\nu)^2}\,d\nu$$

上式の被積分関数に含まれる関数 $f(\nu) = \sin^2\pi(\nu_{mn}-\nu)t/(\nu_{mn}-\nu)^2$ を図 9·6 に示す．図からわかるように $f(\nu)$ は $\nu_{mn}-\nu=0$，すなわち，$\nu=\nu_{mn}$ の近傍に集中している[2]ので，右辺で

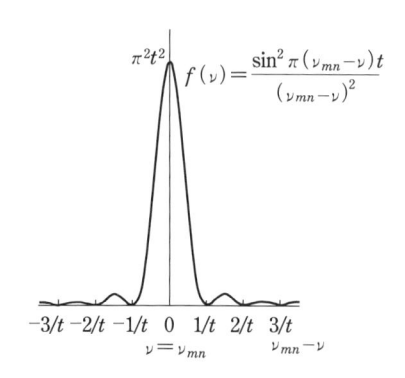

$$|\boldsymbol{E}_0(\nu)\langle m|\boldsymbol{\mu}|n\rangle|^2 = |\boldsymbol{E}_0(\nu_{mn})\langle m|\boldsymbol{\mu}|n\rangle|^2$$

とおいて積分の外に出すとともに，積分範囲を $-\infty\sim\infty$ にしてもよい．すなわち

図 9·6　曲線 $f(\nu) = \sin^2\pi(\nu_{mn}-\nu)t/(\nu_{mn}-\nu)^2$

---

1) $[1-\exp 2\pi i(\nu_{mn}-\nu)t][1-\exp\{-2\pi i(\nu_{mn}-\nu)t\}] = 1+1-[\exp 2\pi i(\nu_{mn}-\nu)t - \exp\{-2\pi i(\nu_{mn}-\nu)t\}] = 2-2\cos 2\pi(\nu_{mn}-\nu)t = 2\cdot 2\sin^2\pi(\nu_{mn}-\nu)t$

2) 図 9·6 から $\nu_{mn}-\nu$ の拡がりは $1/t$ 程度である．すなわち $h\Delta\nu = \Delta E \sim h/t$ である．摂動が加わる時間 $t$ を測定に要する時間と考えると $\nu$ の拡がりは不確定性原理と関係している．

$$|a_m(t)|^2 = (1/h^2) |\boldsymbol{E}_0(\nu_{mn})\langle m|\boldsymbol{\mu}|n\rangle|^2 \int_{-\infty}^{\infty} \frac{\sin^2 \pi(\nu_{mn} - \nu)t}{(\nu_{mn} - \nu)^2} d\nu$$

ここで

$$\pi(\nu_{mn} - \nu)t = x \qquad d\nu = -(1/\pi t)\, dx$$

とおくと

$$|a_m(t)|^2 = (1/h^2) |\boldsymbol{E}_0(\nu_{mn})\langle m|\boldsymbol{\mu}|n\rangle|^2 \int_{-\infty}^{\infty} \frac{\sin^2 x}{\{x^2/(\pi t)^2\}\pi t} dx$$

この式に公式

$$\int_{-\infty}^{\infty} \frac{\sin^2 x}{x^2} dx = \pi \tag{9・9・9}$$

を用いて次式が得られる.

$$|a_m(t)|^2 = (\pi/h)^2 |\boldsymbol{E}_0(\nu_{mn})\langle m|\boldsymbol{\mu}|n\rangle|^2\, t \tag{9・9・10}$$

$|a_m(t)|^2$ は時刻 $t=0$ で状態 $\psi_n^{(0)}$ にあった系が $t$ において状態 $\psi_m^{(0)}$ を占める確率である. よって, 単位時間当たりの $\psi_n^{(0)} \to \psi_m^{(0)}$ の**遷移確率** (transition probability) $W_{n\to m}$ は上式の $1/t$ となる.

$$\boxed{W_{n\to m} = (\pi/h)^2 |\boldsymbol{E}_0(\nu_{mn})\langle m|\boldsymbol{\mu}|n\rangle|^2} \tag{9・9・11}$$

ただし

$$\boxed{\langle m|\boldsymbol{\mu}|n\rangle = \int \psi_m^{(0)*}\Big(\sum_i q_i \boldsymbol{r}_i\Big)\psi_n^{(0)}\, d\tau} \tag{9・9・12}$$

は (電気双極子) **遷移モーメント** (transition moment) と呼ばれるベクトルである. (9・9・11) から, $x$ 方向に偏光した光 ($E_{0x} \neq 0$, $E_{0y} = 0$, $E_{0z} = 0$) では, $\langle m|\boldsymbol{\mu}|n\rangle_x \neq 0$ のときに $W_{n\to m} \neq 0$ となる. すなわち, $x$ 偏光の光遷移 $\psi_n^{(0)} \to \psi_m^{(0)}$ は $\langle m|\boldsymbol{\mu}|n\rangle_x \neq 0$ のときに許される. $y$ 偏光, $z$ 偏光についても同様である. 通常の光は偏光していないので, $\psi_n^{(0)} \to \psi_m^{(0)}$ の光遷移は, $\langle m|\boldsymbol{\mu}|n\rangle \neq 0$ ならば可能で, $\langle m|\boldsymbol{\mu}|n\rangle = 0$ ならば不可能である. 前者を**許容遷移** (allowed transition) といい, 後者を**禁止遷移** (forbidden transition) と

いう．

　$E_m < E_n$ のときは振動数 $\nu = -\nu_{mn}$ の光が放射される．このときは (9・9・7) の第 1 項を計算することになるが，$\pi(\nu_{mn} + \nu)t = x$ とおいて，上と同様な計算をすれば (9・9・11) に到達する．すなわち，発光の**選択則** (selection rule) も吸収と同じである．ただし，この場合の発光は電磁場の摂動に伴う発光で，**誘導発光** (stimulated emission) と呼ばれる．発光にはこの他に電磁場の摂動がなくても起こる**自然発光** (spontaneous emission) がある．**自然発光**は本節のような半古典論では取り扱えない．量子化した電磁場を考慮した「場の量子論」を用いることが必要である[1]．

　次に (9・9・12) を $x$ 軸に沿って調和振動をしている粒子に適用して光遷移の選択則を求めてみよう．粒子の電荷を $e$，平衡点 $(x = 0)$ に電荷 $-e$ があるとすれば，(9・9・5) より電気双極子モーメントは

$$\mu = ex \qquad (9\cdot9\cdot13)$$

この粒子のエネルギー固有関数は p.60 の (3・6・32) から

$$\psi_n(x) = N_n e^{-\xi^2/2} H_n(\xi) \qquad \xi = \alpha x \qquad n = 0, 1, 2, \cdots\cdots \qquad (9\cdot9\cdot14)$$

である．これらの式から

$$\langle m | \boldsymbol{\mu} | n \rangle \propto \int_{-\infty}^{\infty} H_m(\xi)\, x\, H_n(\xi)\, e^{-\xi}\, dx = (1/a^2) \int_{-\infty}^{\infty} H_m(\xi)\, \xi H_n(\xi)\, e^{-\xi}\, d\xi$$
$$(9\cdot9\cdot15)$$

右辺の $\xi H_n(\xi)$ は (3・6・29) の第 2 式から

$$\xi H_n(\xi) = n H_{n-1}(\xi) + (1/2) H_{n+1}(\xi)$$

であるから，(3・6・29) の第 1 式を参照すると，$\langle m|\boldsymbol{\mu}|n\rangle$ は $m = n \pm 1$ でない限り 0 になる．すなわち，調和振動子の選択則は

$$\Delta n = \pm 1 \qquad (9\cdot9\cdot16)$$

で，基本振動数 $\hbar\omega$ の電磁波だけが吸収または放出されることがわかる．

　水素原子の場合には，原子核を座標の原点におき，電子の位置を $\boldsymbol{r}$ とすれば

---

1) 場の量子論については，巻末参考書 (2), (4) または (5) 参照．

$$\boldsymbol{\mu} = -e\boldsymbol{r} \qquad (9 \cdot 9 \cdot 17)$$

遷移モーメントの $z$ 成分は $(6 \cdot 1 \cdot 25)$, $(5 \cdot 2 \cdot 1)$ および $(5 \cdot 3 \cdot 12)$ を用いて

$$\langle \psi_{n'l'm'}{}^* | -ez | \psi_{nlm} \rangle \propto \int_0^\infty R_{n'l'}{}^*(r) R_{nl}(r) r^3 \, dr$$
$$\times \int_0^\pi \Theta_{l'm'}{}^*(\theta) \cos\theta \, \Theta_{lm}(\theta) \sin\theta \, d\theta \int_0^{2\pi} e^{i(m-m')\varphi} \, d\varphi$$
$$(9 \cdot 9 \cdot 18)$$

上式の $\varphi$ についての積分は $m' = m$ 以外では 0 になる. $\theta$ についての積分は $m' = m$ として $l' = l \pm 1$ 以外では 0 である (例題 9·6 参照). よって, $z$ 偏光に対する選択則は $\Delta l = \pm 1$, $\Delta m = 0$ である. 遷移モーメントの $x$ および $y$ 成分について同様な計算をすると, $\Delta l = \pm 1$, $\Delta m = \pm 1$ の選択則が得られる (例題 9·6 参照). 遷移モーメントの $x, y$ および $z$ 成分を考慮して, 水素原子の光遷移についての選択則は

$$\Delta l = \pm 1, \qquad \Delta m = 0, \pm 1 \qquad (9 \cdot 9 \cdot 19)$$

となる.

　一般の原子でも球対称のポテンシャル場 (中心力場) で近似すると, 軌道 $\phi$ が $R_{nl}(r)$ と $Y_{lm}(\theta, \varphi)$ に分離されるので, 上と同じ選択則となる (p. 206, (10·2·3)). 分子の遷移モーメントの計算は複雑であるが, 群論を用いると選択則を容易に求めることができる. これについて下巻の §17·10 で述べる.

　[例題 9·6]　Legendre の陪多項式については次の漸化式が成立する.

$$\cos\theta \, P_l^{|m|}(\cos\theta) = \frac{l - |m| + 1}{2l + 1} P_{l+1}^{|m|}(\cos\theta) + \frac{l + |m|}{2l + 1} P_{l-1}^{|m|}(\cos\theta) \qquad (1)$$

$$\sin\theta \, P_l^{|m|}(\cos\theta) = \frac{1}{2l + 1} \{ P_{l+1}^{|m|+1}(\cos\theta) - P_{l-1}^{|m|+1}(\cos\theta) \} \qquad (2)$$

これらの式を用いて水素原子の光遷移の選択則が $(9 \cdot 9 \cdot 19)$ になることを示せ.

　[解]　遷移モーメントの $z$ 成分に関しては, 上述のように, $(9 \cdot 9 \cdot 18)$ の右辺の $\varphi$ についての積分から $\Delta m = 0$ である. $(5 \cdot 4 \cdot 12)$ から $\Theta_{lm}(\theta) = N_{lm} P_l^{|m|}(\theta)$ であるから, $\theta$ についての積分が消えるかどうかは

$$\int_0^\pi \cos\theta\, P_l^{|m|}(\theta)\, P_l^{|m|}(\theta)\, \sin\theta\, d\theta$$

の値で決まる．(1) を用いると，$P_l^{|m|}(\theta)$ の直交性 (5・4・9) から上の値は $l' = l \pm 1$ 以外では 0 である．したがって $z$ 成分の選択則は $\Delta l = \pm 1$, $\Delta m = 0$ である．$x, y$ 成分については，$x + iy = r\sin\theta\cos\varphi + ir\sin\theta\sin\varphi = r\sin\theta\, e^{i\varphi}$, $x - iy = r\sin\theta\, e^{-i\varphi}$ を用いて計算する．

$$\langle \psi_{n'l'm'}{}^* | -e(x \pm iy) | \psi_{nlm} \rangle \propto \int_0^\infty R_{n'l'}{}^*(r)\, R_{nl}(r)\, r^3\, dr$$
$$\times \int_0^\pi \Theta_{l'm'}{}^*(\theta)\, \sin\theta\, \Theta_{lm}(\theta)\, d\theta \int_0^{2\pi} e^{i(m-m'\pm 1)\varphi}\, d\varphi$$

において，$x + iy$ の場合は $\varphi$ についての積分は $m' = m + 1$ 以外は 0 である．$m' = m + 1$ のとき，$\theta$ についての積分は (2) から $l' = l \pm 1$ 以外は 0 になる．同様に $x - iy$ の場合は，上式の左辺の積分が 0 にならないのは $m' = m - 1$, $l' = l \pm 1$ のときに限る．$x = (1/2)\{(x+iy) - (x-iy)\}$ であるから，$x$ 成分の選択則は $\Delta l = \pm 1$, $\Delta m = \pm 1$, $y$ 成分についても同じである．結局，$x, y, z$ の 3 成分を合わせた選択則は (9・9・19) となる．

# 10 一般の原子

この章では，一般の原子を取り扱う．まず，1電子近似の範囲内で最良の多電子系の波動関数を求めるための方程式である Hartree-Fock の式について解説する．ついで，原子の近似的な1電子波動関数を決める方法 —Slater の方法— を述べる．これらの知識を基にして元素の周期律を説明する．また，いろいろな電子配置のエネルギーを求める方法を論じる．最後に原子のハミルトニアン $\hat{H}$，軌道角運動量 $\hat{L}$，スピン角運動量 $\hat{S}$，および全角運動量 $\hat{J} = \hat{L} + \hat{S}$ の間の交換関係を用いて原子の量子状態を分類する．

## §10・1 Hartree-Fock の SCF 法

いま $n$ 個の電子をもつ原子を考えると，そのハミルトン演算子は

$$\hat{H} = \sum_{i=1}^{n} \hat{H}_c(i) + \sum_{i>j}^{n} \frac{e^2}{4\pi\varepsilon_0 r_{ij}} \tag{10・1・1}$$

となる．ただし

$$\hat{H}_c(i) \equiv -\frac{\hbar^2}{2m_e}\Delta_i - \frac{Ze^2}{4\pi\varepsilon_0 r_i} \tag{10・1・2}$$

である．上の二つの式で，$Z$ は核の電荷 (中性原子では $Z = n$)，$r_i$ は核と電子 $i$ の距離，$r_{ij}$ は電子 $i, j$ 間の距離を表す．また，$\sum_{i>j}$ は電子 $i, j$ のすべての組み合せについて和をとることを意味する[1]．$\hat{H}_c(i)$ は電子 $i$ の運動エネルギーと電子 $i$ と原子核のクーロンエネルギーの和である．したがって，(10・1・1) の第

---

1) $\sum_{i>j}^{n}$ は $(1/2)\sum_{i\neq j}^{n}$ と書くこともできる．後者は $i=j$ を除き，$i, j$ それぞれについて 1 から $n$ まで加え合わせることを意味する．

第1項は $n$ 個の電子の運動エネルギーと $n$ 個の電子と核の間のクーロンエネルギーの和，第2項は $n$ 個の電子相互間のクーロンエネルギーである．

前節のヘリウムの例からわかるとおり，$\hat{H}$ の正確な解は $r_{ij}$ を変数として含む関数であるが，多電子系では計算が複雑になるため次の1電子近似から出発する．すなわち

$$\Psi(r_1, r_2, \cdots, r_n) = \phi_1(r_1)\phi_2(r_2)\cdots\phi_n(r_n) \qquad (10\cdot1\cdot3)$$

ただし，$\phi_i(r_i)$ は規格直交化しているものとする．

$$\int \phi_i{}^*(r_1)\phi_j(r_1)\,dv_1 = \delta_{ij} \qquad (10\cdot1\cdot4)$$

上式で $\phi_i(r_i)$ の変数を $r_i$ から $r_1$ に変えたのは，上式が（空間全体にわたる）定積分であるため，変数を自由に選べるからである．(10・1・3) を用いてエネルギー期待値を求めると

$$E = \int \Psi^* \hat{H} \Psi \, dv = \sum_{i=1}^n \int \Psi^* \hat{H}_c(i) \Psi \, dv + \sum_{i>j}^n \int \Psi^* \frac{e^2}{4\pi\varepsilon_0 r_{ij}} \Psi \, dv$$

となる．上式で $\phi_i(i)$ が規格化されているので

$$\int \Psi^* \hat{H}_c(i) \Psi \, d\tau = \int \phi_1{}^*(r_1)\phi_1(r_1)\,dv_1 \cdots \int \phi_i{}^*(r_i) \hat{H}_c(i) \phi_i(r_i)\,dv_i \cdots$$
$$\int \phi_n{}^*(r_n)\phi_n(r_n)\,dv_n$$
$$= \int \phi_i{}^*(r_i) \hat{H}_c(i) \phi_i(r_i)\,dv_i$$

となる．同様に

$$\int \Psi^* \frac{e^2}{4\pi\varepsilon_0 r_{ij}} \Psi \, d\tau = \int \phi_i{}^*(r_i)\phi_j{}^*(r_j) \frac{e^2}{4\pi\varepsilon_0 r_{ij}} \phi_i(r_i)\phi_j(r_j)\,dv_i dv_j$$

以上の諸式から，次式が得られる．

$$E = \sum_{i=1}^n \int \phi_i{}^*(r_1) \hat{H}_c(1) \phi_i(r_1)\,dv_1 + \sum_{i>j}^n \int \phi_i{}^*(r_1)\phi_j{}^*(r_2) \frac{e^2}{4\pi\varepsilon_0 r_{12}} \phi_i(r_1)\phi_j(r_2)\,dv_1 dv_2$$

$$(10\cdot1\cdot5)$$

ただし，定積分の変数を $r_i, r_j$ から $r_1, r_2$ に変えた．

## §10·1 Hartree-Fock の SCF 法

変分法によると，基底状態の場合，(10·1·3) で $\phi_i$ の形を決めるためには，$E$ を極小にすればよい．いま，$\phi_i$ が規格直交化しているという条件 (10·1·4) の下に，$\phi_i$ の形に制限を設けないで，(10·1·5) の極値を求めると次の連立方程式が得られる．

$$\left\{\hat{H}_c(i) + \sum_{j(\neq i)}^{n} \int \frac{e^2|\phi_j(\boldsymbol{r}_j)|^2}{4\pi\varepsilon_0 r_{ij}} dv_j\right\}\phi_i(\boldsymbol{r}_i) = \varepsilon_i \phi_i(\boldsymbol{r}_i) \qquad i = 1, 2, \cdots, n$$

(10·1·6)

ただし，$\varepsilon_i$ は 1 電子軌道 $\phi_i$ のエネルギーである．

上式は $n$ 電子系の基底状態を求めるための式で，Hartree により初めて導かれたので，**Hartree の方程式**と呼ばれる．この式の誘導はやや複雑であるから，ここでは行わないが（下巻 §18·2），その物理的意味は次に述べるように容易に理解できる．まず左辺の { } 内の第 1 項の $\hat{H}_c(i)$ は，上で述べたように，電子 $i$ の運動エネルギーと電子 $i$ と核との間のクーロンエネルギーである．次に第 2 項の積分因子のうち，$|\phi_j|^2 dv_j$ は $\phi_j$ の軌道にある電子 $j$ を $dv_j$ のところに見出す確率である．いま確率分布を電子の密度分布（電子雲）でおき換えたとすれば[1]，$-e|\phi_j|^2 dv_j$ は空間内における電子 $j$ の電荷密度になる．したがって，電子 $i$ と電子 $j$ による $dv_j$ 部分の電荷とのクーロン相互作用は $e^2|\phi_j|^2 dv_j/r_{ij}$ で与えられる（図 10·1）．(10·1·6) 左辺の { } 内の第 2 項は，これを空間全体について積分して $i$ 以外のすべての $j$ について加えたものであるから，着目した電子 $i$ と他のすべての電子との間のクーロンエネルギーを表すと考えられる．ただし，電子 $i$ はいろいろな位置を占めるから，それに伴って $\phi_j$

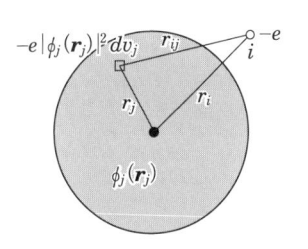

**図 10·1** 電子 $i$（電荷 $-e$）と電子 $j$ の $dv_j$ 部分との相互作用

---

[1] $|\phi_j|^2 dv_j$ はわれわれが電子の位置を測定したとき $dv_j$ のところに電子を見出す確率であるから，このようなおき換えは実際には正しくない (pp. 133-134 参照)．

も変わるはずである．よって $\phi_j(r_j)$ ではなくて，$\phi_j(r_i, r_j)$ でなければならない．さらに一般的には他の電子の存在も考慮に入れて $\phi_j(r_1, r_2, \cdots, r_n)$ でなければならないが，(10・1・6) ではこのような電子の相関効果を無視して，平均的な電荷分布でおき換えたのである．

Hartreeの方程式 (10・1・6) は演算子の中に $|\phi_j|^2$ を含んでいるので，$\phi_j$ ($j=1, 2, \cdots, n$) があらかじめわかっていなければ解けない．したがってはじめに適当な試行関数の組 $\phi_1^{(0)}, \phi_2^{(0)}, \cdots\cdots, \phi_n^{(0)}$ を仮定し，それを用いて演算子を計算した後，方程式を解く．得られた解 $\phi_1^{(1)}, \phi_2^{(1)}, \cdots\cdots, \phi_n^{(1)}$ が $\phi_1^{(0)}, \phi_2^{(0)}, \cdots\cdots, \phi_n^{(0)}$ と異なっていれば，新たに $\phi_1^{(1)}, \phi_2^{(1)}, \cdots\cdots, \phi_n^{(1)}$ を用いて新しい解 $\phi_1^{(2)}, \phi_2^{(2)}, \cdots\cdots, \phi_n^{(2)}$ を求め，$\phi_1^{(1)}, \phi_2^{(1)}, \cdots\cdots, \phi_n^{(1)}$ と比較する．以下同様にして，演算子の計算に用いた波動関数の組がそれから得られた波動関数の組と一致するまで計算を続けるのである．このような計算法を**つじつまの合う場** (self-consistent field) または**自己無撞着場**の方法という．ただし場とは電荷分布 $-e|\phi_j|^2$ ($j=1, 2, \cdots, n$) によるクーロン場を意味する．

ここでHartreeの方程式における1電子軌道 $\phi_i$ のエネルギーを求めておこう．(10・1・6) の両辺に左から $\phi_i^*(r_i)$ をかけて $dv_i$ で積分すると，次式が得られる．

$$\varepsilon_i = \int \phi_i^*(r_i)\,\hat{H}_c(i)\,\phi_i(r_i)\,dv_i + \sum_{j(\neq i)}^{n} \int \frac{e^2|\phi_i(r_i)|^2|\phi_j(r_j)|^2}{4\pi\varepsilon_0 r_{ij}}\,dv_i dv_j$$

この式は定積分の変数 $r_i, r_j$ を $r_1, r_2$ に変えて次式のようになる．

$$\varepsilon_i = H_i + \sum_{j(\neq i)}^{n} J_{ij} \qquad (10\cdot1\cdot7)$$

ただし

$$H_i \equiv \int \phi_i^*(r_1)\,\hat{H}_c(1)\,\phi_i(r_1)\,dv_1 \qquad (10\cdot1\cdot8)$$

§10·1 Hartree-Fock の SCF 法

$$J_{ij} \equiv \int \phi_i{}^*(\boldsymbol{r}_1)\,\phi_j{}^*(\boldsymbol{r}_2) \frac{e^2}{4\pi\varepsilon_0 r_{12}} \phi_i(\boldsymbol{r}_1)\,\phi_j(\boldsymbol{r}_2)\,dv_1 dv_2$$
$$= \int \frac{e^2\,|\phi_i(\boldsymbol{r}_1)|^2\,|\phi_j(\boldsymbol{r}_2)|^2}{4\pi\varepsilon_0 r_{12}}\,dv_1 dv_2 \qquad (10\cdot1\cdot9)$$

である.$J_{ij}$ は,すぐ後に述べるように,電子間のクーロン相互作用を表すので,**クーロン積分** (Coulomb integral) と呼ばれる.(10·1·8) に (10·1·2) を代入すると

$$H_i = \int \phi_i{}^*(\boldsymbol{r}_1)\left(-\frac{\hbar^2}{2m_e}\Delta\right)\phi_i(\boldsymbol{r}_1)\,dv_1 - \int \frac{Ze\cdot e\,|\phi_i(\boldsymbol{r}_1)|^2}{4\pi\varepsilon_0 r_1}\,dv_1$$

となる.上式の右辺第1項は $\phi_i$ 軌道にある電子の運動エネルギーの期待値,第2項は原子核の電荷 $Ze$ と微小体積 $dv_1$ にある電子の電荷 $-e\,|\phi_i(\boldsymbol{r}_1)|^2\,dv_1$ との間のクーロン相互作用を電子が存在する空間全体にわたって積分したものである(図10·2).したがって,$H_i$ は $\phi_i$ 軌道にある電子の運動エネルギーと $\phi_i$ 軌道の電子と原子核との相互作用を表す.また,$J_{ij}$ は微小体積 $dv_1$ にある電子の電荷 $-e\,|\phi_i(\boldsymbol{r}_1)|^2\,dv_1$ と微小体積 $dv_2$ にある電子の電荷 $-e\,|\phi_j(\boldsymbol{r}_2)|^2\,dv_2$ との間のクーロン相互作用を $\phi_i$ 軌道の電子と $\phi_j$ 軌道の電子が存在する空間のそれぞれにわたって積分したものであるから,$\phi_i$ 軌道の電子と $\phi_j$ 軌道

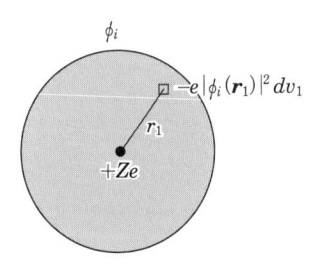

図 10·2 原子核の電荷 $Ze$ と微小体積 $dv_1$ にある電子の電荷 $-e\,|\phi_i(\boldsymbol{r}_1)|^2\,dv_1$ との間のクーロン相互作用

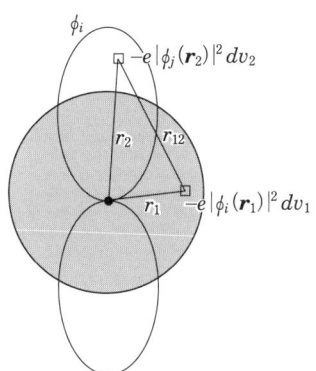

図 10·3 $dv_1$ にある電子の電荷 $-e\,|\phi_i(\boldsymbol{r}_1)|^2\,dv_1$ と $dv_2$ にある電子の電荷 $-e\,|\phi_j(\boldsymbol{r}_2)|^2\,dv_2$ との間のクーロン相互作用

の電子の間のクーロン相互作用を表す（図10・3）．このようにして，(10・1・7) の第1項は，$\phi_i$ 軌道の電子の運動エネルギーおよび $\phi_i$ 軌道の電子と原子核とのクーロン相互作用のエネルギーを，第2項は $\phi_i$ 軌道の電子と他のすべての軌道の電子との間のクーロン相互作用のエネルギーを意味しており，いずれも古典的に解釈できる量である．なお，(10・1・5) の全エネルギー $E$ は次のように書ける．

$$E = \sum_{i=1}^{n} H_i + \sum_{i>j}^{n} J_{ij} = \sum_{i=1}^{n} H_i + \frac{1}{2}\sum_{i \neq j}^{n} J_{ij} \qquad (10\cdot1\cdot10)$$

全エネルギー $E$ が1電子軌道のエネルギーの和 $\sum_{i=1}^{n}\varepsilon_i = \sum_{i=1}^{n} H_i + \sum_{i \neq j}^{n} J_{ij}$ と異なっている理由は，$\varepsilon_i$ の和をとると電子間の相互作用の項 $\sum_{i \neq j}^{n} J_{ij}$ が2回勘定されるためである．

ところで，8章 (p.158) で述べたように，電子の波動関数は全体として反対称でなければならない．しかし波動関数 (10・1・3) は，電子の交換に対して反対称になっていないので満足なものではない．(10・1・3) の代わりに，Slater の行列式 (8・2・17) から出発すべきである．すなわち

$$\Psi(\tau_1, \tau_2, \cdots, \tau_n) = \frac{1}{\sqrt{n!}} \begin{vmatrix} \phi_1(\tau_1) & \phi_2(\tau_1) & \cdots\cdots & \phi_n(\tau_1) \\ \phi_1(\tau_2) & \phi_2(\tau_2) & \cdots\cdots & \phi_n(\tau_2) \\ & & \cdots\cdots & \\ \phi_1(\tau_n) & \phi_2(\tau_n) & \cdots\cdots & \phi_n(\tau_n) \end{vmatrix} \qquad (10\cdot1\cdot11)$$

ただし，$\phi_i(\tau_i)$ $(i=1,2,\cdots,n)$ は規格直交化しているとする．

$$\int \phi_i^*(\tau_1)\phi_j(\tau_1)\,d\tau_1 = \delta_{ij} \qquad (10\cdot1\cdot12)$$

$\phi_i(\tau_i)$ としては，通常スピン軌道関数

$$\phi_i(\tau) = \phi_i(\boldsymbol{r})\alpha(\sigma) \qquad \text{または} \qquad \phi_i(\boldsymbol{r})\beta(\sigma) \qquad (10\cdot1\cdot13)$$

が用いられる．(10・1・11) の $\Psi$ は，例えば，偶数個の電子を含む原子の基底状態に対しては，$\phi_i$ の $\alpha$ および $\beta$ スピン状態が各1個の電子を収容するから

$$\Psi = \frac{1}{\sqrt{n!}} \begin{vmatrix} \phi_1(r_1)\,\alpha(\sigma_1) & \phi_1(r_2)\,\alpha(\sigma_2) & \cdots\cdots & \phi_1(r_n)\,\alpha(\sigma_n) \\ \phi_1(r_1)\,\beta(\sigma_1) & \phi_1(r_2)\,\beta(\sigma_2) & \cdots\cdots & \phi_1(r_n)\,\beta(\sigma_n) \\ \phi_2(r_1)\,\alpha(\sigma_1) & \phi_2(r_2)\,\alpha(\sigma_2) & \cdots\cdots & \phi_2(r_n)\,\alpha(\sigma_n) \\ \cdots\cdots & \cdots\cdots & \cdots\cdots & \cdots\cdots \\ \cdots\cdots & \cdots\cdots & \cdots\cdots & \cdots\cdots \\ \phi_{n/2}(r_1)\,\beta(\sigma_1) & \phi_{n/2}(r_2)\,\beta(\sigma_2) & \cdots\cdots & \phi_{n/2}(r_n)\,\beta(\sigma_n) \end{vmatrix} \quad (10\cdot1\cdot14)$$

となる．上式は対角項をとって

$$\Psi = |\phi_1 \overline{\phi}_1 \phi_2 \overline{\phi}_2 \cdots \phi_{n/2} \overline{\phi}_{n/2}| \tag{10・1・15}$$

とも略記される（(7・3・10) 参照）．

(10・1・11) で表される状態の期待値は次式のようになる（途中の計算については下巻 §18・2 参照）．

$$\begin{aligned} E = \int \Psi^* \hat{H} \Psi \, d\tau &= \sum_{i=1}^{n} \int \phi_i^*(\tau_1)\,\hat{H}_{\mathrm{c}}(1)\,\phi_i(\tau_1)\,d\tau_1 \\ &+ \sum_{i>j}^{n} \Big\{ \int \phi_i^*(\tau_1)\,\phi_j^*(\tau_2) \frac{e^2}{4\pi\varepsilon_0 r_{12}} \phi_i(\tau_1)\,\phi_j(\tau_2)\,d\tau_1 d\tau_2 \\ &\quad - \int \phi_i^*(\tau_1)\,\phi_j^*(\tau_2) \frac{e^2}{4\pi\varepsilon_0 r_{12}} \phi_i(\tau_2)\,\phi_j(\tau_1)\,d\tau_1 d\tau_2 \Big\} \end{aligned}$$
$$(10\cdot1\cdot16)$$

Hartree の方程式の場合と同様に，(10・1・12) の条件の下 $E$ の極値を求めることから，基底状態に対して (10・1・11) における $\phi_i\;(i=1,2,\cdots,n)$ の形を定める次の連立方程式が得られる．

$$\boxed{\begin{aligned} &\Big\{ \hat{H}_{\mathrm{c}}(i) + \sum_{j(\neq i)}^{n} \int \frac{e^2\,|\phi_j(\tau_j)|^2}{4\pi\varepsilon_0 r_{ij}}\,d\tau_j \Big\} \phi_i(\tau_i) \\ &- \sum_{j(\neq i)}^{n} \Big\{ \int \frac{e^2\,\phi_j^*(\tau_j)\,\phi_i(\tau_j)}{4\pi\varepsilon_0 r_{ij}}\,d\tau_j \Big\} \phi_j(\tau_i) = \varepsilon_i \phi_i(\tau_i) \qquad i=1,2,\cdots,n \end{aligned}}$$

$$(10\cdot1\cdot17)$$

これを **Hartree-Fock の方程式**という．なお，この式の導き方については下巻 §18・2 を参照されたい．Hartree-Fock の方程式も $\phi_j\;(j=1,2,\cdots,n)$ が既知でないと解けない．したがって，SCF の方法を用いて解が求められる．これ

をHartree-FockのSCF法という．この方法を用いて得られる波動関数$\Psi$は1電子近似の範囲内で最良の関数である．

ところで，(10・1・6)と(10・1・17)を比較すると，後者では$\Psi$を反対称化したことによって，左辺の第2項が余分に加わっていることがわかる．この項の意味を考えるためにHartree-Fockの1電子エネルギー$\varepsilon_i$を求めてみよう．(10・1・17)の両辺に左から$\psi_i{}^*(\tau_i)$をかけて$d\tau_i$で積分すると，$\psi_i$は規格化されているので，次式が得られる．

$$\varepsilon_i = \int \psi_i{}^*(\tau_1)\, \hat{H}_c(1)\, \psi_i(\tau_1)\, d\tau_1$$
$$+ \sum_{j(\neq i)}^{n} \int \psi_i{}^*(\tau_1)\, \psi_j{}^*(\tau_2)\, \frac{e^2}{4\pi\varepsilon_0 r_{12}}\, \psi_i(\tau_1)\, \psi_j(\tau_2)\, d\tau_1 d\tau_2$$
$$- \sum_{j(\neq i)}^{n} \int \psi_i{}^*(\tau_1)\, \psi_j{}^*(\tau_2)\, \frac{e^2}{4\pi\varepsilon_0 r_{12}}\, \psi_i(\tau_2)\, \psi_j(\tau_1)\, d\tau_1 d\tau_2$$

ただし，定積分の変数を$\tau_i, \tau_j$から$\tau_1, \tau_2$に変えた．上式の$\psi(\tau)$を(10・1・13)に従って，スピン軌道関数で表して計算する．まず，$\psi_i, \psi_j$ともに$\alpha$スピンをもつとすれば

$$\varepsilon_i = \int \phi_i{}^*(\boldsymbol{r}_1)\, \hat{H}_c(1)\, \phi_i(\boldsymbol{r}_1)\, dv_1 \int \alpha^*(\sigma_1)\, \alpha(\sigma_1)\, d\sigma_1$$
$$+ \sum_{j(\neq i)}^{n} \int \phi_i{}^*(\boldsymbol{r}_1)\, \phi_j{}^*(\boldsymbol{r}_2)\, \frac{e^2}{4\pi\varepsilon_0 r_{12}}\, \phi_i(\boldsymbol{r}_1)\, \phi_j(\boldsymbol{r}_2)\, dv_1 dv_2$$
$$\times \int \alpha^*(\sigma_1)\, \alpha(\sigma_1)\, d\sigma_1 \int \alpha^*(\sigma_2)\, \alpha(\sigma_2)\, d\sigma_2$$
$$- \sum_{j(\neq i)}^{n} \int \phi_i{}^*(\boldsymbol{r}_1)\, \phi_j{}^*(\boldsymbol{r}_2)\, \frac{e^2}{4\pi\varepsilon_0 r_{12}}\, \phi_i(\boldsymbol{r}_2)\, \phi_j(\boldsymbol{r}_1)\, dv_1 dv_2$$
$$\times \int \alpha^*(\sigma_1)\, \alpha(\sigma_1)\, d\sigma_1 \int \alpha^*(\sigma_2)\, \alpha(\sigma_2)\, d\sigma_2$$

上式において，スピン関数は規格化されているので次式を得る．

$$\varepsilon_i = H_i + \sum_{j(\neq i)}^{n} J_{ij} - \sum_{j(\neq i)}^{n} K_{ij} \qquad (10・1・18)$$

ただし

$$K_{ij} \equiv \int \phi_i^*(\boldsymbol{r}_1)\,\phi_j^*(\boldsymbol{r}_2)\frac{e^2}{4\pi\varepsilon_0 r_{12}}\phi_i(\boldsymbol{r}_2)\,\phi_j(\boldsymbol{r}_1)\,dv_1 dv_2 \quad (10\cdot1\cdot19)$$

は $J_{ij}$ の式で $\phi_i(\boldsymbol{r}_1)\cdot\phi_j(\boldsymbol{r}_2)$ の $\boldsymbol{r}_1$ と $\boldsymbol{r}_2$ を交換したことに相当するので，**交換積分** (exchange integral) と呼ばれる[1]．上の計算過程からわかるとおり，$\phi_i, \phi_j$ がともに $\beta$ スピンのときも $(10\cdot1\cdot18)$ は成立する．$\phi_i, \phi_j$ が $\alpha$ スピンと $\beta$ スピンまたはその逆，すなわち $\phi_i, \phi_j$ のスピン状態が異なるときは，$\alpha$ スピンと $\beta$ スピン関数の直交性によって，$(10\cdot1\cdot18)$ の第3項が消える．よって，$(10\cdot1\cdot18)$ は一般的には次式のように表現される．

$$\varepsilon_i = H_i + \sum_{j(\neq i)}^n J_{ij} - \sum_{j(\neq i),\|}^n K_{ij} \quad (10\cdot1\cdot20)$$

ただし，$\sum$ につけた記号 $\|$ は $\phi_j$ が $\phi_i$ と同じスピン状態にあるときにのみ和をとることを意味する．

Hartree の軌道の1電子エネルギー $(10\cdot1\cdot7)$ と Hartree-Fock の軌道のそれ $(10\cdot1\cdot20)$ を比較すると，後者では第3項が余分に加わっている．一般に原子内の交換積分 $K_{ij}$ の値は正であるから，$\phi_j$ の電子が $\phi_i$ の電子とスピン平行の場合には，$K_{ij}$ だけ1電子エネルギーが安定化することになる．これは，スピン平行の2個の電子は Pauli の原理によって同じ場所を占めない，すなわち，互いに避けあって運動するため，反平行の電子対の場合よりもクーロン相互作用が小さくなるためである．なお，電子の同等性 (Pauli の原理) を考慮しない波動関数 $(10\cdot1\cdot3)$ から出発して計算された Hartree 軌道ではこのような効果がないため，$K_{ij}$ に基づく項がないのである．$K_{ij}$ は古典的には類推できない量である．

Hartree-Fock の全エネルギー $(10\cdot1\cdot16)$ は $\varepsilon_i$ の場合と同様に計算して，次

---

[1] 下巻 §18・2 の $H_i, J_{ij}$ および $K_{ij}$ は $\psi_i(\tau)$ と $\psi_j(\tau)$ を用いて定義されているので注意されたい（$(18\cdot1\cdot21), (18\cdot1\cdot32), (18\cdot1\cdot33)$ など）．$\psi(\tau)$ が $(10\cdot1\cdot13)$ のように書ける場合，§18・2 の $H_i$ と $J_{ij}$ はこの節の $H_i, J_{ij}$（$(10\cdot1\cdot8), (10\cdot1\cdot9)$）と一致する．しかし，§18・2 の $K_{ij}$ は，$\psi_i(\tau)$ と $\psi_j(\tau)$ のスピンが平行のときはこの節の $K_{ij}$ と一致するが，反平行のときは0となる．

のようになる[1].

$$E = \sum_{i=1}^{n} H_i + \sum_{i>j}^{n} J_{ij} - \sum_{i>j,\|}^{n} K_{ij} = \sum_{i=1}^{n} H_i + \left(\frac{1}{2}\right)\left(\sum_{i\neq j}^{n} J_{ij} - \sum_{i\neq j,\|}^{n} K_{ij}\right) \quad (10\cdot1\cdot21)$$

Hartree の全エネルギーの場合と同様に，1電子エネルギーの和 $\sum_{i=1}^{n}\varepsilon_i$ は次のようになる．

$$\sum_{i=1}^{n}\varepsilon_i = \sum_{i=1}^{n} H_i + \sum_{i\neq j}^{n} J_{ij} - \sum_{i\neq j,\|}^{n} K_{ij} \quad (10\cdot1\cdot22)$$

## §10·2 Slater 軌道

Hartree または Hartree-Fock の方程式（(10·1·6) または (10·1·17)）において電子 $i$ に作用するポテンシャルは球対称ではない．しかし問題を簡単にするため，ポテンシャルを角度 $\theta, \varphi$ について平均して，球対称の有効ポテンシャル $V_i(r)$ でおき換えるとすれば

$$\left[-\frac{\hbar^2}{2m_e}\Delta_i + V_i(r_i)\right]\phi_i = \varepsilon_i \phi_i \quad (10\cdot2\cdot1)$$

が得られる．ただし上式は Hartree の式において

$$V_i(r_i) = -\frac{Ze^2}{4\pi\varepsilon_0 r_i} + \sum_{j(\neq i)}^{n}\int\frac{e^2|\phi_j|^2}{4\pi\varepsilon_0 r_{ij}}dv_j \quad (10\cdot2\cdot2)$$

と近似したことに相当する．

(10·2·1) は水素類似原子の Schrödinger 方程式 p. 119 (6·1·3) と同様な形であるから，変数分離ができる．すなわち

$$\phi_i(r_i,\theta_i,\varphi_i) = R_{nl}(r_i)\,Y_{lm}(\theta_i,\varphi_i) \quad (10\cdot2\cdot3)$$

とおくと (6·1·6), (6·1·7) と同じ形の方程式に分離される．ここで $Y_{lm}(\theta_i,\varphi_i)$ は水素類似原子の場合と同じく球面調和関数である．$R_{nl}(r_i)$ の方

---

[1] 下巻 (18·2·6) の $E = \sum_{i=1}^{n} H_i + (1/2)\sum_{i,j=1}^{n}(J_{ij} - K_{ij}) = \sum_{i=1}^{n} H_i + (1/2)\sum_{i\neq j}^{n}(J_{ij} - K_{ij})$ は，$H_i, J_{ij}$ および $K_{ij}$ の定義が本節と §18·2 で異なるので，(10·1·21) と異なるが，両者は同じ内容の式である（前ページ注参照）．

## §10·2 Slater 軌道

は $V_i(r_i)$ がもはや $-1/r_i$ 型のポテンシャルではないから，水素類似原子のものを使うことができない (p.120 参照)．また (10·2·1) の固有値 $\varepsilon_i$ は p.126 で指摘したように主量子数 $n$ の他に $l$ にもよる．

Slater は (10·2·3) の $R_{nl}(r)$ を水素類似原子の波動関数と似た形

$$R_{nl}(r) = Nr^{n^*-1}e^{-(Z-s)r/(n^*a_0)} \qquad (10·2·4)$$

で近似することを提案した．上式で $N$ は規格化定数，$n^*$ は水素類似原子の主量子数 $n$ に対応する定数，$s$ は核電荷 $Z$ に対するしゃへい定数で，$Z-s$ は有効核電荷に相当する．なお，この関数は Laguerre の陪多項式の 1 項 ($r$ の最高次数の項，p.123 (6·1·23) 参照) だけをとったことに対応して節をもたない．Slater は原子の SCF 関数の計算結果，および実験事実 (X 線スペクトルによるエネルギー準位，原子やイオンの半径など) を参考にして $n^*$ と $s$ の妥当な値を定める次の規則 (Slater's rule) をつくった．この規則によって求めた原子軌道を **Slater 軌道** という．

(1) $n^*$ は真の主量子数 $n$ から右の表によって決める．

| $n$ | 1 | 2 | 3 | 4 | 5 | 6 |
|---|---|---|---|---|---|---|
| $n^*$ | 1 | 2 | 3 | 3.7 | 4.0 | 4.2 |

(2) $s$ を定めるために電子をまず次の群に分ける．

1s/2s, 2p/3s, 3p/3d/4s, 4p/4d/4f/5s, 5p/5d/…

すなわち $n$s, $n$p 軌道は同じ群にし，$n$d, $n$f 軌道は別々の群に分ける．$s$ は次のように各群に属する電子からの寄与の和として計算する．

(a) 着目している電子が属する群よりも外側の群の電子からの寄与はない．

(b) 同じ群の電子からは各 0.35 の寄与を受ける．ただし 1s の場合は例外で 0.30 の寄与とする．

(c) 着目した電子が s, p 群に属する場合，$n$ が 1 だけ小さい電子からの寄与は各 0.85，さらに内側の電子からの寄与は各 1.00 である．d または f 群の電子の場合には内側の電子からの寄与はすべて 1.00 とする．

例として炭素原子 $((1s)^2(2s)^2(2p)^2)$ の各電子の波動関数の動径部分を求めてみよう．1s 電子に対しては上の規則によって，$n^*=1$，$Z-s=6-$

$0.30 = 5.70$ となるから
$$R_{1s}(r) \propto e^{-5.70r/a_0}$$
である．2s, 2p 電子では $n^* = 2$, $Z - s = 6 - 3(0.35) - 2(0.85) = 3.25$ で
$$R_{2s}(r) = R_{2p}(r) \propto re^{-3.25r/(2a_0)}$$
となる．

このようにして Slater の規則を用いると容易に近似波動関数を求めることができる．なお，動径部分が (10・2・4) 型の関数

$$\boxed{\chi_{nlm}^{\mathrm{STO}}(\zeta) = N r^{n^*-1} e^{-\zeta r} Y_{lm}(\theta, \varphi)} \qquad N：規格化定数 \qquad (10・2・5)$$

を **Slater 型軌道** (Slater-type orbital, STO) という．また

$$\boxed{\chi_{ijk}^{\mathrm{GTO}}(a) = N x^i y^j z^k e^{-ar^2}} \qquad N：規格化定数 \qquad (10・2・6)$$

を **Gauss (ガウス) 型軌道** (Gaussian-type orbital, GTO) という．ただし，$i$, $j$, $k$ は 0 または正の整数である[1]．STO と GTO の違いについては後に詳しく述べる (下巻 §19・2)．

最近ではコンピューターが発達したので，Slater 型軌道 (10・2・5) は定性的な説明の場合に使用するだけで，原子・分子の理論計算には Hartree-Fock の式 (10・1・17) を解いて得られる波動関数を出発点とする場合が多い．その場合，原子の波動関数を表の形で与える代わりに，STO の一次結合で表現して (この場合，STO を原子軌道の**基底関数** (basis function) という)

$$\psi_i(\boldsymbol{r}, \sigma) = \left(\sum_p c_{pi} \chi_p^{\mathrm{STO}}(\boldsymbol{r})\right) \alpha(\sigma) \qquad または \qquad \left(\sum_p c_{pi} \chi_p^{\mathrm{STO}}(\boldsymbol{r})\right) \beta(\sigma) \tag{10・2・7}$$

---

[1] GTO では s 関数は $e^{-ar^2}$, p 関数は $xe^{-ar^2}$, $ye^{-ar^2}$ または $ze^{-ar^2}$, d 関数は $x^2 e^{-ar^2}$, $xye^{-ar^2}$ その他で表される．主量子数 $n$ はない．$n$ の違いによる波動関数の広がりは $a$ を変えることによって表現される．

とおき，最適の $c_{pi}$ を SCF 法で決定する[1]．STO を基底関数とする原子波動関数の例については次節で述べる．STO の代わりに，GTO を基底関数とする場合も多い．特に分子の波動関数の計算ではほとんど GTO 基底が用いられる．同じ精度を得るには，一次結合に用いる GTO の数（基底関数の数）は STO の数の 3 倍程度にしなければならないが，多中心積分の式が簡単になるので，計算時間がむしろ短くなるからである（下巻 §19・2）．

[例題 10・1] Slater の規則を用いて Fe$((1s)^2(2s)^2(2p)^6(3s)^2(3p)^6(3d)^6(4s)^2)$ の各電子の $R_{nl}(r)$ を求めよ．

[解] $Z=26$ であるから，$Z-s$ は

1s；    $26 - 0.30 = 25.70$

2s, 2p； $26 - 7 \times 0.35 - 2 \times 0.85 = 21.85$

3s, 3p； $26 - 7 \times 0.35 - 8 \times 0.85 - 2 \times 1.00 = 14.75$

3d；    $26 - 5 \times 0.35 - 18 \times 1.00 = 6.25$

4s；    $26 - 0.35 - 14 \times 0.85 - 10 \times 1.00 = 3.75$

となる．したがって

$$R_{1s} \propto e^{-25.70 r/a_0} \qquad R_{2s} = R_{2p} \propto r e^{-21.85 r/(2a_0)}$$

$$R_{3s} = R_{3p} \propto r^2 e^{-14.75 r/(3a_0)} \qquad R_{3d} \propto r^2 e^{-6.25 r/(3a_0)}$$

$$R_{4s} \propto r^{2.7} e^{-3.75 r/(3.7 a_0)}$$

## §10・3 周 期 律[2]

前節で述べたように，原子核のまわりにいくつかの電子が存在する場合，そのうちの 1 個に着目して，それにはたらく核と他の電子からの作用を球対称ポテンシャルで近似すると，電子の状態は水素類似原子の場合と同様に量子数 $n$, $l, m, m_s$ で指定される．ただし $m_s$ はスピン角運動量の $z$ 成分の量子数で，スピンが上向き（$\alpha$）か下向き（$\beta$）かに従って $\pm 1/2$ の値をとる．これらの状態

---

[1] $c_{pi}$ の決定には Roothaan-Hall の式（下巻(18・5・14)）が用いられる．
[2] 周期律と元素の性質について詳しいことは井口洋夫，元素と周期律（改訂版），裳華房 (1978) 参照．

に対応するエネルギーは前述したように $n$ と $l$ によって決まる．一般に同じ $n$ では，$l$ が小さいほどエネルギーが小さい．これは $l$ が小さくなると，電子を核の近くに見出す確率が増すためである（図 6·3 の $r=0\sim 2a_0$ における 3d, 3p, 3s の分布参照）．この原子内部への浸透効果によって，$l$ が小さくなると他の電子による核電荷のしゃへい効果が小さくなり（核の引力を直接受けるようになり），エネルギーが低下するのである．例えば，鉄の Slater 軌道を比較すると（[例題 10·1] 参照），有効核電荷 $Z-s$ の値は 3d の 6.25 に対し，3s, 3p では 14.75 とかなり大きくなる．これは波動関数の $R_{nl}(r)$ 部分の相違であるが，さらに角度部分 $Y_{lm}(\theta,\varphi)$ も考慮すると（図 6·4, 6·7, 6·8 参照），核の近くに見出される確率は 3s 電子が最も大きく，ついで 3p, 3d 電子の順で小さくなることがわかるであろう．したがって，安定度の順序は 3s, 3p, 3d となる．各 $nl$ 準位は量子数 $m(=-l,-l+1,\cdots,l)$，$m_s(=\pm 1/2)$ の相違によって $2(2l+1)$ 重に縮重している．電子は Fermi 粒子であるから，縮重した各状態を 1 個ずつしか占めることができない（p. 158 Pauli の原理）．したがって各 $nl$ 準位 —**副殻**(subshell) という— は最大 $2(2l+1)$ 個の電子を収容することができる．種々の原子の基底状態の電子配置を見ると（表紙の見返しの周期表参照），電子は次の順に副殻を占めている．

  1s, 2s, 2p, 3s, 3p, (4s, 3d), 4p, (5s, 4d), 5p, (6s, 4f, 5d), 6p, 7s, (5f, 6d)

（Ⅰ）

ただし，( ) 内の準位の順序は逆になることもある．このように，基底状態の電子配置は，基本的には，低いエネルギー準位から順に Pauli の原理に従って電子を入れていくことによってつくられる．これを**構成原理** (Aufbau Prinzip, building-up principle) という．

ところで，上の順序（Ⅰ）は必ずしも $nl$ 準位の 1 電子エネルギー $\varepsilon_{nl}$ の順とは一致しない．何故ならば，$N$ 電子原子の基底状態のエネルギーは (10·1·21) と (10·1·22) から

$$E = \sum_{i=1}^{N} \varepsilon_i - \left(\frac{1}{2}\right)\left(\sum_{i\neq j}^{N} J_{ij} - \sum_{i\neq j,\|}^{N} K_{ij}\right) \qquad (10\cdot 3\cdot 1)$$

§10·3 周期律

**表 10·1** 原子の全エネルギー $E$ と 1 電子エネルギー $\varepsilon_{nl}$（いずれも −符号を除いて表す）[a]．エネルギーの単位は原子単位 $E_h$．$1\,E_h = 27.2138\,\text{eV}$．

| 原子番号 | 元素記号 | 電子配置 | 基底状態 | $-E$ | $-\varepsilon_{1s}$ | $-\varepsilon_{2s}$ | $-\varepsilon_{2p}$ | $-\varepsilon_{3s}$ | $-\varepsilon_{3p}$ | $-\varepsilon_{3d}$ | $-\varepsilon_{4s}$ | $-\varepsilon_{4p}$ | $-\varepsilon_{4d}$ | $-\varepsilon_{5s}$ | $-\varepsilon_{5p}$ |
|---|---|---|---|---|---|---|---|---|---|---|---|---|---|---|---|
| 1 | H | 1s | ²S | 0.500000 | 0.50000 | | | | | | | | | | |
| 2 | He | 1s² | ¹S | 2.861680 | 0.91796 | | | | | | | | | | |
| 3 | Li | [He]2s | ²S | 7.432727 | 2.47774 | 0.19632 | | | | | | | | | |
| 4 | Be | [He]2s² | ¹S | 14.573023 | 4.73267 | 0.30927 | | | | | | | | | |
| 5 | B | [He]2s²2p | ²P | 24.529061 | 7.69534 | 0.49471 | 0.30986 | | | | | | | | |
| 6 | C | [He]2s²2p² | ³P | 37.688619 | 11.32552 | 0.70563 | 0.43334 | | | | | | | | |
| 7 | N | [He]2s²2p³ | ⁴S | 54.400934 | 15.62906 | 0.94532 | 0.56759 | | | | | | | | |
| 8 | O | [He]2s²2p⁴ | ³P | 74.809398 | 20.66866 | 1.24432 | 0.63191 | | | | | | | | |
| 9 | F | [He]2s²2p⁵ | ²P | 99.409349 | 26.38276 | 1.57254 | 0.73002 | | | | | | | | |
| 10 | Ne | [He]2s²2p⁶ | ¹S | 128.547098 | 32.77244 | 1.93039 | 0.85041 | | | | | | | | |
| 11 | Na | [Ne]3s | ²S | 161.858911 | 40.47850 | 2.79703 | 1.51814 | 0.18210 | | | | | | | |
| 12 | Mg | [Ne]3s² | ¹S | 199.614636 | 49.03174 | 3.76772 | 2.28223 | 0.25305 | | | | | | | |
| 13 | Al | [Ne]3s²3p | ²P | 241.876707 | 58.50103 | 4.91067 | 3.21830 | 0.39342 | 0.20995 | | | | | | |
| 14 | Si | [Ne]3s²3p² | ³P | 288.854362 | 68.81246 | 6.15654 | 4.25605 | 0.53984 | 0.29711 | | | | | | |
| 15 | P | [Ne]3s²3p³ | ⁴S | 340.718781 | 79.96971 | 7.51110 | 5.40096 | 0.69642 | 0.30171 | | | | | | |
| 16 | S | [Ne]3s²3p⁴ | ³P | 397.504896 | 92.00445 | 9.00429 | 6.68251 | 0.87953 | 0.43737 | | | | | | |
| 17 | Cl | [Ne]3s²3p⁵ | ²P | 459.482072 | 104.88442 | 10.60748 | 8.07223 | 1.07291 | 0.50640 | | | | | | |
| 18 | Ar | [Ne]3s²3p⁶ | ¹S | 526.817512 | 118.61035 | 12.32215 | 9.57146 | 1.27735 | 0.59102 | | | | | | |
| 19 | K | [Ar]4s | ²S | 599.164783 | 133.53305 | 14.48996 | 11.51928 | 1.74878 | 0.95442 | | 0.14748 | | | | |
| 20 | Ca | [Ar]4s² | ¹S | 676.758182 | 149.36372 | 16.82274 | 13.62927 | 2.24538 | 1.34071 | | 0.19553 | | | | |
| 21 | Sc | [Ar]4s²3d | ²D | 759.735712 | 165.89990 | 19.08062 | 15.66825 | 2.56732 | 1.57455 | 0.34371 | 0.21011 | | | | |
| 22 | Ti | [Ar]4s²3d² | ³F | 848.405991 | 183.27275 | 21.42291 | 17.79119 | 2.87340 | 1.79509 | 0.44066 | 0.22079 | | | | |
| 23 | V | [Ar]4s²3d³ | ⁴F | 942.884331 | 201.50283 | 23.87465 | 20.02249 | 3.18318 | 2.01922 | 0.50962 | 0.23058 | | | | |
| 24 | Cr | [Ar]4s3d⁵ | ⁷S | 1043.356368 | 220.38639 | 26.20962 | 22.13985 | 3.28515 | 2.05092 | 0.37360 | 0.22205 | | | | |

(次頁へ続く)

212    10 一般の原子

| Z | 元素 | 配置 | 項 | | | | | | | | | |
|---|---|---|---|---|---|---|---|---|---|---|---|---|
| 25 | Mn | [Ar]4s²3d⁵ | ⁶S | 1149.866243 | 240.53399 | 29.10947 | 24.81259 | 3.81664 | 2.47953 | 0.63884 | 0.24787 | |
| 26 | Fe | [Ar]4s²3d⁶ | ⁵D | 1262.443656 | 261.37342 | 31.93552 | 27.41371 | 4.16943 | 2.74219 | 0.64688 | 0.25818 | |
| 27 | Co | [Ar]4s²3d⁷ | ⁴F | 1381.414542 | 283.06549 | 34.86832 | 30.12017 | 4.52428 | 3.00624 | 0.67541 | 0.26742 | |
| 28 | Ni | [Ar]4s²3d⁸ | ³F | 1506.870896 | 305.61903 | 37.91782 | 32.94173 | 4.88783 | 3.27767 | 0.70692 | 0.27625 | |
| 29 | Cu | [Ar]4s 3d¹⁰ | ²S | 1638.963723 | 328.79295 | 40.81893 | 35.61792 | 5.01195 | 3.32479 | 0.49121 | 0.23848 | |
| 30 | Zn | [Ar]4s²3d¹⁰ | ¹S | 1777.848102 | 353.30452 | 44.36170 | 38.92482 | 5.63780 | 3.83936 | 0.78252 | 0.29250 | |
| 31 | Ga | [Ar]4s²3d¹⁰4p | ²P | 1923.261001 | 378.81841 | 48.16842 | 42.49402 | 6.39465 | 4.48236 | 1.19336 | 0.42459 | 0.20850 |
| 32 | Ge | [Ar]4s²3d¹⁰4p² | ³P | 2075.359726 | 405.24444 | 52.15033 | 46.23615 | 7.19099 | 5.16159 | 1.63489 | 0.55336 | 0.28735 |
| 33 | As | [Ar]4s²3d¹⁰4p³ | ⁴S | 2234.238647 | 432.58620 | 56.30982 | 50.15374 | 8.02962 | 5.88069 | 2.11265 | 0.68589 | 0.36948 |
| 34 | Se | [Ar]4s²3d¹⁰4p⁴ | ³P | 2399.867604 | 460.86740 | 60.66887 | 54.26890 | 8.93210 | 6.66152 | 2.64962 | 0.83738 | 0.40285 |
| 35 | Br | [Ar]4s²3d¹⁰4p⁵ | ²P | 2572.441325 | 490.06033 | 65.19995 | 58.55422 | 9.87189 | 7.47820 | 3.22017 | 0.99268 | 0.45708 |
| 36 | Kr | [Ar]4s²3d¹⁰4p⁶ | ¹S | 2752.054969 | 520.16546 | 69.90307 | 63.00978 | 10.84946 | 8.33149 | 3.82523 | 1.15293 | 0.52418 |
| 37 | Rb | [Kr]5s | ²S | 2938.357442 | 551.45733 | 75.04933 | 67.90622 | 12.13319 | 9.48768 | 4.73228 | 1.52354 | 0.81006 | 0.13786 |
| 38 | Sr | [Kr]5s² | ¹S | 3131.145674 | 583.68788 | 80.39079 | 72.99603 | 13.47502 | 10.69997 | 5.69439 | 1.89680 | 1.09816 | 0.17845 |
| 39 | Y | [Kr]5s²4d | ²D | 3331.684158 | 616.74934 | 85.81093 | 78.16446 | 14.75891 | 11.85418 | 6.59947 | 2.16887 | 1.30118 | 0.24984 | 0.19614 |
| 40 | Zr | [Kr]5s²4d² | ³F | 3538.995053 | 650.70498 | 91.37768 | 83.47853 | 16.05502 | 13.01976 | 7.51583 | 2.41919 | 1.48759 | 0.33675 | 0.20729 |
| 41 | Nb | [Kr]5s4d⁴ | ⁶D | 3753.597716 | 685.44401 | 96.97482 | 88.82312 | 17.24706 | 14.08142 | 8.32929 | 2.53747 | 1.55698 | 0.30064 | 0.21559 |
| 42 | Mo | [Kr]5s4d⁵ | ⁷S | 3975.549487 | 721.20219 | 102.85059 | 94.44408 | 18.58453 | 15.28656 | 9.28422 | 2.76291 | 1.72363 | 0.35791 | 0.22273 |
| 43 | Tc | [Kr]5s²4d⁵ | ⁶S | 4204.788722 | 758.04304 | 109.06978 | 100.40608 | 20.13183 | 16.69957 | 10.44463 | 3.15218 | 2.04121 | 0.54394 | 0.23127 |
| 44 | Ru | [Kr]5s4d⁷ | ⁵F | 4441.539471 | 795.51346 | 115.15878 | 106.23938 | 21.41388 | 17.84874 | 11.34333 | 3.25712 | 2.10124 | 0.41277 | 0.22242 |
| 45 | Rh | [Kr]5s4d⁸ | ⁴F | 4685.881686 | 834.03946 | 121.56364 | 112.38617 | 22.87960 | 19.17958 | 12.42128 | 3.50388 | 2.29114 | 0.45018 | 0.22161 |
| 46 | Pd | [Kr]4d¹⁰ | ¹S | 4937.921004 | 873.31591 | 127.96655 | 118.53108 | 24.20908 | 20.37426 | 13.36342 | 3.58729 | 2.33007 | 0.33598 | |
| 47 | Ag | [Kr]5s4d¹⁰ | ²S | 5197.698452 | 913.83559 | 134.87840 | 125.18157 | 25.91781 | 21.94542 | 14.67819 | 4.00148 | 2.67680 | 0.53738 | 0.21997 |
| 48 | Cd | [Kr]5s²4d¹⁰ | ¹S | 5465.133119 | 955.31534 | 142.00681 | 132.04701 | 27.70861 | 23.59722 | 16.07196 | 4.45052 | 3.05349 | 0.76364 | 0.26484 |
| 49 | In | [Kr]5s²4d¹⁰5p | ²P | 5740.169136 | 997.80044 | 149.39543 | 139.17191 | 29.62465 | 25.37427 | 17.58955 | 4.97668 | 3.50720 | 1.06312 | 0.37265 | 0.19728 |
| 50 | Sn | [Kr]5s²4d¹⁰5p² | ³P | 6022.931678 | 1041.22334 | 156.97757 | 146.48926 | 31.59897 | 27.20903 | 19.16335 | 5.51249 | 3.96904 | 1.36903 | 0.47643 | 0.26504 |
| 51 | Sb | [Kr]5s²4d¹⁰5p³ | ⁴S | 6313.485304 | 1085.58903 | 164.75795 | 154.00378 | 33.63621 | 29.10613 | 20.79806 | 6.06317 | 4.44471 | 1.68785 | 0.58177 | 0.33471 |
| 52 | Te | [Kr]5s²4d¹⁰5p⁴ | ³P | 6611.784043 | 1130.91700 | 172.75540 | 161.73437 | 35.75488 | 31.08404 | 22.51234 | 6.64701 | 4.95256 | 2.03828 | 0.70056 | 0.35983 |
| 53 | I | [Kr]5s²4d¹⁰5p⁵ | ²P | 6917.980881 | 1177.18629 | 180.94921 | 169.66034 | 37.93446 | 33.12230 | 24.28568 | 7.24435 | 5.47335 | 2.40120 | 0.82111 | 0.40317 |
| 54 | Xe | [Kr]5s²4d¹⁰5p⁶ | ¹S | 7232.138349 | 1224.39777 | 189.34011 | 177.78244 | 40.17565 | 35.22165 | 26.11886 | 7.85629 | 6.00833 | 2.77787 | 0.94441 | 0.45728 |

a) C. F. Bunge, J. A. Barrientos, A. V. Bunge, *Atomic Data and Nuclear Data Tables*, **53**, 113 (1993); C. F. Bunge, J. A. Barrientos, A. V. Bunge, J. A. Cogordan, *Phys. Rev.*, **A46**, 3691 (1992) 参照. なお, データは http://www.ccl.net/cca/data/atomic-RHF-wavefunctions/tables から得られる.

となるので，$\varepsilon_{nl}$ の和に加えて，上式の右辺第2項（電子間の相互作用の項）にもよるからである．上の電子占有の順で，（ ）内の順序が逆転する場合があるのも同じ理由による．表10·1に原子の全エネルギー $E$ と1電子エネルギー $\varepsilon_{nl}$ を示す（いずれも負の値であるから，−符号を除き $-E$ と $-\varepsilon_{nl}$ で表す）．エネルギーの単位は原子単位（atomic unit, a.u., §11·1 参照）である．表の値は各軌道 $\psi_{nl}$ を STO の一次結合 (10·2·7) で表し，SCF 法で求められたものである．表によると1電子エネルギーの順は 1s, 2s, 2p, 3s, 3p, 3d, 4s, 4p, 4d, 5s, 5p と主量子数の順になっている．なお，基底状態の記号については次節以下で述べる．表に示したものは計算で決定された基底状態であるが，実験結果（表紙の見返しの周期表に記載）と一致している．

周期表を見ると，原子の外側の電子配置が原子番号とともに周期的に変化していることがわかる．化学結合にあずかる電子は外側の電子であるから，元素の性質も周期的に変化する．これが元素の周期律である．

次に元素の周期表を簡単に説明しよう．

**第1周期**（$_1$H—$_2$He）　$_1$H では 1s 軌道に1個の電子が入る．次の $_2$He で $(1s)^2$ となり $n=1$ の軌道（K 殻[1]）が満たされる．

**第2周期**（$_3$Li—$_{10}$Ne）　はじめ 2s に，次に 2p に電子が入って行く．$_{10}$Ne で $(2s)^2(2p)^6$ となり L 殻（$n=2$）が満員となる．

**第3周期**（$_{11}$Na—$_{18}$Ar）　3s, 3p 軌道を電子が占める．電子配置は第2周期と同様である．

**第4周期**（$_{19}$K—$_{36}$Kr）　$_{20}$Ca でまず 4s 軌道が満たされた後，$_{21}$Sc から $_{23}$V まで 3d 軌道を1個ずつ電子が占め $(3d)^3(4s)^2$ となる．次の $_{24}$Cr の電子配置は $(3d)^4(4s)^2$ ではなく $(3d)^5(4s)$ である．これは 4s と 3d のエネルギーが近いため順序が逆になる例で，$_{29}$Cu でもみられる．$_{30}$Zn, $(3d)^{10}(4s)^2$ で 4s および 3d 軌道が満員となった後，4p 軌道を順次電子が占め $_{36}$Kr でこの周期が終わる．

---

[1] 主量子数 $n$ が一定の軌道をまとめて殻 (shell) と呼び，$n=1,2,3,4,\cdots$ に応じて K, L, M, N, $\cdots$ 殻という．主量子数 $n$ の状態は $l, m$ の相違によって $n^2$ 個存在するから (p. 126)，$n$ 番目の殻は最大 $2n^2$ 個の電子を収容する．

$_{21}$Sc—$_{29}$Cu の各元素を第1遷移元素という．**遷移元素** (transition element) とは部分的に満たされたd軌道（または部分的に満たされた$(n-1)$d $n$s 軌道）をもつ元素で，周期表の隣同士で性質がよく似ている．これは外殻 (s 軌道) の電子配置が似ているためである．なおd軌道も部分的に結合に関与するため，これらの元素は種々の原子価をもつ．溶液の中に通常見出される遷移元素のイオンはd電子だけをもち，s電子をもたない[1]．例えば $Mn^{4+}$, $Mn^{3+}$, $Mn^{2+}$ はそれぞれ $(3d)^3$, $(3d)^4$, $(3d)^5$ の配置をとる．

**第5周期** ($_{37}$Rb—$_{54}$Xe)　第4周期と同様に 4d, 5s, 5p 軌道が電子を収容する．$_{39}$Y から $_{47}$Ag までが第2遷移元素である．

**第6周期** ($_{55}$Cs—$_{86}$Rn)　$_{58}$Ce から 4f 軌道に電子が入る．$_{57}$La から $_{71}$Lu までの元素は化学的性質がよく似ており，**ランタノイド** (lanthanoids) または**希土類元素** (rare earth element) と呼ばれる．これは 4f 軌道が 6s や 5d 軌道より内部にあるため，4f 軌道を満たして行く過程で外側の電子の確率分布がほとんど変化しないためである．$_{57}$La—$_{79}$Au の各元素が第3遷移元素である．

**第7周期** ($_{87}$Fr—　)　$_{91}$Pa から 5f 軌道を電子が占める．$_{89}$Ac － $_{103}$Lr が**アクチノイド** (actinoids) である．$_{93}$Np から後の元素は**超ウラン元素**と呼ばれる．これらの元素は，$^{238}$U の崩壊によって生じる微量の $^{239}$Np と $^{239}$Pu を除いて，天然には存在せず，原子炉や加速器で人工的につくられる．周期表において，3～11族の元素が遷移元素である．それ以外の元素を**典型元素** (main group element) という．遷移元素では，同じ周期の元素の間で性質が似ているのに対し，典型元素では，周期表の縦の列（同じ族）の元素同士で性質がよく似ている．原子の外側の電子分布が元素の性質を支配するからである．

次に，原子の性質が原子番号の変化とともに次第に変わって行く例を二，三あげることにする．表 10·2 に上の SCF 法によって計算された最外殻の軌道半径の期待値 $\langle r \rangle$ を示す．これは原子の大きさの目安を与える量である．表において，その値は同じ周期では1族（アルカリ元素）から18族（希ガス元素）に

---

[1] ただし Sc, Y では d 電子も失われ3価となる．

§10・3 周期律

移るにつれて，多少の例外はあるが，次第に減少していることがわかる．これは原子核の電荷の増加とともに，その引力によって軌道が縮んでくるためである．希ガス元素から次の周期のアルカリ元素に移ると，主量子数 $n$ が一つ大きい副殻に電子が入るため，$\langle r \rangle$ が急に増加する．同じ族では列を下がるに従って，他の電子のしゃへい効果のため，$\langle r \rangle$ が次第に増えることもわかる．

表 10・3 に原子の**イオン化エネルギー**（ionization energy，**イオン化ポテンシャル**（ionization potential）ともいう）$IP$ の実測値を示す．イオン化エネルギーは原子または分子から電子を 1 個取り去るのに必要なエネルギーである．原子 A から電子を 1 個取り去ると 1 価の陽イオン $A^+$ ができるので，イオン化エネルギーは

表 10・2　最外殻の軌道の半径の期待値 $\langle r \rangle$ / Å

| 族 \ 周期 | 1 | 2 | 3 | 4 | 5 | 6 | 7 | 8 | 9 | 10 | 11 | 12 | 13 | 14 | 15 | 16 | 17 | 18 |
|---|---|---|---|---|---|---|---|---|---|---|---|---|---|---|---|---|---|---|
| 1 | H 0.794 | | | | | | | | | | | | | | | | | He 0.491 |
| 2 | Li 2.050 | Be 1.402 | | | | | | | | | | | B 1.167 | C 0.907 | N 0.746 | O 0.652 | F 0.574 | Ne 0.511 |
| 3 | Na 2.227 | Mg 1.721 | | | | | | | | | | | Al 1.817 | Si 1.456 | P 1.229 | S 1.090 | Cl 0.975 | Ar 0.880 |
| 4 | K 2.775 | Ca 2.232 | Sc 2.095 | Ti 2.000 | V 1.919 | Cr 1.945 | Mn 1.790 | Fe 1.724 | Co 1.669 | Ni 1.619 | Cu 1.763 | Zn 1.533 | Ga 1.812 | Ge 1.517 | As 1.329 | Se 1.217 | Br 1.117 | Kr 1.033 |
| 5 | Rb 2.980 | Sr 2.452 | Y 2.275 | Zr 2.165 | Nb 2.109 | Mo 2.033 | Tc 1.950 | Ru 1.977 | Rh 1.959 | Pd 0.811 | Ag 1.935 | Cd 1.713 | In 1.999 | Sn 1.719 | Sb 1.535 | Te 1.424 | I 1.324 | Xe 1.237 |

表10·3 原子のイオン化エネルギー IP の実測値．（ ）内は Koopmans の定理による理論値．単位は eV．

| 周期＼族 | 1 | 2 | 3 | 4 | 5 | 6 | 7 | 8 | 9 | 10 | 11 | 12 | 13 | 14 | 15 | 16 | 17 | 18 |
|---|---|---|---|---|---|---|---|---|---|---|---|---|---|---|---|---|---|---|
| 1 | H 13.60 (13.61) | | | | | | | | | | | | | | | | | He 24.59 (24.98) |
| 2 | Li 5.39 (5.34) | Be 9.32 (8.42) | | | | | | | | | | | B 8.30 (8.43) | C 11.26 (11.79) | N 14.53 (15.44) | O 13.62 (17.20) | F 17.42 (19.86) | Ne 21.56 (23.14) |
| 3 | Na 5.14 (4.96) | Mg 7.65 (6.89) | | | | | | | | | | | Al 5.99 (5.71) | Si 8.15 (8.08) | P 10.49 (8.21) | S 10.36 (11.90) | Cl 12.97 (13.78) | Ar 15.76 (16.08) |
| 4 | K 4.34 (4.01) | Ca 6.11 (5.32) | Sc 6.56 (5.72) | Ti 6.83 (6.01) | V 6.75 (6.27) | Cr 6.77 (6.04) | Mn 7.43 (6.74) | Fe 7.90 (7.03) | Co 7.88 (7.28) | Ni 7.64 (7.52) | Cu 7.73 (6.49) | Zn 9.39 (7.96) | Ga 6.00 (5.67) | Ge 7.90 (7.82) | As 9.79 (10.05) | Se 9.75 (10.96) | Br 11.81 (12.44) | Kr 14.00 (14.26) |
| 5 | Rb 4.18 (3.75) | Sr 5.69 (4.86) | Y 6.22 (5.34) | Zr 6.63 (5.64) | Nb 6.76 (5.87) | Mo 7.09 (6.06) | Tc 7.28 (6.29) | Ru 7.36 (6.05) | Rh 7.46 (6.03) | Pd 8.34 (9.14) | Ag 7.58 (5.99) | Cd 8.99 (7.21) | In 5.79 (5.37) | Sn 7.34 (7.21) | Sb 8.61 (9.11) | Te 9.01 (9.79) | I 10.45 (10.97) | Xe 12.13 (12.44) |
| 6 | Cs 3.89 | Ba 5.21 | Lant. * | Hf 6.83 | Ta 7.55 | W 7.86 | Re 7.83 | Os 8.44 | Ir 8.97 | Pt 8.96 | Au 9.23 | Hg 10.44 | Tl 6.11 | Pb 7.42 | Bi 7.29 | Po 8.41 | At | Rn 10.75 |
| 7 | Fr 4.07 | Ra 5.28 | Act. ** | | | | | | | | | | | | | | | |

\* ランタノイド 4.9〜6.65
\*\* アクチノイド 5.43〜6.25

$$IP = E(\mathrm{A}^+) - E(\mathrm{A}) \qquad (10\cdot3\cdot2)$$

となる．表によると，同じ周期の原子では右に移るに従い $IP$ の値が増加していることがわかる．これは，$\langle r \rangle$ の場合と同様に原子核の電荷の増加のためである．18 族の希ガス原子は $IP$ が最も大きく，安定でイオンになりにくい．次の周期のアルカリ原子になると外側の s 軌道に電子が入るため $IP$ の値が急に減少する．また，典型元素の同じ族では列を下がるに従い $IP$ が減る傾向にある．なお，表 10·3 の H～Xe に付した（ ）内の数値は，表 10·1 の最外殻のエネルギーの符号を変えたものである．これらの数値は Koopmans の定理による $IP$ の理論値に相当し，イオン化に伴って 1 電子軌道が変わらないこと，また電子の相関効果を無視することなどを前提としているので，正しい理論値ではない（下巻 §18·3 参照）．

　表 10·4 に原子の**電子親和力** (electron affinity) $EA$ の実測値を示す．電子親和力は原子または分子に電子を 1 個加えたときに放出されるエネルギーで，原子 A の場合

$$EA = E(\mathrm{A}) - E(\mathrm{A}^-)$$

となる．表 10·4 によると，同じ周期の原子では右に移るに従い $EA$ の値が増加し，また，典型元素の同じ族では列を下がるに従い $EA$ が減る傾向にあることがわかる．#印を付した原子では，陰イオンが不安定のため値が求められていない．特に 18 族の希ガス原子は安定で陰イオンを生じない．

　表 10·3 と表 10·4 から，周期表の右上の F は $IP, EA$ がともに大きく，陰イオンになりやすいこと，また F から左下の Cs, Fr に移るに従い，$IP, EA$ が小さくなり陽イオンになりやすくなることがわかる．この傾向は非金属から金属に移る傾向と並行している．なお，18 族の希ガス原子は $IP$ が大きく，また陰イオンにならないので極めて安定である．そのため，他の原子は希ガスの電子配置をとろうとする傾向がある（例　$\mathrm{Na} \to \mathrm{Na}^+$, $\mathrm{Cl} \to \mathrm{Cl}^-$）．これが原子価に対する説明である．

表 10・4　原子の電子親和力 EA の実測値．単位は eV．

| 族 \ 周期 | 1 | 2 | 3 | 4 | 5 | 6 | 7 | 8 | 9 | 10 | 11 | 12 | 13 | 14 | 15 | 16 | 17 | 18 |
|---|---|---|---|---|---|---|---|---|---|---|---|---|---|---|---|---|---|---|
| 1 | H 0.75 | | | | | | | | | | | | | | | | | He # |
| 2 | Li 0.62 | Be # | | | | | | | | | | | B 0.28 | C 1.26 | N # | O 1.46 | F 3.40 | Ne # |
| 3 | Na 0.55 | Mg # | | | | | | | | | | | Al 0.43 | Si 1.39 | P 0.75 | S 2.08 | Cl 3.61 | Ar # |
| 4 | K 0.50 | Ca 0.02 | Sc 0.19 | Ti 0.08 | V 0.53 | Cr 0.67 | Mn # | Fe 0.15 | Co 0.66 | Ni 1.16 | Cu 1.24 | Zn # | Ga 0.43 | Ge 1.23 | As 0.81 | Se 2.02 | Br 3.36 | Kr # |
| 5 | Rb 0.49 | Sr 0.05 | Y 0.31 | Zr 0.43 | Nb 0.89 | Mo 0.75 | Tc 0.55 | Ru 1.05 | Rh 1.14 | Pd 0.56 | Ag 1.30 | Cd # | In 0.3 | Sn 1.11 | Sb 1.05 | Te 1.97 | I 3.06 | Xe # |
| 6 | Cs 0.47 | Ba 0.14 | Lant. * | Hf ≒0 | Ta 0.32 | W 0.82 | Re 0.15 | Os 1.1 | Ir 1.56 | Pt 2.13 | Au 2.31 | Hg # | Tl 0.2 | Pb 0.36 | Bi 0.94 | Po 1.9 | At 2.8 | Rn # |
| 7 | Fr 0.46 | Ra 0.10 | | | | | | | | | | | | | | | | |

\# 陰イオンが不安定
\* 0.34～1.03 (ただし，Yb：−0.02)

## §10・4 電子配置のエネルギー

$nl$ で指定される副殻が完全に電子で満たされている場合—これを**閉殻** (closed shell) という—には電子の状態は一通りしかない．例えば p 軌道では図 10・4 (a) のようになる．これに反し副殻が部分的に電子で占有されている**開殻** (open shell) の場合には，電子の詰め方の相違によって多くの状態を生じる．p 軌道に 2 個の電子を入れる場合は，$2(2l+1)=6$ 個の状態から 2 個を選ぶ組合せの数 $_6C_2=15$ 通りの状態が可能である．これらの状態のうちの三つを図 10・4 (b) 〜 (d) に示した[1]．

開殻において生じるいくつかの状態のエネルギーは，すべて等しいとは限らない．量子数 $m$ の値が $a, b$ である二つの軌道 $\phi_a, \phi_b$ に 1 個ずつ α スピンの電子が入っている場合 (図 10・4 の (c)，ただし図は $a=1, b=0$ に相当) と $\phi_a$ に α スピン，$\phi_b$ に β スピンの電子が入っている場合 (図 10・4 の (d)) のエネルギーを求めてみよう．これらの状態を $\psi_{ab}, \psi_{a\bar{b}}$ とすると，Slater 行列式は，内殻の電子を省略して

$$\psi_{ab} = |\phi_a \phi_b|, \qquad \psi_{a\bar{b}} = |\phi_a \bar{\phi}_b| \qquad (10・4・1)$$

となる．ハミルトン演算子は

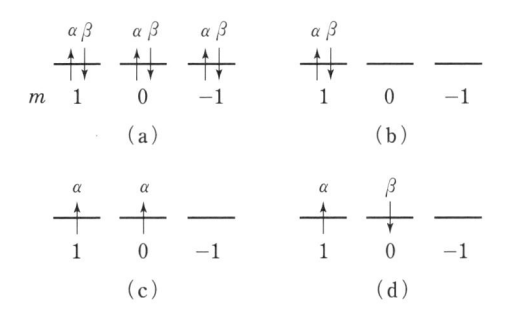

図 10・4 p 軌道における電子の配列．(a) 閉殻，(b) 〜 (d) 開殻 ($p^2$ 配置における三つの例)

---

1) 15 通りの状態は p. 242 の表 10・5 に示してある．

$$\hat{H} = \left(-\frac{\hbar^2}{2m_e}\Delta_1 - \frac{Z'e^2}{4\pi\varepsilon_0 r_1}\right) + \left(-\frac{\hbar^2}{2m_e}\Delta_2 - \frac{Z'e^2}{4\pi\varepsilon_0 r_2}\right) + \frac{e^2}{4\pi\varepsilon_0 r_{12}}$$
$$= \hat{H}_c(1) + \hat{H}_c(2) + \frac{e^2}{4\pi\varepsilon_0 r_{12}} \qquad (10\cdot 4\cdot 2)$$

である．ただし $\hat{H}_c(1)$ は電子1の運動エネルギーと電子1と有効核電荷 $Z'$ の原子芯 (core，原子核 + 内殻電子) の間のクーロンエネルギーをまとめた項である[1]．$\hat{H}_c(2)$ についても同様である．エネルギーの期待値[2]は

$$E_{ab} = \int \psi_{ab}{}^* \hat{H} \psi_{ab}\, d\tau, \qquad E_{a\bar{b}} = \int \psi_{a\bar{b}}{}^* \hat{H} \psi_{a\bar{b}}\, d\tau \qquad (10\cdot 4\cdot 3)$$

で与えられる．(10·1·21) を用いると

$$E_{ab} = H_a + H_b + J_{ab} - K_{ab} \qquad (10\cdot 4\cdot 4)$$
$$E_{a\bar{b}} = H_a + H_b + J_{ab} \qquad (10\cdot 4\cdot 5)$$

ただし，

$$H_a \equiv \int \phi_a{}^*(\boldsymbol{r}_1)\, \hat{H}_c(1)\, \phi_a(\boldsymbol{r}_1)\, dv \qquad H_b \equiv \int \phi_b{}^*(\boldsymbol{r}_1)\, \hat{H}_c(1)\, \phi_b(\boldsymbol{r}_1)\, dv$$
$$(10\cdot 4\cdot 6)$$

---

[1] 実際には希ガスの殻以外は内側の閉殻を原子芯に含めることはよい近似ではない．例えば C $(1s)^2(2s)^2(2p)^2$ では 2s と 2p のエネルギー差が小さいので，原子核と $(1s)^2$ を原子芯として，2s，2p 電子を (10·4·1)，(10·4·2) であらわに表現すべきである．

[2] 正確なエネルギー固有関数と固有値を $E, \psi$ とすると，$\hat{H}\psi = E\psi$ が成立するので $E = \int \psi^* \hat{H} \psi\, d\tau$ となりエネルギー期待値は固有値と一致する．$\psi$ の代わりに近似固有関数 $\varphi$ を用いると，それによる期待値 $\int \varphi^* \hat{H} \varphi\, d\tau$ は近似的なエネルギー固有値を与える．特に $\hat{H}$ が主な項と摂動項の和 $\hat{H} = \hat{H}_0 + \hat{H}'$ で表されるときは，近似固有関数として $\hat{H}_0$ の固有関数 $\psi_n^{(0)}$ を使うと，それによる $\hat{H}$ の期待値は

$$\int \psi_n^{(0)*} \hat{H} \psi_n^{(0)}\, d\tau = \int \psi_n^{(0)*} \hat{H}_0 \psi_n^{(0)}\, d\tau + \int \psi_n^{(0)*} \hat{H}' \psi_n^{(0)}\, d\tau = E_n^{(0)} + H_{nn}'$$

となって，1次摂動のエネルギーとなる (p. 163 (9·1·20))．(10·4·3) では (10·4·2) の $e^2/(4\pi\varepsilon_0 r_{12})$ を摂動項として1次摂動による近似エネルギーを求めていることになる．

## §10·4 電子配置のエネルギー

$$J_{ab} \equiv \int \phi_a{}^*(\boldsymbol{r}_1)\,\phi_b{}^*(\boldsymbol{r}_2)\,\frac{e^2}{4\pi\varepsilon_0}\,\phi_a(\boldsymbol{r}_1)\,\phi_b(\boldsymbol{r}_2)\,dv_1 dv_2$$

$$= \int \frac{e^2\,|\phi_a(\boldsymbol{r}_1)|^2\,|\phi_b(\boldsymbol{r}_2)|^2}{4\pi\varepsilon_0}\,dv_1 dv_2 \qquad \text{クーロン積分}$$

$$K_{ab} \equiv \int \phi_a{}^*(\boldsymbol{r}_1)\,\phi_b{}^*(\boldsymbol{r}_2)\,\frac{e^2}{4\pi\varepsilon_0}\,\phi_a(\boldsymbol{r}_2)\,\phi_b(\boldsymbol{r}_1)\,dv_1 dv_2 \qquad \text{交換積分} \qquad (10\cdot4\cdot7)$$

が直ちに得られるが，ここでは直接計算してみよう．

(10·4·1)を展開すると

$$\psi_{ab} = \frac{1}{\sqrt{2}} \begin{vmatrix} \phi_a(\boldsymbol{r}_1)\,\alpha(\sigma_1) & \phi_a(\boldsymbol{r}_2)\,\alpha(\sigma_2) \\ \phi_b(\boldsymbol{r}_1)\,\alpha(\sigma_1) & \phi_b(\boldsymbol{r}_2)\,\alpha(\sigma_2) \end{vmatrix}$$

$$= \frac{1}{\sqrt{2}}\,[\phi_a(\boldsymbol{r}_1)\,\phi_b(\boldsymbol{r}_2) - \phi_b(\boldsymbol{r}_1)\,\phi_a(\boldsymbol{r}_2)]\,\alpha(\sigma_1)\,\alpha(\sigma_2) \qquad (10\cdot4\cdot8)$$

$$\psi_{a\bar{b}} = \frac{1}{\sqrt{2}} \begin{vmatrix} \phi_a(\boldsymbol{r}_1)\,\alpha(\sigma_1) & \phi_a(\boldsymbol{r}_2)\,\alpha(\sigma_2) \\ \phi_b(\boldsymbol{r}_1)\,\beta(\sigma_1) & \phi_b(\boldsymbol{r}_2)\,\beta(\sigma_2) \end{vmatrix}$$

$$= \frac{1}{\sqrt{2}}\,[\phi_a(\boldsymbol{r}_1)\,\phi_b(\boldsymbol{r}_2)\,\alpha(\sigma_1)\,\beta(\sigma_2) - \phi_b(\boldsymbol{r}_1)\,\phi_a(\boldsymbol{r}_2)\,\beta(\sigma_1)\,\alpha(\sigma_2)]$$

$$(10\cdot4\cdot9)$$

となる．(10·4·2), (10·4·8) を (10·4·3) に代入すると

$$E_{ab} = \frac{1}{2}\int [\phi_a(1)\,\phi_b(2) - \phi_b(1)\,\phi_a(2)]^* \Big(\hat{H}_c(1) + \hat{H}_c(2) + \frac{e^2}{4\pi\varepsilon_0\,r_{12}}\Big)$$

$$\times [\phi_a(1)\,\phi_b(2) - \phi_b(1)\,\phi_a(2)]\,dv_1 dv_2 \int |\alpha(1)|^2\,d\sigma_1 \int |\alpha(2)|^2\,d\sigma_2$$

を得る．ここで $\alpha$ は規格化されているので $\sigma_1, \sigma_2$ についての積分は1となる (p.147 (7·3·11))．上式で $\hat{H}_c(1)$ による項を展開すると

$$\langle \hat{H}_c(1) \rangle = \frac{1}{2} \Big[ \int \phi_a{}^*(1)\, \hat{H}_c(1)\, \phi_a(1)\; dv_1 \int |\phi_b(2)|^2\; dv_2$$
$$- \int \phi_a{}^*(1)\, \hat{H}_c(1)\, \phi_b(1)\; dv_1 \int \phi_b{}^*(2)\, \phi_a(2)\; dv_2$$
$$- \int \phi_b{}^*(1)\, \hat{H}_c(1)\, \phi_a(1)\; dv_1 \int \phi_a{}^*(2)\, \phi_b(2)\; dv_2$$
$$+ \int \phi_b{}^*(1)\, \hat{H}_c(1)\, \phi_b(1)\; dv_1 \int |\phi_a(2)|^2\; dv_2 \Big]$$

となるが，$\phi_a$ と $\phi_b$ の規格直交性を用いると

$$\langle \hat{H}_c(1) \rangle = \frac{1}{2}(H_a + H_b)$$

を得る．ただし

$$H_a \equiv \int \phi_a{}^*(1)\, \hat{H}_c(1)\, \phi_a(1)\; dv_1 \qquad H_b \equiv \int \phi_b{}^*(1)\, \hat{H}_c(1)\, \phi_b(1)\; dv_1$$

(10・4・10)

とした．上と同様に

$$\langle \hat{H}_c(2) \rangle = \frac{1}{2}(H_a + H_b)$$

も得られる．$e^2/(4\pi\varepsilon_0 r_{12})$ による積分は

$$\Big\langle \frac{e^2}{4\pi\varepsilon_0 r_{12}} \Big\rangle = \frac{1}{2} \Big[ \int \frac{e^2 \phi_a{}^*(1)\, \phi_b{}^*(2)\, \phi_a(1)\, \phi_b(2)}{4\pi\varepsilon_0 r_{12}}\; dv_1 dv_2$$
$$- \int \frac{e^2 \phi_a{}^*(1)\, \phi_b{}^*(2)\, \phi_b(1)\, \phi_a(2)}{4\pi\varepsilon_0 r_{12}}\; dv_1 dv_2$$
$$- \int \frac{e^2 \phi_b{}^*(1)\, \phi_a{}^*(2)\, \phi_a(1)\, \phi_b(2)}{4\pi\varepsilon_0 r_{12}}\; dv_1 dv_2$$
$$+ \int \frac{e^2 \phi_b{}^*(1)\, \phi_a{}^*(2)\, \phi_b(1)\, \phi_a(2)}{4\pi\varepsilon_0 r_{12}}\; dv_1 dv_2 \Big]$$

である．上式の第3項は積分変数1，2を交換すると，第2項に等しい．同様にして第4項と第1項も等しいから

$$\left\langle \frac{e^2}{4\pi\varepsilon_0 r_{12}} \right\rangle = J_{ab} - K_{ab}$$

以上によって

$$E_{ab} = \langle H_c(1) \rangle + \langle H_c(2) \rangle + \left\langle \frac{e^2}{4\pi\varepsilon_0 r_{12}} \right\rangle$$
$$= H_a + H_b + J_{ab} - K_{ab}$$

となり，(10・4・4) が成立することがわかる．$E_{a\bar{b}}$ も同様に計算して，(10・4・5)

$$E_{a\bar{b}} = H_a + H_b + J_{ab}$$

を得る（例題 10・2 参照）．一般に原子内の交換積分の値は正であることが証明されている．ゆえに上の二つの式から

$$E_{a\bar{b}} > E_{ab}$$

となる．すなわち電子が二つの軌道を 1 個ずつ占める場合，図 10・4 (d) のようにスピンの向きが逆になるよりも，(c) のように向きがそろった方がエネルギー的に安定である．これは (10・1・20) に関連して述べたように，スピン平行の 2 個の電子は Pauli の原理によって互いに避け合って運動するため，スピンが反平行の場合よりもクーロン相互作用が小さくなるためである．実際，(10・4・8) において $r_1 = r_2$ とすると $\psi_{ab} = 0$ となるから平行スピンの電子は同じ位置を占めないのである．このように<u>基本的には Pauli の原理とクーロン相互作用によって生じる効果（この場合はスピンの向きをそろえようとする効果[1]）を新しい相互作用のように考えて</u>**交換相互作用** (exchange interaction) という．

最後に図 10・4 の (b) と (d) の状態のエネルギーを比較してみよう．(b) では同じ軌道を 2 個の電子が占めているので，異なった軌道に 1 個ずつの電子がある (d) の場合に比べると，電子間の平均距離が小さくクーロンエネルギーが大きくなる．したがって，(b) 状態の方がエネルギーが高い（例題 10・2 参照）．このようにして図 10・4 の (b) 〜 (d) の状態のエネルギーは

---

[1] 水素分子では交換相互作用はスピンの向きを逆にするようにはたらく（§11・2）．

$$E_{(b)} > E_{(d)} > E_{(c)}$$

の順になることがわかる．

[例題 10・2] (10・4・5) が成立することを示せ．また，図 10・4 の $E_{(b)} > E_{(d)}$ も示せ．

[解] (10・4・2), (10・4・9) を (10・4・3) に代入して

$E_{a\bar{b}}$
$= \dfrac{1}{2} \int [\phi_a(1)\,\phi_b(2)\,\alpha(1)\,\beta(2) - \phi_b(1)\,\phi_a(2)\,\beta(1)\,\alpha(2)]^* \left( \hat{H}_c(1) + \hat{H}_c(2) + \dfrac{e^2}{4\pi\varepsilon_0 r_{12}} \right)$
$\times [\phi_a(1)\,\phi_b(2)\,\alpha(1)\,\beta(2) - \phi_b(1)\,\phi_a(2)\,\beta(1)\,\alpha(2)]\,dv_1 dv_2 d\sigma_1 d\sigma_2$

上式で $\hat{H}_c(1)$ による項は $\phi_a, \phi_b$ および $\alpha, \beta$ の規格直交性 (p.147 (7・3・11)) を考慮すると

$$\langle \hat{H}_c(1) \rangle = \dfrac{1}{2} \left[ \int \phi_a{}^*(1)\, \hat{H}_c(1)\, \phi_a(1)\, dv_1 + \int \phi_b{}^*(1)\, \hat{H}_c(1)\, \phi_b(1)\, dv_1 \right]$$
$$= \dfrac{1}{2}(H_a + H_b)$$

同様に

$$\langle \hat{H}_c(2) \rangle = \dfrac{1}{2}(H_a + H_b)$$

である．次に $\alpha$ と $\beta$ の規格直交性を考慮すると，p.222 と同様の計算から

$$\left\langle \dfrac{e^2}{4\pi\varepsilon_0 r_{12}} \right\rangle = \dfrac{1}{2} \left[ \int \dfrac{e^2 \phi_a{}^*(1)\, \phi_b{}^*(2)\, \phi_a(1)\, \phi_b(2)}{4\pi\varepsilon_0 r_{12}}\, dv_1 dv_2 \right.$$
$$\left. + \int \dfrac{e^2 \phi_b{}^*(1)\, \phi_a{}^*(2)\, \phi_b(1)\, \phi_a(2)}{4\pi\varepsilon_0 r_{12}}\, dv_1 dv_2 \right]$$
$$= J_{ab}$$

よって

$$E_{a\bar{b}} = \langle \hat{H}_c(1) \rangle + \langle \hat{H}_c(2) \rangle + \left\langle \dfrac{e^2}{4\pi\varepsilon_0 r_{12}} \right\rangle = H_a + H_b + J_{ab}$$

となる．なお $a = b$ の場合には (図 10・4 の (b))

$$E_{a\bar{a}} = 2H_a + J_{aa}$$

である．この例では $a, b$ 準位が縮重しているので $H_a = H_b$ であり，本文で述べたように $J_{aa} > J_{ab}$ であるから

$$E_{a\bar{a}} > E_{a\bar{b}}$$

となる．すなわち $E_{(b)} > E_{(d)}$ である．

### §10·5　角運動量 $L, S$ による状態の分類

前節で述べたように，開殻では一つの電子配置から多くの状態を生じるので，何らかの手段でこれらの状態を分類することが望ましい．それに用いられるのが角運動量である．

いま個々の電子の軌道角運動量演算子を $\hat{l}_i$，スピン角運動量演算子を $\hat{s}_i$ とすれば，それらの合成により生じる全軌道角運動量と全スピン角運動量の演算子

$$\hat{\boldsymbol{L}} = \sum_i \hat{\boldsymbol{l}}_i \tag{10·5·1}$$

$$\hat{\boldsymbol{S}} = \sum_i \hat{\boldsymbol{s}}_i \tag{10·5·2}$$

は一般の角運動量としての性質をもつ (p. 111)．すなわち

$$[\hat{L}_y, \hat{L}_z] = i\hbar \hat{L}_x, \quad [\hat{L}_z, \hat{L}_x] = i\hbar \hat{L}_y, \quad [\hat{L}_x, \hat{L}_y] = i\hbar \hat{L}_z \tag{10·5·3}$$

$$[\hat{S}_y, \hat{S}_z] = i\hbar \hat{S}_x, \quad [\hat{S}_z, \hat{S}_x] = i\hbar \hat{S}_y, \quad [\hat{S}_x, \hat{S}_y] = i\hbar \hat{S}_z \tag{10·5·4}$$

$$[\hat{\boldsymbol{L}}^2, \hat{L}_z] = [\hat{\boldsymbol{S}}^2, \hat{S}_z] = 0 \tag{10·5·5}$$

が成立する．また量子数を $L, M_L$；$S, M_S$ とすれば

$\hat{\boldsymbol{L}}^2$ の固有値 $= L(L+1)\hbar^2$　　$\hat{L}_z$ の固有値 $= M_L \hbar$

$$(M_L = -L, -L+1, \cdots, L)$$

$\hat{\boldsymbol{S}}^2$ の固有値 $= S(S+1)\hbar^2$　　$\hat{S}_z$ の固有値 $= M_S \hbar$

$$(M_S = -S, -S+1, \cdots, S)$$

である．ここで $\hat{\boldsymbol{l}}_i^2$ の量子数 $l_i$ は 0 または正の整数，$\hat{\boldsymbol{s}}_i^2$ の量子数 $s_i$ は 1/2 であるから，p. 116 の合成則 (5·8·1) により $L$ は 0 または正の整数，$S$ は 0 または正の整数または正の半整数である．

さて $\hat{\boldsymbol{L}}, \hat{\boldsymbol{S}}$ はそれぞれ位置座標，スピン座標のみに作用するから

$$[\hat{\boldsymbol{L}}, \hat{\boldsymbol{S}}] = 0 \qquad (10\cdot5\cdot6)$$

が成立する．(10·5·5), (10·5·6) より $\hat{\boldsymbol{L}}^2, \hat{L}_z, \hat{\boldsymbol{S}}^2, \hat{S}_z$ の各々は互いに他と交換することがわかる．

次にハミルトニアン (10·1·1)

$$\hat{H} = \sum_i \left( -\frac{\hbar^2}{2m_e}\Delta_i - \frac{Ze^2}{4\pi\varepsilon_0 r_i} \right) + \sum_{i>j} \frac{e^2}{4\pi\varepsilon_0 r_{ij}} \qquad (10\cdot5\cdot7)$$

と角運動量演算子の交換関係を調べてみよう．まず $\hat{H}$ にはスピン座標が含まれていないから

$$[\hat{H}, \hat{\boldsymbol{S}}^2] = [\hat{H}, \hat{S}_z] = 0 \qquad (10\cdot5\cdot8)$$

である．$\hat{H}$ と $\hat{L}_z$ も次に示すように交換する．すなわち

$$[\hat{H}, \hat{L}_z] = 0 \qquad (10\cdot5\cdot9)$$

ここで (10·5·9) を証明しよう．

$$[\hat{H}, \hat{L}_z] = \left[ \hat{H}, \sum_i \hat{l}_{iz} \right]$$

であるが，$\Delta_i = \partial^2/\partial r_i^2 + (2/r_i)(\partial/\partial r_i) - \hat{\boldsymbol{l}}_i^2/(\hbar^2 r_i^2)$ (p.101 (5·2·10)), $\hat{l}_{iz} = -i\hbar\partial/\partial\varphi_i$ (p.100 (5·2·8)) を考慮すると，(10·5·7) の $\hat{H}$ の第1項と $\hat{L}_z$ は交換することがわかる ($\because [\hat{\boldsymbol{l}}_i^2, \hat{l}_{iz}] = 0$)[1]．よって

$$\begin{aligned}
[\hat{H}, \hat{L}_z] &= \left[ \sum_{i>j} \frac{e^2}{4\pi\varepsilon_0 r_{ij}}, \sum_k \hat{l}_{kz} \right] = \sum_{i>j} \left[ \frac{e^2}{4\pi\varepsilon_0 r_{ij}}, \sum_k \hat{l}_{kz} \right] \\
&= \sum_{i>j} \left[ \frac{e^2}{4\pi\varepsilon_0 r_{ij}}, \hat{l}_{iz} + \hat{l}_{jz} \right] = \sum_{i>j} \left\{ \left[ \frac{e^2}{4\pi\varepsilon_0 r_{ij}}, \hat{l}_{iz} \right] + \left[ \frac{e^2}{4\pi\varepsilon_0 r_{ij}}, \hat{l}_{jz} \right] \right\}
\end{aligned}$$

$$(10\cdot5\cdot10)$$

となる．ただし上の変形で，$k$ が $i, j$ 以外の値をとるときは $e^2/r_{ij}$ と $\hat{l}_{kz}$ が交換することを用いた．次に

---

[1] $r_i$ の等方性により $[\partial^2/\partial r_i^2, \hat{l}_{iz}] = [\partial^2/\partial r_i^2, x_i \partial/\partial y_i] - [\partial^2/\partial r_i^2, y_i \partial/\partial x_i] = 0$
$\Delta_i$ の他の項についても同様．

## §10·5 角運動量 $L, S$ による状態の分類

$$\left[\frac{1}{r_{ij}}, \hat{l}_{iz}\right] = \left[\frac{1}{r_{ij}}, x_i\frac{\partial}{\partial y_i} - y_i\frac{\partial}{\partial x_i}\right]$$

$$= \frac{1}{r_{ij}}\left(x_i\frac{\partial}{\partial y_i} - y_i\frac{\partial}{\partial x_i}\right) - \left(x_i\frac{\partial}{\partial y_i} - y_i\frac{\partial}{\partial x_i}\right)\frac{1}{r_{ij}}{}^{1)}$$

$$= -x_i\frac{\partial}{\partial y_i}\left(\frac{1}{r_{ij}}\right) + y_i\frac{\partial}{\partial x_i}\left(\frac{1}{r_{ij}}\right)$$

$$= \frac{x_i(y_i - y_j)}{r_{ij}{}^3} - \frac{y_i(x_i - x_j)}{r_{ij}{}^3}{}^{2)}$$

$$\therefore \quad \left[\frac{1}{r_{ij}}, \hat{l}_{iz}\right] = \frac{-x_iy_j + y_ix_j}{r_{ij}{}^3}$$

である．上式で $i$ と $j$ を取り換えると

$$\left[\frac{1}{r_{ij}}, \hat{l}_{jz}\right] = \frac{-x_jy_i + y_jx_i}{r_{ij}{}^3}$$

したがって $[1/r_{ij}, \hat{l}_{iz}] = -[1/r_{ij}, \hat{l}_{jz}]$ となり (10·5·10) より

$$[\hat{H}, \hat{L}_z] = 0$$

となることがわかる．

さて極座標の軸を $y$ または $z$ 方向にとれば，$[\hat{H}, \hat{L}_x] = [\hat{H}, \hat{L}_y] = 0$ も成立する．ゆえに

$$[\hat{H}, \hat{\boldsymbol{L}}] = 0 \qquad (10\cdot5\cdot11)$$

よって

$$[\hat{H}, \hat{\boldsymbol{L}}^2] = 0 \qquad (10\cdot5\cdot12)$$

である．すなわち $\hat{\boldsymbol{L}}$ は $\hat{H}$ と可換である．また $\hat{\boldsymbol{L}}$ は時間にあらわに依存しないから，p.90 (4·6·16) により $\boldsymbol{L}$ は運動の定数となる．この結果は中心力場にお

---

1) $\left(x_i\dfrac{\partial}{\partial y_i} - y_i\dfrac{\partial}{\partial x_i}\right)\dfrac{1}{r_{ij}} = x_i\dfrac{\partial}{\partial y_i}\left(\dfrac{1}{r_{ij}}\right) - y_i\dfrac{\partial}{\partial x_i}\left(\dfrac{1}{r_{ij}}\right) + \dfrac{1}{r_{ij}}\left(x_i\dfrac{\partial}{\partial y_i} - y_i\dfrac{\partial}{\partial x_i}\right)$

2) $r_{ij}{}^2 = (x_i - x_j)^2 + (y_i - y_j)^2 + (z_i - z_j)^2$ の両辺を $x_i$ で偏微分すると

$$2r_{ij}\frac{\partial r_{ij}}{\partial x_i} = 2(x_i - x_j) \qquad \therefore \quad \frac{\partial r_{ij}}{\partial x_i} = \frac{x_i - x_j}{r_{ij}}$$

したがって

$$\frac{\partial}{\partial x_i}\left(\frac{1}{r_{ij}}\right) = -\frac{1}{r_{ij}{}^2}\frac{\partial r_{ij}}{\partial x_i} = -\frac{x_i - x_j}{r_{ij}{}^3}, \quad \text{同様に} \frac{\partial}{\partial y_i}\left(\frac{1}{r_{ij}}\right) = -\frac{y_i - y_j}{r_{ij}{}^3}$$

を得る．

いて質点系の角運動量は保存されるという古典力学の法則に対応する (p.125 注参照).

(10・5・5), (10・5・6), (10・5・8), (10・5・11), (10・5・12) より $\hat{H}, \hat{\boldsymbol{L}}^2, \hat{L}_z, \hat{\boldsymbol{S}}^2, \hat{S}_z$ は互いに交換する演算子の組である.したがってこれらの演算子に共通な固有関数系が存在する (p.84 定理 V).いま $\hat{H}$ の固有値を区別する量子数を $N$ とすれば[1]),状態 $\Psi(N, L, M_L, S, M_S)$ が存在し,それが $\hat{H}, \hat{\boldsymbol{L}}^2, \hat{L}_z, \hat{\boldsymbol{S}}^2, \hat{S}_z$ に共通の固有状態となり得るのである.$\Psi(N, L, M_L, S, M_S)$ に対応するエネルギー固有値は磁場がないときは,$\hat{L}_z, \hat{S}_z$ の量子数 $M_L, M_S$ について $(2L+1)(2S+1)$ 重に縮重している(例題 10・3 参照)[2]).したがって

$$\hat{H}\Psi(N, L, M_L, S, M_S) = E(N, L, S)\,\Psi(N, L, M_L, S, M_S)$$
$$M_L = -L, -L+1, \cdots, L \quad M_S = -S, -S+1, \cdots, S$$

となる.なお $\hat{\boldsymbol{L}}^2, \hat{L}_z$ について

$$\hat{\boldsymbol{L}}^2\Psi(N, L, M_L, S, M_S) = L(L+1)\hbar^2\Psi(N, L, M_L, S, M_S)$$
$$\hat{L}_z\Psi(N, L, M_L, S, M_S) = M_L\hbar\Psi(N, L, M_L, S, M_S)$$
$$M_L = -L, -L+1, \cdots, L$$

であるが,$\hat{\boldsymbol{S}}^2, \hat{S}_z$ についても同様な式が成立する.

エネルギー固有値が $L, S$ によって分類されるので

$$L = 0, 1, 2, 3, 4, 5, \cdots \text{ に対し S, P, D, F, G, H, } \cdots$$

という記号を用いる.$S$ の値を表すには上の記号の左上に $S$ の多重度 $2S+1$ をつける.例えば $L=0$, $S=1/2$ の場合 $^2$S,$L=3$, $S=1$ では $^3$F などとする.このようにして分類された状態は各々 $(2L+1)(2S+1)$ 重に縮重しているので **LS 多重項** (multiplet) または単に**項** (term) という.また $S$ の多重度 $2S+1 = 1, 2, 3, \cdots$ に従って 1 重項, 2 重項, 3 重項, …ともいう.

2p 軌道と 3p 軌道に 1 個ずつの電子がある (2p)(3p) 配置について考えてみよう.この場合,3 重縮重した 2p 軌道に $\alpha$ または $\beta$ スピンの電子を入れる方

---

[1] 例えばエネルギー固有値の小さい順に $N = 1, 2, 3, \cdots$ などとする.
[2] 磁場があるときは角運動量に基づく磁気モーメントと磁場との相互作用によって縮重が解ける.

§10・5　角運動量 $L, S$ による状態の分類

法は 6 通り，3p 軌道についても方法は 6 通りあるから $6 \times 6 = 36$ 個の状態が可能である．一方，$l_1 = 1, s_1 = 1/2$ ; $l_2 = 1, s_2 = 1/2$ であるから，合成則 p. 116 (5・8・1) により

$$L = 2, 1, 0 \qquad S = 1, 0$$

となる．ゆえに

$$^3\mathrm{D}, {}^1\mathrm{D}, {}^3\mathrm{P}, {}^1\mathrm{P}, {}^3\mathrm{S}, {}^1\mathrm{S}$$

の $LS$ 項 (1 重項と 3 重項) を生じる．各項の多重度 $((2L+1)(2S+1))$ はそれぞれ 15, 5, 9, 3, 3, 1 でその和は 36 となり，電子の入れ方から求めた状態数と一致する．すなわち，はじめの 36 個の状態はエネルギーの異なる 6 個の項に分類されたのである．

$LS$ 項については，次の **Hund** (フント) **の規則** (Hund's rule) が成立することが知られている．

　a) 基底状態の電子配置[1]については，$S$ が最大の項が最もエネルギーが低い．

　b) a) で最大の $S$ をもつ項がいくつかあれば，そのうちで $L$ が最大の項が最もエネルギーが低い．

Hund の規則は経験則であるが，a) はスピンの向きをそろえようとする電子間の交換相互作用によって説明される．後述するように，$(n\mathrm{d})^2$ 配置からは $^3\mathrm{F}, {}^3\mathrm{P}, {}^1\mathrm{G}, {}^1\mathrm{D}, {}^1\mathrm{S}$ の各項を生じるが，Hund の規則によるとこのうちで $^3\mathrm{F}$ が最もエネルギーが低いのである．

[**例題 10・3**]　$\hat{H}, \hat{L}^2, \hat{L}_z, \hat{S}^2, \hat{S}_z$ に共通な固有関数 $\Psi(N, L, M_L, S, M_S)$ のエネルギー固有値は磁場がないときは $M_L, M_S$ について縮重していることを示せ．

[**解**]　$\Psi$ の $\hat{H}$ に対する固有値を $E$ とすると

$$\hat{H}\Psi(N, L, M_L, S, M_S) = E\Psi(N, L, M_L, S, M_S) \qquad (1)$$

となる．上式の両辺に $\hat{L}_\pm = \hat{L}_x \pm i\hat{L}_y$ を作用させると (p. 113 参照)，$\hat{L}_\pm$ は $\hat{H}$ と可換

---

[1] 例えば電子配置 $(n\mathrm{s})^2(n\mathrm{p})$ は基底状態であるが，$(n\mathrm{s})(n\mathrm{p})^2$ は励起状態である．Hund の規則は基底状態についてのもので，励起状態では一般に成り立たないことに注意されたい．

であるから

$$\hat{H}\hat{L}_{\pm}\Psi(N, L, M_L, S, M_S) = E\hat{L}_{\pm}\Psi(N, L, M_L, S, M_S)$$

である．$\hat{L}_{\pm}$ は $L$ を変えないで $M_L$ の値を1ずつ上げ下げする演算子であるから，$\hat{L}_{\pm}\Psi(N, L, M_L, S, M_S) \propto \Psi(N, L, M_L \pm 1, S, M_S)$ が成立し (p.113 (5・7・2))，上式は

$$\hat{H}\Psi(N, L, M_L \pm 1, S, M_S) = E\Psi(N, L, M_L \pm 1, S, M_S)$$

となる．したがって $E$ は $\Psi(N, L, M_L \pm 1, S, M_S)$ に対する固有値でもある．このような演算を繰り返せば，$E$ は $M_L = -L, -L+1, \cdots, L$ のすべての状態に対応する固有値であることがわかる．

$\hat{S}_{\pm} = \hat{S}_x \pm i\hat{S}_y$ を (1) の両辺に作用させれば，$M_S$ についての縮重も同様に示すことができる．

## §10・6　スピン軌道相互作用の効果

いままで用いてきたハミルトニアン (10・1・1) には §7・2 で述べたスピン軌道相互作用によるエネルギーが入っていない．p.143 (7・2・3) の $\boldsymbol{l}, \boldsymbol{s}$ を演算子でおき換えると，これに基づく寄与は $i$ 番目の電子に対して $\zeta_i \hat{\boldsymbol{l}}_i \hat{\boldsymbol{s}}_i$ と表されるであろう．したがってより正確なハミルトニアンは

$$\boxed{\hat{H} = \sum_i \left( -\frac{\hbar^2}{2m_e}\Delta_i - \frac{Ze^2}{4\pi\varepsilon_0 r_i} \right) + \sum_{i>j} \frac{e^2}{4\pi\varepsilon_0 r_{ij}} + \hat{H}_{ls}} \quad (10\cdot 6\cdot 1)$$

となる．ただし

$$\boxed{\hat{H}_{ls} = \sum_i \zeta_i \hat{\boldsymbol{l}}_i \hat{\boldsymbol{s}}_i} \quad (10\cdot 6\cdot 2)$$

である[1]．スピン軌道相互作用の定数 $\zeta_i$ は $Z^4$ に比例して増加することが知られている．したがって $\hat{H}_{ls}$ は通常の原子では小さいが，重い原子では無視できなくなる．

---

1) (10・6・2) では電子 $i$ の軌道角運動量 $\boldsymbol{l}_i$ と他の電子のスピン角運動量 $\boldsymbol{s}_j$ との間の相互作用 $\xi_{ij}\hat{\boldsymbol{l}}_i\hat{\boldsymbol{s}}_j$ が無視されているが，$\xi$ は $\zeta$ の 1/100 程度であるから問題にしなくてもよい．

## §10.6 スピン軌道相互作用の効果

前節で $\hat{H}_{ls}$ を考慮しないときは, $\hat{H}$ と全軌道角運動量 $\hat{L}$ および全スピン角運動量 $\hat{S}$ が可換であった. しかし $l_i$ と $s_i$ が相互作用するときは, もはや $\hat{H}$ は $\hat{L}$ や $\hat{S}$ と交換しない. この場合, 以下に示すように $\hat{H}$ は全角運動量[1]

$$\hat{J} = \hat{L} + \hat{S} \tag{10・6・3}$$

とは可換である. すなわち

$$[\hat{H}, \hat{J}] = 0 \tag{10・6・4}$$

よって

$$[\hat{H}, \hat{J}^2] = 0 \tag{10・6・5}$$

も成立する. この場合, 古典力学の角運動量保存則に相当する関係が $J$ について成り立つのである.

次に (10・6・4) を証明することにしよう. まず $[\hat{H}, \hat{L}_x]$ において, (10・6・1) の $\hat{H}$ の第2項までは $\hat{L}_x$ と可換であることがわかっているから

$$[\hat{H}, \hat{L}_x] = [\hat{H}_{ls}, \hat{L}_x] = \left[\sum_i \zeta_i \hat{\boldsymbol{l}}_i \hat{\boldsymbol{s}}_i, \sum_j \hat{l}_{jx}\right]$$
$$= \sum_{i,j} [\zeta_i(\hat{l}_{ix}\hat{s}_{ix} + \hat{l}_{iy}\hat{s}_{iy} + \hat{l}_{iz}\hat{s}_{iz}), \hat{l}_{jx}]$$

となる. 上の最後の式の各項のうち, $i \neq j$ の項は可換である. また, $\hat{l}_{ix}\hat{s}_{ix}$ と $\hat{l}_{ix}$ も可換であるから

$$[\hat{H}, \hat{L}_x] = \sum_i [\zeta_i(\hat{l}_{iy}\hat{s}_{iy} + \hat{l}_{iz}\hat{s}_{iz}), \hat{l}_{ix}]$$
$$= \sum_i \zeta_i\{[\hat{l}_{iy}, \hat{l}_{ix}]\hat{s}_{iy} + [\hat{l}_{iz}, \hat{l}_{ix}]\hat{s}_{iz}\}$$
$$= \sum_i \zeta_i\{-i\hbar\hat{l}_{iz}\hat{s}_{iy} + i\hbar\hat{l}_{iy}\hat{s}_{iz}\} \quad \text{(p.97 (5・1・4) 参照)}$$

$$\therefore \quad [\hat{H}, \hat{L}_x] = i\hbar \sum_i \zeta_i(\hat{l}_{iy}\hat{s}_{iz} - \hat{l}_{iz}\hat{s}_{iy}) \tag{10・6・6}$$

を得る. 同様に

---
[1] 5章の一般の角運動量と同じ記号を用いたから注意されたい.

$$[\hat{H}, \hat{S}_x] = \left[\sum_i \zeta_i(\hat{l}_{ix}\hat{s}_{ix} + \hat{l}_{iy}\hat{s}_{iy} + \hat{l}_{iz}\hat{s}_{iz}), \sum_j \hat{s}_{jx}\right]$$

$$= \sum_i [\zeta_i(\hat{l}_{iy}\hat{s}_{iy} + \hat{l}_{iz}\hat{s}_{iz}), \hat{s}_{ix}]$$

$$= \sum_i \zeta_i\{\hat{l}_{iy}[\hat{s}_{iy}, \hat{s}_{ix}] + \hat{l}_{iz}[\hat{s}_{iz}, \hat{s}_{ix}]\}$$

$$= \sum_i \zeta_i\{-i\hbar \hat{l}_{iy}\hat{s}_{iz} + i\hbar \hat{l}_{iz}\hat{s}_{iy}\}$$

$$\therefore \quad [\hat{H}, \hat{S}_x] = i\hbar \sum_i \zeta_i(\hat{l}_{iz}\hat{s}_{iy} - \hat{l}_{iy}\hat{s}_{iz}) \tag{10・6・7}$$

となる．(10・6・6), (10・6・7) より $\hat{H}$ は $\hat{L}_x$ または $\hat{S}_x$ と交換しないことがわかる．(10・6・6) と (10・6・7) の両辺を加えると

$$[\hat{H}, \hat{J}_x] = 0$$

を得る．極座標の軸を $x$ または $y$ 方向にとれば $\hat{J}_y, \hat{J}_z$ についても同様であるから

$$[\hat{H}, \hat{\boldsymbol{J}}] = 0$$

が成立することになる．

(10・6・4), (10・6・5) により $\hat{H}, \hat{\boldsymbol{J}}^2, \hat{J}_z$ が互いに可換であるから状態はそれらの量子数を用いて $\Psi(N, J, M)$ と表すことができる．$\Psi(N, J, M)$ に対応するエネルギー固有値は，磁場がないときは $\hat{J}_z$ の量子数 $M$ について $2J+1$ 重に縮重している ($M_L, M_S$ の場合と同様な方法で証明される―前節の例題 10・3 参照)．すなわち

$$\hat{H}\,\Psi(N, J, M) = E(N, J)\,\Psi(N, J, M)$$
$$\hat{\boldsymbol{J}}^2\,\Psi(N, J, M) = J(J+1)\hbar^2\,\Psi(N, J, M)$$
$$\hat{J}_z\,\Psi(N, J, M) = M\hbar\,\Psi(N, J, M)$$
$$M = -J, -J+1, \cdots, J$$

以上のようにスピン軌道相互作用まで考慮すると，$L, M_L, S, M_S$ は $\hat{H}$ の固有状態を記述するための良い量子数 (good quantum number) ではなくなる．正確には $J, M$ で状態を区別しなければならないのである．しかし通常の分子では，$\hat{H}_{ls}$ が電子間の反発による項 $\sum_{i>j} e^2/(4\pi\varepsilon_0 r_{ij})$ よりかなり小さいので，(10・6・1) の $\hat{H}$ の第 2 項までをまず考えて $LS$ 項で状態の分類を行い，次に $\hat{H}_{ls}$ を $LS$ 項に対する摂動として取り入れるのである．このような方法を **Rus-**

§10.6 スピン軌道相互作用の効果

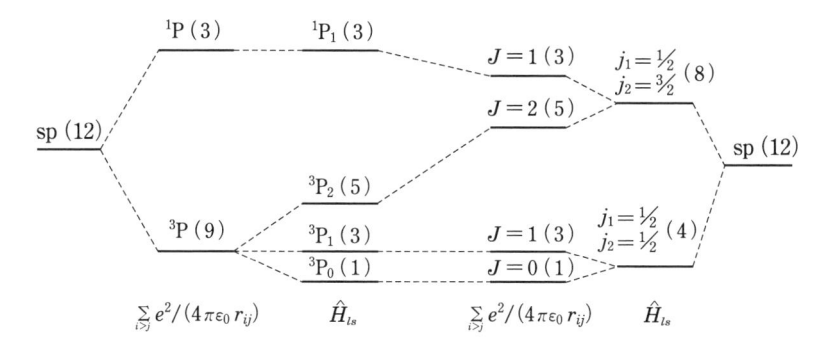

**図10·5** sp 配置における LS 結合と j-j 結合によるエネルギーの分裂. ( )内の数字は縮重度を表す.

sell-Saunders (ラッセル-サウンダース) **方式** (scheme) または **LS 結合** (LS coupling) という. sp 配置の場合を考えてみよう. $l_1 = 0$, $s_1 = 1/2$; $l_2 = 1$, $s_2 = 1/2$ であるから $L = 1$; $S = 1, 0$ となり, $\hat{H}_{ls}$ を無視すると, 状態は ³P, ¹P に分かれる. 次に $\hat{H}_{ls}$ を考慮すると各 LS 項は $J = |L+S|, |L+S-1|$, …, $|L-S|$ の相違によって分裂する. 例えば ³P 項 ($L=1, S=1$) は $J = 2, 1, 0$ をもつ準位に分かれる. 一般に $J$ の値は項を示す記号の右下に記すことになっている. すなわち $^{2S+1}L_J$ である. したがって ³P からは ³P₂, ³P₁, ³P₀ の準位を生じる. なお各準位は $M$ について $2J+1$ 重に縮重しているので, これらの準位の縮重度はそれぞれ $5, 3, 1$ である. 図10·5 の左半分に sp 配置のエネルギーの分裂の様子を示す. ただし ( ) 内の値は各準位の縮重度である.

次に $J$ によって分裂した準位のエネルギーの大きさの順序を調べてみよう. 一つの LS 項内では, (10·6·2) の $\hat{H}_{ls}$ は $\hat{L}, \hat{S}$ を用いて

$$\hat{H}_{ls} = \lambda \hat{L}\hat{S} \tag{10·6·8}$$

とおくことができることが証明されている. ただし $\lambda$ は定数であるが, 各 LS 項でその値が異なる. ところで

$$\hat{J}^2 = (\hat{L}+\hat{S})^2 = \hat{L}^2 + \hat{S}^2 + 2\hat{L}\hat{S}$$

となるから

$$\boxed{\hat{H}_{ls} = \frac{\lambda}{2}(\hat{J}^2 - \hat{L}^2 - \hat{S}^2)} \qquad (10\cdot6\cdot9)$$

を得る．分裂後の状態を $\Psi(J, M)$ とすれば，スピン軌道相互作用によるエネルギーの期待値は

$$E_{ls} = \int \Psi^*(J, M) \hat{H}_{ls} \Psi(J, M) \, d\tau \qquad (10\cdot6\cdot10)$$

となる．$\Psi(J, M)$ は近似的に量子数 $J, L, S$ をもつ $\hat{J}^2, \hat{L}^2, \hat{S}^2$ の固有関数であるから[1]，(10·6·9) から

$$\hat{H}_{ls}\Psi(J, M) = \frac{\lambda\hbar^2}{2}\{J(J+1) - L(L+1) - S(S+1)\}\Psi(J, M)$$

を得る．これを (10·6·10) に入れて，$\Psi(J, M)$ が規格化されていることを考慮すると

$$E_{ls} = \frac{\lambda\hbar^2}{2}\{J(J+1) - L(L+1) - S(S+1)\} \qquad (10\cdot6\cdot11)$$

となる．一つの $LS$ 項内では $L, S$ は共通であるから，上式からエネルギー準位の相対的位置は $J(J+1)$ で決まることがわかる．定員が $2(2l+1)$ の $nl$ 殻に $i$ 個の電子が入っている場合

$$i < 2l+1 \text{ で } \lambda > 0$$
$$i = 2l+1 \text{ で } \lambda = 0 \text{[2]}$$
$$i > 2l+1 \text{ で } \lambda < 0$$

であることが知られている．したがって (10·6·11) より電子が定員の半分より少なく入っている殻では，$J$ が最小の状態が基底状態となる．例えば d² 配置

---

[1] $LS$ 項は $M_L, M_S$ について縮重しているので，$\hat{H}_{ls}$ を摂動項とすると，縮重系の摂動論により $\Psi^0(J, M) = \sum_{M_L M_S} C_{M_L M_S} \Psi(L, M_L, S, M_S)$ となる (p. 171 (9·3·2))．したがって 0 次近似では $\Psi(J, M)$ を $\hat{L}^2, \hat{S}^2$ の固有関数とみなしてもよい．なおこのようにして求めた (10·6·11) のエネルギーは 1 次近似まで正しい．

[2] $i = 2l+1$ のときは $J$ の異なった準位のエネルギーの順序は 2 次摂動の計算で決まる．

§10.6 スピン軌道相互作用の効果

で最低エネルギーの $LS$ 項は $^3$F であるが (p. 229 参照)，これが分裂して生じる $^3$F$_4$, $^3$F$_3$, $^3$F$_2$ 準位のうち $^3$F$_2$ が最もエネルギーが低い．周期表の4族の原子の基底状態はこのようにして決まる (表紙の見返し参照)[1]．逆に p$^4$ 配置では $\lambda < 0$ となるため $J$ が最大の状態が最も安定である．この配置から生じる三つの項，$^1$D, $^3$P, $^1$S のうち[2]，Hund の規則によって $^3$P が最低エネルギーとなるが，これが分裂すると $^3$P$_2$ が基底状態となる (16族)．次に (10・6・11) から

$$\boxed{E_{ls,J} - E_{ls,J-1} = \frac{\lambda\hbar^2}{2}\{J(J+1) - (J-1)J\} = \lambda\hbar^2 J} \quad (10\cdot6\cdot12)$$

となる．すなわち $J$ 準位と $(J-1)$ 準位の間隔は $J$ に比例する．これを **Landé の間隔則** (Landé's interval rule) という．図 10・6 に鉄の $^5$D 項 (基底状態の項) の分裂を示す (p. 252 例題 10・7 参照).

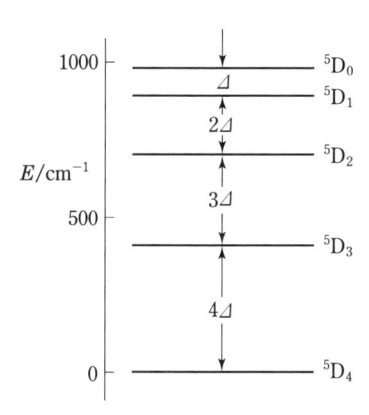

図 10・6　鉄の $^5$D 項の分裂．$\varDelta \equiv |\lambda|\hbar^2$

上で述べたように $LS$ 結合による状態の分類は (10・6・1) の $\hat{H}$ の第2項 (電子間のクーロン相互作用) が第3項 (スピン軌道相互作用) に比べてかなり大きいときに有効である．この条件は通常の原子では満たされている．しかし重い原子の，特に励起状態では，逆に第3項の方が第2項よりも大きくなり $LS$ 結合方式が不適当となる．重い原子で第3項が大きくなる理由は，前述したように $\hat{H}_{ls}$ が $Z^4$ に比例して増加するためである．また励起状態 (例えば $(n\mathrm{p})((n+1)\mathrm{s})$) では電子が異なった軌道を占めるため，電子間のクーロン相互作用 (第2項) が小さくなる．このように $\hat{H}_{ls}$ が $\sum_{i>j} e^2/(4\pi\varepsilon_0 r_{ij})$ に比べて大きいときには，$LS$ 結合の場合と逆に，まず (10・6・1) の $\hat{H}$ の第1項と第3項の和

---

1) 内側の閉殻は $L = S = J = 0$ を与えるから考慮しなくてもよい (次節参照).
2) p$^4$ 配置の項がこの三つになることについては §10・8 で述べる.

$$\hat{H}_1 = \sum_i \left( -\frac{\hbar^2}{2m_e}\Delta_i - \frac{Ze^2}{4\pi\varepsilon_0 r_i} \right) + \hat{H}_{ls} \qquad (10\cdot 6\cdot 13)$$

を考慮して状態の分類を行い，次に第2項を摂動項として取り入れることになる．さて $\hat{H}_1$ と可換な演算子は個々の電子の軌道角運動量とスピン角運動量の和の2乗

$$\hat{\boldsymbol{j}}_i^2 = (\hat{\boldsymbol{l}}_i + \hat{\boldsymbol{s}}_i)^2 \qquad (10\cdot 6\cdot 14)$$

である（例題 10・4 参照）．したがって原子のエネルギー状態はまず $\hat{\boldsymbol{j}}_i^2$ の量子数 $j_i$ の組によって分類される．次に $\sum_{i>j} e^2/(4\pi\varepsilon_0 r_{ij})$ を考慮すると $\hat{H}$ と $\hat{\boldsymbol{j}}_i^2$ はもはや可換ではなく，状態は $\hat{H}$ と可換な $\hat{\boldsymbol{J}}^2, \hat{J}_z$ の量子数 $J, M$ で指定されることになる．例えば sp 配置の場合（図 10・5 の右半分参照），$l_1 = 0$, $s_1 = 1/2$；$l_2 = 1$, $s_2 = 1/2$ であるから，$j_1 = 1/2$；$j_2 = 3/2, 1/2$ となる．ゆえにエネルギー状態はまず $(j_1, j_2)$ が $(1/2, 3/2), (1/2, 1/2)$ である二つの準位に分かれる．次に $\boldsymbol{j}_1$ と $\boldsymbol{j}_2$ の合成により $(1/2, 3/2)$ からは $J = 2, 1$，$(1/2, 1/2)$ からは $J = 1, 0$ のエネルギー準位を生じることになる．このような状態の分類方式を **$j$-$j$ 結合**（$j$-$j$ coupling）という．

以上のように LS 結合は $\sum_{i>j} e^2/(4\pi\varepsilon_0 r_{ij}) \gg \hat{H}_{ls}$ のとき，$j$-$j$ 結合は逆に $\sum_{i>j} e^2/(4\pi\varepsilon_0 r_{ij}) \ll \hat{H}_{ls}$ のときよく当てはまる方式である．実際には両者の中間の場合に用いられる方式（中間結合 intermediate coupling）もあるが，ここではふれないことにする．図 10・5 に LS 結合から $j$-$j$ 結合に移って行く様子を示した．なお図 10・7 は周期表の 14 族の $(n\text{p})((n+1)\text{s})$ 励起状態のエネルギー準位である．図によると，原子番号の小さい C, Si では LS 結合が，Sn, Pb では $j$-$j$ 結合が妥当であることがわかる（図 10・5 と比較されたい）．ただし Pb の場合も基底配置 $(6\text{p})^2$ では LS 結合が成立することが知られている．

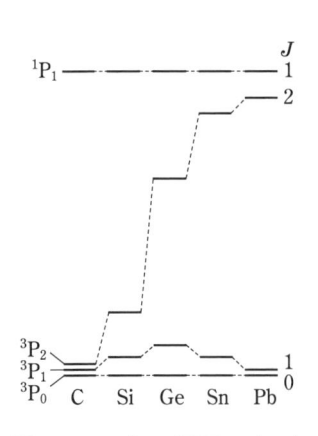

図 10・7　14 族の原子の $(n\text{p})((n+1)\text{s})$ 配置におけるエネルギーの分裂．C～Pb に対しそれぞれ $n = 2～6$ である．

[**例題 10・4**] (10・6・13) の $\hat{H}_1$ と (10・6・14) の $\hat{j}_i^2$ が可換であることを示せ.

[**解**] $\hat{l}_i$ は $\theta_i$ と $\varphi_i$ にのみ作用するから,$\hat{H}_1$ の第 1 項 $\sum_i \{-(\hbar^2/2m_e)\Delta_i - Ze^2/(4\pi\varepsilon_0 r_i)\} = \sum_i \{-(\hbar^2/2m_e)(\partial^2/\partial r_i^2 + (2/r_i)\partial/\partial r_i - \hat{l}_i^2/(\hbar^2 r_i^2)) - Ze^2/(4\pi\varepsilon_0 r_i)\}$ と $\hat{l}_i$ が可換であることは明らかである. したがって $\hat{H}_1$ の第 1 項と

$$\hat{j}_i^2 = (\hat{l}_i + \hat{s}_i)^2 = \hat{l}_i^2 + \hat{s}_i^2 + 2\hat{l}_i\hat{s}_i$$

が可換となる. よって

$$\begin{aligned}[\hat{H}_1, \hat{j}_i^2] &= [\hat{H}_{ls}, \hat{j}_i^2] \\ &= \left[\sum_j \zeta_j \hat{l}_j \hat{s}_j, \hat{l}_i^2 + \hat{s}_i^2 + 2\hat{l}_i\hat{s}_i\right] \\ &= [\zeta_i \hat{l}_i \hat{s}_i, \hat{l}_i^2 + \hat{s}_i^2 + 2\hat{l}_i\hat{s}_i]\end{aligned}$$

である. 上式で $[\hat{l}_i, \hat{l}_i^2] = [\hat{s}_i, \hat{s}_i^2] = 0$ であるから

$$[\hat{H}_1, \hat{j}_i^2] = 0$$

が得られる.

## §10・7　電子の配列と $LS$ 項—閉殻

前節までに通常の原子の状態は $LS$ 結合方式で有効に分類されることを述べたが,一つの電子配置において原子軌道に電子を配列するときに生じる個々の状態がどのような $LS$ 項と直接対応するかという問題にはふれなかった. 例えば $(2p)^2$ 配置において,$m = 0, \pm 1$ の軌道に電子を収容したときに生じる 15 通りの状態[1]がどのような $L, S$ の値をもつかという問題が残っているのである. これを調べるためには個々の電子配列を Slater 行列式で表現して,それに $\hat{L}^2, \hat{S}^2$ を作用させてみればよい. その結果は以下に示すように閉殻では $L = M_L = S = M_S = 0$ となる. したがって $L$ と $S$ を合成して生じる $J$ も 0 となり,閉殻の状態は $^1S_0$ となることがわかる. これが周期表の 2, 12 および 0 族の基底状態である.

一般に $n$ 電子系において演算子 $\hat{F}(\tau_1, \tau_2, \cdots, \tau_n)$ が

---

1) これらの各状態を電子配置と呼ぶこともあるが,$(2p)^2$ 配置などの用語との混乱を避けるため以後電子配列と呼ぶことにする. これは本書だけの用語で一般的ではない.

$$\hat{F}(\tau_1, \tau_2, \cdots, \tau_n) = \sum_{i=1}^{n} \hat{f}(\tau_i) \tag{10・7・1}$$

と，個々の電子にのみ作用する演算子 $\hat{f}(\tau_i)$ の和の形に書ける場合を考えよう．このような $\hat{F}$ の例として

$$\hat{L}_z(\boldsymbol{r}_1, \boldsymbol{r}_2, \cdots, \boldsymbol{r}_n) = \sum_{i=1}^{n} \hat{l}_z(\boldsymbol{r}_i) \tag{10・7・2}$$

$$\hat{S}_z(\sigma_1, \sigma_2, \cdots, \sigma_n) = \sum_{i=1}^{n} \hat{s}_z(\sigma_i) \tag{10・7・3}$$

$$\hat{L}_\pm(\boldsymbol{r}_1, \boldsymbol{r}_2, \cdots, \boldsymbol{r}_n) = \sum_{i=1}^{n} \hat{l}_\pm(\boldsymbol{r}_i) \tag{10・7・4}$$

などがある．さて $\hat{F}$ を

$$\Psi = |\phi_1 \phi_2 \cdots \phi_n|$$

に作用させると

$$\hat{F}\Psi = \left\{\sum_{i=1}^{n} \hat{f}(\tau_i)\right\} \frac{1}{\sqrt{n!}} \begin{vmatrix} \phi_1(\tau_1) & \phi_1(\tau_2) & \cdots & \phi_1(\tau_n) \\ \phi_2(\tau_1) & \phi_2(\tau_2) & \cdots & \phi_2(\tau_n) \\ & \cdots\cdots\cdots & & \\ \phi_n(\tau_1) & \phi_n(\tau_2) & \cdots & \phi_n(\tau_n) \end{vmatrix}$$

$$= \frac{1}{\sqrt{n!}} \begin{vmatrix} \hat{f}(\tau_1)\phi_1(\tau_1) & \phi_1(\tau_2) & \cdots & \phi_1(\tau_n) \\ \hat{f}(\tau_1)\phi_2(\tau_1) & \phi_2(\tau_2) & \cdots & \phi_2(\tau_n) \\ & \cdots\cdots\cdots & & \\ \hat{f}(\tau_1)\phi_n(\tau_1) & \phi_n(\tau_2) & \cdots & \phi_n(\tau_n) \end{vmatrix}$$

$$+ \frac{1}{\sqrt{n!}} \begin{vmatrix} \phi_1(\tau_1) & \hat{f}(\tau_2)\phi_1(\tau_2) & \cdots & \phi_1(\tau_n) \\ \phi_2(\tau_1) & \hat{f}(\tau_2)\phi_2(\tau_2) & \cdots & \phi_2(\tau_n) \\ & \cdots\cdots\cdots & & \\ \phi_n(\tau_1) & \hat{f}(\tau_2)\phi_n(\tau_2) & \cdots & \phi_n(\tau_n) \end{vmatrix}$$

§10.7 電子の配列と $LS$ 項—閉殻

$$+ \cdots + \frac{1}{\sqrt{n!}} \begin{vmatrix} \phi_1(\tau_1) & \phi_1(\tau_2) & \cdots & \hat{f}(\tau_n)\,\phi_1(\tau_n) \\ \phi_2(\tau_1) & \phi_2(\tau_2) & \cdots & \hat{f}(\tau_n)\,\phi_2(\tau_n) \\ & \cdots\cdots\cdots\cdots & & \\ \phi_n(\tau_1) & \phi_n(\tau_2) & \cdots & \hat{f}(\tau_n)\,\phi_n(\tau_n) \end{vmatrix}$$

$$\therefore \left\{\sum_{i=1}^{n} \hat{f}(\tau_i)\right\} |\phi_1\phi_2\cdots\phi_n|$$
$$= |\hat{f}\phi_1\phi_2\cdots\phi_n| + |\phi_1\hat{f}\phi_2\cdots\phi_n| + \cdots + |\phi_1\phi_2\cdots\hat{f}\phi_n| \quad (10\cdot7\cdot5)$$

が得られる．

上式を用いて閉殻の角運動量の量子数 $L, M_L, S, M_S$ を求めてみよう．閉殻は $m = -l, -l+1, \cdots, l$ の各軌道 $\phi_m$ が $\alpha, \beta$ スピンの電子で完全に満たされた状態であるから

$$\Psi_c = |\phi_{-l}\overline{\phi}_{-l}\phi_{-l+1}\overline{\phi}_{-l+1}\cdots\phi_l\overline{\phi}_l|$$
$$= |\phi_{-l}\alpha\,\phi_{-l}\beta\,\phi_{-l+1}\alpha\,\phi_{-l+1}\beta\cdots\phi_l\alpha\,\phi_l\beta|$$

と表現される．$(10\cdot7\cdot2), (10\cdot7\cdot5)$ より

$$\hat{L}_z\Psi_c = |\hat{l}_z\phi_{-l}\alpha\,\phi_{-l}\beta\cdots\phi_l\beta| + |\phi_{-l}\alpha\,\hat{l}_z\phi_{-l}\beta\cdots\phi_l\beta| + \cdots$$
$$+ |\phi_{-l}\alpha\,\phi_{-l}\beta\cdots\hat{l}_z\phi_l\beta|$$

となるが，$\hat{l}_z(\boldsymbol{r}_i)\,\phi_m(\boldsymbol{r}_i)\,\alpha(\sigma_i) = m\hbar\,\phi_m(\boldsymbol{r}_i)\,\alpha(\sigma_i)$ などとなるから

$$\hat{L}_z\Psi_c = \{(-l) + (-l) + (-l+1) + (-l+1) + \cdots + l + l\}\hbar\Psi_c$$
$$= 0\cdot\hbar\Psi_c$$

が得られる．すなわち $\hat{L}_z\Psi_c = M_L\hbar\Psi_c$ において $M_L = 0$ である．また上の変形から，

$$\hat{L}_z|\phi_{m_1}\overline{\phi}_{m_2}\cdots\phi_{m_n}| = \left(\sum_i m_i\right)\hbar\,|\phi_{m_1}\overline{\phi}_{m_2}\cdots\phi_{m_n}|$$

も明らかであろう．すなわち $\hat{l}_z$ の量子数が $m_1, m_2, \cdots, m_n$ の軌道を1個ずつ電子が占めている場合，$\hat{L}_z$ の量子数は

$$M_L = \sum_i m_i \quad (10\cdot7\cdot6)$$

である．同様に $\hat{s}_z(\sigma_i)\,\phi_m(\boldsymbol{r}_i)\,\alpha(\sigma_i) = (\hbar/2)\,\phi_m(\boldsymbol{r}_i)\,\alpha(\sigma_i)$, $\hat{s}_z(\sigma_i)\,\phi_m(\boldsymbol{r}_i)\,\beta(\sigma_i) = (-\hbar/2)\,\phi_m(\boldsymbol{r}_i)\,\beta(\sigma_i)$ であるから

$$\hat{S}_z \varPsi_{\mathrm{c}} = |\hat{s}_z \phi_{-l} \alpha \phi_{-l} \beta \cdots \phi_l \beta| + |\phi_{-l} \alpha \hat{s}_z \phi_{-l} \beta \cdots \phi_l \beta| + \cdots$$
$$+ |\phi_{-l} \alpha \phi_{-l} \beta \cdots \hat{s}_z \phi_l \beta|$$
$$= \left\{\left(\frac{1}{2}\right) + \left(-\frac{1}{2}\right) + \cdots + \left(-\frac{1}{2}\right)\right\} \hbar \varPsi_{\mathrm{c}}$$
$$= 0 \cdot \hbar \varPsi_{\mathrm{c}}$$

となる．すなわち閉殻の場合，$M_S = 0$ である．また，(10・7・6)に対応して一般に

$$M_S = \sum_i m_{\mathrm{s}i} \qquad (10\cdot7\cdot7)$$

が成立することも容易にわかる．ただし $m_{\mathrm{s}i}$ の値は電子が $\alpha$ スピン状態にあるときは $1/2$，$\beta$ スピン状態にあるときは $-1/2$ である．

次に $\hat{\boldsymbol{L}}^2$ の量子数を求めよう．p.114 の (5・7・4) より

$$\hat{\boldsymbol{L}}^2 \varPsi_{\mathrm{c}} = \left\{\frac{1}{2}(\hat{L}_+ \hat{L}_- + \hat{L}_- \hat{L}_+) + \hat{L}_z{}^2\right\} \varPsi_{\mathrm{c}} \qquad (10\cdot7\cdot8)$$

である．上式においてすでに示したように $\hat{L}_z \varPsi_{\mathrm{c}} = 0$ であるから，$\hat{L}_z{}^2 \varPsi_{\mathrm{c}} = 0$ となる．(10・7・4), (10・7・5) より

$$\hat{L}_+ \varPsi_{\mathrm{c}} = |\hat{l}_+ \phi_{-l} \alpha \phi_{-l} \beta \phi_{-l+1} \alpha \cdots \phi_l \beta| + |\phi_{-l} \alpha \hat{l}_+ \phi_{-l} \beta \phi_{-l+1} \alpha \cdots \phi_l \beta|$$
$$+ |\phi_{-l} \alpha \phi_{-l} \beta \hat{l}_+ \phi_{-l+1} \alpha \cdots \phi_l \beta| + \cdots + |\phi_{-l} \alpha \phi_{-l} \beta \phi_{-l+1} \alpha \cdots \hat{l}_+ \phi_l \beta|$$

を得る．ところで p.113 の (5・7・2) より $\hat{l}_+(\boldsymbol{r}_i) \phi_{-l}(\boldsymbol{r}_i) \alpha(\sigma_i) \propto \phi_{-l+1}(\boldsymbol{r}_i) \alpha(\sigma_i)$ となるから，上式の右辺の 第1項 $\propto |\phi_{-l+1} \alpha \phi_{-l} \beta \phi_{-l+1} \alpha \cdots \phi_l \beta|$ となる．この行列式は1行目と3行目が等しい（または $\phi_{-l+1}$ の軌道に二つの $\alpha$ スピンの電子が入っている）から，0 である．他の項も最後の2項を除いて行列式に同じ行が現れるので 0 となる．最後の2項は p.115 の例題 5・1 の結果より $\hat{l}_+ \phi_{l,l} = 0$ となるので，行列式にすべて 0 となる行が生じ，その値は 0 となる．結局，$\hat{L}_+ \varPsi_{\mathrm{c}} = 0$ が得られる．同様に $\hat{L}_- \varPsi_{\mathrm{c}} = 0$ が成立することも明らかであろう．これらの結果を (10・7・8) に入れて

$$\hat{\boldsymbol{L}}^2 \varPsi_{\mathrm{c}} = 0$$

となる．ゆえに $\hat{\boldsymbol{L}}^2 \varPsi_{\mathrm{c}} = L(L+1) \hbar^2 \varPsi_{\mathrm{c}}$ において $L = 0$ が得られる．

$S$ の値も同様にして求められる．

$$\hat{S}^2 \Psi_c = \left\{ \frac{1}{2}(\hat{S}_+\hat{S}_- + \hat{S}_-\hat{S}_+) + \hat{S}_z{}^2 \right\} \Psi_c \tag{10・7・9}$$

において，$\hat{S}_z \Psi_c = 0$ であるから $\hat{S}_z{}^2 \Psi_c = 0$ となる．次に

$$\hat{S}_+ \Psi_c = |\hat{s}_+\phi_{-l}\alpha\phi_{-l}\beta\cdots\phi_l\beta| + |\phi_{-l}\alpha\hat{s}_+\phi_{-l}\beta\cdots\phi_l\beta| + \cdots$$
$$+ |\phi_{-l}\alpha\phi_{-l}\beta\cdots\hat{s}_+\phi_l\beta| \tag{10・7・10}$$

である．ところで $\alpha$ は $s=1/2, m_s=1/2$，$\beta$ は $s=1/2, m_s=-1/2$ の量子数をもつ関数であるから，p.113 の (5・7・2) において $J=s, M=m_s$ とすると

$$\hat{s}_\pm \alpha = \begin{cases} 0 \\ \hbar\beta \end{cases} \qquad \hat{s}_\pm \beta = \begin{cases} \hbar\alpha \\ 0 \end{cases} \tag{10・7・11}$$

ゆえに $\hat{s}_+(\sigma_i)\phi_{-l}(\boldsymbol{r}_i)\alpha(\sigma_i) = 0$ となり (10・7・10) の右辺の第1項は0となる．同様に $\alpha$ スピンに $\hat{s}_+$ を作用させた形の項はすべて消える．次に上式から $\hat{s}_+\phi_{-l}\beta = \hbar\phi_{-l}\alpha$ であるから，(10・7・10) の第2項は $\hbar|\phi_{-l}\alpha\phi_{-l}\alpha\cdots\phi_l\beta|$ となり0になる．これと同様に $\hat{s}_+$ を $\beta$ スピンに作用させた形の項もすべて消える．したがって $\hat{S}_+ \Psi_c = 0$，同様に $\hat{S}_- \Psi_c = 0$ であるから

$$\hat{S}^2 \Psi_c = S(S+1)\hbar^2 \Psi_c = 0$$

すなわち $S=0$ であることがわかる．

### §10・8　電子の配列と $LS$ 項—開殻

前節に続いて，今度は開殻の場合に生じる電子配列と $LS$ 項の対応を調べることにしよう．

開殻の中で一番簡単な例は電子1個の場合である．このときは $L=l, S=s$ であるから，s, p, d 配置に対して $L=0, 1, 2$，また $S$ はすべて 1/2 である．したがって $LS$ 項はそれぞれ $^2$S, $^2$P, $^2$D となる．さらにスピン軌道相互作用まで考慮したときの基底状態は $^2$S$_{1/2}$(1族と11族)，$^2$P$_{1/2}$(13族)，$^2$D$_{3/2}$(Sc, Y, La, Ac) である (s 配置を除いて $\lambda > 0$ (p.234))．

次に p$^2$ 配置を考えよう．p.229 でみたように，異なった p 軌道に1個ずつ電

表 10·5  $p^2$ 配置における電子の配列
(↑ は $\alpha$ スピン, ↓ は $\beta$ スピンを表す)

|  | $m$ | | | $M_L=\sum_i m_i$ | $M_S=\sum_i m_{s_i}$ | $LS$ 項 |
|---|---|---|---|---|---|---|
|  | 1 | 0 | $-1$ | | | |
| 1 | ↑↓ | | | 2 | 0 | $^1D$ |
| 2 | ↑ | ↑ | | 1 | 1 | $^3P$ |
| 3 | ↑ | ↓ | | 1 | 0 | $^1D, ^3P$ |
| 4 | ↓ | ↑ | | 1 | 0 | |
| 5 | ↓ | ↓ | | 1 | $-1$ | $^3P$ |
| 6 | ↑ | | ↑ | 0 | 1 | $^3P$ |
| 7 | ↑ | | ↓ | 0 | 0 | $^1D, ^3P, ^1S$ |
| 8 | | ↑↓ | | 0 | 0 | |
| 9 | ↓ | | ↑ | 0 | 0 | |
| 10 | ↓ | | ↓ | 0 | $-1$ | $^3P$ |
| 11 | | ↑ | ↑ | $-1$ | 1 | $^3P$ |
| 12 | | ↓ | ↑ | $-1$ | 0 | $^1D, ^3P$ |
| 13 | | ↑ | ↓ | $-1$ | 0 | |
| 14 | | ↓ | ↓ | $-1$ | $-1$ | $^3P$ |
| 15 | | | ↑↓ | $-2$ | 0 | $^1D$ |

子がある $(n\mathrm{p})(n'\mathrm{p})$ 配置では, $^3D, ^1D, ^3P, ^1P, ^3S, ^1S$ の 6 個の $LS$ 項を生じるが, $(n\mathrm{p})^2$ 配置では次に述べるように Pauli の原理によってこのうちの 3 個だけが許される. 表 10·5 に $m=-1, 0, 1$ の p 軌道に 2 個の電子を配列するすべての方法を示した. これらの配列に対する $M_L, M_S$ の値は (10·7·6), (10·7·7) より直ちに求めることができる. つぎに $L, S$ の値を調べよう.

表の配列のうち, $|M_L|$ が最大のものは, $(M_L, M_S)$ が $(2, 0)$ と $(-2, 0)$ の配列 (No. 1 と No. 15) である. したがって $L=2, S=0$ の $^1D$ があることが予想される ($^3D$ は存在しない. なぜならば $(M_L, M_S) = (2, \pm 1)$ の配列はないからである). $^1D$ に対しては $(M_L, M_S) = (2, 0), (1, 0), (0, 0), (-1, 0), (-2, 0)$ の状態が可能である. これらを表の対応する位置に記入した. $|M_L|=2$ の次に $|M_L|$ の大きい配列は $M_L=\pm 1$ のものであるが, その中で最大の $|M_S|$ は $M_S=\pm 1$ である. ゆえに $^3P$ があることがわかる. $^3P$ の可能な状態は $(M_L, M_S) = (1, 1), (1, 0), (1, -1), (0, 1), (0, 0), (0, -1), (-1, 1), (-1, 0), (-1, -1)$ を与える配列である. これらを表に記入すると, 最後に $(M_L,$

§10·8 電子の配列と $LS$ 項—開殻    243

$M_S) = (0, 0)$ の配列が一つ残る．これは明らかに $^1$S に対応する．ゆえに $(n\mathrm{p})$ $(n'\mathrm{p})$ の $LS$ 項 $^3$D, $^1$D, $^3$P, $^1$P, $^3$S, $^1$S のうち，$(n\mathrm{p})^2$ 配置では $^1$D, $^3$P, $^1$S のみが可能であることがわかる．

表 10·5 において電子配列と $LS$ 項が一対一に対応している場合 (No. 1, No. 2, No. 5 など)，その電子配列の $L, S$ 値は確定している．例えば No. 1 の状態は $|\phi_1\alpha\ \phi_1\beta|$ と表されるが ($\phi$ の添字は $m$ 値を表す)，量子数が $L, M_L, S, M_S$ をとる状態を $\Psi(L, M_L, S, M_S)$ と表記すれば

$$\Psi(2200) = |\phi_1\alpha\ \phi_1\beta| = |\phi_1\overline{\phi}_1| \qquad (10\cdot8\cdot1)$$

が成立する[1]．これは $\hat{L}^2$ と $\hat{S}^2$ を上式の両辺に作用させて直接確かめることもできる (例題 10·5)．

表 10·5 で No. 3, 4，No. 7, 8, 9 および No. 12, 13 の組は電子配列と $LS$ 項が一対一に対応していない．この場合は以下に示すように各 $LS$ 項の状態が対応する電子配列の状態の一次結合で表される．例えば No. 7, 8, 9 に対応する $LS$ 項の関数 ($M_L = 0, M_S = 0$) は，下で導くように

$^1$D $\quad \Psi(2000) = \dfrac{1}{\sqrt{6}}(|\phi_1\overline{\phi}_{-1}| + 2|\phi_0\overline{\phi}_0| - |\overline{\phi}_1\phi_{-1}|)$

$^3$P $\quad \Psi(1010) = \dfrac{1}{\sqrt{2}}(|\phi_1\overline{\phi}_{-1}| + |\overline{\phi}_1\phi_{-1}|)$

$^1$S $\quad \Psi(0000) = \dfrac{1}{\sqrt{3}}(|\phi_1\overline{\phi}_{-1}| - |\phi_0\overline{\phi}_0| - |\overline{\phi}_1\phi_{-1}|)$

である．これらの関数は規格化されている．また，$\hat{L}^2$ の固有値 $L(L+1)\hbar^2$ が異なっているので互いに直交するはずである[2]．他の No. 3, 4 および No. 12, 13 の組についても同様である．$\mathrm{p}^2$ 配置により生じる各関数を表 10·6 にまとめて示す．

さて表 10·6 において電子配列の一次結合で表された関数を導くことにしよ

---

[1] 一般に $\Psi(L, M_{L_1}, S, M_{S_1})$ は $M_L = M_{L_1}, M_S = M_{S_1}$ を与える電子配列の行列式の一次結合で表されるはずである．したがって電子配列が 1 個しかないときは $\Psi$ は確定する．

[2] これらの関数の規格直交性は電子配列の関数 $|\phi_1\overline{\phi}_{-1}|, |\phi_0\overline{\phi}_0|, |\overline{\phi}_1\phi_{-1}|$ の規格直交性により導かれる．

**表 10·6** $p^2$ 配置の関数 ($|\phi_1\overline{\phi}_1| = |\phi_1\alpha\,\phi_1\beta|$ などである)

$^1D(L=2, S=0)$

| $M_L$ \ $M_S$ | 0 |
|---|---|
| 2 | $|\phi_1\overline{\phi}_1|$ |
| 1 | $\frac{1}{\sqrt{2}}(|\phi_1\overline{\phi}_0| - |\overline{\phi}_1\phi_0|)$ |
| 0 | $\frac{1}{\sqrt{6}}(|\phi_1\overline{\phi}_{-1}| + 2|\phi_0\overline{\phi}_0| - |\overline{\phi}_1\phi_{-1}|)$ |
| $-1$ | $\frac{1}{\sqrt{2}}(|\phi_0\overline{\phi}_{-1}| - |\overline{\phi}_0\phi_{-1}|)$ |
| $-2$ | $|\phi_{-1}\overline{\phi}_{-1}|$ |

$^3P(L=1, S=1)$

| $M_L$ \ $M_S$ | 1 | 0 | $-1$ |
|---|---|---|---|
| 1 | $|\phi_1\phi_0|$ | $\frac{1}{\sqrt{2}}(|\phi_1\overline{\phi}_0| + |\overline{\phi}_1\phi_0|)$ | $|\overline{\phi}_1\overline{\phi}_0|$ |
| 0 | $|\phi_1\phi_{-1}|$ | $\frac{1}{\sqrt{2}}(|\phi_1\overline{\phi}_{-1}| + |\overline{\phi}_1\phi_{-1}|)$ | $|\overline{\phi}_1\overline{\phi}_{-1}|$ |
| $-1$ | $|\phi_0\phi_{-1}|$ | $\frac{1}{\sqrt{2}}(|\phi_0\overline{\phi}_{-1}| + |\overline{\phi}_0\phi_{-1}|)$ | $|\overline{\phi}_0\overline{\phi}_{-1}|$ |

$^1S(L=0, S=0)$

| $M_L$ \ $M_S$ | 0 |
|---|---|
| 0 | $\frac{1}{\sqrt{3}}(|\phi_1\overline{\phi}_{-1}| - |\phi_0\overline{\phi}_0| - |\overline{\phi}_1\phi_{-1}|)$ |

う. 求める関数は $^1D$ では $\Psi(2100), \Psi(2000)$ および $\Psi(2\overline{1}00)$ である. まず (10·8·1) の両辺に $\hat{L}_-$ を作用させると $M_L$ が 1 小さい $\Psi(2100)$ が得られる. (10·7·4) より

$$\hat{L}_- \Psi(2200) = \left\{\sum_i \hat{l}_-(\boldsymbol{r}_i)\right\}|\phi_1\alpha\,\phi_1\beta|$$

である. 上式の左辺は p.113 の (5·7·2) より

$$\hat{L}_- \Psi(2200) = \sqrt{(2+2)(2-2+1)}\,\hbar\,\Psi(2100) = 2\hbar\,\Psi(2100)$$

右辺は

$$\left\{\sum_i \hat{l}_-(\boldsymbol{r}_i)\right\}|\phi_1\alpha\,\phi_1\beta| = |(\hat{l}_-\phi_1)\,\alpha\,\phi_1\beta| + |\phi_1\alpha\,(\hat{l}_-\phi_1)\,\beta|$$

となるが, $\phi_1$ は $l=1, m=1$ の関数であるから, (5·7·2) により $\hat{l}_-\phi_1=$

§10・8 電子の配列と $LS$ 項—開殻   245

$\sqrt{(1+1)(1-1+1)}\hbar\phi_0 = \sqrt{2}\,\hbar\phi_0$ を与え

$$\left\{\sum_i \hat{l}_-(\boldsymbol{r}_i)\right\}|\phi_1\alpha\ \phi_1\beta| = \sqrt{2}\,\hbar(|\phi_0\alpha\ \phi_1\beta| + |\phi_1\alpha\ \phi_0\beta|)$$

を得る．よって

$$\Psi(2100) = \frac{1}{\sqrt{2}}(|\phi_0\alpha\ \phi_1\beta| + |\phi_1\alpha\ \phi_0\beta|)$$

である．上式を書き直して

$$\Psi(2100) = \frac{1}{\sqrt{2}}(|\phi_1\alpha\ \phi_0\beta| - |\phi_1\beta\ \phi_0\alpha|) \tag{10・8・2}$$

となる．上と同様に $\Psi(2000)$，$\Psi(2\bar{1}00)$ も上式の両辺に次々と $\hat{L}_-$ を作用させれば得られる．

次に $^3\mathrm{P}$ の関数である $\Psi(1110)$，$\Psi(1010)$ および $\Psi(1\bar{1}10)$ を求めよう．$\Psi(1110)$ を得るには，$M_L = 1, M_S = 1$ の関数 (表 10・5 の No.2)

$$\Psi(1111) = |\phi_1\alpha\ \phi_0\alpha| \tag{10・8・3}$$

の両辺に $\hat{S}_-$ を作用させればよい．すなわち

$$\hat{S}_-\Psi(1111) = \{\sum_i \hat{s}_-(\sigma_i)\}|\phi_1\alpha\ \phi_0\alpha|$$

において (5・7・2) より

$$\text{左辺} = \sqrt{(1+1)(1-1+1)}\,\hbar\,\Psi(1110) = \sqrt{2}\,\hbar\,\Psi(1110)$$

$$\text{右辺} = |\phi_1(\hat{s}_-\alpha)\ \phi_0\alpha| + |\phi_1\alpha\ \phi_0(\hat{s}_-\alpha)|$$
$$= \hbar(|\phi_1\beta\ \phi_0\alpha| + |\phi_1\alpha\ \phi_0\beta|) \qquad ((10・7・11)\ 参照)$$

であるから

$$\Psi(1110) = \frac{1}{\sqrt{2}}(|\phi_1\alpha\ \phi_0\beta| + |\phi_1\beta\ \phi_0\alpha|) \tag{10・8・4}$$

となる．同様にして $\Psi(1010)$ および $\Psi(1\bar{1}10)$ は表 10・6 の $^3\mathrm{P}$ において $M_S$ が $\pm 1$ だけ異なった関数に $\hat{S}_+$ または $\hat{S}_-$ を作用させれば得られる．または (10・8・4) の両辺に $\hat{L}_-$ を次々と作用させても求められる．

最後に $^1\mathrm{S}$ の関数 $\Psi(0000)$ を求めよう．表 10・5 によると，この関数は $M_L = M_S = 0$ の配列の関数の一次結合で表されるはずである．この一次結合

についてはすでに $^1$D の $\Psi(2000)$ と $^3$P の $\Psi(1010)$ の二つがつくられている（表 10·6）．よって両者に直交するものをとって

$$\Psi(0000) = \frac{1}{\sqrt{3}}(|\phi_1\alpha\,\phi_{-1}\beta| - |\phi_0\alpha\,\phi_0\beta| - |\phi_1\beta\,\phi_{-1}\alpha|) \quad (10·8·5)$$

となる．

次に表 10·6 の関数の性質を調べてみよう．まず $^1$D の $M_L = 1, M_S = 0$ の関数を展開すると

$$\frac{1}{\sqrt{2}}(|\phi_1\bar{\phi}_0| - |\bar{\phi}_1\phi_0|) = \frac{1}{\sqrt{2}}\left\{\frac{1}{\sqrt{2}}\begin{vmatrix}\phi_1(r_1)\,\alpha(\sigma_1) & \phi_1(r_2)\,\alpha(\sigma_2)\\ \phi_0(r_1)\,\beta(\sigma_1) & \phi_0(r_2)\,\beta(\sigma_2)\end{vmatrix}\right.$$

$$\left. -\frac{1}{\sqrt{2}}\begin{vmatrix}\phi_1(r_1)\,\beta(\sigma_1) & \phi_1(r_2)\,\beta(\sigma_2)\\ \phi_0(r_1)\,\alpha(\sigma_1) & \phi_0(r_2)\,\alpha(\sigma_2)\end{vmatrix}\right\}$$

$$= \frac{1}{2}\{\phi_1(r_1)\,\phi_0(r_2)\,\alpha(\sigma_1)\,\beta(\sigma_2) - \phi_0(r_1)\,\phi_1(r_2)\,\beta(\sigma_1)\,\alpha(\sigma_2)$$

$$- \phi_1(r_1)\,\phi_0(r_2)\,\beta(\sigma_1)\,\alpha(\sigma_2) + \phi_0(r_1)\,\phi_1(r_2)\,\alpha(\sigma_1)\,\beta(\sigma_2)\}$$

$$\therefore \quad \frac{1}{\sqrt{2}}(|\phi_1\bar{\phi}_0| - |\bar{\phi}_1\phi_0|) = \frac{1}{\sqrt{2}}[\phi_1(r_1)\,\phi_0(r_2) + \phi_0(r_1)\,\phi_1(r_2)]$$

$$\times \frac{1}{\sqrt{2}}[\alpha(\sigma_1)\,\beta(\sigma_2) - \beta(\sigma_1)\,\alpha(\sigma_2)]$$

$$(10·8·6)$$

となる．よって $M_L = 1, M_S = 0$ の関数は空間部分（$r$ による部分）とスピン部分（$\sigma$ による部分）のそれぞれ規格化された関数に分離される．空間部分の関数は $r_1$ と $r_2$ を交換しても関数の値が変わらない．すなわち座標の交換に対して対称な関数である．これに対しスピン部分は $\sigma_1$ と $\sigma_2$ の交換に対し符号を変えるから反対称である．空間部分とスピン部分の関数の積は $\tau_1$（$r_1$ と $\sigma_1$）と $\tau_2$（$r_2$ と $\sigma_2$）の交換に対して反対称で，電子の Fermi 粒子としての性質を満足しているのである．同様に $^3$P の $M_L = 1$, $M_S = 1, 0, -1$ の関数を展開すると

$$\left.\begin{array}{c} |\phi_1\phi_0| \\ \dfrac{1}{\sqrt{2}}(|\phi_1\overline{\phi_0}|+|\overline{\phi_1}\phi_0|) \\ |\overline{\phi_1}\overline{\phi_0}| \end{array}\right\} = \dfrac{1}{\sqrt{2}}[\phi_1(\boldsymbol{r}_1)\phi_0(\boldsymbol{r}_2)-\phi_0(\boldsymbol{r}_1)\phi_1(\boldsymbol{r}_2)]\left\{\begin{array}{l} \alpha(\sigma_1)\alpha(\sigma_2) \\ \dfrac{1}{\sqrt{2}}[\alpha(\sigma_1)\beta(\sigma_2)+\beta(\sigma_1)\alpha(\sigma_2)] \\ \beta(\sigma_1)\beta(\sigma_2) \end{array}\right.$$

(10・8・7)

が得られる．今度は空間部分が反対称で，スピン部分がそれぞれ対称の三つの関数に分離されるのである．表 10・6 の他の関数についても同様な考察を行うと，$^1$D, $^1$S の各関数 ($S=0$, $M_S=0$) と $^3$P の各関数 ($S=1$, $M_S=-1, 0, 1$) のスピン部分はそれぞれ

$$\boxed{\begin{array}{ll} \dfrac{1}{\sqrt{2}}[\alpha(\sigma_1)\beta(\sigma_2)-\beta(\sigma_1)\alpha(\sigma_2)] & (S=0,\ M_S=0) \\[4pt] \alpha(\sigma_1)\alpha(\sigma_2) & (S=1,\ M_S=1) \\[4pt] \dfrac{1}{\sqrt{2}}[\alpha(\sigma_1)\beta(\sigma_2)+\beta(\sigma_1)\alpha(\sigma_2)] & (S=1,\ M_S=0) \\[4pt] \beta(\sigma_1)\beta(\sigma_2) & (S=1,\ M_S=-1) \end{array}}$$

(10・8・8)

(10・8・9)

であることがわかる．すなわち 1 重項 ($2S+1=1$) と 3 重項 ($2S+1=3$) の関数のスピン部分は (10・8・8), (10・8・9) で与えられるのである．なお，これらの関数の全スピン角運動量の量子数 $S, M_S$ が上式の（ ）内の値をとることは，各関数に $\hat{\boldsymbol{S}}^2$ と $\hat{S}_z$ を作用させることにより直接確かめることもできる（例題 10・6）．一般に，$\alpha, \beta$ スピン状態に二つの電子を配置するときは $\alpha(\sigma_1)\alpha(\sigma_2)$, $\alpha(\sigma_1)\beta(\sigma_2)$, $\beta(\sigma_1)\alpha(\sigma_2)$, $\beta(\sigma_1)\beta(\sigma_2)$ の四つの関数がつくられるが，このうち $\alpha(\sigma_1)\beta(\sigma_2)$ と $\beta(\sigma_1)\alpha(\sigma_2)$ は $\hat{\boldsymbol{S}}^2$ の固有関数ではない．これらの相互に直交する一次結合 $(1/\sqrt{2})[\alpha(\sigma_1)\beta(\sigma_2)\pm\beta(\sigma_1)\alpha(\sigma_2)]$ が $\hat{\boldsymbol{S}}^2$ の固有関数になるのである（例題 10・6）．

$(n\mathrm{p})^2$ 以外の開殻配置についても，上に述べたと同様な方法で $LS$ 項とその波動関数を決めることができる．表 10・7 に $(nl)^i$ 配置から生じる $LS$ 項を示す．各配置において最後に記した $LS$ 項が，最低エネルギーの項である（Hund の規則）．なお表からわかるとおり，$(nl)^i$ 配置と $(nl)^{4l+2-i}$ 配置（閉殻から $i$

表 10·7 $(np)^i$, $(nd)^i$ および $(nf)^i$ から生じる LS 項

| 電子配置 | LS 項[a] |
|---|---|
| $(np)^1$, $(np)^5$ | $^2$P |
| $(np)^2$, $(np)^4$ | $^1$S, $^1$D, $^3$P |
| $(np)^3$ | $^2$P, $^2$D, $^4$S |
| $(nd)^1$, $(nd)^9$ | $^2$D |
| $(nd)^2$, $(nd)^8$ | $^1$S, $^1$D, $^1$G, $^3$P, $^3$F |
| $(nd)^3$, $(nd)^7$ | $^2$P, $2\,^2$D, $^2$F, $^2$G, $^2$H, $^4$P, $^4$F |
| $(nd)^4$, $(nd)^6$ | $2\,^1$S, $2\,^1$D, $^1$F, $2\,^1$G, $^1$I, $2\,^3$P, $^3$D, $2\,^3$F, $^3$G, $^3$H, $^5$D |
| $(nd)^5$ | $^2$S, $^2$P, $3\,^2$D, $^2$F, $2\,^2$G, $^2$H, $^2$I, $^4$P, $^4$D, $^4$F, $^4$G, $^6$S |

a) 項の前の数字は項の数を示す．例えば $2\,^2$D は $^2$D が二つあることを意味する．

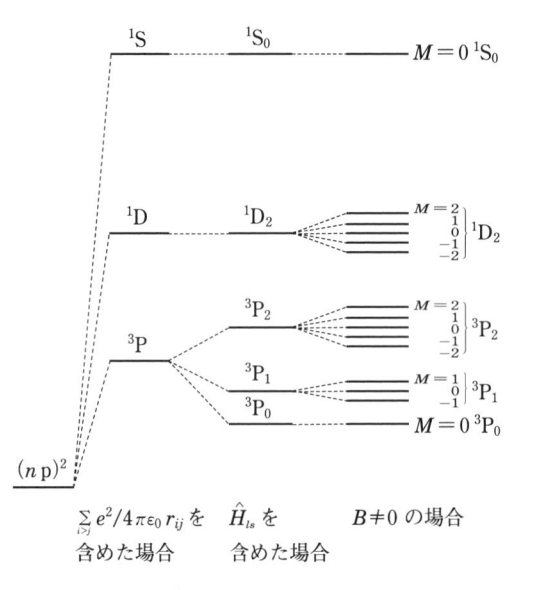

図 10·8 $(np)^2$ 配置におけるエネルギーの分裂

個の電子が失われたもの) とは同じ LS 項を与える (証明略).

　図 10·8 に磁場まで考慮したときの $(np)^2$ 配置のエネルギーの分裂の様子を示す．エネルギー準位は電子間のクーロン相互作用によってまず三つの LS 項に分かれた後，各 LS 項はスピン軌道相互作用によって $J$ の異なる準位に分離される．さらに磁場 $B$ が加わると $B$ ($z$ 軸) に対する $J$ の方向の違い ($M$ の相

§10·8 電子の配列と LS 項—開殻

違) によって各準位が分裂する. これは全角運動量 $J$ に伴う磁気モーメント $\boldsymbol{\mu}_J \propto \boldsymbol{J}$ が存在するため, p.140 の (7·1·11) に相当する Zeeman (ゼーマン) エネルギー $E_V \propto MB$ が付加されるためである.

[例題 10·5] $(2p)^2$ 配置から生じる電子配列 $|\phi_1\alpha\ \phi_1\beta|$ が $L=2, S=0$ の状態であることを $|\phi_1\alpha\ \phi_1\beta|$ に $\hat{\boldsymbol{L}}^2$, および $\hat{\boldsymbol{S}}^2$ を作用させることにより確かめよ.

[解] 
$$\hat{\boldsymbol{L}}^2|\phi_1\alpha\ \phi_1\beta| = \left\{\frac{1}{2}(\hat{L}_+\hat{L}_- + \hat{L}_-\hat{L}_+) + \hat{L}_z{}^2\right\}|\phi_1\alpha\ \phi_1\beta| \quad (1)$$

において

$$\hat{L}_-|\phi_1\alpha\ \phi_1\beta| = |\hat{l}_-\phi_1\alpha\ \phi_1\beta| + |\phi_1\alpha\ \hat{l}_-\phi_1\beta|$$
$$= \sqrt{(1+1)(1-1+1)}\,\hbar(|\phi_0\alpha\ \phi_1\beta| + |\phi_1\alpha\ \phi_0\beta|)$$
$$= \sqrt{2}\,\hbar(|\phi_0\alpha\ \phi_1\beta| + |\phi_1\alpha\ \phi_0\beta|)$$

$$\hat{L}_+\hat{L}_-|\phi_1\alpha\ \phi_1\beta| = \sqrt{2}\,\hbar(|\hat{l}_+\phi_0\alpha\ \phi_1\beta| + |\phi_0\alpha\ \hat{l}_+\phi_1\beta| + |\hat{l}_+\phi_1\alpha\ \phi_0\beta| + |\phi_1\alpha\ \hat{l}_+\phi_0\beta|)$$

となるが, $\hat{l}_+\phi_0 = \sqrt{(1-0)(1+0+1)}\,\hbar\phi_1 = \sqrt{2}\,\hbar\phi_1$, $\hat{l}_+\phi_1 = 0$ であるから

$$\hat{L}_+\hat{L}_-|\phi_1\alpha\ \phi_1\beta| = \sqrt{2}\,\hbar(2\sqrt{2}\,\hbar|\phi_1\alpha\ \phi_1\beta|) = 4\hbar^2|\phi_1\alpha\ \phi_1\beta|$$

を得る. また $\hat{L}_+|\phi_1\alpha\ \phi_1\beta| = |\hat{l}_+\phi_1\alpha\ \phi_1\beta| + |\phi_1\alpha\ \hat{l}_+\phi_1\beta| = 0$ のため

$$\hat{L}_-\hat{L}_+|\phi_1\alpha\ \phi_1\beta| = 0$$

である. さらに (10·7·6) より

$$\hat{L}_z{}^2|\phi_1\alpha\ \phi_1\beta| = \hat{L}_z(2\hbar)|\phi_1\alpha\ \phi_1\beta| = 4\hbar^2|\phi_1\alpha\ \phi_1\beta|$$

となる. 以上の結果を (1) に入れて

$$\hat{\boldsymbol{L}}^2|\phi_1\alpha\ \phi_1\beta| = (2\hbar^2 + 4\hbar^2)|\phi_1\alpha\ \phi_1\beta| = 6\hbar^2|\phi_1\alpha\ \phi_1\beta|$$
$$\therefore\ \hat{\boldsymbol{L}}^2|\phi_1\alpha\ \phi_1\beta| = 2(2+1)\hbar^2|\phi_1\alpha\ \phi_1\beta|$$

である. よって $L=2$ が得られる.

次に

$$\hat{\boldsymbol{S}}^2|\phi_1\alpha\ \phi_1\beta| = \left\{\frac{1}{2}(\hat{S}_+\hat{S}_- + \hat{S}_-\hat{S}_+) + \hat{S}_z{}^2\right\}|\phi_1\alpha\ \phi_1\beta| \quad (2)$$

において, (10·7·11) より

$$\hat{S}_\pm|\phi_1\alpha\ \phi_1\beta| = |\phi_1\hat{s}_\pm\alpha\ \phi_1\beta| + |\phi_1\alpha\ \phi_1\hat{s}_\pm\beta| = \begin{cases}0\\ \hbar|\phi_1\beta\ \phi_1\beta|\end{cases} + \begin{cases}\hbar|\phi_1\alpha\ \phi_1\alpha|\\ 0\end{cases}$$
$$= 0$$

よって

$$\hat{S}_+\hat{S}_-|\phi_1\alpha\,\phi_1\beta| = \hat{S}_-\hat{S}_+|\phi_1\alpha\,\phi_1\beta| = 0 \tag{3}$$

である．また (10·7·7) より $\hat{S}_z|\phi_1\alpha\,\phi_1\beta| = 0$ であるから

$$\hat{S}_z{}^2|\phi_1\alpha\,\phi_1\beta| = 0 \tag{4}$$

(3), (4) を (2) に入れて

$$\hat{\boldsymbol{S}}^2|\phi_1\alpha\,\phi_1\beta| = 0\,(0+1)\,\hbar^2|\phi_1\alpha\,\phi_1\beta|$$

となり $S = 0$ を得る．

[例題 10·6] スピン関数 (10·8·8), (10·8·9) が (　) 内に記した $S, M_S$ の値をとることを $\hat{\boldsymbol{S}}^2, \hat{S}_z$ を作用させることにより確かめよ．

[解] まず

$$\begin{aligned}\hat{S}_z\,\alpha(\sigma_1)\,\beta(\sigma_2) &= (\hat{s}_z(\sigma_1)+\hat{s}_z(\sigma_2))\,\alpha(\sigma_1)\,\beta(\sigma_2)\\ &= \{\hat{s}_z(\sigma_1)\,\alpha(\sigma_1)\}\beta(\sigma_2)+\alpha(\sigma_1)\{\hat{s}_z(\sigma_2)\,\beta(\sigma_2)\}\\ &= \left(\frac{1}{2}-\frac{1}{2}\right)\hbar\,\alpha(\sigma_1)\,\beta(\sigma_2)\end{aligned}$$

$$\therefore\quad \hat{S}_z\,\alpha(\sigma_1)\,\beta(\sigma_2) = 0\cdot\hbar\,\alpha(\sigma_1)\,\beta(\sigma_2) \tag{1}$$

同様に

$$\hat{S}_z\,\beta(\sigma_2)\,\alpha(\sigma_1) = 0\cdot\hbar\,\beta(\sigma_2)\,\alpha(\sigma_1) \tag{2}$$

$$\hat{S}_z\,\alpha(\sigma_1)\,\alpha(\sigma_2) = \hbar\,\alpha(\sigma_1)\,\alpha(\sigma_2),\quad \hat{S}_z\,\beta(\sigma_1)\,\beta(\sigma_2) = -\hbar\,\beta(\sigma_1)\,\beta(\sigma_2) \tag{3}$$

となる (または (1) 〜 (3) は (10·7·7) を用いると直ちに得られる)．これらの結果から (10·8·8), (10·8·9) の関数が (　) 内の $M_S$ 値をとることは明らかである．次に (10·7·11) より

$$\begin{aligned}\hat{S}_\pm\,\alpha(\sigma_1)\,\beta(\sigma_2) &= (\hat{s}_\pm(\sigma_1)+\hat{s}_\pm(\sigma_2))\,\alpha(\sigma_1)\,\beta(\sigma_2)\\ &= \{\hat{s}_\pm(\sigma_1)\,\alpha(\sigma_1)\}\beta(\sigma_2)+\alpha(\sigma_1)\{\hat{s}_\pm(\sigma_2)\,\beta(\sigma_2)\}\\ &= \begin{cases}0+\hbar\,\alpha(\sigma_1)\,\alpha(\sigma_2)\\ \hbar\,\beta(\sigma_1)\,\beta(\sigma_2)+0\end{cases}\end{aligned}$$

$$\therefore\quad \hat{S}_\pm\,\alpha(\sigma_1)\,\beta(\sigma_2) = \begin{cases}\hbar\,\alpha(\sigma_1)\,\alpha(\sigma_2)\\ \hbar\,\beta(\sigma_1)\,\beta(\sigma_2)\end{cases} \tag{4}$$

同様に

§10・8 電子の配列と $LS$ 項—開殻

$$\hat{S}_{\pm}\beta(\sigma_1)\alpha(\sigma_2) = \begin{cases} \hbar\alpha(\sigma_1)\alpha(\sigma_2) \\ \hbar\beta(\sigma_1)\beta(\sigma_2) \end{cases} \tag{5}$$

$$\hat{S}_{\pm}\alpha(\sigma_1)\alpha(\sigma_2) = \begin{cases} 0 \\ \hbar\{\alpha(\sigma_1)\beta(\sigma_2) + \beta(\sigma_1)\alpha(\sigma_2)\} \end{cases} \tag{6}$$

$$\hat{S}_{\pm}\beta(\sigma_1)\beta(\sigma_2) = \begin{cases} \hbar\{\alpha(\sigma_1)\beta(\sigma_2) + \beta(\sigma_1)\alpha(\sigma_2)\} \\ 0 \end{cases}$$

である．(1), (4), (6) を用いると

$$\hat{S}^2\alpha(\sigma_1)\beta(\sigma_2) = \left\{\frac{1}{2}(\hat{S}_+\hat{S}_- + \hat{S}_-\hat{S}_+) + \hat{S}_z{}^2\right\}\alpha(\sigma_1)\beta(\sigma_2)$$

$$= \frac{1}{2}(\hat{S}_+\hbar\beta(\sigma_1)\beta(\sigma_2) + \hat{S}_-\hbar\alpha(\sigma_1)\alpha(\sigma_2))$$

$$\therefore \quad \hat{S}^2\alpha(\sigma_1)\beta(\sigma_2) = \hbar^2\{\alpha(\sigma_1)\beta(\sigma_2) + \beta(\sigma_1)\alpha(\sigma_2)\} \tag{7}$$

を得る．上式の $\sigma_1$ と $\sigma_2$ を取りかえて

$$\hat{S}^2\beta(\sigma_1)\alpha(\sigma_2) = \hbar^2\{\alpha(\sigma_1)\beta(\sigma_2) + \beta(\sigma_1)\alpha(\sigma_2)\} \tag{8}$$

である．(7), (8) より

$$\hat{S}^2\left[\frac{1}{\sqrt{2}}(\alpha(\sigma_1)\beta(\sigma_2) \pm \beta(\sigma_1)\alpha(\sigma_2))\right]$$

$$= \begin{cases} 1(1+1)\hbar^2\left[\dfrac{1}{\sqrt{2}}(\alpha(\sigma_1)\beta(\sigma_2) + \beta(\sigma_1)\alpha(\sigma_2))\right] \\ 0(0+1)\hbar^2\left[\dfrac{1}{\sqrt{2}}(\alpha(\sigma_1)\beta(\sigma_2) - \beta(\sigma_1)\alpha(\sigma_2))\right] \end{cases}$$

となり，[ ] 内の二つの関数がそれぞれ量子数 $S=1$ および 0 をもつことがわかる．また (3) 〜 (6) により

$$\hat{S}^2\alpha(\sigma_1)\alpha(\sigma_2) = \left\{\frac{1}{2}(\hat{S}_+\hat{S}_- + \hat{S}_-\hat{S}_+) + \hat{S}_z{}^2\right\}\alpha(\sigma_1)\alpha(\sigma_2)$$

$$= \frac{1}{2}\hat{S}_+\hbar\{\alpha(\sigma_1)\beta(\sigma_2) + \beta(\sigma_1)\alpha(\sigma_2)\} + \hbar^2\alpha(\sigma_1)\alpha(\sigma_2)$$

$$= \hbar^2\alpha(\sigma_1)\alpha(\sigma_2) + \hbar^2\alpha(\sigma_1)\alpha(\sigma_2)$$

$$\therefore \quad \hat{S}^2\alpha(\sigma_1)\alpha(\sigma_2) = 1(1+1)\hbar^2\alpha(\sigma_1)\alpha(\sigma_2)$$

となり $\alpha(\sigma_1)\alpha(\sigma_2)$ の $S$ が 1 となることもわかる．$\beta(\sigma_1)\beta(\sigma_2)$ が $S=1$ の関数であ

ることも同様にして証明される．

なお (7), (8) は $\alpha(\sigma_1)\beta(\sigma_2)$ および $\beta(\sigma_1)\alpha(\sigma_2)$ が $\hat{S}^2$ の固有関数ではないことを示している．

[**例題 10・7**] $Fe(4s)^2(3d)^6$ の基底状態が $^5D_4$ であることを説明せよ．

[**解**] 表 10・7 と Hund の規則により，Fe の最低エネルギーの $LS$ 項は $^5D$ である．$^5D(L=2, S=2)$ 項はスピン軌道相互作用により $J=4,3,2,1,0$ をもつ 5 個の準位に分かれるが，d 軌道に定員の半分より多くの電子を含むので $J$ が最大の準位が最もエネルギーが低く，$^5D_4$ が基底状態となる．

# 11 水素分子

この章では，まず量子化学の理論計算に用いられる単位（原子単位）を導入する．次に原子・分子の近似波動関数を求める二つの方法，分子軌道法（MO法）と原子価結合法（VB法）について解説する．そして VB 法と MO 法を水素分子の電子状態の計算に応用する．また，これらの方法を出発点として近似を高める手段を考察する．最後に電子相関まで含めた水素分子の正確な波動関数について述べる．水素分子で用いた方法は一般の分子にも適用されるので，この章の近似法の意味を十分理解しておくことが必要である．

## §11·1 原子単位

量子化学の理論計算では，質量，電荷などの物理量について，以下で述べる**原子単位**（atomic unit，**a.u.**）を使う．原子単位を用いると式が簡単になるので，本書ではこの章以降この単位を使うことにする．

原子単位系はガウス（Gauss）単位系[1]において

**質量の単位** ＝ 電子の静止質量　　　$m_e = 9.109384 \times 10^{-31}$ kg

**電荷の単位** ＝ 電子の電荷の絶対値　$e = 1.602177 \times 10^{-19}$ C

**角運動量の単位** ＝ Plank の定数の $1/(2\pi)$　　$\hbar = h/(2\pi) = 1.054572 \times 10^{-34}$ J s

とする．すなわち，$m_e = e = \hbar = 1$ である．したがって，水素原子のハミルトニアン（ただし原子核の質量を $\infty$，すなわち原子核は静止とする）は通常のガウス単位系から原子単位系に移ると

---

[1] p.10 注1) 参照．真空中で $r$ の間隔にある電荷 $e$ と $e'$ の間にはたらく力は，SI 単位系では $ee'/(4\pi\varepsilon_0 r^2)$ であるのに対し，ガウス単位系では $ee'/r^2$ とする．ガウス単位系は SI 単位系で $4\pi\varepsilon_0 = 1$ とおいたことに相当する．

$$\hat{H} = -\frac{\hbar^2}{2m_e}\Delta - \frac{e^2}{r} \quad (\text{Gauss}) \rightarrow -\frac{1}{2}\Delta - \frac{1}{r} \quad (\text{a.u.}) \qquad (11\cdot 1\cdot 1)$$

となる．水素類似原子のエネルギーは SI 単位 (p.124 (6・1・26) 参照)，ガウス単位，原子単位で次のようになる．

$$E_n = -\frac{Z^2 m_e e^4}{8\varepsilon_0^2 \hbar^2 n^2} = -\frac{Z^2 m_e e^4}{(4\pi\varepsilon_0)^2 2\hbar^2 n^2} \text{ (SI)}$$

$$\rightarrow -\frac{Z^2 m_e e^4}{2\hbar^2 n^2} \text{ (Gauss)} \rightarrow -\frac{Z^2}{2n^2} \text{ (a.u.)} \qquad (11\cdot 1\cdot 2)$$

水素原子の基底状態のエネルギーは，上式で $Z=n=1$ とおいて

$$E_{1s} = -\frac{1}{2} \text{ a.u.}$$

同様に Bohr 半径は (1・3・19) から

$$a_0 = \frac{\varepsilon_0 h^2}{\pi m_e e^2} = \frac{(4\pi\varepsilon_0)\hbar^2}{m_e e^2} \text{ (SI)} \rightarrow \frac{\hbar^2}{m_e e^2} \text{ (Gauss)} \rightarrow 1 \text{ a.u.}$$

となる．このようにして原子単位系で

**長さの単位** = Bohr 半径　　$a_0 = 5.291772 \times 10^{-11}$ m $= 0.5291772$ Å

**エネルギーの単位**[1] = H 原子 (核は静止) の基底状態のエネルギーの絶対値の 2 倍 (hartree と呼び，記号 $E_h$ を使う)

　　　　　　　　$= -2E_{1s} = E_h = 4.359745 \times 10^{-18}$ J $= 27.21139$ eV

となる．また，角運動量は $l = mrv$ と表されるから，原子単位では

**速度の単位** = 角運動量の単位/(質量の単位・長さの単位)

　　　　　　$= \hbar/(m_e a_0) = 2.187691 \times 10^6$ m s$^{-1}$

**時間の単位** = 長さの単位/速度の単位

　　　　　　$= a_0/\{\hbar/(m_e a_0)\} = m_e a_0^2/\hbar = 2.418884 \times 10^{-17}$ s

である．

---

[1] 単位距離 $a_0$ だけ離れた二つの単位電荷 $e$ の間にはたらくポテンシャルエネルギーはガウス単位系で $e^2/a_0 = m_e e^4/\hbar^2$ であるが，これは原子単位で 1 となるので，これをエネルギーの単位と考えてもよい．

(11・1・1) からわかるように，原子単位を用いるとハミルトニアンが簡単になる．例えば He 原子の $\hat{H}$ は SI 単位では (9・2・1) であるのに対し，原子単位では

$$\hat{H} = -\frac{1}{2}\Delta_1 - \frac{1}{2}\Delta_2 - \frac{2}{r_1} - \frac{2}{r_2} + \frac{1}{r_{12}}$$

となり，$m_e, e, \varepsilon_0$ などの定数がすべて除かれるのである．

なお，原子単位を用いると波動関数の規格化定数が異なるので注意を要する．例えば水素原子の 1s 関数は

通常の単位では (p. 130 (6・2・6))　　$\phi_{1s} = \dfrac{1}{\sqrt{\pi a_0^3}} e^{-r/a_0}$

原子単位では　　$\phi_{1s} = \dfrac{1}{\sqrt{\pi}} e^{-r}$ 　　(11・1・3)

となる[1]．

従来，原子単位の単位記号としてすべての量に a.u. が使われてきた例が多いが，国際的には質量，電荷，角運動量，長さ，エネルギーについてそれぞれ $m_e, e, \hbar, a_0$ (bohr)，$E_h$ (hartree) を，また速度と時間については $a_0 E_h/\hbar$ と $\hbar/E_h$ を使うことが推奨されている．

## §11・2　水素分子イオン

水素分子イオン $H_2^+$ は，図 11・1 に示すように，二つの水素の原子核（プロトン）a, b のまわりに 1 個の電子がある系である．二つの原子核の距離を $R$，電子と原子核 a, b との距離を $r_a$, $r_b$ とすると（図 11・1 参照），原子核が静止（核の運動エネルギーを無視）しているとしたときの，水素分子イオンのハミルトニアンは

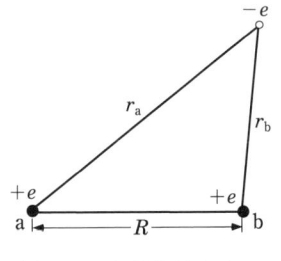

**図 11・1**　水素分子イオンの座標

---

[1] 原子単位による値に添字 au をつけると，$\int |\psi|^2 dv = \int |\psi_{au}|^2 dv_{au} = 1$, $dv = a_0^3 dv_{au}$ より，$\psi_{au} = (a_0)^{3/2} \psi$ となる．

$$\hat{H} = -\frac{\hbar^2}{2m_e}\Delta - \frac{e^2}{4\pi\varepsilon_0 r_a} - \frac{e^2}{4\pi\varepsilon_0 r_b} + \frac{e^2}{4\pi\varepsilon_0 R} \qquad (11\cdot2\cdot1)$$

となる．第1項は電子の運動エネルギー，第2項と第3項は核と電子との間の，第4項は核間の，ポテンシャルエネルギーである．上式は原子単位では

$$\hat{H} = -\frac{1}{2}\Delta - \frac{1}{r_a} - \frac{1}{r_b} + \frac{1}{R} \qquad (11\cdot2\cdot2)$$

である．水素分子イオンは水素原子と同様に1電子系であって，Schrödinger方程式

$$\hat{H}\psi = E\psi \qquad (11\cdot2\cdot3)$$

の正確な解が得られているが[1]，この節では，水素分子への応用を考えて近似解を求めることにする．

電子が原子核 a, b の周囲に存在するとして，その軌道を $\varphi$ とする（図11·2）．$\varphi$ は核 a, b に共通に属している．このように分子全体に拡がった電子軌道を**分子軌道** (molecular orbital, **MO**) という．次に $\varphi$ をどのように表すかが問題である．電子が核 a の近くにあるときは，電子にはたらく力は主に核 a からのポテンシャルによる．よって核 a の近傍では $\varphi$ は水素原子 a の波動関数 $\phi_a$ に似ているであろう．逆に電子が核 b の近くにあるときは，$\varphi$ は水素原子 b の波動関数 $\phi_b$ で近似できるであろう．したがって MO $\varphi$ を $\phi_a$ と $\phi_b$ の重ね合せとして

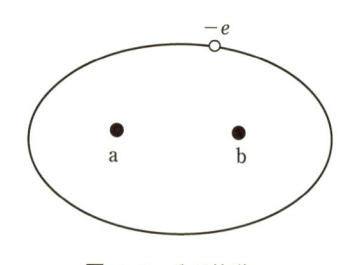

図11·2　分子軌道 $\varphi$

$$\varphi = c_a\phi_a + c_b\phi_b \qquad (11\cdot2\cdot4)$$

で表現するのが自然である．上式は MO を**原子軌道** (atomic orbital, **AO**) $\phi_a$ と $\phi_b$ の一次結合 (linear combination of atomic orbitals) で近似している．このような近似を **LCAO MO 近似**という．

---

[1] 詳しい計算については巻末参考書 (7), (12), (14) 参照．

## §11・2 水素分子イオン

次に (11・2・4) の係数 $c_a, c_b$ を求めよう．最良の係数は §9・7 で述べた Ritz の変分法で得られる．この場合 ($n=2$)，p. 186 (9・7・9) は次のようになる．

$$(H_{aa} - WS_{aa})c_a + (H_{ab} - WS_{ab})c_b = 0 \qquad (11・2・5)$$

$$(H_{ba} - WS_{ba})c_a + (H_{bb} - WS_{bb})c_b = 0 \qquad (11・2・6)$$

ただし，$\phi_a, \phi_b$ が実関数で，規格化されているとき

$$H_{aa} = \int \phi_a \hat{H} \phi_a \, dv \qquad H_{bb} = \int \phi_b \hat{H} \phi_b \, dv \qquad H_{ab} = \int \phi_a \hat{H} \phi_b \, dv = H_{ba}$$
$$(11・2・7)^{1)}$$

$$S_{aa} = \int \phi_a \phi_a \, dv = 1 = S_{bb} \qquad S_{ab} = \int \phi_a \phi_b \, dv = S_{ba} \qquad (11・2・8)$$

よって，(11・2・5), (11・2・6) は次のようになる．

$$(H_{aa} - W)c_a + (H_{ab} - WS_{ab})c_b = 0 \qquad (11・2・9)$$

$$(H_{ab} - WS_{ab})c_a + (H_{bb} - W)c_b = 0 \qquad (11・2・10)$$

上の連立方程式が $c_a = c_b = 0$ 以外の解をもつためには

$$\begin{vmatrix} H_{aa} - W & H_{ab} - WS_{ab} \\ H_{ab} - WS_{ab} & H_{bb} - W \end{vmatrix} = 0 \qquad (11・2・11)$$

である．したがって，

$$(H_{aa} - W)(H_{bb} - W) - (H_{ab} - WS_{ab})^2 = 0 \qquad (11・2・12)$$

水素分子イオンの基底状態では，$\phi_a$ と $\phi_b$ は水素原子の 1s 関数としてよい．よって，(11・1・3) より

$$\phi_a = \frac{1}{\sqrt{\pi}} e^{-r_a} \qquad \phi_b = \frac{1}{\sqrt{\pi}} e^{-r_b} \qquad (11・2・13)$$

(11・2・2) の $\hat{H}$ は核 a, b に関し対称 (a, b を取り換えても $\hat{H}$ は不変) であり，$\phi_a$, $\phi_b$ は同じ 1s 関数であるから，

$$H_{aa} = H_{bb} \qquad (11・2・14)$$

である．この結果を (11・2・12) に用いると $H_{aa} - W = \pm(H_{ab} - WS_{ab})$ となり

---

1) $\hat{H}$ のエルミート性，(4・3・5) により $\int \phi_a \hat{H} \phi_b \, dv = \int \phi_b \hat{H}^* \phi_a \, dv = \int \phi_b \hat{H} \phi_a \, dv$.

$$W = \frac{H_{aa} \pm H_{ab}}{1 \pm S_{ab}} \tag{11・2・15}$$

を得る．次に係数 $c_a, c_b$ を定める．(11・2・9) から $c_a/c_b$ を求めると

$$\frac{c_a}{c_b} = -\frac{H_{ab} - W S_{ab}}{H_{aa} - W} \tag{11・2・16}$$

となる[1]．この式に (11・2・15) の $W$ を代入すると

$$\frac{c_a}{c_b} = -\frac{H_{ab} - \dfrac{H_{aa} \pm H_{ab}}{1 \pm S_{ab}} S_{ab}}{H_{aa} - \dfrac{H_{aa} \pm H_{ab}}{1 \pm S_{ab}}} = \frac{H_{aa} S_{ab} - H_{ab}}{\pm H_{aa} S_{ab} \mp H_{ab}} = \pm 1 \tag{11・2・17}$$

となる．この結果を (11・2・4) に入れて

$$\varphi = c_a(\phi_a \pm \phi_b) \tag{11・2・18}$$

である．次に $\varphi$ の規格化によって，$c_a$ を定める．(11・2・8) を用いて

$$\int |\varphi|^2 \, dv = |c_a|^2 \left( \int \phi_a^2 \, dv + \int \phi_b^2 \, dv \pm 2 \int \phi_a \phi_b \, dv \right) = |c_a|^2 (2 \pm 2 S_{ab}) = 1$$

より，$c_a = 1/\sqrt{2 \pm 2 S_{ab}}$ としてよいから

$$\varphi = \frac{1}{\sqrt{2 \pm 2 S_{ab}}} (\phi_a \pm \phi_b) \tag{11・2・19}$$

となる[2]．結局，Ritz の方法から二つの MO

$$\varphi_g = \frac{1}{\sqrt{2 + 2 S_{ab}}} (\phi_a + \phi_b) \tag{11・2・20}$$

$$\varphi_u = \frac{1}{\sqrt{2 - 2 S_{ab}}} (\phi_a - \phi_b) \tag{11・2・21}$$

が得られる．上式で $S_{ab}$ は**重なり積分** (overlap integral) と呼ばれ，$\phi_a$ と $\phi_b$ の空間的重なりが大きいほど大きい値をもつ ((11・2・8) と図11・3参照)．図 11・4 に $\varphi_g, \varphi_u$ における AO の符号を示す．図からわかるように $\varphi_g$ は核 a, b の

---

[1] $W$ は永年方程式の根であるから，(11・2・10) に代入しても同じ結果となる．
[2] この結果は，基底状態において電子が核 a と b の周囲に同じ確率で存在すると考えると，直ちに得られる．

## §11・2 水素分子イオン

中点 O のまわりの反転に関して対称（偶関数）である．これに対し $\varphi_u$ は反対称（奇関数）である．添字 g, u はそれぞれドイツ語 gerade（偶の），ungerade（奇の）の頭文字である．$\varphi_g$ と $\varphi_u$ に対応するエネルギーを，それぞれ $E_g, E_u$ とすれば，(11・2・15) から次式を得る．

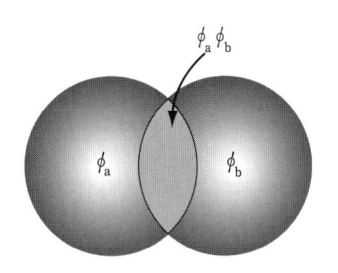

$$E_g = \frac{H_{aa} + H_{ab}}{1 + S_{ab}} \quad (11・2・22)$$

$$E_u = \frac{H_{aa} - H_{ab}}{1 - S_{ab}} \quad (11・2・23)$$

図 11・3　$\phi_a$ と $\phi_b$ の重なり．実際には $\phi_a, \phi_b$ は空間全体に分布しているので，重なり積分には空間全体からの寄与がある．$\phi_a \phi_b$ の部分は重なり積分に主に寄与する部分である．

次に上式の $H_{aa}, H_{ab}$ の内容を考えてみよう．(11・2・2) と (11・2・7) より

$$H_{aa} = \int \phi_a \left( -\frac{1}{2}\Delta - \frac{1}{r_a} - \frac{1}{r_b} + \frac{1}{R} \right) \phi_a \, dv$$

となるが，右辺の（　）内の第1項と第2項の和は水素原子 a のハミルトニアンだから，水素原子の 1s 軌道のエネルギーを $E_{1s}(=0.5\,E_h)$ とすると，$(-\Delta/2 - 1/r_a)\phi_a = E_{1s}\phi_a$ となる．また $\phi_a$ が規格化されていること，および $R$ が定数であることを考慮すると

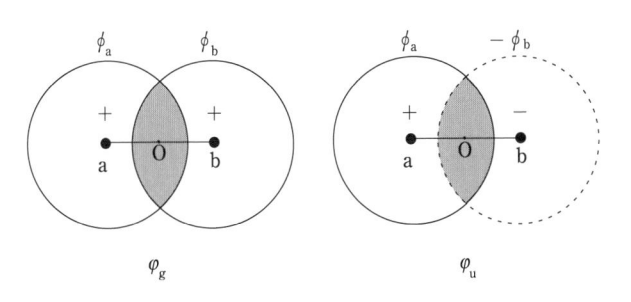

$$H_{aa} = E_{1s} - \varepsilon_{aa} + \frac{1}{R} \qquad \varepsilon_{aa} \equiv \int \frac{\phi_a^2}{r_b} dv \quad (11・2・24)$$

図 11・4　$\varphi_g$（対称性軌道）と $\varphi_u$（反対称性軌道）

が得られる．上式で $-\varepsilon_{\text{aa}}$ は $\phi_{\text{a}}$ による $dv$ 部分の電荷 $-\phi_{\text{a}}^2\,dv$（通常の単位では $-e\phi_{\text{a}}^2\,dv$）と，核 b にある単位電荷との間のクーロンエネルギー $-\phi_{\text{a}}^2\,dv\cdot 1/r_{\text{b}}$（通常の単位では $-e\phi_{\text{a}}^2\,dv\cdot e/r_{\text{b}}$）を空間全体で積分したもので，$\phi_{\text{a}}$ にある電荷分布と核 b との間のクーロンエネルギーである（図 11·5）[1]．また $1/R$ は核 a, b 間のクーロン反発エネルギーを表す．$H_{\text{ab}}$ の方は

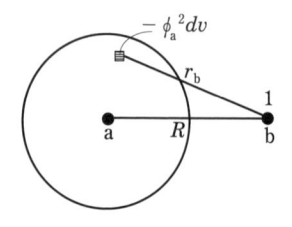

**図 11·5** 電子の確率密度の $dv$ 部分 $-\phi_{\text{a}}^2\,dv$ と核 b （電荷 1）との相互作用

$$H_{\text{ab}} = \int \phi_{\text{a}}\left(-\frac{1}{2}\Delta - \frac{1}{r_{\text{a}}} - \frac{1}{r_{\text{b}}} + \frac{1}{R}\right)\phi_{\text{b}}\,dv$$

において，$(-\Delta/2 - 1/r_{\text{b}})\phi_{\text{b}} = E_{1\text{s}}\phi_{\text{b}}$ であるから

$$H_{\text{ab}} = E_{1\text{s}}S_{\text{ab}} - \varepsilon_{\text{ab}} + \frac{S_{\text{ab}}}{R} \qquad \varepsilon_{\text{ab}} \equiv \int \frac{\phi_{\text{a}}\phi_{\text{b}}}{r_{\text{a}}}\,dv \qquad (11\cdot2\cdot25)$$

となる．上式の $\varepsilon_{\text{ab}}$ は $\phi_{\text{a}}$ と $\phi_{\text{b}}$ の重なりが大きいほど大きい．図 11·6 に示すように $-\varepsilon_{\text{ab}}$ は $\phi_{\text{a}}$ と $\phi_{\text{b}}$ の重なり電荷分布と核 a との相互作用と解釈することができる．$H_{\text{ab}}$ は結合の強さに直接関係するので（後述），**結合積分** (bond integral) と呼ばれる[2]．

(11·2·24) と (11·2·25) を (11·2·22) と (11·2·23) に代入すると

$$E_{\text{g}} = E_{1\text{s}} + \frac{e^2}{R} - \frac{\varepsilon_{\text{aa}} + \varepsilon_{\text{ab}}}{1 + S_{\text{ab}}} \qquad (11\cdot2\cdot26)$$

$$E_{\text{u}} = E_{1\text{s}} + \frac{e^2}{R} - \frac{\varepsilon_{\text{aa}} - \varepsilon_{\text{ab}}}{1 - S_{\text{ab}}} \qquad (11\cdot2\cdot27)$$

---

1) p. 199 注参照．
2) 状態 $\varphi = c_{\text{a}}\phi_{\text{a}} + c_{\text{b}}\phi_{\text{b}}$ において，$\phi_{\text{a}}$ と $\phi_{\text{b}}$ の寄与の比（$\phi_{\text{a}}$ と $\phi_{\text{b}}$ の混合比）は $|c_{\text{a}}|^2/|c_{\text{b}}|^2$ であるが，(11·2·16) から $H_{\text{ab}}$ はこの比を支配する（一般に $|H_{\text{ab}}| > |WS_{\text{ab}}|$）．以前，状態 $\varphi$ を $\phi_{\text{a}}$ と $\phi_{\text{b}}$ の間を往復（振動）しているものと類推して，その程度を示す $H_{\text{ab}}$ を共鳴積分 (resonance integral) と呼んだが，この類推は正しくない．状態 $\phi_{\text{a}}$ と $\phi_{\text{b}}$ は $\varphi$ を近似する手段として導入しただけで，そのような状態は実在しないのである．

## §11·2 水素分子イオン

となる．よって積分 $S_{ab}, \varepsilon_{aa}, \varepsilon_{ab}$ を計算すれば，$E_g, E_u$ が得られる．$\phi_a, \phi_b$ が水素の 1s 関数 (11·2·13) のとき，これらの積分は $R$ の関数として次のように求められる[1]．

$$S_{ab} = \left(1 + R + \frac{R^2}{3}\right)e^{-R} \qquad (11·2·28)$$

$$\varepsilon_{aa} = -\frac{1}{R}\{1 - (1+R)e^{-2R}\} \qquad (11·2·29)$$

$$\varepsilon_{ab} = -(1+R)e^{-R} \qquad (11·2·30)$$

**図 11·6** 重なり電荷密度の $dv$ 部分 $-\phi_a\phi_b\,dv$ と核 a (電荷 1) との相互作用

上式から，$R$ が大きくなると $\varepsilon_{aa} \approx -1/R$ となることがわかる．これは $\phi_a$ と核 b との相互作用が単位点電荷間のクーロンエネルギーになることに相当する (図 11·5 参照)．一方，波動関数の重なりで支配される $S$ と $\varepsilon_{ab}$ は，$R$ が増加すると，$S_{ab} \approx (R^2/3)e^{-R}$, $\varepsilon_{ab} \approx -Re^{-R}$ となり絶対値が指数関数的に減少することに注意されたい．$R \to \infty$ では $S_{ab} = \varepsilon_{aa} = \varepsilon_{ab} = 0$ となり，$E_g = E_u = E_{1s}$ となる．この結果は $R \to \infty$ で $H_2^+$ イオンが H 原子と $H^+$ イオンに分かれるためである[2]．

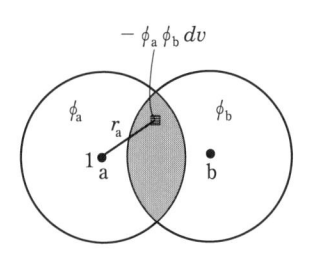

種々の $R$ の値で $E_u - E_{1s}$ と $E_g - E_{1s}$ を計算した結果を図 11·7 の曲線 (a), (b) に示す．図で $E_g - E_{1s}$ は $R = 2.494\,a_0 = 1.32$ Å で極小値 $0.0647\,E_h = 1.76$ eV になる．したがって，電子が $\varphi_g$ 軌道にあると平衡核間距離 (equilibrium distance)，$R_e = 1.32$ Å で安定な水素分子イオンが形成され，その結合エネルギー ($H_2^+$ を H と $H^+$ にするために必要なエネルギー) は $D_e = 1.76$ eV であることがわかる．実験結果および厳密な計算結果 (d) によると，

---

[1] 巻末参考書 (12) 参照.
[2] 原子分子の計算におけるエネルギーの原点は原子核と電子がそれぞれ無限遠にあり静止している状態である (このとき各粒子の運動エネルギーと粒子間のポテンシャルは 0 になる). よって, $H_2^+$ のエネルギーの原点は $H^+ + H^+ + e^-$ である. 一方 $R \to \infty$ における $H_2^+$ は $H + H^+$ であるから，そのエネルギーは $\{E(H) + E(H^+)\} - \{2E(H^+) + E(e^-)\} = E(H) - \{E(H^+) + E(e^-)\}$ となる. これは $H^+ + e^-$ を基準とする水素原子のエネルギーに等しい.

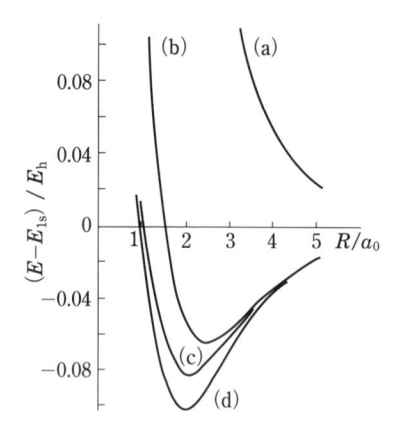

$R_e = 1.9972\,a_0 = 1.057$ Å, $D_e = 0.1026\,E_h = 2.79$ eV である. よって, 以上のような簡単な計算でもほぼ 63 % の結合エネルギーが得られたことになる. なお, $E_u$ は $E_g$ と異なり極小値をもたない. ゆえに $\varphi_u$ は励起状態であって, 電子がこの軌道にあると, 水素分子イオンは不安定で水素原子とプロトンに解離することになる.

図 11·7 水素分子イオンのエネルギー. (a) $E_u - E_{1s}$, (b) $E_g - E_{1s}$, (c) $E_g - E_{1s}$, (d) 実験または正確な計算.

ところで, $H_2^+$ イオンの核間距離 $R$ が 0 になると $He^+$ イオンになるはずである ($He$ の 2 個の中性子の効果は以下の考察では無視してよい). $He^+$ イオンの基底状態の波動関数は, 水素類似原子の 1s 関数 (表 6·2) で $Z = 2$ とおいて, SI 単位で $\pi^{-1/2}(2/a_0)^{3/2}e^{-2r/a_0}$, 原子単位で $2^{3/2}\pi^{-1/2}e^{-2r}$ となる (p. 255 注参照). これに対し $R = 0$ で $S_{ab} = 1$ であるから, $\varphi_g = (1/2)(2\pi^{-1/2}e^{-r}) = \pi^{-1/2}e^{-r}$ である. したがって, 試行関数は $R = 0$ でわるい近似となる. また, 平衡核間距離でも, 電子は二つのプロトンの引力を受けているから 1s 関数を使うべきではなかった. これを改善するには, (11·2·13) で $\phi_a, \phi_b$ に水素の 1s 関数を使う代わりに

$$\phi_a = \frac{\zeta^{3/2}}{\sqrt{\pi}}e^{-\zeta r_a} \qquad \phi_b = \frac{\zeta^{3/2}}{\sqrt{\pi}}e^{-\zeta r_b} \qquad (11\cdot2\cdot31)$$

として, 各 $R$ に対して変分法で最適の $\zeta$ を求めればよい. その結果, $R$ が $\infty$ から 0 に移ると, $\zeta$ がほぼ単調に 1 から 2 に変わることが見出された. 対応する $E_g - E_{1s}$ を図 11·7 の曲線 (c) に示す. このときは $R_e = 1.06$ Å で実験値を再現する. また $D_e$ は 2.25 eV ($0.0827\,E_h$) となり, 実測値の 81 % まで改善される. なお, $R_e$ における $\zeta$ は 1.24 である.

上の計算結果を要約すると, 図 11·8 のようになる. 電子が a または b の原

## §11·2 水素分子イオン

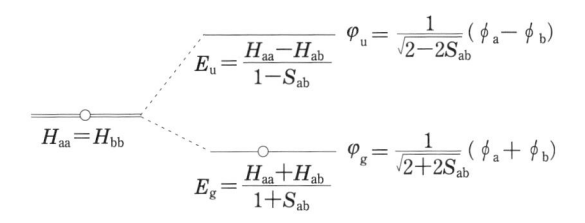

$$E_u = \frac{H_{aa}-H_{ab}}{1-S_{ab}} \qquad \varphi_u = \frac{1}{\sqrt{2-2S_{ab}}}(\phi_a - \phi_b)$$

$$H_{aa} = H_{bb}$$

$$E_g = \frac{H_{aa}+H_{ab}}{1+S_{ab}} \qquad \varphi_g = \frac{1}{\sqrt{2+2S_{ab}}}(\phi_a + \phi_b)$$

図 11·8  結合性軌道 $\varphi_g$ と反結合性軌道 $\varphi_u$

子核に局在しているとき（軌道が $\phi_a$ または $\phi_b$ のとき）は，エネルギーは $H_{aa}$（$= H_{bb}$）に等しい（(11·2·7) 参照）[1]．電子が二つの原子核に共有されて MO を形成すると，縮重していたエネルギー準位は二つに分裂して，一方は最初の準位より安定化し，他方は不安定化する．電子が安定な準位 $E_g$ を占めると，結合が形成されるので，$E_g$ に対応する軌道 $\varphi_g$ を**結合性軌道** (bonding orbital) という．これに対して $\varphi_u$ 軌道に電子があると，分子は解離するので $\varphi_u$ を**反結合性軌道** (antibonding orbital) という．結合性軌道が安定化している主な理由は $R = R_e$ 付近で $H_{ab} < 0$ のためである．$|H_{ab}|$ の値は (11·2·7) より AO $\phi_a$ と $\phi_b$ の重なりが大きいほど大きいので，LCAO 近似では AO の重なりが結合の強さを支配することが理解されよう．

最後に $\varphi_g$ と $\varphi_u$ について電子密度分布[2]を求めてみよう．(11·2·20) と (11·2·21) より

$$|\varphi_{g,u}|^2 = \frac{1}{2 \pm 2S_{ab}}(\phi_a^2 + \phi_b^2 \pm 2\phi_a\phi_b) \tag{11·2·32}$$

で，これを図示すると図 11·9 のようになる．$\varphi_g$ では上式の第3項の符号が正になるため，核 a, b の中間領域で MO を形成する前より電子密度が増す（MO 形成前の電子密度は電子が交互に核 a と b にあるとして，$(1/2)(\phi_a^2 + \phi_b^2)$ で

---

[1] このエネルギーは H 原子中の電子のエネルギーではなくて $H_2^+$ イオン中の（二つのプロトンの影響下にある）局在電子のエネルギーであることに留意されたい．
[2] 正確には電子を見出す確率の分布である (pp. 132-133 参照)．以後も確率分布の代わりに密度分布という慣用的表現を使うことにする．

ある).したがって,核間の斥力が弱められて分子は安定化する.これに対し$\varphi_u$では核間の領域で電子密度が減少する.特に核a,bを結ぶ軸の2等分面上では$\phi_a = \phi_b$が成立するため,上式から$|\varphi_u|^2 = 0$となる.よって核間の斥力がMO形成前より大きく利くことになり,反結合状態になるのである.実際,Hellmann(ヘルマン)とFeynmann(ファインマン)が独立に見出した**静電定理**(electrostatic theorem)によると,分子中の一つの原子核にはたらく力は,他の原子核によるクーロン反発力と,Schrödinger方程式を解いて得られる電子密度に基づく(仮想的な)電子雲によるクーロン引力との和によって計算されるのである(下巻§16・4 p.55).化学結合は量子力学によって初めて説明されるものであるが,その力が古典電磁気学における単純な静電気力に結びつけられることは興味深い.

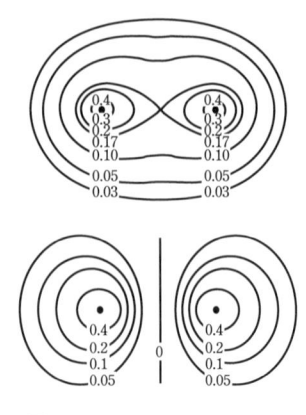

図11・9 $H_2^+$における電子の確率分布.上が$|\varphi_g|^2$,下が$|\varphi_u|^2$(巻末参考書(17),図4・4より).

最後に,二つのプロトンがたった1個の電子により結合して水素分子イオンを形成されることは注目に値する.ただし,基底状態の水素分子イオンの全エネルギーの絶対値(実測値)は$|E_g| = |E_{1s}| + D_e = (0.5 + 0.1026)E_h = 0.6026\,E_h$であって,結合エネルギー$D_e$は全エネルギーの17%に過ぎない.したがって,$D_e$を求めるにはよい精度の計算が必要である.実際AOに水素の1s軌道を用いた近似では,全エネルギーは$(0.5 + 0.0647)E_h = 0.50647\,E_h$で,実測の84%の値が得られているが,結合エネルギーについては実測の63%の値しか得られないのである.

## §11・3 水素分子-VB法

水素分子のエネルギー固有値と固有関数を求めることにしよう.原子核をa,b,電子を1,2とすると,ハミルトニアンは,図11・10を参照して

## §11·3 水素分子 — VB法

$$\hat{H} = -\frac{1}{2}\Delta_1 - \frac{1}{2}\Delta_2 - \frac{1}{r_{a1}} - \frac{1}{r_{a2}} - \frac{1}{r_{b1}} - \frac{1}{r_{b2}} + \frac{1}{r_{12}} + \frac{1}{R} \qquad (11\cdot3\cdot1)$$

で与えられる．上式の和の順序を変更すると次式を得る．

$$\hat{H} = \hat{H}_a(1) + \hat{H}_b(2) + \hat{H}'(1,2) \qquad (11\cdot3\cdot2)$$

ただし

$$\hat{H}_a(1) = -\frac{1}{2}\Delta_1 - \frac{1}{r_{a1}}, \ \hat{H}_b(2) = -\frac{1}{2}\Delta_2 - \frac{1}{r_{b2}} \qquad (11\cdot3\cdot3)$$

$$\hat{H}'(1,2) = -\frac{1}{r_{a2}} - \frac{1}{r_{b1}} + \frac{1}{r_{12}} + \frac{1}{R} \qquad (11\cdot3\cdot4)$$

である．ここで $\hat{H}_a(1)$ は（核 a と電子 1 からなる）水素原子 a のハミルトニアン，同様に $\hat{H}_b(2)$ は水素原子 b のハミルトニアンである．二つの水素原子 a, b が遠く離れているときには $\hat{H}'(1,2)$ は小さい．いま (11·3·2) において $\hat{H}'(1,2)$ を摂動項とみなすと，0 次近似の波動関数 $\psi_0$ は

$$\{\hat{H}_a(1) + \hat{H}_b(2)\}\psi_0 = E^{(0)}\psi_0$$

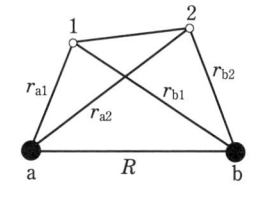

図 **11·10**　水素分子の座標

を満足する．上式のハミルトニアンは変数が分離された形であるから

$$\psi_0(1,2) = \phi_a(1)\phi_b(2) \qquad (11\cdot3\cdot5)$$

とすることができる (p. 156 参照)．ただし $\phi_a(1), \phi_b(2)$ は

$$\hat{H}_a(1)\phi_a(1) = E_H\phi_a(1), \ \hat{H}_b(2)\phi_b(2) = E_H\phi_b(2) \qquad (11\cdot3\cdot6)$$

の解で，水素原子の波動関数である．分子の基底状態を問題とするときは $\phi_a(1), \phi_b(1)$ に 1s 関数を用いる．すなわち

$$\phi_a(1) = \frac{1}{\sqrt{\pi}}e^{-r_{a1}}, \ \phi_b(2) = \frac{1}{\sqrt{\pi}}e^{-r_{b2}} \qquad (11\cdot3\cdot7)$$

で，$E_H = E_{1S}$ である．

ところで (11·3·5) では電子 1, 2 の同等性が考慮されていない．これを考慮するためには，$\phi_a(1)\phi_b(2)$ の他に座標 1, 2 を取り換えた $\phi_a(2)\phi_b(1)$ が同じ

重みで入るような関数
$$\psi_\pm(1,2) = N_\pm\{\phi_a(1)\phi_b(2) \pm \phi_a(2)\phi_b(1)\} \qquad (11\cdot3\cdot8)$$
にしなければならない．ただし $N_\pm$ は規格化定数で $\int|\psi_\pm(1,2)|^2\,dv_1dv_2 = 1$ より
$$N_\pm = \frac{1}{\sqrt{2\pm 2S^2}} \qquad S = \int \phi_a(1)\phi_b(1)\,dv_1 \qquad (11\cdot3\cdot9)$$
となる．なお上式で $S$ は重なり積分である．

 (11·3·8) で電子の同等性は考慮されたが，さらに電子が Fermi 粒子であること，すなわち位置座標の他にスピン座標まで含めた波動関数が電子の交換に対して反対称となることが必要である．ところで位置座標の交換に対して $\psi_+$ は対称，$\psi_-$ は反対称であるから，$\psi_+$ には反対称の，$\psi_-$ には対称のスピン関数をかける必要がある．さてスピン状態は $\alpha, \beta$ と二つあるから，2電子系に対して $\alpha(1)\alpha(2), \alpha(1)\beta(2), \beta(1)\alpha(2), \beta(1)\beta(2)$ の関数が得られるが，これらの一次結合でつくられる反対称，および対称のスピン関数はそれぞれ p.247 の (10·8·8), (10·8·9) で与えられる．

$$\frac{1}{\sqrt{2}}\{\alpha(1)\beta(2) - \alpha(2)\beta(1)\} \quad (S=0,\ M_S=0) \qquad (11\cdot3\cdot10)$$

$$\left.\begin{array}{ll} \alpha(1)\alpha(2) & (S=1,\ M_S=1) \\ \dfrac{1}{\sqrt{2}}\{\alpha(1)\beta(2)+\alpha(2)\beta(1)\} & (S=1,\ M_S=0) \\ \beta(1)\beta(2) & (S=1,\ M_S=-1) \end{array}\right\} \qquad (11\cdot3\cdot11)$$

上式の（ ）内は全スピン角運動量の量子数である．以上によって電子が Fermi 粒子であることを考慮した正しい全波動関数は

## §11・3 水素分子－VB法

$$
{}^1\Psi(\tau_1,\tau_2) = \frac{1}{\sqrt{2+2S^2}}\{\phi_a(\boldsymbol{r}_1)\phi_b(\boldsymbol{r}_2)+\phi_a(\boldsymbol{r}_2)\phi_b(\boldsymbol{r}_1)\}
$$
$$
\times \frac{1}{\sqrt{2}}\{\alpha(\sigma_1)\beta(\sigma_2)-\alpha(\sigma_2)\beta(\sigma_1)\} \tag{11・3・12}
$$

$$
{}^3\Psi(\tau_1,\tau_2) = \frac{1}{\sqrt{2-2S^2}}\{\phi_a(\boldsymbol{r}_1)\phi_b(\boldsymbol{r}_2)-\phi_a(\boldsymbol{r}_2)\phi_b(\boldsymbol{r}_1)\}
$$
$$
\times \begin{cases} \alpha(\sigma_1)\alpha(\sigma_2) \\ \dfrac{1}{\sqrt{2}}\{\alpha(\sigma_1)\beta(\sigma_2)+\alpha(\sigma_2)\beta(\sigma_1)\} \\ \beta(\sigma_1)\beta(\sigma_2) \end{cases} \tag{11・3・13}
$$

となる[1]. ここで ${}^1\Psi, {}^3\Psi$ はそれぞれ1重項, 3重項の波動関数である.

次に (11・3・12), (11・3・13) を用いてエネルギーの期待値を求めよう.

$$
{}^{1,3}E = \int {}^{1,3}\Psi^* \hat{H} {}^{1,3}\Psi \, d\tau_1 d\tau_2
$$

において[2], $d\tau_1 d\tau_2 = dv_1 d\sigma_1 dv_2 d\sigma_2$ の $\sigma$ 部分についての積分は, $\hat{H}$ にスピン座標が含まれていないので1となる ((11・3・10), (11・3・11) の関数は規格化されている. p.147 例題 7・1 参照). よって $\phi_a, \phi_b$ が実関数であることを考慮して

---

[1] (11・3・12), (11・3・13) を行列式で書くと
$$
{}^1\Psi = \frac{1}{\sqrt{1+S^2}}\frac{1}{\sqrt{2}}(|\phi_a\overline{\phi}_b|-|\overline{\phi}_a\phi_b|)
$$
$$
{}^3\Psi = \frac{1}{\sqrt{1-S^2}}\begin{cases} |\phi_a\phi_b| \\ \dfrac{1}{\sqrt{2}}(|\phi_a\overline{\phi}_b|+|\overline{\phi}_a\phi_b|) \\ |\overline{\phi}_a\overline{\phi}_b| \end{cases}
$$
となる. p.246, 247 の (10・8・6), (10・8・7) と比較されたい.

[2] ${}^{1,3}\Psi$ は $\hat{H}$ の0次近似の波動関数であるから, ${}^{1,3}E$ は1次摂動のエネルギーである (p.220 注2) 参照).

$$^{1,3}E = \frac{1}{2 \pm 2S^2} \int \{\phi_a(1)\,\phi_b(2) \pm \phi_a(2)\,\phi_b(1)\}$$
$$\times \hat{H}(1,2)\{\phi_a(1)\,\phi_b(2) \pm \phi_a(2)\,\phi_b(1)\}\,dv_1 dv_2$$
$$= \frac{1}{2 \pm 2S^2}\Big\{\int \phi_a(1)\,\phi_b(2)\,\hat{H}(1,2)\,\phi_a(1)\,\phi_b(2)\,dv_1 dv_2$$
$$+ \int \phi_a(2)\,\phi_b(1)\,\hat{H}(1,2)\,\phi_a(2)\,\phi_b(1)\,dv_1 dv_2$$
$$\pm \int \phi_a(1)\,\phi_b(2)\,\hat{H}(1,2)\,\phi_a(2)\,\phi_b(1)\,dv_1 dv_2$$
$$\pm \int \phi_a(2)\,\phi_b(1)\,\hat{H}(1,2)\,\phi_a(1)\,\phi_b(2)\,dv_1 dv_2\Big\}$$

上式の第2項において積分変数1と2を交換すれば，$\hat{H}(2,1) = \hat{H}(1,2)$ であるから ((11・3・1) 参照)，第1項が得られる．同様に第3項と第4項も等しいから

$$^{1,3}E = \frac{1}{1 \pm S^2}\Big\{\int \phi_a(1)\,\phi_b(2)\,\hat{H}\phi_a(1)\,\phi_b(2)\,dv_1 dv_2$$
$$\pm \int \phi_a(1)\,\phi_b(2)\,\hat{H}\phi_a(2)\,\phi_b(1)\,dv_1 dv_2\Big\} \qquad (11\cdot3\cdot14)$$

となる．次に上式の第1項と第2項の積分を吟味しよう．(11・3・2) および (11・3・6) より

$$\hat{H}\phi_a(1)\,\phi_b(2) = \{\hat{H}_a(1) + \hat{H}_b(2) + \hat{H}'(1,2)\}\phi_a(1)\,\phi_b(2)$$
$$= E_H\phi_a(1)\,\phi_b(2) + E_H\phi_a(1)\,\phi_b(2) + \hat{H}'(1,2)\,\phi_a(1)\,\phi_b(2)$$

となるが，$\phi_a(1)$, $\phi_b(2)$ が規格化されていることを考慮すると

$$\int \phi_a(1)\,\phi_b(2)\,\hat{H}\phi_a(1)\,\phi_b(2)\,dv_1 dv_2 = 2E_H + J \qquad (11\cdot3\cdot15)$$

を得る．ただし

$$J \equiv \int \phi_a(1)\,\phi_b(2)\,\hat{H}(1,2)\,\phi_a(1)\,\phi_b(2)\,dv_1 dv_2$$
$$= \int \phi_a(1)\,\phi_b(2)\Big[-\frac{1}{r_{a2}} - \frac{1}{r_{b1}} + \frac{1}{r_{12}} + \frac{1}{R}\Big]\phi_a(1)\,\phi_b(2)\,dv_1 dv_2$$

§11・3 水素分子－VB 法

はクーロン積分と呼ばれる．その理由は次のとおりである．上式は $\phi_a, \phi_b$ が規格化されており，$R$ が定数であることを考慮すると

$$J = -\int \frac{\phi_b{}^2(2)}{r_{a2}} dv_2 - \int \frac{\phi_a{}^2(1)}{r_{b1}} dv_1 + \int \frac{\phi_a{}^2(1)\phi_b{}^2(2)}{r_{12}} dv_1 dv_2 + \frac{1}{R} \quad (11\cdot3\cdot16)$$

となるが，図 11・11 から明らかなように，第 1 項と第 2 項はそれぞれ核 a と電子雲 $\phi_b{}^2(2)$，核 b と電子雲 $\phi_a{}^2(1)$ との間のクーロンエネルギー，第 3 項と第 4 項は電子雲 $\phi_a{}^2(1), \phi_b{}^2(2)$ 間および核 a, b 間のクーロンエネルギーを与えるからである．上と同様に，(11・3・14) の右辺の第 2 項の積分は

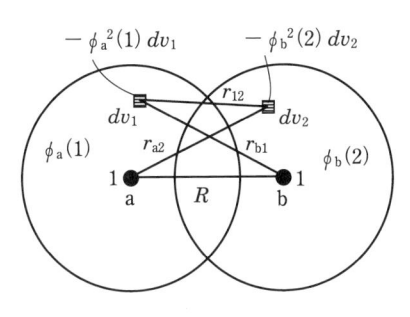

**図 11・11** クーロン積分を生じる相互作用

$$\int \phi_a(1)\phi_b(2)\hat{H}\phi_a(2)\phi_b(1) dv_1 dv_2 = 2E_H S^2 + K \quad (11\cdot3\cdot17)$$

となることは容易にわかる．ただし

$$K \equiv \int \phi_a(1)\phi_b(2)\hat{H}'(1,2)\phi_a(2)\phi_b(1) dv_1 dv_2$$

$$= \int \phi_a(1)\phi_b(2)\left[-\frac{1}{r_{a2}} - \frac{1}{r_{b1}} + \frac{1}{r_{12}} + \frac{1}{R}\right]\phi_a(2)\phi_b(1) dv_1 dv_2$$

である．$K$ は**交換積分**と呼ばれる[1]．

$$K = -S\int \frac{\phi_a(2)\phi_b(2)}{r_{a2}} dv_2 - S\int \frac{\phi_a(1)\phi_b(1)}{r_{b1}} dv_1$$

$$+ \int \frac{\phi_a(1)\phi_b(1)\phi_a(2)\phi_b(2)}{r_{12}} dv_1 dv_2 + \frac{S^2}{R} \quad (11\cdot3\cdot18)$$

---

[1] VB 法におけるクーロン積分と交換積分は MO 法の場合（§10・1, p. 201, 205）と異なるので注意されたい．

であるから交換積分の値は，重なり密度 $\phi_a(1)\phi_b(1)$ によって支配される．

(11・3・14), (11・3・15), (11・3・17) から

$$^{1,3}E = \frac{1}{1\pm S^2}\{2E_H + J \pm (2E_H S^2 + K)\}$$

$$\therefore \quad \boxed{^{1,3}E = 2E_{1s} + \frac{J \pm K}{1 \pm S^2}} \qquad (11\cdot3\cdot19)$$

を得る．ただし $E_H = E_{1s}$ とした．水素分子イオンの場合と同様に，核間距離 $R$ を変えて $J, K, S$ を計算し，$^{1,3}E$ を求めると図 11・12 に示すような結果が得られる．図によると $R \to \infty$ では $^1E = {}^3E \to 2E_{1s} = -1.0\,E_h$ となるが，これは $R \to \infty$ で二つの分離した水素原子になるためである（$R \to \infty$ で $J, K, S \to 0$ となる）．また $R \to 0$ では $J$ に含まれている核間反発の項 $1/R$ により，$^{1,3}E \to \infty$ となる．次に $^1E$ と $^3E$ を比べると，$^1E$ の方は極小値をもつが，$^3E$ は極小値を

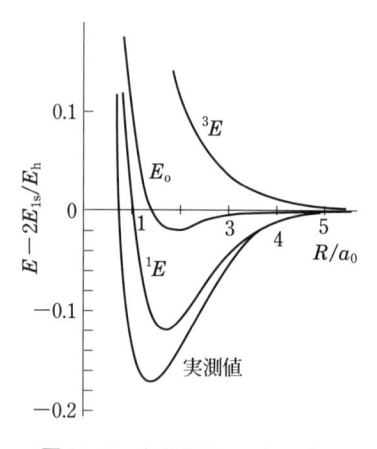

図 11・12 水素分子のエネルギー

もたず 3 重項状態が不安定であることを示している．$^1E$ 曲線の極小値に対応する水素分子の平衡核間距離と結合エネルギーは，それぞれ $R_e = 1.65\,a_0 = 0.87$ Å と $D_e = 0.1154\,E_h = 3.14$ eV である．これに対し実測値は $1.401\,a_0 = 0.741$ Å と $0.17444\,E_h = 4.7467$ eV であって，約 66 % の結合エネルギーが計算で求められたことになる．

さてエネルギー期待値の計算を電子の同等性を考慮しない関数 $\phi_0(1,2)$（(11・3・5) 式）を用いて行えば，(11・3・15) より

$$E_0 = \int \phi_0(1,2)\hat{H}\phi_0(1,2)\,dv = 2E_{1s} + J \qquad (11\cdot3\cdot20)$$

となる．このエネルギーにはクーロン積分だけしか含まれていないから，二つ

の水素原子のエネルギーと核 a, b, 電子雲 $\phi_a^2(1)$ および $\phi_b^2(2)$ 間のクーロンエネルギーの和として古典的にも解釈できる．$E_0$ の $R$ 依存性を図 11・12 に示したが，浅い極小値（$R_e = 0.9$ Å，$D_e = 0.25$ eV）を示すに過ぎない．すなわち $\psi_0$ を用いたのでは水素分子の結合は説明できないのである．これに対し $^1\Psi$ では本質的に正しい記述が得られている．両者の相違は電子の同等性を考慮するかどうかにある．すなわち電子の同等性という純量子論的効果により，初めて水素の結合が生じるのである．(11・3・19) で簡単のため $S$ を無視すると

$$^1E = 2E_{1s} + J + K \qquad (11 \cdot 3 \cdot 21)$$

を得るが，これを (11・3・20) の $E_0$ と比較すると，$^1\Psi$ で深い極小値を生じる主な原因は交換エネルギー $K(<0)$ の存在にあることがわかる．前述したように $K$ の大きさを支配するものは原子 a, b の波動関数 $\phi_a, \phi_b$ の重なりであって，これによって分子内における電子の結合を生じるのである．

古典的な化学結合論によると，二つの水素原子は電子を共有することによって結合する（図 11・13 (a)）．これに対し量子力学によると，水素原子では二つの電子がスピンを反平行にして 1 重項状態（$S = 0$，$M_S = 0$）にあるとき結合を生じる（図 11・13 (b)）．スピンが平行の 3 重項状態（$S = 1$，$M_S = -1, 0, 1$）では，むしろ原子間で反発を生じるのである（図 11・13 (c)）[1]．

上に述べた計算は Heitler（ハイトラー）と London（ロンドン）により初めて行われたので，**Heitler-London 法**と呼ばれる．また図 11・13 に示したように，古典的な原子価の概念と対応しているので，**原子価結合法**（valence bond method），または **VB 法**とも呼ばれる．

H : H　　H↑↓H　　H↑↑H

(a)　　(b)　　(c)

**図 11・13** 水素分子における電子対．(a) 古典的化学結合，(b) 1 重項，(c) 3 重項

---

[1] 3 重項状態のうち，$M_S = 0$ の状態は反平行スピン関数の対称な一次結合であるから注意を要する．図 11・13 (c) は $M_S = \pm 1$ に対応する $\alpha(1)\alpha(2)$ または $\beta(1)\beta(2)$ を示したものである．

## §11·4　VB法の改良

前節の Heitler-London の方法により水素分子の結合エネルギーの約 66 % が説明されたが，これをさらに実測値に近づけるにはどのようにすればよいであろうか．

Heitler-London の計算では，原子軌道関数 $\phi_a$ (および $\phi_b$) に水素原子の 1s 関数を用い，$\phi_a(1) \propto e^{-\zeta r_{a1}}$ において $\zeta = 1$ とした．しかし水素分子内の電子は二つの原子核の引力を受けているから $\zeta > 1$ となるはずである．そこで $\zeta$ をパラメータとして，前節と同様の計算を行い，変分法により最適の $\zeta$ を選ぶ ($\partial E(\zeta)/\partial \zeta = 0$ より $\zeta$ を決定) ことが考えられる．このようにして求めた $\zeta$ は，予想通り 1 より大きく $\zeta = 1.166$ となる．またこれに対応する平衡原子間隔と結合エネルギーは $R_e = 0.743$ Å, $D_e = 3.78$ eV（実測の 80 %）となりかなり改良される．

次に Heitler-London 法では二つの原子が電子 1 個ずつを提供した**共有結合** (covalent bond) **構造**，$H_a - H_b$ を出発点としている．(11·3·12) において $^1\Psi(\tau_1, \tau_2)$ を $\Psi_{cov}$ と記すと

$$\Psi_{cov} = \frac{1}{\sqrt{2+2S^2}} \{\phi_a(1)\phi_b(2) + \phi_a(2)\phi_b(1)\} \frac{1}{\sqrt{2}} \{\alpha(1)\beta(2) - \alpha(2)\beta(1)\}$$

(11·4·1)

が基底状態の関数である．ところで古典的に電子の運動を考えたとき，ある瞬間には電子が 2 個とも原子核 a または b の周囲にある**イオン構造** $H_a^- - H_b^+$ または $H_a^+ - H_b^-$ もあり得るであろう．それらに対応する状態を $\Psi_{ion\,a}$, $\Psi_{ion\,b}$ で表すと，$\Psi_{ion\,a}$ では電子 2 個が $\phi_a$ を占めるから

$$\Psi_{ion\,a} = \phi_a(1)\phi_a(2) \frac{1}{\sqrt{2}} \{\alpha(1)\beta(2) - \alpha(2)\beta(1)\}$$

となる．同様に

$$\Psi_{ion\,b} = \phi_b(1)\phi_b(2) \frac{1}{\sqrt{2}} \{\alpha(1)\beta(2) - \alpha(2)\beta(1)\}$$

である．$\Psi_{ion\,a}$ と $\Psi_{ion\,b}$ は明らかに同じ確率で存在すると考えられるから，イオ

ン構造の状態は

$$\Psi_{\text{ion}} = \frac{1}{\sqrt{2+2S^2}} (\Psi_{\text{ion a}} + \Psi_{\text{ion b}}) \qquad (11 \cdot 4 \cdot 2)$$

となる．ただし（ ）の前の係数は規格化の定数である．さて共有結合構造にイオン構造がどの程度混じるかを検討するには

$$\Psi_{\text{VB ION}} = N(\Psi_{\text{cov}} + C\Psi_{\text{ion}}) \qquad N; 規格化の定数 \qquad (11 \cdot 4 \cdot 3)$$

として変分法により $E = \int \Psi^*_{\text{VB ION}} \hat{H} \Psi_{\text{VB ION}} \, d\tau = \min$ の条件から $C$ を定めればよい．その結果は $C = 0.16$ となり，これに対応して $R_e = 0.88$ Å, $D_e = 3.23$ eV（実測の 68%）が得られる．すなわち共有結合構造の寄与を 1 としてイオン構造の寄与は $C^2 = 0.026$ 程度（p. 80 参照）であるから，計算結果もあまり改善されないのである．

上述の $\zeta$ と $C$ を同時にパラメータに選ぶ，すなわち，核の有効核電荷の変化とイオン構造を同時に考慮して変分法を適用すると，計算結果は大いに改良される．このときの $\zeta$ は 1.193, $C$ は 0.26 で $R_e = 0.748$ Å, $D_e = 4.02$ eV（実測の 85%）である．

## §11·5 水素分子－MO 法

この節では水素分子の計算に MO 法を適用することにする．まず水素分子に対する VB 法と MO 法の比較を図 11·14 に示す．VB 法では各原子に局在した AO の対およびそれを交換した関数 $N(\phi_a(1)\phi_b(2) + \phi_a(2)\phi_b(1))$ を用いた（ただしスピン部分は省略）．これは 2 個の水素原子が近づいて来て，電子を交換することにより結合を生じるという考え方である．これに対し MO 法では最初から 2 個の原子核に共有される軌道（MO 軌道）を考える．この軌道に Pauli の原理に従って $\alpha$ スピンと $\beta$ スピンの電子が収容されて基底状態を形成するのである．したがって He の原子核が分離した状態とも考えられる．

水素分子のハミルトニアン (11·3·1) を次のように分離する．

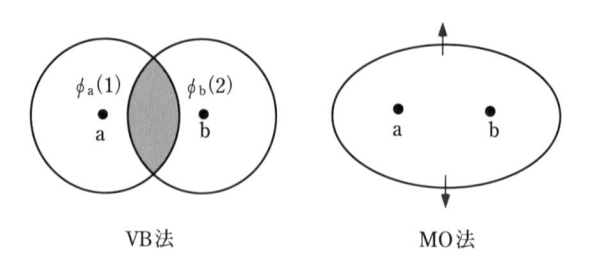

図 11・14  VB 法と MO 法

$$\hat{H} = \hat{H}_c(1) + \hat{H}_c(2) + \hat{H}'(1,2) \tag{11・5・1}$$

$$\left.\begin{aligned}\hat{H}_c(1) &= -\frac{1}{2}\Delta_1 - \frac{1}{r_{a1}} - \frac{1}{r_{b1}} + \frac{1}{R} \\ \hat{H}_c(2) &= -\frac{1}{2}\Delta_2 - \frac{1}{r_{a2}} - \frac{1}{r_{b2}} + \frac{1}{R} \\ \hat{H}'(1,2) &= \frac{1}{r_{12}} - \frac{1}{R}\end{aligned}\right\} \tag{11・5・2}$$

上式で $\hat{H}_c(1), \hat{H}_c(2)$ はそれぞれ核 a, b と電子 1 および核 a, b と電子 2 からなる水素分子イオンのハミルトニアンである ((11・2・2) 参照). いま $\hat{H}'(1,2)$ を摂動項とみなせば,水素分子の基底状態に対する 0 次近似の波動関数は,水素分子イオンの基底状態の波動関数を $\varphi_0$ として ($\hat{H}_c\varphi_0 = E_0\varphi_0$),

$$\Psi_0(\boldsymbol{r}_1, \boldsymbol{r}_2) = \varphi_0(\boldsymbol{r}_1)\,\varphi_0(\boldsymbol{r}_2)$$

と表すことができる. いま $\varphi_0$ の代わりに (11・2・20) の近似関数 $\varphi_g$ を用いることにし,さらにスピン座標まで含めて波動関数の反対称性が成立しなければならないことを考慮すると,分子の基底状態の近似波動関数は

$$\Psi_{\mathrm{MO}}(\tau_1, \tau_2) = \frac{1}{\sqrt{2}}\begin{vmatrix}\varphi_g(\boldsymbol{r}_1)\,\alpha(\sigma_1) & \varphi_g(\boldsymbol{r}_2)\,\alpha(\sigma_2) \\ \varphi_g(\boldsymbol{r}_1)\,\beta(\sigma_1) & \varphi_g(\boldsymbol{r}_2)\,\beta(\sigma_2)\end{vmatrix} \tag{11・5・3}$$

となる. 上式は水素分子イオンの MO 軌道に $\alpha$ および $\beta$ スピンの電子を 1 個ずつつめた形であり ($\varphi_g(1)\,\alpha(1)\,\varphi_g(2)\,\beta(2)$ を反対称化した関数), これが MO 近似の出発点である (図 11・15). 式 (11・5・3) は

§11・5 水素分子 — MO 法

$$\Psi_{\mathrm{MO}}(1,2) = |\varphi_g \overline{\varphi}_g| \tag{11・5・4}$$

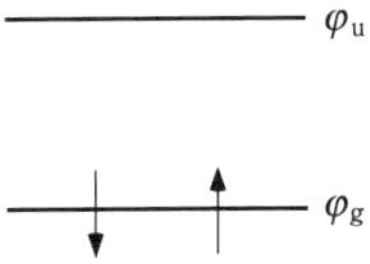

と略記される．この関数は全スピン角運動量について，その2乗の量子数が $S=0$，その $z$ 成分の量子数が $M_S = 0$ で[1]，1重項状態に対応する．(11・5・4) に (11・2・20) を代入すると

図 11・15 MO 法の基底状態

$$\Psi_{\mathrm{MO}} = \frac{1}{2+2S}|\phi_a + \phi_b \; \overline{\phi_a + \phi_b}|$$

$$\therefore \quad \Psi_{\mathrm{MO}} = \frac{1}{2+2S}\{|\phi_a \overline{\phi}_a| + |\phi_b \overline{\phi}_b| + |\phi_a \overline{\phi}_b| + |\phi_b \overline{\phi}_a|\} \tag{11・5・5}$$

となることは行列式の性質 (p.437 (A1・2・8)) からわかる．上式の { } 内の第3項と第4項を変形すると

$$|\phi_a \overline{\phi}_b| + |\phi_b \overline{\phi}_a| = |\phi_a \overline{\phi}_b| - |\overline{\phi}_a \phi_b|$$

$$= \frac{1}{\sqrt{2}}\left\{\begin{vmatrix} \phi_a(1)\alpha(1) & \phi_a(2)\alpha(2) \\ \phi_b(1)\beta(1) & \phi_b(2)\beta(2) \end{vmatrix} - \begin{vmatrix} \phi_a(1)\beta(1) & \phi_a(2)\beta(2) \\ \phi_b(1)\alpha(1) & \phi_b(2)\alpha(2) \end{vmatrix}\right\}$$

$$= \frac{1}{\sqrt{2}}\{\phi_a(1)\phi_b(2)\alpha(1)\beta(2) - \phi_a(2)\phi_b(1)\alpha(2)\beta(1)$$

$$\qquad - \phi_a(1)\phi_b(2)\alpha(2)\beta(1) + \phi_a(2)\phi_b(1)\alpha(1)\beta(2)\}$$

$$= \{\phi_a(1)\phi_b(2) + \phi_a(2)\phi_b(1)\}\frac{1}{\sqrt{2}}\{\alpha(1)\beta(2) - \alpha(2)\beta(1)\}$$

となる．よって (11・4・1) より

$$|\phi_a \overline{\phi}_b| + |\phi_b \overline{\phi}_a| = \sqrt{2+2S^2}\,\Psi_{\mathrm{cov}} \tag{11・5・6}$$

を得る．同様な計算を行い，(11・4・2) と比較すると

$$|\phi_a \overline{\phi}_a| + |\phi_b \overline{\phi}_b| = \sqrt{2+2S^2}\,\Psi_{\mathrm{ion}} \tag{11・5・7}$$

も容易に得られる (例題 11・1 参照)．これらの結果を (11・5・5) に代入して

---

[1] $|\varphi_g \overline{\varphi}_g|$ のスピン部分が $(1/\sqrt{2})\{\alpha(1)\beta(2) - \alpha(2)\beta(1)\}$ であることから $S = M_S = 0$ であることがわかる ((11・3・10))．または p.244 表 10・6 の $^1D$ の関数 $|\phi_1 \overline{\phi}_1|$ と同じ形をしていることからもわかる．

$$\Psi_{\text{MO}} = \frac{\sqrt{2+2S^2}}{2+2S}(\Psi_{\text{cov}} + \Psi_{\text{ion}}) \qquad (11\cdot5\cdot8)$$

となる．すなわち $\Psi_{\text{MO}}$ は VB 法では共有結合構造とイオン構造が 1 : 1 で寄与している関数に相当する．p. 273 で述べたように，$\zeta = 1$ の場合，$\Psi \propto \Psi_{\text{cov}} + C\Psi_{\text{ion}}$ として最良の関数は $C = 0.16$ に対応するものであるから，上の MO 法の記述はイオン構造の寄与を過大評価していることがわかる．

実際に上の $\Psi_{\text{MO}}$ を用いて $\int \Psi_{\text{MO}}{}^*\hat{H}\Psi_{\text{MO}}\,d\tau$ より $R_e, D_e$ を求めると $R_e = 0.85$ Å，$E_e = 2.65$ eV（実測の 56 %）となり，実測値との一致はよくない．

[例題 11・1] (11・5・7) 式，$|\phi_a\overline{\phi_a}| + |\phi_b\overline{\phi_b}| = \sqrt{2+2S^2}\,\Psi_{\text{ion}}$ を証明せよ．

[解]
$$|\phi_a\overline{\phi_a}| = \frac{1}{\sqrt{2}}\begin{vmatrix} \phi_a(1)\,\alpha(1) & \phi_a(2)\,\alpha(2) \\ \phi_a(1)\,\beta(1) & \phi_a(2)\,\beta(2) \end{vmatrix}$$

$$= \phi_a(1)\,\phi_a(2)\frac{1}{\sqrt{2}}\{\alpha(1)\,\beta(2) - \alpha(2)\,\beta(1)\}$$

$$\therefore\ |\phi_a\overline{\phi_a}| = \Psi_{\text{ion a}}$$

同様に $|\phi_b\overline{\phi_b}| = \Psi_{\text{ion b}}$ であるから $|\phi_a\overline{\phi_a}| + |\phi_b\overline{\phi_b}| = \Psi_{\text{ion a}} + \Psi_{\text{ion b}}$ となる．この式と (11・4・2) を比較すると (11・5・7) が得られる．

## §11・6　MO 法の改良

次に MO 法による基底状態の関数 (11・5・4)

$$\Psi_{\text{MO}} = |\varphi_g\overline{\varphi_g}|$$

を改良しよう．それには §9・7 で述べた Ritz の変分法を用いて，$\Psi_{\text{MO}}$ の他に，いくつかの関数を選んできて一次結合をつくり，最良の係数を決めればよい．通常それらの関数として励起状態の関数が用いられる．これは基底状態の関数に励起状態の性質を加味して近似を高めるためと考えてよい．さて，$\Psi_{\text{MO}}$（これを $\Psi_1$ とする）は水素分子イオンの結合性軌道 $\varphi_g$ に $\alpha$ スピンと $\beta$ スピンの電子を収容したものであるが，水素分子イオンの反結合性軌道 $\varphi_u$ にも電子を入れると水素分子の励起状態として図 11・16 に示す $\Psi_2, \Psi_{\text{III}}, \Psi_{\text{IV}}, \Psi_5, \Psi_6$ の五つの電子配置が生じる．前述したように，$\Psi_1$ の全スピン角運動量の量子数は $S = $

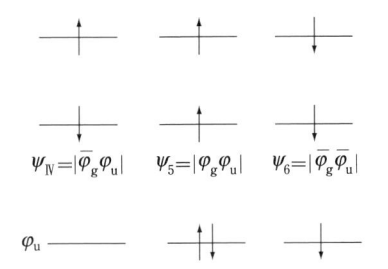

## §11・6 MO法の改良

**表11・1** 各電子配置のスピン量子数

| | $S$ | $M_S$ |
|---|---|---|
| $\Psi_1 = \|\varphi_g \overline{\varphi}_g\|$ | 0 | 0 |
| $\Psi_2 = \|\varphi_u \overline{\varphi}_u\|$ | 0 | 0 |
| $\Psi_3 = (1/\sqrt{2})(\|\varphi_g \overline{\varphi}_u\| + \|\overline{\varphi}_g \varphi_u\|)$ | 1 | 0 |
| $\Psi_4 = (1/\sqrt{2})(\|\varphi_g \overline{\varphi}_u\| - \|\overline{\varphi}_g \varphi_u\|)$ | 0 | 0 |
| $\Psi_5 = \|\varphi_g \varphi_u\|$ | 1 | 1 |
| $\Psi_6 = \|\overline{\varphi}_g \overline{\varphi}_u\|$ | 1 | $-1$ |

**図11・16** $\varphi_g$ と $\varphi_u$ により生じる電子配置

$M_S = 0$ である．励起状態の関数についても，$S, M_S$ を調べると表11・1のようになる．ただし $\Psi_{\text{III}}, \Psi_{\text{IV}}$ は $\hat{S}^2$ の固有状態ではないので，それらの一次結合からつくった関数 $\Psi_3, \Psi_4$ を用いた[1]．

これら $\Psi_1 \sim \Psi_6$ を用いて $\Psi_1 (= \Psi_{\text{MO}})$ を改良するには，§9・7で述べたように (p.186 (9・7・9), (9・7・10) 参照)

$$\Phi = \sum_{j=1}^{6} c_j \Psi_j \tag{11・6・1}$$

として

$$|H_{ij} - ES_{ij}| = 0 \tag{11・6・2}$$

$$\sum_{j=1}^{6} (H_{ij} - ES_{ij}) c_j = 0 \tag{11・6・3}$$

から基底状態のエネルギー $E_1$ と，それに対応する波動関数 $\Phi_1(\{c_{1j}\})$ を決めることになる．ただし

$$H_{ij} = \int \Psi_i^* \hat{H} \Psi_j \, d\tau, \quad S_{ij} = \int \Psi_i^* \Psi_j \, d\tau \tag{11・6・4}$$

である．このように異なった電子配置の一次結合を用いて変分法により近似を高めることを，**配置間相互作用** (configuration interaction, **CI**) を考慮すると

---

[1] 表の関数の $S, M_S$ 値は各関数を展開してそのスピン部分を (11・3・10), (11・3・11) と比較すれば得られる．p.267 注1) 参照．

いう.

　表11・1によると $\Psi_1, \Psi_2, \Psi_4$ は1重項の関数 ($S = M_S = 0$), $\Psi_3, \Psi_5, \Psi_6$ は3重項の関数 ($S = 1$, $M_S = 0, \pm 1$) で,前者と後者では全スピン角運動量の2乗の固有値が異なる.また $\Psi_3, \Psi_5, \Psi_6$ の間では相互に全スピン角運動量の $z$ 成分の固有値が異なる.一般に異なった固有値に対応する関数は直交するので(p.73 定理 III),表の関数は $\Psi_1, \Psi_2, \Psi_4$ の間を除いてすべて直交することになる.すなわち

$$S_{12}, S_{24}, S_{14} \neq 0 \qquad \text{それ以外の}\ S_{ij} = 0\ (i \neq j)$$

である.さらに $\hat{H}$ はスピン座標を含んでいないので,$H_{ij}$ についても同様な関係が成立する[1].

$$H_{12}, H_{24}, H_{14} \neq 0 \qquad \text{それ以外の}\ H_{ij} = 0\ (i \neq j)$$

以上は関数のスピン部分だけの考察であるが,空間部分の対称性も考慮すると,以下に述べるように $H_{12}(= H_{21})$[2] 以外の $S_{ij}, H_{ij}(i \neq j)$ はすべて 0 となり

$$S_{12} = S_{24} = S_{14} = 0 \qquad H_{24} = H_{14} = 0$$

が成立することがわかる[3].例えば $\Psi_1, \Psi_4$ の行列式を展開すると

---

1) $\Psi$ を空間部分とスピン部分の関数に分けて $\Psi = \phi(\mathbf{r})\gamma(\sigma)$ とすると
$$S_{ij} = \int \Psi_i{}^*(\mathbf{r},\sigma)\,\Psi_j(\mathbf{r},\sigma)\,d\tau = \int \phi_i{}^*(\mathbf{r})\,\phi_j(\mathbf{r})\,dv \int \gamma_i{}^*(\sigma)\,\gamma_j(\sigma)\,d\sigma$$
スピン量子数 $S$ または $M_S$ が異なるときは $\gamma_i$ と $\gamma_j$ が直交する $\left(\int \gamma_i{}^*(\sigma)\,\gamma_j(\sigma)\,d\sigma = 0\right)$ ので $S_{ij} = 0$ となる.$\hat{H}$ がスピン座標を含まないときは
$$H_{ij} = \int \Psi_i{}^*\hat{H}\Psi_j\,d\tau = \int \phi_i{}^*(\mathbf{r})\,\hat{H}(\mathbf{r})\,\phi_j(\mathbf{r})\,dv \int \gamma_i{}^*(\sigma)\,\gamma_j(\sigma)\,d\sigma = 0$$
も成立する.

2) $\hat{H}$ はエルミート演算子であり (p.71 仮定 V) $\Psi_i, \Psi_j$ の空間部分は実関数であるから
$$H_{ij} = \int \Psi_i{}^*\hat{H}\Psi_j\,d\tau = \int \Psi_j\hat{H}^*\Psi_i{}^*\,d\tau = \int \Psi_j{}^*\hat{H}\Psi_i\,d\tau = H_{ji}$$
が成立する.

3) 一般に,互いに直交する1電子軌道に電子を配置する場合,異なった電子配置間では $S_{ij} = 0$ となることが証明される (下巻§18・1).いまの場合 $\varphi_g$ と $\varphi_u$ は直交しているので $S_{ij} = 0\ (i \neq j)$ となる.

§11・6 MOの改良

$$\Psi_1 = \varphi_g(1)\,\varphi_g(2)\frac{1}{\sqrt{2}}\{\alpha(1)\beta(2) - \alpha(2)\beta(1)\} \tag{11・6・5}$$

$$\Psi_4 = \frac{1}{\sqrt{2}}\{\varphi_g(1)\varphi_u(2) + \varphi_g(2)\varphi_u(1)\}\frac{1}{\sqrt{2}}\{\alpha(1)\beta(2) - \alpha(2)\beta(1)\}$$

であるから，$S_{14}$ のスピン部分についての積分は 1 となり

$$S_{14} = \int \Psi_1{}^* \Psi_4 \, d\tau = \frac{1}{\sqrt{2}} \int \varphi_g(1)\,\varphi_g(2)\{\varphi_g(1)\varphi_u(2) + \varphi_g(2)\varphi_u(1)\}\, dv$$

を得る．図 11・4 に示したように $\varphi_g$ は分子の中心に関し対称な関数，$\varphi_u$ は反対称な関数であるから，$\Psi_1$ の空間部分 $\varphi_g(1)\varphi_g(2)$ は分子の中心に関し対称，$\Psi_4$ の空間部分 $\{\varphi_g(1)\varphi_u(2) + \varphi_g(2)\varphi_u(1)\}$ は反対称である．よって両者の積である $S_{14}$ の被積分関数は分子の中心に関し反対称となる．したがって，図 11・17 に示すように，分子の中心 O の右と左の部分からの積分への寄与が打ち消し合い，積分値は 0 となる．次に $H_{14}$ は上と同様に

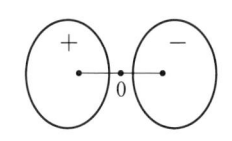

図 11・17 $S_{14}$ の被積分関数の分布．この図は対称性を示すための概念図である．

$$H_{14} = \frac{1}{\sqrt{2}}\left\{\int \varphi_g(1)\,\varphi_g(2)\,\hat{H}(\varphi_g(1)\,\varphi_u(2) + \varphi_g(2)\,\varphi_u(1))\right\} dv$$

である．$\hat{H}$ は分子と同じ対称性をもっているから ((11・3・1) または (11・3・2) 参照)，分子の中心 O に関し対称である．よって上式の被積分関数も O に関し反対称となり，$H_{14} = 0$ が成立することがわかる．上と同様に $S_{24} = H_{24} = 0$ も $\Psi_2$ と $\Psi_4$ の空間部分の対称性の相違から得られる（$\Psi_2$ の空間部分の関数は $\varphi_u(1)\varphi_u(2)$ であるから（次式参照），分子の中心 O に関し対称である）．

次に，$S_{12}, H_{12}$ について考える．

$$\Psi_2 = \varphi_u(1)\,\varphi_u(2)\frac{1}{\sqrt{2}}\{\alpha(1)\beta(2) - \alpha(2)\beta(1)\} \tag{11・6・6}$$

であるから，(11・6・5) を用いると

$$S_{12} = \int \varphi_g(1)\,\varphi_g(2)\,\varphi_u(1)\,\varphi_u(2)\,dv = \int \varphi_g(1)\,\varphi_u(1)\,dv_1 \int \varphi_g(2)\,\varphi_u(2)\,dv_2$$

$$H_{12} = \int \varphi_g(1)\,\varphi_g(2)\,\hat{H}\varphi_u(1)\,\varphi_u(2)\,dv$$

を得る.したがって $S_{12}$ の方は,変数 1,2 について二つに分離された積分の各々の被積分関数が原子の中心に関し反対称となり,積分値はともに 0 となる $H_{12}$ では二つの積分に分離できない.被積分関数は $\phi_u$ を二つ含むので,原子の中心に関し対称となり,積分の値は 0 とならないのである.

以上の結果,永年方程式 (11・6・2) は

$$\begin{vmatrix} H_{11}-E & H_{12} & 0 & 0 & 0 & 0 \\ H_{12} & H_{22}-E & 0 & 0 & 0 & 0 \\ 0 & 0 & H_{33}-E & 0 & 0 & 0 \\ 0 & 0 & 0 & H_{44}-E & 0 & 0 \\ 0 & 0 & 0 & 0 & H_{55}-E & 0 \\ 0 & 0 & 0 & 0 & 0 & H_{66}-E \end{vmatrix} = 0$$

となる.ただし $S_{ii}=1$ を用いた.上式は 2 次元の小行列式と 4 個の 1 次元の行列式に分離され

$$\begin{vmatrix} H_{11}-E & H_{12} \\ H_{12} & H_{22}-E \end{vmatrix} = 0 \tag{11・6・7}$$

$$|H_{ii}-E| = 0 \quad (i=3,4,5,6) \tag{11・6・8}$$

となる.(11・6・7) に対応する 1 次方程式は

$$\left.\begin{array}{l}(H_{11}-E)C_1 + H_{12}C_2 = 0 \\ H_{12}C_1 + (H_{22}-E)C_2 = 0\end{array}\right\} \tag{11・6・9}$$

である.われわれは基底状態 $\Psi_1(=\Psi_\text{MO})$ に対する CI に着目しているから,(11・6・7) を解いて 2 根 $E_1, E_2$ を求め,小さい方の根 $E_1$ を (11・6・9) に代入して $C_1/C_2$ を決めることになる.最後に規格化の条件から $C_1, C_2$ の値が定まる.結局,基底状態 $\Psi_1(=\Psi_\text{MO})$ には図 11・16 に示した $\Psi_2 \sim \Psi_6$ の電子配置のうち

## §11·6 MO法の改良

$\Psi_2$ しか混じらないのである.(11·6·7)の根 $E_1$ に対応する状態を $\Psi_{\text{MO CI}}$ で表すと

$$\Psi_{\text{MO CI}} = C_1 \Psi_{\text{MO}} + C_2 \Psi_2 = C_1 |\varphi_g \overline{\varphi}_g| + C_2 |\varphi_u \overline{\varphi}_u| \qquad (11\cdot6\cdot10)$$

と書ける.

以上,水素分子を例にしてCI計算の手続きをやや詳しく述べたが,これは一般の原子,分子にも通用することである.状態 $\Psi_1$ をCIで改良する場合,$\Psi_1$ と同じスピン量子数をもち,空間対称性も等しい電子配置だけを選び出し $\Psi_1$ と一次結合をつくればよいのである.それ以外の電子配置を考慮しても,永年方程式の非対角要素が0となるため,結果に影響しないのである.

さて (11·6·10) の $\Psi_{\text{MO CI}}$ をVB法の式に関連づけることを考えよう.(11·5·8)で

$$\Psi_{\text{MO}} = |\varphi_g \overline{\varphi}_g| = \frac{\sqrt{2+2S^2}}{2+2S}(\Psi_{\text{cov}} + \Psi_{\text{ion}}) \qquad (11\cdot6\cdot11)$$

であることはすでに示した.$|\varphi_u \overline{\varphi}_u|$ の方は (11·2·21) の $\varphi_u = (1/\sqrt{2-2S}) \times (\phi_a - \phi_b)$ を用いると

$$|\varphi_u \overline{\varphi}_u| = \frac{1}{2-2S}\{|\phi_a \overline{\phi}_a| + |\phi_b \overline{\phi}_b| - |\phi_a \overline{\phi}_b| - |\phi_b \overline{\phi}_a|\}$$

となり (11·5·6), (11·5·7) から

$$|\varphi_u \overline{\varphi}_u| = \frac{\sqrt{2+2S^2}}{2-2S}(\Psi_{\text{ion}} - \Psi_{\text{cov}}) \qquad (11\cdot6\cdot12)$$

を得る.そこで

$$\Psi_{\text{MO CI}} = C_1(|\varphi_g \overline{\varphi}_g| + C'|\varphi_u \overline{\varphi}_u|) \qquad (11\cdot6\cdot13)$$

と書いて ($C_2/C_1 = C'$), (11·6·11), (11·6·12) を代入すると

$$\Psi_{\text{MO CI}} = C_1\sqrt{2+2S^2}\left\{\frac{1}{2+2S}(\Psi_{\text{cov}} + \Psi_{\text{ion}}) + \frac{C'}{2-2S}(\Psi_{\text{ion}} - \Psi_{\text{cov}})\right\}$$

$$\propto \frac{(2-2S)-(2+2S)C'}{(2+2S)(2-2S)}\left\{\Psi_{\text{cov}} + \frac{(2-2S)+(2+2S)C'}{(2-2S)-(2+2S)C'}\Psi_{\text{ion}}\right\}$$

となる.すなわち

$$\Psi_{\text{MO CI}} = N\left\{\Psi_{\text{cov}} + \frac{1-S+C'+SC'}{1-S-C'-SC'}\Psi_{\text{ion}}\right\} \qquad (11\cdot6\cdot14)$$

の形になる（$N$ は規格化定数に相当する）．すなわち MO CI 法の関数は VB 法でイオン構造を考慮したときの関数，(11・4・3)

$$\Psi_{\text{VB ION}} = N\{\Psi_{\text{cov}} + C\Psi_{\text{ion}}\} \qquad (11\cdot6\cdot15)$$

と同じ形になるのである．しかもどちらの方式でも変分法によって，エネルギーの期待値が極小値をとるという条件から $C$ や $C'$ を定めるのであるから，両者は同等である．(11・6・14) と (11・6・15) を比較すると，最適の $C$ と $C'$ の間には

$$C = \frac{1-S+C'+SC'}{1-S-C'-SC'} \quad \text{または} \quad C' = \frac{(1-S)(C-1)}{(1+S)(C+1)} \qquad (11\cdot6\cdot16)$$

の関係があることがわかる．以上述べたことは，水素以外の分子の場合にも成立する．すなわち<u>一般に VB 法でイオン構造を考慮することは，MO 法で種々の電子配置を取り入れて CI 計算を行うことに相当するのである</u>．

次に原子間隔が大きいときの VB 関数 $\Psi_{\text{cov}}$ と MO 関数 $\Psi_{\text{MO}}$ の性質を考えてみよう．(11・4・1) より

$$\Psi_{\text{cov}} \propto \{\phi_a(1)\phi_b(2) + \phi_a(2)\phi_b(1)\} \qquad (11\cdot6\cdot17)$$

であるから，原子間隔 $R$ が無限大になると，VB 関数では水素分子は二つの水素原子 $H_a(1) + H_b(2)$（または $H_a(2) + H_b(1)$）に解離することになる．したがって，正しい解離生成物を与える．これに対し，(11・6・5) より

$$\Psi_{\text{MO}} = \Psi_1 \propto \varphi_g(1)\varphi_g(2) \propto \{\phi_a(1) + \phi_b(1)\}\{\phi_a(2) + \phi_b(2)\}$$
$$= \{\phi_a(1)\phi_b(2) + \phi_a(2)\phi_b(1) + \phi_a(1)\phi_a(2) + \phi_b(1)\phi_b(2)\}$$
$$(11\cdot6\cdot18)$$

であるから，MO 関数による解離生成物は二つの水素原子，$H_a(1) + H_b(2)$（または $H_a(2) + H_b(1)$）と水素の正負のイオン対 $H_a^-(1,2) + H_b^+$（または $H_a^+ + H_b^-(1,2)$）の 1：1 混合物である（これは，(11・5・8) からもわかる）．すなわち，MO 関数は正しい解離生成物を与えない．$\Psi_{\text{VB ION}}$ または $\Psi_{\text{MO CI}}$ ではどうであろうか．

§11・7 水素分子の正確な波動関数

$$\Psi_{\text{VB ION}} \propto (\Psi_{\text{cov}} + C\Psi_{\text{Ion}})$$

において，$R \to \infty$ では，$\Psi_{\text{cov}}$ が正しい波動関数であるから，$C \to 0$ のはずである．一方

$$\Psi_{\text{MO CI}} \propto (\Psi_{\text{MO}} + C'\Psi_2) \propto [\{\phi_a(1) + \phi_b(1)\}\{\phi_a(2) + \phi_b(2)\} \\ + C'\{\phi_a(1) - \phi_b(1)\}\{\phi_a(2) - \phi_b(2)\}]$$

となる（(11・6・5)，(11・6・6) 参照）．$R \to \infty$ では，$S \to 0$ であるから，(11・6・16) より $C' = (C-1)/(C+1)$ となり，$C \to 0$ では $C' \to -1$ となる．この結果を上式に入れると，

$$\Psi_{\text{MO CI}} \propto \phi_a(1)\phi_b(2) + \phi_a(2)\phi_b(1) \propto \Psi_{\text{cov}} \qquad (R \to \infty)$$

となり，$\Psi_{\text{MO CI}}$ も正しい結果を与えることがわかる．$R$ を変えたときの $-C'$ の変化を図11・18に示す．図から $\Psi_{\text{MO CI}}$ における励起構造の寄与は結合距離の増加とともに，急に大きくなり，原子間隔が増大すると単純なMO関数 $\Psi_{\text{MO}}$ は信頼できなくなることが分かる．

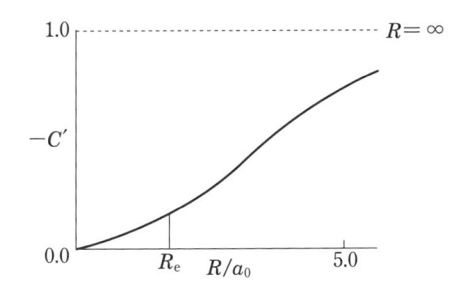

図11・18 CIにおける励起配置 $\Psi_2$ の寄与 $|C'|$ の原子間隔依存性 (巻末参考書 (17))

## §11・7 水素分子の正確な波動関数

§11・4で述べたように，VB法の改良（$Z$ の調節とイオン構造の考慮）で得られる水素分子の結合エネルギーの計算値は実測値の約85％であった．前節のMO CI法はイオン構造を加味したVB法に相当するから1s AOの $Z$ を調節すると，やはり同じ計算値が得られる．さらによい計算値を得るには，どのような方法をとればよいであろうか．そのためには電子相関を十分に考慮する必要がある（§9・6参照）[1]（脚注次頁）．水素分子の二つの電子の間にはクーロン斥力がはたらくため，電子は互いに避け合って運動しようとする傾向があるが，この効果を波動関数に正しく表現しなければならないのである．

MO法では $\varphi_g(1)\varphi_g(2)$ の形の波動関数を用いるので，電子1と電子2が同じ $\varphi_g$ 軌道を占める．したがって電子相関は全く考慮されていない．これに対しVB法の関数は $\phi_a(1)\phi_b(2) + \phi_a(2)\phi_b(1)$ であるから，電子1が $\phi_a$ 軌道（核aの近傍）にあるとき電子2は $\phi_b$ 軌道（核bの近傍）にある（またはその逆になる）．よって電子相関を過大に評価しているのである．両方法ともイオン構造や他の電子配置の寄与によって，相関効果を若干修正することができるが，十分ではない[2]．相関を正しく考慮するためには，p.183でヘリウムの例で述べたように，電子間距離 $r_{12}$ を変数として含む波動関数を用いなければならないのである．JamesとCoolidgeはこの種の関数を一次結合

$$\Psi(1,2) = e^{-\delta(\xi_1+\xi_2)} \sum_{m,n,j,k,p} c_{mnjkp}(\xi_1^m \xi_2^n \eta_1^j \eta_2^k + \xi_1^n \xi_2^m \eta_1^k \eta_2^j) r_{12}^p$$

$$m, n, j, k, p : 整数$$

で表した．ただし，$\xi_1, \eta_1, \xi_2, \eta_2$ は電子1,2の楕円体座標（図11・19），$\delta$ と $c_{mnjkp}$ は変分係数である．彼らは上の形の13項の関数を用いて，$R_e = 0.740$ Å，$D_e = 4.72$ eV（実測値の99.4％）を得た．その後KołosとWolniewiczは同じ形の100項の関数を用いて $D_e$ の実測値を完全に再現することができた（表11・2参照）．

表11・2にいままでに述べた水素分子の結合エネルギーと平衡核間距離の計算値をまとめた．表でイオン構造を含め

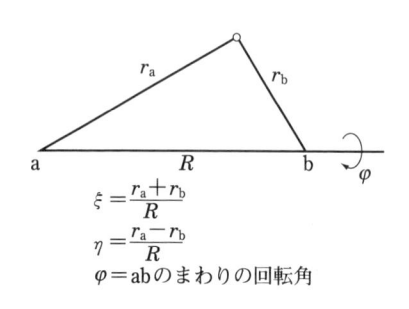

$\xi = \dfrac{r_a + r_b}{R}$
$\eta = \dfrac{r_a - r_b}{R}$
$\varphi = $ abのまわりの回転角

**図11・19** 楕円体座標

---

1) 上述の方法ではSTO 1sタイプの関数を用いているので，CIを考慮する前のMOエネルギーがHFの極限（1電子近似における最良の値）に到達していない．STO 1sタイプの関数を用いた場合の最良の値は，$\zeta = 1.197$ のとき，$D_e = 3.49$ eV，$R_e = 0.732$ Åである．これに対し，HFの極限で，$D_e = 3.64$ eV，$R_e = 0.733$Åで，両者の $D_e$ の差は小さい．したがって，実測値からの相違はほとんど相関エネルギーに基づく．
2) MOを1s AOの他，2s, 2p, 3d, … などのAOの一次結合で表し，多数の電子配置を考慮すると電子相関の効果をかなり正しく取り入れることができる（下巻§19・3）．

## §11·7 水素分子の正確な波動関数

**表 11·2** 水素分子の結合エネルギー $D_e$ と平衡核間距離 $R_e$

| | $D_e$/eV | $R_e$/Å |
|---|---|---|
| VB 法 (Heitler-London, $\zeta = 1$) | 3.14 | 0.87 |
| VB 法 ($\zeta = 1.166$) | 3.78 | 0.743 |
| MO 法 ($\zeta = 1$) | 2.65 | 0.85 |
| MO 法 ($\zeta = 1.197$) | 3.49 | 0.732 |
| MO 法 (HF の極限) | 3.64 | 0.733 |
| VB 法＋イオン構造 ($\zeta = 1$)  MO CI 法 ($\zeta = 1$) | 3.23 | 0.88 |
| VB 法＋イオン構造 ($\zeta = 1.193$)  MO CI 法 ($\zeta = 1.193$) | 4.02 | 0.748 |
| James-Coolidge (13 項) | 4.72 | 0.740 |
| Kołos-Wolniewicz (100 項) | 4.7467 | 0.7413 |
| 実　　測　　値 | 4.7467 | 0.7414 |

た VB 法と MO CI 法の値が一致するのは前述したとおりである．水素分子は最も簡単な 2 原子分子であるため，電子間距離をあらわに含む関数を用いた精密な計算が行われているが，一般の分子では計算が複雑になるため主に VB 法と 1 電子近似による MO 法が適用される．多原子分子では VB 法のイオン構造は多様な形となるため (§13·1)，電子計算機のプログラミングに適していない．これに対し MO 法における配置間相互作用のプログラミングは容易であるから，MO 法の方がよく用いられる．本書でも以後は MO 法を中心にして述べることにする．ただし分子の極性や結合角など，電子の局在化した性質が問題となる場合 (例：混成 §13·4, §13·5)，局在 AO の対からつくられる VB 法が有利になるので VB 理論による取り扱いにもふれることにする．

最後に，VB 法におけるイオン構造や MO 法における種々の電子配置は，変分計算によって近似を高めるために導入されたもので，実在するものではないことに留意されたい．実際，James-Coolidge や Kołos-Wolniewicz の波動関数にはそのような概念は含まれていないのである．例えば水素分子の波動関数が $\Psi \propto \Psi_{cov} + C\Psi_{ion}$ と表されたとしても，H－H と H$^-$－H$^+$ が $1 : C^2$ の割合で存在しているわけではない．電子は $\Psi_{cov}$ を $\Psi_{ion}$ で若干修正したある状態にあるものと近似されているに過ぎないのである．

# 12 2原子分子

　この章では一般の2原子分子の1電子波動関数をLCAO近似で求めて,等核2原子分子と異核2原子分子の基底状態の電子配置を明らかにする.異核2原子分子では電子分布に偏りがあるため,結合に極性を生じる.結合の極性とそれに伴う電気双極子モーメントをMO関数とVB関数で説明する.最後に電気陰性度を定める方法を述べる.

## §12·1　LCAO MO

　この節では,はじめに一般の分子の分子軌道 (MO) を原子軌道 (AO) の一次結合でつくる方法を述べた後,それを2原子分子に適用することにする.

　分子中に $n$ 個の電子と,$N$ 個の原子核が含まれているとし,それらの番号をそれぞれ $i=1,2,\cdots,n$, $A=1,2,\cdots,N$ とする.また $A$ 番目の原子核の電荷を $Z_A e$ とすると,ハミルトニアンは原子単位で次のようになる.

$$\hat{H} = -\sum_{i=1}^{n}\frac{1}{2}\Delta_i - \sum_{i=1}^{n}\sum_{A=1}^{N}\frac{Z_A}{r_{iA}} + \sum_{i>j}^{n}\frac{1}{r_{ij}} \qquad (12·1·1)$$

右辺の各項は順に電子の運動エネルギー,電子−核,および電子−電子間のポテンシャルエネルギーである.なお,核が動かないとすれば,核間のポテンシャルエネルギー $\sum_{A>B}^{N} Z_A Z_B / R_{AB}$ は一定値となるので,上式から除いた ($\hat{H}$ に付け加えても,各固有値を一定値ずらすだけである).原子核の運動を含めた取り扱いについては,下巻16章で述べる.上式を書き直して

$$\hat{H} = \sum_{i=1}^{n}\hat{H}_c(i) + \sum_{i>j}^{n}\frac{1}{r_{ij}} \qquad (12·1·2)$$

とする.ただし,

## §12·1 LCAO MO

$$\hat{H}_c(i) \equiv -\frac{1}{2}\Delta_i - \sum_{A=1}^{N}\frac{Z_A}{r_{iA}} \tag{12·1·3}$$

は電子 $i$ の運動エネルギーと電子 $i$ に $N$ 個の核が及ぼすポテンシャルエネルギーである．いま，電子 $i$ に着目して，$i$ 以外の他の電子からのポテンシャルを電子雲による平均的な場（例えば，p.200 で述べた Hartree のつじつまの合う場）で置き換えるとすれば，電子 $i$ と他の電子の間のポテンシャルエネルギーは $V(r_i)$ の形になるであろう．$i$ 以外の電子についても同様に考えると，(12·1·2) の第 2 項は

$$\sum_{i>j}^{n}\frac{1}{r_{ij}} = \sum_{i=1}^{n} V(r_i) \tag{12·1·4}$$

で近似できる．(12·1·2) と (12·1·4) より次式が得られる．

$$\hat{H} = \sum_{i=1}^{n}\hat{h}(i) \tag{12·1·5}$$

$$\hat{h}(i) \equiv \hat{H}_c(i) + V(r_i) \tag{12·1·6}$$

$\hat{H}$ が (12·1·5) のように各電子の座標の関数の和に分離されると，$\hat{H}$ の固有関数 $\Psi$ と固有値 $E$ は

$$\left.\begin{array}{l}\Psi = \varphi_1(1)\,\varphi_2(2)\cdots\varphi_n(n) \\ E = \varepsilon_1 + \varepsilon_2 + \cdots + \varepsilon_n\end{array}\right\} \tag{12·1·7}$$

となる．ただし $\varphi_i, \varepsilon_i$ は $\hat{h}$ の固有関数と固有値で

$$\hat{h}\varphi_i = \varepsilon_i \varphi_i \tag{12·1·8}$$

が成立する (p.156 (8·2·4) 〜 (8·2·6) 参照)．ここで $\varphi_i$ は分子全体に拡がった 1 電子軌道であるから MO で，$\varepsilon_i$ はそれに対応するエネルギーである．(12·1·8) を解けば $\Psi$ が決まるから，(12·1·4) の近似によって，多電子問題が 1 電子問題に還元されたことになる．

次に (12·1·8) の近似解を求めるために，MO $\varphi$ を分子を構成する原子の $m$ 個の AO $\phi_j\,(j=1,2,\cdots,m)$ の一次結合で表すことにしよう (LCAO MO)．すなわち

である．$c_j$ を調節して最良の $\varphi$ を得るためには，Ritz の変分法を用いればよい．この場合

$$\varepsilon = \frac{\int \varphi^* \hat{h} \varphi \, dv}{\int \varphi^* \varphi \, dv} = \min$$

$$\varphi = \sum_{j=1}^{m} c_j \phi_j \qquad (12 \cdot 1 \cdot 9)$$

の条件の下，(9・7・9) は次のようになる．

$$\sum_{j=1}^{m} (h_{ij} - \varepsilon S_{ij}) c_j = 0 \qquad i = 1, 2, \cdots, m \qquad (12 \cdot 1 \cdot 10)$$

ただし

$$h_{ij} \equiv \int \phi_i^* \hat{h} \phi_j \, dv, \qquad S_{ij} \equiv \int \phi_i^* \phi_j \, dv \qquad (12 \cdot 1 \cdot 11)$$

である．$h_{ij}$ は結合積分，$S_{ij}$ は重なり積分である．次に $\varepsilon$ は

$$|h_{ij} - \varepsilon S_{ij}| = 0 \qquad (12 \cdot 1 \cdot 12)$$

の根 $\varepsilon_1, \varepsilon_2, \cdots, \varepsilon_m$ により決まる．$\varepsilon_i$ を (12・1・10) に代入して $c_j$ の比を求め，規格化の条件から $c_j$ の値を決めるのも前と同様である．このようにして

$$\varepsilon_i \longleftrightarrow \varphi_i = \sum_{j=1}^{m} c_{ji} \phi_j \qquad i = 1, 2, \cdots, m$$

が求められる．閉殻の基底状態では $n$ 個（偶数とする）の電子は Pauli の原理に従って 2 個ずつエネルギーの低い順に MO 軌道を占有する（図 12・1）．図 12・1 の状態は Slater の行列式を用いると

$$\Psi = |\varphi_1 \overline{\varphi}_1 \varphi_2 \overline{\varphi}_2 \cdots \varphi_{n/2} \overline{\varphi}_{n/2}|$$

と記すことができる．

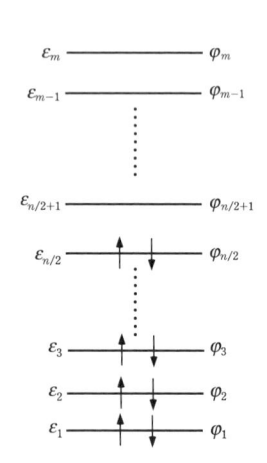

図 12・1 閉殻の基底状態．電子数 $n$（偶数），基底として用いた AO の数 $m$ の場合．

なお，Hartree-Fock の SCF 法では，§10・1 で原子について述べたように，$E = \int \Psi^* \hat{H} \Psi \, d\tau$ の極

値を求めることから，$\varepsilon_i$ と $c_{ji}$ を決定する．その際，(12・1・5)の仮定をおかない．

## §12・2　2原子分子の軌道

以下では，2原子分子を構成する二つの原子 a, b から相互作用の強い原子軌道を一つずつ取り出して分子軌道をつくることを考える．相互作用が強い原子軌道とは，等核 2 原子分子（$H_2$, $N_2$ など）では，$1s_a - 1s_b$, $2s_a - 2s_b$, $2p_{xa} - 2p_{xb}$, $2p_{ya} - 2p_{yb}$, $2p_{za} - 2p_{zb}$ など（分子軸を $z$ 方向とする），対称性が同じでエネルギーが等しい組み合せ，異核 2 原子分子では対称性が同じでエネルギーが近い組み合せである．このような取り扱いは，他の軌道との相互作用を無視して（$H_{ij} = S_{ij} = 0$），$m$ 次元の永年方程式 (12・1・12) を 2 次元の小永年方程式に分割することに対応する．

原子 a, b の軌道を $\phi_a, \phi_b$ とし，それらを実関数とすれば，

$$S_{ab} = \int \phi_a \phi_b \, dv = S_{ba}$$
$$h_{ab} = \int \phi_a \hat{h} \phi_b \, dv = \int \phi_b \hat{h}^* \phi_a \, dv = \int \phi_b \hat{h} \phi_a \, dv = h_{ba}$$

が成立する[1]．また一般に AO は規格化されているので

$$S_{aa} = S_{bb} = 1$$

である．ゆえに (12・1・10) は $S_{ab} = S_{ba} = S$ として

$$\left. \begin{array}{l} (h_{aa} - \varepsilon) c_a + (h_{ab} - \varepsilon S) c_b = 0 \\ (h_{ab} - \varepsilon S) c_a + (h_{bb} - \varepsilon) c_b = 0 \end{array} \right\} \quad (12・2・1)$$

となる．また永年方程式は

$$\begin{vmatrix} h_{aa} - \varepsilon & h_{ab} - \varepsilon S \\ h_{ab} - \varepsilon S & h_{bb} - \varepsilon \end{vmatrix} = 0 \quad (12・2・2)$$

である．したがって

---

[1] $\hat{h}$ のエルミート性を用いた．

$$(h_{aa} - \varepsilon)(h_{bb} - \varepsilon) - (h_{ab} - \varepsilon S)^2 = 0 \qquad (12 \cdot 2 \cdot 3)$$

が得られる．

等核2原子分子の場合には，原子1と2のAOは等しいから $h_{aa} = h_{bb}$ が成立する．ゆえに上式は

$$(h_{aa} - \varepsilon)^2 - (h_{ab} - \varepsilon S)^2 = 0$$

となる．

以下，$H_{aa} = h_{aa} = H_{bb} = h_{bb}$，$H_{ab} = h_{ab}$，$S_{ab} = S$，$W = E$ とすれば，(11・2・12) より以後の議論がそのまま成立するので，(11・2・20) ～ (11・2・23) に対応して，1電子軌道の波動関数とエネルギーとして，次式が得られる．

$$\varphi_1 = \frac{1}{\sqrt{2+2S}}(\phi_a + \phi_b) \qquad \varphi_2 = \frac{1}{\sqrt{2-2S}}(\phi_a - \phi_b) \qquad (12 \cdot 2 \cdot 4)$$

$$\varepsilon_1 = \frac{h_{aa} + h_{ab}}{1+S} \qquad \varepsilon_2 = \frac{h_{aa} - h_{ab}}{1-S} \qquad (12 \cdot 2 \cdot 5)$$

なお，一般に結合積分 $h_{ab} < 0$ であるから，$\varepsilon_1 < \varepsilon_2$ で，$\varphi_1$ が結合性軌道，$\varphi_2$ が反結合性軌道である（図12・2）．上の $\varepsilon_1, \varepsilon_2$ と (11・2・22)，(11・2・23) の $E_{g1}$，$E_u$ の違いは，前者が1電子エネルギーであるのに対し，後者が全エネルギー（$H_2^+$ であるから，電子は1個しかないが核間反発エネルギーを含む）であることである．p.263 の議論と同様に結合性軌道 $\varphi_1$ の安定化は結合積分 $|h_{ab}|$ によって支配される．$|h_{ab}|$ の大きさを決めるのはAO $\varphi_a$ と $\varphi_b$ の重なりであるから，一般に<u>AOの重なりが大きいほど分子として安定 —原子間の結合が強い—</u> と考えてよい．

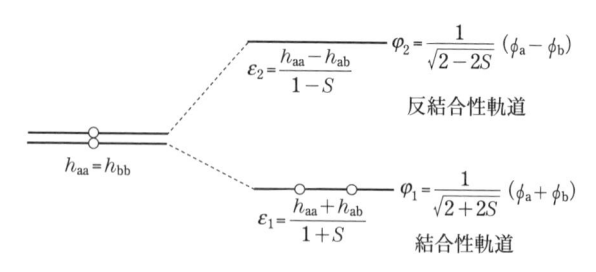

図12・2 等核2原子分子の結合性軌道と反結合性軌道

## §12・2　2原子分子の軌道

異核2原子分子では，原子aとbが異なるから，$h_{aa} \neq h_{bb}$ である．いま便宜上 $h_{aa} < h_{bb}$ とする．(12・2・3)において重なり積分 $S\,(<1)$ を無視してもMOの本質的な性質は変わらないので $S=0$ とおいて $\varepsilon$ について解くと

$$\varepsilon^2 - (h_{aa} + h_{bb})\varepsilon + h_{aa}h_{bb} - h_{ab}^2 = 0$$

より

$$\varepsilon = \frac{h_{aa} + h_{bb}}{2} \pm \sqrt{\left(\frac{h_{bb} - h_{aa}}{2}\right)^2 + h_{ab}^2} \qquad (12\cdot2\cdot6)$$

を得る．この結果を図示すると図12・3のようになる．すなわち低い方のMOエネルギー $\varepsilon_1$ は低い方のAOエネルギー $h_{aa}$ よりさらに安定化する[1]．ゆえに $\varepsilon_1$ の準位を2個の電子が占めることによって結合が形成されるのである．逆に $\varepsilon_2$ 準位は $h_{bb}$ より不安定になるので，反結合性軌道に対応する．なお図の $\varphi_1, \varphi_2$ については後述する．

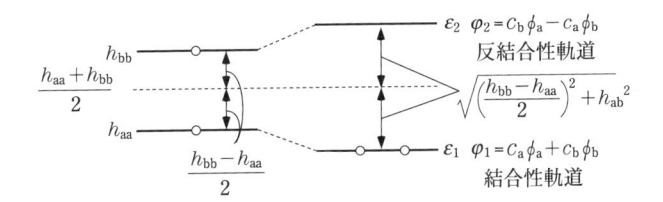

**図12・3**　異核2原子分子の結合性軌道と反結合性軌道（$S=0$ とした場合）

AOのエネルギー差が大きくて $|h_{ab}| \ll h_{bb} - h_{aa}$ が成立するときには，(12・2・6)は

---

[1] $\hat{h}$ には原子bからのポテンシャルを含むので，$h_{aa} = \int \phi_a^* \hat{h} \phi_a\, dv$ は孤立した原子aのAO $\phi_a$ のエネルギーではない．b原子からのポテンシャルの下にあるAO $\phi_a$ のエネルギーである．

$$\varepsilon \cong \frac{h_{aa}+h_{bb}}{2} \pm \frac{h_{bb}-h_{aa}}{2}\left\{1+2\left(\frac{h_{ab}}{h_{bb}-h_{aa}}\right)^2\right\}$$

$$\therefore \quad \varepsilon_1 \cong h_{aa} - \frac{h_{ab}^{\;2}}{h_{bb}-h_{aa}} \qquad \varepsilon_2 \cong h_{bb} + \frac{h_{ab}^{\;2}}{h_{bb}-h_{aa}} \quad (12\cdot2\cdot7)$$

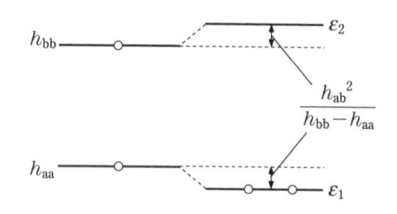

**図 12・4** 異核 2 原子分子の結合性軌道と反結合性軌道 ($|h_{ab}| \ll h_{bb}-h_{aa}$, $S=0$ の場合)

となる (図 12・4). すなわち, $\varepsilon_1, \varepsilon_2$ の $h_{aa}, h_{bb}$ からのずれは $h_{ab}^{\;2}/(h_{bb}-h_{aa})$ で与えられる. よって AO のエネルギー差 $h_{bb}-h_{aa}$ が小さいほど, また結合積分 $h_{ab}$ の絶対値が大きいほど, 安定な結合が形成されることがわかる. 特にエネルギーの著しく異なった AO は事実上 MO を形成しない ($\varepsilon_1 \cong h_{aa}$, $\varepsilon_2 \cong h_{bb}$ である).

次に異核 2 原子分子の MO の係数を調べてみよう. (12・2・1) の第 2 式において $S=0$ とおくと

$$\frac{c_a}{c_b} = \frac{\varepsilon - h_{bb}}{h_{ab}}$$

となる. 上式の $\varepsilon$ に (12・2・6) を代入すると

$$\frac{c_a}{c_b} = \frac{1}{h_{ab}}\left\{\frac{h_{aa}-h_{bb}}{2} \pm \sqrt{\left(\frac{h_{bb}-h_{aa}}{2}\right)^2 + h_{ab}^{\;2}}\right\}$$

である. 上式で $h_{ab} < 0$ とすると

$$\frac{c_a}{c_b} = \omega \mp \sqrt{\omega^2+1} \qquad \omega \equiv \frac{h_{bb}-h_{aa}}{2|h_{ab}|} \quad (12\cdot2\cdot8)$$

が得られる. ここで $\omega > 0$ である. いま $\varepsilon_1$ に対応する MO の係数を $c_a, c_b$ ; $\varepsilon_2$ に対するそれを $c_a', c_b'$ とすると

$$\frac{c_a}{c_b} = \omega + \sqrt{\omega^2+1} \qquad \frac{c_a'}{c_b'} = \omega - \sqrt{\omega^2+1} \quad (12\cdot2\cdot9)$$

となる. 上式から $c_a/c_b > 1$ である. したがって結合性軌道 $\varphi_1 = c_a\phi_a + c_b\phi_b$

には低いエネルギーの AO $\phi_a$ の寄与が大きい．また (12・2・9) から

$$\left(\frac{c_a}{c_b}\right)\left(\frac{c_a{}'}{c_b{}'}\right) = -1 \qquad \frac{c_a{}'}{c_b{}'} = -\frac{c_b}{c_a}$$

が得られるから，反結合性軌道は $\varphi_2 = c_b\phi_a - c_a\phi_b$ と表すことができる（図 12・3）．ゆえに反結合性軌道では高いエネルギーの AO の寄与が大きい．なお (12・2・9) によると $\omega$ が小さいほど $c_a/c_b$ は 1 に近くなる．すなわち二つの AO はよく混じり合うようになる（したがって安定化エネルギーも大きい）．$\omega = (h_{bb} - h_{aa})/2|h_{ab}|$ であるから，AO のエネルギー差が小さいほど，また結合積分の絶対値が大きいほど $\omega$ が小さく，MO 形成による安定化が大きいことがここでもわかる．

## §12・3　等核 2 原子分子

前節の一般論を参考にして，この節では 1s, 2s, 2p, … など，個々の AO から等核 2 原子分子の MO がどのように形成されるかを考えてみよう．

まず二つの原子 a, b の 1s 軌道，$1s_a, 1s_b$ からは (12・2・4) によって二つの分子軌道

$$\left.\begin{array}{l}\sigma_g 1s \propto 1s_a + 1s_b \\ \sigma_u 1s \propto 1s_a - 1s_b\end{array}\right\} \qquad (12\cdot 3\cdot 1)$$

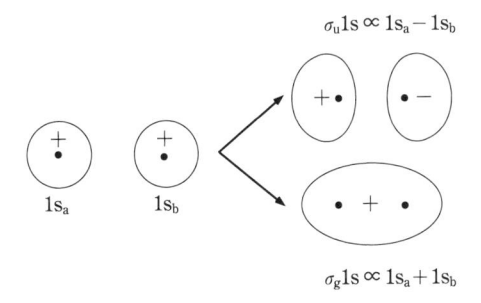

図 12・5　$\sigma_g 1s$ と $\sigma_u 1s$ の形（模式図）

を生じる．図12・5に模式的に示すように，$\sigma_g 1s$ は二つの原子核の中間に電荷分布をもつ結合性軌道，$\sigma_u 1s$ は核間で電荷分布が減少した反結合性軌道である（図12・2，および p.259 図11・4 も参照）．ここで，分子軌道の記号 $\sigma_g 1s, \sigma_u 1s$ の g, u は分子の中心（対称中心）に関し波動関数が対称または反対称を意味する添字である（p.259）．$\sigma$ は角運動量の分子軸方向の成分の固有値 $\lambda\hbar$ を区別する記号で

$$|\lambda| = 0, 1, 2, 3, \cdots \text{ に対し } \sigma, \pi, \delta, \phi, \cdots$$

という記号[1]が使われる．図12・5のような軸対称の関数では $\lambda = 0$ である[2]．

1s の場合と同様に 2s, 3s, $\cdots$ からそれぞれ $\sigma_g 2s, \sigma_u 2s$；$\sigma_g 3s, \sigma_u 3s$；$\cdots$ の結合性軌道と反結合性軌道がつくられる．これらの関数は AO に節があるので，それによる節をもつことを除いては，$\sigma_g 1s, \sigma_u 1s$ と同様の形をもつ．

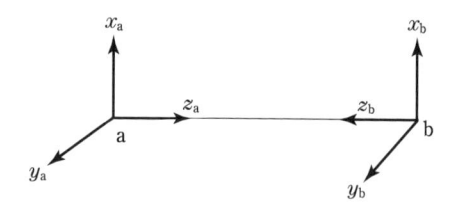

**図12・6** 2原子分子の座標

---

1) これらの記号は原子の角運動量の記号 s, p, d, f, $\cdots$（$l = 0, 1, 2, 3, \cdots$）に対応するギリシャ文字である．
2) 原子の1電子波動関数は $\Psi_{nlm} = f_{nl}(r) Y_{lm}(\theta, \varphi) = f_{nl}(r) \Theta_{lm}(\theta) e^{im\varphi}$ と，角運動量の2乗およびその $z$ 成分の量子数 $l, m$ でラベルされるが，これは原子が球対称で，ハミルトニアンが $\hat{l}^2, \hat{l}_z$ と交換可能のためである（p.124）．2原子分子は分子軸のまわりで対称性をもつから，ハミルトニアンは分子軸（$z$ 軸）のまわりの回転に対して不変である．したがって，ハミルトニアンは $\hat{l}_z = -i\hbar\partial/\partial\varphi$ と交換可能で，1電子波動関数は楕円体座標（図11・19）を用いると

$$\Psi_{n\lambda} = f_{n\lambda}(\xi, \eta) e^{i\lambda\varphi} \qquad \lambda = 0, \pm 1, \pm 2, \pm 3, \cdots \cdots \qquad (1)$$

で表される．ただし，$\lambda$ は原子の $m$ に相当する量子数で，$\hat{l}_z$ の固有値が $\lambda\hbar$ である（$\because \hat{l}_z \Psi_{n\lambda} = \lambda\hbar \Psi_{n\lambda}$）．$\Psi_{n\lambda}$ に対応する固有値は $n$ と $|\lambda|$ によって決まる．よって $\lambda = 0$ の $\sigma$ 状態は縮重していないが，$\lambda \neq 0$ の $\pi, \delta, \phi, \cdots\cdots$ 状態は2重に縮重している．なお，$\sigma$ 状態の関数は $\varphi$ に依存しないので軸対称である（詳細については，巻末参考書 (7), (10), (12) 参照）．

§12・3 等核 2 原子分子

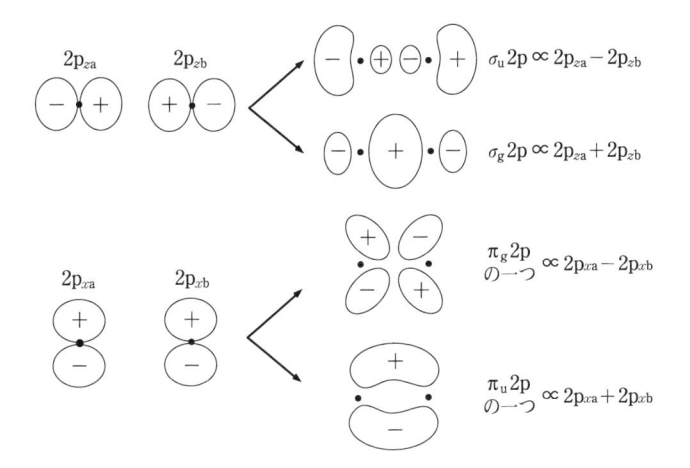

図 12・7 $\sigma_g 2p, \sigma_u 2p, \pi_u 2p$ および $\pi_g 2p$ の形

次に 2p 状態は $2p_x, 2p_y, 2p_z$ AO からなるので, s 状態より複雑である. いま原子核 a, b を原点として直交座標を図 12・6 のようにとるとする. このとき, 図 12・7 に示すように $2p_{za}$ と $2p_{zb}$ からは $\sigma$ 状態（軸対称）の MO が形成される.

$$\left.\begin{array}{l}\sigma_g 2p \propto 2p_{za} + 2p_{zb} \\ \sigma_u 2p \propto 2p_{za} - 2p_{zb}\end{array}\right\} \qquad (12 \cdot 3 \cdot 2)^{1)}$$

$p_{xa}$ と $p_{xb}$ からの MO は $2p_{xa} \pm 2p_{xb}$ である（図 12・7）. これらはもはや軸対称ではなく分子軸の上下に電荷分布がある. $p_{ya}$ と $p_{yb}$ の組み合せで生じる MO, $2p_{ya} \pm 2p_{yb}$ は, $2p_{xa} \pm 2p_{xb}$ を分子軸のまわりに 90° 回転したものであり,

---

1) 図 12・6 において $z_a$ 軸は原子核 b の向きに, $z_b$ 軸は原子核 a の向きにとってある. 右図のように $z_a$ 軸と $z_b$ 軸の向きを同じにすると (12・3・2) とは逆に $\sigma_g 2p \propto 2p_{za} - 2p_{zb}$, $\sigma_u 2p \propto 2p_{za} + 2p_{zb}$ となる. すなわち $2p_{za} \pm 2p_{zb}$ において結合性軌道が − 符号, 反結合性軌道が + 符号になる.

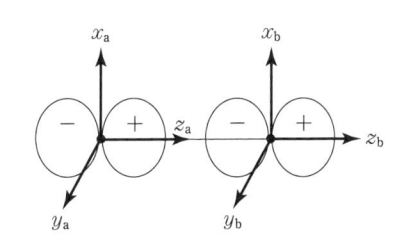

$2\mathrm{p}_{xa} \pm 2\mathrm{p}_{xb}$ と同じエネルギーをもつ．したがって $2\mathrm{p}_x$, $2\mathrm{p}_y$ AO からは縮重した結合性軌道と反結合性軌道

$$\pi_\mathrm{u}2\mathrm{p} \propto \begin{cases} 2\mathrm{p}_{xa} + 2\mathrm{p}_{xb} \\ 2\mathrm{p}_{ya} + 2\mathrm{p}_{yb} \end{cases}$$
$$\pi_\mathrm{g}2\mathrm{p} \propto \begin{cases} 2\mathrm{p}_{xa} - 2\mathrm{p}_{xb} \\ 2\mathrm{p}_{ya} - 2\mathrm{p}_{yb} \end{cases} \qquad (12\cdot3\cdot3)$$

が得られる．ただしこれらの軌道は $|\lambda|=1$ に対応する状態であるから記号 $\pi$ を用いる[1]．なお $\sigma$ 軌道と異なり，結合性軌道が u 対称，反結合性軌道が g 対称になることに注意されたい．

さて上で述べた MO のエネルギーの大小を比較しよう．まず MO を構成する AO のエネルギーの大小と，結合性，反結合性の相違によって $\sigma_\mathrm{g}1\mathrm{s}$, $\sigma_\mathrm{u}1\mathrm{s}$, $\sigma_\mathrm{g}2\mathrm{s}$, $\sigma_\mathrm{u}2\mathrm{s}$ の順にエネルギーが大きくなることは直ちにわかる．次に 2p 軌道からの MO であるが，その順序は $\sigma_\mathrm{g}2\mathrm{p} < \pi_\mathrm{u}2\mathrm{p} < \pi_\mathrm{g}2\mathrm{p} < \sigma_\mathrm{u}2\mathrm{p}$ となるであろう．その理由は，$\sigma$ 軌道を構成する二つの $2\mathrm{p}_z$ AO は分子軸の方向に伸びているので，分子軸と直角の方向に分布した $2\mathrm{p}_x$ または $2\mathrm{p}_y$ AO の場合より軌道間の重なりが大きく，結合性軌道の安定化および反結合性軌道の不安定化の程度が大きいと考えられるからである（図 12・8 参照）．以上の結果 MO のエネルギーの順序は

$$\sigma_\mathrm{g}1\mathrm{s} < \sigma_\mathrm{u}1\mathrm{s} < \sigma_\mathrm{g}2\mathrm{s} < \sigma_\mathrm{u}2\mathrm{s} < \sigma_\mathrm{g}2\mathrm{p} < \pi_\mathrm{u}2\mathrm{p} < \pi_\mathrm{g}2\mathrm{p} < \sigma_\mathrm{u}2\mathrm{p} \qquad (\mathrm{I})$$

---

[1] $|\lambda|=1$ の場合，2 原子分子の 1 電子波動関数の一般形は

$$\psi_{n,\pm 1} = f_{n,\pm 1}(\xi, \eta)e^{\pm i\varphi}$$

である（p. 292 注参照）．水素類似原子の軌道の場合と同様に（p. 128），$\psi_{n,+1}$ と $\psi_{n,-1}$ の一次結合から実関数をつくると

$$\psi_{n,+1} + \psi_{n,-1} \propto e^{i\varphi} + e^{-i\varphi} = 2\cos\varphi$$
$$(1/i)(\psi_{n,+1} - \psi_{n,-1}) \propto (1/i)(e^{i\varphi} - e^{-i\varphi}) = 2\sin\varphi$$

を得る．$\varphi$ を図 12・6 の $xz$ 面からの回転角とすると，この二つの関数のうち，前者は $xz$ 面の方向に伸びた軌道で $2\mathrm{p}_{xa} \pm 2\mathrm{p}_{xb}$ に対応し，後者はそれと直角の方向に伸びた軌道で $2\mathrm{p}_{ya} \pm 2\mathrm{p}_{yb}$ に対応する．これは $z$ 軸からの角度を $\theta$ とすると $\mathrm{p}_z \propto \cos\theta$ が $z$ 軸方向に，$\mathrm{p}_x$（または $\mathrm{p}_y$）$\propto \sin\theta$ が $z$ と直角方向に伸びた軌道になるのと同様である（p. 128 (6・2・2)）．

## §12・3 等核2原子分子

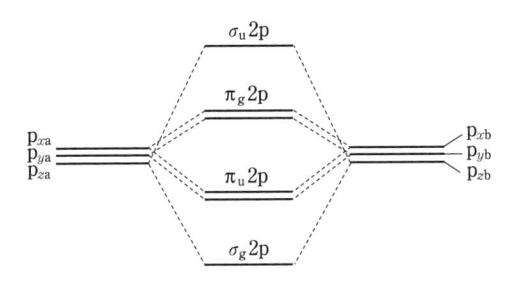

図 12・8 p軌道による MO 準位

と予想される．

ところで，周期表の第2周期の元素からなる等核2原子分子を調べてみると，軌道が上の順序になっているのは $O_2$ と $F_2$ のみであることがわかった．他の2原子分子 $Li_2 \sim N_2$ では $\sigma_g 2p$ と $\pi_u 2p$ が逆転し

$$\sigma_g 1s < \sigma_u 1s < \sigma_g 2s < \sigma_u 2s < \pi_u 2p < \sigma_g 2p < \pi_g 2p < \sigma_u 2p \qquad (\text{II})$$

となることが示された[1]．これはエネルギー的に近い位置にあり，空間対称性が等しい軌道 $\sigma_g 2s$ と $\sigma_g 2p$ および $\sigma_u 2s$ と $\sigma_u 2p$ がそれぞれ次のように相互作用するためである．

$$\sigma_g = c_1(\sigma_g 2s) + c_2(\sigma_g 2p) \qquad (12\cdot3\cdot4)$$

$$\sigma_u = c_1'(\sigma_u 2s) + c_2'(\sigma_u 2p) \qquad (12\cdot3\cdot5)$$

例えば (12・3・4) のように軌道が混じると新しいエネルギーは

$$\begin{vmatrix} h_{11} - E & h_{12} - ES \\ h_{12} - ES & h_{22} - E \end{vmatrix} = 0 \qquad (12\cdot3\cdot6)$$

の根として得る．ただし $h_{11} = \int (\sigma_g 2s) \hat{h} (\sigma_g 2s) \, dv$, $h_{22} = \int (\sigma_g 2p) \hat{h} (\sigma_g 2p) \, dv$, $h_{12} = \int (\sigma_g 2s) \hat{h} (\sigma_g 2p) \, dv$, $S = \int (\sigma_g 2s)(\sigma_g 2p) \, dv$ である[2]．2根 $E_1, E_2$ のうち，一方は $\sigma_g 2s$ のエネルギー ($h_{11}$) より小さく，他方は $\sigma_g 2p$ のエネルギー

---

1) 軌道の順序は光吸収スペクトルおよび §13・2 で述べる光電子スペクトルの測定によって明らかになる．
2) この永年方程式は (12・1・12) の場合と同様に
$\int \sigma_g^* \hat{h} \sigma_g \, dv / \int \sigma_g^* \sigma_g \, dv = \min$ の条件から導かれる．

$\sigma_u 2p$ ────── ────── $\sigma_u 2p$
$\pi_g 2p$ ══════ ══════ $\pi_g 2p$
$\pi_u 2p$ ══════ ══════ $\sigma_g 2p$
$\sigma_g 2p$ ────── ────── $\pi_u 2p$

$\sigma_u 2s$ ────── ────── $\sigma_u 2s$

$\sigma_g 2s$ ────── ────── $\sigma_g 2s$

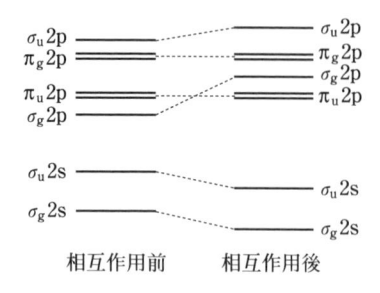

相互作用前　　相互作用後

**図 12·9** $\sigma_g 2s - \sigma_g 2p$ と $\sigma_u 2s - \sigma_u 2p$ の相互作用による準位の移動

($h_{22}$) より大きい．相互作用の程度 (エネルギーのずれ) は $h_{22} - h_{11}$ が小さいほど，$|h_{12}|$ が大きいほど大きいのである (p. 292 参照)．なお空間対称性が異なる軌道間では $h_{12} = S = 0$ となるため相互作用を生じない．例えば，$\pi_g 2p$, $\sigma_g 2p$, $\sigma_u 2p$ は相互に混じらないのである．

(12·3·4)，(12·3·5) の相互作用によって $Li_2 \sim N_2$ では図 12·9 に示すようなエネルギー準位の逆転を生じることになる．2p AO と 2s AO のエネルギー差は原

**表 12·1** 等核 2 原子分子の基底状態

| 分子 | 電子配置[a] | 対称性 | 正味の結合電子数 | 結合次数 | 解離エネルギー $D_0/\text{eV}$ | 平衡核間距離 $R_e/\text{Å}$ |
|---|---|---|---|---|---|---|
| $H_2^+$ | $(\sigma_g 1s)$ | $^2\Sigma_g$ | 1 | 1/2 | 2.648 | 1.06 |
| $H_2$ | $(\sigma_g 1s)^2$ | $^1\Sigma_g$ | 2 | 1 | 4.4781 | 0.74144 |
| $He_2^+$ | $(\sigma_g 1s)^2(\sigma_u 1s)$ | $^2\Sigma_u$ | 1 | 1/2 | 2.365 | 1.081 |
| $He_2$ (He+He) | $(\sigma_g 1s)^2(\sigma_u 1s)^2$ | $^1\Sigma_g$ | 0 | 0 | $9.5 \times 10^{-4}$ | 3.0 |
| $Li_2$ | $KK(\sigma_g 2s)^2$ | $^1\Sigma_g$ | 2 | 1 | 1.046 | 2.6729 |
| $Be_2$ (Be+Be) | $KK(\sigma_g 2s)^2(\sigma_u 2s)^2$ | $^1\Sigma_g$ | 0 | 0 | $9.8 \times 10^{-2}$ | 2.45 |
| $B_2$ | $[Be_2](\pi_u 2p)^2$ | $^3\Sigma_g$ | 2 | 1 | 3.02 | 1.590 |
| $C_2$ | $[Be_2](\pi_u 2p)^4$ | $^1\Sigma_g$ | 4 | 2 | 6.21 | 1.2425 |
| $N_2^+$ | $[Be_2](\pi_u 2p)^4(\sigma_g 2p)$ | $^2\Sigma_g$ | 5 | 5/2 | 8.71 | 1.1164 |
| $N_2$ | $[Be_2](\pi_u 2p)^4(\sigma_g 2p)^2$ | $^1\Sigma_g$ | 6 | 3 | 9.759 | 1.09769 |
| $O_2^+$ | $[Be_2](\sigma_g 2p)^2(\pi_u 2p)^4(\pi_g 2p)$ | $^2\Pi_g$ | 5 | 5/2 | 6.663 | 1.1164 |
| $O_2$ | $[Be_2](\sigma_g 2p)^2(\pi_u 2p)^4(\pi_g 2p)^2$ | $^3\Sigma_g$ | 4 | 2 | 5.116 | 1.20752 |
| $F_2^+$ | $[Be_2](\sigma_g 2p)^2(\pi_u 2p)^4(\pi_g 2p)^3$ | $^2\Pi_g$ | 3 | 3/2 | ? | ? |
| $F_2$ | $[Be_2](\sigma_g 2p)^2(\pi_u 2p)^4(\pi_g 2p)^4$ | $^1\Sigma_g$ | 2 | 1 | 1.602 | 1.41193 |
| $Ne_2$ (Ne+Ne) | $[Be_2](\sigma_g 2p)^2(\pi_u 2p)^4(\pi_g 2p)^4$ $(\sigma_u 2p)^2$ | $^1\Sigma_g$ | 0 | 0 | $3.6 \times 10^{-3}$ | 3.09 |

a) KK は $He_2$ の配置 $(\sigma_g 1s)^2(\sigma_u 1s)^2$ (実際には $He_2$ は結合していないので $He(1s)^2 + He(1s)^2$) を表す．

## §12・3 等核 2 原子分子

子芯 $(1s)^2$ の外側に電子が 1 個しかない Li では，水素類似原子とみなされるため，小さいが，F まで周期表を右に移るに従って大きくなる (p.211 表 10・1 参照)．したがって相互作用によるエネルギーのずれは次第に小さくなり，$O_2$, $F_2$ では $\sigma_g 2p$ と $\pi_u 2p$ のエネルギー準位が逆転するに至らないのである．なお上の相互作用の結果 $\sigma_g 2s, \sigma_g 2p, \sigma_u 2s, \sigma_u 2p$ の各軌道は純粋に 2s，または 2p AO から生じた軌道ではなくなる．例えば，新しい $\sigma_g 2s$ 軌道には若干の 2p 性が加わる他，極めてわずかではあるが $\sigma_g 1s$ からの寄与もあるのである[1]．

以上で MO 軌道の順序が明らかになったので，Pauli の原理に従って下の軌道から順に 2 個ずつの電子をつめて行けば，等核 2 原子分子の基底状態の電子配置が得られる．これを表 12・1 に示した．表で解離エネルギー $D_0$ は二つの原子を引き離すために必要なエネルギーで，結合エネルギー $D_e$ に比べて，0 点振動のエネルギー分だけ小さ

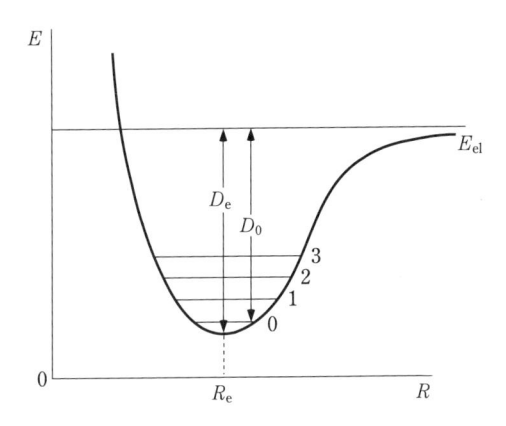

**図 12・10** 2 原子分子の結合エネルギー $D_e$ と解離エネルギー $D_0$．図の曲線は 2 原子分子のポテンシャルエネルギー曲線 $E_{el}$ (電子のエネルギーと核間反発エネルギーの和) である．分子は $E_{el}$ の他に分子振動のエネルギー $E_{vib}$ をもつ．$E_{vib}$ が小さいときには，調和振動子近似がよく成立するが，調和振動子近似によると $\omega$ を (角) 振動数として，$E_{vib} = (n+1/2)\hbar\omega$ $(n = 0, 1, 2, \cdots)$ である (下巻 §16.2)．図の横線 0, 1, 2, 3 は $E_{el} + E_{vib}$ のエネルギー位置を表す．常温でほとんどの分子は 0 点振動 $(n=0)$ の位置にある．したがって，解離エネルギー (二つの原子を引き離すのに必要なエネルギー) $D_0$ は結合エネルギー $D_e (= E_{el}(\infty) - E_{el}(R_e))$ より，0 点振動のエネルギー分だけ小さい．なお，ほとんどの分子が振動の 0 準位にある理由は次の通りである．統計力学によると，振動の 0 準位と 1 準位にある分子数をそれぞれ $N_0, N_1$ とすれば $N_1/N_0 = \exp\{-\hbar\omega/(kT)\}$ である (Boltzmann 分布)．一般に，振動準位のエネルギー差 $\hbar\omega$ に比べて常温の $kT$ はかなり小さいので $N_0 \gg N_1$ となる．

---

[1] 関数の対称性が等しいため $\sigma_g 1s$ と $\sigma_g 2s$, $\sigma_g 2p$ 間にも弱い相互作用がある．

い値である(図 12・10 参照). また, 正味の結合電子数とは結合性軌道にある電子の数から反結合性軌道にある電子の数を差し引いたものである. 例えば $N_2$ では結合性軌道 $\sigma_g 1s, \sigma_g 2s, \pi_u 2p, \sigma_g 2p$ に $2+2+4+2=10$ 個, 反結合性軌道 $\sigma_u 1s, \sigma_u 2s$ に $2+2=4$ 個の電子があるので, 差引き 6 個が正味の結合電子数である. 結合次数は結合電子数の 1/2 で, 古典的な化学結合論における結合電子対の数に相当する. 表から結合次数と分子の解離エネルギーとの間には並行関係があることがわかる. また核間距離は第 1 周期の $H_2$ で小さく 2p 電子をもたない $Li_2$ で大きいことを除けば, 結合次数の増加とともに減少している. 表において結合次数 3 の $N_2$ (古典的には $N \equiv N$ で表される) が最も安定である. これに対し結合次数 0 の $He_2, Be_2, Ne_2$ は実際には分子を形成しないのである (これらの原子については長い核間距離で極めて小さい解離エネルギーの結合しかない. 表 12・1 参照). $O_2^+$ と $O_2$ を比較すると, $O_2^+$ の方が解離エネルギーが大きく原子間の結合が強い. これは $O_2^+$ では反結合性軌道 $\pi_g 2p$ の電子が 1 個減るためである. また表から 3 以上の結合次数がない理由もすぐわかる. 結合次数 0 の $[Be_2]$ 殻を除くと, $\pi_u 2p$ と $\sigma_g 2p$ しか結合性軌道がないためである.

表 12・1 の第 3 列に示した対称性の記号は次のように決められる. 電子が入っている軌道の $\lambda$ の和をとって $\sum_i \lambda_i = 0, 1, 2, 3, \cdots$ に従って $\Sigma, \Pi, \Delta, \Phi, \cdots$ という記号を用いる. これは分子の全軌道角運動量の分子軸方向の成分の量子数 (分子軸のまわりの対称性) を表す記号である[1]. 表でこれらの記号の左肩の数字はスピン多重度 $2S+1$ ($S$ は全スピン角運動量の量子数) を示す. また右下の添字 g, u は全波動関数が分子の対称中心に対して対称か反対称かを意味する[2]. 全波動関数を個々の軌道の関数の積で近似する限り, u 軌道に偶数個の電子があれば, 全波動関数の対称性は g, 奇数個の電子があれば u となる. 例え

---

[1] 各軌道の関数が $f_{n_i, \lambda_i}(\xi, \eta) e^{i \lambda_i \varphi}$ で, $\hat{l}_{zi}$ の固有値が $\lambda_i \hbar$ であるから (p. 296 注), これらの関数の積で近似した状態に対する $\hat{L}_z = \sum_i \hat{l}_{zi}$ の固有値は $\left(\sum_i \lambda_i\right) \hbar$ となる.

[2] $\Sigma$ の右肩に + または - の記号をつけて, 全波動関数が分子軸を含む平面による鏡映に対して対称 (+) か反対称 (-) かを区別する場合もある.

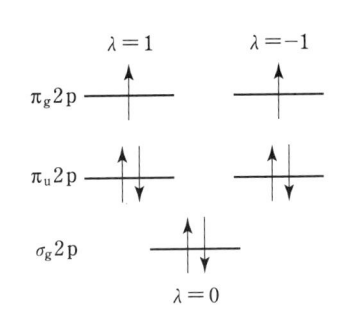

ば $H_2^+$ では，$\sigma_g 1s$ に 1 個の電子があるので $\sum \lambda = 0$, $S = 1/2$, $2S + 1 = 2$, g 対称であるから記号は $^2\Sigma_g$ となる．$O_2$ では，$\sum \lambda = 0$, $S = 0$, g 対称の $[Be_2]$ を除くと，図 12・11 に示す電子配置となる．$\pi_g 2p$ の二つの軌道に 1 個ずつ平行スピンの電子が入っているのは Hund の規則によって $S$ を最大にするためである．図から $\sum \lambda = 0$, $S = 1$, $2S + 1 = 3$, g 対称となるので，$O_2$ の対称性の記号は

図 12・11 酸素分子の電子配置

$^3\Sigma_g$ となる．このように $O_2$ は基底状態が 3 重項で，スピン角運動量が 0 とならないので常磁性[3]を示す．二つの $\pi_u 2p$ 軌道に平行スピンの電子が 1 個ずつ入る $B_2$ も常磁性である．

2 原子分子において原子間距離 $R$ を $\infty$ にすると分離原子になり，$R$ を 0 にすると核が合体して**併合原子** (united atom) となる．例えば $H_2$ は $R = \infty$ で $H + H$, $R = 0$ で He に移る．$R$ の変化に応じて軌道のエネルギーがどのように変化するかを示す図は**相関図** (correlation diagram) と呼ばれる（図 12・12）．図の左側は併合原子の準位を示す．原子は球対称であるが，$z$ 方向（分子軸方向）の角運動量の量子数の絶対値 $|m| = 0, 1, 2, \cdots$ に従って $\sigma, \pi, \delta, \cdots$ という記号が用いてある．例えば 2p 軌道では，$2p_z(|m| = 0)$ は $\sigma$；$2p_x, 2p_y$ ($|m| = 1$) は $\pi$ に対応する（p. 130 表 6・2）．また p 軌道はすべて原子の中心に関し反対称であるから，添字 u をつけて，$2p\sigma_u, 2p\pi_u$ などとする．同様に 3d 軌道は原子の中心に関し対称で $3d\sigma_g(3d_{z^2})$, $3d\pi_g(3d_{zx}, 3d_{yz})$, $3d\delta_g(3d_{x^2-y^2},$

---

3) 外部から磁場をかけると，通常の物質では，電磁誘導の法則に従って電子の運動が変化し，磁場と反対の向きに軌道角運動量に基づく磁気モーメントを生じる．このため，物質は磁場と反対の向きに磁化される．この性質を反磁性 (diamagnetism) という．これに対し，スピン角運動量をもつ物質では，外部から磁場をかけると，スピン磁気モーメントが磁場の方向に傾き，全体として磁場の方向に磁化される．このような性質を常磁性 (paramagnetism) という．この場合，軌道角運動量に基づく反磁性の効果は，スピン磁気モーメントによる常磁性の効果より弱いので，打ち消される．

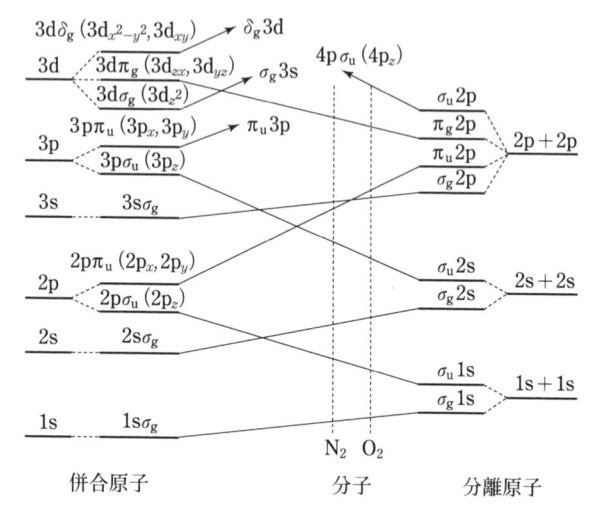

図 12・12 等核 2 原子分子の相関図

$3d_{xy}$) に分類される (表 6・2 および p. 134 図 6・8 参照).

図の右側は分離原子の軌道で，それらから $\sigma_g 1s \sim \sigma_u 2p$ の MO 軌道が形成される．併合原子と分離原子の軌道は，(1) 分子間距離が変わっても分子軸のまわりの対称性は変わらないこと —併合原子の $\sigma_g, \sigma_u, \pi_g, \pi_u$ 軌道はそれぞれ分離原子の $\sigma_g, \sigma_u, \pi_g, \pi_u$ 軌道と結びつく，(2) 同じ対称性の軌道は交叉しないこと— **非交叉則**，を用いて関連づけられる．例えば分離原子の $\sigma_g 1s$ は併合原子の $1s\sigma_g$ に移るが，$\sigma_u 1s$ の方は $2p\sigma_u$ に移っていく．このような関連があることは図 12・13 からもわかる．相関図は核間距離 $R$ の関数として軌道のエネルギーがどのように移動するかを一般的に示すので，非常に有益な情報を与える．例えば $N_2$ と $O_2$ は図 12・12 の点線に相当する核間距離にあり，$N_2$ から $O_2$ に移ると $\sigma_g 2p$ と $\pi_u 2p$ の順序が逆転することがわかる．

非交叉則は次のようにして証明される．二つの軌道 $\varphi_1, \varphi_2$ の相互作用によって生じる状態のエネルギーは永年方程式 (12・3・6) の根として得られる．ただし $h_{11} = \int \varphi_1^* \hat{h} \varphi_1 \, dv,\ h_{22} = \int \varphi_2^* \hat{h} \varphi_2 \, dv,\ h_{12} = \int \varphi_1^* \hat{h} \varphi_2 \, dv,\ S = \int \varphi_1^* \varphi_2 \, dv$ である．2 根が等しいためには永年方程式の非対角項が 0 ($h_{12} = S = 0$) で，

§12·3 等核2原子分子

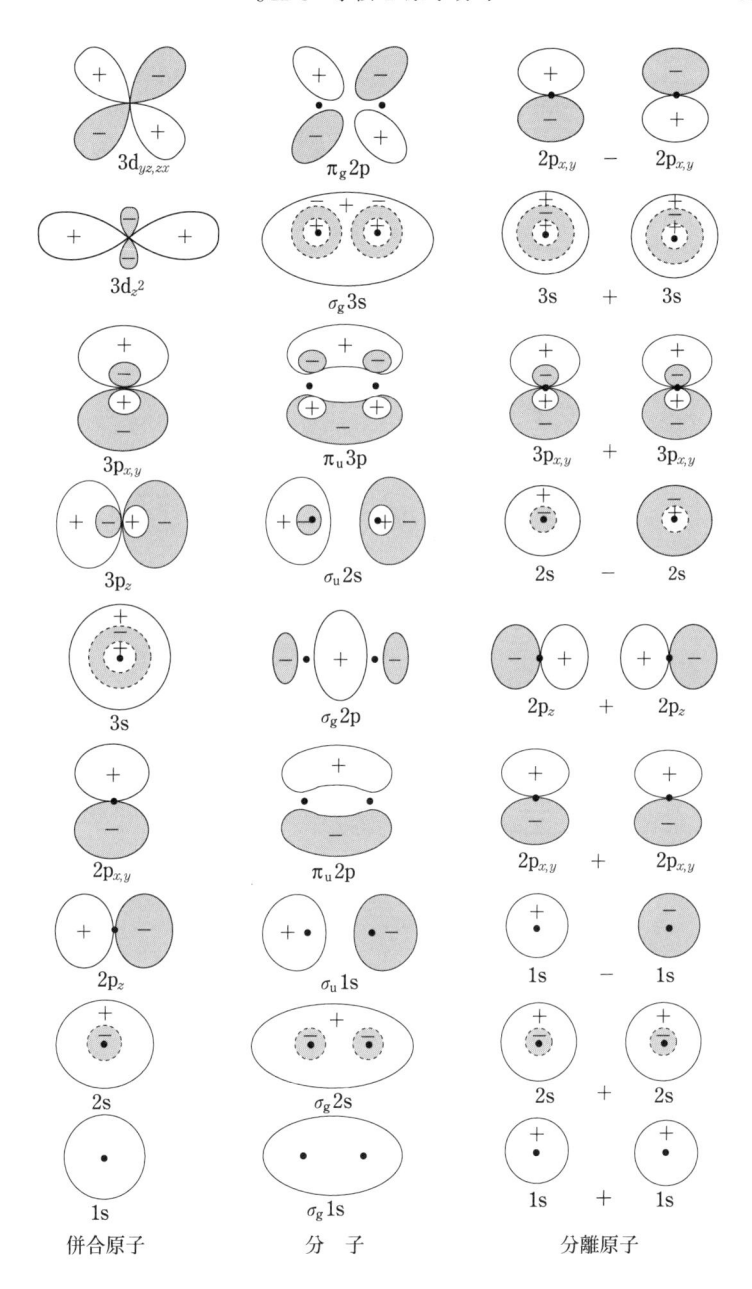

**図 12·13** 併合原子，分子，分離原子の波動関数の関連図

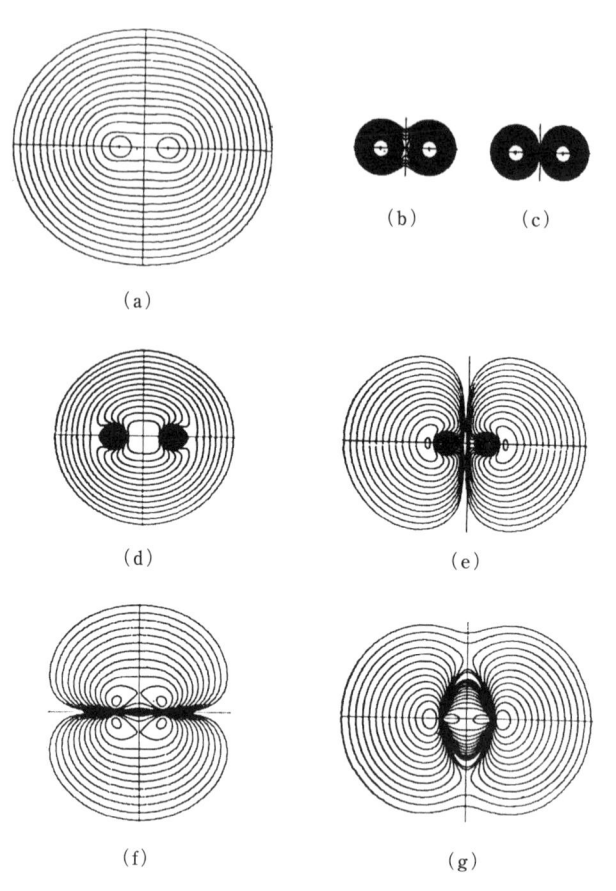

**図 12·14** $N_2$ の全電子分布と各分子軌道の電子分布.
(a) 全電子, (b) $\sigma_g 1s$, (c) $\sigma_u 1s$, (d) $\sigma_g 2s$,
(e) $\sigma_u 2s$, (f) $\pi_u 2p$, (g) $\sigma_g 2p$ (A.C. Wahl, *Science*, **151**, 961 (1966))

かつ $h_{11} = h_{22}$ でなければならない. もし $\varphi_1$ と $\varphi_2$ が異なる対称性をもつならば前者は恒等的に満足される (p. 279). $h_{11}$ と $h_{22}$ は核間距離 $R$ の関数であるから, 適当な $R$ のところで $h_{11} = h_{22}$ となる可能性がある. このときは二つの準位のエネルギー (永年方程式の2根) は等しくなり, 準位の交叉が生じる. しかし $\varphi_1$ と $\varphi_2$ が同じ対称性をもつときは, 一つのパラメータ $R$ を変えただけでは, 一般に上の二つの条件を同時に満足させることはできない. したがって

二つの準位のエネルギーが等しくなることはなく，準位の交叉も起こらないことになる．

図 12・14 に $N_2$ の全電子分布と各分子軌道の電子分布とを示す．なお，分子軌道は Hartree-Fock の SCF 法を分子に拡張した SCF MO 法により求められたものである．MO を構成する基底としての AO には，$1s, 2s, 2p_x, 2p_y, 2p_z$ の STO 各 1 個が用いられている（最小基底，下巻 p. 175 参照）．図から $\sigma_g 1s$ と $\sigma_u 1s$ はほぼ純粋な 1s 軌道からなることがわかる．これは 1s 軌道が，内側にあるため 1s 軌道同士で相互作用がほとんどなく，また他の軌道からエネルギー的に離れた位置にあるため他の軌道とも混じらないためである．$\sigma_g 1s$ と $\sigma_u 1s$ 以外の MO の形は図 12・5 と図 12・7 の模式図に示したものと定性的に一致している．

## §12・4 異核 2 原子分子

等核 2 原子分子では $1s_a$-$1s_b$, $2s_a$-$2s_b$ など原子 a, b の同じ AO のエネルギーが等しいが，異核 2 原子分子ではこれは成立しない．したがって，MO を (12・3・1) 〜 (12・3・3) のように対応する AO の組み合せから決めることはできない．一般的には MO $\varphi$ を原子 a, b の AO $\phi_j$ の一次結合 $\sum_j c_j \phi_j$ で表した後（(12・1・9) 参照），永年方程式を解いて係数 $c_j$ を決定することになる．ただし，次に示すように定性的な考察から MO の性質を推定することはできる．

pp. 292-293 で述べたように，原子 a, b に属する二つの AO は $\omega = (h_{bb} - h_{aa})/2|h_{ab}|$ が小さいほどよく混じり合う．すなわち AO のエネルギー差が小さいほど，また AO の重なりが大きい（このとき $|h_{ab}|$ が大）ほど MO をつくりやすい．HF の例を考えてみよう．二つの原子の電子配置は

$$H(1s) \qquad F(1s)^2 (2s)^2 (2p)^5$$

AO のエネルギーを表 10・1 より eV 単位で求めて図 12・15 の左右に示した．図の数値から $1s_F$ と $2s_F$ は $1s_H$ からエネルギー的に離れているので MO をつくりにくいことがわかる．さらに $1s_F, 2s_F$ は核の近くに存在するため，$1s_H$ との重なりも小さい．F の 2p AO のうち，分子軸と直角方向に分布している $2p_x, 2p_y$

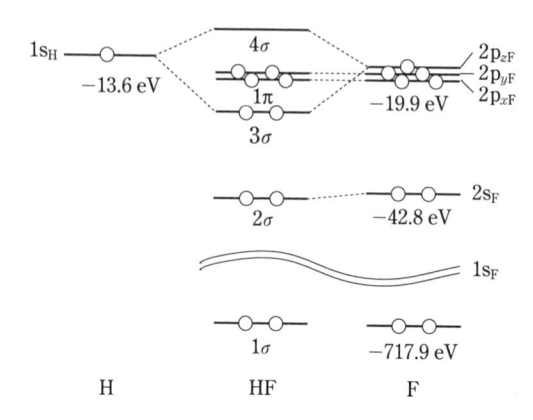

図 12・15 H, HF および F の軌道のエネルギー相関図

(π) は $1s_H$ と対称性が異なるため，(12・2・1), (12・2・2) において $S = h_{ab} = 0$ となり，MO を形成しない（図 12・16 参照）．結局，$1s_H$ と相互作用して MO をつくるのは主に $2p_z(\sigma)$ である．図 12・15 の中央に HF の MO 準位を H および F の AO 準位と関連づけて示した．MO の記号は $\sigma, \pi$ などの対称性をもつ軌道に対して，エネルギーの低い順に $1\sigma, 2\sigma, 3\sigma, \cdots\cdots ; 1\pi, 2\pi, 3\pi, \cdots\cdots$ などとする．異核 2 原子分子では MO を構成する AO が二つの原子で異なるので，一般には $\sigma 1s, \sigma 2s$ など AO を示す記号は使わない．また対称中心をもたないので g, u などの添字もつけない．図 12・15 で HF の 10 個の電子は $1\sigma$ から $1\pi$ 軌道までを 2 個ずつ占める．ただし，$1\sigma$ と $2\sigma$ は主に $1s_F, 2s_F$ からなり，$1\pi$ は MO をつくらないので，結合に寄与している電子は $3\sigma$ にある 2 個だけで，これらが HF の単結合を形成する．なお，図 12・15

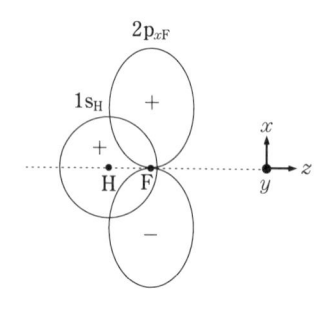

図 12・16 HF における $1s_H$ と $2p_{xF}$ の関係．$S = \int (1s_H)(2_{xF})dv$ において，$(1s_H)(2p_{xF})$ は $yz$ 面の上下で符号が異なるため，積分への寄与は打ち消し合い $S = 0$ となる．$h_{ab} = \int (1s_H) \hat{h}(2p_{xF}) dv$ においても，$\hat{h}$ が分子と同じ対称性（軸対称）をもつため，事情は同じで，$h_{ab} = 0$ となる（p. 223 参照）．

§12・4 異核2原子分子

で $2p_{zF}$ は $1s_H$ より低いエネルギーをもつので，§12・2 の一般論で述べたように，$3\sigma$ には $2p_{zF}$ の寄与が大きく，$4\sigma$ には $1s_H$ の寄与が大きいと考えられる[1]．

なおこの例の $1\pi$ 軌道のように結合に全く関係しない軌道を**非結合性軌道** (non-bonding orbital) という[2]．また，その軌道にある2個の電子を**孤立電子対** (lone pair electron) という．非結合性軌道が生じるのは対称性によって $S = h_{ab} = 0$ となるためである．二，三の例を図 12・17 (b) にあげた．

次にイオン結合の例として LiF をあげよう．Li の電子配置は $(1s)^2(2s)$ である．表 10・1 によると，Li の AO エネルギーは eV 単位で，$1s_{Li}$ は $-67.4\,\text{eV}$，$2s_{Li}$ は $-5.3\,\text{eV}$ である．これらのエネルギーを図 12・15 の F の AO エネルギーと比較すると，$1s_{Li}$ のエネルギーは F の AO エネルギーと離れているので，LiF においてほとんど MO を形成しない．一方，

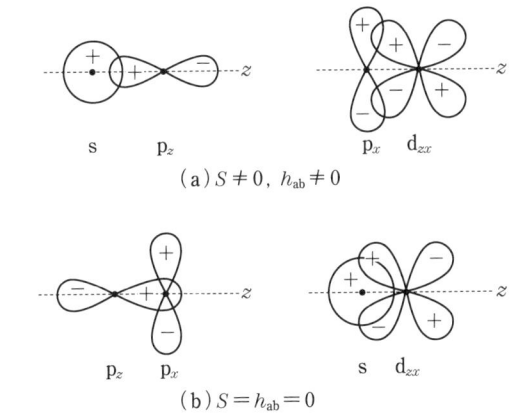

(a) $S \neq 0,\ h_{ab} \neq 0$

(b) $S = h_{ab} = 0$

**図 12・17** 二つの AO の関係．AO の対は (a) では分子軌道を形成するが，(b) では形成しない．

---

1) 本文では H と F 原子の軌道エネルギーをもとにして MO を定性的に考察したが，$1s_H$，$1s_F, 2s_F, 2p_F$ の各 AO を Slater の規則で求めた軌道で表して，SCF MO を計算すると
$$3\sigma = -0.0839(1s_F) + 0.4715(2s_F) - 0.6870(2p_{zF}) - 0.5761(1s_H)$$
となり，$3\sigma$ には，かなりの $2s_F$ の寄与が認められる (B. J. Ransil, *Rev. Mod. Phys.*, **32**, 245 (1960))．これは $1s_H, 1s, 2s, 2p$ からなる最小基底の例であるが，一般に基底関数の数を増し計算精度を上げると，MO と孤立原子の AO との関連が弱くなるので，本文のような定性的な考察には限界がある．
2) ここでは，原子の価電子軌道のみ考えているので，$1\pi$ 軌道は結合に「全く」関与しない．しかし，原子の価電子軌道以外の，H の 2p 軌道を考慮すると，$1\pi$ 軌道も F の $2p_x, 2p_y$ 成分と H の $2p_x, 2p_y$ 成分の混合が起こり，結合に若干関与する．ただし，その効果はかなり小さい．

2s$_{Li}$ は，HF の 1s$_H$ の場合と同様に，主に F の 2p$_z$(2p$_{zF}$) と相互作用し，2p$_{xF}$ と 2p$_{yF}$ からなる πMO の上下に分裂して，二つの σMO をつくる．結局，LiF の MO としては，下から，1s$_F$ を主成分とする 1σ，1s$_{Li}$ を主成分とする 2σ，2s$_F$ を主成分とする 3σ，2s$_{Li}$ と 2p$_{zF}$ の結合性 MO である 4σ，(2p$_{xF}$, 2p$_{yF}$) を主成分とする 1π，2s$_{Li}$ と 2p$_{zF}$ の反結合性 MO である 5σ が考えられる．よって，12 個の電子をもつ LiF の電子配置は $(1σ)^2(2σ)^2(3σ)^2(4σ)^2(1π)^4$ となる．ところで，2s$_{Li}$ と 2p$_{zF}$ のエネルギー差 $(-5.3-(-19.9))$ eV $= 14.6$ eV は 1s$_H$ と 2p$_{zF}$ のエネルギー差 6.3 eV よりはるかに大きいので，LiF の 4σ 軌道は主に 2s$_F$ からなるものと考えられる．したがって，Li と F が分子を形成する過程で，事実上，Li の 2s 電子が F の 2s 軌道 (4σ) に移動してイオン結合が形成されることになる．この過程を図 12・18 に示す．図で下のグラフは LiF の核間距離と全エネルギーの関係を与える．グラフの a〜h に対応する点の全電子分布が上の図である．a 点では Li と F は孤立原子であるが，14$a_0$(7.4 Å) 付近の b 点で Li の 2s 電子が F に移動して Li$^+$ と F$^-$ となり，平衡核間距離の g 点で Li$^+$ は F$^-$ の電子雲の中に埋もれてしまう．ただし，次節で述べる電気双極子モーメントから見積もられ

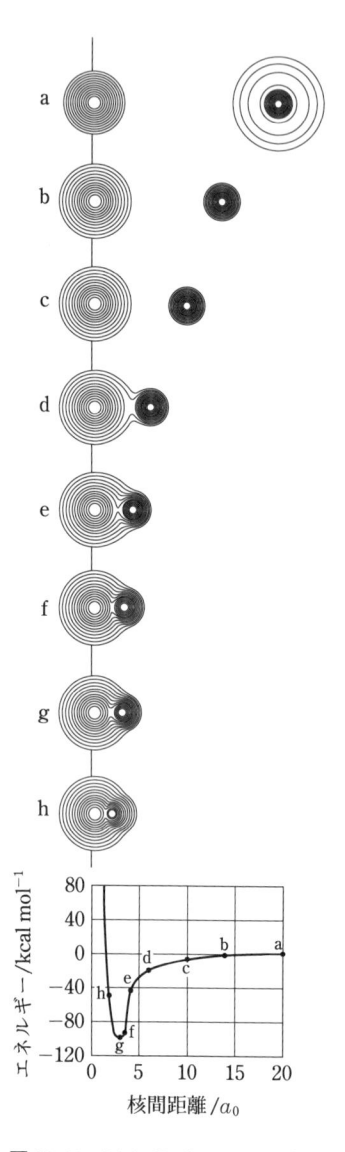

図 12・18 Li と F が LiF を形成する過程．下のグラフは LiF の核間距離と全エネルギーの関係．グラフの a〜h に対応する点の全電子分布を上に示す (A. C. Wahl, *Scientific American*, **222**, April (1970))．

## §12・4 異核2原子分子

るイオンの有効電荷は $Li^{+0.84} - F^{-0.84}$ で[1]，典型的なイオン結合と考えられている LiF でも完全なイオン対ではない．

異核2原子分子でも，NO のように二つの原子の大きさが似ている場合には，等核2原子分子に準じた取り扱いをすることができる．NO では

$N[1s^2 2s^2 2p^3] + O[1s^2 2s^2 2p^4]$
$\longrightarrow NO[(\sigma 1s)^2(\sigma^* 1s)^2(\sigma 2s)^2(\sigma^* 2s)^2(\sigma 2p)^2(\pi 2p)^4(\pi^* 2p)]$, $^2\Pi$

のように基底状態が形成される．上式で $\sigma 1s$ はほぼ O の 1s 軌道，$\sigma 1s^*$ はほぼ N の 1s 軌道である．また $\sigma 2s$ と $\sigma^* 2s$ は等核2原子分子の $\sigma_g 2s$ と $\sigma_u 2s$ に対応し主に N と O の 2s AO からつくられた結合性軌道と反結合性軌道である．N と O ではこれらの AO のエネルギーがあまり変わらないため，等核2原子分子との対応が可能となるのである．他の MO についても同様である．上の結果によると NO の正味の結合電子数は5個で2.5重結合に相当する．なお $\pi^* 2p$ 軌道には1個の電子しかないから $S = 1/2$ となり，$O_2$ の場合と同じく NO も常磁性である．

上では NO について，等核2原子に準じた簡単な取り扱いをしたが，分離原子のエネルギー準位を考慮してより詳しく考えてみよう．図12・19に，表10・1のデータを用いて描いた，C, N, O の各原子軌道のエネルギーを示す．図によると N と O の間ではエネルギー的に $2p - 2p$, $2s - 2s$ の対を考えて等核2原子分子の考え方を援用することができるが，C と O の間では C の 2s と 2p 軌道の中間に O の 2p 軌道が位置するため，MO がかなり異なってくるはずである．CO と等電子配置をもつ $N_2$ の MO と，CO の対応する MO を比較してみよう．STO-3G 基底[2]を用いた SCF 計算によると $N_2$ の MO は

---

1) LiF の核間距離 1.56 Å と双極子モーメントの実測値 6.33 D から求めた (p.313 参照)．
2) 1s, 2s, $2p_x$, $2p_y$ および $2p_z$ STO (最小基底) を用いる方法．ただし，各 STO は3個の GTO の一次結合で表現する．詳しくは下巻 §19・2 参照．

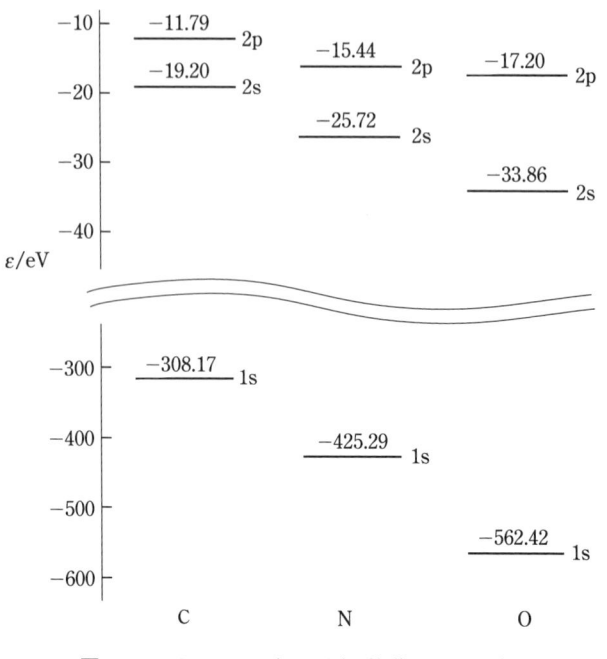

図12・19 C, N および O の原子軌道のエネルギー

$$\sigma_g 2s = -0.1737(1s_a + 1s_b) + 0.5000(2s_a + 2s_b) + 0.2303(2p_{z_a} + 2p_{z_b})$$

$$\sigma_u 2s = -0.1726(1s_a - 1s_b) + 0.7466(2s_a - 2s_b) - 0.2528(2p_{z_a} - 2p_{z_b})$$

$$\pi_g 2p = 0.6296(2p_{x,y_a} + 2p_{x,y_b})$$

$$\sigma_g 2p = -0.0696(1s_a + 1s_b) + 0.3996(2s_a + 2s_b) - 0.6042(2p_{z_a} + 2p_{z_b})$$

これに対し，CO の MO は

$$3\sigma = -0.1238(1s_C) - 0.2225(1s_O) + \underline{0.2437}(2s_C) + \underline{0.7706}(2s_O)$$
$$\qquad + 0.2105(2p_{zC}) + 0.1659(2p_{zO})$$

$$4\sigma = -0.1696(1s_C) + 0.1317(1s_O) + 0.5589(2s_C) - 0.6425(2s_O)$$
$$\qquad + \underline{0.0649}(2p_{zC}) + \underline{0.6147}(2p_{zO})$$

$$1\pi = 0.4456(2p_{x,yC}) + 0.7942(2p_{x,yO})$$

$$5\sigma = -0.1651(1s_C) - 0.0014(1s_O) + \underline{0.7477}(2s_C) + \underline{0.0492}(2s_O)$$
$$\qquad - 0.5747(2p_{zC}) - 0.4446(2p_{zO})$$

## §12・4 異核2原子分子

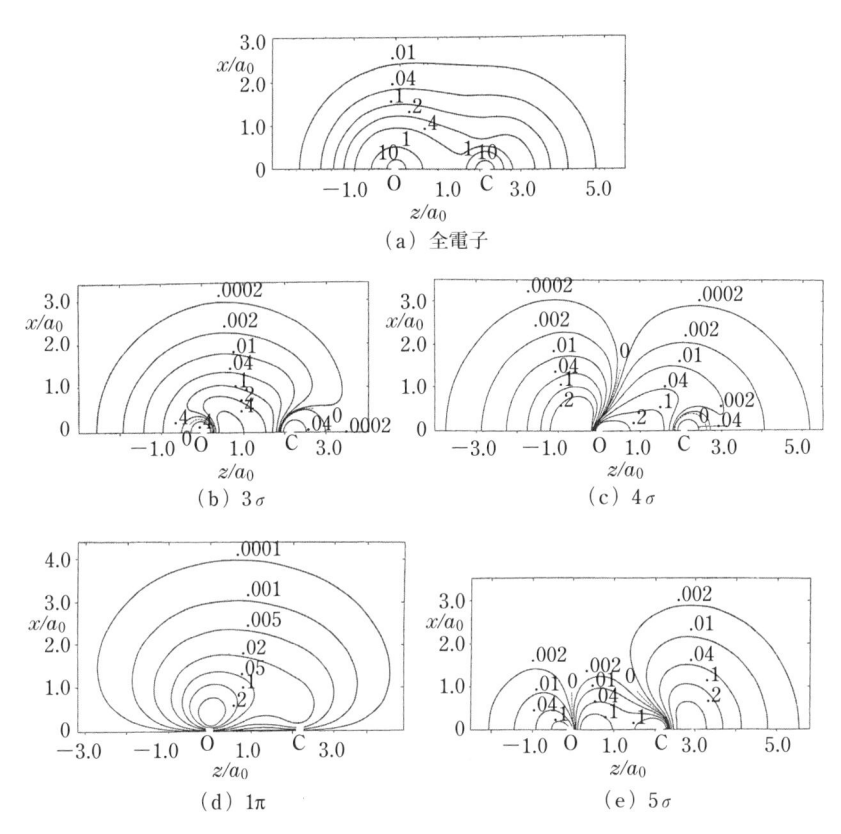

**図12・20** CO の全電子分布と MO の電子分布の等高線図 (W. M. Huo, *J. Chem. Phys.*, **43**, 624 (1965))

である．CO の MO において，下線を引いた係数が $N_2$ の対応する係数と大きく異なっている．特に，$N_2$ の $\sigma_g 2p$ と比べて，CO の $5\sigma$ では $2s_O$ の係数の減少 $(0.3996 \to 0.0492)$ と $2s_C$ の係数の増加 $(0.3996 \to 0.7477)$ とが注目される．すなわち，CO の $5\sigma$ 軌道では，O から C へ電子が大きく移動する．図12・20に CO の全電子分布と MO の電子分布の等高線図を示す．図は 1s, 2s, 3s, 2p, 3d および 4f STO を含む大規模な基底を用いた SCF 計算で得られたものである．図によると，上の STO-3G の結果からも示されたように，$5\sigma$ 軌道の電子分布が C 原子の外側に大きく張り出していることがわかる．CO が金属

表12·2 異核2原子分子の基底状態

| 分子 | 価電子配置 | 対称性 | 正味の結合電子数 | 結合次数 | 解離エネルギー $D_b$/eV | 平衡核間距離 $R_e$/Å |
|---|---|---|---|---|---|---|
| CN | $(3\sigma)^2(4\sigma)^2(1\pi)^4(5\sigma)$ | $^2\Sigma$ | 5 | 5/2 | 7.76 | 1.1718 |
| CO | $(3\sigma)^2(4\sigma)^2(1\pi)^4(5\sigma)^2$ | $^1\Sigma$ | 6 | 3 | 11.09 | 1.1282 |
| CO$^+$ | $(3\sigma)^2(4\sigma)^2(1\pi)^4(5\sigma)$ | $^2\Sigma$ | 5 | 5/2 | 8.34 | 1.115 |
| NO | $(3\sigma)^2(4\sigma)^2(1\pi)^4(5\sigma)^2(2\pi^*)$ | $^2\Pi$ | 5 | 5/2 | 6.50 | 1.1508 |

表面でCを表面側に向けて吸着したり,遷移金属イオンと結合して,Fe(CO)$_5$, Ni(CO)$_4$ などの化合物をつくるのはこの電子分布のためである.なお,電気双極子モーメント(次節参照)の測定結果によると,全電子分布はわずかにCに偏り,C$^-$−O$^+$ となっている.これは,上のMOの式や図12·19からもわかるように,C側に分布した$5\sigma$軌道とその他の軌道の分布が互いに打ち消し合っているからである.

表12·2にC, N, Oからなる2原子分子の基底状態を示す.表で結合次数の見積もりは等核2原子分子の場合に準じて行った.結合次数と解離エネルギーの間に並行関係があることがわかる.表でCOの結合エネルギーが同じ結合次数をもつN$_2$の値(9.759 eV)より大きいことが注目される.

STO-3G 基底によるSCF計算によると,CNの$5\sigma$軌道は

$$5\sigma = -0.1518(1s_C) + 0.0098(1s_N) + 0.6836(2s_C) + 0.0657(2s_N) - 0.6840(2p_{zC}) + 0.3546(2p_{zN})$$

で,COの場合と同様にCの外側に大きく広がっている.CNの場合はこの軌道に不対電子をもつため,反応性が極めて大きい.

## §12·5 結合の極性

前節までに述べたように,2原子分子の波動関数

$$\varphi = c_a\phi_a + c_b\phi_b$$

において,等核2原子分子では $|c_a| = |c_b|$ であるが,異核2原子分子では $|c_a| \neq |c_b|$ となる.いま $c_b/c_a = \lambda$ として,上式を書き換えると

## §12·5 結合の極性

$$\varphi = c_a(\phi_a + \lambda\phi_b) = N(\phi_a + \lambda\phi_b) \qquad (12\cdot5\cdot1)$$

となる．ただし $N$ は規格化の定数で，$\phi_a, \phi_b$ を実関数とすれば

$$N = (1 + \lambda^2 + 2\lambda S)^{-1/2} \qquad (12\cdot5\cdot2)$$

である．(12·5·1) で $|\lambda| > 1$ のときは，MO $\varphi$ に対して b 原子の方が寄与が大きい．すなわち電子は a 原子の近くよりも b 原子の近くで見出される確率が大きいのである（図12·21）．このように電子の不均一な分布が生じる理由は，異核2原子分子においては，$h_{aa} \neq h_{bb}$ となるため，一方の原子の方が他方の原子より電子を引きつけやすいためである（図12·21 の場合 $h_{aa} > h_{bb}$）．

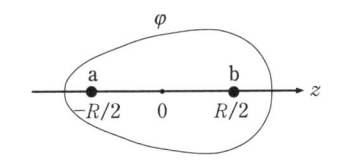

図 12·21 分子軌道の形．$\varphi = N(\phi_a + \lambda\phi_b)$ において $\lambda > 1$ の場合

上のように電子分布に不均一が生じると，以下に述べるように電気双極子モーメントが生じる．座標 $r_1, r_2$ にそれぞれ電荷 $-q$ と $+q$ があるとき，**電気双極子モーメント**（electric dipole moment）は次のように定義される．

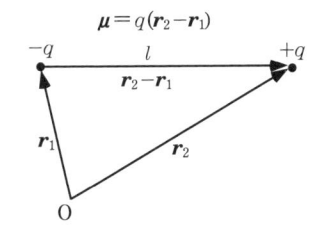

図 12·22 電気双極子モーメントのベクトル

$$\boldsymbol{\mu} = -q\boldsymbol{r}_1 + q\boldsymbol{r}_2 = q(\boldsymbol{r}_2 - \boldsymbol{r}_1) \qquad (12\cdot5\cdot3)$$

図 12·22 に示すように，$\boldsymbol{\mu}$ は電荷 $-q$ から $+q$ に向かうベクトルで，その大きさは $|\boldsymbol{\mu}| = q|\boldsymbol{r}_2 - \boldsymbol{r}_1| = ql$ に等しい（$l$ は電荷間の距離）．電気双極子モーメントの原子単位は $\pm e$ の単位電荷が単位距離 $a_0$ だけ離れて存在するときの値で

$$ea_0 = 1.602177 \times 10^{-19}\,\mathrm{C} \times 5.291772 \times 10^{-11}\,\mathrm{m} = 8.47835 \times 10^{-30}\,\mathrm{C\,m}$$

である．なお，静電単位 (esu) をもとにしたデバイ (D, 電気双極子モーメントの研究者 Debye に因む) という単位も使われる．ただし $1\,\mathrm{D} = 10^{-18}\,\mathrm{esu}$ で

$$1\,\mathrm{D} = 3.3356 \times 10^{-30}\,\mathrm{C\,m}, \qquad ea_0 = 2.5418\,\mathrm{D}$$

となる．

一般に $\boldsymbol{r}_i$ ($i=1,2,\cdots,n$) に点電荷 $q_i$ があるときは，電気双極子モーメントの定義は

$$\boldsymbol{\mu} = \sum_{i=1}^{n} q_i \boldsymbol{r}_i \qquad (12\cdot5\cdot4)$$

となる．また，電荷分布が連続ならば，$\boldsymbol{\mu}$ は電荷密度を $q(\boldsymbol{r})$ として次のようになる．

$$\boldsymbol{\mu} = \int q(\boldsymbol{r}) \boldsymbol{r} \, dv \qquad (12\cdot5\cdot5)$$

これらの式を用いて (12·5·1) の $\varphi$ にある 2 個の電子と核による双極子モーメントを計算してみよう．2 個の電子は原子 a と b から提供されたものとする（すなわち核 a, b の電荷は原子単位で 1）．図 12·21 に示すように，原点を a－b（距離 $R$）の中点におくと，核と電子による双極子モーメントの分子軸方向（$z$ 方向）の成分 $\mu_z$ は，電子密度が原子単位で $|\varphi|^2$ であるから

$$\mu_z = 1\times(R/2) + 1\times(-R/2) - 2\int |\varphi|^2 z \, dv = -2\int \varphi^* z \varphi \, dv = -2\langle z \rangle \qquad (12\cdot5\cdot6)$$

$\langle z \rangle$ は $z$ の期待値である．電子分布は軸対称であるから，$\mu_x = \mu_y = 0$ である．(12·5·1) を上式に入れて

$$\mu_z = -2N^2 \int z(\phi_a^2 + 2\lambda \phi_a \phi_b + \lambda^2 \phi_b^2) \, dv = -2N^2 (\bar{z}_a + 2\lambda \bar{z}_{ab} + \lambda^2 \bar{z}_b) \qquad (12\cdot5\cdot7)$$

となる．ここで，$\bar{z}_a, \bar{z}_b$ は電荷分布 $|\phi_a|^2, |\phi_b|^2$ の $z$ 軸上における平均位置である．$|\phi_a|^2$ は AO の 2 乗で，通常その重心は対称中心である核 a の位置となる．ゆえに $\bar{z}_a = -R/2$，同様に $\bar{z}_b = R/2$ である．したがって，

$$\mu_z = -2N^2 \left\{ \frac{1}{2} R(\lambda^2 - 1) + 2\lambda \bar{z}_{ab} \right\} \qquad (12\cdot5\cdot8)$$

となる．$\bar{z}_{ab} = \int z \phi_a \phi_b \, dv$ は小さい値で通常無視される（ただし，次ページ注参照）．(12·5·2) を用いて，結局，次式を得る．

## §12・5 結合の極性

$$\mu = |\mu_z| = \frac{\lambda^2 - 1}{1 + \lambda^2 + 2\lambda S} R \quad \text{(a.u.)} \quad (12 \cdot 5 \cdot 9)$$

上式によると原子間距離 $R$, 重なり積分の値 $S$, および $\lambda$ を知れば双極子モーメント **μ** の大きさ $\mu$ ($= |\mu_z|$) の値を知ることができる. ただし以上のように簡単な取り扱いでは実測の $\mu$ を再現することができない[1]. また $\lambda$ の合理的な値を定め

**表 12・3** $\mu$ (実測値) と $\lambda$ (計算値) の関係

| 分子 | $R/a_0$[a] | $\mu/ea_0$[a] | $\lambda$ |
|---|---|---|---|
| HF  | 1.733 | 0.718 | 1.81 |
| HCl | 2.409 | 0.436 | 1.28 |
| HBr | 2.673 | 0.325 | 1.18 |
| HI  | 3.041 | 0.176 | 1.08 |

a) 原子単位による値.

ることも困難である. そこで実測の $\mu$ から逆に $\lambda$ の値を推定することが行われる. $S$ の値は通常の分子で 1/3 の近くにあるので, (12・5・9) で $S = 1/3$ とし, $\mu$, $R$ の実測値を用いると表 12・3 の $\lambda$ が得られる. 表によると極性が非常に強いと考えられている HF でも $\lambda$ の値は 2 程度であることがわかる.

いままでは MO 法を用いて 2 原子分子を考察してきたが, 今度は VB 法の立場から結合の極性を取り扱うことにしよう. VB 法による波動関数は §11・4 でも述べたように (p. 273 (11・4・2), (11・4・3) 参照), スピン部分を除くと

$$\varphi = c_1 \varphi_{\text{cov}} + c_2 \varphi_{\text{ion a}} + c_3 \varphi_{\text{ion b}} \quad (12 \cdot 5 \cdot 10)$$

の形となる. ここで

$$\varphi_{\text{cov}} \propto \phi_a(1)\phi_b(2) + \phi_a(2)\phi_b(1)$$

$$\varphi_{\text{ion a}} = \phi_a(1)\phi_a(2), \qquad \varphi_{\text{ion b}} = \phi_b(1)\phi_b(2)$$

---

[1] 以上の取り扱いでは MO $\psi$ の電子分布だけに着目したが, 内殻の電子も電荷の異なった核からの影響で分極するはずで, これが双極子モーメントの原因となる. また $\bar{z}_{ab} = 0$ の近似も $\phi_a$ と $\phi_b$ の大きさが著しく異なるときは問題である. $\phi_a, \phi_b$ が図のような分布をもつときは $\bar{z}_{ab} \fallingdotseq \text{OC}$ となる. $\bar{z}_{ab}$ に基づく双極子は等極双極子と呼ばれる. 等極双極子は HCl では 1D にも達する. なお MO を構成する AO も, a, b に対称中心があるものよりは, 分極した形のものを用いた方が近似が高くなる.

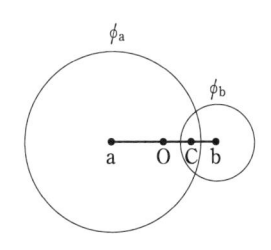

である．ただし $\varphi_{\text{ion a}}$ は $\text{a}^- - \text{b}^+$ 型の，$\varphi_{\text{ion b}}$ は $\text{a}^+ - \text{b}^-$ 型のイオン構造に対応する．等核2原子分子ではこれら二つのイオン構造の寄与が等しく (12·5·10) において $c_2 = c_3$ である．しかし異核2原子分子では $c_2 \neq c_3$，特に NaCl や HCl のように電子を引きつける力が著しく異なった核の対では，一方のイオン構造（NaCl の場合 $\text{Na}^- - \text{Cl}^+$）の寄与を無視することができる．そこで $\varphi_{\text{ion b}}$ の方だけを考えることにし，これをあらためて $\varphi_{\text{ion}}$ とすれば，(12·5·10) の $\varphi$ は

$$\varphi = N(\varphi_{\text{cov}} + \lambda' \varphi_{\text{ion}}) \tag{12·5·11}$$

と表すことができる．上式によると $\varphi$ に対する共有結合構造とイオン構造の寄与の割合は $1 : \lambda'^2$ で，a–b 結合によるイオン性の尺度を

$$\text{FIC} = \frac{\lambda'^2}{1 + \lambda'^2} \tag{12·5·12}$$

とすることができる．ただし FIC は a–b 結合による比イオン性 (fractional ionic character) の頭文字である．$\varphi_{\text{cov}}$ には電荷の偏りがなく，$\varphi_{\text{ion}}$ には $\pm e$ の分極があるとすれば，$\varphi$ の状態では上の割合で単位電荷が分極していることになる．ゆえに双極子モーメントの大きさは，原子間隔を $R$ として

$$\mu = \frac{\lambda'^2}{1 + \lambda'^2} R \qquad \text{(a.u.)} \tag{12·5·13}$$

で与えられる[1]．この式を用いて実測の $\mu, R$（表12·3）から結合の比イオン性と $\lambda'$ を計算すると表12·4を得る．この表によるとハロゲン化水素中でイオン性が最も強い HF でも比イオン性の値は41％に過ぎないことがわかる．HCl ではその値は18％，すなわちイオン構造の寄与は18％であ

**表12·4** 結合のイオン性と $\lambda'$

|  | HF | HCl | HBr | HI |
|---|---|---|---|---|
| 比イオン性 (%) | 41 | 18 | 12 | 6 |
| $\lambda'$ | 0.84 | 0.47 | 0.37 | 0.25 |

---

[1] 厳密には $\mu$ は $\mu_z = -2\langle z \rangle$ ((12·5·6)) から計算すべきである．このようにして求めた式で $S = \int \varphi_a \varphi_b \, dv = 0$ とおくと (12·5·13) が得られる．しかし上のような簡単な取り扱いでは $S$ を考慮してもあまり意味がない．

る.それにもかかわらずHClが水溶液中でほぼ完全に解離する理由は,イオンと水分子がクーロン力によって結合し安定化するためである(溶媒和エネルギーによる安定化).

## §12・6 電気陰性度

前節で述べた2原子分子a−bの極性は原子aとbの間で電子を引きつける力に差があるために生じたものと考えられる.例えばHClが$H^-–Cl^+$よりも$H^+–Cl^-$の構造を取りやすいのは,Clの方がHより電子を引きつけやすい(電気的に陰性である)ためである.このような電子吸引性の尺度として定められたのが**電気陰性度**(electronegativity)で,Pauling(ポーリング)によるものとMulliken(マリケン)によるものがある.(12・5・11)によると,異核2原子分子a−bの波動関数は

$$\varphi_{a-b} = N(\varphi_{\text{cov }a-b} + \lambda' \varphi_{a^+-b^-}) \tag{12・6・1}$$

である.ただし原子aよりもbの方が電子を引きつけやすいとして$\varphi_{\text{ion}} = \varphi_{a^+-b^-}$とした.上式で$\lambda'$は変分法により定められるべき定数であるが,変分計算を行うと$\varphi_{a-b}$のエネルギー$E_{a-b}$は,$\varphi_{\text{cov }a-b}$,$\varphi_{a^+-b^-}$のエネルギー$E_{\text{cov }a-b}$,$E_{a^+-b^-}$の低い方よりもさらに低くなる(図12・23)[1].Paulingは$E_{\text{cov }a-b}$と$E_{a-b}$のエネルギー差$\Delta_{ab}$を**共鳴エネルギー**(resonance energy)と名づけた.すなわち

$$\Delta_{ab} = E_{\text{cov }a-b} - E_{a-b} \tag{12・6・2}$$

である.このようにエネルギーが低下する理由は共有結合構造にイオン構造が加味されること($\lambda' \neq 0$)によってエネルギーが安定化するためであるが,両構造が$1:\lambda'^2$の割合で重ね合わせられたものと考えれば,両構造の一種の共鳴によるエ

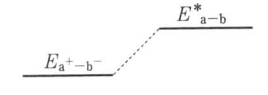

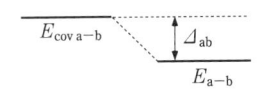

図12・23 $\varphi_{\text{cov }a-b}$と$\varphi_{a^+-b^-}$の相互作用により生じる準位.$E^*_{a-b}$は$E_{a-b}$の励起状態を表す.

---

[1] p.291 図12・3のMO法の場合と同様である.

ネルギーの低下とも解釈される．しかし p.285 で述べたように，どちらの構造も実在しないことに注意しなければならない．

さて $\Delta_{ab}$ は $\varphi_{\mathrm{cov}\,a-b}$ に対して $\varphi_{a^+-b^-}$ の寄与が大きいほど大きいはずである．この寄与の大きさはイオン構造の取りやすさ，すなわち原子 b と a の間で電子を引きつける力（電気陰性度）に差があるほど大きいと考えられる．そこで Pauling は b と a の電気陰性度の差を

$$\boxed{\chi_b - \chi_a \propto \sqrt{\Delta_{ab}}} \qquad (12\cdot 6\cdot 3)$$

により定めることを提案した．上式は経験式であるが，$(\chi_c - \chi_b) + (\chi_b - \chi_a) = (\chi_c - \chi_a)$ に対応して

$$\sqrt{\Delta_{bc}} + \sqrt{\Delta_{ab}} = \sqrt{\Delta_{ac}}$$

がほぼ成立するので都合がよい．ところで $\Delta_{ab}$ を

$$E_{\mathrm{cov}\,a-b} = \int \varphi^*_{\mathrm{cov}\,a-b} \hat{H} \varphi_{\mathrm{cov}\,a-b}\, dv,$$

$$E_{a^+-b^-} = \int \varphi^*_{a^+-b^-} \hat{H} \varphi_{a^+-b^-}\, dv$$

の差から計算で求めることは困難であるし，結果もよくない．そこで $\Delta_{ab}$ は分子 a−a，b−b，および a−b の結合エネルギーの実測値[1] $E(\text{a-a})$，$E(\text{b-b})$，$E(\text{a-b})$ を用いて

$$\Delta_{ab} = E_{\mathrm{cov}\,a-b} - (-E(\text{a-b})) \qquad (12\cdot 6\cdot 4)$$

$$E_{\mathrm{cov}\,a-b} = -\frac{1}{2}\{E(\text{a-a}) + E(\text{b-b})\} \qquad (12\cdot 6\cdot 5)$$

$$\text{または } E_{\mathrm{cov}\,a-b} = -\sqrt{E(\text{a-a})\,E(\text{b-b})} \qquad (12\cdot 6\cdot 6)$$

から求められた．上式で結合エネルギーは原子を引き離すために必要なエネルギーであるから，正の値となるため，式中に − 符号がついていることに注意されたい．(12・6・5) は，a−b の共有結合構造のエネルギーがほぼ純共有結合

---

[1] 結合エネルギーは反応熱の測定により求められる．

§12·6 電気陰性度

**表 12·5** 結合エネルギーと共鳴エネルギー (単位は kJ mol⁻¹)

| 分 子 | H—H | F—F | Cl—Cl | Br—Br | I—I | Li—Li |
|---|---|---|---|---|---|---|
| $E$(a–a) | 435.8 | 158.8 | 242.6 | 193.9 | 152.5 | 110.4 |
| 分 子 | H—F | H—Cl | H—Br | H—I | Li—H | |
| $E$(a–b) | 569.9 | 431.3 | 366.4 | 298.4 | 238.0 | |
| $E_{\text{cov a–b}}$(幾何平均) | −263.1 | −325.2 | −290.7 | −257.8 | −219.3 | |
| $\varDelta_{\text{ab}}$ | 306.8 | 106.1 | 75.7 | 40.6 | 18.7[1] | |

1) $E_{\text{cov a–b}}$(算術平均) を用いると, $\varDelta_{\text{ab}} = -35.1$ となる.

であるa−a, b−bの結合エネルギーの算術平均から求められると仮定した式である. (12·6·6) は算術平均の代わりに幾何平均をとったもので, LiH, NaHなどの原子ではこの方が都合がよい (これらの原子では算術平均をとると $\varDelta < 0$ となる. 表 12·5 参照). 表 12·5 に二, 三の分子の結合エネルギーと, (12·6·6) による共鳴エネルギー $\varDelta_{\text{ab}}$ を示す.

以上のように $\varDelta_{\text{ab}}$ が定まると (12·6·3) 式を満足するように各原子に対して電気陰性度 $\chi$ の値をわりふって行くことができる. Pauling は, (12·6·3) の比例定数を 0.21 とすると周期表の第 2 周期の元素の $\chi$ の値が Li の 1.0 から F の 4.0 の範囲に収まることを見出した. Pauling による電気陰性度の値を表 12·6 に示す (ただし結合エネルギーの新しい測定値による補正を含む). 表によると $\chi$ の値は周期表の行を左から右に行くに従って増加し, 列を下がるに従って減少していることがわかる.

分子 a−b において, 原子の電気陰性度の差 $\chi_{\text{b}} - \chi_{\text{a}}$ は結合の極性を示す尺度であるから, (12·5·12) で定義した FIC と相関関係がなければならない. この関係は

$$\text{FIC}(\%) = 0.16|\chi_{\text{a}} - \chi_{\text{b}}| + 0.035|\chi_{\text{a}} - \chi_{\text{b}}|^2 \qquad (12·6·7)$$

で近似できることがわかった.

Mulliken は Pauling とは異なった立場から電気陰性度を定義した. いま, 2個の中性原子 a, b からイオン a⁺, b⁻ をつくる場合

(1)　$a + b \rightarrow a^+ + b^-$

表 12・6 Pauling の電気陰性度

| | | | | | | | | | | | | | | | | | He — |
|---|---|---|---|---|---|---|---|---|---|---|---|---|---|---|---|---|---|
| H 2.20 | | | | | | | | | | | | | | | | | |
| Li 0.98 | Be 1.57 | | | | | | | | | | | B 2.04 | C 2.55 | N 3.04 | O 3.44 | F 3.98 | Ne — |
| Na 0.93 | Mg 1.31 | | | | | | | | | | | Al 1.61 | Si 1.90 | P 2.19 | S 2.58 | Cl 3.16 | Ar — |
| K 0.82 | Ca 1.00 | Sc 1.36 | Ti 1.54 | V 1.63 | Cr 1.66 | Mn 1.55 | Fe 1.83 | Co 1.88 | Ni 1.91 | Cu 1.90 | Zn 1.65 | Ga 1.81 | Ge 2.01 | As 2.18 | Se 2.55 | Br 2.96 | Kr — |
| Rb 0.82 | Sr 0.95 | Y 1.22 | Zr 1.33 | Nb 1.6 | Mo 2.16 | Tc 2.10 | Ru 2.2 | Rh 2.28 | Pd 2.20 | Ag 1.93 | Cd 1.69 | In 1.78 | Sn 1.96 | Sb 2.05 | Te 2.1 | I 2.66 | Xe 2.60 |
| Cs 0.79 | Ba 0.89 | La–Lu * | Hf 1.3 | Ta 1.5 | W 1.7 | Re 1.9 | Os 2.2 | Ir 2.2 | Pt 2.2 | Au 2.4 | Hg 1.9 | Tl 1.8 | Pb 1.8 | Bi 1.9 | Po 2.0 | At 2.2 | Rn — |
| Fr 0.7 | Ra 0.9 | Ac 1.1 | Th 1.3 | Pa 1.5 | U 1.7 | Np,Pu 1.3 | | | | | | | | | | | |

* 

| La | Ce | Pr | Nd | Pm | Sm | Eu | Gd | Tb | Dy | Ho | Er | Tm | Yb | Lu |
|---|---|---|---|---|---|---|---|---|---|---|---|---|---|---|
| 1.10 | 1.12 | 1.13 | 1.14 | — | 1.17 | — | 1.20 | — | 1.22 | 1.23 | 1.24 | 1.25 | — | 1.0 |

## §12·6 電気陰性度

を考える．そのためにはaから電子1個を無限遠に取り去った後，それをbに付加すればよい．よってこの過程に必要なエネルギーはaのイオン化エネルギー $IP_a$ とbの電子親和力 $EA_b$ の差

$$IP_a - EA_b$$

となる（pp. 215-217 参照）．上と同様に

(2)　　$a + b \rightarrow a^- + b^+$

の過程に必要なエネルギーは

$$IP_b - EA_a$$

である．

さてa原子よりb原子の方が電子を引きつけやすい（電気陰性度が大）とすると，過程 (1) の方が (2) よりも容易に起こるはずであるから

$$IP_a - EA_b < IP_b - EA_a$$

となるであろう．これを変形して

$$IP_a + EA_a < IP_b + EA_b$$

を得る．すなわち電子を引きつけやすい原子ほど $(IP + EA)$ の値が大きいのである．このようにして原子aの電気陰性度は

$$\boxed{\chi_a \equiv \frac{1}{2}(IP_a + EA_a)} \qquad (12 \cdot 6 \cdot 8)$$

で定義される．これが Mulliken の電気陰性度である．Mulliken の電気陰性度はイオン化エネルギーと電子親和力という実測可能な量に基づいているので，Pauling の電気陰性度より合理的である．ただし，それは孤立原子の値から求

表 12·7　Mulliken の電気陰性度

| H | Li | Be[a] | B | C | N[a] | O | F |
|---|---|---|---|---|---|---|---|
| 7.18 | 3.01 | 4.57 | 4.29 | 6.26 | 7.23 | 7.54 | 10.41 |
|  | Na | Mg[a] | Al | Si | P | S | Cl |
|  | 2.85 | 3.72 | 3.21 | 4.77 | 5.62 | 6.22 | 8.29 |

a) Be, N, Mg の $EA$ については，それぞれ $-0.19, -0.07$ および $-0.22$ eV の値を用いた．

められたもので，Pauling の場合のように分子中の原子に関するものではないことに注意しなければならない[1]．表 12・7 にいくつかの原子について，表 10・3 の $IP$ と表 10・4 の $EA$ より求めた Mulliken の電気陰性度を示した．

---

[1] 分子中の原子の種々の原子価状態の $IP$ と $EA$ のデータを使って，Mulliken の電気陰性度を求めることもできる．

# 13 多原子分子

この章ではまず最も簡単な多原子分子である水とアンモニアを例として，それらの構造と電子状態を VB 法と MO 法で論じる．次に，メタン，エチレン，アセチレンなどの炭化水素分子の形の違いを説明するため，2s, 2p 軌道を混ぜ合わせてつくった混成軌道を導入する．混成軌道は s, p 軌道に限らず d 軌道を加えてもつくられる．d 軌道を含む混成軌道は遷移金属化合物の分子構造の説明に役立つ．最後に VB 法に基づく原子価電子対反発理論と MO 法に基づく Walsh 則を用いて一般の多原子分子の形を論じる．

## §13·1 VB 法と MO 法

2 原子分子で用いた VB 法と MO 法を多原子分子に適用する場合，これらの二つの方法にはそれぞれ長所と短所がある．最も簡単な多原子分子 $H_2O, NH_3$ などを例にとり，それを説明しよう．

$H_2O$ は図 13·1 に示すように二つの OH 結合間隔が等しく結合角が $104.51°$ の構造をもつことは，赤外スペクトルやマイクロ波スペクトルの実験によってよく知られている．この構造の定性的な説明は，VB 法を用いると容易に得られる．酸素原子は $(1s)^2(2s)^2(2p)^4$ の原子配置をもつが，このうちエネルギーの低い $(1s)^2, (2s)^2$ 電子は結合に関与しないとして，2p 電子を $(2p_x)(2p_y)(2p_z)^2$ のように配置する．次に $2p_x, 2p_y$ 軌道と水素の二つの 1s 軌道 ($s_h, s_{h'}$ と記す) の間で電子対結合 (共有結合)

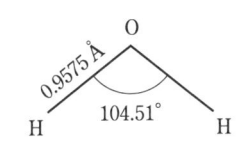

**図 13·1** 水の分子構造

$$\psi_x(1,2) \propto p_x(1)s_h(2) + p_x(2)s_h(1)$$
$$\psi_y(1,2) \propto p_y(1)s_{h'}(2) + p_y(2)s_{h'}(1)$$

をつくれば図 13·2 の構造を得る．ただし $(2p_z)^2$ は孤立電子対である．図によ

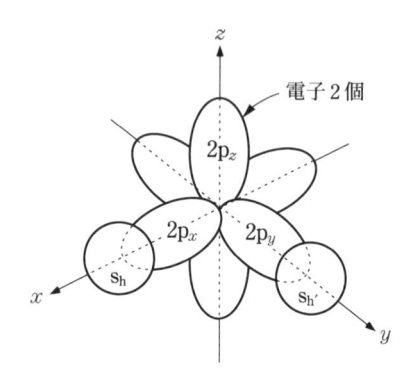

図13・2 水の結合. $2p_z$ 軌道には電子2個がある.

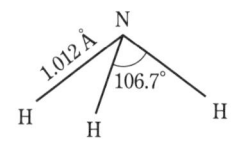

図13・3 アンモニアの分子構造

ると二つのOH結合の長さが等しいこと,また結合角が実測値 $104.51°$ に近い $90°$ の値をもつことが直ちにわかる.周期表で酸素と同じ族に属する元素の水素化物, $H_2S, H_2Se, H_2Te$ についても中心原子の $3p_x, 3p_y$ ; $4p_x, 4p_y$ ; $5p_x, 5p_y$ が $s_h, s_{h'}$ と共有結合をつくるとすれば結合角は水の場合と同様に $90°$ となる.対応する実測値は $H_2S, H_2Se, H_2Te$ の順にそれぞれ $92.12°, 90.9°, 89.5°$ となり,推定値と実測値の一致は極めてよいのである. $NH_3$ ではNの三つの2p電子を $2p_x, 2p_y, 2p_z$ 軌道に1個ずつ配置し,それぞれ $s_h$ と共有結合をつくれば3角錐型の構造が得られ,隣り合ったNHの結合角は $90°$ となる.これに対し実測の結合角は $106.7°$ と推定値よりも開いているが[1], 3角錐型構造であることは予想通りである(図13・3). $PH_3, AsH_3, SbH_3$ も $NH_3$ と同様な構造で,隣り合った結合角の実測値はそれぞれ $93.345°, 92.1°, 91.6°$ である.したがって,これらの化合物では $p_x, p_y, p_z$ と三つの $s_h$ よりなる共有結合構造はよい近似となる.

以上のようにVB法ではたやすく分子の形を予測できるが,MO法ではそれが簡単ではない.例えば最も単純なMO法で水の構造を求めるには,Oの1sおよび2s軌道を除いて,LCAO MO

$$\varphi = c_1 p_x + c_2 p_y + c_3 p_z + c_4 s_h + c_5 s_{h'} \tag{13・1・1}$$

をつくり,永年方程式の根 $E_1, E_2, \cdots, E_5$ に対応するMO $\psi_i$ ($c_i$ の組)を定める.次にOの $(1s)^2, (2s)^2$ を除いた $H_2O$ の6個の電子をエネルギーの低い三つ

---

[1] 水とアンモニアの結合角の推定値と実測値のずれの原因については§13・5で述べる.

§13·1 VB法とMO法

の軌道に収容して全エネルギーを求める．ただし全エネルギーは分子構造に依存するので，酸素原子と二つの水素原子をいろいろの位置に置いて全エネルギーを計算し，それが最低になる原子配置から基底状態の構造を定める必要がある[1]．

上では個々の分子の形についてだけ述べたが，C−H，O−Hなどの結合間隔や結合エネルギーは分子が異なってもほぼ一定であることが知られている．これらの結合に固有な性質は電子対結合の概念に基礎をおくVB法では容易に説明される．しかし非局在の関数を出発点とするMO法では，直接的な説明が困難となるのである．例えばメチルアルコール$H_3COH$ ($CH_3OH$) のOH結合間隔や結合エネルギー，COH結合角などが$H_2O$の対応する値とあまり異なっていないことは，どちらの分子もOの$2p_x, 2p_y$軌道が結合に関与していることを考えればすぐ理解できる．しかし$H_3COH$では6個，$H_2O$では3個の核のまわりに分布したAOの一次結合によるMOの表現では理解し難い．

上述のように基底状態の分子の形を定性的に論じるにはVB法は適しているが，励起状態はほとんど取り扱えない．例えば光吸収による基底状態から励起状態への遷移（光吸収スペクトル）は，MO法によると，電子が占有している軌道（**被占軌道**；occupied orbital）から空の軌道（**空軌道**；vacant orbital）への電子の励起として解釈できる．例えばアンモニア気体に波長約2000Åの光を照射すると，エネルギー的に最も不安定な電子（MO法の記述では最高被占軌道にある電子）が1個Nの3s軌道に励起される．このとき$NH_3$分子の形は3角錐から平面（正3角形の中心にN，各頂点にHがある構造）に変わる．このような構造の変化に対する説明はMO法では可能であるが（§13·2参照），VB法では難しい．

基底状態においても，VB法は定量的な議論にはほとんど使われない．その理由は以下に述べるとおりである．VB法の表現では分子の波動関数$\Psi$は共有結合構造の関数$\Psi_1$とイオン構造の関数 $\Psi_2, \Psi_3, \cdots$ の一次結合

---

[1] このようにして求めた結合角は90°である．角度の値を改善するには少なくともOの2s軌道を考慮する必要がある（p.330）．

(a) N⁻ — H H H⁺
(b) N²⁻ — H H⁺ H⁺
(c) N³⁻ — H⁺ H⁺ H⁺
(d) N⁺ — H H H⁻
(e) N²⁺ — H H⁻ H⁻
(f) N³⁺ — H⁻ H⁻ H⁻

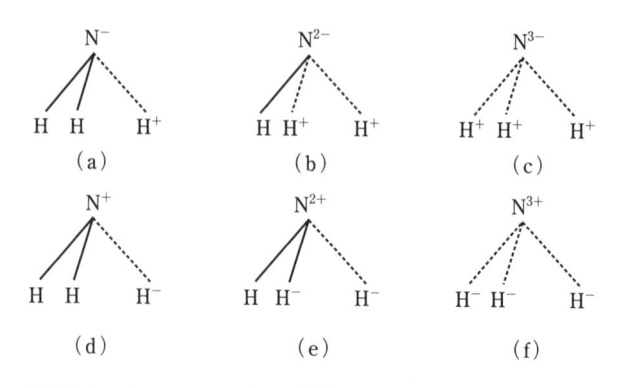

**図 13・4** アンモニアのイオン構造．(a), (b), (d), (e) には同等な構造が他に2個ずつある．

$$\Psi = \sum_i c_i \Psi_i \tag{13・1・2}$$

で与えられる．変分法により係数 $c_i$ を定めるために永年方程式

$$|H_{ij} - ES_{ij}| = 0 \tag{13・1・3}$$

を解いて，エネルギー固有値 $E_1, E_2, \cdots$ を求める (この手続きは p. 277 の CI 計算や p. 288 の MO 計算の場合と同様である)．このとき最低固有値 $E_1$ に対応する状態が基底状態である．ところで，分子が大きくなると (13・1・2) に取り入れるべき構造の数は加速度的に増加する．例えば比較的簡単な分子である $NH_3$ の場合でも，共有結合構造1個，イオン構造14個がある (図 13・4)[1]．また永年方程式 (13・1・3) に含まれる $H_{ij}, S_{ij}$ は各構造の関数 $\Psi_i, \Psi_j$ 間の積分であるから，MO 法の場合 (AO 間の積分に還元される) に比べてはるかに複雑になる．さらにコンピューターを用いて計算する場合，種々の構造を選び出すプログラミングも容易ではない．このような理由で VB 法による定量的計算は実用的ではないのである．現在多原子分子の形は MO 法を用いてよい精度で得られる．これについては下巻 20 章以下に例をあげて説明する．

以上のように VB 法と MO 法には一長一短があるので，両者の中間の取り扱いが望ましいことになるが，それには**局在分子軌道** (localized molecular

---

[1] この他に N〜H／H—H などの結合形式も考えられる．

orbital) の方法が使われる．その単純な例を次に示す[1]．

水の場合，(13・1・1) のように完全に非局在化した MO を用いる代わりに，VB 法で $p_x$ と $s_h$ が電子対をつくっていることに対応して，局在 MO の結合軌道

$$\varphi(\mathrm{I}) \propto p_x + \lambda s_h \qquad (13\cdot1\cdot4)$$

を，同様に $p_y$ と $s_{h'}$ から

$$\varphi(\mathrm{II}) \propto p_y + \lambda s_{h'} \qquad (13\cdot1\cdot5)$$

をつくる（図 13・5）．その後で (13・1・1) の代わりに一次結合

$$\psi = c_1 \varphi(\mathrm{I}) + c_2 \varphi(\mathrm{II}) + c_3 p_z$$

をとるのである．$p_z$ は $\varphi(\mathrm{I}), \varphi(\mathrm{II})$ と対称性が違うので（$p_z$ は分子面に関し反対称，$\varphi(\mathrm{I}), \varphi(\mathrm{II})$ は対称），$p_z$ と $\varphi(\mathrm{I}), \varphi(\mathrm{II})$ は相互作用しない（MO の係数 $c_i$ を決めるための永年方程式の対応する非対角要素が 0 になる．pp. 279-280 参照）．また図 13・5 からわかるように $\varphi(\mathrm{I})$ と $\varphi(\mathrm{II})$ の重なりが小さいので，それらの間の相互作用も第 1 次近似では無視できる[2]．このように考えると $\varphi(\mathrm{I}), \varphi(\mathrm{II}), p_z$ はそれぞれ独立になり，水の基底状態の電子構造は近似的に

$$\mathrm{O}(1s)^2(2s)^2(2p_z)^2[\mathrm{O}(2p_x) + \lambda \mathrm{H}(1s)]^2[\mathrm{O}(2p_y) + \lambda \mathrm{H}'(1s)]^2$$

と表すことができるであろう．または $\varphi(\mathrm{I}), \varphi(\mathrm{II})$ は結合軸のまわりで対称性

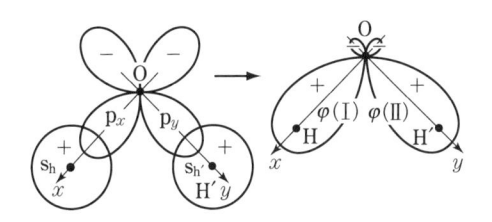

図 13・5　$p_x$ と $s_h$, $p_y$ と $s_{h'}$ からの局在分子軌道 $\varphi(\mathrm{I}), \varphi(\mathrm{II})$ の形成

---

1) 巻末参考書 (17) 参照
2) 厳密な局在化の手続きを行えば，局在分子軌道同士 (規格) 直交性を保つことができる（巻末参考書 (7) 参照）．ただし，表 13・2 に示すように，非局在分子軌道では各分子軌道が軌道エネルギーと対応するが，局在分子軌道ではそのような対応が失われる．

をもつので，2原子分子の対応する記号 $\sigma$ を用いて

$$O(1s)^2(2s)^2(2p_z)^2[O(2p) + \lambda H(1s), \sigma]^4$$

とも書ける．同様に $NH_3$ では

$$N(1s)^2(2s)^2[N(2p) + \lambda H(1s), \sigma]^6$$

となる．このような表現では，MO 法を用いたにもかかわらず，中心原子 O または N と H との結合が明瞭に表されるのである．

## §13·2 多原子分子の MO 法—水とアンモニア

水を例にして多原子分子の MO 関数を説明しよう．$H_2O$ の分子面を $yz$ 面として座標軸を図 13·6 (a) のようにとるものとする（図 13·2 とは座標軸の方向が異なっていることに注意されたい）．MO は O の $1s, 2s, 2p_x, 2p_y, 2p_z$ AO および二つの H の 1s AO, $s_h, s_{h'}$ から構成されるとする．ただし $s_h, s_{h'}$ の代わりにそれらの互いに独立な一次結合

$$\left. \begin{array}{l} h_1 = \dfrac{1}{\sqrt{2}}(s_h + s_{h'}) \\ h_2 = \dfrac{1}{\sqrt{2}}(s_h - s_{h'}) \end{array} \right\} \quad (13\cdot 2\cdot 1)$$

を用いてもよい．ここで $h_1$ は $zx$ 面での鏡映に関して対称，$h_2$ は反対称な関数である．なお $h_1, h_2$ のどちらも $yz$ 面での鏡映に関しては対称である．O の AO についても対称性を調べると表 13·1 に示す結果が得られる（図 13·6 (b) 参照）．表で $a_1, b_2, b_1$ は群論 (group theory) で用いる対称性の記号である．さて MO を

$$\psi = c_1 1s + c_2 2s + c_3 2p_z + c_4 h_1 + c_5 2p_y + c_6 h_2 + c_7 2p_x \quad (13\cdot 2\cdot 2)$$

とすると，MO の係数 $c_i$ とエネルギー $\varepsilon$ は

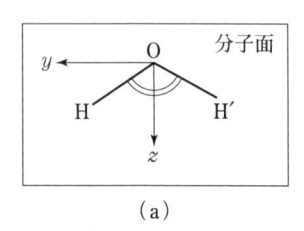

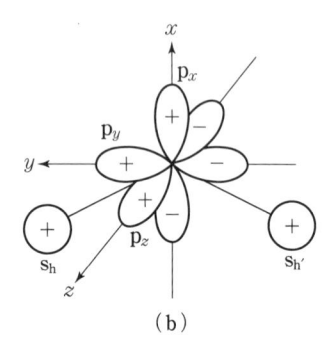

図 13·6　水．(a) 座標，(b) 原子軌道

§13・2 多原子分子のMO法—水とアンモニア

**表 13・1** AO の対称性

| $a_1 \begin{pmatrix} yz \text{ 面に関し対称} \\ xz \quad 〃 \end{pmatrix}$ | $b_2 \begin{pmatrix} yz \text{ 面に関し対称} \\ xz \quad 〃 \quad \text{反対称} \end{pmatrix}$ | $b_1 \begin{pmatrix} yz \text{ 面に関し反対称} \\ xz \quad 〃 \quad \text{対称} \end{pmatrix}$ |
|---|---|---|
| 1s | $2p_y$ | $2p_x$ |
| 2s | $h_2$ | |
| $2p_z$ | | |
| $h_1$ | | |

$$\sum_i (h_{ij} - \varepsilon S_{ij}) c_j = 0 \qquad (13\cdot2\cdot3)$$

$$|h_{ij} - \varepsilon S_{ij}| = 0 \qquad (13\cdot2\cdot4)$$

で決まる (p. 288 (12・1・10), (12・1・12)). 上式において対称性の異なった AO 間では $h_{ij}, S_{ij}$ が 0 になるので (pp. 279-280 および p. 306 図 12・16 参照), 永年方程式 (13・2・4) は

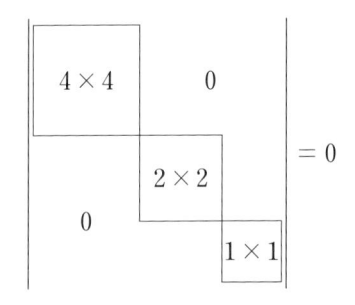

$$\begin{vmatrix} 4\times 4 & 0 & \\ & 2\times 2 & \\ 0 & & 1\times 1 \end{vmatrix} = 0$$

の形に簡約される. また 1 次方程式 (13・2・3) は 4 元, 2 元および 1 元の方程式になる. 例えば $2p_x$ の関与する部分は

$$|h_{77} - \varepsilon S_{77}| = 0, \qquad (h_{77} - \varepsilon S_{77}) c_7 = 0$$

である. これらの式から $\varepsilon = h_{77}$ ($S_{77}$ は同じ原子の AO 間の重なり積分であるから 1), $\psi = c_7 2p_x$, 規格化して $\psi = 2p_x$ を得る. すなわち $2p_x$ は単独で MO 軌道を構成する. 同様に他の AO も対称性の等しい軌道間でしか混じらないのである. 以上のように軌道の対称性を考慮すると MO 計算が簡単になるし, 結果の見通しもつけやすい. ただし $H_2O$ のように簡単な対称性をもつ分子では上のように直観的な方法が使えるが, 高次の対称性をもつ分子 (例えば $CH_4$) を取り扱う際には群論の助けを借りなければならない. 群論については

表 13・2 水の SCF MO ($\psi_i$)[a]

| 対称性[b] | MO エネルギー ($\varepsilon_i$) | \multicolumn{7}{c}{LCAO の係数 ($c_i$)} |||||||
|---|---|---|---|---|---|---|---|---|
| | | 1s | 2s | $2p_z$ | $h_1$ | $2p_y$ | $h_2$ | $2p_x$ |
| $1b_1$ | $-11.8$ eV | — | — | — | — | — | — | 1 |
| $3a_1$ | $-13.2$ | $-0.026$ | $-0.461$ | $0.827$ | $0.393$ | — | — | — |
| $1b_2$ | $-18.6$ | — | — | — | — | $0.543$ | $0.613$ | — |
| $2a_1$ | $-36.2$ | $-0.029$ | $0.845$ | $0.133$ | $0.208$ | — | — | — |
| $1a_1$ | $-557.3$ | $-1.0002$[c] | $-0.0163$ | $-0.0024$ | $0.0039$ | — | — | — |

a) F. O. Ellison and H. Shull, *J. Chem. Phys.*, **23**, 2348 (1955).
b) 同じ対称性の軌道については下から順に $1a_1, 2a_1, \cdots$ などと番号をつける.
c) AO の係数が1を越えているのは重なり積分を考慮したためである.

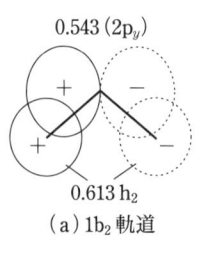

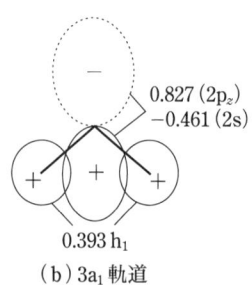

$0.543\ (2p_y)$
$0.613\ h_2$
(a) $1b_2$ 軌道

$0.827\ (2p_z)$
$-0.461\ (2s)$
$0.393\ h_1$
(b) $3a_1$ 軌道

図 13・7 水の分子軌道. (a) $1b_2$ 軌道, (b) $3a_1$ 軌道. $3a_1$ 軌道では $O_{1s}$ AO のわずかな寄与を省略.

下巻 17 章で述べる.

表 13・2 に水の MO の計算結果の一例を示す. この計算は AO に Slater 軌道 (p. 207 (10・2・4)) を用い SCF の方法[1] により行われた. なお計算に際して OH 原子間隔と HOH 結合角の実測値を用いている. 基底状態では $H_2O$ の 12 個の電子が表の各軌道を 2 個ずつ占めるから, 電子配置は

$$(1a_1)^2 (2a_1)^2 (1b_2)^2 (3a_1)^2 (1b_1)^2$$

となる. 表からわかるように $1a_1$ 軌道は主に O の 1s AO である. $2a_1$ 軌道も若干の $h_1, 2p_z$ を含む他はほとんど 2s AO よりなる. $1b_2$ は $2p_y$ と $h_2$ の結合性軌道である (図 13・7 (a)). $3a_1$ では 2s と $2p_z$ からなる軌道が $h_1$ と結合性軌道を形成する (図 13・7 (b)). 最後に, $1b_1$ は前述したとおり純粋の $2p_x$ AO である. $2p_x$ AO は他の AO と結合しないので占有軌道のうち最もエネルギーが高い. 図 13・8 に水の MO 軌道の実際の等高線図を示す.

---

1) SCF 法では永年方程式の各項は (13・2・4) より複雑になるが, 対称性による永年方程式の簡約は同様に行うことができる.

§13・2 多原子分子のMO法—水とアンモニア

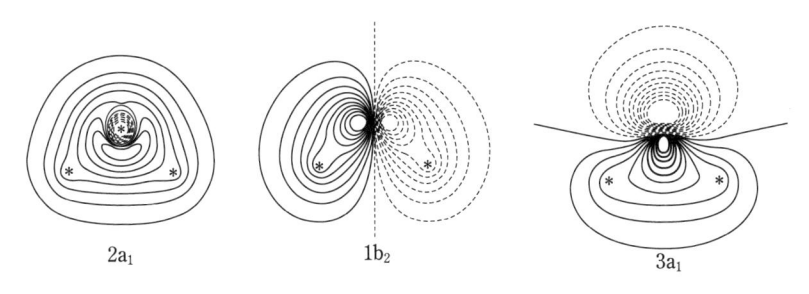

2a₁　　　1b₂　　　3a₁

**図 13・8** 水の分子軌道の等高線図（分子面での切口）．実線は ＋，点線は － 符号である．＊印は原子核の位置を示す (T. H. Dunnig, R. M. Pitzer and S. Aung, *J. Chem. Phys.*, **57**, 5044 (1972))．

さて上のMOエネルギーを実測値と比較するにはどのような実験を行えばよいであろうか．それには各占有軌道から電子を1個取り去るのに必要なエネルギー（各軌道のイオン化ポテンシャル，またはイオン化エネルギー）を求めればよい．最高被占軌道から電子を1個取り去るのに必要なエネルギーを第1イオン化ポテンシャルといい，以下順に第2, 第3, … イオン化ポテンシャルという．各占有軌道のエネルギーを上から順に $\varepsilon_1, \varepsilon_2, \cdots$ とすれば，$i$ 番目のイオン化ポテンシャルは

$$IP_i = -\varepsilon_i \tag{13・2・5}$$

となる．これを **Koopmans の定理**[1]という．さて $IP_i$ を求めるには最近では**光電子分光法** (photoelectron spectroscopy) が使われる．いま十分エネルギーの大きい光を分子に照射するとイオン化によって電子が放出される．電子の質量はイオンのそれに比べて十分小さいので，イオン化の際イオンは静止したままで余分のエネルギーはすべて電子の運動エネルギーになると考えてよい．したがって電子の運動エネルギー $E_i$ と $IP_i$ の間には

---

[1] 電子が無限遠にある状態がMOエネルギーの0点になっているからこの定理が成立する．ただしイオン化状態では電子が1個失われるので，残った電子の分布は基底状態（電荷0）のそれとは異なってくる（MOが変わる）．またイオン化状態と基底状態では電子相関のエネルギー (p. 183) が異なる（基底状態の方が電子数が多いので相関エネルギーによる安定化は基底状態の方が大きい）．(13・2・5)はこれらの効果を無視したときに正しい．詳細は下巻§18・3で論じる．

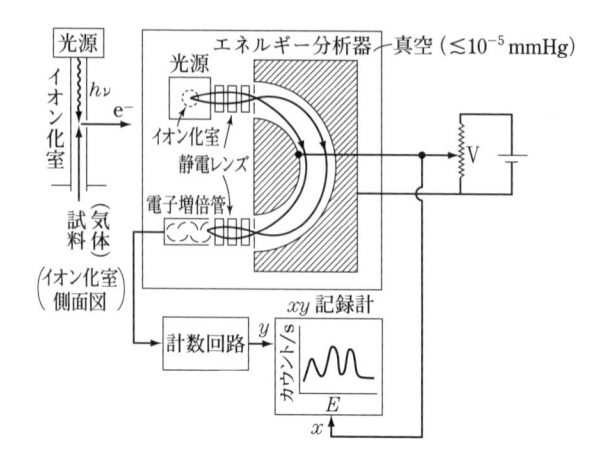

**図 13・9** 光電子分光装置の模式図．光照射により試料気体（圧力～$10^{-2}$ mmHg）はイオン化室で電子を放出する．電子はエネルギー分析器を通った後，電子増倍管（p.40 注の光電子増倍管と同じ原理ではたらく）と計数回路で観測される．エネルギー分析器の両極にかける電圧 $V$ と分析器の出口スリットに収束する電子の運動エネルギー $E$ との間には直線関係があるので，$V$ を $xy$ 記録計の $x$ 軸に入れる．$y$ 方向には1秒間あたり観測される電子数を記録する．

$$E_i = h\nu - IP_i \qquad (13\cdot2\cdot6)$$

が成立する．ゆえに一定エネルギー $h\nu$ の光を試料に照射して放出される電子の運動エネルギー分布—これを**光電子スペクトル**（photoelectron spectrum）という—を測定すれば $IP_i$ が得られるのである．光電子分光装置の模式図を図 13・9 に示す．

図 13・10 に Al $K_a$ 線（1253.6 eV）[1] を光源とする水の光電子スペクトルを示す．横軸は実測の運動エネルギー $E$ と，$E$ から (13・2・6) により求めたイオン化ポテンシャル $IP$ により与えられている．図の五つのピークは表 13・2 の各

---

[1] 特性 X 線を光源とする光電子分光を X 線光電子分光または **XPS**（X-ray Photoelectron Spectroscopy）という．またスペクトルからの情報は化学分析にも応用できるので **ESCA**（Electron Spectroscopy for Chemical Analysis）とも呼ばれる．

## §13・2 多原子分子のMO法—水とアンモニア

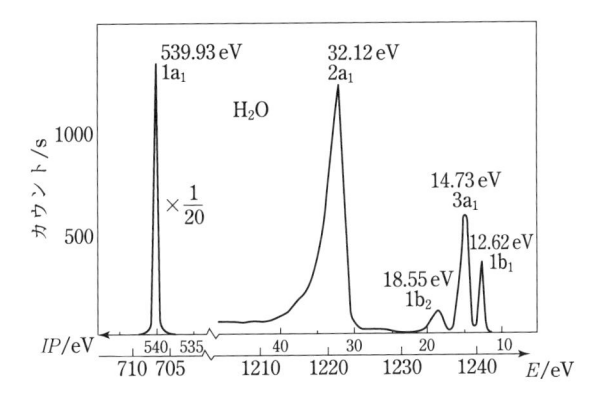

**図 13・10** 水の Al K$_\alpha$ 線 (1253.6 eV) による光電子スペクトル
(K. Siegbahn, *J. Elec. Sp.*, **5**, 3 (1974))

軌道からのイオン化によって生じたものである．ピークの上に $IP_i$ の値を記した．これらの値と表の $\varepsilon_i$ の値を比較すると，Koopmans の定理 (13・2・5) がほぼ成立していることがわかる．He I 共鳴線 (21.22 eV, He(1s)(2p), $^1P_1 \rightarrow$ (1s)$^2$, $^1S_0$ 遷移に基づく)[1] による水のスペクトルを図 13・11 に示す．この場合は光エネルギーが小さいので，上の三つの被占軌道からの電子だけが観測される ($I > h\nu$ の電子は放出されない)．各ピークに微細構造が見出されるが，これはイオン化状態で分子振動も励起されるからである (図 13・12)[2]．

一般にイオン化状態で分子が変形する場合には，その変形に関連した分子振動の長い系列を伴うことが知られている．例えば水の $3a_1$ 軌道は図 13・7 (b) からわかるように H…H 間の結合性軌道 (H…H 間で三つの関数分布が同符号で重なっている) であり，この軌道から電子が失われると H…H の結合が弱くなって $H_2O^+$ は直線状になる．図 13・11 の $3a_1$ バンドの長い振動系列はこの

---

1) He I 共鳴線の他，He II 共鳴線 (40.80 eV) や他の希ガスの共鳴線も用いられる．これらの光源による光電子分光を XPS に対し紫外光電子分光または **UPS** (Ultraviolet Photoelectron Spectroscopy) という．
2) X 線のエネルギーは自然幅 (~1 eV) をもつので，振動構造 (~0.1 eV) は分離されない．

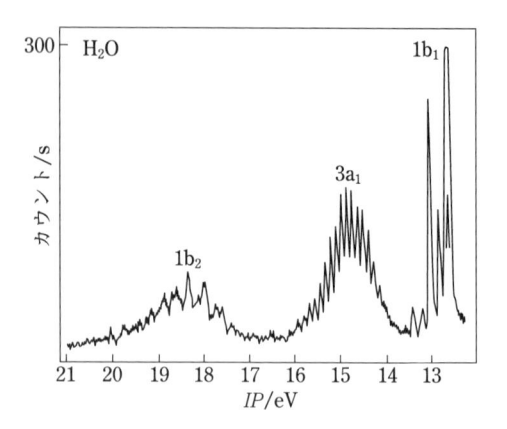

図 13·11 水の He I 共鳴線 (21.22 eV) による光電子スペクトル (D. W. Turner et al., Molecular Photoelectron Spectroscopy, Wiley-Interscience (1970))

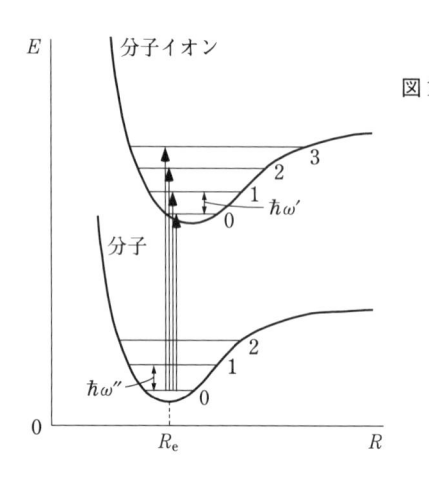

図 13·12 イオン化に伴う振動構造. 図 12·10 の説明でも述べたとおり, 分子内の原子の振動状態は量子化されている. 分子と分子イオンの振動エネルギーをそれぞれ $E''_{vib} = (n'' + 1)\hbar\omega''$ ($n'' = 0, 1, 2, \cdots$), $E'_{vib} = (n' + 1)\hbar\omega'$ ($n' = 0, 1, 2, \cdots$) とする. 基底状態の分子は振動の 0 状態にある. したがってイオン化に伴って, $n'' \to n'$ が $0 \to 0, 0 \to 1, 0 \to 2, \cdots$ の遷移 (間隔 $\hbar\omega'$) が観測される.

分子変形に関連した $H_2O^+$ の変角振動のためである. これに対し $1b_1$ 軌道は $2p_x$ AO だけからなり, 非結合性であるから, 電子が失われても分子はほとんど変形しない. このため $1b_1$ バンドは振動構造が少ない. このように紫外光源による光電子スペクトルは MO の性質も反映するのである.

SCF MO 計算の一例[1] によるとアンモニアの最高被占軌道は

---
1) H. Kaplan, *J. Chem. Phys.*, **26**, 107 (1957).

## §13・2 多原子分子のMO法—水とアンモニア

$$\psi_{3a_1} = 0.0257(1s) - 0.4418(2s) + 0.8956(2p_z) - 0.2582\,h \quad (13\cdot2\cdot7)$$

である．ただし分子の対称軸が$z$軸，$1s, 2s, 2p_z$はNのAO，hは三つのHの1s AOの一次結合

$$h = \frac{1}{\sqrt{3}}(s_h + s_{h'} + s_{h''})$$

である（1s AO間の重なり積分は省略）（図13・13）．$1s, 2s, 2p_z$ およびhはアンモニアの分子構造の対称性をすべてもっている—全対称である—ことに注意されたい．すなわち$\psi_{3a_1}$は全対称の関数の一次結合である[1]．(13・2・7) によるとNH$_3$の最高被占軌道は主に$2s, 2p_z, h$からなり，

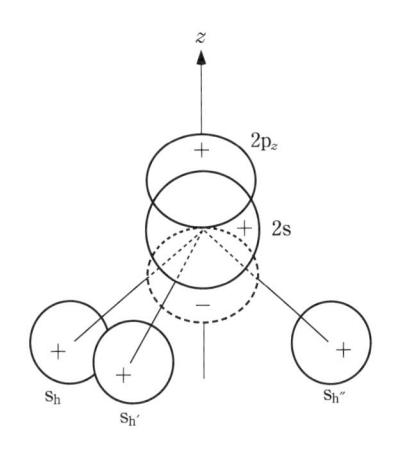

図 13・13 アンモニアの原子軌道

その軌道の形は図13・14 (a) のように示される．電子分布の一部はNから見てHと逆の方向に伸びている．この軌道にある2個の電子は古典的な結合論における孤立電子対に相当する（図13・14 (b)）．しかし純粋な孤立電子対とは異なり，図13・14 (a) によると，水の$3a_1$軌道（図13・7 (b)）の場合と同様に，三つのHとの間に結合性があることがわかる．したがってこの軌道の電子が1個Nの3s軌道（最低空軌道）に励起されると分子が平面構造をとるのである（p. 325 参照）．もちろんこの軌道の電子のイオン化によって生じる分子イオンも平面形である．このときは分子の変形に伴ってNH$_3$の変角振動が励起され，光電子スペクトルにその長い振動系列が現れる（図13・15）．

光子の代わりに寿命の長い励起原子（準安定励起原子）を物質に衝突させたときも電子が放出される．例えば，1s電子が1個2s軌道に励起された3重項のHe(1s 2s, $2^3$S)は励起エネルギー 19.82 eV，寿命 $9.0 \times 10^3$ s をもつ．He$^*$を分子Mに衝突させると，Mの被占軌道$\phi_i$から電子が1個He$^*$の1s軌道

---

[1] 水の$a_1$ MOも全対称の関数$1s, 2s, 2p_z, h_1$の一次結合である．

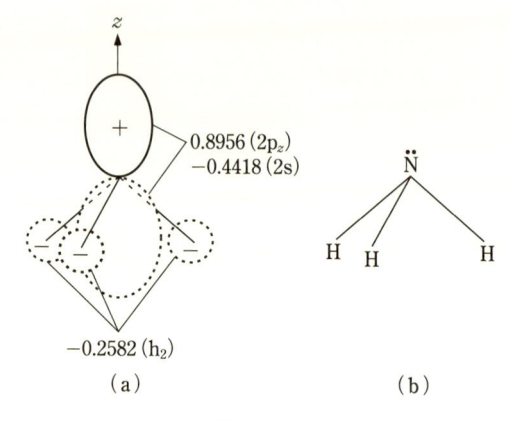

図13·14 アンモニアの最高被占軌道.(a) $3a_1$ 軌道の模式図,(1s) の寄与は省略,(b) (a) に相当する古典的な孤立電子対

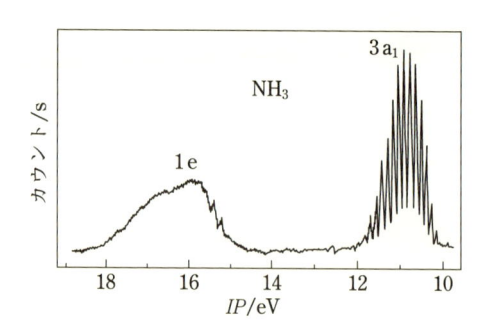

図13·15 アンモニアの He I 光電子スペクトル.$3a_1$ は本文で述べた最高被占軌道からのイオン化による.1e は $2p_x$ と h′ および $2p_y$ と h″ よりなる 2 重縮重軌道からのイオン化による.ただし h′ は $2p_x$ と,h″ は $2p_y$ と同じ対称性の H の 1s の一次結合 (A. W. Potts, and W. C. Price, *Proc. Roy. Soc.*, **A 326**, 181 (1972))

に移り,同時に He* の 2s 電子が外部に放出される.すなわち

$$M(\cdots\phi_i^2\cdots) + He^*(1s\,2s) \to M^+(\cdots\phi_i\cdots) + He(1s^2) + e^-$$

このイオン化過程は Penning によって発見されたので,この過程で放出する電

子の運動エネルギー分布を測定して得られるスペクトルを**ペニングイオン化電子スペクトル** (Penning ionization electron spectrum, PIES) という．ところで，He* は光子と異なり，分子の表面 (van der Waals 面[1]) までしか近づけない．したがって，分子表面から外側にしみ出した軌道の電子は He* の 1s 軌道に移りやすく，PIES において強いバンドを与える．これに反し，分子表面の内側に分布した軌道の電子は弱いバンドとなる．このようにして，PIES の強度分布を解析すると被占軌道の空間分布に関する情報が得られる．また，励起原子は光子と異なり固体内部に進入しないので，PIES によって固体表面最外層の電子状態が選択的に観測される[2]．

## §13·3 sp³ 混成

§13·1 では炭素化合物の原子価について述べなかった．炭素原子は基底状態において $(1s)^2(2s)^2(2p)^2$ ³P の原子配置をもつ．したがって，この状態では 2 価のはずである．しかし炭素は通常 4 価の原子価をもち，$CH_4$ の例では四つの結合がすべて同等である．この事実をどのように説明したらよいであろうか．

まず炭素の原子価を 4 価にするには 2s 軌道にある電子を 1 個 2p 軌道に上げて—これを**昇位** (promotion) という—$(1s)^2(2s)(2p_x)(2p_y)(2p_z)$ ⁵S の電子配置にすればよい (図 13·16)．このために必要なエネルギーは約 400 kJ mol⁻¹ と見積もられている

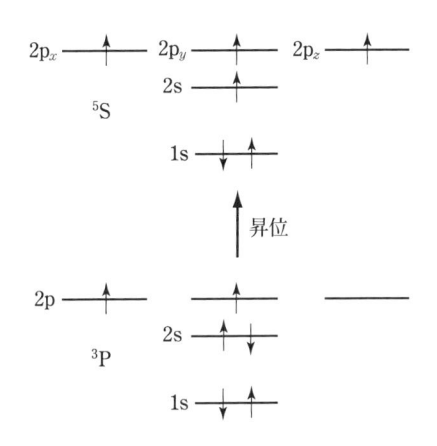

図 13·16 炭素原子の昇位．昇位後の電子配置は $L=0$, $S=2$ であるから ⁵S となる．

---
1) 原子の van der Waals (ファン・デル・ワールス) 半径から構成される面．
2) 原田義也，大野公一 他，小特集「準安定励起原子利用研究」真空, **48**, 397 (2005) 参照．

が，このエネルギーが新しい結合を生じることによって補償されればよいのである．ところで $^5S$ 状態のままでは四つの結合は同等ではない．三つの結合に 2p 電子，残りの一つの結合に 2s 電子が使われるからである．四つの等価な結合を得るには，次に述べるように 2s 軌道と 2p 軌道を混合した軌道—**混成軌道** (hybridized orbital)—をつくる必要がある．

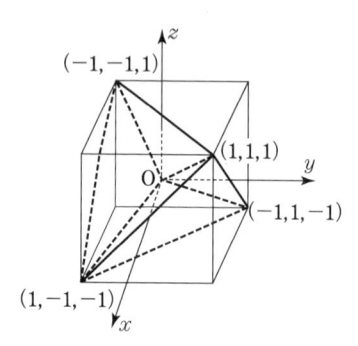

図 13・17 メタンにおける CH 結合の方向．原点に炭素原子，$(1,1,1)$, $(1,-1,-1)$, $(-1,1,-1)$ および $(-1,-1,1)$ に H があるとする．

$CH_4$ では四つの同等の結合が正 4 面体の頂点に向かい，結合角が 109.47° になることはよく知られている．いまこの正 4 面体を包む立方体を考え，座標の原点を立方体の中心に，座標軸を図 13・17 のようにとるものとする．立方体の一辺を 2 とすれば，炭素は原点にあり，水素は立方体の四つの頂点 $(1,1,1)$, $(1,-1,-1)$, $(-1,1,-1)$, $(-1,-1,1)$ にあることになる．原点から $(1,1,1)$ 方向に向かう混成軌道 $\varphi(1,1,1)$ を C の 2s, $2p_x$, $2p_y$, $2p_z$ (以後 s, $p_x$, $p_y$, $p_z$ と記す) の一次結合でつくるものとすれば，対称性から考えて $p_x, p_y, p_z$ は $\varphi(1,1,1)$ に同等に寄与しなければならない．ゆえに

$$\varphi(1,1,1) = c_1 s + c_2(p_x + p_y + p_z) \qquad (13 \cdot 3 \cdot 1)$$

となる．これを規格化すれば，

$$\int \varphi^2(1,1,1)\, dv = c_1^2 + 3c_2^2 = 1 \qquad (13 \cdot 3 \cdot 2)$$

が得られる．ただし s, $p_x, p_y, p_z$ は C の AO であるからすでに規格化されており，また互いに直交していることを用いた．次に $(1,-1,-1)$ 方向の軌道 $\varphi(1,-1,-1)$ は $\varphi(1,1,1)$ と同等で方向だけが異なっているはずである．$(13 \cdot 3 \cdot 1)$ から対称性を考慮して

$$\varphi(1,-1,-1) = c_1 s + c_2(p_x - p_y - p_z) \qquad (13 \cdot 3 \cdot 3)$$

を得る．ところで $\varphi(1,1,1)$ と $\varphi(1,-1,-1)$ は互いに直交しなければならな

## §13・3 sp³ 混成

い．もし直交していないとすれば互いに独立な軌道でなくなり，二つの水素原子と別々の電子対を形成することができない．この直交条件より

$$\int \varphi(1,1,1)\, \varphi(1,-1,-1)\, dv = c_1{}^2 - c_2{}^2 = 0$$
$$\therefore \quad c_1 = c_2 \tag{13・3・4}$$

を得る．ただし $c_1 = -c_2$ とすると $\varphi(1,1,1)$ は $(-1,-1,-1)$ 方向に伸びた軌道になるので $c_1 = c_2$ の方を採用した．(13・3・2), (13・3・4) より

$$4c_1{}^2 = 1 \qquad c_1 = c_2 = \frac{1}{2}$$

が得られる（$c_1 = c_2 = -1/2$ でもよいが，このときは $\varphi$ の符号が異なるだけであるから結果は同じ——$|\varphi|^2$ は同じ——である）．$\varphi(-1,1,-1)$, $\varphi(-1,-1,1)$ についても同様であるから

$$\left.\begin{aligned}
\varphi(1,1,1) &= \frac{1}{2}(s + p_x + p_y + p_z) \\
\varphi(1,-1,-1) &= \frac{1}{2}(s + p_x - p_y - p_z) \\
\varphi(-1,1,-1) &= \frac{1}{2}(s - p_x + p_y - p_z) \\
\varphi(-1,-1,1) &= \frac{1}{2}(s - p_x - p_y + p_z)
\end{aligned}\right\} \tag{13・3・5}$$

が得られる．なお上の四つの軌道は互いに直交していることは明らかであろう．これらの軌道を形成するのに使われた AO の相対的な比は，係数の 2 乗によって与えられる．(13・3・5) によると各軌道とも s, $p_x$, $p_y$, $p_z$ の係数の 2 乗は 1/4 で，これらの AO が各混成軌道に等しく寄与していることがわかる．または $p_x, p_y, p_z$ をまとめて，各軌道は 1/4 の s 性と 3/4 の p 性をもつと表現することもできよう．以上の混成は s 軌道と三つの p 軌道よりなるので **sp³ 混成**という．

次に sp³ 混成軌道関数の性質を調べてみよう．

$$\varphi(1,1,1) = \frac{1}{2}\mathrm{s} + \frac{1}{2}(\mathrm{p}_x + \mathrm{p}_y + \mathrm{p}_z) \qquad (13\cdot3\cdot6)$$

において,
$$\mathrm{p}_x = R(r)\,Y_{\mathrm{p}x}(\theta,\varphi) \propto R(r)(x/r)$$
であるから (p. 128 (6·2·2)), $\mathrm{p}_x = xf(r)$ と書ける. $\mathrm{p}_y, \mathrm{p}_z$ についても同様で
$$\mathrm{p}_x + \mathrm{p}_y + \mathrm{p}_z = (x+y+z)f(r) \qquad (13\cdot3\cdot7)$$
を得る. さて原点から $(1,1,1)$ 方向に座標 $t$ をとり, この方向に向いた 2p 関数を $\mathrm{p}_t$ とすると, $\mathrm{p}_x = xf(r)$ の場合と同様に
$$\mathrm{p}_t = tf(r) \qquad (13\cdot3\cdot8)$$
である (図 13·18). $x, y, z$ と $t$ の関係

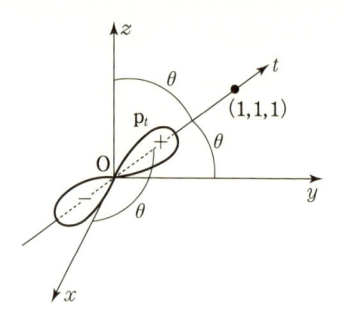

図 13·18 $(1,1,1)$ 方向の p 軌道, $\mathrm{p}_t$

$$x = t\cos\theta,\ y = t\cos\theta,\ z = t\cos\theta,\ \cos\theta = \frac{1}{\sqrt{3}}$$

を (13·3·7) に代入し, (13·3·8) を考慮すると

$$\mathrm{p}_x + \mathrm{p}_y + \mathrm{p}_z = \sqrt{3}\,tf(r) = \sqrt{3}\,\mathrm{p}_t$$

となる. これを (13·3·6) に代入して

$$\varphi(1,1,1) = \frac{1}{2}\mathrm{s} + \frac{\sqrt{3}}{2}\mathrm{p}_t \qquad (13\cdot3\cdot9)$$

を得る. すなわち $(1,1,1)$ 方向の sp³ 混成軌道は 2s とこの方向の 2p 軌道からなることがわかる. 他の方向の混成軌道についても同様である. (13·3·9) から

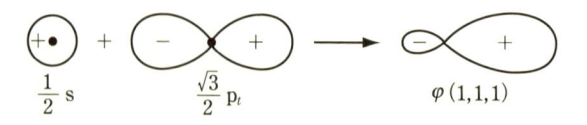

図 13·19 s と $\mathrm{p}_t$ 軌道からの混成軌道の形成

軌道の模式図を描くと図13·19のようになる．図から，混成軌道は単なるp軌道よりも指向性が強く，結合する相手の原子のAOとよく重なるので強い結合をつくることがわかる．混成軌道の等高線図を図13·20に示す．

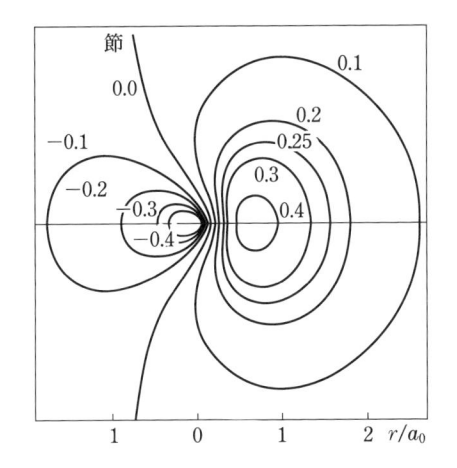

**図 13·20** $sp^3$ 混成軌道の等高線図（断面図）．巻末参考書 (17)．

[**例題 13·1**] 図に示すように $t$ 方向のp軌道関数 $p_t$ は，ベクトルと同様に，その成分のp関数 $p_x, p_y$ に分けられて

$$p_t = p_x \cos\theta + p_y \sin\theta \quad (1)$$

が成立することを示せ．

[**解**] $t$ と $x, y$ の間には

$$t = x\cos\theta + y\sin\theta$$

が成立する．上式と (13·3·8) より

$$p_t = tf(r) = xf(r)\cos\theta + yf(r)\sin\theta$$

$$\therefore \quad p_t = p_x \cos\theta + p_y \sin\theta$$

## §13·4　$sp^2$ 混成と sp 混成

前節ではメタンで代表される炭素の四面体形結合について述べたが，この節ではエチレン（エテン）とアセチレン（エチン）の結合について記そう．

まずエチレンでは各原子は一平面上にあり，結合角はすべて約 $120°$ である．

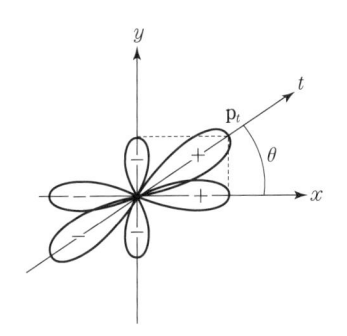

いま，一方の C を中心として結合の方向 1, 2, 3 と座標軸を図 13·21 のようにとるものとする．sp³ 混成軌道からの類推により，$x$ 軸方向の混成軌道 $\varphi(1)$ は図に示したような形になり，これと同等な軌道 $\varphi(2), \varphi(3)$ が 2 および 3 方向に存在すると考えられる．ところで，C の 2s, $2p_x, 2p_y, 2p_z$ AO のうち，$2p_z$ AO は結合面（$xy$ 面）と直角の方向に分布しており，この面に節をもつので混成に関与しないとしてよい．そこで 2s, $2p_x, 2p_y$ の混成を考える．このとき前節と同様な考察から各混成軌道は 1/3 の s 性と 2/3 の p 性をもつはずである．$\varphi(1)$ 軌道は $x$ 軸の方向に伸びているので，これと直角の方向に分布した $p_y$ 軌道から寄与はないと考えられる．よって，2s から 1/3，$2p_x$ から 2/3 の寄与を考慮して

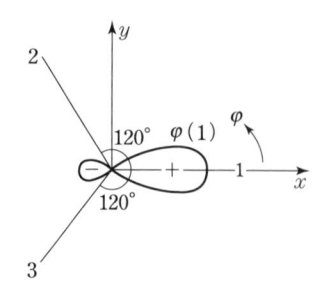

**図 13·21** sp² 混成軌道の一つ

$$\varphi(1) = \sqrt{\frac{1}{3}}\text{s} + \sqrt{\frac{2}{3}}\text{p}_x \tag{13·4·1}$$

を得る．$\varphi(2), \varphi(3)$ 軌道は $\varphi(1)$ を $z$ 軸のまわりに $\pm 120°$ 回転すれば得られる．(13·4·1) において s 軌道は球対称であるから回転しても同じである．$p_x$ については，それを $xf(r)$ で表し，球面座標 $(r, \theta, \varphi)$ を用いると

$$\begin{aligned}
\text{p}_x = xf(r) &= rf(r)\sin\theta\cos\varphi \\
&\xrightarrow{\substack{z\text{ 軸のまわりの}\\ \pm 2\pi/3 \text{の回転}}} rf(r)\sin\theta\cos\left(\varphi \mp \frac{2\pi}{3}\right) \\
&= rf(r)\sin\theta\left(\cos\varphi\cos\frac{2\pi}{3} \pm \sin\varphi\sin\frac{2\pi}{3}\right) \\
&= -\frac{1}{2}f(r)\,r\sin\theta\cos\varphi \pm \frac{\sqrt{3}}{2}f(r)\,r\sin\theta\sin\varphi \\
&= -\frac{1}{2}f(r)\,x \pm \frac{\sqrt{3}}{2}f(r)\,y \\
&= -\frac{1}{2}\text{p}_x \pm \frac{\sqrt{3}}{2}\text{p}_y
\end{aligned}$$

となる．よって

$$\left.\begin{array}{c}\varphi(2)\\ \varphi(3)\end{array}\right\} = \sqrt{\frac{1}{3}}\mathrm{s} + \sqrt{\frac{2}{3}}\left(-\frac{1}{2}\mathrm{p}_x \pm \frac{\sqrt{3}}{2}\mathrm{p}_y\right)$$

$\varphi(1)$ も含めて整理すると

$$\boxed{\begin{aligned}\varphi(1) &= \sqrt{\frac{1}{3}}\mathrm{s} + \sqrt{\frac{2}{3}}\mathrm{p}_x \\ \varphi(2) &= \sqrt{\frac{1}{3}}\mathrm{s} - \sqrt{\frac{1}{6}}\mathrm{p}_x + \sqrt{\frac{1}{2}}\mathrm{p}_y \\ \varphi(3) &= \sqrt{\frac{1}{3}}\mathrm{s} - \sqrt{\frac{1}{6}}\mathrm{p}_x - \sqrt{\frac{1}{2}}\mathrm{p}_y\end{aligned}} \qquad (13 \cdot 4 \cdot 2)$$

を得る．上の各軌道が互いに直交していることは容易に確かめられる．以上述べた混成を **$sp^2$ 混成** という．

$sp^2$ 混成軌道によるエチレンの結合を図 13・22 (a) に示す．各結合の電子分布は結合軸のまわりに対称であるから，**σ 結合** と呼ばれる．これに対し混成に加わらなかった C の $2\mathrm{p}_z$ AO は **π 結合** を形成する（図 13・22 (b) および p. 295 図 12・7 の $\pi_\mathrm{u}$ 軌道参照）．このようにして，CC 間には σ 結合と π 結合があるので，$\mathrm{H}_2\mathrm{C}=\mathrm{CH}_2$ という 2 重結合の式が妥当となる．π 結合が強くなるためには（π 結合により分子が安定化するためには）分子が平面形となり $\mathrm{p}_z$ AO ができるだけ重ならなければならない．このことからエチレン分子の平面構造が説

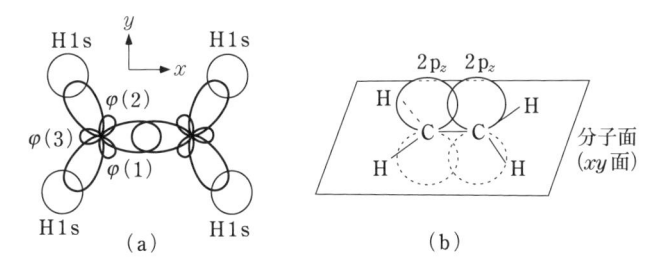

図 13・22 エチレンの結合．(a) σ 結合，(b) π 結合．$2\mathrm{p}_z$ AO は重なりを強調するため大きめに描いてある．

明される．なお π 結合は σ 結合に比べて電子雲の重なりが小さいので結合が弱い．また π 結合を形成する電子（π 軌道にある電子）は σ 結合の電子に比べて結合エネルギーによる安定化が小さいため励起されやすい（吸収スペクトルで長波長側の吸収の原因となる．光電子スペクトルでは低いイオン化ポテンシャルのところにピークを生じる）．π 結合に関与する電子を **π 電子** という．π 電子系については 14 章で詳しく述べる．

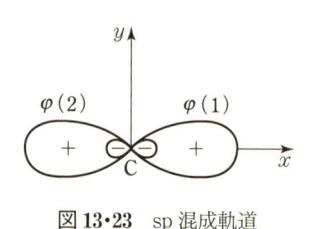

次にアセチレン分子の混成軌道を説明しよう．アセチレンは直線状である．図 13・23 に示すように一方の C を原点として結合軸の方向に $x$ 軸をとると，混成軌道 $\varphi(1), \varphi(2)$ には $p_y$ および $p_z$ は関与しないと考えてよい．したがって，直ちに

$$\varphi(1) = \frac{1}{\sqrt{2}}(s + p_x)$$

**図 13・23** sp 混成軌道

が得られる．またこれを $z$ 軸のまわりに 180° 回転して $\varphi(2)$ を得る．まとめて

$$\boxed{\begin{aligned}\varphi(1) &= \frac{1}{\sqrt{2}}(s + p_x) \\ \varphi(2) &= \frac{1}{\sqrt{2}}(s - p_x)\end{aligned}} \qquad (13\cdot4\cdot3)$$

である．これを **sp 混成** という．

sp 混成軌道によるアセチレンの σ 結合を図 13・24 に示す．混成に参加しなかった C の $2p_y$ および $2p_z$ AO は CC 間でそれぞれ π 結合を形成する．したがってアセチレンは HC≡CH と表されることになる．なおアセチレンの二つの π 結合を重ね合わせると，その電子分布は軸対称となる．これは分子軸からの距離を $l$ とすると $p_y$ および $p_z$ による電子分布の和 $p_y{}^2 + p_z{}^2 = y^2 f^2(r) + z^2 f^2(r) = l^2 f^2(r)$ であることからわかる．このためアセチレンは軸対称性をもつ．

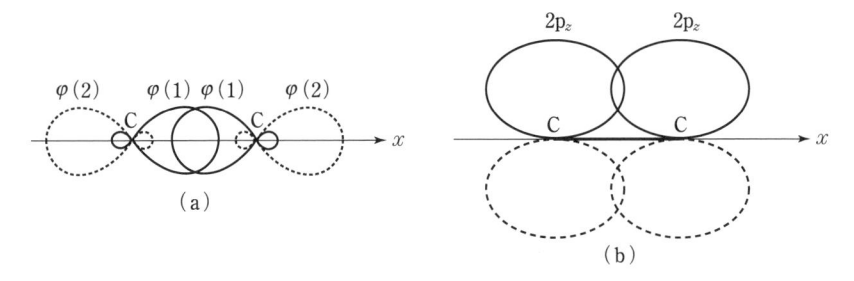

**図 13·24** アセチレンの C−C 結合. (a) σ 結合, (b) π 結合の一つ. π 結合はこの他に紙面に垂直に分布した $2p_y$ 軌道による結合もある. なお, $2p_z$ の分布は, 重なりを示すため, $\varphi(1)$, $\varphi(2)$ の分布に比べて大きく描かれている.

## §13·5 混成軌道の性質

§13·3 および §13·4 で 3 種類の混成軌道 $sp^3$, $sp^2$ および sp 軌道を説明した. いま結合の方向を $t$ とすると, これらの軌道は一般に

$$\varphi \propto s + \lambda p_t \tag{13·5·1}$$

の形に表すことができる. ただし (13·3·9), (13·4·2), (13·4·3) から, $\lambda$ の値は $sp^3$, $sp^2$, sp のそれぞれに対し $\sqrt{3}$, $\sqrt{2}$, 1 である. さて (13·5·1) のように s と p を混成させると電子の確率分布が結合の方向に伸びるので, 純粋の s または p の場合よりも結合が強くなると考えられる. それでは $\lambda$ がどのような値のとき, 最も結合が強くなるであろうか. 一般に二つの軌道の重なりが大きいほど, その間の結合が強い. そこで同じ混成軌道間の重なり積分 $S = \int \varphi_A \varphi_B \, dv$ の値を A, B 間 (距離を一定とする) の結合の強さの目やすに用いることにし, $\varphi$ の s 性 % $= 100/(1+\lambda^2)$ と $S$ の関係をグラフにすると図 13·25 が得られる. 図によると軌道が最もよく重なるのは sp 混成の付近であって, 結合の強さは sp, $sp^2$, $sp^3$ の順であると予想される. また混成軌道に比べて純 s または純 p の軌道は結合が弱いこともわかる. 表 13·3 の実測値はこれを裏づけるもので, sp, $sp^2$, $sp^3$, p の順に, C−H 結合間隔が増し, 結合エネルギーが減少していることがわかる.

以上述べた $sp^3$, $sp^2$ および sp 混成軌道による分子の形の説明は炭素化合物

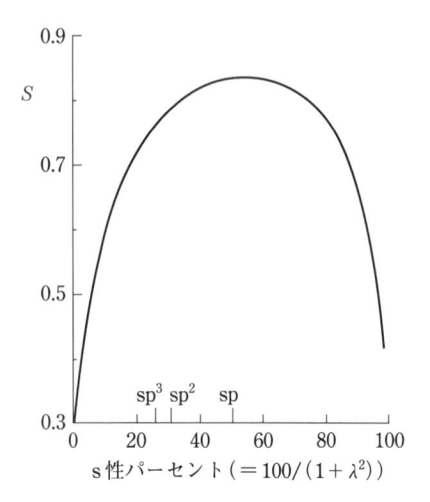

図 13・25 二つの同じ $s+\lambda p$ 混成軌道間の重なり積分 $S$（巻末参考書 (17)）

に限らず他の原子の化合物にも応用できる．例えば 14 族の元素 Si, Ge は 4 面体形の水素化物やハロゲン化物（$SiH_4, GeH_4, SiX_4$ など）をつくるが，これらの化合物の形は炭素の場合と同じく $sp^3$ 混成軌道で説明される．またアンモニウムイオン（$NH_4^+$）の 4 面体形についても同様である（$N^+$ は C と同じ電子配置）．

13 族元素（$ns^2np$）では s 電子が 1 個 p 軌道に昇位すると，$sp^2$ 混成軌道を生じる．$MX_3$ 型平面分子の形はこの混成軌道に関連づけることができる．ただし M は B, Al, Ga, In, Tl など，X はハロゲンまたは有機の基（$CH_3, C_6H_5$ など）である．ベリリウムの化合物 $BeCl_2, Be(CH_3)_2$ などは気体では直線型構造をとる．これは基底状態の電子配置 $(1s)^2(2s)^2$ が $(1s)^2(2s)(2p)$ に移り，sp 混成軌道を形成するとして説明される．

ここで，水の基底状態の構造を混成軌道を用いて考察してみよう．この場合，$H_2O$ の H から完全に電子が移動した $O^{2-}$（希ガスの電子配置）から出発する．$O^{2-}$ イオンの $(1s)^2$ を除いた 8 個の電子が $2s, 2p_x, 2p_y, 2p_z$ からなる $sp^3$ 混成軌

表 13・3　C–H 結合の性質

|     | 分子 | (13・5・1) の $\lambda$ | C–H 結合間隔 | 結合エネルギー |
| --- | --- | --- | --- | --- |
| sp | アセチレン | 1 | 1.060 Å | $\sim 500$ kJ mol$^{-1}$ |
| $sp^2$ | エチレン | $\sqrt{2}$ | 1.087 | $\sim 440$ |
| $sp^3$ | メタン | $\sqrt{3}$ | 1.093 | $\sim 411$ |
| p | CH 基 | $\infty$ | 1.120 | 330 |

道に2個ずつ入り，これにH$^+$が付加すると考える（図13・26）．このときは，HOH結合角は4面体角（109.47°）となり，§13・1で述べた，2p$_x$, 2p$_y$とH1sの電子対で結合を説明する単純なVB法の場合（結合角は90°）に比べて，実測値（104.51°）に近い．実測値が4面体角より小さくなる理由については，§13・7で述べる．図13・26の構造が妥当であることは，図13・27の氷の構造からもわかる．孤立電子対の電子と正電荷をもつHとがクーロン相互作用で水素結合を形成し，一つの水分子のOを中心として他の4個の水分子のOが正4面体配置（O−O = 2.76 Å，∠OOO = 109.47°）をとるのである．

NH$_3$の場合も，H$_2$Oと同様に，Hの電子が完全にNに移動したN$^{3-}$イオンのsp$^3$混成軌道に電子を2個ずつつめ込む近似から出発すれば，HNH結合角は4面体角（109.47°）となり，実測値（106.7°）に近い．なお，15族と16族の他の水素化物（H$_2$S, PH$_3$など）の結合角は90°に近い（p. 324）．周期表の列を下がると元素の電気陰性度が次第に小さくなるので，これらの化合物では，Hから完全に電子が移動した希ガス型イオンによる近似が使えなくなるのである．

以上述べたように，混成は基底状態における分子の形を説明するのに有用である．VB法で混成の概念が用いられるのは，互いに独立な指向性のある軌道を使うことによって，一つの限定した結合形式（共鳴の一つの型）で分子の基底状態を代表させるためである．これに対しMO法では混成軌道を用いるかど

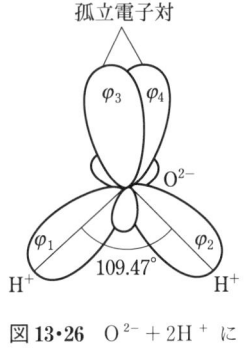

図13・26　O$^{2-}$ + 2H$^+$による水の構造の説明

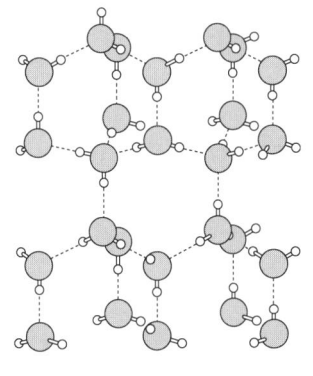

図13・27　氷の結晶構造

うかは重要な問題ではない．混成軌道は同一原子内の AO の一次結合であるから，出発点で MO を混成軌道の一次結合で表しても，あるいは AO の一次結合で表しても変分法による最終的な MO は同一になるからである．

## §13・6　d 軌道を含む混成

前節までは s 軌道と p 軌道の混成だけを考えてきたが，この節では d 軌道も関与した混成軌道を述べることにする．元素の周期表を眺めてみると，第 4 周期の元素では 4s と 3d の間で電子が入る順序が所々で入れ代わっている．このことはこれらの軌道のエネルギーが近いことを意味する．したがって，第 4 周期では，4s, 3d, 4p の間で電子の昇位によって混成軌道が形成される可能性があるのである．

例えば **sp³d² 混成**によって正 8 面体の各頂点に向かう六つの軌道がつくられる（図 13・28）．このうち，図の $+z$ 方向の軌道は

$$\varphi_{+z} = \frac{1}{\sqrt{6}}s + \frac{1}{\sqrt{2}}p_z + \frac{1}{\sqrt{3}}d_{z^2}$$

である（$+z$ 方向に伸びた軌道であるから $p_z$, $d_{z^2}$ が関与していることがわかる．また s, p, d の寄与は sp³d² では各 1/6, 3/6, 2/6 であるから係数が決まる）．他の方向の軌道は対称性により容易に得られる (p.133 図 6・8 参照)．すなわち，$d_{x^2} = (\sqrt{3}/2)d_{x^2-y^2} - (1/2)d_{z^2}$, $d_{y^2} = -(\sqrt{3}/2)d_{x^2-y^2} - (1/2)d_{z^2}$（例題 13・2 参照）を用いて

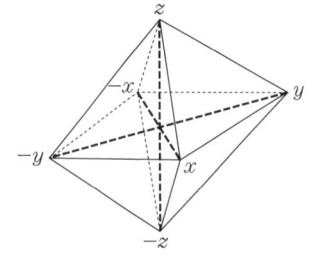

**図 13・28** sp³d² 混成における結合方向（太い点線）

$$\left.\begin{aligned}\varphi_{\pm x} &= \frac{1}{\sqrt{6}}s \pm \frac{1}{\sqrt{2}}p_x + \frac{1}{\sqrt{3}}\left(\frac{\sqrt{3}}{2}d_{x^2-y^2} - \frac{1}{2}d_{z^2}\right) \\ \varphi_{\pm y} &= \frac{1}{\sqrt{6}}s \pm \frac{1}{\sqrt{2}}p_y + \frac{1}{\sqrt{3}}\left(-\frac{\sqrt{3}}{2}d_{x^2-y^2} - \frac{1}{2}d_{z^2}\right) \\ \varphi_{\pm z} &= \frac{1}{\sqrt{6}}s \pm \frac{1}{\sqrt{2}}p_z + \frac{1}{\sqrt{3}}d_{z^2}\end{aligned}\right\} \quad (13\cdot6\cdot1)$$

## §13・6 d軌道を含む混成

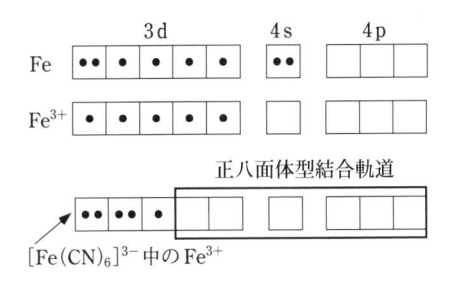

**図 13・29** 4s4p³3d² 混成軌道による [Fe(CN)₆]³⁻ の形成. 図では内殻の [Ar] は省略してある.

である．六フッ化イオウ $SF_6$ は S の電子の昇位：$(3s)^2(3p)^4 \rightarrow (3s)(3p)^3(3d)^2$ によって6価となった S に F が結合したものとして解釈される．また，Pauling（ポーリング）はこの型の混成軌道が8面体型の配位錯体の結合に使われているとした．例として $[Fe(CN)_6]^{3-}$ を考えよう．Fe の基底状態の電子配置は図 13・29 の第1行に示すように $[Ar](3d)^6(4s)^2$ である．これが $Fe^{3+}$ になると，その電子配置は $[Ar](3d)^5$ となる（第2行）．さらに $[Fe(CN)_6]^{3-}$ では，図の第3行に示すように，$Fe^{3+}$ の非共有電子が3つの 3d 軌道に収まり，6個の $CN^-$（：C≡N）に由来する12個の結合電子が正8面体型の $4s4p^33d^2$ 混成軌道に収容される．Pauling は $sp^3d^2$ 混成の例として，その他に $[Co(NH_3)_6]^{3+}$，$[FeF_6]^{3-}$ などをあげた．

ところで §9・3 (p.169) では $[Fe(CN)_6]^{4-}$ の構造を $Fe^{2+}$ のまわりを六つの $CN^-$ が取り巻いているものとして説明した（図 9・3）．そして $Fe^{2+}$ の d 軌道が配位子（$CN^-$）からの静電場によって $d\varepsilon(d_{xy}, d_{yz}, d_{zx})$ および $d\gamma(d_{z^2}, d_{x^2-y^2})$ 軌道に分裂すると考えた（図 9・4）．同様に $[Fe(CN)_6]^{3-}$ では $Fe^{3+}$ のまわりに六つの $CN^-$ があると考える．このような取り扱いを錯体の**結晶場理論**（crystal field theory）という[1]．ところで，結晶場理論を用いると，$[Fe(CN)_6]^{3-}$ の常磁性（$d\varepsilon$ 軌道の不対電子による[2]（脚注次頁））や光吸収（$d\varepsilon \rightarrow d\gamma$ の遷移に

---

[1] 結晶場理論を基礎として，遷移金属と配位子の間の結合を MO 法で考慮する取り扱いを**配位子場理論**（ligand field theory）という．

**表 13·4** 混成の代表的な例

| 混成 | 分子型[a] |
|---|---|
| sp | 直　線 |
| pd | 〃 |
| sd | 屈曲形 |
| sp$^2$ | 正3角形 |
| p$^2$d | 〃 |
| sd$^2$ | 〃 |
| pd$^2$ | 3角錐 |
| sp$^3$ | 正4面体 |
| sd$^3$ | 〃 |
| sp$^2$d | 正方形 |
| sp$^3$d | 3角両錐 |
| spd$^3$ | 〃 |
| sd$^4$ | 正方錐 |
| sp$^3$d$^2$ | 正8面体 |
| spd$^4$ | 3角柱 |

a) 混成軌道がすべて結合に使われた場合.

よる）を説明できるが，Pauling の混成軌道の概念ではこれらの現象は説明困難である．したがって，錯体の混成軌道による取り扱いは現在ほとんど行われていない．しかし錯体の種々の形を予想するという点で歴史的に大きい寄与をした．

混成の型は sp$^3$d$^2$ 以外にもいろいろ考えられる．表 13·4 に混成の代表的な例をあげた．

[例題 13·2] $d_{x^2} = \frac{\sqrt{3}}{2} d_{x^2-y^2} - \frac{1}{2} d_{z^2}$, $d_{y^2} = -\frac{\sqrt{3}}{2} d_{x^2-y^2} - \frac{1}{2} d_{z^2}$

が成立することを示せ．

[解] p. 129 (6·2·3) より

$$d_{z^2} = f(r)\left(\frac{3z^2}{r^2} - 1\right)$$

とすれば

$$d_{x^2-y^2} = \sqrt{3}\, f(r)\, \frac{x^2 - y^2}{r^2}$$

と表される．よって

$$\frac{\sqrt{3}}{2} d_{x^2-y^2} - \frac{1}{2} d_{z^2} = \frac{f(r)}{2}\left\{\frac{3(x^2-y^2)}{r^2} - \frac{3z^2 - (x^2+y^2+z^2)}{r^2}\right\}$$

$$= \frac{f(r)}{2}\left(\frac{4x^2 - 2y^2 - 2z^2}{r^2}\right) = \frac{f(r)}{2}\left(\frac{6x^2 - 2r^2}{r^2}\right)$$

$$= f(r)\left(\frac{3x^2}{r^2} - 1\right) = d_{x^2}$$

$d_{y^2} = (-\sqrt{3}/2)d_{x^2-y^2} - (1/2)d_{z^2}$ も同様にして証明される．

---

2) [Fe(CN)$_6$]$^{3-}$ では p. 170 図 9·4 の dε 軌道に 5 個の電子が入るので，不対電子を生じこれが常磁性の原因になる．

[例題 13・3] $[Ni(CN)_4]^{2-}$ や $[PtCl_4]^{2-}$ の正方形配置は遷移金属の $sp^2d$ 混成軌道により説明された．混成軌道を $\pm x, \pm y$ の方向にとると，そのうちの一つ $\varphi_{+x}$ は

$$\varphi_{+x} = \frac{1}{2}(s + \sqrt{2}\,p_x + d_{x^2-y^2})$$

で表される．他の方向の混成軌道を求めよ．

[解] $\varphi_{+x}$ を $z$ 軸のまわりに $\pm 90°$ 回転させれば $\varphi_{\pm y}$ が得られる．この回転によって s は不変，$p_x$ は $\pm p_y$ に，$d_{x^2-y^2}$ は $-d_{x^2-y^2}$ になるから

$$\varphi_{\pm y} = \frac{1}{2}(s \pm \sqrt{2}\,p_y - d_{x^2-y^2})$$

である．$\varphi_{+x}$ を $z$ 軸のまわりに $180°$ 回転させれば $\varphi_{-x}$ が得られる．すなわち

$$\varphi_{-x} = \frac{1}{2}(s - \sqrt{2}\,p_x + d_{x^2-y^2})$$

## §13・7 多原子分子の形

多原子分子の形については，いままでに主に VB 法で説明してきたが，ここでより詳しい取り扱いとして，VB 法に基づく**原子価殻電子対反発** (valence shell electron pair repulsion, **VSEPR**) 理論と MO 法に基づく **Walsh**（ウォルシュ）**則**を説明しよう．

VSEPR 理論では，メタンの C や水の O のような中心原子がある分子の場合（図 13・30），そのまわりにある電子対の間の静電的な反発[1]によって，結合角が決められると考える．そして，電子対間の反発力の大きさは

孤立電子対間 > 孤立電子対 − 結合電子対間 > 結合電子対間　　(13・7・1)

とする．上式で結合電子対間の反発に比べて孤立電子対間のそれが大きい理由

---

[1] 一般に二つの軌道 $\psi_1, \psi_2$ を占める電子間の相互作用のエネルギーは，二つの軌道が空間的に離れているときは，軌道間の重なりで値が決まる交換相互作用を無視して

$$J = \int \psi_1^*(1)\,\psi_2^*(2)\,\frac{1}{r_{12}}\,\psi_1(1)\,\psi_2(2)\,dv_1dv_2 = \int \frac{|\psi_1(1)|^2\,|\psi_2(2)|^2}{r_{12}}\,dv_1dv_2$$

で表される．すなわち，電子分布 $|\psi_1(1)|^2$ と $|\psi_2(2)|^2$ 間のクーロン反発エネルギーとしてよい．

sp³ (電子数 8)

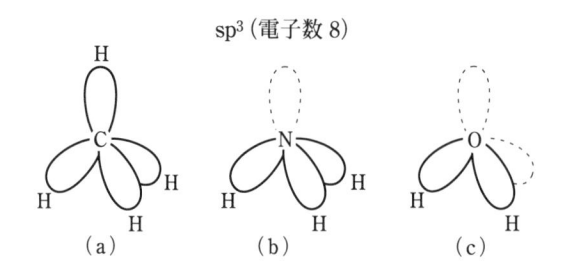

図13・30　VSEPR 理論による分子の形の説明．sp³ の場合．

は，結合電子対では電子が二つの原子核に引かれているのに対して，孤立電子対では電子が中心の原子核にのみ引かれているので，中心核近くの広い空間に分布しているためである[1]．図 13・30 の sp³ 混成軌道 (電子数 8) の例を説明しよう．(a) のメタンでは，CH 結合の電子対間の反発エネルギーを最小にするには，四つの結合が互いにできるだけ離れた，正 4 面体構造をとればよい．このときの結合角は実測値 109.47° となる．(b) のアンモニアでは，非結合電子対 (点線で示す) と電子対の間の反発の方が，結合電子対間の反発より大きいので，NH 結合が非結合電子対に押されて HNH 結合角が 4 面体角より小さくなるのである (109.47° → 106.7°)．水では非結合電子対が二つになるので，非結合電子対の反発効果がさらに大きくなり，より小さい結合角 (104.5°) になると考えられる．

以上は sp³ 混成軌道の例であるが，図 13・31 に他の混成軌道の例と代表的な分子を示す．図で sp³d 混成の場合，孤立電子対が上下の中心軸に垂直な面内にあるのは，孤立電子対と結合電子対および孤立電子対同士のなす角を大きくして反発を弱めるためである (孤立電子対が軸上にあれば角度は 90°，垂直面内では 120°)．同様に sp³d² 混成で孤立電子対が二つある場合，それらは避け合うために上下の軸上にくる．

図の二，三の分子構造の例を説明しよう．$ClF_3$ では Cl の価電子 ($3s^2 3p^5$) 7

---

[1] 孤立電子対間の距離が近いためクーロン斥力が大きい．またそれぞれが広い空間分布をもつので直交性を保つため避け合う効果が大きい．

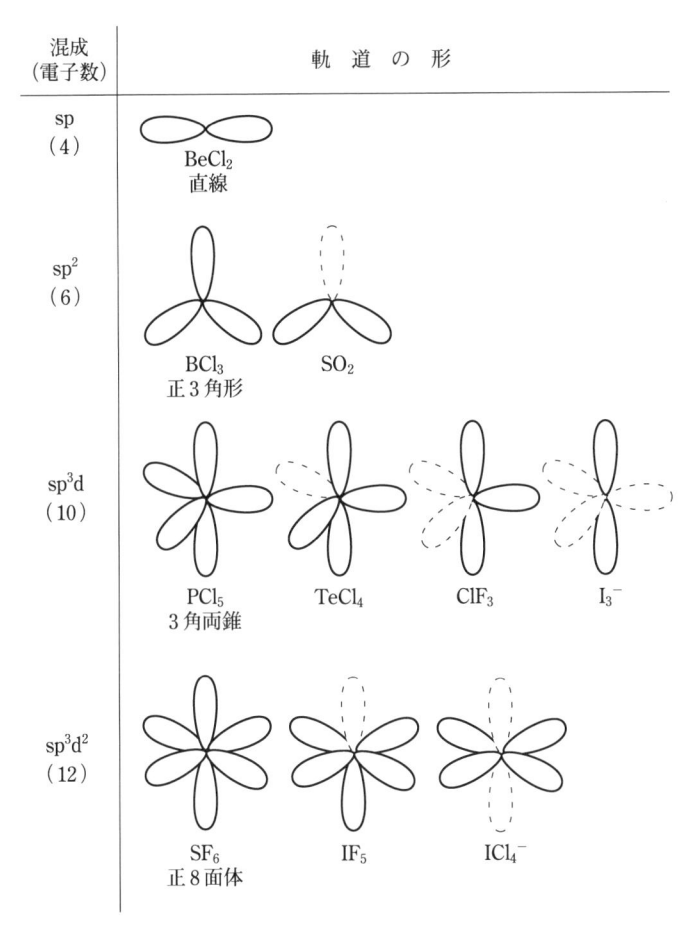

| 混成 (電子数) | 軌道の形 | | | |
|---|---|---|---|---|
| sp (4) | BeCl₂ 直線 | | | |
| sp² (6) | BCl₃ 正3角形 | SO₂ | | |
| sp³d (10) | PCl₅ 3角両錐 | TeCl₄ | ClF₃ | I₃⁻ |
| sp³d² (12) | SF₆ 正8面体 | IF₅ | ICl₄⁻ | |

図 13・31 VSEPR 理論による分子の形の説明. sp, sp², sp³d および sp³d² の場合.

個と F の 1 価の電子が 3 個, 計 10 個の価電子がある. これらの電子が図のように分布すれば, 分子は T 型となる. $I_3^-$ では, $I^-$ の 8 個の価電子 ($5s^25p^6$) と I の 1 価の電子 2 個, 計 10 個の電子から, 図のように直線型の分子が得られる. また, $ICl_4^-$ では, $I^-$ の 8 個の価電子と Cl の 1 価の電子 4 個, 計 12 個の価電子の分布から正方形型の分子を得る. $XeF_4$ の場合 (Xe の価電子 ($5s^25p^6$) 8 個と F の 1 価の電子 4 個) も $ICl_4^-$ と同様に分子の形は正方形と考えられるが,

これも実験結果と一致している．

次に Walsh 則について述べる．Walsh は結合角を変化させたときの MO エネルギーの変化をもとにして，分子の形を推定することを考えた．まず，水分子の例を取り上げる．§13・2 で述べたように，水分子の電子配置は $(1a_1)^2(2a_1)^2(1b_2)^2(3a_1)^2(1b_1)^2$ である．水分子の結合角を $90°$ から $180°$ に変えたときの各軌道に対するエネルギー変化の定性的な様子を図 13・32 に示す．図の左右両端には $\theta$ が $90°$ と $180°$ のときの軌道の模式図を示した．$\theta$ を変えたとき，$1a_1$ 軌道はほぼ $1s$ AO としてよいから，エネルギーは変わらない．$2a_1$ 軌道は，H $1s$-H $1s$ AO 間が結合性であるから，$\theta$ が大きくなると，二つの AO 間の距離が伸びるため，エネルギーが少し増す．$1b_2$ 軌道では，$\theta$ の増加とともに，$2p_y$ AO と H $1s$ AO の重なりがよくなり，また反結合性の H $1s$-H $1s$ AO の間隔が増すのでエネルギーが若干低下する．$\theta$ の変化とともにエネルギーが大きく変わるのは $3a_1$ 軌道である．この軌道では，§13・2 でも述べたとおり，HOH が曲がっているときは，二つの H $1s$ AO が $2p_z$-$2s$ AO を介して結合状態になっている．しかし，HOH が直線状になると，対称性の違いから $2p_z$ AO に $2s$ AO と H $1s$ AO とが混ざらなくなり，この結合状態が失われるので，軌道エ

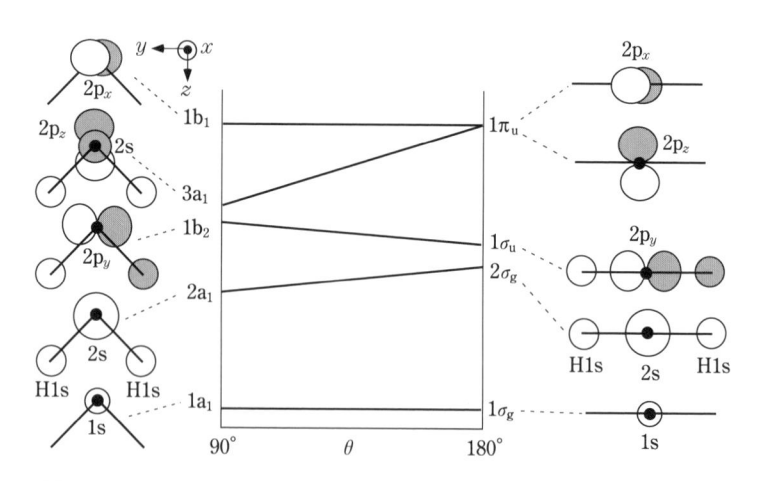

図 13・32　Walsh 則による水分子の形の説明．結合角とエネルギーの関係．

表 13・5　$AH_2$ 型分子の形

| 電子配置 | 形 | 分子 |
|---|---|---|
| $(2a_1)^2(1b_2)^2(3a_1)^2(1b_1)^2$ | 屈曲型 | $H_2O$, $H_2S$, $H_2Se$, $H_2Te$ |
| $(2a_1)^2(1b_2)^2(3a_1)^2(1b_1)^1$ | | $NH_2$, $OH_2^+$, $PH_2$ |
| $(2a_1)^2(1b_2)^2(3a_1)^2$ | | $CH_2$[a], $NH_2^+$, $SiH_2$ |
| $(2a_1)^2(1b_2)^2(3a_1)^1$ | | $BH_2$, $CH_2^+$, $AlH_2$ |
| $(2a_1)^2(1b_2)^2$ | 直線型 | $BeH_2$, $BH_2^+$ |

a) $CH_2$ では，表の電子配置の 1 重項 (102.4°) よりも電子配置が $(2a_1)^2(1b_2)^2(3a_1)^1(1b_1)^1$ の 3 重項 (136°) の方がエネルギーが低い．

ネルギーは大きく増す．最後に $1b_1$ 軌道は分子面に対して垂直方向に分布しているため，$\theta$ が変わってもエネルギーは変化しない．なお，$\theta$ が 180° になると，$1b_1$ と $3a_1$ 軌道は縮重して $1\pi_u$ 軌道になることは図からもわかるであろう．

このようにして，$\theta$ を変えたとき，$3a_1$ 軌道のエネルギー変化が分子の全エネルギー変化を支配すると考えると，水分子は曲がった形になる．他の $AH_2$ 型分子 (A は中心原子) についての結果を表 13・5 に示す．表から，$3a_1$ 軌道に電子がある分子は分子イオンを含めて屈曲型になることがわかる．これに対し，この軌道に電子がない $BeH_2$ と $BH_2$ は直線型である．また，$3a_1$ 軌道から電子が失われた，$BH_2$ と $AlH_2$ の励起状態も直線状であることが確かめられている．Walsh 則は $AH_2$ 型分子の他，$AH_3$, $AH_4$, HAB, HAAH, $AB_2$ 型などの分子の形の説明にも適用されている．例えば，$AH_3$ 型のアンモニア (電子数 10) では最高被占軌道の $3a_1$ (屈曲型で三つの H1s AO と $2p_z$-2s AO の間で結合が生じる，図 13・14 (a) 参照) が分子の形を決定するため，曲がった形が安定であるが，この軌道から電子が失われた，$CH_3^+$ (電子数 8 個) や $BH_3$ (電子数 8 個) では平面型になるのである．

Walsh 則では，MO エネルギーの総和で全エネルギーを近似していること，核間反発や電子相関を考慮していないことなど，問題もあるが，分子の形を理解する上で簡便な指針を与える．

# 14 π電子系

この章ではエチレン，ベンゼンなどのπ電子共役系を取り扱う．π電子は分子内で完全に非局在化しているので，VB法よりもMO法の方が適している．まず，π電子系の最も簡単なMO法であるHückel法を導入し，それをエチレン，ブタジエン，ベンゼンなどの分子および一般の共役鎖や共役環をもつ分子に適用する．次いで，π電子系をもつ炭化水素を二つのグループ（交互炭化水素と非交互炭化水素）に分類してそれぞれのπMOの特徴を述べる．またヘテロ原子を含むπ電子系にHückel法を拡張する．さらにπ電子理論をもとにして分子の構造や反応性を論じる．

## §14·1 π電子系のVB法による取り扱い

この節ではπ電子をもつ化合物の代表的な例としてベンゼンを取り上げることにする．ベンゼン $C_6H_6$ の炭素骨格は正6角形で，各水素原子が炭素原子に $120°$ の原子価角で結合していることは分子構造の研究（X線回折，スペクトルの解析など）によりよく知られている．したがって各炭素原子が $sp^2$ 混成軌道により結合し，さらにそれぞれに水素原子の1s軌道が結合しているとすればよい（図14·1）．これでσ結合が形成されたことになるが，なお各炭素原子に1個ずつ，計6個のπ電子が残っている（図14·2）．

π電子間の結合にVB法を適用すると，まず図14·3に示す (a), (b), 2通りの構造（結合方式）が考えられる．ここでこれらの構造のうち，どちらか一つだけを用いることはできない．例えば

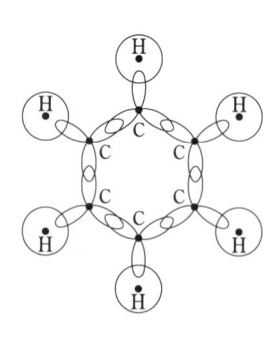

図14·1　ベンゼンのσ結合

§14·1　π電子系のVB法による取り扱い

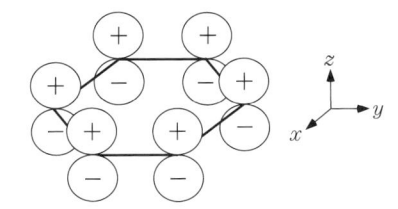

**図14·2** ベンゼンの π AO. 分子面を $xy$ 面とすれば π AO ($2p_z$ AO) は $xy$ 面に関し反対称である.

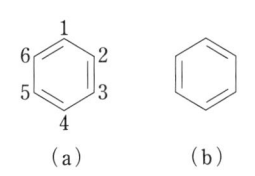

**図14·3** ベンゼンの Kekulé 構造

(a) の構造を採用すると $C_1-C_2$, $C_3-C_4$, $C_5-C_6$ 間に対して $C_2-C_3$, $C_4-C_5$, $C_6-C_1$ 間の結合が強くなるため, 分子はゆがんだ6角形になるであろう (C−C の原子間距離はエタン (単結合) の場合 1.5351 Å, エチレン (2重結合) では 1.339 Å). そこでベンゼンの状態は (a), (b) 両構造が同等に寄与するとして

$$\Psi \propto \Psi_a + \Psi_b \tag{14·1·1}$$

で表されなければならない. このようにすると各C−C結合はすべて同等で, 単結合と2重結合の中間の性質をもつことになる. 実際, ベンゼンのC−C間隔 1.399 Å はこれら両結合に相当する値の中間になるのである. (14·1·1) の波動関数による表現は Kekulé (ケクレ) の考え方 (1865年) を現代化したものである. Kekulé は, 図14·3 の両構造は実在しているが, 相互の転換 (共鳴) が早いので観測できないとした. しかし §11·7 (p. 285) や §12·6 (p. 318) で述べたように, これらの構造は真の状態を近似するために用いられたもので, 実在しないことに注意しなければならない.

ところで, 前章までに述べた分子の場合は, その基底状態を VB 法の一つの結合形式でほぼ表すことができた. これに対しベンゼンの場合は, 結合形式を図14·3 の (a) または (b) に限定することができない. すなわち π 結合は固定しているのではなくて完全に非局在化しているとしなければならない. この結合の非局在性は π 電子系をもつ分子の著しい特徴である.

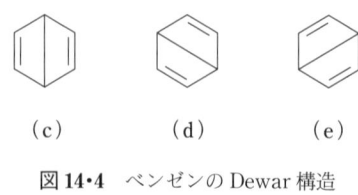

図14・4　ベンゼンのDewar構造

6個のπ電子が電子対をつくる方法として図14・3のKekulé構造の他に，図14・4 (c), (d), (e)に示すDewar（デュワー）構造がある．これら三つの構造（波動関数を$\Psi_c, \Psi_d, \Psi_e$とする）を含めると，ベンゼンの基底状態の波動関数は

$$\Psi = c_1(\Psi_a + \Psi_b) + c_2(\Psi_c + \Psi_d + \Psi_e) \tag{14・1・2}$$

で表される．

Paulingは変分計算の結果，$c_1 = 0.624$, $c_2 = 0.271$と見積もった．この値によると，Kekulé構造の寄与は $(0.624)^2 \times 2 = 0.78$，Dewar構造のそれは $(0.271)^2 \times 3 = 0.22$ である．

一般に変分計算に用いる関数 $\Psi = \sum_i c_i \Psi_i$ の最低エネルギーは基底関数 $\Psi_i$ の数が増加するとともに小さくなる[1]．すなわち，Kekulé構造1個の場合に比べて共鳴構造の数が増加すると，エネルギーが低下する．この安定化エネルギーは，異なったπ結合構造の'共鳴'により生じたものであるから，VB法では**共鳴エネルギー** (resonance energy) という．

ベンゼンの共鳴エネルギーは実験的に求められる．ベンゼンのKekulé構造の生成熱を C−C, C=C および C−H の平均結合エネルギー[2]の和として計算すると

$$3E(\text{C−C}) + 3E(\text{C=C}) + 6E(\text{C−H})$$
$$= (3 \times 346 + 3 \times 602 + 6 \times 412) \text{ kJ mol}^{-1}$$
$$= 5316 \text{ kJ mol}^{-1}$$

である．一方，ベンゼン分子を原子に分けるために必要なエネルギー[3]は燃焼熱と原子化熱の測定から $5525 \text{ kJ mol}^{-1}$ となる．したがって，両者の差 $209 \text{ kJ mol}^{-1}$ が共鳴エネルギーに相当する．ベンゼンが2重結合をもつにもかかわら

---

1) $\Psi_i$ の数が増すと真の基底状態に近づくため．
2) いろいろな分子から求めた結合エネルギーの平均値．
3) $C_6H_6 \rightarrow 6C(g) + 6H(g)$ の25℃におけるエンタルピー変化 $\Delta H_{298}$．

ず化学的に安定な理由は，このように大きい共鳴エネルギーがあるためである．さらに分子が正6角形で結合角がすべて120°のため，sp$^2$混成軌道が互いによく重なりあうこともベンゼン分子の安定化に大きく寄与している．なお2重結合をもつ環式化合物の安定性については§14・3で詳しく述べる．

以上，ベンゼンのπ電子系をVB法で考察したが，π共役系が大きくなるとVB法の共鳴構造の数は加速度的に増加するので，計算が困難になる．例えばベンゼンの共鳴構造の数は上述のように5個であるが（ただし などのイオン構造は除外），ナフタレンではそれが42個，アントラセンでは429個にも達する[1]．もともとπ電子系は結合の非局在性にその特徴があるから，局在結合に基礎をおくVB法の取り扱いよりも，電子を完全に非局在化して表現するMO法の方が適しているのである．次節以下では主にMO法でπ電子系を考察することにする．

## §14・2 Hückel 法

図14・1と図14・2のベンゼンの例でもわかるとおり，σ結合を形成するAO（分子面を$xy$面として，s, p$_x$, p$_y$）は分子面による鏡映に関して対称，π AO（2p$_z$）は反対称であるから，両者は対称性が異なり混じり合わない．そこでπ AOだけを抜き出してLCAO MOをつくることが許される．いまπ電子数を$N$個とすると，この系のハミルトニアンは

$$\hat{H} = \sum_{i=1}^{N} \hat{H}_c(i) + \sum_{i>j}^{N} \frac{1}{r_{ij}} \tag{14・2・1}$$

ただし

$$\hat{H}_c(i) = -\frac{1}{2}\Delta_i + V_c(i) \tag{14・2・2}$$

はπ電子の運動エネルギーとコア（分子からπ電子を除いた部分，すなわち，原子核とπ電子以外の電子）がπ電子$i$に及ぼすポテンシャルエネルギー$V_c(i)$

---

[1] 一般にπ電子数が$2n$個の場合，共鳴構造の数は$(2n)!/\{n!(n+1)!\}$個になることが示されている．ベンゼンの場合は$n=3$で$6!/(3!4!)=5$となる．

との和である．

§12・1の場合と同様に，(14・2・1) の第2項（π電子間の反発）を

$$\sum_{i>j}^{N} \frac{1}{r_{ij}} = \sum_{i=1}^{N} V(r_i)$$

のように，有効ポテンシャル $V(r_i)$ の和でおき換える．このとき

$$\hat{H} = \sum_{i=1}^{N} \hat{h}(i) \qquad \hat{h}(i) = -\frac{1}{2}\Delta_i + V_c(i) + V(r_i) \qquad (14・2・3)$$

となって，多電子問題が1電子問題に還元される．すなわち，

$$\hat{h}\varphi_i = \varepsilon_i \varphi_i \qquad (14・2・4)$$

を解けばよいことになる．以下 §12・1 と同様な議論が成り立つ．さて，π電子系（電子数 $N$）が $m$ 個の π AO, $\chi_1, \chi_2, \cdots, \chi_m$ から構成される場合を考える（ベンゼンの場合は $N = m = 6$）．このとき，MO は

$$\varphi = \sum_{\mu=1}^{m} c_\mu \chi_\mu \qquad (14・2・5)$$

である．変分法で $c_\mu$ を定めるためには，§12・1 で述べたように

$$\sum_{\nu=1}^{m} (h_{\mu\nu} - \varepsilon S_{\mu\nu}) c_\nu = 0 \qquad \mu = 1, 2, \cdots, m \qquad (14・2・6)$$

を解けばよい．ここで

$$h_{\mu\nu} = \int \chi_\mu \hat{h} \chi_\nu \, dv \qquad S_{\mu\nu} = \int \chi_\mu \chi_\nu \, dv \qquad (14・2・7)$$

である．

Hückel（ヒュッケル）は炭化水素の π 電子系に対して，次のような近似を用いて (14・2・6) を簡単化することを考えた．

（1） $h_{\mu\mu}$ はすべての炭素原子に対して同じ値をとると仮定し，これを $\alpha$ とする．$\alpha$ は**クーロン (Coulomb) 積分**と呼ばれる[1]．$h_{\mu\nu}(\mu \neq \nu)$ は原子 $\mu$ と $\nu$ が直接結合しているときは $\beta$ とするが，それ以外は無視する．これは原子間隔

---

1) このクーロン積分の定義は一般の MO 法 (p.201) や VB 法 (p.269) の場合と異なるので，注意されたい．

が大きくなると $h_{\mu\nu}$ が急速に小さくなるためである[1]．$\beta$ を**結合積分**という．すなわち

$$h_{\mu\mu} = \alpha$$
$$h_{\mu\nu} = \begin{cases} \beta & \mu \text{ と } \nu \text{ が結合} \\ 0 & \mu \text{ と } \nu \text{ が結合せず} \end{cases} \quad (14\cdot2\cdot8)$$

例えばベンゼンの場合（図 14・3 (a) 参照），$h_{11} = h_{22} = \cdots = h_{66} = \alpha$, $h_{12} = h_{23} = \cdots = h_{61} = \beta$, $h_{13} = h_{14} = h_{15} = \cdots = 0$ である．

（2）重なり積分 $S_{\mu\nu}$ はすべて無視する．なお規格化された $\pi$ AO を用いる限り $S_{\mu\mu} = 1$ である．すなわち

$$S_{\mu\nu} = \int \chi_\mu \chi_\nu \, dv = \delta_{\mu\nu} \quad (14\cdot2\cdot9)$$

である．ベンゼンの場合 $S_{11} = S_{22} = \cdots = S_{66} = 1$, $S_{12} = S_{13} = \cdots = 0$ となる．

上の(1),(2)の近似—**Hückel 近似**—により $\pi$ MO とそのエネルギーを求める方法を **Hückel 法**という．さて Hückel 近似により，(14・2・6) を変形しよう．(14・2・6) を書き直すと

$$(h_{\mu\mu} - \varepsilon S_{\mu\mu}) c_\mu + \sum_{\nu(\neq\mu)} (h_{\mu\nu} - \varepsilon S_{\mu\nu}) c_\nu = 0$$

であるから，(14・2・8),(14・2・9) を代入して

$$(\alpha - \varepsilon) c_\mu + \sum_{\nu(\mu\to\nu)} \beta c_\nu = 0 \quad \mu = 1, 2, \cdots, m \quad (14\cdot2\cdot10)$$

を得る．ただし $\sum_{\nu(\mu\to\nu)}$ は原子 $\mu$ と直接結合している原子 $\nu$ についての和を表す．ここで

$$-\lambda = \frac{\alpha - \varepsilon}{\beta} \quad \text{または} \quad \boxed{\varepsilon = \alpha + \lambda\beta} \quad (14\cdot2\cdot11)$$

とおくと，(14・2・10) は

---

[1] $h_{\mu\nu}$ は AO の重なりによるので，その $r_{\mu\nu}$ 依存性は重なり積分のそれ ($S \propto \exp(-cr_{\mu\nu})$, p. 261 (11・2・28) 参照) と同程度である．

$$\boxed{-\lambda c_\mu + \sum_{\nu(\mu \to \nu)} c_\nu = 0} \qquad \mu = 1, 2, \cdots, m \qquad (14 \cdot 2 \cdot 12)$$

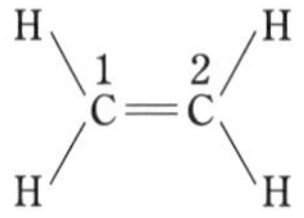

と書くこともできる．$(14 \cdot 2 \cdot 10)$ を解いて MO のエネルギー $\varepsilon$ を決める代わりに，$(14 \cdot 2 \cdot 11)$ から $\lambda$ を求め，$\varepsilon = \alpha + \lambda \beta$ とする方が簡単である．

図 14·5 エチレン

$(14 \cdot 2 \cdot 11)$ を最も簡単な π 電子系エチレンに適用しよう．炭素原子の番号 $\mu$ を図 14·5 のように 1, 2 とすれば，$(14 \cdot 2 \cdot 12)$ は

$$\begin{aligned} \mu = 1 \text{ として} \quad & -\lambda c_1 + c_2 = 0 \\ \mu = 2 \text{ として} \quad & c_1 - \lambda c_2 = 0 \end{aligned} \qquad (14 \cdot 2 \cdot 13)$$

となる．上式に対する永年方程式[1] は

$$\begin{vmatrix} -\lambda & 1 \\ 1 & -\lambda \end{vmatrix} = 0$$

である．これを解いて

$$\lambda^2 - 1 = 0 \qquad \lambda = \pm 1$$

を得る．よって MO のエネルギーは $\varepsilon = \alpha + \lambda \beta$ として

$$\varepsilon_1 = \alpha + \beta \qquad \varepsilon_2 = \alpha - \beta$$

が得られる．$\varepsilon_1$ に対する MO を求めるために，$\lambda = 1$ を $(14 \cdot 2 \cdot 13)$ の第 1 式に代入して（第 2 式に代入しても結果は同じ）

$$-c_1 + c_2 = 0 \qquad c_2 = c_1$$

から

$$\varphi_1 = c_1(\chi_1 + \chi_2)$$

となる．これを規格化すると

$$\varphi_1 = \frac{1}{\sqrt{2}}(\chi_1 + \chi_2)$$

を得る．ただし $S_{12} = \int \chi_1 \chi_2 \, dv$ を用いた．同様にして $\lambda = -1$ を $(14 \cdot 2 \cdot 12)$

---

[1] p.186 で述べたように，連立 1 次方程式 $(14 \cdot 2 \cdot 13)$ が $c_1 = c_2 = 0$ 以外の解をもつためには係数でつくった行列式が 0 でなければならない．

に代入すると，$\varepsilon_2$ に対する MO は

$$\varphi_2 = \frac{1}{\sqrt{2}}(\chi_1 - \chi_2)$$

となる．結合積分 $\beta < 0$ であるから (p.290)，計算結果は図 14・6 のように示される．結合をつくる前の各 π 電子のエネルギーは $\alpha$ であるから[1)]，結合性軌道 $\varphi_1$ は $|\beta|$ だけ安定化し，反結合性軌道 $\varphi_2$ は $|\beta|$ だけ不安定化する．$\varphi_1$ に $\alpha, \beta$ スピンをもつ 2 個の電子が入ると，**全 π 電子エネルギー** (全 Hückel エネルギー) $E_\pi$ は

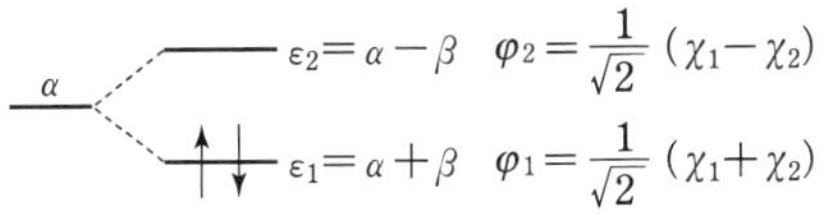

$$E_\pi = 2(\alpha + \beta) = 2\alpha + 2\beta$$

で[2)]，はじめのエネルギー $2\alpha$ よりも $2|\beta|$ だけ安定になる．$\varphi_1, \varphi_2$ の形はすでに p.295 図 12・7 に示した．

図 14・6 エチレンの π MO と基底状態の電子配置

次に 1,3-ブタジエン $H_2C=CH-CH=CH_2$ の π MO を求めてみよう．炭素原子の番号を図 14・7 のようにつけるものとする．ただし図は trans-ブタジエンであるが，cis-ブタジエンでも Hückel 近似の範囲内では計算結果は変わらない．(14・2・12) を $\mu = 1, 2, 3, 4$ の順に書くと

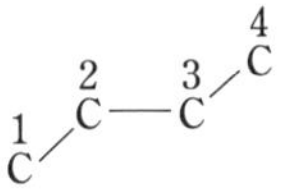

図 14・7 trans-ブタジエンの炭素原子の番号

$$\left.\begin{array}{r}-\lambda c_1 + c_2 = 0 \\ c_1 - \lambda c_2 + c_3 = 0 \\ c_2 - \lambda c_3 + c_4 = 0 \\ c_3 - \lambda c_4 = 0\end{array}\right\} \quad (14\cdot2\cdot14)$$

である．よって永年方程式は

---

1) ただし p.291 の注参照．
2) Hückel 近似の範囲内では，π 電子の全エネルギー $E_\pi$ を Hückel エネルギーの和から求めるが，正確には両者は等しくない．これについては §14・9 で述べる．

$$\begin{vmatrix} -\lambda & 1 & 0 & 0 \\ 1 & -\lambda & 1 & 0 \\ 0 & 1 & -\lambda & 1 \\ 0 & 0 & 1 & -\lambda \end{vmatrix} = 0$$

となる．左辺を展開すると[1]

$$-\lambda \begin{vmatrix} -\lambda & 1 & 0 \\ 1 & -\lambda & 1 \\ 0 & 1 & -\lambda \end{vmatrix} - \begin{vmatrix} 1 & 0 & 0 \\ 1 & -\lambda & 1 \\ 0 & 1 & -\lambda \end{vmatrix} = -\lambda(-\lambda^3 + \lambda + \lambda) - (\lambda^2 - 1)$$
$$= \lambda^4 - 3\lambda^2 + 1$$

となる．

$$\lambda^4 - 3\lambda^2 + 1 = 0$$

を解いて

$$\lambda^2 = \frac{3 \pm \sqrt{5}}{2} \qquad \therefore \quad \lambda = \frac{-1 \pm \sqrt{5}}{2}, \; \frac{1 \pm \sqrt{5}}{2}$$

となる．数値計算すると

$$\lambda = \pm 1.618, \; \pm 0.618$$

である．これらの $\lambda$ を (14・2・14) に代入すると MO の係数が得られる．例えば $\lambda = 1.618$ を (14・2・14) の第1,2,4式に代入すると

$$\left. \begin{array}{ll} \text{第 1 式から} & c_2 = 1.618\, c_1 \\ \text{第 2 式から} & c_3 = -c_1 + 1.618\, c_2 = (-1 + 1.618^2)\, c_1 = 1.618\, c_1 \\ \text{第 4 式から} & c_4 = c_3/1.618 = c_1 \end{array} \right\}$$

(14・2・15)

となる[2]．さらに $\varphi = \sum_{\mu=1}^{4} c_\mu \chi_\mu$ に対する規格化の条件

---

1) §A 1・2 参照．
2) (14・2・14) の四つの式のうち三つの式が独立であるから，任意の三つの式を用いてよい．

を用いると

$$c_1{}^2 + (1.618\,c_1)^2 + (1.618\,c_1)^2 + c_1{}^2 = 1 \qquad c_1 = \pm 0.372$$

を得る．波動関数全体の符号は正負どちらでもよいから $c_1 = 0.372$ とすると，(14・2・15) を用いて

$\lambda = 1.618$ に対して

$$\varphi = 0.372\,\chi_1 + 0.602\,\chi_2 + 0.602\,\chi_3 + 0.372\,\chi_4$$

が得られる．他の $\lambda$ に対する MO も同様にして計算される．エネルギーの低い順に MO を $\varphi_1, \varphi_2, \varphi_3, \varphi_4$ とすれば，結果は図 14・8 のようになる．各波動関数の形を図 14・9 に示す．図から，軌道のエネルギーが高くなるにつれ，節（点線で示す）の数が増えていくことがわかる．すなわち $\varphi_1$ では四つの炭素の π 電子がすべて結合性の向きをとるため節がない（$\chi_1, \chi_2, \chi_3, \chi_4$ の係数がすべて同符号－図 14・8 参照）．$\varphi_2$ では $C_1C_2$ 間および $C_3C_4$ 間は結合性であるが，$C_2C_3$

$\varepsilon_4 = \alpha - 1.618\beta$ ——— $\varphi_4 = 0.372\chi_1 - 0.602\chi_2 + 0.602\chi_3 - 0.372\chi_4$
$\varepsilon_3 = \alpha - 0.618\beta$ ——— $\varphi_3 = 0.602\chi_1 - 0.372\chi_2 - 0.372\chi_3 + 0.602\chi_4$
$\alpha$ ---------
$\varepsilon_2 = \alpha + 0.618\beta$ —↑↓— $\varphi_2 = 0.602\chi_1 + 0.372\chi_2 - 0.372\chi_3 - 0.602\chi_4$
$\varepsilon_1 = \alpha + 1.618\beta$ —↑↓— $\varphi_1 = 0.372\chi_1 + 0.602\chi_2 + 0.602\chi_3 + 0.372\chi_4$

**図 14・8** ブタジエンの π MO と基底状態の電子配置

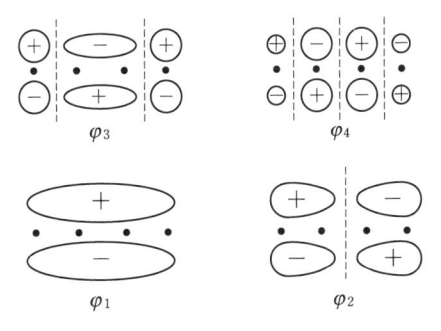

**図 14・9** ブタジエンの π MO の模式図

間は反結合性であるため $C_2C_3$ 間に節がある（$\chi_1$ と $\chi_2$ および $\chi_3$ と $\chi_4$ の係数は同符号であるが, $\chi_2$ と $\chi_3$ の係数は逆符号）. さらに $\varphi_3$ では $C_1C_2$ 間および $C_3C_4$ 間が反結合性となるため節が2本になり, $\varphi_4$ では隣接した炭素原子間がすべて反結合性で節の数は3本となる. このように節の数あるいは $\chi_i$ の係数の符号からも MO のエネルギーの順序は推定されるのである.

全 Hückel エネルギーは

$$E_\pi = 2(\alpha + 1.618\,\beta) + 2(\alpha + 0.618\,\beta)$$
$$= 4\alpha + 4.472\,\beta$$

となり, π結合をつくる前のエネルギー $4\alpha$ よりも $4.472\,|\beta|$ だけ安定化する. もしブタジエンの2重結合が図14・10 (a) のように炭素鎖の両端に局在化していれば, 安定化エネルギーはエチレン2個分に相当し $4\,|\beta|$ となるはずである. したがって2重結合の非局在化による安定化エネルギー —これを**非局在化エネルギー** (delocalization energy) という— は

$$E_{\mathrm{deloc}} = 4.472\,|\beta| - 4\,|\beta| = 0.472\,|\beta|$$

となる. これは VB 法の共鳴エネルギーに相当するもので, VB 法では図14・10 の構造 (a)〜(d) の共鳴による安定化として解釈される.

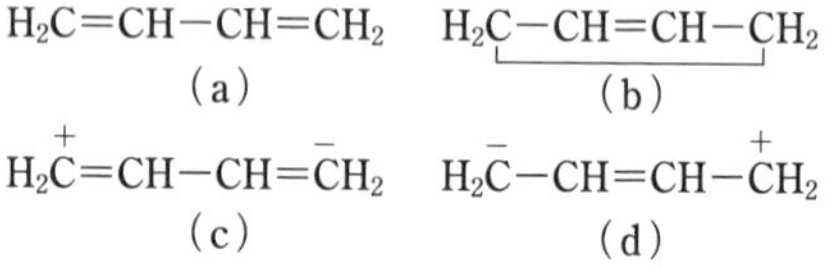

$$\mathrm{H_2C{=}CH{-}CH{=}CH_2} \qquad \mathrm{H_2\overset{}{C}{-}CH{=}CH{-}CH_2}$$
$$\text{(a)} \qquad\qquad \text{(b)}$$
$$\mathrm{\overset{+}{H_2C}{=}CH{-}CH{-}\overset{-}{CH_2}} \qquad \mathrm{\overset{-}{H_2C}{-}CH{=}CH{-}\overset{+}{CH_2}}$$
$$\text{(c)} \qquad\qquad \text{(d)}$$

図14・10　ブタジエンの共鳴構造

次にベンゼンのπ MO を求めてみよう. 図14・3 (a) のように炭素原子に番号をつけると (14・2・12) から次の連立1次方程式を得る.

## §14·2 Hückel法

$$\left.\begin{array}{l}-\lambda c_1 + c_2 \qquad\qquad\qquad + c_6 = 0 \\ c_1 - \lambda c_2 + c_3 \qquad\qquad\qquad = 0 \\ \qquad c_2 - \lambda c_3 + c_4 \qquad\qquad = 0 \\ \qquad\qquad c_3 - \lambda c_4 + c_5 \qquad = 0 \\ \qquad\qquad\qquad c_4 - \lambda c_5 + c_6 = 0 \\ c_1 \qquad\qquad\qquad + c_5 - \lambda c_6 = 0\end{array}\right\} \qquad (14 \cdot 2 \cdot 16)$$

よって永年方程式は

$$\begin{vmatrix} -\lambda & 1 & 0 & 0 & 0 & 1 \\ 1 & -\lambda & 1 & 0 & 0 & 0 \\ 0 & 1 & -\lambda & 1 & 0 & 0 \\ 0 & 0 & 1 & -\lambda & 1 & 0 \\ 0 & 0 & 0 & 1 & -\lambda & 1 \\ 1 & 0 & 0 & 0 & 1 & -\lambda \end{vmatrix} = 0$$

となる．左辺を展開して

$$(\lambda^2 - 1)^2 (\lambda^2 - 4) = 0$$

を得るから

$$\lambda = \pm 1 \,(\text{重根}),\ \pm 2$$

である．$\lambda = \pm 1$ が重根になるため $\varepsilon_2$ と $\varepsilon_3$，および $\varepsilon_4$ と $\varepsilon_5$ の準位が縮重する (図 14·11)．これらの根を (14·2·16) に代入して得られた MO を図 14·11

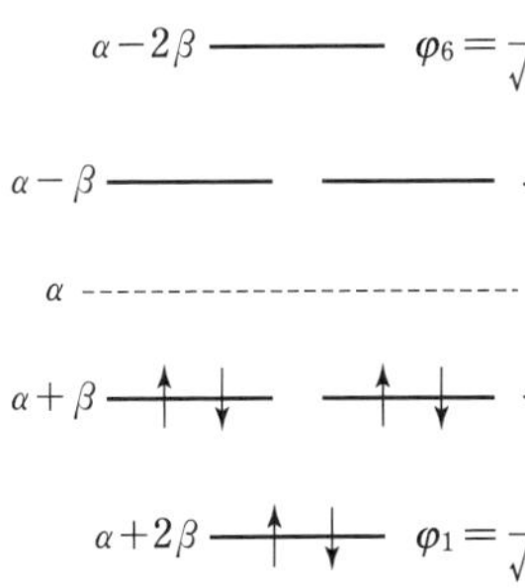

$$\begin{array}{ll}
\alpha - 2\beta \underline{\qquad} & \varphi_6 = \dfrac{1}{\sqrt{6}}(\chi_1 - \chi_2 + \chi_3 - \chi_4 + \chi_5 - \chi_6) \\[6pt]
\alpha - \beta \underline{\qquad}\ \underline{\qquad} & \begin{cases} \varphi_5 = \dfrac{1}{\sqrt{12}}(2\chi_1 - \chi_2 - \chi_3 + 2\chi_4 - \chi_5 - \chi_6) \\ \varphi_4 = \dfrac{1}{2}(\chi_2 - \chi_3 + \chi_5 - \chi_6) \end{cases} \\[6pt]
\alpha \ \text{-----------} & \\[6pt]
\alpha + \beta \ \uparrow\!\downarrow\ \ \uparrow\!\downarrow & \begin{cases} \varphi_3 = \dfrac{1}{2}(\chi_2 + \chi_3 - \chi_5 - \chi_6) \\ \varphi_2 = \dfrac{1}{\sqrt{12}}(2\chi_1 + \chi_2 - \chi_3 - 2\chi_4 - \chi_5 + \chi_6) \end{cases} \\[6pt]
\alpha + 2\beta \ \uparrow\!\downarrow & \varphi_1 = \dfrac{1}{\sqrt{6}}(\chi_1 + \chi_2 + \chi_3 + \chi_4 + \chi_5 + \chi_6)
\end{array}$$

**図 14·11** ベンゼンの π MO と基底状態の電子配置

の右側に記す.各MOを模式的に示すと図14・12のようになる.図で炭素原子の位置に描いた白または黒丸は,その位置でAOの係数が正または負になることを意味する.なお係数の絶対値が大きいところでは大きい丸印が用いてある.図の点線は節面(分子面に垂直)を表しており,MOのエネルギーが増すと節面の数が多くなることがわかる.

Hückel エネルギーの和は図14・11より

$$E_\pi = 2(\alpha + 2\beta) + 4(\alpha + \beta) = 6\alpha + 8\beta$$

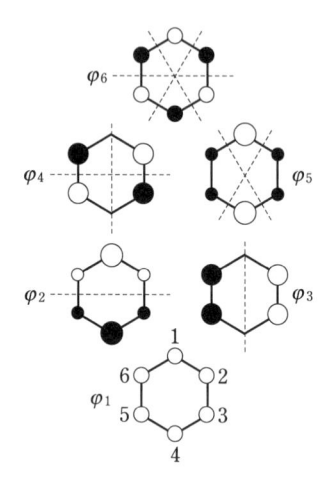

図14・12 ベンゼンのπMOの模式図

である.2重結合が一つの Kekulé 構造に局在化しているときのπ電子エネルギーは $3E_{\pi\text{ethylene}} = 3(2\alpha + 2\beta)$ であるから,ベンゼンの非局在化エネルギーは

$$E_{\text{deloc}} = 3(2\alpha + 2\beta) - (6\alpha + 8\beta) = -2\beta = 2|\beta|$$

で与えられる.非局在化エネルギーはVB法の共鳴エネルギーに対応する.

他の炭化水素についても同様な方法で非局在化エネルギーを求めることができる.表14・1にその値を実測値とともに示した.表の理論値はベンゼンの理論値が実測値に合うように $\beta$ を調整したときの値である.このとき $\beta = -104.5 \text{ kJ mol}^{-1}$ である.実測値と理論値は並行関係にあることがわかる.

表14・1 炭化水素の非局在化エネルギー

| 分 子 | 非局在化エネルギー | 実測値/kJ mol$^{-1}$ [a] | 理論値/kJ mol$^{-1}$ [b] |
|---|---|---|---|
| ベンゼン | $-2.000\beta$ | 209 | 209 |
| ナフタレン | $-3.683\beta$ | 378 | 385 |
| アントラセン | $-5.314\beta$ | 535 | 555 |
| フェナントレン | $-5.448\beta$ | 558 | 569 |
| ビフェニル | $-4.383\beta$ | 445 | 458 |
| 1,3-ブタジエン | $-0.472\beta$ | 43 | 49 |

a) 最近の熱力学データによる値(Pauling の値とは異なる).
b) $\beta$ をベンゼンの実測値に合わせた値.

[例題 14・1] シクロブタジエンの $\pi$MO を求め,基底状態の電子配置を図示せよ.また非局在化エネルギーを計算せよ.

[解] 炭素原子に図1のように番号をつけると,(14・2・12) から

$$\left.\begin{array}{l}-\lambda c_1 + c_2 \phantom{aaaaa} + c_4 = 0 \\ c_1 - \lambda c_2 + c_3 \phantom{aaaaaa} = 0 \\ \phantom{aaaa} c_2 - \lambda c_3 + c_4 = 0 \\ c_1 \phantom{aaaaa} + c_3 - \lambda c_4 = 0 \end{array}\right\} \quad (1)$$

図1

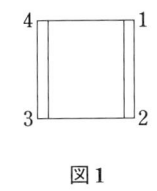

を得る.永年方程式は

$$\begin{vmatrix} -\lambda & 1 & 0 & 1 \\ 1 & -\lambda & 1 & 0 \\ 0 & 1 & -\lambda & 1 \\ 1 & 0 & 1 & -\lambda \end{vmatrix} = 0$$

となる.左辺を展開して

$$\lambda^2(\lambda^2 - 4) = 0$$

を得るから

$$\lambda = 0 \text{（重根）}, \pm 2$$

が解である.よって MO のエネルギーは,$\varepsilon_1 = \alpha + 2\beta$, $\varepsilon_2 = \alpha$, $\varepsilon_3 = \alpha$, $\varepsilon_4 = \alpha - 2\beta$ となる.$\varepsilon_2, \varepsilon_3$ に対応する MO の係数を求めるために,$\lambda = 0$ を (1) に代入すると

第1式と第3式から　　$c_2 + c_4 = 0$

第2式と第4式から　　$c_1 + c_3 = 0$

を得る.よって MO を規格化した形で書くと

$$\varphi_2 = \frac{1}{\sqrt{2}}(\chi_1 - \chi_3) \qquad \varphi_3 = \frac{1}{\sqrt{2}}(\chi_2 - \chi_4)$$

となる.ところで $\varepsilon_2, \varepsilon_3$ は縮重しているから,それらに対応する波動関数として,上の $\varphi_2, \varphi_3$ の任意の独立な一次結合を用いてよい[1] (下巻 §15・4).例えば $\frac{1}{\sqrt{2}}(\varphi_2 \pm \varphi_3)$ をとると

---

1) ベンゼンの縮重軌道についても事情は同じである.

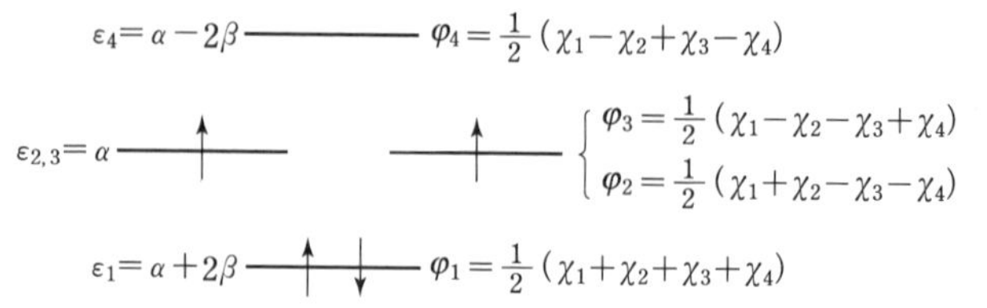

$$\varepsilon_4 = \alpha - 2\beta \text{———} \quad \varphi_4 = \frac{1}{2}(\chi_1 - \chi_2 + \chi_3 - \chi_4)$$

$$\varepsilon_{2,3} = \alpha \text{—↑— —↑—} \begin{cases} \varphi_3 = \frac{1}{2}(\chi_1 - \chi_2 - \chi_3 + \chi_4) \\ \varphi_2 = \frac{1}{2}(\chi_1 + \chi_2 - \chi_3 - \chi_4) \end{cases}$$

$$\varepsilon_1 = \alpha + 2\beta \text{—↑↓—} \quad \varphi_1 = \frac{1}{2}(\chi_1 + \chi_2 + \chi_3 + \chi_4)$$

図 2

$$\varphi_2' = \frac{1}{2}(\chi_1 + \chi_2 - \chi_3 - \chi_4) \qquad \varphi_3' = \frac{1}{2}(\chi_1 - \chi_2 - \chi_3 + \chi_4)$$

も $\varepsilon_2, \varepsilon_3$ に対応する MO である。$\varepsilon_1, \varepsilon_4$ の MO の係数の計算については省略する。計算結果は図2のようになる。4個の π 電子のうち,2個の電子は $\varepsilon_1$ 準位を占めるが,残りの2個の電子はスピンを平行にして $\varepsilon_2, \varepsilon_3$ 準位に入る(Hundの規則)。このためシクロブタジエンの基底状態は3重項となる。Hückel エネルギーの和は

$$E_\pi = 2(\alpha + 2\beta) + 2\alpha = 4\alpha + 4\beta$$

非局在化エネルギーは

$$E_{\text{deloc}} = 2E_{\pi,\text{ethylene}} - E_\pi = 2(2\alpha + 2\beta) - (4\alpha + 4\beta) = 0$$

となる。シクロブタジエンの不安定性は,分子が正方形であるためベンゼンに比べて σ 軌道の重なりが少ないこと (p.359) の他,π 電子が対をつくっていないため反応性があり,また非局在化エネルギーが0であることにも起因している。なお環状化合物の安定性の一般論については次節で述べる。

## §14・3　π 電子の共役鎖と共役環

$n$ 個の π 電子が共役した鎖(鎖状ポリエン,$n = 2, 3, 4, \cdots$ で,エチレン,アリル基,ブタジエンなど)と環(アヌレン,$n = 3, 4, 5, 6, \cdots$ で,シクロプロパン,シクロブタジエン,シクロペンタジエニル基,ベンゼンなど)は後述するように興味ある π 電子系である(図14・13)。

まず,$n$ 個の π 電子をもつ鎖状ポリエン(図14・13 (a))の軌道を求めよう。(14・2・12) より

$$\left.\begin{array}{r}-\lambda c_1 + c_2 = 0 \\ c_1 - \lambda c_2 + c_3 = 0 \\ \cdots\cdots \\ c_{m-1} - \lambda c_m + c_{m+1} = 0 \\ \cdots\cdots \\ c_{n-2} - \lambda c_{n-1} + c_n = 0 \\ c_{n-1} - \lambda c_n = 0\end{array}\right\} \quad (14\cdot3\cdot1)$$

1次元の箱の中の粒子 (§3・4) の類推から，$\varphi = \sum_{m=1}^{n} c_m \chi_m$ を1次元鎖の中の定常波と考えると

$$c_m = C \sin m\theta \quad (14\cdot3\cdot2)$$

とおくことができる[1]．この式を (14・3・1) に入れると，第1式から

$$\lambda = \frac{c_2}{c_1} = \frac{\sin 2\theta}{\sin \theta} = 2\cos\theta$$

第2～$(n-1)$ 式からも

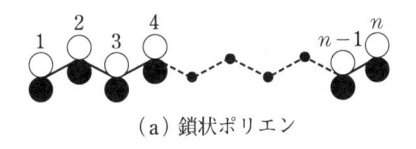

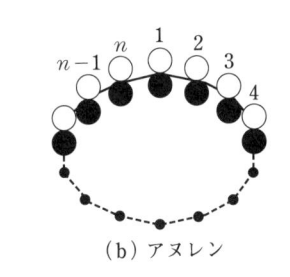

(a) 鎖状ポリエン

(b) アヌレン

図 14・13　π 電子の共役鎖と共役環

$$\lambda = \frac{c_{m-1} + c_{m+1}}{c_m} = \frac{\sin(m-1)\theta + \sin(m+1)\theta}{\sin m\theta}$$
$$= \frac{2\sin m\theta \cos\theta}{\sin m\theta} = 2\cos\theta \quad (m = 2, 3, \cdots, n-1)$$

となる．すなわち，第1～$(n-1)$ 式から $\lambda = 2\cos\theta$ が得られる．第 $n$ 式についてもこれが成立するためには

$$\lambda = \frac{c_{n-1}}{c_n} = \frac{\sin(n-1)\theta}{\sin n\theta} = 2\cos\theta \quad \therefore \quad \sin(n-1)\theta = 2\sin n\theta \cos\theta$$

---

[1] $\theta$ は波数に対応する．

ならばよい．上式を指数関数で表すと

$$\frac{e^{i(n-1)\theta}-e^{-i(n-1)\theta}}{2i}=2\cdot\frac{e^{in\theta}-e^{-in\theta}}{2i}\cdot\frac{e^{i\theta}+e^{-i\theta}}{2}$$

この式の右辺は $(e^{i(n+1)\theta}-e^{-i(n+1)\theta}+e^{i(n-1)\theta}-e^{-i(n-1)\theta})/(2i)$ となるから

$$e^{i(n+1)\theta}-e^{-i(n+1)\theta}=0 \quad \text{または} \quad e^{-i(n+1)\theta}(e^{i2(n+1)\theta}-1)=0$$

$$\therefore \quad e^{i2(n+1)\theta}=1 \tag{14・3・3}$$

ならば，第 $n$ 式についても $\lambda=2\cos\theta$ が成立する．上式から

$$2(n+1)\theta=2\pi k$$

$$\theta=\frac{\pi k}{n+1} \quad k=1,2,\cdots,n \tag{14・3・4}$$

上式で $k=0$ とすると，$\theta=0$ となり，(14・3・2) から $c_m=0$ となるので都合がわるい．また，独立な解 $\lambda=2\cos\theta$ は $n$ 個しかないはずであるから，上の解で十分である．次に

$$\varphi=\sum_{m=1}^{n}c_m\chi_m=\sum_{m=1}^{n}(C\sin m\theta)\chi_m \tag{14・3・5}$$

を規格化する．$\int\varphi^2\,dv=1$ より

$$\sum_{m=1}^{n}C^2\sin^2 m\theta=1 \tag{14・3・6}$$

となる．ここで

$$\sum_{m=1}^{n}\sin^2 m\theta=\sum_{m=1}^{n}\left(\frac{e^{im\theta}-e^{-im\theta}}{2i}\right)^2=-\frac{1}{4}\left(\sum_{m=1}^{n}e^{i2m\theta}+\sum_{m=1}^{n}e^{-i2m\theta}-2\sum_{m=1}^{n}1\right)$$

$$=-\frac{1}{4}(-1-1-2n)=\frac{n+1}{2}$$

となる[1]．よって，

---

[1] $\sum_{m=1}^{n}e^{i2m\theta}$ は初項と項比が $e^{i2\theta}$ の等比数列であるから
$\sum_{m=1}^{n}e^{i2m\theta}=\dfrac{e^{i2\theta}(1-e^{i2n\theta})}{1-e^{i2\theta}}=\dfrac{e^{i2\theta}-e^{i2(n+1)\theta}}{1-e^{i2\theta}}=\dfrac{e^{i2\theta}-1}{1-e^{i2\theta}}=-1 \; (\because \; (14・3・3))$,
$\sum_{m=1}^{n}e^{-i2m\theta}$ についても同様．

§14·3 π電子の共役鎖と共役環

$$C = \sqrt{\frac{2}{n+1}} \tag{14·3·7}$$

となる．以上の結果から

$$\lambda_k = 2\cos\theta = 2\cos\frac{\pi k}{n+1} \tag{14·3·8}$$

$$\left.\begin{array}{l} \varepsilon_k = \alpha + \lambda_k \beta = \alpha + 2\beta\cos\dfrac{\pi k}{n+1} \\ \varphi_k = \sqrt{\dfrac{2}{n+1}} \sum_{m=1}^{n} \sin\left\{\dfrac{\pi k m}{n+1}\right\} \chi_m \end{array}\right\} \quad k = 1, 2, \cdots, n \tag{14·3·9}$$

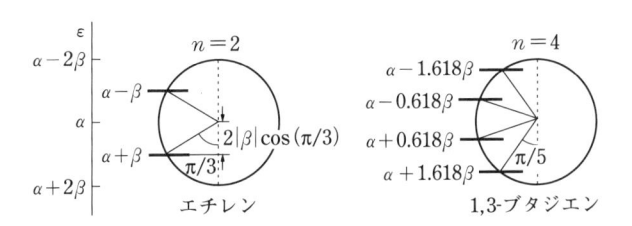

図 14·14 $n=2$ と 4 の共役鎖のエネルギー準位

図 14·14 に示したように，(14·3·9) から
$n = 2$ のとき　$\varepsilon_k = \alpha + 2\beta\cos\dfrac{\pi k}{3}$
　　　　$k = 1, 2$ として　$\varepsilon_1 = \alpha + \beta$, $\varepsilon_2 = \alpha - \beta$
$n = 4$ のとき　$\varepsilon_k = \alpha + 2\beta\cos\dfrac{\pi k}{5}$
　　　　$k = 1, 2, 3, 4$ として　$\varepsilon_1 = \alpha + 1.618\,\beta$, $\varepsilon_2 = \alpha + 0.618\,\beta$,
　　　　$\varepsilon_3 = \alpha - 0.618\,\beta$, $\varepsilon_4 = \alpha - 1.618\,\beta$

が得られる．前述したエチレンとブタジエンの結果が再現されている．$\varphi_k$ についても同様である．$n = 2 \sim \infty$ の準位とそれらを電子が占めたときの様子を図 14·15 に示す．$n$ 個の準位は $\varepsilon = \alpha$ の上下に対称に配置されている．$\alpha$ は π 電子が相互作用していないときのエネルギーであるから，それより低い順位をもつ軌道は結合性 MO，高い順位をもつ軌道は反結合性 MO に相当する．$n$ が奇数のときには $\varepsilon = \alpha$ の軌道，すなわち非結合性 MO が存在し，そこに電

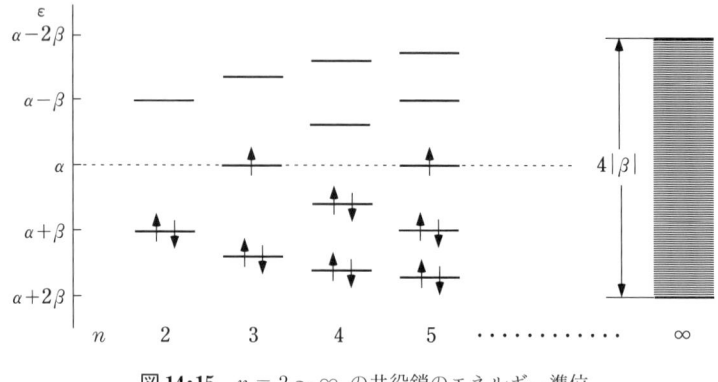

図 14·15　$n = 2 \sim \infty$ の共役鎖のエネルギー準位

子が 1 個入る. $n$ が大きくなると, 次第にエネルギー準位の間隔が減少し, $n \to \infty$ では準位は $\varepsilon = \alpha + 2\beta$ ($\lambda_k = 2\cos\{\pi/(n+1)\}$ に相当) と $\alpha - 2\beta$ ($\lambda_k = 2\cos\{n\pi/(n+1)\}$ に相当) の間に帯状に連続的に分布し, 電子はその下半分を満たすようになる. この**エネルギー帯 (バンド)** (energy band) の幅は $4|\beta|$ である. すなわち, バンド幅は隣接した $\pi$ 電子の重なりによって支配される. 結晶のバンド構造も原理的には上と同様な方法で求められる. いろいろなエネルギーバンドの幅は隣接原子の種々の AO の重なりによって決定されるのである. このようにして, 鎖状ポリエンや高分子鎖などは 1 次元結晶とみなすことができる.

次に環状ポリエンのアヌレンについて論じる. 環が平面とすれば, (14·3·1) に相当する式は次のようになる (図 14·13 (b) 参照).

$$\left.\begin{aligned}
-\lambda c_1 + c_2 \phantom{+ c_{m+1}} + c_n &= 0 \\
c_1 - \lambda c_2 + c_3 \phantom{+ c_{m+1} + c_n} &= 0 \\
\cdots\cdots \phantom{aaaaaaaaaaaaaaaaaa} & \\
c_{m-1} - \lambda c_m + c_{m+1} \phantom{+ c_n} &= 0 \\
\cdots\cdots \phantom{aaaaaaaaaaaaaaaaaa} & \\
c_{n-2} - \lambda c_{n-1} + c_n &= 0 \\
c_1 \phantom{aaaaaaaaa} + c_{n-1} - \lambda c_n &= 0
\end{aligned}\right\} \quad (14\cdot3\cdot10)$$

上式を解くために，今度は波の指数関数表示を用いて，$\varphi = \sum_{m=1}^{n} c_m \chi_m$ において
$$c_m = Ce^{im\theta} \tag{14・3・11}$$
とおく．この式を (14・3・10) の第 1 式に代入すると
$$\lambda = \frac{e^{i2\theta} + e^{in\theta}}{e^{i\theta}} = e^{i\theta} + e^{i(n-1)\theta} \tag{14・3・12}$$
となる．第 $2 \sim (n-1)$ 式から
$$\lambda = \frac{e^{i(m-1)\theta} + e^{i(m+1)\theta}}{e^{im\theta}} = e^{-i\theta} + e^{i\theta} \tag{14・3・13}$$
また，第 $n$ 式から
$$\lambda = \frac{e^{i\theta} + e^{i(n-1)\theta}}{e^{in\theta}} \tag{14・3・14}$$
(14・3・12) と (14・3・13) が同時に成立するためには
$$e^{i(n-1)\theta} = e^{-i\theta}$$
$$e^{in\theta} = 1 \tag{14・3・15}$$
となる．このとき，(14・3・12), (14・3・13) と同時に (14・3・14) も成立する．よって
$$n\theta = 2\pi k$$
$$\theta = \frac{2\pi k}{n} \tag{14・3・16}$$
なお，独立な解は $n$ 個あるはずである．$k = 0, 1, 2, \cdots, n-1$, $k = 1, 2, \cdots, n$ または $k = 0, \pm 1, \pm 2, \cdots\cdots$ のどれでもよい．ここでは後の都合を考えて最後のものを使うとする．このとき

$n$ が奇数なら　　$k = 0, \pm 1, \pm 2, \cdots, \pm(n-1)/2$

$n$ が偶数なら　　$k = 0, \pm 1, \pm 2, \cdots, \pm(n-2)/2, n/2$

である．(14・3・13) から
$$\lambda_k = 2\cos\theta = 2\cos\frac{2\pi k}{n}$$
となる．次に

$$\varphi = \sum_{m=1}^{n} c_m \chi_m = \sum_{m=1}^{n} C\, e^{im\theta} \chi_m$$

を規格化するには

$$\sum_{m=1}^{n} c_m c_m{}^* = \sum_{m=1}^{n} C^2 = C^2 n = 1 \quad \therefore \quad C = \sqrt{\frac{1}{n}}$$

ならばよい．以上の結果から次式が得られる．

$$\left. \begin{array}{l} \varepsilon_k = \alpha + \lambda_k \beta = \alpha + 2\beta \cos\dfrac{2\pi k}{n} \\[6pt] \varphi_k = \sqrt{\dfrac{1}{n}} \sum_{m=1}^{n} e^{i2\pi km/n} \chi_m \end{array} \right\} \quad k = 0, \pm 1, \pm 2, \cdots\cdots \quad (14\cdot 3\cdot 17)$$

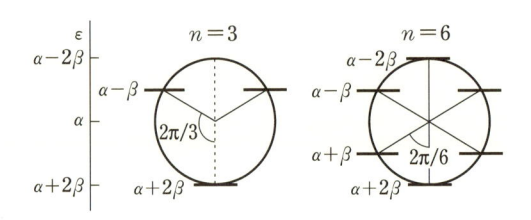

**図 14・16** $N=3$ と 6 の共役環のエネルギー準位

$n=3, 6$ のときの $\varepsilon_k$ を図 14・16 に示す．$n=3$ のときは，$k=0, \pm 1$ に対応して，$\varepsilon_0 = \alpha + 2\beta$, $\varepsilon_{\pm 1} = \alpha - \beta$ となる．$n=6$（ベンゼン）のときは，$k=0, \pm 1, \pm 2, 3$ に対して，$\varepsilon_0 = \alpha + 2\beta$, $\varepsilon_{\pm 1} = \alpha + \beta$, $\varepsilon_{\pm 2} = \alpha - \beta$, $\varepsilon_3 = \alpha - 2\beta$ となり，p.367 の結果と一致する．

なお，(14・3・17) の $\varphi_k$ の係数は複素数である．これを実数化するために縮重準位に対応する $\varphi_k$ と $\varphi_{-k}$ の一次結合をとって，次の独立な二つの関数にしてもよい．

$$\begin{aligned} \frac{1}{\sqrt{2}}(\varphi_k + \varphi_{-k}) &= \sqrt{\frac{2}{n}} \sum_{m=1}^{n} \left( \cos \frac{2\pi km}{n} \right) \chi_m \\ \frac{1}{\sqrt{2}\,i}(\varphi_k - \varphi_{-k}) &= \sqrt{\frac{2}{n}} \sum_{m=1}^{n} \left( \sin \frac{2\pi km}{n} \right) \chi_m \end{aligned} \quad (14\cdot 3\cdot 18)$$

$n=6$ のベンゼンの場合，$\varphi_{\pm 1}$ から

§14·3　π電子の共役鎖と共役環

$$\frac{1}{\sqrt{2}}(\varphi_1+\varphi_{-1})=\sqrt{\frac{2}{6}}\sum_{m=1}^{6}\left(\cos\frac{2\pi m}{6}\right)\chi_m$$

$$=\sqrt{\frac{2}{6}}\left(\frac{1}{2}\chi_1-\frac{1}{2}\chi_2-\chi_3-\frac{1}{2}\chi_4+\frac{1}{2}\chi_5+\chi_6\right)$$

$$=\sqrt{\frac{1}{12}}(\chi_1-\chi_2-2\chi_3-\chi_4+\chi_5+2\chi_6)$$

$$\frac{1}{\sqrt{2}i}(\varphi_1-\varphi_{-1})=\sqrt{\frac{2}{6}}\sum_{m=1}^{6}\left(\sin\frac{2\pi m}{6}\right)\chi_m$$

$$=\sqrt{\frac{2}{6}}\left(\frac{\sqrt{3}}{2}\chi_1+\frac{\sqrt{3}}{2}\chi_2-\frac{\sqrt{3}}{2}\chi_4-\frac{\sqrt{3}}{2}\chi_5\right)$$

$$=\frac{1}{2}(\chi_1+\chi_2-\chi_4-\chi_5)$$

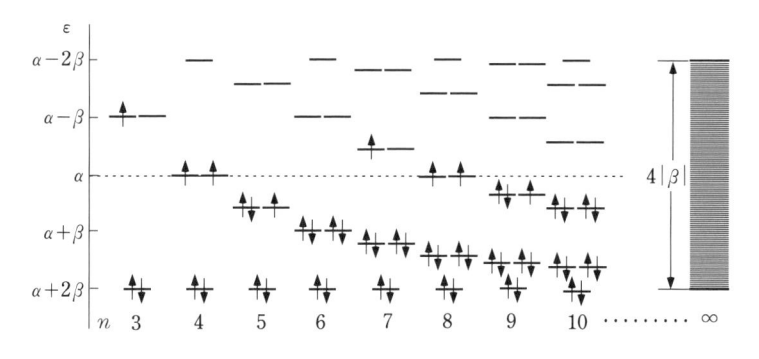

図 14·17　$n=3\sim\infty$ の共役環のエネルギー準位

となり，図 14·11 の $\varphi_2$ と $\varphi_3$ に相当する MO が得られる．同様にして，$\varphi_{\pm 2}$ から $\varphi_4$ と $\varphi_5$ に相当する MO が導かれる．

$n=3\sim\infty$ のアヌレンの $\varepsilon_k$ とそれを電子が占有した様子を図 14·17 に示す．電子が縮重準位に 2 個あるときは，Hund の規則でスピン平行の状態が安定である．$n$ が偶数のときはエネルギー準位は $\alpha$ の上下に対称に分布しているが，奇数のときは対称ではない．また，どの $n$ でも縮重準位が存在し，$n\to\infty$ では縮重準位が $4|\beta|$ の幅で連続帯を形成する．図において，最低準位 ($\varepsilon_0=\alpha+2\beta$) は縮重していないが，それより上の準位は，$n=$ 偶数 の最高順位を除き，2 重縮重している．したがって，電子が占める準位の数は $2m+1$ であ

る ($m = 1, 2, \cdots$, 図で $n = 4 \sim 6$ のとき, $m = 1$, $2m + 1 = 3$, $n = 8 \sim 10$ のとき, $m = 2$, $2m + 1 = 5$). この準位数の2倍, すなわち $(4m + 2)$ 個の電子があれば閉殻となる. 電子数は $n$ 個であるから

$n = 4m + 2 (n = 6, 10, 14, \cdots)$ のとき, 閉殻 (1重項) で安定

$n = 4m + 1 (n = 5, 9, 13, \cdots)$ のとき, 不対電子1個 (2重項) で不安定

$n = 4m (n = 4, 8, 12, \cdots)$ のとき, 不対電子2個 (3重項) で極めて不安定

となる. なお, $n = 4m - 1 (n = 3, 7, 11, \cdots)$ の状態は反結合性軌道に電子が入り, 不安定になるため存在しない. ベンゼンに代表される $n = 4m + 2 (m = 1, 2, \cdots)$ の安定な環状π電子化合物を芳香族化合物と呼び, この種の化合物が示す性質を**芳香族性** (aromaticity) という. 芳香環をもつ化合物としては [18] アヌレンや 1,6-メタノ [10] アヌレンが合成されている (以下, 化合物の構造式については図 14・18 参照). これに対し, $n = 4m$ の極めて不安定な化合物の性質を反芳香族性という. $n = 4$ のシクロブタジエンは単離されていない. 三つの tert-ブチル基で環を保護したトリ-tert-ブチル置換体が低温 ($-196\,°C$) で得られているに過ぎない. シクロペンタジエニル ($n = 5$) は不対電子1個をもつラジカルで不安定であるが, 1個電子が加わり, 陰イオンにな

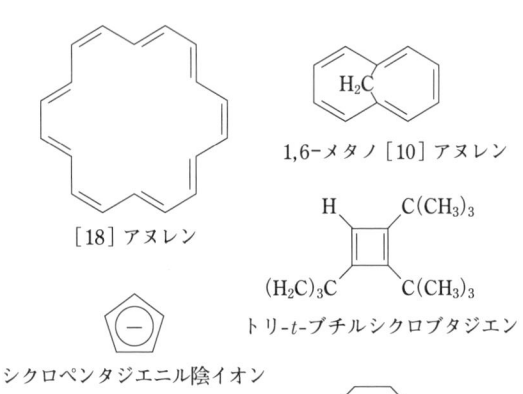

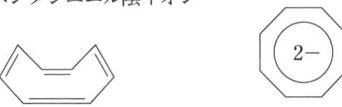

[18] アヌレン

1,6-メタノ [10] アヌレン

トリ-$t$-ブチルシクロブタジエン

シクロペンタジエニル陰イオン

シクロオクタテトラエン　シクロオクタテトラエン陰イオン　**図 14・18**　いろいろな共役環

ると安定になる（金属から電子が移動してできるシクロペンタジエニル金属錯体は多数存在する）．逆に電子が1個失われた陽イオンは非常に不安定である．シクロオクタテトラエンは平面ではない．平面構造をとると，C-C-C結合角が135°となってσ電子エネルギーが大きくなる．このため，8個のπ電子の共役によるエネルギー低下を犠牲にして，図14・18のような，単結合と2重結合が交互に現れる非平面構造をとる．このときの結合角は120°に近く，σ電子エネルギーが大きく低下する．ただし，この分子にカリウムを作用させて得られる2価の陰イオンは安定な10π電子系となり，平面構造をとる（図14・18）．

## §14・4　交互炭化水素と非交互炭化水素

　図14・6，図14・8および図14・11を眺めると，π準位が$\alpha$の上下で対称の位置にある（$\varepsilon = \alpha \pm \lambda\beta$で対になっている）ことがわかる．また対称の位置にある一対のMOについては，同じAOの係数は等しいか，符号だけが異なっていることもわかる．図14・15の鎖状ポリエンや図14・17の$n$が偶数のアヌレンでも同様な性質がある．これらは実は交互炭化水素の一般的な性質である．

　**交互炭化水素** (alternant hydrocarbon) とは，図14・19 (a) のように分子中の炭素原子に一つおきに星印をつけたとき，星印をつけた組とつけない組に属する炭素原子が互いに結合しないようにすることができる炭化水素である．これに対し図の (b) の分子では，奇数員環をもつため，どのような方法で星印をつけても，星組または非星組に属する炭素原子の間に結合がある．このような炭化水素を**非交互炭化水素** (non-alternant hydrocarbon) という．交互炭化水素のうち，共役する炭素原子の数が偶数のものを**偶交互炭化水素**，奇数のものを**奇交互炭化水素**という．奇交互炭化水素では，星組と非星組の原子数が異なるが，原子数が多い方を星組とすることにする（図14・19のベンジル基の例を参照）．

　さて，この節のはじめに述べた一般則を証明することにしよう．(14・2・12) より永年方程式の根$\lambda$とMOの係数$c_\mu$の間には

(a) 交互炭化水素

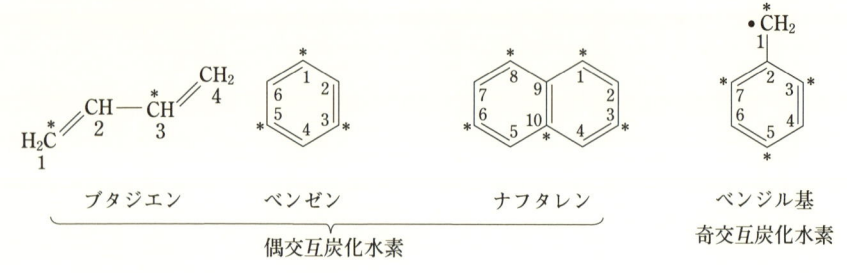

ブタジエン　　ベンゼン　　　　ナフタレン　　　　ベンジル基
　　　　　　　　　　　　　　　　　　　　　　　　奇交互炭化水素
　　　　　　　偶交互炭化水素

(b) 非交互炭化水素

シクロペンタジエニル基　　　フルベン　　　　　　アズレン

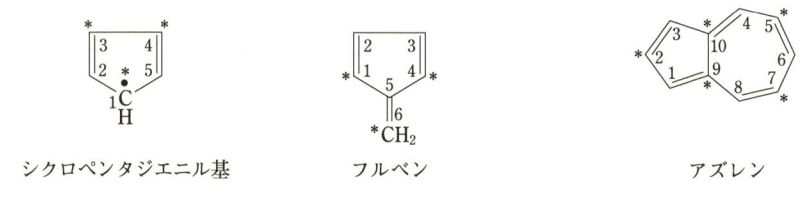

図 14・19　交互炭化水素と非交互炭化水素

$$-\lambda c_\mu + \sum_{\nu(\mu \to \nu)} c_\nu = 0 \qquad \mu = 1, 2, \cdots, m$$

の関係がある．交互炭化水素において，星組に属する炭素原子の AO の係数を $c_s{}^*(s = 1, 2, \cdots, p)$，非星組のそれを $c_r{}^0(r = p+1, \cdots, m)$ とする．交互炭化水素では星組の炭素原子と結合しているのは必ず非星組の炭素原子であり，またその逆も成立するから，上式は次のように2組の式に書き直すことができる．

$$\left. \begin{array}{l} -\lambda c_s{}^* + \sum_{\nu(s \to \nu)} c_\nu{}^0 = 0 \qquad s = 1, 2, \cdots, p \\ -\lambda c_r{}^0 + \sum_{\nu(r \to \nu)} c_\nu{}^* = 0 \qquad r = p+1, \cdots, m \end{array} \right\} \qquad (14 \cdot 4 \cdot 1)$$

上の第1式の両辺に $-1$ をかけ，また第2式を変形すると

$$\left. \begin{array}{l} -(-\lambda) c_s{}^* + \sum_{\nu(s \to \nu)} (-c_\nu{}^0) = 0 \qquad s = 1, 2, \cdots, p \\ -(-\lambda)(-c_r{}^0) + \sum_{\nu(r \to \nu)} c_\nu{}^* = 0 \qquad r = p+1, \cdots, m \end{array} \right\} \qquad (14 \cdot 4 \cdot 2)$$

上式は $-\lambda$ が永年方程式の根で，それに対応する MO の係数は $c_s{}^*(s = 1, 2, \cdots, p)$，$-c_r{}^0(r = p+1, \cdots, m)$ であることを意味している．すなわち<u>交互炭</u>

## §14・4 交互炭化水素と非交互炭化水素

反結合性軌道
$$\varphi_A = \sum_s c_s^* \chi_s - \sum_r c_r^0 \chi_r$$
$$\varepsilon_A = \alpha - \lambda\beta$$

非結合性軌道
$$\varepsilon_N = \alpha \quad \varphi_N = \sum_s c_{s0}^* \chi_s$$

結合性軌道
$$\varphi_B = \sum_s c_s^* \chi_s + \sum_r c_r^0 \chi_r$$
$$\varepsilon_B = \alpha + \lambda\beta$$

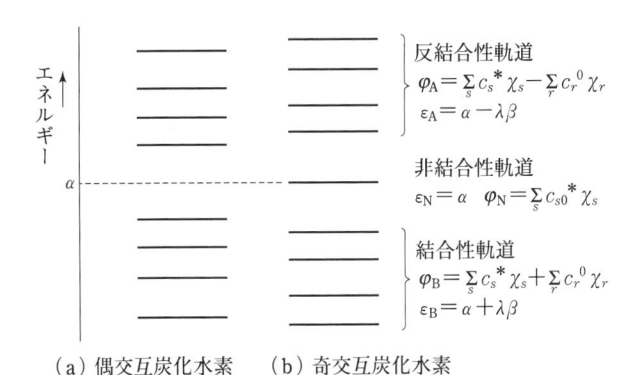

(a) 偶交互炭化水素　　(b) 奇交互炭化水素

図 14・20　交互炭化水素の π MO の準位

化水素では $\varepsilon_B = \alpha + \lambda\beta$, $\varphi_B = \sum_s c_s^* \chi_s + \sum_r c_r^0 \chi_r$ の軌道があるならば, $\varepsilon_A = \alpha - \lambda\beta$, $\varphi_A = \sum_s c_s^* \chi_s - \sum_r c_r^0 \chi_r$ も存在するのである．したがって $\alpha$ より下(または上)にある準位の MO のエネルギーと係数を求めれば, 上(または下)にある準位の MO のエネルギーと係数は直ちに得られる(エネルギーは $\alpha$ に関して対称の位置, 係数は非星組の AO の係数の符号だけを変更)．以上の関係が実際に成立していることは図 14・8 (ブタジエン), 図 14・11 (ベンゼン) と図 14・19 (a) を比較すれば明らかであろう．

偶交互炭化水素では MO の数が偶数になるので, MO 準位が図 14・20 (a) に示すように $\alpha$ の上下に対称に位置し, 一般に $\alpha$ のエネルギーには準位はない[1]．奇交互炭化水素では MO の数が奇数になるので, $\alpha$ の上下に対称に準位がある他, エネルギー $\alpha$ の準位が一つある(図 14・20 (b))．エネルギー $\alpha$ の軌道が非結合性軌道である．これはそのエネルギーが孤立した π 電子のエネルギーに等しいためである．非結合性軌道では $\lambda = 0$ であるから (14・4・1) は

$$\left.\begin{array}{l} \sum_{\nu(s-\nu)} c_\nu^0 = 0 \quad s = 1, 2, \cdots, p \\ \sum_{\nu(r-\nu)} c_\nu^* = 0 \quad r = p+1, \cdots, m \end{array}\right\} \quad (14・4・3)$$

---
[1] シクロブタジエンのように $\alpha = 0$ のところに縮重軌道がある場合は例外である(§14・2 の例題 14・1 参照)．

のようになる．この式を用いると非結合性軌道の AO の係数は簡単に求められる．図 14・19 のベンジル基を例にとると，上式から

$$s = 1, \quad c_2 = 0 \qquad r = 2, \quad c_1 + c_3 + c_7 = 0$$
$$s = 3, \quad c_2 + c_4 = 0 \qquad r = 4, \quad c_3 + c_5 = 0$$
$$s = 5, \quad c_4 + c_6 = 0 \qquad r = 6, \quad c_5 + c_7 = 0$$
$$s = 7, \quad c_2 + c_6 = 0$$

が成立する．よって

$$c_2 = c_4 = c_6 = 0 \quad c_3 = -c_5 \quad c_7 = -c_5 \quad c_1 = -c_3 - c_7 = 2c_5$$

を得る．規格化の条件より

$$\sum_{i=1}^{7} c_i^2 = c_1^2 + c_3^2 + c_5^2 + c_7^2 = 7c_5^2 = 1$$

となるから

$$c_5 = \frac{1}{\sqrt{7}} \qquad c_1 = \frac{2}{\sqrt{7}} \qquad c_3 = c_7 = -\frac{1}{\sqrt{7}}$$

が得られ，ベンジル基の非結合性軌道は

$$\varphi_N = \frac{1}{\sqrt{7}}(2\chi_1 - \chi_3 + \chi_5 - \chi_7)$$

で与えられる．この例の示すように，奇交互炭化水素の非結合性軌道は一般に星組の炭素原子の AO のみからなるのである (図 14・20 では $\varphi_N = \sum_s c_{s0}{}^* \chi_s$ で示した)．その理由は，星組の方が非星組より原子数が多いため，星組の原子が分子の末端を占めることになるので，上の計算からもわかるとおり，非星組の係数が 0 となるからである．非結合性軌道の係数 $c_{s0}{}^*$ の値は (14・4・3) の第 2 式，すなわち非星組原子と結合した星組原子の係数の和は 0，の性質を用いて求められる (例題 14・2 参照)．

図 14・21 にベンジル基の MO を示した．なおこの基が陽イオンまたは陰イオンになると不対電子が失われる (図 14・22)．

非交互炭化水素では，交互炭化水素で見られた $\alpha$ の上下にある πMO の対称性は存在しない．$n$ が奇数のアヌレンについてはすでにこのことを指摘した

§14·4 交互炭化水素と非交互炭化水素

$\varepsilon_7 = \alpha - 2.10\beta$ ——— $\varphi_7 = 0.238\chi_1 - 0.500\chi_2 + 0.406\chi_3 - 0.354\chi_4 + 0.337\chi_5 - 0.354\chi_6 + 0.406\chi_7$
$\varepsilon_6 = \alpha - 1.26\beta$ ——— $\varphi_6 = 0.397\chi_1 - 0.500\chi_2 + 0.116\chi_3 + 0.354\chi_4 - 0.562\chi_5 + 0.354\chi_6 + 0.116\chi_7$
$\varepsilon_5 = \alpha - \beta$ ——— $\varphi_5 = \frac{1}{2}(\chi_3 - \chi_4 + \chi_6 - \chi_7)$
$\varepsilon_4 = \alpha$ —○— $\varphi_4 = \frac{1}{\sqrt{7}}(2\chi_1 - \chi_3 + \chi_5 - \chi_7)$
$\varepsilon_3 = \alpha + \beta$ —○○— $\varphi_3 = \frac{1}{2}(\chi_3 + \chi_4 - \chi_6 - \chi_7)$
$\varepsilon_2 = \alpha + 1.26\beta$ —○○— $\varphi_2 = 0.397\chi_1 + 0.500\chi_2 + 0.116\chi_3 - 0.354\chi_4 - 0.562\chi_5 - 0.354\chi_6 + 0.116\chi_7$
$\varepsilon_1 = \alpha + 2.10\beta$ —○○— $\varphi_1 = 0.238\chi_1 + 0.500\chi_2 + 0.406\chi_3 + 0.354\chi_4 + 0.337\chi_5 + 0.354\chi_6 + 0.406\chi_7$

図 14·21 ベンジル基の π MO と基底状態の電子配置

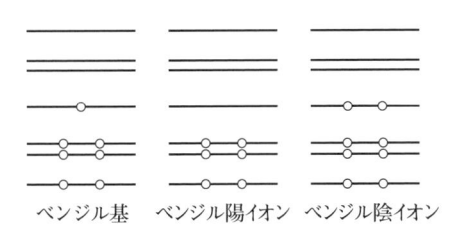

図 14·22 ベンジル基とそのイオンの基底状態の電子配置
（ベンジル基　ベンジル陽イオン　ベンジル陰イオン）

(図 14·17).

[例題 14·2] ペンタジエニル基 $H_2C=CH-CH=CH-CH_2\cdot$ の非結合性軌道を求めよ.

[解] ペンタジエニル基は図に示すように奇交互炭化水素である.非結合性軌道は非星組の炭素原子 2, 4 と結合した星組原子の係数の和を 0 とおいて得られる.すなわち

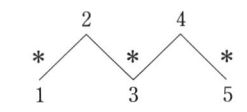

$$c_1 + c_3 = 0 \qquad c_3 + c_5 = 0$$

より

$$c_3 = -c_1 \qquad c_5 = -c_3 = c_1$$

となり，規格化の条件から

$$c_1^2 + c_3^2 + c_5^2 = 3c_1^2 = 1 \qquad c_1 = 1/\sqrt{3}$$

$c_3 = -1/\sqrt{3}$, $c_5 = 1/\sqrt{3}$ を得る. したがって非結合性軌道は

$$\varphi_N = \frac{1}{\sqrt{3}}(\chi_1 - \chi_3 + \chi_5)$$

である. なお, この $\varphi_N$ は $k=3$ として一般式 (14·3·9) からも求めることができる.

## §14·5 分子図

この節では,Hückel MO を用いて計算されるいくつかの量について説明することにする.

### (a) π電子密度

$i$ 番目の Hückel MO (エネルギー $\varepsilon_i$) を

$$\varphi_i = \sum_\mu c_{\mu i} \chi_\mu \tag{14·5·1}$$

とすれば,この軌道にある電子の確率分布は

$$\varphi_i{}^2 = \sum_\mu c_{\mu i}{}^2 \chi_\mu{}^2 + \sum_{\mu \neq \nu} c_{\mu i} c_{\nu i} \chi_\mu \chi_\nu \tag{14·5·2}$$

となる[1]. 上式で原子 $\mu$ の近傍を考えると $\chi_\mu$ 以外の AO の値は極めて小さいから,$\varphi_i{}^2 \fallingdotseq c_{\mu i}{}^2 \chi_\mu{}^2$ とおくことができる.すなわち $c_{\mu i}{}^2$ は原子 $\mu$ の近傍の電子分布の目やすであって,$c_{\mu i}{}^2$ が大きければ原子 $\mu$ の近くで電子を見出す確率が大きいと考えられる.(14·5·2) の両辺を全空間について積分すると,$\varphi_i$ は規格化されているから

$$\int \varphi_i{}^2 \, dv = \sum_\mu c_{\mu i}{}^2 \int \chi_\mu{}^2 \, dv + \sum_{\mu \neq \nu} c_{\mu i} c_{\nu i} \int \chi_\mu \chi_\nu \, dv = 1$$

となる.重なり積分を無視すると

$$\int \varphi_i{}^2 \, dv = \sum_\mu c_{\mu i}{}^2 = 1$$

を得る.上式は,電子を見出す確率(全空間で積分すると 1 になる)を各原子の近傍にわりふると,$\mu$ 番目の原子についてはその値は $c_{\mu i}{}^2$ となることを意味している.このような理由で MO $i$ に電子が 1 個存在するとき,$c_{\mu i}{}^2$ を MO $i$ における原子 $\mu$ の **π電子密度** (π-electron density) という.$i = 1, 2, \cdots$ の各 π 軌道に $n_i$ 個 ($n_i = 1$ または 2) ずつの電子が入っているときは,原子 $\mu$ の π 電子密度は

---

[1] $c_{\mu i}$ を要求とする行列を $\boldsymbol{C}$ とすれば,$\boldsymbol{C}$ の逆行列は $\boldsymbol{C}^\dagger$ であるから (下巻 p.20 (15·4·15)),$\boldsymbol{C C}^\dagger = \boldsymbol{I}$ が成立する.この式から $\sum_{i=1}^{m} c_{\mu i}^* c_{\nu i} = \delta_{\mu\nu}$ が導かれる.行列の計算については下巻 15 章参照.

## §14・5 分子図

$$\boxed{q_\mu = \sum_i^{\text{occ}} n_i c_{\mu i}{}^2} \qquad (14\cdot 5\cdot 3)$$

となる.ただし $\sum_i^{\text{occ}}$ は電子で占有されている (occupied) 軌道についての和を意味する.例えばブタジエンでは $\varphi_1, \varphi_2$ に 2 個ずつの電子が入っているから (図 14・8),炭素原子 1 の π 電子密度は

$$q_1 = 2 \times 0.372^2 + 2 \times 0.602^2 = 1.00$$

となる.同様に

$$q_2 = 2 \times 0.602^2 + 2 \times 0.372^2 = 1.00$$

$q_3, q_4$ の値は対称性により,それぞれ $q_2, q_1$ と等しく,ともに 1.00 である.ベンジル基では図 14・21 より

$$q_1 = 2 \times (0.238^2 + 0.397^2) + (2/\sqrt{7})^2 = 1.00$$
$$q_2 = 2 \times (0.500^2 + 0.500^2) = 1.00$$
$$q_3 = q_7 = 2 \times (0.406^2 + 0.116^2 + 0.5^2) + (1/\sqrt{7})^2 = 1.00$$
$$q_4 = q_6 = 2 \times (0.354^2 + 0.354^2 + 0.5^2) = 1.00$$
$$q_5 = 2 \times (0.337^2 + 0.562^2) + (1/\sqrt{7})^2 = 1.00$$

となる.上の二つの例ではともにすべての炭素原子の電子密度が 1.00 となったが,これは実は偶交互炭化水素および奇交互炭化水素ラジカル (非結合性軌道に電子 1 個を含む) の一般的性質である (Coulson-Rushbrooke の定理).次にこれを示すことにしよう.前節で述べたように,偶交互炭化水素では $m$ 個の MO 準位が $\alpha$ の上下に対称にあるので,図 14・23 (a) のように一対の準位に $\pm i$ の番号をつけることができる.このとき,これらの準位のエネルギーは $E_{\pm i} = \alpha \pm \lambda_i \beta$ で,

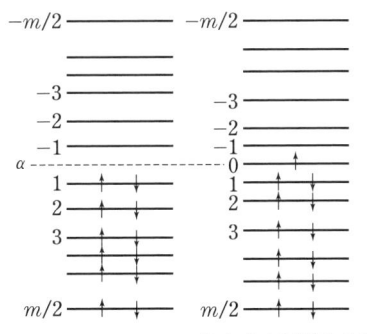

(a) 偶交互炭化水素 (b) 奇交互炭化水素ラジカル

図 14・23 偶交互炭化水素と奇交互炭化水素ラジカルの基底状態

$$c_{\mu i} = \pm\, c_{-\mu i} \tag{14·5·4}$$

が成立する（図 14·20 (a) 参照）．ただし上式の符号は $\mu$ が星組の原子のときは ＋，非星組の原子のときは － をとるものとする．基底状態では電子は下半分の準位を 2 個ずつ占めるから，$\mu$ 番目の原子の電子密度は

$$q_\mu = 2\sum_{i=1}^{m/2} c_{\mu i}^2 = \sum_{i=1}^{m/2} c_{\mu i}^2 + \sum_{i=-m/2}^{-1} c_{\mu i}^2 \tag{14·5·5}$$

となる．ただし上式の右辺の変形には (14·5·4) を用いた．ところで一般に $m$ 次元の永年方程式を解いて得られる根 $E_i$ に対応する波動関数を $\varphi_i = \sum_{\mu=1}^{m} c_{\mu i} \phi_\mu$ とすると，$S_{\mu\nu} = \int \phi_\mu{}^* \phi_\nu\, dv = \delta_{\mu\nu}$ のときは

$$\sum_{i=1}^{m} c_{\mu i}^2 = 1 \tag{14·5·6}$$

が成立する[1]．偶交互炭化水素の場合には上式は

$$\sum_{i=1}^{m/2} c_{\mu i}^2 + \sum_{i=-m/2}^{-1} c_{\mu i}^2 = 1 \tag{14·5·7}$$

となる．この式と (14·5·5) を比較すると

$$q_\mu = 1 \tag{14·5·8}$$

が得られる．すなわち，どの原子についても電子密度は 1 となるのである．奇交互炭化水素ラジカルの場合にも図 14·23 (b) のように軌道に番号をつけると，(14·5·4) は $i = 0$ の場合を除いてそのまま成立する．したがって

$$q_\mu = 2\sum_{i=1}^{m/2} c_{\mu i}^2 + c_{\mu 0}^2 = \sum_{i=1}^{m/2} c_{\mu i}^2 + c_{\mu 0}^2 + \sum_{i=-m/2}^{-1} c_{\mu i}^2$$

を得る．(14·5·6) の関係から上式の右辺は 1 となるので，この場合も $q_\mu = 1$ が成立するのである．

　奇交互炭化水素の陽イオンの場合には図 14·23 (b) の 0 軌道から電子が 1 個失われ，陰イオンの場合には 0 軌道に 1 個電子が加わるので電子密度は

---

[1] 下巻 p.20 (15·4·14) 参照．(15·4·14) を上と同じ記号を用いて書くと $\sum_{i=1}^{m} c_{\mu i}{}^* c_{\mu j} = \delta_{ij}$ となる．

$$q_\mu = 1 \pm c_{\mu 0}^2 \quad -;陽イオン \quad +;陰イオン \quad (14\cdot 5\cdot 9)$$

となる．ゆえに非結合性軌道の係数だけを知れば，電子密度を求めることができる．ベンジル基の場合 $c_{20}^2 = c_{40}^2 = c_{60}^2 = 0$, $c_{10}^2 = 4/7$, $c_{30}^2 = c_{50}^2 = c_{70}^2 = 1/7$ であるから（図 14・21），陽イオンと陰イオンに対し図 14・24 の π 電子密度分布が得られる．

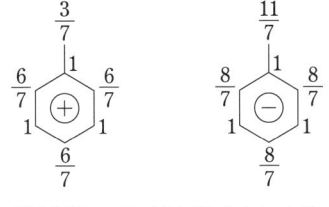

図 14・24 ベンジル陽イオンと陰イオンの π 電子密度

非交互炭化水素では以上の規則性はないから，π 電子密度が個々の炭素原子によって異なる．図 14・28 のフルベンとアズレンの例を参照されたい（図で各炭素原子のそばに記した数字が電子密度である）．ナフタレンとアズレンは同じ分子式 $C_{10}H_8$ をもつにもかかわらず，前者は交互炭化水素であるため各原子の π 電子密度がすべて 1 で双極子能率をもたない．これに対し後者は電子密度分布から予想されるように 5 員環側が負電荷，7 員環側が正電荷をもち，0.8 D の双極子能率が観測されている．

**（b）結合次数**

p. 293, 295 の図 12・5 および図 12・7 を見ればわかるように，二つの AO から MO が形成されると，核間で電子を見出す確率（電子密度）が，結合性軌道では増加し，反結合性軌道では減少している．2 原子分子 a−b の MO を

$$\varphi = c_a \phi_a + c_b \phi_b \quad (14\cdot 5\cdot 10)$$

とすると，その電子密度分布は

$$\varphi^2 = c_a^2 \phi_a^2 + c_b^2 \phi_b^2 + 2 c_a c_b \phi_a \phi_b \quad (14\cdot 5\cdot 11)$$

で与えられる．ここで核間（$\phi_a$ と $\phi_b$ の重なりが大きい領域）の電子密度の増減は，上式の第 3 項の $2 c_a c_b \phi_a \phi_b$ により支配される（第 1 項と第 2 項はそれぞれ主に核 a, b の近傍の電子密度を表す）．一般に $\phi_a \phi_b > 0$ であるから（ただし p. 295 注参照），$c_a c_b > 0$ ならば核間で電子密度が大きくなり結合性軌道に対応し，$c_a c_b < 0$ ならば電子密度が小さくなり反結合性軌道に対応する[1]（脚注次頁）．そこで MO $\varphi$ に電子がある場合，$c_a c_b$ をその電子が結合 a−b に寄与

する目やすとして用いることができる．$c_a c_b$ を ($\varphi$ による) 結合 a–b の**部分結合次数** (partial bond order) という[2]．

等核2原子分子の例を考えてみよう．重なり積分 $\int \phi_a \phi_b \, dv$ を無視すれば，MO は

$$\varphi = \frac{1}{\sqrt{2}} (\phi_a \pm \phi_b) \qquad +; 結合性軌道，\ -; 反結合性軌道$$

となる．よって部分結合次数は

結合性軌道に対して　　$c_a c_b = \dfrac{1}{\sqrt{2}} \cdot \dfrac{1}{\sqrt{2}} = \dfrac{1}{2}$

反結合性軌道に対して　$c_a c_b = \dfrac{1}{\sqrt{2}} \left( -\dfrac{1}{\sqrt{2}} \right) = -\dfrac{1}{2}$

である．結合性軌道に2個電子があるとき，結合次数は部分結合次数 1/2 の2倍をとって1とする．この結果は結合性軌道に一対の電子があれば単結合 (結合次数1) が形成されるという事実 (p.298 表 12·1 参照) と一致する．一方，反結合性軌道の部分結合次数は $-1/2$ であるから，この軌道に2個電子があれば結合次数に $-1$ の寄与をする (表 12·1)．

以上を多原子分子の Hückel MO の場合にも一般化すると，π電子分布は (14·5·2) で表されるから，$\varphi_i$ による π結合 $\mu - \nu$ 間の部分結合次数を $c_{\mu i} c_{\nu i}$ とすることができる．よって $i = 1, 2, \cdots, n$ の各軌道に $n_i$ 個 ($n_i = 1$ または 2) ずつの電子が入っているときは，結合 $\mu - \nu$ の **π 結合次数**は

$$\boxed{p_{\mu\nu} = \sum_{i}^{\text{occ}} n_i c_{\mu i} c_{\nu i}} \qquad (14\cdot 5\cdot 12)$$

---

1) MO は $c_a c_b > 0$ のときは a–b 間に節がなく，$c_a c_b < 0$ のときは節がある．
2) $\varphi$ が複素関数の場合には (14·5·11) は $|\varphi|^2 = |c_a|^2 |\phi_a|^2 + |c_b|^2 |\phi_b|^2 + c_a c_b{}^* \phi_a \phi_b{}^* + c_a{}^* c_b \phi_a{}^* \phi_b$ となるので，部分結合次数として $c_a c_b$ の代わりに $(1/2)(c_a c_b{}^* + c_a{}^* c_b)$ を用いる．

である. 一般に結合 $\mu-\nu$ 間には, $\pi$ 結合の他に結合次数1の $\sigma$ 結合も含まれているので

$$\boxed{P_{\mu\nu} = 1 + p_{\mu\nu}} \tag{14·5·13}$$

として $P_{\mu\nu}$ を**全結合次数** (total bond order) という.

ベンゼンの例をあげよう. 図 14·11 より

$$p_{12} = \sum_{i=1}^{3} 2c_{1i}c_{2i} = 2\left(\frac{1}{\sqrt{6}} \cdot \frac{1}{\sqrt{6}} + \frac{2}{\sqrt{12}} \cdot \frac{1}{\sqrt{12}} + 0 \cdot \frac{1}{2}\right)$$
$$= 2\left(\frac{1}{6} + \frac{1}{6}\right) = \frac{2}{3} \fallingdotseq 0.667$$
$$P_{12} = 1 + 0.667 \fallingdotseq 1.667$$

が得られる. また対称性により $p_{12} = p_{23} = \cdots = p_{61}$ が成立する. このようにベンゼンの隣り合った炭素原子間に端数の結合次数が生じる理由は, 2重結合が局在化していないためである. 例えば図 14·3 (a), (b) の Kekulé 構造の共鳴を考えれば, 全結合次数として単結合と2重結合の中間の値 1.5 が得られることは容易にわかる. $\pi$ 結合が局在化しているエチレンの場合 (図 14·6) には

$$p_{12} = 2 \cdot \frac{1}{\sqrt{2}} \cdot \frac{1}{\sqrt{2}} = 1 \qquad P_{12} = 1 + 1 = 2$$

である. 全結合次数が2となることは当然予想されることである. 次にブタジエン (図 14·8) では

$$p_{12} = 2\sum_{i=1}^{2} c_{1i}c_{2i} = 2(0.372 \times 0.602 + 0.602 \times 0.372) \fallingdotseq 0.89$$
$$p_{23} = 2\sum_{i=1}^{2} c_{2i}c_{3i} = 2(0.602 \times 0.602 - 0.372 \times 0.372) \fallingdotseq 0.45$$

を得る. また対称性により $p_{34} = p_{12}$ である. すなわちブタジエンでは中央の C-C 結合よりも両端の C-C 結合の方が $\pi$ 結合次数が大きいのである. これはブタジエンの通常の表し方 $H_2C=CH-CH=CH_2$ に対応している. このように単結合と2重結合が交互に現れる現象を**結合交替** (bond alternation) とい

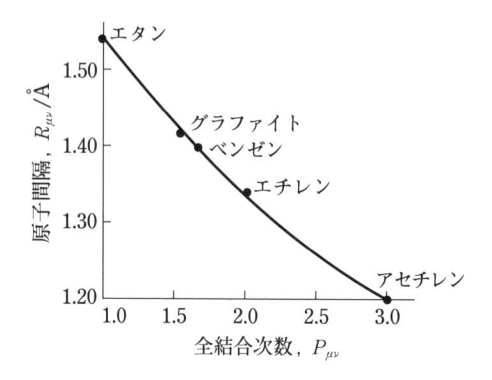

図 14・25 炭素－炭素間の全結合次数 $P_{\mu\nu}$ と原子間隔 $R_{\mu\nu}$ の関係

う．結合交替を考慮した計算（例えば，ブタジエンの $C_1, C_2$ 間と $C_2, C_3$ 間に異なった結合積分値を使う，すなわち $\beta_{12} \neq \beta_{23}$ とする）を行うと，図 14・15 の $N = \infty$ のバンドは上半分と下半分の二つに分裂し，その間にエネルギーギャップができる[1]．

さて全結合次数 $P_{\mu\nu}$ は結合の強さの尺度となるから，$P_{\mu\nu}$ と結合 $\mu-\nu$ の原子間距離 $R_{\mu\nu}$ の間には相関関係があると考えられる．図 14・25 は $\sigma$ 結合のみからなるエタン（$P = 1$，$R = 1.535$ Å）から $\pi$ 結合を二つ含むアセチレン（$P = 3$，$R = 1.203$ Å）までの間で $P$ と $R$ の関係を表した図である．なお両者の中間にグラファイト（$P = 1.525$，$R = 1.421$ Å），ベンゼン（$P = 1.667$，$R = 1.399$ Å），エチレン（$P = 2$，$R = 1.339$ Å）のデータが用いてある．Coulson は図の曲線を

$$R = R_s - \frac{R_s - R_d}{1 + 0.765 \left(\dfrac{2-P}{P-1}\right)} \text{(Å)} \qquad (14 \cdot 5 \cdot 14)$$

で近似的に表した．ただし $R_s, R_d$ はそれぞれ単結合および 2 重結合の距離 1.535 Å および 1.339 Å である．

---

[1] 巻末参考書 (7) 参照．鎖状ポリエンにおいて，電子は下半分の準位を占める．このギャップがあるため，$n = \infty$ の場合でも，ポリエンは金属的な電気伝導を示さない．

## §14・5 分 子 図

このような式を用いると $P_{\mu\nu}$ の値から $R_{\mu\nu}$ を計算で求めることができる．例えばブタジエンでは $P_{12}=1.89$, $P_{23}=1.45$ であるから，上式を用いると計算値として $R_{12}=1.36$ Å, $R_{23}=1.43$ Å が得られる．対応する実測値 (*trans*-ブタジエンの値) は，それぞれ $1.349$ Å, $1.467$ Å である．

次に π 電子エネルギーと結合次数の関係を調べてみよう．$i$ 番目の Hückel 軌道 $\varphi_i = \sum_{\mu=1}^{m} c_{\mu i}\chi_\mu$ のエネルギー $\varepsilon_i$ は，$\hat{h}\varphi_i = \varepsilon_i \varphi_i$ ((14・2・4)) から

$$\varepsilon_i = \int \varphi_i \hat{h}\varphi_i\, dv = \int (\sum_{\mu=1}^{m} c_{\mu i}\chi_\mu)\, \hat{h}\, (\sum_{\nu=1}^{m} c_{\nu i}\chi_\nu)\, dv = \sum_{\mu,\nu=1}^{m} c_{\mu i} c_{\nu i} \int \chi_\mu \hat{h}\chi_\nu\, dv$$

$$= \sum_{\mu=1}^{m} c_{\mu i}^2 \int \chi_\mu \hat{h}\chi_\mu\, dv + \sum_{\mu\neq\nu}^{m} c_{\mu i} c_{\nu i} \int \chi_\mu \hat{h}\chi_\nu\, dv$$

よって (14・2・8) より

$$\varepsilon_i = \sum_{\mu=1}^{m} c_{\mu i}^2 \alpha + \sum_{\mu=1}^{m} \sum_{\nu(\mu\to\nu)}^{m} c_{\mu i} c_{\nu i} \beta \tag{14・5・15}$$

となる．各 $\varepsilon_i$ を $n_i$ 個ずつの電子が占めているとすれば (ただし, p.364 の注 2) 参照),

$$E_\pi = \sum_{i}^{\text{occ}} n_i \varepsilon_i = \sum_{i}^{\text{occ}} n_i\, (\sum_{\mu=1}^{m} c_{\mu i}^2 \alpha + \sum_{\mu=1}^{m} \sum_{\nu(\mu\to\nu)}^{m} c_{\mu i} c_{\nu i} \beta)$$

$$= \sum_{\mu=1}^{m} (\sum_{i}^{\text{occ}} n_i c_{\mu i}^2)\, \alpha + \sum_{\mu=1}^{m} \sum_{\nu(\mu\to\nu)}^{m} (\sum_{i}^{\text{occ}} n_i c_{\mu i} c_{\nu i})\, \beta$$

$$\therefore\quad E_\pi = \sum_{\mu=1}^{m} q_\mu \alpha + \sum_{\mu=1}^{m} \sum_{\nu(\mu\to\nu)}^{m} p_{\mu\nu}\beta \tag{14・5・16}$$

となる．上式の第1項は各炭素原子の π エネルギーの和 ($\mu$ 番目の炭素原子に $q_\mu$ の π 電荷があるとき，そのエネルギーは $q_\mu\alpha$)，第2項は π 結合に基づく安定化エネルギーである ($\beta<0$)．π 結合次数 $p_{\mu\nu}$ が大きいほど，結合 $\mu-\nu$ による安定化エネルギーが大きい (結合が強い) ことがわかる．Hückel 近似に従って，隣接炭素原子の $\beta$ を同じ (結合距離を同じ) と仮定しても，π 電子分布が不均一になることによって結合次数に差が生じ，結合に強弱 (すなわち短長) が生じるのである．

## (c) 自由原子価

前述した結合次数を用いて以下に述べる**自由原子価** (free valence) の概念が導かれた．ブタジエンを例にしてこれを説明しよう．図 14・26 に示すように，ブタジエンの端の炭素原子 $C_1$ は結合次数各 1.0 で二つの H と結合している他，全結合次数 1.89 で $C_2$ と結合している．したがって $C_1$ のまわりの結合次数の和は

$$N_1 = 2 \times 1.0 + 1.89 = 3.89$$

である．同様に $C_2$ は H，$C_1$ および $C_3$ と結合しているから $C_2$ のまわりの結合次数の和は，図 14・26 より

$$N_2 = 1.0 + 1.89 + 1.45 = 4.34$$

となる．なお対称性により $N_3 = N_2$，$N_4 = N_1$ となることは明らかであろう．さて $N_2 > N_1$ であるから，$C_2$ の方が $C_1$ よりも結合に多くの"手"を使っていることがわかる．逆にいうと $C_1$ の方が $C_2$ よりも他の原子と結合する余力を残している．この残された結合能力の目やすとして，$\mu$ 番目の炭素原子の自由原子価

$$F_\mu = N_{\max} - N_\mu \tag{14・5・17}$$

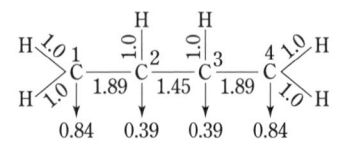

**図 14・26** ブタジエンの分子図

が定義される．ただし $N_{\max}$ は炭素原子のまわりの結合次数の和の可能な最大の値，$N_\mu$ は $\mu$ 番目の炭素原子のまわりの結合次数の和である．$N_{\max}$ としては仮想分子 $C(CH_2)_3$ における中央の C の $N$ 値が用いられる．図 14・27 に示すように，この分子の中央の π 電子は同時に三つの π 電子と隣接しており，$sp^2$ 混成の骨格から期待される最大の $N$ をもつ．図で中央の C と端の一つの C の間の π 結合次数は $\sqrt{3}/3$ (例題 14・3 参照)，全結合次数は $1 + \sqrt{3}/3$ であるから，これを 3 倍して

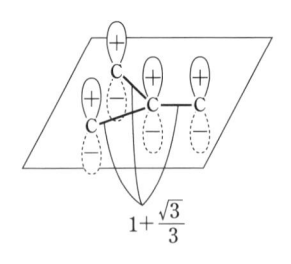

**図 14・27** トリメチレンメタン $C(CH_2)_3$ の全結合次数

## §14・5 分子図

$$N_{\max} = 3 + \sqrt{3} = 4.732 \qquad (14・5・18)$$

となる．よって

$$\boxed{F_\mu = 4.732 - N_\mu} \qquad (14・5・19)$$

である．ブタジエンについては $F_1 = F_4 = 4.732 - N_1 \fallingdotseq 4.73 - 3.89 = 0.84$，$F_2 = F_3 = 4.732 - N_2 \fallingdotseq 4.73 - 4.34 = 0.39$ となる．これらの値を図 14・26 の矢印の先端に記した．

自由原子価は Thiele (ティーレ) の部分原子価 (残余親和力)[1] に対する現代的な表現である．自由原子価が大きい位置は，結合の余力を残しているからラジカル反応が起こりやすいと考えられる[2]．これに対しイオン反応の方は電荷分布に依存する．すなわち電子密度が大きいところでは親電子反応 ($NO_2^+$, $Cl^+$ などによる) が，電子密度が小さいところでは求核反応 ($NH_2^-$, $OH^-$ などによる) が起こりやすい．なお，これらの反応の指標については §14・7 で詳しく述べる．

以上，Hückel MO から導かれる主な量，電子密度，結合次数，自由原子価を説明した．これらの量の値を分子の構造式に書き入れた図を**分子図** (molecular diagram) という．図 14・28 にいくつかの炭化水素の分子図を示す．図で各炭素原子のそばに電子密度，各結合にそって結合次数，矢印の先端に自由原子価が記してある．なお交互炭化水素では電子密度はすべて 1 であるから，その値は省略した．分子図から π 電子系に関する種々の情報が得られる．例えば結合次数から結合間隔の概略の値や π 結合の寄与の程度がわかる．また前述したように，電子密度と自由原子価から分子中で反応が起こる位置を推定することができる．

---

1) Thiele はブタジエンが部分原子価をもつとして，それを図のように点線で表した．部分原子価は中央の二つの C の間では飽和しているが，末端の C では飽和していないので，1, 4 付加反応が起こりやすいとした．

$H_2C = CH - CH = CH_2$

2) 反応には活性化エネルギーを伴うため，自由原子価だけで説明できないことも多い (§14・7 参照)．

**偶交互炭化水素**

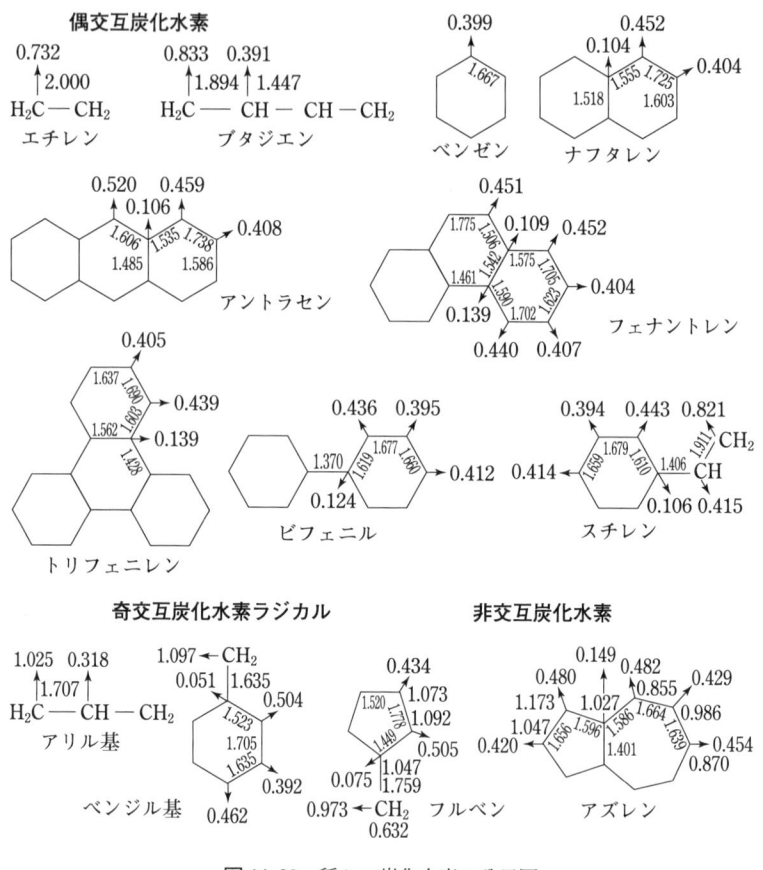

エチレン: $H_2C \!-\! CH_2$, 0.732, ↑2.000

ブタジエン: $H_2C \!-\! CH \!-\! CH \!-\! CH_2$, 0.833, 0.391, ↑1.894, ↑1.447

ベンゼン: 0.399, 1.667

ナフタレン: 0.452, 0.104, 1.555, 1.725, 0.404, 1.518, 1.603

アントラセン: 0.520, 0.459, 0.106, 1.606, 1.535, 1.738, 0.408, 1.485, 1.586

フェナントレン: 0.451, 1.775, 0.109, 1.346, 0.452, 1.575, 1.705, 0.404, 1.461, 1.580, 1.702, 0.139, 0.440, 0.407

トリフェニレン: 0.405, 1.637, 1.590, 0.439, 1.562, 1.408, 0.139

ビフェニル: 0.436, 0.395, 1.370, 1.619, 1.677, 1.660, 0.412, 0.124

スチレン: 0.394, 0.443, 0.821, 1.679, 1.911, $CH_2$, 0.414, 1.569, 1.610, 1.406, CH, 0.106, 0.415

**奇交互炭化水素ラジカル**

アリル基: 1.025, 0.318, ↑1.707↑, $H_2C \!-\! CH \!-\! CH_2$

ベンジル基: 1.097 ← $CH_2$, 0.051, 1.635, 1.523, 0.504, 1.705, 1.635, 1.047, 0.392, 0.462

**非交互炭化水素**

フルベン: 0.434, 1.520, 1.073, 1.778, 1.092, 1.449, 0.505, 0.075, 1.047, 1.759, 0.973 ← $CH_2$, 0.632

アズレン: 0.149, 0.480, 0.482, 0.429, 0.855, 1.173, 1.027, 1.664, 0.986, 1.047, 1.596, 1.586, 1.639, 0.454, 0.420, 1.401, 0.870

図 14・28　種々の炭化水素の分子図

---

[例題 14・3] トリメチレンメタン $C(CH_2)_3$ の Hückel 軌道を求め，分子図を描け．

[解] 図1のように炭素に番号をつけるものとする．Hückel の式は (14・2・12) から

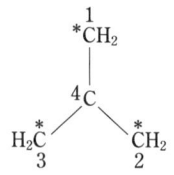

図1:
$$\begin{array}{c} \overset{1}{*CH_2} \\ | \\ \overset{4}{C} \\ / \quad \backslash \\ \underset{3}{*H_2C} \quad \underset{2}{*CH_2} \end{array}$$

図1

## §14·5 分 子 図

$$\left.\begin{array}{l}-\lambda c_1 \quad\quad\quad\quad + c_4 = 0 \\ \quad\quad -\lambda c_2 \quad\quad + c_4 = 0 \\ \quad\quad\quad\quad -\lambda c_3 + c_4 = 0 \\ c_1 + c_2 + c_3 - \lambda c_4 = 0 \end{array}\right\} \quad (1)$$

対応する永年方程式は

$$\begin{vmatrix} -\lambda & 0 & 0 & 1 \\ 0 & -\lambda & 0 & 1 \\ 0 & 0 & -\lambda & 1 \\ 1 & 1 & 1 & -\lambda \end{vmatrix} = \lambda^2(\lambda^2 - 3) = 0 \quad (2)$$

となる．これを解いて

$$\lambda = 0\,(\text{重根}),\ \pm\sqrt{3}$$

が得られる．すなわち Hückel のエネルギーは

$$\varepsilon_1 = \alpha + \sqrt{3}\,\beta, \quad \varepsilon_2 = \alpha, \quad \varepsilon_3 = \alpha, \quad \varepsilon_4 = \alpha - \sqrt{3}\,\beta \quad (3)$$

である．$\lambda = 0$ を (1) に代入すると

$$c_4 = 0, \quad c_1 + c_2 + c_3 = 0 \quad (4)$$

となる．よってこの 2 式を満足する係数をもち，互いに独立な規格化された関数が $\varepsilon_2, \varepsilon_3$ に対応する波動関数である (p.369 例題 14·1 参照)．これらの関数の組として，例えば

$$\varphi_2 = \frac{1}{\sqrt{2}}(\chi_2 - \chi_3)$$

$$\varphi_3 = \frac{1}{\sqrt{6}}(2\chi_1 - \chi_2 - \chi_3)$$

をとることができる ($\varphi_2$ は (4) において $c_1 = 0$ とすれば得られる．$\varphi_3$ は (4) を満たし $\varphi_2$ に直交する関数である)．次に $\varepsilon_1, \varepsilon_4\,(\lambda = \pm\sqrt{3})$ に対する関数を求める．
(1) の第 1～3 式より

$$c_1 = c_2 = c_3 = \frac{c_4}{\lambda} = \pm\frac{c_4}{\sqrt{3}} \quad (5)$$

この式と規格化の条件

$$c_1{}^2 + c_2{}^2 + c_3{}^2 + c_4{}^2 = 1$$

から

$$3 \times \frac{c_4^2}{3} + c_4^2 = 1 \qquad c_4 = \frac{1}{\sqrt{2}}$$

となる．これを (5) に入れて

$$c_1 = c_2 = c_3 = \pm \frac{1}{\sqrt{6}}$$

を得る．結局

$$\left.\begin{array}{l}\varphi_1 \\ \varphi_4\end{array}\right\} = \pm \frac{1}{\sqrt{6}}(\chi_1 + \chi_2 + \chi_3) + \frac{1}{\sqrt{2}}\chi_4$$

となる．以上の結果を図2に示した．ただし図では $\varphi_4$ の代わりに $-\varphi_4$ が用いてある．基底状態では4個の電子のうち2個の電子がスピンを平行にして1個ずつ $\varepsilon_2, \varepsilon_3$ の準位を占める（Hund の規則）．

$\varepsilon_4 = \alpha - \sqrt{3}\beta \qquad \varphi_4 = \frac{1}{\sqrt{6}}(\chi_1 + \chi_2 + \chi_3) - \frac{1}{\sqrt{2}}\chi_4$

$\left.\begin{array}{l}\varepsilon_2 \\ \varepsilon_3\end{array}\right\} = \alpha \qquad \varphi_3 = \frac{1}{\sqrt{6}}(2\chi_1 - \chi_2 - \chi_3)$

$\varphi_2 = \frac{1}{\sqrt{2}}(\chi_2 - \chi_3)$

$\varepsilon_1 = \alpha + \sqrt{3}\beta \qquad \varphi_1 = \frac{1}{\sqrt{6}}(\chi_1 + \chi_2 + \chi_3) + \frac{1}{\sqrt{2}}\chi_4$

図 2

　図1と図2から π 結合次数および全結合次数は

$$p_{14} = 2 \times \frac{1}{\sqrt{6}} \times \frac{1}{\sqrt{2}} = \frac{1}{\sqrt{3}} = \frac{\sqrt{3}}{3} \qquad P_{14} = 1 + \frac{\sqrt{3}}{3} = \frac{4.732}{3} = 1.577$$

となる．自由原子価は

$$F_1 = 4.732 - 1.577 = 3.155 \qquad F_4 = 4.732 - 3 \times \frac{4.732}{3} = 0$$

である．なお交互炭化水素であるから，電子密度はすべて1である．分子図を図3に示す．

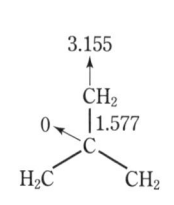

図 3

## §14・6 ヘテロ原子を含む π 電子系

前節までは炭素原子だけからなる π 電子系を取り扱ってきたが，この節では N, O などのヘテロ原子を含む π 共役系を考えることにする．

例としてベンゼンの C が 1 個 N におき換わったピリジンを取り上げよう（図 14・29）．N は $(1s)^2(2s)^2(2p)^3$ の電子配置をもつ．ピリジンの CNC の原子価角はほぼ $120°$ であるから，N の外殻の 5 個の電子のうち 1 個ずつが $sp^2$ 混成軌道の $\varphi(1), \varphi(2)$ に入り，炭素の $sp^2$ 混成軌道と $\sigma$ 結合をつくると考えられる（図 14・29 (b)）．残る 3 個の電子のうち 2 個は $\varphi(3)$ に入り孤立電子対を形成し（図では ↑↓ で示す），1 個が分子面に垂直な π 軌道に入ることになる．結局，ピリジンはベンゼンと同じく $6\pi$ 電子系である．原子の番号を図 14・29 (a) のようにとるとピリジンの π MO は

$$\varphi = c_1 \chi_1^N + \sum_{i=2}^{6} c_i \chi_i^C \qquad (14・6・1)$$

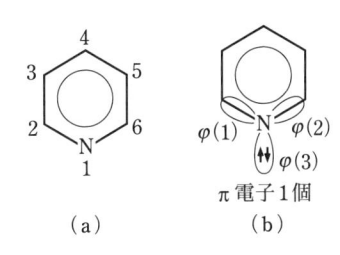

図 14・29　ピリジン．(a) 原子の番号，(b) N の外殻電子．π 電子数，中心原子 (N) の価電子数，σ 電子数，非共有電子数 ($2 \times$ 孤立電子対数) をそれぞれ，$n(\pi), n(v), n(\sigma), n(l)$ とすれば，$n(\pi) = n(v) - n(\sigma) - n(l) = 5 - 2 - 2 = 1$ である．

となる．ただし $\chi^N, \chi^C$ はそれぞれ窒素および炭素の π AO である．MO の係数は (14・2・6) 式

$$\sum_{\nu=1}^{6} (h_{\mu\nu} - \varepsilon S_{\mu\nu}) c_\nu = 0 \qquad \mu = 1, 2, \cdots, 6 \qquad (14・6・2)$$

対応するエネルギーは永年方程式

$$|h_{\mu\nu} - \varepsilon S_{\mu\nu}| = 0$$

から決まる．ここで (14・2・7) に対応して $h_{11} = \alpha_N$, $h_{22} = h_{33} = \cdots = h_{55} = \alpha_C$, $h_{12} = h_{61} = \beta_{CN}$, $h_{23} = h_{34} = h_{45} = h_{56} = \beta_{CC}$, また (14・2・9) から $S_{\mu\nu} = \delta_{\mu\nu}$ とすれば，上の永年方程式は

$$\begin{vmatrix} \alpha_\text{N}-\varepsilon & \beta_\text{CN} & 0 & 0 & 0 & \beta_\text{CN} \\ \beta_\text{CN} & \alpha_\text{C}-\varepsilon & \beta_\text{CC} & 0 & 0 & 0 \\ 0 & \beta_\text{CC} & \alpha_\text{C}-\varepsilon & \beta_\text{CC} & 0 & 0 \\ 0 & 0 & \beta_\text{CC} & \alpha_\text{C}-\varepsilon & \beta_\text{CC} & 0 \\ 0 & 0 & 0 & \beta_\text{CC} & \alpha_\text{C}-\varepsilon & \beta_\text{CC} \\ \beta_\text{CN} & 0 & 0 & 0 & \beta_\text{CC} & \alpha_\text{C}-\varepsilon \end{vmatrix} = 0 \qquad (14\cdot6\cdot3)$$

となる．ところでCとNの電気陰性度 $\chi_\text{C}, \chi_\text{N}$ を比較すると $\chi_\text{C} < \chi_\text{N}$ であるから (p.320 表12・6)，電子はCよりもNにある方が安定である．クーロン積分 $\alpha$ は近似的に $\pi$ AO のエネルギーを表すから，このことは $\alpha_\text{C} > \alpha_\text{N}$ であることを意味する ($\alpha_\text{C}, \alpha_\text{N} < 0$ であるから $|\alpha_\text{C}| < |\alpha_\text{N}|$ である)．$\alpha_\text{N}$ は通常 $\alpha_\text{C}, \beta_\text{CC}$ を用いて

$$\alpha_\text{N} = \alpha_\text{C} + h_\text{N}\beta_\text{CC} \qquad (14\cdot6\cdot4)$$

のように表される．ここで $h_\text{N}$ は定数で，$\alpha_\text{N} < \alpha_\text{C}$，$\beta_\text{CC} < 0$ であるから $h_\text{N} > 0$ である．次にC-N間の結合積分 $\beta_\text{CN}$ は $\beta_\text{CC}$ を単位として

$$\beta_\text{CN} = k_\text{CN}\beta_\text{CC} \qquad (14\cdot6\cdot5)$$

のように表す．$k_\text{CN}$ も正の定数である．(14・6・3) の各行を $\beta_\text{CC}$ でわり，(14・2・11) に対応して $-\lambda = (\alpha_\text{C} - \varepsilon)/\beta_\text{CC}$ または $\varepsilon = \alpha_\text{C} + \lambda\beta_\text{CC}$ とおくと

$$\begin{vmatrix} -\lambda+h_\text{N} & k_\text{CN} & 0 & 0 & 0 & k_\text{CN} \\ k_\text{CN} & -\lambda & 1 & 0 & 0 & 0 \\ 0 & 1 & -\lambda & 1 & 0 & 0 \\ 0 & 0 & 1 & -\lambda & 1 & 0 \\ 0 & 0 & 0 & 1 & -\lambda & 1 \\ k_\text{CN} & 0 & 0 & 0 & 1 & -\lambda \end{vmatrix} = 0 \qquad (14\cdot6\cdot6)$$

となる．ただし (14・6・4), (14・6・5) を用いた．上式をベンゼンの永年方程式 (p.367) と比較すると，CがNに置換されたため，1行1列の要素が $-\lambda \to -\lambda+h_\text{N}$ となり，CN結合の項が $1 \to k_\text{CN}$ になっていることがわかる．上式を満足する $\lambda$ は $h_\text{N}, k_\text{CN}$ の値を定めると数値計算で得られる．さらに各 $\lambda_i$ から $\varepsilon_i = \alpha_\text{C} + \lambda_i\beta_\text{CC}$ を求め，(14・6・6) の各項を係数とする1次方程式を解いて対

§14·6 ヘテロ原子を含む π 電子系

応する MO を決めるのは前と同様である．

このようにして一般にヘテロ原子 X が π 共役系に含まれているときには，クーロン積分と共鳴積分

$$\begin{aligned} \alpha_X &= \alpha_C + h_X \beta_{CC} \\ \beta_{CX} &= k_{CX} \beta_{CC} \end{aligned} \quad (14\cdot 6\cdot 7)$$

のパラメータ $h_X, k_{CX}$ を知れば π MO とそのエネルギーが求められる．これらのパラメータは，それを用いて求めた計算値が実測値に合うように定めるべきであるが，次節でも述べるように，種々の実測値（共鳴エネルギー，吸収スペクトルのピークの波長など）に対して最適のパラメータが異なるので統一的に決めるのは困難である．

表 14·2 にしばしば用いられる標準的なパラメータの値を示した．表で N や O には二つ以上のパラメータが与えられているが，これは結合状態が異なるためである．表で元素記号の上につけた・は各原子の提供する π 電子数を表すものとする．

まず N はピリジンの N に相当するもので，前述したように π 電子を 1 個共役系に提供するので N の上に・を 1 個つけて表す．アニリン型の結合では

表 14·2 ヘテロ原子に対するパラメータ[a]

$\alpha_X = \alpha_C + h_X \beta_{CC}, \; \beta_{CX} = k_{CX} \beta_{CC}$ とする．

| 原子 | $h_X$ | $k_{CX}$ | 代表的な化合物 |
|---|---|---|---|
| N | $h_{\dot{N}} = 0.5$ | $k_{C\dot{N}} = 1$ | ピリジン |
|   | $h_{\ddot{N}} = 1.5$ | $k_{C\ddot{N}} = 0.8$ | アニリン |
|   | $h_{N^+} = 2$ | $k_{CN^+} = 1$ | ピリジニウムイオン |
| O | $h_{\dot{O}} = 1$ | $k_{C\dot{O}} = 1$ | ケトン |
|   | $h_{\ddot{O}} = 2$ | $k_{C\ddot{O}} = 0.8$ | フェノール |
| F | $h_F = 3$ | $k_{CF} = 0.7$ | フルオロベンゼン |
| Cl | $h_{Cl} = 2$ | $k_{CCl} = 0.4$ | クロロベンゼン |
| Br | $h_{Br} = 1.5$ | $k_{CBr} = 0.3$ | ブロモベンゼン |

a) A. Streitwieser, Jr., Molecular Orbital Theory for Organic Chemists, Wiley (1961).

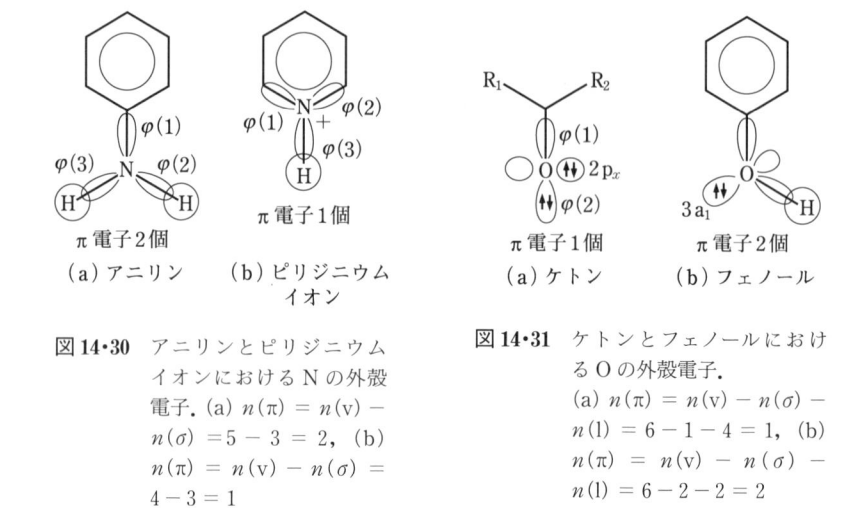

図 14・30 アニリンとピリジニウムイオンにおける N の外殻電子. (a) $n(\pi) = n(v) - n(\sigma) = 5 - 3 = 2$, (b) $n(\pi) = n(v) - n(\sigma) = 4 - 3 = 1$

図 14・31 ケトンとフェノールにおける O の外殻電子.
(a) $n(\pi) = n(v) - n(\sigma) - n(l) = 6 - 1 - 4 = 1$, (b) $n(\pi) = n(v) - n(\sigma) - n(l) = 6 - 2 - 2 = 2$

　N の外殻の 5 個の電子のうち，3 個が $sp^2$ 混成軌道に入り $\sigma$ 結合を形成し，残りの 2 個が $\pi$ 電子となるので $\ddot{\text{N}}$ である (図 14・30 (a))．なおアニリンではアミノ基 $-\text{NH}_2$ がアンモニアと同様に平面ではないのでベンゼン環と $\pi$ 電子の共役が完全ではない．図 14・30 (b) のピリジニウムイオンでは $\text{N}^+$ であるため外殻には 4 個の電子しかない．したがって 3 個が $\sigma$ 結合に使われると $\pi$ 電子は 1 個となる．

　図 14・31 に CO の 2 種の結合状態を示した．ケトン ($R_1R_2C=O$) では O の外殻の 6 個の電子のうち，1 個が sp 混成軌道の $\varphi(1)$ に入り C との結合に使われる他，4 個の電子が 2 個ずつ $\varphi(2)$ およびそれと直交する分布の $2p_x$ 軌道に入り二つの孤立電子対を形成する．残った 1 個の電子が $\pi$ 共役に参加するので $\dot{\text{O}}$ である．図 14・31 (b) のフェノールは $H_2O$ の H を 1 個フェニル基に置換したものと考えられるので，分子面内に水の $3a_1$ 軌道 (p.330 図 13・7 (b)) に相当する電子対がある他，これと直交する分布をもつ $\pi$ 電子 (水の $1b_1$ 軌道の電子に相当) が 2 個ある (p.330 参照)．したがって $\ddot{\text{O}}$ と記す．

　ハロゲンの結合状態をフルオロベンゼンを例にして図 14・32 に示す．$\sigma$ 結合および二つの孤立電子対への電子の配置はケトンと同じである．ただし F の

§14・6 ヘテロ原子を含む π 電子系

外殻には 7 個の電子があるので，π 電子を 2 個提供する．なお Cl や Br では F の 2s, 2p 電子の代わりに，それぞれ 3s と 3p, 4s と 4p 電子が結合に寄与する．

表 14・2 のパラメータを用いてピリジンの永年方程式 (14・6・6) を解いたとき得られる π 軌道とそのエネルギーを図 14・33 に示す．この図を図 14・11 (p. 367) のベンゼンのものと比べると，$\varepsilon_3, \varepsilon_5$ を除いて，ピリジンの各準位がベンゼンの対応する準位より安定化していることがわかる．これは共役系に電気陰性度が大きい N が加わったためである．$\varepsilon_3, \varepsilon_5$ の軌道は $\chi_1^N$ を含まないため，ベンゼンの軌道と同じである．ベンゼンの 2 組の縮重軌道がピリジンでは分裂しているが，これはベンゼン核に N が導入されたために分子の対称性が低くなったためである[1]．

図 14・34 (a) に図 14・33 の MO から求めた π 電子密度を示す．N が大きい電子密度をもつのは N が C より電子を引きつけやすいためである．また，ベンゼンでは各炭素原子の π 電子密度がすべて 1 であったが，ピリジンではそれがオルト位およびパラ位で減っていることがわかる．すなわち，オルト位およ

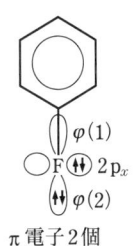

図 14・32 フルオロベンゼンにおける F の外殻電子．
$n(\pi) = n(v) - n(\sigma) - n(l) = 7 - 1 - 4 = 2$

$\varepsilon_6 = \alpha - 1.934\beta$ ——— $\varphi_6 = 0.323\chi_1^N - 0.393(\chi_2 + \chi_6) + 0.437(\chi_3 + \chi_5) - 0.452\chi_4$

$\varepsilon_5 = \alpha - 1.000\beta$ ——— $\varphi_5 = -\frac{1}{2}(\chi_2 - \chi_6) + \frac{1}{2}(\chi_3 - \chi_5)$
$\varepsilon_4 = \alpha - 0.841\beta$ ——— $\varphi_4 = 0.546\chi_1^N - 0.366(\chi_2 + \chi_6) - 0.238(\chi_3 + \chi_5) + 0.566\chi_4$

$\alpha$ ------------

$\varepsilon_3 = \alpha + 1.000\beta$ —⊖⊖— $\varphi_3 = \frac{1}{2}(\chi_2 - \chi_6) + \frac{1}{2}(\chi_3 - \chi_5)$
$\varepsilon_2 = \alpha + 1.167\beta$ —⊖⊖— $\varphi_2 = 0.571\chi_1^N + 0.190(\chi_2 + \chi_6) - 0.349(\chi_3 + \chi_5) - 0.598\chi_4$

$\varepsilon_1 = \alpha + 2.107\beta$ —⊖⊖— $\varphi_1 = 0.521\chi_1^N + 0.419(\chi_2 + \chi_6) + 0.361(\chi_3 + \chi_5) + 0.343\chi_4$

図 14・33 ピリジンの π MO と基底状態の電子配置

---

[1] 分子の対称性と縮重度の関係については下巻 §17・7 で論じる．

びパラ位の炭素から窒素へ電子が"流れ込んだ"ものと解釈される．電子の移動に基づいて各原子は電荷をもつ．その値は $\mu$ 番目の原子について**形式電荷** (formal charge)

$$Q_\mu = n_\mu - q_\mu \qquad (14\cdot 6\cdot 8)$$

で見積もられる．ただし，$n_\mu$ は $\mu$ 番目の原子で $\pi$ 共役に参加する電子数，$q_\mu$ はその原子の $\pi$ 電子密度である．ピリジンの場合，$Q_1 = 1 - 1.19 = -0.19$，$Q_2 = 1 - 0.92 = 0.08$ などである．$Q_\mu$ の値を図 14・34 (b) に示す．

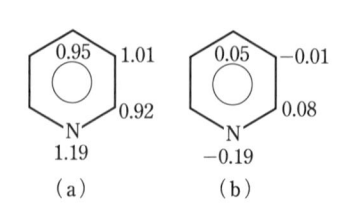

図 14・34 ピリジンの電子密度 (a) と形式電荷 (b)

図 14・35 (a) と (b) にはアニリンの $\pi$ 電子密度と形式電荷を示す．アニリンの場合は窒素は $\pi$ 電子 2 個を提供するが，そのうちの一部が環の方に移動していることがわかる．移動した電荷はアミノ基の置換位置を除き，オルト位とパラ位に分布している．図 14・36 (a) と (b) にはニトロベンゼンの $\pi$ 電子密度と形式電荷を示す．$\pi$ MO の計算は $\alpha_N = \alpha_{CC} + 2\beta_{CC}$，$\alpha_O = \alpha_{CC} + \beta_{CC}$，$\beta_{NO} = 0.7\beta_{CC}$，$\beta_{CN} = 0.8\beta_{CC}$ のパラメータで行われたものである．この場合は，環からニトロ基の酸素原子の方に電子が移動しているが，ピリジンの場合と同様に，オルトおよびパラ位で電子密度が減少していることが注目される．

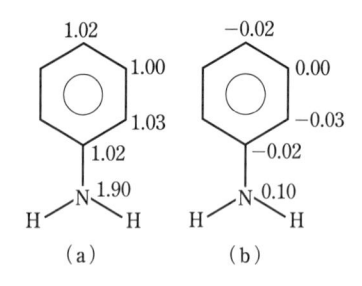

図 14・35 アニリンの電子密度 (a) と形式電荷 (b)

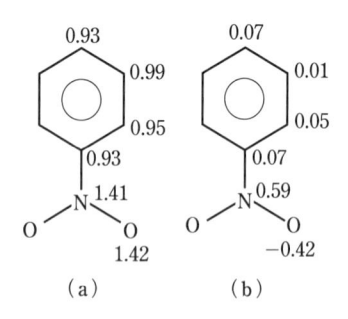

図 14・36 ニトロベンゼンの電子密度 (a) と形式電荷 (b)

以上ヘテロ原子を含む $\pi$ 電子系の例を三つあげた．6 員環の $\pi$ 電子密度はヘテロ原子の効果によってオルト位とパラ位で変化

するが，メタ位ではあまり変化しないことがわかる．このような電荷の偏りは次節でも述べるように電荷をもつ試薬のベンゼン環に対する配向性の説明に使われる．

## §14・7 反応性指数

§14・5で自由原子価や電子密度が反応の起こりやすさを与える指標（指数）として役立つことを述べたが，この節ではこれらを含めてπ電子近似で取り扱われる種々の**反応性指数**（reactivity index）を述べることにする．

一般に反応系 A + B から生成系 C に移る反応は途中でエネルギーの高い遷移状態 $AB^{\ddagger}$ を通る．通常の反応条件である定温定圧で起こる反応は，横軸に反応座標（反応経路に沿った座標），縦軸にギブズの自由エネルギー $G = U + TS - PV$ をとると，図14・37のように表される．ただし，$\Delta G^{\ddagger}$ は遷移状態と初期状態の間のギブズ自由エネルギーの変化である．なお，$U$ は系の内部エネルギーで，分子数を $N$，平均エネルギーを $\overline{E}$ とすると，$U = N\overline{E}$，$S$ は系の乱雑さの尺度を与えるエントロピーである．

Eyring（アイリング）の遷移状態理論では，反応系と遷移状態の間に平衡が成立すると考える．すなわち，反応は

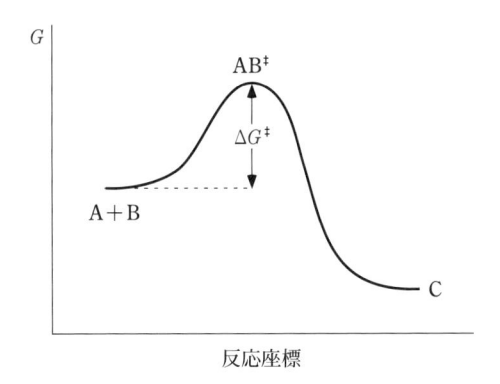

図14・37 反応 $A + B \rightarrow AB^{\ddagger} \rightarrow C$ に伴うギブズ自由エネルギー $G$ の変化

$$A + B \rightleftarrows AB^{\ddagger} \rightarrow C \qquad (14 \cdot 7 \cdot 1)$$

のように進む．熱力学によると，一般に定温定圧における反応に伴うギブズ自由エネルギーの変化 $\Delta G$ と反応の平衡定数 $K$ との間には $K = \exp\{-\Delta G/(RT)\}$ の関係がある．よって，上式の平衡数は

$$K^{\ddagger} = [AB^{\ddagger}]/[A][B] = \exp\{-\Delta G^{\ddagger}/(RT)\} \qquad (14 \cdot 7 \cdot 2)$$

となる．ただし，$[AB^{\ddagger}]$, $[A]$, $[B]$ はそれぞれ $X^{\ddagger}$, A および B の濃度，$\Delta G^{\ddagger}$ は遷移状態と反応系のギブズ自由エネルギーの差である．いま，単位時間に遷移状態の分子 $AB^{\ddagger}$ が生成物 C を与える頻度を $\nu$ とすれば

$$\frac{d[C]}{dt} = \nu[AB^{\ddagger}] \qquad (14 \cdot 7 \cdot 3)$$

一方，反応速度定数を $k$ とすれば

$$\frac{d[C]}{dt} = k[A][B] \qquad (14 \cdot 7 \cdot 4)$$

$(14 \cdot 7 \cdot 2) \sim (14 \cdot 7 \cdot 4)$ より次式が得られる．

$$\boxed{k = \nu \exp\{-\Delta G^{\ddagger}/(RT)\}} \qquad (14 \cdot 7 \cdot 5)$$

遷移状態理論によると，$\nu = k_{B}T/h$ で与えられる．ただし，$k_{B}$ は Boltzmann 定数である．なお，遷移状態理論については下巻の §A2·11 を参照されたい．

さて，定温定圧では，$\Delta G^{\ddagger} = \Delta U^{\ddagger} + T\Delta S^{\ddagger} - P\Delta V^{\ddagger}$ である．同種の反応 $A_{\alpha} + B_{\alpha} \rightarrow C_{\alpha}$ と $A_{\beta} + B_{\beta} \rightarrow C_{\beta}$ がある場合，遷移状態と初期状態の間のエントロピー変化 $\Delta S^{\ddagger}$ や体積変化 $\Delta V^{\ddagger}$ はほぼ等しいと考えられるので，反応速度の比は

$$\frac{k_{\beta}}{k_{\alpha}} = \frac{\exp\{-\Delta G_{\beta}^{\ddagger}/(RT)\}}{\exp\{-\Delta G_{\alpha}^{\ddagger}/(RT)\}} = \exp\{-(\Delta U_{\beta}^{\ddagger} - \Delta U_{\alpha}^{\ddagger})/(RT)\} \qquad (14 \cdot 7 \cdot 6)$$

となる．したがって，同種の反応の相対反応速度を調べるには，遷移状態と初期状態の間の系のエネルギー変化 $\Delta U^{\ddagger}$ ($= N\Delta \overline{E}^{\ddagger}$) の大小を検討すればよい．

有機化学の反応では，反応を受ける分子を**基質** (substrate)，基質を攻撃して反応を起こす分子を**試薬** (reagent) という．試薬は基質に対する作用によっ

## §14・7 反応性指数

て次の3種に大別される．

**（1）親電子試薬** (electrophilic reagent)

これは基質分子の電子密度の大きい部分を攻撃しやすい試薬で，求電子試薬とも呼ばれる．例えば，$NO_2^+$（硝酸など），$Cl^+$（ハロゲン分子など），$R^+$（RX，グリニャール試薬 RMgX など），$RCO^+$（RCOCl など）などである．

**（2）親核試薬** (nucleophilic reagent)

これは基質分子の電子密度の小さい部分を攻撃しやすい試薬で，原子核の正電荷に親和性があるので，このように名付けられた．求核試薬とも呼ばれる．例えば，$RNH_2$（アミン，アンモニアなど），$R^-$（金属アルキル $R^-M^+$ など），$RO^-$（金属アルコキシド，アルコールなど）などである．

**（3）ラジカル試薬** (radical reagent)

不対電子をもつ化学種である．R・（アルキルラジカル），$C_6H_5$・（アリールラジカル）などを指す．

反応の例として芳香環に対する試薬 X による置換反応を取り上げてみよう

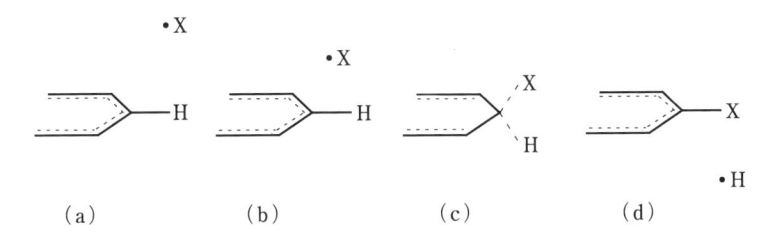

**図 14・38** 試薬 X による芳香環の置換反応．(a) 始状態，(b) 反応の初期状態，(c) 遷移状態，(d) 終状態

（図14・38）．芳香環と X が離れている始状態が (a) である．X が近づいてきて芳香環と相互作用を始めた反応の初期状態を (b) とする．遷移状態 (c) では X は置換位置の炭素原子と結合をつくるであろう．このとき π 電子共役系は置換位置で分断され，X と H は置換位置の炭素と $sp^3$ 混成状態でゆるく結合している．そして H が分離すると終状態 (d) となる．X が親電子試薬ならば

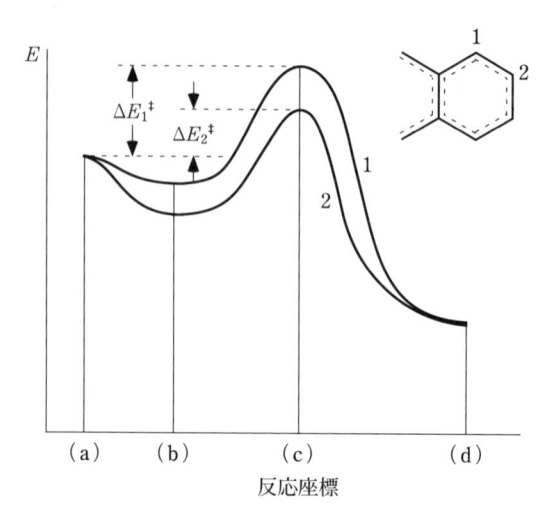

図 14・39 置換位置と反応のポテンシャル曲線の関係. (a) 〜 (d) は図 14・38 の反応の始状態〜終状態に対応する.

電子密度の多い位置に近づき, 状態 (b) でクーロン相互作用で安定化した後, 遷移状態 (c) に移る. この様子を, 異なった置換位置 1, 2 について, 図 14・39 に示した (2 が 1 より電子密度が大きいとする). 反応性指数としては, 電子密度のように, 試薬と相互作用する前の孤立した基質の物理量を用いる場合 (孤立分子モデル) と遷移状態のエネルギーを用いる場合 (局在化モデル) がある. 前者は反応の初期状態 (図 14・39 の (b)) のエネルギーに着目し, それが遷移状態のエネルギーの大小関係にも反映すると考える立場である. 後者は遷移状態 (図 14・39 の (c)) をモデル化し, 活性化エネルギーを推定しようとする立場である. 次にそれぞれのモデルの反応性指数をあげる.

(a) 孤立分子モデル

反応性指数として用いられる孤立した基質の物理量としては, 電子密度の他, 分極率, 自由原子価, フロンティア電子密度などがある. これらについて順に述べよう.

## §14·7 反応性指数

### （ i ） 電子密度

π電子密度の試薬に対する効果についてはすでに前節で示唆した．例えば，アニリンでは，オルト位とパラ位で電子密度が高いので，この位置で親電子試薬による攻撃を受けやすい（図14·35参照）．一方，ニトロベンゼンではオルト位とパラ位で電子密度が低い（形式電荷が大きい）ので，この位置で親核試薬に対する反応性が高い（図14·36参照）．すなわち，有機化学でいわれている置換ベンゼンのオルト，メタ配向効果はπ電子密度で説明される．他の例としてアズレンについて述べよう．アズレンの分子図（図14·28）から求めた，形式電荷は図14·40のようになる．したがって，π電子密度からは1位が親電子試薬によって，4位と6位が親核試薬によって攻撃されやすいことがわかる．実験結果はこの推定とよく一致する．

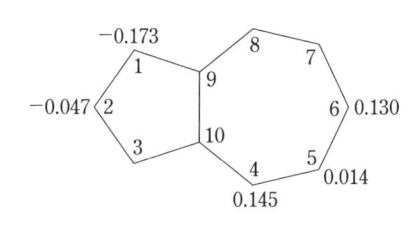

**図14·40** アズレンの形式電荷

### （ ii ） 分極率

前に述べたように（p.385），ナフタレンのような偶交互炭化水素では，すべての炭素原子上のπ電子密度は1であるから，電子密度の大小から置換位置を推定できない．そこで考えられたのが，親電子または親核試薬が基質に及ぼす分極効果である．図14·41(a)に示すように，正電荷（親電子試薬）が置換位置 $\mu$ の炭素原子に近づくと，他の炭素原子からその位置に引きつけられてきたπ電荷 $-\delta q$ と正電荷がクーロン相互作用をして系のエネルギーが安定化する．この安定化エネルギーが大きい位置ほど置換が起こりやすいと考えるのである．なお，この分極効果の大きさは，

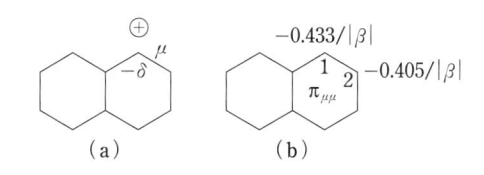

**図14·41** ナフタレンの反応に対する分極効果．(a) 親電子試薬の接近による分極，(b) 1位と2位の自己分極率 $\pi_{11}$ と $\pi_{22}$

電荷の正負によらないので,親電子試薬と親核試薬で同じである.

ところで $\mu$ 番目の炭素原子 $C_\mu$ に電荷が近づくとその位置のクーロン積分 $\alpha_\mu (<0)$ が変わると考えられる.例えば,正電荷が近づくと,分極によって $C_\mu$ に電子が引きつけられるようになるので,$|\alpha_\mu|$ が大きくなるはずである.そこで電荷の接近により $\alpha_\mu$ が $\delta\alpha_\mu$ だけ変化したときの分子の $\pi$ 電子エネルギーの変化 $\delta E_\pi (<0)$ を求め,その値が大きいところでは,反応が起こりやすいとする.$\delta E_\pi$ を摂動論で2次まで求めると,次のようになる.

$$\delta E_\pi = q_\mu \delta\alpha_\mu + \frac{1}{2}\pi_{\mu\mu}(\delta\alpha_\mu)^2 \qquad (14\cdot 7\cdot 7)$$

上式で $q_\mu$ は $\pi$ 電子密度,$\pi_{\mu\mu}$ は $\alpha_\mu$ の増加に対する $q_\mu$ の増加の割合で,自己分極率と呼ばれ,次式で計算される(式の導出については後述).

$$\boxed{\pi_{\mu\mu} = \frac{\partial q_\mu}{\partial \alpha_\mu} = 4\sum_i^{\text{occ}}\sum_j^{\text{unocc}}\frac{c_{\mu i}^2 c_{\mu j}^2}{\varepsilon_i - \varepsilon_j} = \frac{4}{\beta}\sum_i^{\text{occ}}\sum_j^{\text{unocc}}\frac{c_{\mu i}^2 c_{\mu j}^2}{\lambda_i - \lambda_j}} \qquad (14\cdot 7\cdot 8)$$

ただし,$\sum_i^{\text{occ}}$ と $\sum_j^{\text{unocc}}$ は,それぞれ,電子で占有された軌道と占有されていない軌道についての和である(占有軌道は2個ずつ電子で占められているものとする).また,$\varepsilon_i = \alpha + \lambda_i \beta$ の関係が用いられている.上式で $\varepsilon_i - \varepsilon_j$ の値は常に負であるから,$\pi_{\mu\mu} < 0$ である.よって,$\delta E_\pi$ の第2項の寄与は常に負で,系の安定化に寄与することがわかる.(14・7・7)において,$q_\mu$ が $\mu$ によらないときは,第2項を比較することになるのは,すでに述べたとおりである.ここで,ナフタレンの例をあげよう.図 14・41 (b) に示すように,ナフタレンの $\pi_{rr}$ の絶対値は1位の方が大きい.実験結果では親電子,親核両試薬とも1位に対する反応性が大きく,$\pi_{\mu\mu}$ は反応性指数として役立つことがわかる.他の偶交互炭化水素の反応についても自己分極率の有用性が認められている.

ここで (14・7・7) を求めておこう.$i$ 番目の $\pi$ 軌道 $\varphi_i = \sum_{i=1}^{m} c_{\mu i} \chi_\mu$ のエネルギー $\varepsilon_i$ は $\hat{h}\varphi_i = \varepsilon\varphi_i$ ((14・2・4)) を解いて得られる.ここで,$\hat{h}$ に摂動がかかり,$\alpha_\mu$ が $\alpha_\mu + \delta\alpha_\mu$ に変化したとき,$\varepsilon_i$ がどのように変わるかを考える.2次摂

§14・7 反応性指数

動まで考慮すると，p.163 (9・1・21) から $\varepsilon_i$ の変化 $\delta\varepsilon_i$ は

$$\delta\varepsilon_i = h_{ii}' + \sum_{j(\neq i)}^{m} \frac{|h_{ij}'|^2}{\varepsilon_i - \varepsilon_j} \tag{14・7・9}$$

ただし

$$h_{ij}' = \int \varphi_i{}^* \hat{h}' \varphi_j \, dv = \sum_{\mu=1}^{m} \sum_{\nu=1}^{m} c_{\mu i} c_{\nu j} \int \chi_\mu \hat{h}' \chi_\nu \, dv = c_{\mu i} c_{\mu j} \delta\alpha_\mu \tag{14・7・10}$$

この最後の変形では，摂動が炭素原子 $C_\mu$ のみに作用するとして，$\int \chi_\mu \hat{h}' \chi_\nu \, dv$ は $\nu = \mu$ のときのみ $\delta\alpha_\mu$ となり，それ以外では0になることを用いた．なお，MOの係数 $c_{\mu i}$ は実数とする．(14・7・9) と (14・7・10) から

$$\delta\varepsilon_i = c_{\mu i}{}^2 \delta\alpha_\mu + \sum_{j(\neq i)}^{m} \frac{c_{\mu i}{}^2 c_{\mu j}{}^2}{\varepsilon_i - \varepsilon_j} (\delta\alpha_\mu)^2$$

全π電子エネルギーの変化は上の $\delta\varepsilon_i$ を占有軌道について加えて

$$\delta E_\pi = 2\sum_i^{\text{occ}} c_{\mu i}{}^2 \delta\alpha_\mu + 2\sum_i^{\text{occ}} \sum_{j(\neq i)}^{m} \frac{c_{\mu i}{}^2 c_{\mu j}{}^2}{\varepsilon_i - \varepsilon_j} (\delta\alpha_\mu)^2$$

となる．上式の第1項において，$2\sum_i^{\text{occ}} c_{\mu i}{}^2 = q_\mu$ (π電子密度)，第2項の和は $\sum_i^{\text{occ}} \sum_{j(\neq i)}^{m} = \sum_i^{\text{occ}} (\sum_{j(\neq i)}^{\text{occ}} + \sum_j^{\text{unocc}}) = \sum_i^{\text{occ}} \sum_j^{\text{unocc}}$ となる．何故ならば $\sum_i^{\text{occ}} \sum_{j(\neq i)}^{\text{occ}} \frac{c_{\mu i}{}^2 c_{\mu j}{}^2}{\varepsilon_i - \varepsilon_j}(\delta\alpha_\mu)^2$ において，$i-j$ 項と $j-i$ 項は $\varepsilon_i - \varepsilon_j$ の符号が逆になるため消し合うからである．これらを考慮すると，次式が得られる．

$$\delta E_\pi = q_\mu \delta\alpha_\mu + 2\sum_i^{\text{occ}} \sum_j^{\text{unocc}} \frac{c_{\mu i}{}^2 c_{\mu j}{}^2}{\varepsilon_i - \varepsilon_j} (\delta\alpha_\mu)^2 = q_\mu \delta\alpha_\mu + \frac{1}{2}\pi_{\mu\mu} (\delta\alpha_\mu)^2$$

なお，(14・7・8) が成立することは次の例題 14・4 で示す．

[例題 14・4] (14・7・8) を導け．

[解] p.163 (9・1・19) から，摂動前後のπMOを $\varphi_i$，$\varphi_i'$ とすれば

$$\varphi_i' = \varphi_i + \sum_{j(\neq i)}^{m} \frac{h_{ij}'}{\varepsilon_i - \varepsilon_j} \varphi_j = \varphi_i + \sum_{j(\neq i)}^{m} \frac{c_{\mu i} c_{\mu j} \delta\alpha_\mu}{\varepsilon_i - \varepsilon_j} \varphi_j \tag{1}$$

ただし，(14・7・10) を用いた．上式に $\varphi_i = \sum_{\nu=1}^{m} c_{\nu i} \chi_\nu$，$\varphi_i' = \sum_{\nu=1}^{m} c_{\nu i}' \chi_\nu$ を代入すると

$$\varphi_i' = \sum_{\nu=1}^{m} c_{\nu i}' \chi_\nu = \sum_{\nu=1}^{m} c_{\nu i} \chi_\nu + \sum_{j(\neq i)}^{m} \frac{c_{\mu i} c_{\mu j} \delta\alpha_\mu}{\varepsilon_i - \varepsilon_j} \sum_{\nu=1}^{m} c_{\nu j} \chi_\nu$$

上式から

$$c'_{\nu i} = c_{\nu i} + \sum_{j(\neq i)}^{m} \frac{c_{\mu i} c_{\mu j} c_{\nu j}}{\varepsilon_i - \varepsilon_j} \delta\alpha_\mu \tag{2}$$

となる．この式から

$$q'_\nu = 2\sum_i^{occ} c'^2_{\nu i} = 2\sum_i^{occ} c_{\nu i}^2 + 4\sum_i^{occ}\sum_{j(\neq i)}^{m} \frac{c_{\mu i} c_{\nu i} c_{\mu j} c_{\nu j}}{\varepsilon_i - \varepsilon_j} \delta\alpha_\mu + \cdots\cdots \tag{3}$$

前と同様に，$\sum_i^{occ}\sum_{j(\neq i)}^{m} = \sum_i^{occ}\sum_j^{unocc}$ であるから

$$q'_\nu = q_\nu + \pi_{\mu\nu}\delta\alpha_\mu + \cdots\cdots \qquad \pi_{\mu\nu} \equiv 4\sum_i^{occ}\sum_j^{unocc} \frac{c_{\mu i} c_{\nu i} c_{\mu j} c_{\nu j}}{\varepsilon_i - \varepsilon_j} \tag{4}$$

よって，$\delta q_\nu = q'_\nu - q_\nu = \pi_{\mu\nu}\delta\alpha_\mu + \cdots\cdots$ から

$$\frac{\partial q_\nu}{\partial \alpha_\mu} = \pi_{\mu\nu} \tag{5}$$

が得られる．上式で $\nu = \mu$ とすると

$$\frac{\partial q_\mu}{\partial \alpha_\mu} = \pi_{\mu\mu} \qquad \pi_{\mu\mu} = 4\sum_i^{occ}\sum_j^{unocc} \frac{c_{\mu i}^2 c_{\mu j}^2}{\varepsilon_i - \varepsilon_j} \tag{6}$$

なお，$\pi_{\mu\nu}$ ($\nu \neq \mu$) は**相互分極率** (mutual polarizability) と呼ばれる．(5) から相互分極率は $\alpha_\mu$ の増加に対する $q_\nu$ ($\nu \neq \mu$) の増加の割合を表す．

(iii) 自由原子価

自由原子価についてはすでに述べた (p. 392)．自由原子価の大きいところはラジカル反応が起こりやすいと考えられる．図 14・42 に示すように，偶交互炭化水素に対するメチルラジカル $CH_3\cdot$ の付加反応では，相対反応速度 $k_r$ と分子の最大自由原子価 $F_\mu$(max) との間に並行関係がみられる．

アズレンの場合，ラジカル付加が起こりやすい位置は 1 位（位置については図 14・40 参照）である．図 14・28 によると，$F_\mu$ の値は 4 位が最大で 0.482，次が 1 位で 0.480 となっており，両者の差はわずかとはいえ，$F_\mu$ による説明は妥当ではない．

(iv) フロンティア電子密度

福井謙一博士らは，親電子試薬に対しては**最高被占軌道**（**HOMO**, highest occupied molecular orbital）の電子密度が大きい位置が，親核試薬に対しては**最低空軌道**（**LUMO**, lowest unoccupied molecular orbital）の電子密度が大き

## §14·7 反応性指数

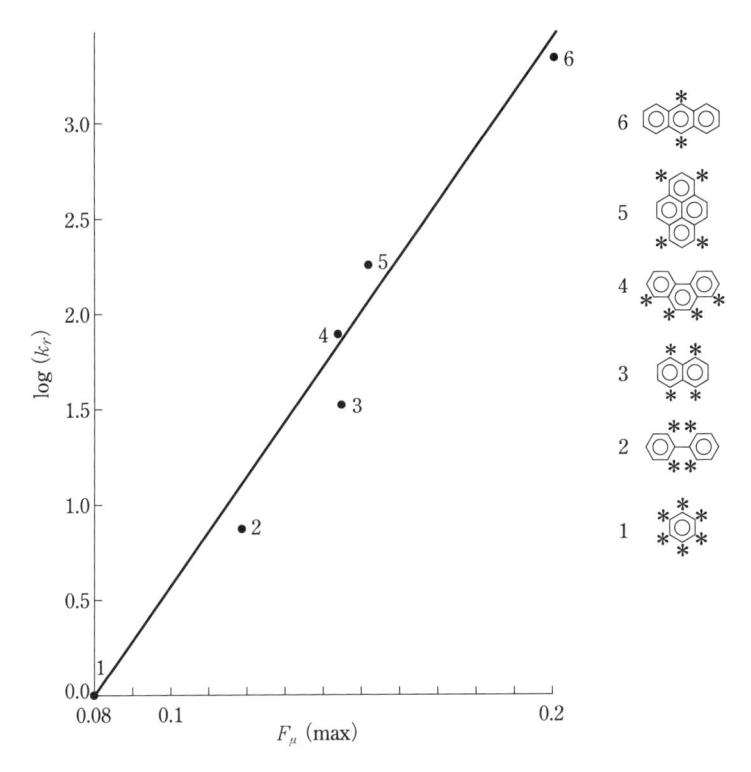

**図 14·42** 偶交互炭化水素に対するメチルラジカル $CH_3\cdot$ の付加反応における分子の最大自由原子価 $F_\mu$ (max) と相対反応速度 $k_r$ との関係. 各化合物の $F_\mu$(max) を与える位置は＊印で示す. $k_r$ はベンゼンの反応速度を基準にとり (すなわち, ベンゼンの $k_r = 1$), 他の化合物については反応速度の値に $6/m$ をかけて求めている. ただし, $m$ は最大自由原子価を与える位置の数である (J. P. Lowe, Quantum Chemistry, 2nd ed., Academic (1993)).

い位置が反応性が高いと考えた. そして, これらの HOMO と LUMO を**フロンティア軌道** (frontier orbital) と名付けた. 分子のフロンティア軌道は原子の価電子軌道に相当するものと考えられる. なお, ラジカル反応に対しては HOMO と LUMO の電子密度の平均値が反応性指数として提案された. この

結果,フロンティア理論による反応性指数は次のようになる.

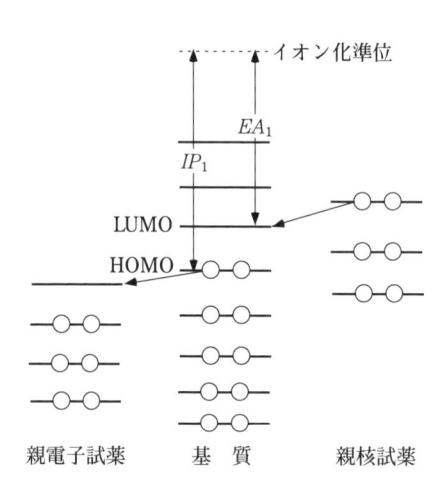

$$\begin{aligned} 親電子反応 \quad & f_\mu^{(E)} = 2c_{HOMO,\mu}^2 \\ 親核反応 \quad & f_\mu^{(N)} = 2c_{LUMO,\mu}^2 \\ ラジカル反応 \quad & f_\mu^{(R)} = c_{HOMO,\mu}^2 + c_{LUMO,\mu}^2 \end{aligned} \qquad (14\cdot 7\cdot 11)$$

図 14・43 基質,親電子試薬および親核試薬のエネルギー準位の関係

図 14・43 からわかるように,基質から親電子試薬への電子移動はイオン化ポテンシャル ($IP$) が最低の HOMO ($IP_1$) からが,エネルギー的に最も有利である.また,親核試薬から基質への電子移動も電子親和力 ($EA$) が最大の LUMO ($EA_1$) へが,最も有利である.さらに,基質の軌道と試薬の軌道の相互作用も,HOMO と LUMO が試薬の関連する軌道にエネルギー的に近いので大きい.

偶交互炭化水素の場合,HOMO と LUMO の係数の間で (14・5・4) が成立するため,$f_\mu^{(E)} = f_\mu^{(N)} = f_\mu^{(R)}$ である.ナフタレンではその値は1位では 0.362,2位では 0.138 である.したがって,親電子,親核,ラジカル,どの反応も1位の方が2位より起こりやすいことになるが,これは実験結果と一致する.アズレンの場合,電子密度の最も大きい位置は,HOMO では1位 (0.589),LUMO では6位 (0.522),HOMO と LUMO の平均では1位 (0.299) である.この結果は親電子反応とラジカル反応では実験結果と一致する.親核反応は6位より4位 (LUMO の電子密度は 0.442) の方が進みやすいので,実験結果と異なる.

福井博士らは芳香族置換反応の遷移状態 (図 14・38 (c) に相当) のエネルギーを摂動論で考察し,**超非局在性** (superdelocalizability) $S_\mu$ と呼ばれる反

§14・7 反応性指数

応指数を導いた．$S_\mu$ の式は次のとおりである[1]．

$$\text{親電子反応} \quad S_\mu^{(E)} = 2 \sum_i^{\text{occ}} c_{\mu i}{}^2 / \lambda_i$$

$$\text{親核反応} \quad S_\mu^{(N)} = 2 \sum_i^{\text{unocc}} c_{\mu i}{}^2 / (-\lambda_i) \tag{14・7・12}$$

$$\text{ラジカル反応} \quad S_\mu^{(R)} = \sum_i^{\text{occ}} c_{\mu i}{}^2 / \lambda_i + \sum_i^{\text{unocc}} c_{\mu i}{}^2 / (-\lambda_i)$$

上式は，反応指数として，HOMO, LUMO に加えて他の軌道の寄与も考慮した形になっている（$\lambda_i$ をすべて1にすれば，$S_\mu^{(E)} = q_i$ となり，親電子反応の反応指数として電子密度を用いることになる）．ただし，HOMO と LUMO の $\lambda_i$ は最小であるから，フロンティア軌道の効果が最も大きい．偶交互炭化水素では $S_\mu^{(E)} = S_\mu^{(N)} = S_\mu^{(R)}$ である．その値はナフタレンの1位で0.994, 2位で0.873 であり，フロンティア軌道の場合と同様に，1位の反応性が高いことを示している．なお，ラジカル反応では一般に $f_\mu^{(R)}$ よりも $S_\mu^{(R)}$ の方が使われる．

**（b）局在化モデル**

局在化モデルでは，遷移状態をモデル化し，活性化エネルギー $\Delta E^\ddagger$，すなわち，遷移状態と始状態のエネルギー差を推定する．

芳香環の置換反応では，遷移状態のモデルとして図 14・38 (c) に相当する構造を考える．ベンゼンの場合を図 14・44 に示す．本来は，図の (a) に示すように，試薬 X と H は置換位置 $\mu$ の炭素と $\sigma$ 結合をつくるので，そのエネルギーを考慮しなければならないが，近似的に図 (b) ～ (d) に示すような構造を用いて遷移状態のエネルギーを評価する．親電子反応の

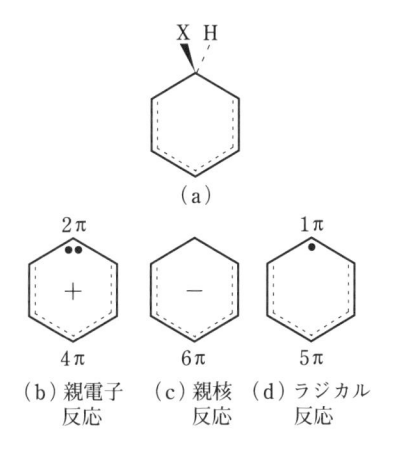

図 14・44　ベンゼンの置換反応．(a) 遷移状態，(b) ～ (d) 親電子反応，親核反応およびラジカル反応における遷移状態のモデル

---

1) 福井謙一，化学反応と電子の軌道，丸善 (1976)．

場合,親電子試薬 (X$^+$) と炭素の結合に2個の電子が使われるが,その電子はπ電子系から供与されるとして,置換位置 $\mu$ の炭素に2個のπ電子が局在し,他の4個のπ電子は共役系に存在すると考える.親核反応の場合は試薬 (X$^-$) の電子は共役系に移動し,共役系は6個のπ電子をもつとする.また,ラジカル反応では1個のπ電子が置換位置 $\mu$ の炭素に局在するとする.

これらの遷移状態モデルの全π電子エネルギーを $E_\mu^\ddagger$,始状態(この例では,ベンゼン)の全π電子エネルギーを $E_0$ とすると,その差(活性化エネルギーに相当する量)は**局在化エネルギー** (localization energy) と呼ばれ,記号 $L_\mu$ で表される.すなわち

$$L_\mu = E_\mu^\ddagger - E_0 \qquad (14\cdot7\cdot13)$$

である.反応性指数としての $L_\mu$ は,その値が小さい位置ほど反応が起こりやすい.なお,親電子,親核,ラジカルの各反応の局在化エネルギーに対して $L_\mu^{(E)}, L_\mu^{(N)}$ および $L_\mu^{(R)}$ の記号が用いられる.

ベンゼンを例にして $L_\mu^{(E)}, L_\mu^{(N)}$ および $L_\mu^{(R)}$ を求めてみよう.親電子,親核およびラジカル反応の遷移状態モデルの電子配置を図14・45に示す.ただし,孤立したπ電子のエネルギーは $\alpha$ としてある.図からすぐわかるように全π電子エネルギーはどの反応でも同じで,

$$E_\mu^\ddagger = 2(\alpha + 1.732\beta) + 2(\alpha + \beta) + 2\alpha = 6\alpha + 5.464\beta$$

となる.一方,図14・11から

$$E_0 = 2(\alpha + 2\beta) + 4(\alpha + \beta) = 6\alpha + 8\beta$$

であるから

$$L_\mu^{(E)} = L_\mu^{(N)} = L_\mu^{(R)} = 6\alpha + 5.464\beta - (6\alpha + 8\beta) = -2.536\beta$$

となる($\beta < 0$ であることに注意).ベンゼンと同様に,偶交互炭化水素では,エネルギー $\alpha$ の非結合性軌道があるので,常に $L_\mu^{(E)} = L_\mu^{(N)} = L_\mu^{(R)}$ が成立する($\mu$ は炭素の番号).

ナフタレンでは $L_\mu^{(E)} = L_\mu^{(N)} = L_\mu^{(R)}$ の値は1位で $-2.299\beta$,2位で $-2.479\beta$ であり,1位で反応性が高い事実を裏書きする.アズレンの局在化エ

§14·7 反応性指数

$\alpha - 1.732\beta$
$\alpha - \beta$
$\alpha$
$\alpha + \beta$
$\alpha + 1.732\beta$

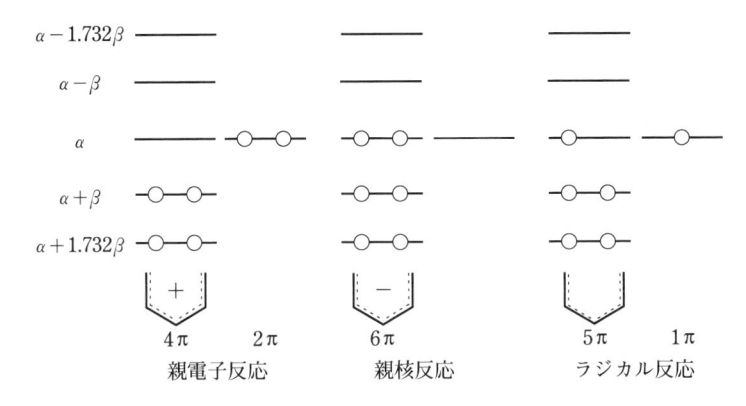

$4\pi$　$2\pi$　　$6\pi$　　　$5\pi$　$1\pi$
親電子反応　　親核反応　　ラジカル反応

**図 14·45**　ベンゼンの親電子, 親核およびラジカル反応の遷移状態のモデルの電子配置. 図の共役系はペンタジエンラジカル $H_2C=CH-CH=CH-CH_2\cdot$ に相当するから, $(14\cdot3\cdot8)$ より $\lambda_k = 2\cos(\pi_k/6)$, $k = 1, 2, \cdots, 5$ である. よって $\lambda_{2,4}$, $\lambda_{1,5}$, $\lambda_3$ はそれぞれ $\pm 1, \pm\sqrt{3}, 0$ となる.

表 14·3　アズレンの局在化エネルギー

| 位置 | $L_r^{(E)}/|\beta|$ | $L_r^{(N)}/|\beta|$ | $L_r^{(R)}/|\beta|$ |
|---|---|---|---|
| 1 | **1.924** | 2.600 | 2.262 |
| 2 | 2.362 | 2.362 | 2.362 |
| 4 | 2.551 | **1.929** | **2.240** |
| 5 | 2.341 | 2.341 | 2.341 |
| 6 | 2.730 | 1.988 | 2.359 |

ネルギーの値を表 14·3 に示す. 表によると, 親電子反応では 1 位が, 親核とラジカル反応では 4 位が反応性が高い. この結果は親電子反応と親核反応では実験結果と一致するが, ラジカル反応は 1 位の方が起こりやすいので, 実験結果と異なる.

以上, $\pi$ 電子近似で取り扱われる代表的な反応性指数をあげた. これらの反応性指数の計算においては, $\pi$ 電子だけが考察の対象とされており, $\sigma$ 電子が全く考慮されていない点に問題がある. また, 孤立電子モデルでは, 活性化エネルギーの大小が反応の初期状態から推定されるので, その適用性に限界があ

る．最近では，コンピューターの使用が容易になったので，*ab initio* 法で全電子を考慮した計算を行い，反応経路と遷移状態を推定することができるようになった．これについては下巻の 24 章で述べる．

### §14・8 軌道対称性の保存―Woodward-Hoffman 則

前節では，π電子理論の簡単な応用で反応の起こりやすさが推定できる反応性指数について述べた．この節ではπ電子が関与する反応の進行が軌道の対称性に基づいて定性的に理解できる例を述べる．Woodward と Hoffman は，協奏的[1]に起こる環化反応や付加環化反応では，軌道の対称性が反応の進行中保存されることを見出した．これを**ウッドワード―ホフマン則** (Woodward-Hoffman rule) という．次に三つの例を取り上げてこの法則を説明することにする．

**(a) エチレンの2量化によるシクロブタンの生成**

2個のエチレンがシクロブタンになる付加環化反応を考えよう．図 14・46 に反応前後の分子を示す．(a) の二つのエチレン分子のπ軌道が相互作用してσ結合をつくり (b) のシクロブタンに移る．この間で CH 結合の方向は $sp^2$ 配向から $sp^3$ 配向に変わるが，全エネルギーに与えるその影響は小さく，反応は π → σ のエネルギー変化に支配されると考える．図 14・46 の MO は二つの対称面をもつ．図 14・47 にエチレンの場合で示すように，π結合を2等分する垂直な面 $\sigma_v$ と新しいσ結合を2等分する水平な面 $\sigma_h$ である．反応の間この対称性は保持される．

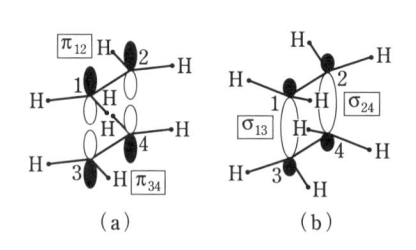

図 14・46 2個のエチレンの付加環化反応．(a) 反応前，エチレン2個，(b) 反応後，シクロブタン

反応前後の電子配置を図 14・48 に示す．図で波動関数は $\sigma_v$ と $\sigma_h$ に関する対

---

1) 中間体を生じない，1段階で起こる反応を協奏反応 (concerted reaction) という．

§14・8 軌道対称性の保存―Woodward-Hoffman 則

称性によって分類されている．例えば，2分子のエチレンの最低エネルギー状態は図 14・46 (a) に示すように二つの $\pi$ の結合性軌道 $\pi_{12}$ と $\pi_{34}$ が同符号の関数分布を向き合わせている状態，$\pi_{12} + \pi_{34}$ である．この軌道は，$\sigma_v$ 面と $\sigma_h$ 面，どちらの面での鏡映でも対称 (symmetric) であるから，その対称性を SS で示す．一方，次のエネルギーがわずかに大きい軌道 $\pi_{12} - \pi_{34}$ は $\sigma_v$ 面について対称，$\sigma_h$ 面について反対称 (anti-symmetric) であるから，その対称性は SA となる．$\pi$ の反結合性軌道の組み合せ $\pi_{12}^* \pm \pi_{34}^*$ についても，同じようにして，AS と AA の記号がつけられる．シクロブタンではエネルギー最低の状態は結合性 $\sigma$ 軌道の組み合せである $\sigma_{13} + \sigma_{24}$ で，その対称性は SS である．また，その軌道より少しエネルギーが高い $\sigma_{13} - \sigma_{24}$ 軌道

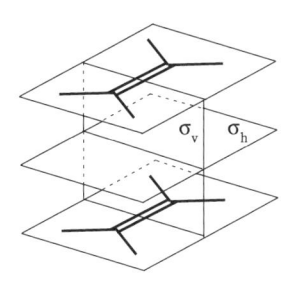

図 14・47 エチレンの付加環化反応における対称面

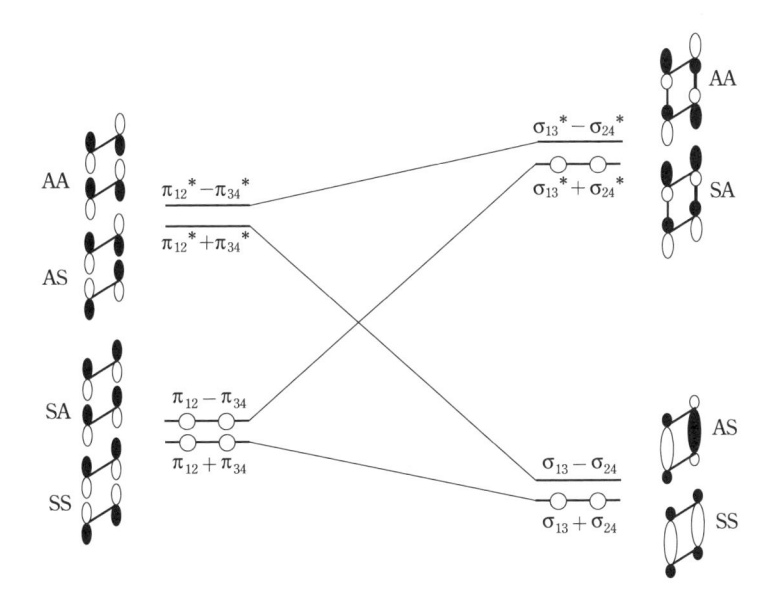

図 14・48 エチレンの付加環化反応における反応前と反応後の電子配置（熱反応の場合）

の対称性は AS である.反結合性 σ 軌道の組み合せからできる $\sigma_{13}^* \pm \sigma_{24}^*$ 軌道については,対称性は SA と AA となる.ところで,反応の進行中,分子の対称性は変わらないので,2分子のエチレン系の軌道は同じ対称性のシクロブタンの軌道に移っていく.例えば,エチレンの $\pi_{12} + \pi_{34}$ 軌道 (SS) はシクロブタンの $\sigma_{13} + \sigma_{24}$ (SS) 軌道に変わる.図 14·48 では反応の前後で対称性が同じ軌道が線で結んである.

図 14·48 から,エチレンの環状付加は,通常の熱エネルギーの下では,エネルギー的に起こりそうもないことがわかる.2個の電子を $\pi_{12} + \pi_{34}$ 軌道から $\sigma_{13}^* + \sigma_{24}^*$ 軌道へ上昇させなければならないからである.しかし,図 14·49 からわかるように,光エネルギーによって,エチレンの電子1個が $\pi_{12} - \pi_{34}$ 軌道から $\pi_{12}^* + \pi_{34}^*$ 軌道へ励起された状態からの付加反応は,$(\pi_{12} - \pi_{34})$ → $(\sigma_{13}^* + \sigma_{24}^*)$ の上昇で必要なエネルギーが,$(\pi_{12}^* + \pi_{34}^*)$ → $(\sigma_{13} - \sigma_{24})$ の下降で得られるエネルギーによって打ち消されるので,自然に進むと考えられ

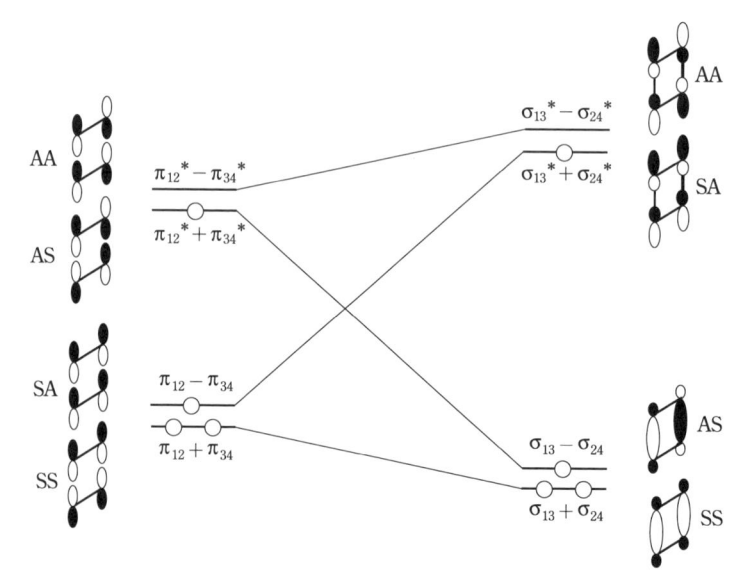

図 14·49 エチレンの付加環化反応における反応前と反応後の電子配置(光化学反応の場合).反応前に電子励起 $(\pi_{12} - \pi_{34})$ → $(\pi_{12}^* + \pi_{34}^*)$ が起こる.

§14・8 軌道対称性の保存—Woodward-Hoffman 則

る．このようにして，二つのエチレンの付加環化反応は熱的には（基底状態では）禁止されているが，光化学的には（励起状態では）許容されていると結論される．これは実験事実と一致する．なお，図 14・48 と図 14・49 において，反応が禁止されるか，許容されるかは，HOMO と LUMO の対称性によって決定されることに注目すべきである．

上では，個々の MO のエネルギーと対称性に着目したが，本来，電子配置の全エネルギーと対称性に基づいて考察すべきである．二つのエチレン系の基底状態は $\Psi_1 = (\pi_{12} + \pi_{34})^2 (\pi_{12} - \pi_{34})^2$ で SS 対称である（$(\pi_{12} - \pi_{34})^2$ の対称性が $(SA)^2 = SS$ であるため）．これと同じ対称性 SS のエチレン系の電子配置は $\Psi_2 = (\pi_{12} + \pi_{34})^2 (\pi_{12}^* + \pi_{34}^*)^2$ と $\Psi_3 = (\pi_{12} + \pi_{34})^2 (\pi_{12}^* - \pi_{34}^*)^2$ などである．一方，シクロブタジエンの基底状態は $\Psi_1' = (\sigma_{13} + \sigma_{24})^2 (\sigma_{13} - \sigma_{24})^2$ で，やはり SS である．同じ SS の電子配置には $\Psi_2' = (\sigma_{13} + \sigma_{24})^2 (\sigma_{13}^* + \sigma_{24}^*)^2$, $\Psi_3' = (\sigma_{13} + \sigma_{24})^2 (\sigma_{13}^* - \sigma_{24}^*)^2$ などがある．これらの電子状態の相関図を図 14・50 に示す．一般に同じ対称性の状態 $\Psi_1, \Psi_2, \Psi_3, \cdots$ があるとき，それらを混合して

$$\Phi = c_1 \Psi_1 + c_2 \Psi_2 + c_3 \Psi_3 + \cdots$$

とし，変分法で新しい全エネルギー $E_i$ と $\Phi_i$（$c_{ji}$ の組）を定めるべきである（配置間相互作用）．その処理を行うと図の交差点のところでエネルギーが分離

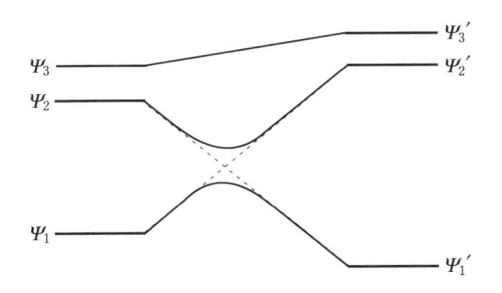

図 14・50 エチレンの付加環化反応における電子状態のエネルギー変化．反応の進行に伴って $\Psi_1$ は $\Psi_2'$ に，$\Psi_2$ は $\Psi_1'$ に移るので，中間で状態が交叉する．

する (p.302, 非交叉則). 結局エチレン2分子系の基底状態 $\Psi_1$ からシクロブタジエンの基底状態 $\Psi_1'$ に移行するにはその中間でポテンシャルの山を越えなければならない. この山は活性化エネルギーに相当し, 熱エネルギーでは越えることができない. 一方, 光化学反応の場合には, $\Psi_{p1} = (\pi_{12} + \pi_{34})^2(\pi_{12} - \pi_{34})$ $(\pi_{12}{}^* + \pi_{34}{}^*)$ から $\Psi_{p1}' = (\sigma_{13} + \sigma_{24})^2(\sigma_{13} - \sigma_{24})(\sigma_{13}{}^* + \sigma_{24}{}^*)$ への移行 (AA 対称同士の移行) は, 中間に活性化エネルギーの山がないので, スムーズに進むのである. このようにして, 個々の MO に着目しても, 全エネルギーに注目しても同じ結論が得られることがわかった.

### (b) cis-ブタジエンとエチレンからのシクロヘキセンの生成

(1)と同様な環化反応の例として, cis-ブタジエンとエチレンの反応を考えよう (図14·51). この反応はディールス-アルダー反応 (Diels-Alder Reaction)[1] のモデルである. この反応では, 図14·51 において, ブタジエンの炭素1とエチレンの炭素5およびブタジエンの炭素4とエチレンの炭素6の間に $\sigma$ 結合が形成され, 同時にブタジエンの炭素2と3の間に $\pi$ 結合ができる. この反応の間, 図14·51 の垂直の2等分面 $\sigma_v$ に関して, 分子の対称性は保たれる. 反応の前後の相関図を図14·52に示す. 始状態ではブタジエンの $\pi$ 軌道, $\pi_{B1}$, $\pi_{B2}$, $\pi_{B3}$ および $\pi_{B4}$ とエチレンの $\pi$ 軌道, $\pi_{E1}$ と $\pi_{E2}$ を, 終状態では新しく形成される $\sigma$ 軌道の組み合せ, $\sigma_{15} \pm \sigma_{46}$, $\sigma_{15}{}^* \pm \sigma_{46}{}^*$ および $\pi$ 軌道,

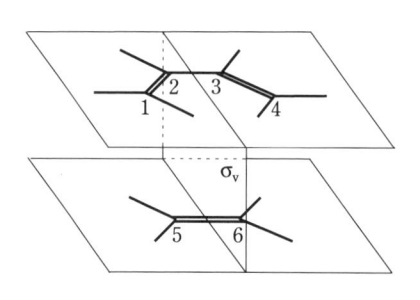

図 14·51 cis-ブタジエンとエチレンの環化反応における対称面

---

1) 下のような, ジエン類と陰性の基をもつ2重結合または3重結合化合物 (ジエノフィル) との反応である.

§14・8 軌道対称性の保存―Woodward-Hoffman 則    421

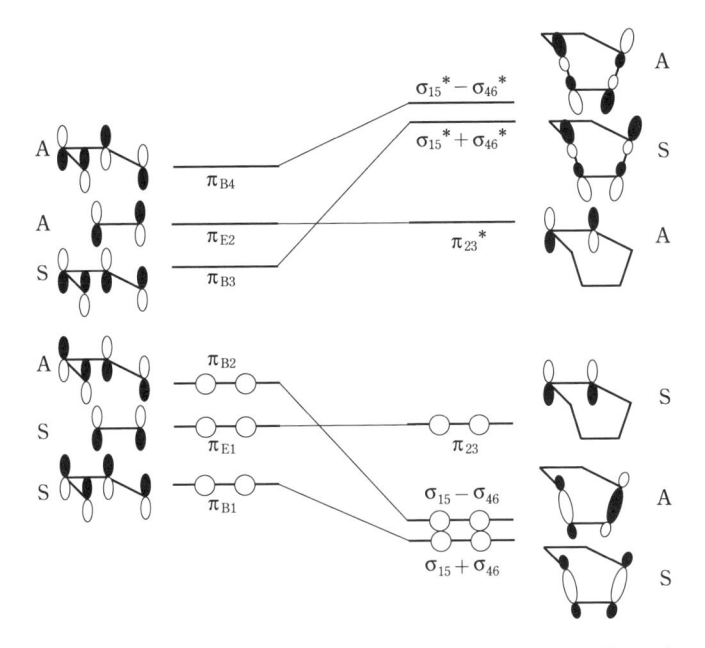

**図 14・52**　*cis*-ブタジエンとエチレンの環化反応における反応前と反応後の電子配置（熱反応の場合）

　$\pi_{23}$ と $\pi_{23}{}^*$ を考察の対象とする．前と同様に CH 結合の $sp^2$ 配向から $sp^3$ 配向への移行に伴うエネルギー変化は無視するのである．始状態のエネルギー準位の順序については，エチレンとブタジエンとエネルギー準位図（図 14・6 と図 14・8）を参照されたい．図 14・52 につけた S と A は $\sigma_v$ 面に関する MO の対称性を示す．そして，始状態と終状態の間で同じ対称性の記号が線で結んである[1]．

　図 14・52 から，MO の対称性が保存することを前提にして考えると，ブタジエンとエチレンの系の基底状態 $\pi_{B1}{}^2 \pi_{E1}{}^2 \pi_{B2}{}^2$ からシクロヘキセンの基底状態

---

[1] 分子内における軌道の形としては，図左側の $\pi_{B1}$ と右側の $\pi_{23}$ が主に対応している．同様に，形の上では，$\pi_{E1}$ と $(\sigma_{15}+\sigma_{46})$，$\pi_{E2}$ と $(\sigma_{15}{}^*-\sigma_{46}{}^*)$，$\pi_{B4}$ と $\pi_{23}{}^*$ などの間に主な対応関係がある．しかし，図 12・12 を描いたときと同様に，対称性の同じものを下から結んでいくので，図 14・52 のような対応になる．

$(\sigma_{15} + \sigma_{46})^2(\sigma_{15} - \sigma_{46})^2(\pi_{23})^2$ への移行はエネルギー的に容易に進むことがわかる．すなわち，熱反応はこの場合許容されている．これに反して，ブタジエン－エチレン系の光励起された状態 $\pi_{B1}{}^2 \pi_{E1}{}^2 \pi_{B2} \pi_{B3}$ からの反応は困難である．そして，これらの結果は実験事実とも一致する．

以上付加環化反応の二つの例をあげたが，表14・4に示すように，一般に $N_1$ 個の炭素をもつポリエンと $N_2$ 個の炭素をもつポリエンの付加反応において，$N_1 + N_2 = 4n$ ($n$ = 整数) ならば，反応は熱的に禁止され，光化学的には許容される．これに対し，$N_1 + N_2 = 4n + 2$ ならば逆の傾向になることが示されている．

表 14・4　炭素数 $N_1$ と $N_2$ のポリエンの付加反応

| $N_1 + N_2$ | 熱反応 | 光化学反応 |
|---|---|---|
| $4n$ | 禁制 | 許容 |
| $4n+2$ | 許容 | 禁制 |

(c) cis-ブタジエンの環化

cis-ブタジエンがシクロブテンになる反応（右図）を考えよう．図14・53に示すように，この反応には二つの道筋が考えられる．図の左では炭素原子1と4の π 電子が同方向に（同旋的 (conrotatory) に）180°回転して，σ 結合を形成する．右では互いに逆方向に（逆旋的 (disrotatory) に）回転する．ところで，cis-ブタジエンは，分子面 $\sigma_h$ および $\sigma_h$ に垂直で分子を2等分する面 $\sigma_v$ に関する鏡映と図の $C_2$ 軸のまわりの180°の回転に関して不変である（図14・54）．これらのうち，同旋的回転では $C_2$ に関する対称性が，逆旋的回転では $\sigma_v$ に関する対称性が，反応の間維持される．

反応に主に関与する MO について，反応の始状態と終状態の相関図を図14・

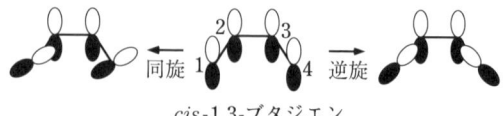

図 14・53　cis-ブタジエンの環化における二つの道筋

§14・8 軌道対称性の保存―Woodward-Hoffman 則　　　　423

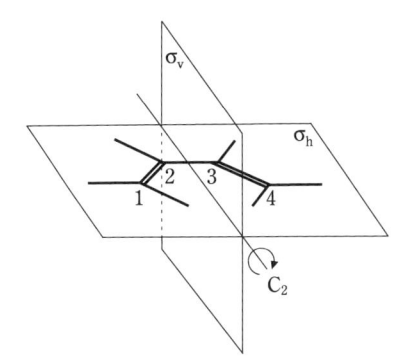

図 14・54　*cis*-ブタジエンの環化における対称面

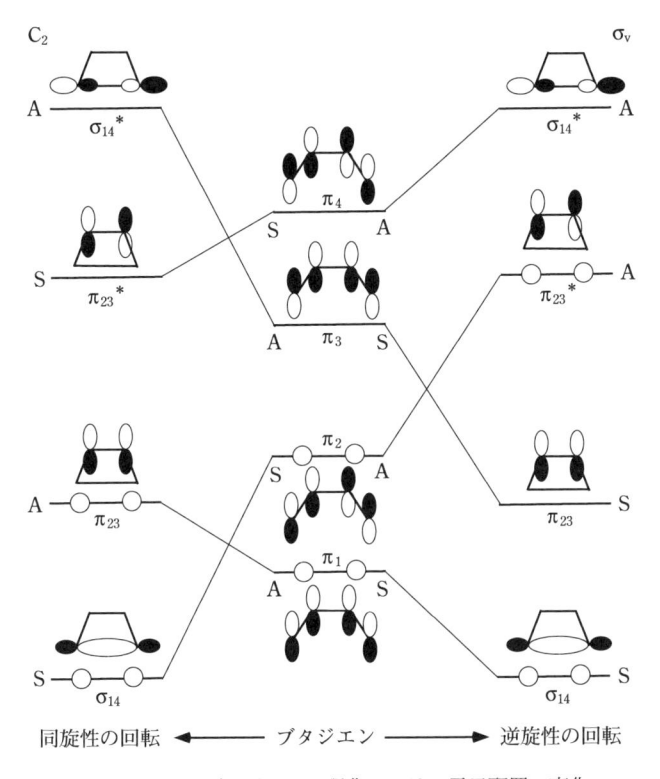

同旋性の回転　←―――　ブタジエン　―――→　逆旋性の回転

図 14・55　*cis*-ブタジエンの環化における電子配置の変化

55に示す．MOはブタジエンではπ軌道（$\pi_1, \pi_2, \pi_3, \pi_4$），シクロブテンでは新しく形成されるσ軌道（$\sigma_{14}, \sigma_{14}^*$）とπ軌道（$\pi_{23}, \pi_{23}^*$）である．図で軌道の対称性の記号SとAは，同旋的反応では$C_2$についての，逆旋的反応では$\sigma_v$についての対称と反対称を意味する．シクロブタジエンでは，$C_2$と$\sigma_v$の両方に関する対称性をもつので，軌道の左右にSとAの記号が付してある．図からわかるように，ブタジエンの基底状態は，同旋性の回転ではエネルギー的に容易にシクロブテンの基底状態に移行する．これに反し，逆旋性の回転ではこの移行はエネルギー的に禁止される．すなわち，熱反応では，同旋性の環化は起こるが，逆旋性の環化は起こらない．一方，光化学反応においては，ブタジエンの励起状態$\pi_1^2\pi_2\pi_3$からの移行は，同旋的回転では，大きいエネルギー（$\pi_3 \to \sigma_{14}^*$）が必要なため禁止されるが，逆旋性の回転では，エネルギー的に許容である．以上の結論は実験事実と一致する[1]．

一般に$N$個の炭素原子をもつポリエンでは，表14・5に示すように，$N = 4n$（$n$は整数）ならば，熱的な環化反応は同旋的，光化学的な環化反応は逆旋的に起こる，そして，$N = 4n + 2$ならば，逆の傾向になることが示されている．これは熱反応に関与するHOMOと光化学反応に関与するLUMOの節の数が$4n$から$4n+2$になると一つ増えることから予想されることである．ブタジエン（$N = 4n$）とヘキサトリエン（$N = 4n+2$）の例を図14・56に示した．図において細い矢印は節の位置を示す．HOMOまたはLUMOから図で指定した同旋または逆旋の方向に進むと，ポリエンの両端の炭素原子の間に結合性σ軌道が形成されることがわかる．

**表14・5** 炭素数$N$のポリエンの環化反応

| $N$ | 熱反応 | 光化学反応 |
|---|---|---|
| $4n$ | 同旋的 | 逆旋的 |
| $4n+2$ | 逆旋的 | 同旋的 |

---

[1] 反応が同旋的か，逆旋的かは，無置換のブタジエンでは区別できないが，下のような置換ブタジエンでは，同旋的反応ではシス体を，逆旋的反応ではトランス体を与えるので区別できる．

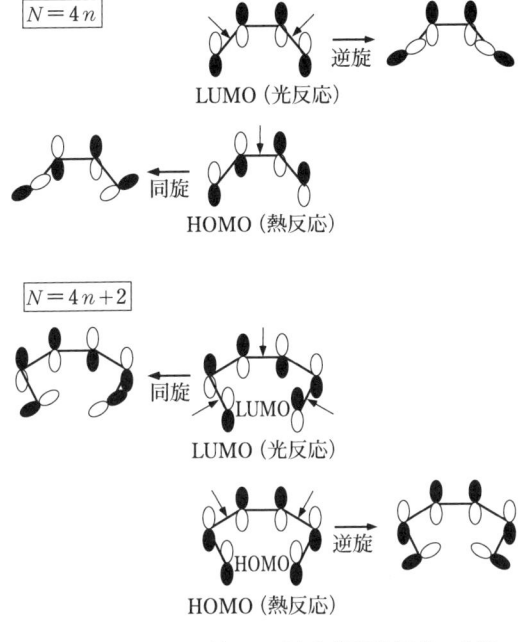

**図 14·56** ポリエンの熱および光化学環化反応の分類．分子中の矢印は節の位置を示す．

## §14·9 Hückel 法の問題点

いままで述べた Hückel 法では次のような取り扱いをした．

（1）π電子だけを抜き出して考える．

（2）全系のハミルトニアン $\hat{H}$ を1電子有効ハミルトニアン $\hat{h}(i)$ の和でおき換える（(14·2·3)）．すなわち，

$$\hat{H} = \sum_{i=1}^{N} \hat{h}(i) \tag{14·9·1}$$

（3）AO 間のクーロン積分と結合積分

$$\alpha_\mu = \int \chi_\mu^* \hat{h} \chi_\mu \, dv \qquad \beta_{\mu\nu} = \int \chi_\mu^* \hat{h} \chi_\nu \, dv \tag{14·9·2}$$

をパラメータとして扱う．

（4）重なり積分は無視する．すなわち

$$S_{\mu\nu} = \int \chi_\mu{}^* \chi_\nu dv = \delta_{\mu\nu} \tag{14·9·3}$$

(5) 全電子エネルギー（π電子エネルギー）を MO エネルギーの和とする．すなわち

$$E = \sum_i^{\text{occ}} n_i \varepsilon_i \tag{14·9·4}$$

これらの各項目の問題点を吟味してみよう．

(1) については，π電子と σ 電子がはっきり区別できる系ではよいが，前節の環化の場合のように，反応に伴って π 結合から σ 結合に移行する場合には問題が生じる．また，π → σ の移行が起こらないときでも，π 結合の組み替えがある場合には，それに伴って電荷の移動などが起こり，σ 結合も影響を受けるので π 電子だけでなく σ 電子も含む取り扱いが望ましい．

(2) (14·9·1) は，全ハミルトニアン

$$\hat{H} = \sum_{i=1}^{N} \hat{H}_c(i) + \sum_{i>j}^{N} \frac{1}{r_{ij}} \tag{14·9·5}$$

において，電子間反発の項 $\sum_{i>j}^{N} 1/r_{ij}$ を有効ポテンシャルの和 $\sum_{i=1}^{N} V(r_i)$ におき換えることによって導かれた (p. 359)．(14·9·1) の近似によって，計算は著しく簡単化されるが，本来電子間反発の項をあらわに考慮して計算を進めるべきである．これは後述するように (5) に関連しても問題となる．

(3) パラメータ $\alpha$ と $\beta$ の組は計算値が実験値（非局在化エネルギー，イオン化エネルギー，光吸収のエネルギーなど）に合うように定められるが，(1)〜(5) の問題点が残されているので，異なった種類の実験値に対応して異なった値の組が必要になる．

(4) 化学結合は波動関数の重なりに起因する．π 結合を認めながら，重なり積分を無視するのは矛盾である．このため，隣接原子の重なり積分 $S$ を考慮する方法も考えられた (Wheland の方法)．このとき，(14·2·10) は次のように修正される．

## §14・9 Hückel 法の問題点

$$(\alpha - \varepsilon)c_\mu + \sum_{\nu(\mu \to \nu)} (\beta - \varepsilon S) c_\nu = 0 \qquad \mu = 1, 2, \cdots, m \qquad (14・9・6)$$

上式を $\beta - \varepsilon S$ でわると

$$\frac{\alpha - \varepsilon}{\beta - \varepsilon S} c_\mu + \sum_{\nu(\mu \to \nu)} c_\nu = 0 \qquad \mu = 1, 2, \cdots, m \qquad (14・9・7)$$

となる．上式で，$x = -(\alpha - \varepsilon)/(\beta - \varepsilon S)$，すなわち，$\varepsilon = (\alpha + x\beta)/(1 + xS)$ とおくと

$$-xc_\mu + \sum_{\nu(\mu \to \nu)} c_\nu = 0 \qquad \mu = 1, 2, \cdots, m \qquad (14・9・8)$$

が得られる．この式は $x \to \lambda$ とすれば，(14・2・12) と一致する．すなわち，重なり積分を無視したときの解 ($\lambda$) は (14・9・8) の解 ($x$) としてそのまま使える．ただし，$\varepsilon$ が $\alpha + \lambda\beta$ から $(\alpha + x\beta)/(1 + xS)$ になるのである．このように，Wheland の方法は Hückel 法と本質的な差はなく，この方法を用いても，計算結果にあまり改善はみられない．

（5）MO $\varphi_i$ にある電子のエネルギー $\varepsilon_i$ には着目した電子 $i$ と他のすべての電子 $j$ とのクーロン反発のエネルギーが含まれている（他の電子の及ぼすポテンシャルは平均の場の形にはなっているが）．したがって，全電子のエネルギーとして，$\sum_i^{occ} n_i \varepsilon_i$ の形の和 (14・9・4) をとると，この反発エネルギーの項が2回勘定されることになり正しくない．しかし，電子間の反発をあらわに考慮しない計算では，この項に対する補正ができないので，(14・9・4) をそのまま用いているのである．

上の (1) に対する問題点を解決するため，π 電子に用いられてきた Hückel 法が σ 電子を含むものに拡張された．これを **拡張 Hückel 法** (extended Hückel method) という．この方法では MO $\varphi$ を分子内の全価電子の AO $\phi_\mu$ の一次結合で表す．

$$\varphi = \sum_\mu c_\mu \phi_\mu \qquad (14・9・9)$$

$\phi_\mu$ としては，例えば H では 1s を，周期表の第2周期の元素では，2s, 2p$_x$, 2p$_y$, 2p$_z$ を用いる．なお，全価電子を考慮するので，混成を導入する必要はない．MO の係数 $c_\mu$ は，Hückel 法の場合と同様に，(14・9・1) を仮定して，

$$\sum_\nu (h_{\mu\nu} - \varepsilon S_{\mu\nu}) c_\nu = 0$$
$$|h_{\mu\nu} - \varepsilon S_{\mu\nu}| = 0 \qquad (14\cdot 9\cdot 10)$$

を解いて決められる．ただし，Hückel 法の場合と異なって，重なり積分 $S_{\mu\nu}$ は省略しない．パラメータは

$$h_{\mu\mu} = -I_\mu$$
$$h_{\mu\nu} = \frac{K}{2} S_{\mu\nu}(I_\mu + I_\nu) \qquad (14\cdot 9\cdot 11)$$

により定める．上式で，$I_\mu$ は AO $\phi_\mu$ の原子の価電子状態[1]のイオン化ポテンシャル，$K$ は定数で通常 $K = 1.75$ とおかれる．なお，重なり積分の計算には p.208 で述べた Slater 軌道関数 (STO) を用いる．

拡張 Hückel 法は種々の飽和化合物や不飽和化合物の電子状態の計算に用いられた．しかし，上の Hückel 法の問題点のうち，(2),(3),(5) は残されたままであり，コンピューターが発達した現代ではあまり使われなくなった[2]．代わりに，電子間の反発をあらわに考慮した，*ab initio* 分子軌道法（下巻 19 章）や半経験的分子軌道法（下巻 22 章）が使われている．

---

1) 独立な原子のイオン化ポテンシャルではなく，結合状態にある AO のイオン化ポテンシャルである．例えば，C(2s), C(2p) の値はそれぞれ 21.4 eV と 11.4 eV とする．
2) 最近では，経験的方法として，固体論で用いられてきた，強く束縛された (tight binding, TB) 電子の近似を分子に適用する方法 (TB 法) が使われるようになった．TB 法では，LCAO 近似において，AO $\phi_i$, $\phi_j$ 間のハミルトニアン行列要素 $H_{ij}$ をパラメータとして取り扱う (TB 法については，C. M. Goringe, D. R. Bowler, E. Hernández, *Rep. Prog. Phys.*, **60**, 1447 (1997) 参照)．パラメータを下巻 21 章で述べる密度汎関数 (density functional) 法を基にして決める DFTB 法が大規模系の動力学シミュレーションに応用されている (D. Porezag, Th. Frauenheim, Th. Köhler, G. Seifelt, R. Kaschner, *Phys. Rev.*, **B51**, 12947 (1995)；G. Zheng, S. Irie, K. Morokuma, *J. Chem. Phys.*, **122**, 014708 (2005) 参照).

# $A1$ 付録 I

## §A1·1 複素数

$$z = x + iy \tag{A1·1·1}$$

は実数部 $x$ と虚数部 $y$ を図 A1·1 のように $X, Y$ 方向にとれば，平面上の一点 $P(x, y)$ で表される．このように複素数を表す平面を **Gauss**（ガウス）**の平面**という．また $X$ 軸を**実軸**，$Y$ 軸を**虚軸**という．実軸上の点は実数，虚軸上の点は純虚数に対応する．

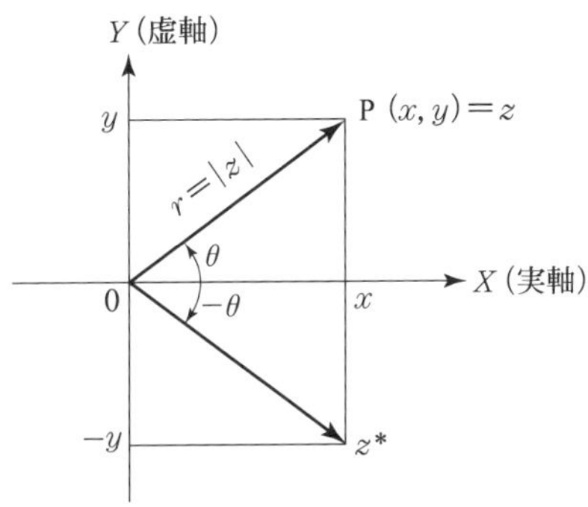

点 P の極座標を $(r, \theta)$ とすると，複素数の絶対値は

$$|z| = \sqrt{x^2 + y^2} \tag{A1·1·2}$$

図 **A1·1** Gauss の平面による複素数の表示

であるから，$|z| = r$ となる．よって複素数の実数部と虚数部は

$$\begin{cases} x = |z| \cos \theta \\ y = |z| \sin \theta \end{cases} \tag{A1·1·3}$$

と表される．上式より

$$z = x + iy = |z|(\cos \theta + i \sin \theta) \tag{A1·1·4}$$

である．右辺の $\cos \theta$ と $\sin \theta$ を $\theta$ について展開すると

$$\cos \theta = 1 - \frac{\theta^2}{2!} + \frac{\theta^4}{4!} - \cdots$$

$$\sin \theta = \theta - \frac{\theta^3}{3!} + \frac{\theta^5}{5!} - \cdots$$

であるから

$$\cos\theta + i\sin\theta = 1 + i\theta - \frac{\theta^2}{2!} - \frac{i\theta^3}{3!} + \frac{\theta^4}{4!} + \frac{i\theta^5}{5!} - \cdots$$

$$= 1 + \frac{(i\theta)}{1!} + \frac{(i\theta)^2}{2!} + \frac{(i\theta)^3}{3!} + \frac{(i\theta)^4}{4!} + \frac{(i\theta)^5}{5!} + \cdots$$

$$= \sum_{n=0}^{\infty} \frac{(i\theta)^n}{n!}$$

となる．ここで展開式 $e^x = \sum_{n=0}^{\infty} x^n/n!$ から，上式の右辺は $e^{i\theta}$ であることがわかる．よって

$$\boxed{\cos\theta + i\sin\theta = e^{i\theta}} \qquad (\text{A1·1·5})$$

この式で $\theta = -\theta$ とおくと

$$\boxed{\cos\theta - i\sin\theta = e^{-i\theta}} \qquad (\text{A1·1·6})$$

となる．またこれらの式から

$$\boxed{\cos\theta = \frac{e^{i\theta} + e^{-i\theta}}{2} \qquad \sin\theta = \frac{e^{i\theta} - e^{-i\theta}}{2i}} \qquad (\text{A1·1·7})$$

が得られる．

(A1·1·4), (A1·1·5) より複素数は

$$\boxed{z = |z|\, e^{i\theta}} \qquad (\text{A1·1·8})$$

と指数関数を用いて表すことができる．$\theta$ を複素数の**偏角**または**位相**という．

$n = 0, \pm 1, \pm 2, \cdots$ として，$\theta = n\pi$ のときは $z$ は実軸上にあり実数である．これに対し $\theta = (n+1/2)\pi$ のときは $z$ は虚軸上にあり純虚数となる．また (A1·1·5) より

$$e^{i2\pi n} = 1 \qquad n = 0, \pm 1, \pm 2, \cdots \qquad (\text{A1·1·9})$$

である．よって

$$|z|\, e^{i(\theta + 2\pi n)} = |z|\, e^{i\theta} e^{i2\pi n} = |z|\, e^{i\theta} \qquad n = 0, \pm 1, \pm 2, \cdots \qquad (\text{A1·1·10})$$

## §A1·1 複 素 数

となる．すなわち $2\pi$ の整数倍だけ位相がずれても複素数の値は変わらない．(A1·1·9), (A1·1·10) は Gauss 平面上に $z$ をとって考えれば，すぐわかることである．

$z$ の複素共役 $z^*$ は (A1·1·4) より
$$z^* = x - iy = |z|(\cos\theta - i\sin\theta)$$
となる．右辺に (A1·1·6) を用いると
$$z^* = |z|e^{-i\theta} \qquad (\text{A1·1·11})$$
が得られる．この結果は図 A1·1 からも明らかであろう．

<u>複素数を Gauss 平面上に表すと，その加法，減法はベクトルと同様に行われる．</u>
$$z_1 = x_1 + iy_1 \qquad z_2 = x_2 + iy_2$$
とすると
$$z_1 \pm z_2 = (x_1 \pm x_2) + (y_1 \pm y_2)i$$
となるからである（図 A1·2 参照）．

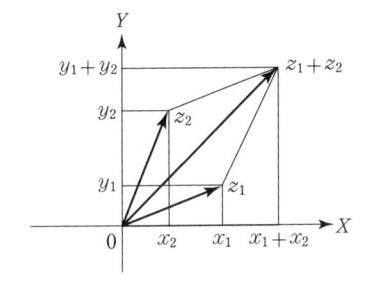

図 **A1·2** 複素数の和

複素数の乗法と除法は指数関数表示を用いると非常に簡単になる．
$$z_1 = |z_1|e^{i\theta_1} \qquad z_2 = |z_2|e^{i\theta_2}$$
とすれば
$$z_1 z_2 = |z_1||z_2|e^{i(\theta_1+\theta_2)}$$
$$\frac{z_1}{z_2} = \left|\frac{z_1}{z_2}\right|e^{i(\theta_1-\theta_2)} \quad (z_2 \neq 0)$$
であるから，積または商の絶対値（$|z_1||z_2|$ または $|z_1|/|z_2|$）と位相（$\theta_1 \pm \theta_2$）は直ちに求められる（図 A1·3）．例えば

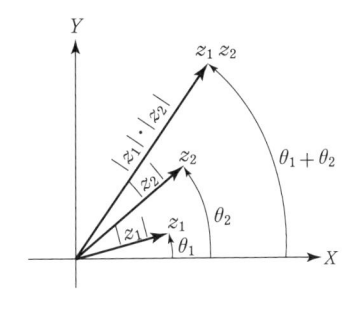

図 **A1·3** 複素数の積

$$zz^* = (x+iy)(x-iy) = x^2 + y^2 = |z|^2$$
の計算は指数関数表示では
$$zz^* = |z|e^{i\theta} \cdot |z|e^{-i\theta} = |z|^2 \qquad (\text{A1·1·12})$$

である．

複素数 $z = |z| e^{i\theta}$ の $n$ 乗根は複素根を含めると $n$ 個あり

$$z^{1/n} = |z|^{1/n} e^{i(\theta+2\pi k)/n} \qquad k = 0, 1, 2, \cdots, n-1 \quad (\text{A1·1·13})$$

である．これは (A1·1·10) を用いると

$$[|z|^{1/n} e^{i(\theta+2\pi k)/n}]^n = |z| e^{i(\theta+2\pi k)} = |z| e^{i\theta}$$

となることからわかる．ただし，(A1·1·13) で $k$ を $0, 1, 2, \cdots, n-1$ 以外の整数にしても $z^{1/n}$ は同一の値になる．例えば $k = n$ とすると (A1·1·13) の右辺は

$$|z|^{1/n} e^{i(\theta/n+2\pi)} = |z|^{1/n} e^{i(\theta/n)}$$

となり，$k = 0$ の場合と同一の値を与える．

例として 1 の 6 乗根を求めよう．

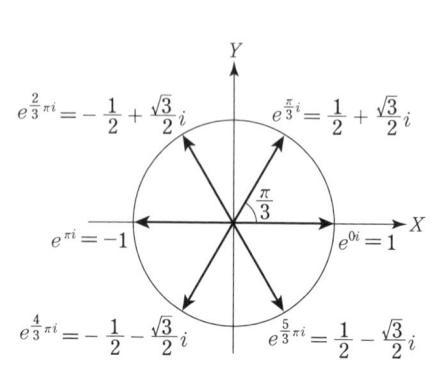

$$1 = |1| e^{i0}$$

図 A1·4  1 の 6 乗根

であるから，(A1·1·13) より

$$1^{1/6} = e^{i(2\pi k/6)} = e^{(\pi k/3)i} \qquad k = 0, 1, 2, \cdots, 5$$

である．この結果を，図 A1·4 に示した．

## §A1·2　行 列 式

### (a) 置　換

自然数 $1, 2, 3, \cdots, n$ の数字の順序を入れ替えて得られる順列の数は $n!$ 個ある．その中の一つの順列 $a_1, a_2, \cdots, a_n$ (例えば $2, 1, 3, 4, \cdots, n$) を別の順列 $b_1, b_2, \cdots, b_n$ (例えば $3, 1, 2, 4, \cdots, n$) に移す操作を**置換**という．これを P として

$$\mathrm{P} = \begin{pmatrix} a_1, a_2, \cdots, a_n \\ b_1, b_2, \cdots, b_n \end{pmatrix} \quad \text{または} \quad \mathrm{P}(a_1, a_2, \cdots, a_n) = (b_1, b_2, \cdots, b_n)$$

(A1·2·1)

と表すことにする．特に文字の順序を全然変えない操作を**恒等置換**という．こ

## §A1·2 行列式

れをEとすると

$$E(a_1, a_2, \cdots, a_n) = (a_1, a_2, \cdots, a_n)$$

である．置換Pを行った後，さらに置換Qを行うとき，それをQPで表し置換Q, Pの**積**という．

$$Q(b_1, b_2, \cdots, b_n) = (c_1, c_2, \cdots, c_n)$$

ならば，(A1·2·1) より

$$QP(a_1, a_2, \cdots, a_n) = (c_1, c_2, \cdots, c_n)$$

である．Pの**逆置換**を$P^{-1}$と表す．Pを行った後$P^{-1}$を行うと要素はもとの順序に戻るから

$$P^{-1}P = E$$

となる．置換のうち1組の文字のみを入れ替え他の文字を変えないものを**互換**という．すなわち

$$\begin{pmatrix} a_1, a_2, \cdots, a_i, \cdots, a_j, \cdots, a_n \\ a_1, a_2, \cdots, a_j, \cdots, a_i, \cdots, a_n \end{pmatrix} \equiv [a_i, a_j]$$

が互換である．<u>一般に置換は互換の積で表される</u>．例えば表A1·1は$1, 2, 3$から互換により次々とつくった$1, 2, 3$のすべての順列を示す．表からわかるように，$1, 2, 3$において1と2を交換し，次に1と3を交換すれば$2, 3, 1$が得られるから

$$\begin{pmatrix} 1, 2, 3 \\ 2, 3, 1 \end{pmatrix} = [1, 3][1, 2]$$

と書ける．置換が偶数個の交換の積で表されるとき，それを**偶置換**，奇数個の互換の積になるときは**奇置換**という．<u>恒等置換は偶置換に含める</u>．表では$1, 3, 2$は$1, 2, 3$から3回の交換で得られているが，1回の交換$[2, 3]$でも得られる．すなわち

$$\begin{pmatrix} 1, 2, 3 \\ 1, 3, 2 \end{pmatrix} = [1, 2][1, 3][1, 2] = [2, 3]$$

**表 A1·1** $1, 2, 3$の交換

|       |       | $\varepsilon(i, j, k)$ |
|-------|-------|------|
| 1, 2, 3 | 偶置換 | 1 |
| 2, 1, 3 | 奇 〃 | $-1$ |
| 2, 3, 1 | 偶 〃 | 1 |
| 1, 3, 2 | 奇 〃 | $-1$ |
| 3, 1, 2 | 偶 〃 | 1 |
| 3, 2, 1 | 奇 〃 | $-1$ |

である．このように置換を互換の積で表す方法は幾通りもあるが，置換の偶奇性は変わらない．

一般に置換は偶置換と奇置換に分けられ，それらは同数ずつあることが証明されている．表 A1・1 の第 3 列については次項で述べる．

### （b）行 列 式

$n$ 次元の正方行列

$$\begin{pmatrix} a_{11} & a_{12} & \cdots & a_{1n} \\ a_{21} & a_{22} & \cdots & a_{2n} \\ \multicolumn{4}{c}{\cdots\cdots\cdots\cdots} \\ a_{n1} & a_{n2} & \cdots & a_{nn} \end{pmatrix}$$

の第 1 行から，任意の要素例えば第 $i$ 列の要素 $a_{1i}$ を，第 2 行から第 $i$ 列以外の任意の要素例えば第 $j$ 列の要素 $a_{2j}$ をとる．第 3 行からは第 $i,j$ 列以外の要素 $a_{3k}$ をとる．このようにして $n$ 個の各行の異なった列から一つずつ要素を取り出して積

$$a_{1i} a_{2j} a_{3k} \cdots a_{nl} \tag{A1・2・2}$$

をつくる．このとき $i, j, k, \cdots, l$ は $1, 2, 3, \cdots, n$ の一つの順列であるから，積 (A1・2・2) は全部で $n!$ 個ある．これらの積の各々に，置換

$$P = \begin{pmatrix} 1, 2, \cdots, n \\ i, j, \cdots, l \end{pmatrix}$$

が偶置換ならば $+1$ を，奇置換ならば $-1$ をかけて全体を加え合わせる．いま

$$\varepsilon(i, j, \cdots, l) \equiv \begin{cases} 1 & \text{P が偶置換のとき} \\ -1 & \text{P が奇置換のとき} \end{cases} \tag{A1・2・3}$$

とすれば上述の和は

$$\sum \varepsilon(i, j, \cdots, l) a_{1i} a_{2j} \cdots a_{nl}$$

となる．これを

## §A1·2 行 列 式

$$\begin{vmatrix} a_{11} & a_{12} & \cdots & a_{1n} \\ a_{21} & a_{22} & \cdots & a_{2n} \\ & \cdots\cdots\cdots & & \\ & \cdots\cdots\cdots & & \\ a_{n1} & a_{n2} & \cdots & a_{nn} \end{vmatrix} \quad \text{または} \quad |a_{ij}| \quad i,j = 1, 2, \cdots, n$$

で表し，**行列式** (determinant) という．すなわち

$$\begin{vmatrix} a_{11} & a_{12} & \cdots & a_{1n} \\ a_{21} & a_{22} & \cdots & a_{2n} \\ & \cdots\cdots\cdots & & \\ & \cdots\cdots\cdots & & \\ a_{n1} & a_{n2} & \cdots & a_{nn} \end{vmatrix} = \sum \varepsilon(i, j, \cdots, l) a_{1i} a_{2j} \cdots a_{nl} \qquad (A1\cdot2\cdot4)$$

である．3次元の正方行列の場合，$\varepsilon(i,j,k)$ は表 A1·1 に示すとおりであるから

$$\begin{vmatrix} a_{11} & a_{12} & a_{13} \\ a_{21} & a_{22} & a_{23} \\ a_{31} & a_{32} & a_{33} \end{vmatrix} = \sum \varepsilon(i,j,k) a_{1i} a_{2j} a_{3k}$$
$$= a_{11}a_{22}a_{33} - a_{12}a_{21}a_{33} + a_{12}a_{23}a_{31}$$
$$- a_{11}a_{23}a_{32} + a_{13}a_{21}a_{32} - a_{13}a_{22}a_{31}$$
$$(A1\cdot2\cdot5)$$

となる．この展開式は右図のように記憶すると便利である[1]．なお2次元の行列式は

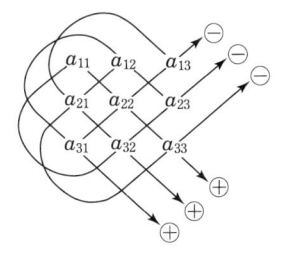

図の矢印の方向に積をとると (A1·2·5) の右辺の各項が得られる．矢印の先端に各項の符号を示した．

$$\begin{vmatrix} a_{11} & a_{12} \\ a_{21} & a_{22} \end{vmatrix} = a_{11}a_{22} - a_{12}a_{21}$$

となることは明らかであろう．

---

[1] 図の方法は Sarrus (サラス) の方法またはたすきがけ法と呼ばれる．ただし，4次元以上の正方行列にはこの方法は使えない．その場合は，(4) で述べる余因子を使った展開を何度か用いて，3次元以下になってから Sarrus の方法を用いるしかない．

## (c) 行列式の性質

行列式には次の性質がある．その証明については適当な数学の本を参照されたい[1]．

1) 行列式の値は行と列を入れ替えても変わらない．すなわち

$$\begin{vmatrix} a_{11} & a_{12} & \cdots & a_{1n} \\ a_{21} & a_{22} & \cdots & a_{2n} \\ \multicolumn{4}{c}{\cdots\cdots\cdots\cdots} \\ a_{n1} & a_{n2} & \cdots & a_{nn} \end{vmatrix} = \begin{vmatrix} a_{11} & a_{21} & \cdots & a_{n1} \\ a_{12} & a_{22} & \cdots & a_{n2} \\ \multicolumn{4}{c}{\cdots\cdots\cdots\cdots} \\ a_{1n} & a_{2n} & \cdots & a_{nn} \end{vmatrix} \qquad (A1 \cdot 2 \cdot 6)$$

右辺を左辺の**転置行列式**という．この性質により以下で述べる行列式の行(列)について成り立つことはすべて列(行)についても成り立つ．

2) 行列式の一つの行の各要素に同一の数 $\lambda$ をかけて得られる行列式の値はもとの行列式の値の $\lambda$ 倍に等しい．すなわち

$$\begin{vmatrix} a_{11} & a_{12} & \cdots & a_{1n} \\ \multicolumn{4}{c}{\cdots\cdots\cdots\cdots} \\ \lambda a_{\alpha 1} & \lambda a_{\alpha 2} & \cdots & \lambda a_{\alpha n} \\ \multicolumn{4}{c}{\cdots\cdots\cdots\cdots} \\ a_{n1} & a_{n2} & \cdots & a_{nn} \end{vmatrix} = \lambda \begin{vmatrix} a_{11} & a_{12} & \cdots & a_{1n} \\ \multicolumn{4}{c}{\cdots\cdots\cdots\cdots} \\ a_{\alpha 1} & a_{\alpha 2} & \cdots & a_{\alpha n} \\ \multicolumn{4}{c}{\cdots\cdots\cdots\cdots} \\ a_{n1} & a_{n2} & \cdots & a_{nn} \end{vmatrix} \qquad (A1 \cdot 2 \cdot 7)$$

この性質により一つの行の要素がすべて 0 の行列式の値は 0 となる．

3) 行列式の第 $\alpha$ 行の要素が $a_{\alpha 1} + a'_{\alpha 1}, a_{\alpha 2} + a'_{\alpha 2}, \cdots, a_{\alpha n} + a'_{\alpha n}$ ならば，この行列式は他の要素がそのままで第 $\alpha$ 行がそれぞれ $a_{\alpha 1}, a_{\alpha 2}, \cdots, a_{\alpha n}$ ; $a'_{\alpha 1}, a'_{\alpha 2}, \cdots, a'_{\alpha n}$ である二つの行列式の和に等しい．すなわち

---

[1) 例えば 矢野健太郎, 代数学と幾何学, 裳華房 (1958)

§A1·2 行 列 式

$$\begin{vmatrix} a_{11} & a_{12} & \cdots & a_{1n} \\ \cdots\cdots\cdots\cdots \\ a_{\alpha 1}+a'_{\alpha 1} & a_{\alpha 2}+a'_{\alpha 2} & \cdots & a_{\alpha n}+a'_{\alpha n} \\ \cdots\cdots\cdots\cdots \\ a_{n1} & a_{n2} & \cdots & a_{nn} \end{vmatrix}$$

$$=\begin{vmatrix} a_{11} & a_{12} & \cdots & a_{1n} \\ \cdots\cdots\cdots\cdots \\ a_{\alpha 1} & a_{\alpha 2} & \cdots & a_{\alpha n} \\ \cdots\cdots\cdots\cdots \\ a_{n1} & a_{n2} & \cdots & a_{nn} \end{vmatrix}+\begin{vmatrix} a_{11} & a_{12} & \cdots & a_{1n} \\ \cdots\cdots\cdots\cdots \\ a'_{\alpha 1} & a'_{\alpha 2} & \cdots & a'_{\alpha n} \\ \cdots\cdots\cdots\cdots \\ a_{n1} & a_{n2} & \cdots & a_{nn} \end{vmatrix} \qquad (\text{A1·2·8})$$

4) 行列式の二つの行の要素を入れ替えた行列式はもとの行列式の符号を変えたものに等しい.すなわち

$$\begin{vmatrix} a_{11} & a_{12} & \cdots & a_{1n} \\ \cdots\cdots\cdots\cdots \\ a_{\alpha 1} & a_{\alpha 2} & \cdots & a_{\alpha n} \\ \cdots\cdots\cdots\cdots \\ a_{\beta 1} & a_{\beta 2} & \cdots & a_{\beta n} \\ \cdots\cdots\cdots\cdots \\ a_{n1} & a_{n2} & \cdots & a_{nn} \end{vmatrix}=-\begin{vmatrix} a_{11} & a_{12} & \cdots & a_{1n} \\ \cdots\cdots\cdots\cdots \\ a_{\beta 1} & a_{\beta 2} & \cdots & a_{\beta n} \\ \cdots\cdots\cdots\cdots \\ a_{\alpha 1} & a_{\alpha 2} & \cdots & a_{\alpha n} \\ \cdots\cdots\cdots\cdots \\ a_{n1} & a_{n2} & \cdots & a_{nn} \end{vmatrix} \qquad (\text{A1·2·9})$$

5) 行列式の二つの行の要素が等しければその行列式の値は 0 である.すなわち

$$\begin{vmatrix} a_{11} & a_{12} & \cdots & a_{1n} \\ \cdots\cdots\cdots\cdots \\ a_{\alpha 1} & a_{\alpha 2} & \cdots & a_{\alpha n} \\ \cdots\cdots\cdots\cdots \\ a_{\alpha 1} & a_{\alpha 2} & \cdots & a_{\alpha n} \\ \cdots\cdots\cdots\cdots \\ a_{n1} & a_{n2} & \cdots & a_{nn} \end{vmatrix}=0 \qquad (\text{A1·2·10})$$

行列式の性質を用いると $n$ 電子系の Slater 行列式 (p. 158 (8·2·17)) は次の

ように変形される.

$$\Psi(\tau_1, \tau_2, \cdots, \tau_n) = \frac{1}{\sqrt{n!}} \begin{vmatrix} \phi_1(\tau_1) & \phi_2(\tau_1) & \cdots & \phi_n(\tau_1) \\ \phi_1(\tau_2) & \phi_2(\tau_2) & \cdots & \phi_n(\tau_2) \\ & \cdots\cdots\cdots & \\ \phi_1(\tau_n) & \phi_2(\tau_n) & \cdots & \phi_n(\tau_n) \end{vmatrix}$$

$$= \frac{1}{\sqrt{n!}} \begin{vmatrix} \phi_1(\tau_1) & \phi_1(\tau_2) & \cdots & \phi_1(\tau_n) \\ \phi_2(\tau_1) & \phi_2(\tau_2) & \cdots & \phi_2(\tau_n) \\ & \cdots\cdots\cdots & \\ \phi_n(\tau_1) & \phi_n(\tau_2) & \cdots & \phi_n(\tau_n) \end{vmatrix}$$

$$= \frac{1}{\sqrt{n!}} \sum \varepsilon(i, j, \cdots, l)\, \phi_1(\tau_i)\, \phi_2(\tau_j) \cdots \phi_n(\tau_l)$$

ここで

$$P = \begin{pmatrix} \tau_1, \tau_2, \cdots, \tau_n \\ \tau_i, \tau_j, \cdots, \tau_l \end{pmatrix}$$

$$(-1)^P = \varepsilon(i, j, \cdots, l)$$

と表すと

$$\boxed{\Psi(\tau_1, \tau_2, \cdots, \tau_n) = \frac{1}{\sqrt{n!}} \sum_P (-1)^P P\{\phi_1(\tau_1)\, \phi_2(\tau_2) \cdots \phi_n(\tau_n)\}} \qquad (\text{A1·2·11})$$

と書ける.ただし (A1·2·3) により

$$(-1)^P = \begin{cases} 1 & \text{P が偶置換のとき} \\ -1 & \text{P が奇置換のとき} \end{cases}$$

である.

**(d) 余因子**

(A1·2·5) 式を変形すると

## §A1·2 行列式

$$\begin{vmatrix} a_{11} & a_{12} & a_{13} \\ a_{21} & a_{22} & a_{23} \\ a_{31} & a_{32} & a_{33} \end{vmatrix} = a_{11}(a_{22}a_{33} - a_{23}a_{32}) - a_{12}(a_{21}a_{33} - a_{23}a_{31})$$
$$+ a_{13}(a_{21}a_{32} - a_{22}a_{31})$$
$$= a_{11}\begin{vmatrix} a_{22} & a_{23} \\ a_{32} & a_{33} \end{vmatrix} - a_{12}\begin{vmatrix} a_{21} & a_{23} \\ a_{31} & a_{33} \end{vmatrix} + a_{13}\begin{vmatrix} a_{21} & a_{22} \\ a_{31} & a_{32} \end{vmatrix}$$
(A1·2·12)

と書ける．ここで右辺の三つの行列式はもとの行列式からそれぞれ1行1列，1行2列，1行3列を省いて得られた行列式である．一般に$n$次元の行列式からその$\alpha$行$i$列を除いて得られる$(n-1)$次元の行列式に$(-1)^{\alpha+i}$をかけたものをもとの行列式の要素$a_{\alpha i}$の**余因子**という．これを$A_{\alpha i}$とすると

$$A_{\alpha i} \equiv (-1)^{\alpha+i} \begin{vmatrix} a_{11} & a_{12} & \cdots\!\mid\!\cdots & a_{1n} \\ & & \cdots\!\mid\!\cdots & \\ & & \cdots\!\mid\!\cdots & \\ a_{n1} & a_{n2} & \cdots\!\mid\!\cdots & a_{nn} \end{vmatrix} \begin{matrix} \\ \\ (\alpha \\ \\ \end{matrix} \quad \text{(A1·2·13)}$$

である．ただし上式右辺の横線と縦線はそれぞれ$\alpha$行，$i$列を省くことを意味する．(A1·2·12) の左辺の行列式において$a_{11}, a_{12}, a_{13}$の余因子はそれぞれ

$$A_{11} = (-1)^{1+1}\begin{vmatrix} a_{22} & a_{23} \\ a_{32} & a_{33} \end{vmatrix} \qquad A_{12} = (-1)^{1+2}\begin{vmatrix} a_{21} & a_{23} \\ a_{31} & a_{33} \end{vmatrix}$$
$$A_{13} = (-1)^{1+3}\begin{vmatrix} a_{21} & a_{22} \\ a_{31} & a_{32} \end{vmatrix}$$

であるから

$$\begin{vmatrix} a_{11} & a_{12} & a_{13} \\ a_{21} & a_{22} & a_{23} \\ a_{31} & a_{32} & a_{33} \end{vmatrix} = a_{11}A_{11} + a_{12}A_{12} + a_{13}A_{13} = \sum_{j=1}^{3} a_{1j}A_{1j}$$

と書ける．一般に次の定理が成立する．

6 )
$$D = \begin{vmatrix} a_{11} & a_{12} & \cdots & a_{1n} \\ a_{21} & a_{22} & \cdots & a_{2n} \\ & \cdots\cdots\cdots & & \\ a_{n1} & a_{n2} & \cdots & a_{nn} \end{vmatrix}$$
の要素 $a_{\alpha j}$ の余因子を $A_{\alpha j}$ とすれば,

$$\boxed{D = \sum_{j=1}^{n} a_{\alpha j} A_{\alpha j}} \qquad \alpha = 1, 2, \cdots, n \qquad (\text{A1·2·14})$$

である. また

$$\boxed{D = \sum_{\alpha=1}^{n} a_{\alpha j} A_{\alpha j}} \qquad j = 1, 2, \cdots, n \qquad (\text{A1·2·15})$$

も成立する.

　(A1·2·14) を行列式の $\alpha$ 行についての**展開**という. また (A1·2·15) を $j$ 列についての展開という. (A1·2·14) または (A1·2·15) を用いれば $n$ 次元の行列式を $(n-1)$ 次元の行列式で表すことができる.

　(A1·2·10) により $\alpha$ 行と $\beta$ 行が等しい行列式の値は 0 である. すなわち

$$\begin{array}{c} \\ \\ \alpha) \\ \\ \beta) \\ \\ \end{array} \begin{vmatrix} a_{11} & a_{12} & \cdots & a_{1n} \\ & \cdots\cdots\cdots & & \\ a_{\beta 1} & a_{\beta 2} & \cdots & a_{\beta n} \\ & \cdots\cdots\cdots & & \\ a_{\beta 1} & a_{\beta 2} & \cdots & a_{\beta n} \\ & \cdots\cdots\cdots & & \\ a_{n1} & a_{n2} & \cdots & a_{nn} \end{vmatrix} = 0$$

上式の左辺を $\alpha$ 行について展開すれば

$$a_{\beta 1} A_{\alpha 1} + a_{\beta 2} A_{\alpha 2} + \cdots + a_{\beta n} A_{\alpha n} = \sum_{j=1}^{n} a_{\beta j} A_{\alpha j} = 0$$

を得る. なお (A1·2·6) により列についても同様な性質がある. よって次の定理が得られる.

7)
$$D = \begin{vmatrix} a_{11} & a_{12} & \cdots & a_{1n} \\ a_{21} & a_{22} & \cdots & a_{2n} \\ \multicolumn{4}{c}{\cdots\cdots\cdots\cdots} \\ a_{n1} & a_{n2} & \cdots & a_{nn} \end{vmatrix}$$ の要素 $a_{\alpha j}$ の余因子を $A_{\alpha j}$ とすれば

$$\sum_{j=1}^{n} a_{\beta j} A_{\alpha j} = 0 \quad (\alpha \neq \beta) \tag{A1・2・16}$$

$$\sum_{\alpha=1}^{n} a_{\alpha i} A_{\alpha j} = 0 \quad (i \neq j) \tag{A1・2・17}$$

が成立する．

### (e) 1次方程式

未知数が $x_1, x_2, \cdots, x_n$ である連立1次方程式

$$\begin{cases} a_{11}x_1 + a_{12}x_2 + \cdots + a_{1n}x_n = k_1 \\ a_{21}x_1 + a_{22}x_2 + \cdots + a_{2n}x_n = k_2 \\ \quad\quad\cdots\cdots\cdots\cdots \\ a_{n1}x_1 + a_{n2}x_2 + \cdots + a_{nn}x_n = k_n \end{cases} \tag{A1・2・18}$$

の左辺の係数でつくった行列式は

$$D = \begin{vmatrix} a_{11} & a_{12} & \cdots & a_{1n} \\ a_{21} & a_{22} & \cdots & a_{2n} \\ \multicolumn{4}{c}{\cdots\cdots\cdots\cdots} \\ a_{n1} & a_{n2} & \cdots & a_{nn} \end{vmatrix}$$

である．この行列式の $a_{\alpha j}$ の余因子を $A_{\alpha j}$ とする．(A1・2・18) の第1式に $A_{11}$ を，第2式に $A_{21}$ を，$\cdots$，第 $n$ 式に $A_{n1}$ をかけて両辺を加え合わせると

$$\left(\sum_{\alpha=1}^{n} a_{\alpha 1} A_{\alpha 1}\right) x_1 + \left(\sum_{\alpha=1}^{n} a_{\alpha 2} A_{\alpha 1}\right) x_2 + \cdots + \left(\sum_{\alpha=1}^{n} a_{\alpha n} A_{\alpha 1}\right) x_n = \sum_{\alpha=1}^{n} k_\alpha A_{\alpha 1} \tag{A1・2・19}$$

を得る．上式において，(A1・2・15) より $x_1$ の係数は $D$，(A1・2・17) より $x_2$，$x_3$，$\cdots$，$x_n$ の係数は 0 である．また右辺は行列式 $D$ の第1列を $k_1, k_2, \cdots, k_n$ でおき換えた行列式

$$D_1 = \begin{vmatrix} k_1 & a_{12} & \cdots & a_{1n} \\ k_2 & a_{22} & \cdots & a_{2n} \\ \multicolumn{4}{c}{\cdots\cdots\cdots\cdots} \\ k_n & a_{n2} & \cdots & a_{nn} \end{vmatrix}$$

の第1列についての展開である（(A1・2・15) 式）．よって (A1・2・19) は

$$Dx_1 = D_1$$

となる．したがって $D \neq 0$ ならば $x_1$ の解として

$$x_1 = \frac{D_1}{D}$$

を得る．$x_2, x_3, \cdots, x_n$ についても同様で，結局 (A1・2・18) の解は

$$\boxed{x_i = \frac{D_i}{D}} \quad i = 1, 2, \cdots, n \quad (\text{A1・2・20})$$

となる．ただし $D_i$ は行列式 $D$ の第 $i$ 列を $k_1, k_2, \cdots, k_n$ におき換えて得られる行列式

$$D_i \equiv \begin{vmatrix} a_{11} & \cdots & \overset{i}{\overset{\frown}{k_1}} & \cdots & a_{1n} \\ a_{21} & \cdots & k_2 & \cdots & a_{2n} \\ \multicolumn{5}{c}{\cdots\cdots\cdots\cdots} \\ a_{n1} & \cdots & k_n & \cdots & a_{nn} \end{vmatrix}$$

である．(A1・2・20) を **Cramér の公式** という．

（例） 2元連立1次方程式

$$\begin{cases} a_{11}x_1 + a_{12}x_2 = k_1 \\ a_{21}x_1 + a_{22}x_2 = k_2 \end{cases}$$

において

## §A1・2 行　列　式

$$D = \begin{vmatrix} a_{11} & a_{12} \\ a_{21} & a_{22} \end{vmatrix} = a_{11}a_{22} - a_{12}a_{21} \qquad D_1 = \begin{vmatrix} k_1 & a_{12} \\ k_2 & a_{22} \end{vmatrix} = k_1 a_{22} - k_2 a_{12}$$

$$D_2 = \begin{vmatrix} a_{11} & k_1 \\ a_{21} & k_2 \end{vmatrix} = k_2 a_{11} - k_1 a_{21}$$

である．ゆえに $D \neq 0$ ならば解は

$$x_1 = \frac{D_1}{D} = \frac{k_1 a_{22} - k_2 a_{12}}{a_{11}a_{22} - a_{12}a_{21}} \qquad x_2 = \frac{D_2}{D} = \frac{k_2 a_{11} - k_1 a_{21}}{a_{11}a_{22} - a_{12}a_{21}}$$

となる．

次に (A1・2・18) において定数項が 0 の場合 (**斉次方程式**)

$$\begin{cases} a_{11}x_1 + a_{12}x_2 + \cdots + a_{1n}x_n = 0 \\ a_{21}x_1 + a_{22}x_2 + \cdots + a_{2n}x_n = 0 \\ \qquad \cdots\cdots\cdots\cdots \\ a_{n1}x_1 + a_{n2}x_2 + \cdots + a_{nn}x_n = 0 \end{cases} \qquad (A1\cdot2\cdot21)$$

を考えよう．この場合 $D_i$ の第 $i$ 列の要素はすべて 0 になるから $D_i = 0$ である (行列式の性質 1), 2))．よって $D \neq 0$ ならば (A1・2・20) により $x_1 = x_2 = \cdots = x_n = 0$ となる．これの対偶から (A1・2・21) が $x_1 = x_2 = \cdots = x_n = 0$ 以外の解をもつときには $D = 0$ となる．逆に $D = 0$ のときは (A1・2・21) が $x_1 = x_2 = \cdots = x_n = 0$ 以外の解をもつことが証明される．すなわち <u>$D = 0$ は連立斉次 1 次方程式が $x_1 = x_2 = \cdots = x_n = 0$ 以外の解をもつための必要十分条件である</u>．

この性質は本文で永年方程式を導く際にしばしば用いた．

# 参 考 書

○印をつけたものは，上巻の内容を含むものである．
(1) 原島　鮮，初等量子力学，改訂版，裳華房 (1986)．○
(2) 小出昭一郎，量子力学 (I), (II), 改訂版，裳華房 (1990)．○
　(1) は量子力学の基礎の，(2) は量子力学全般のわかりやすい解説書．
(3) 朝永振一郎，量子力学 1, 2，第 2 版，みすず書房 (1969, 1997)．○
　量子力学の誕生から現在までの発展を述べた名著．
(4) L. I. Schiff, 井上　健 訳，量子力学，(上), (下), 新版，吉岡書店 (1971, 1972)．○
(5) L. D. Landau, E. M. Lifshitz, 佐々木　健，好村磁洋，井上健男 訳，量子力学，新装版，東京図書 (1984)．○
　(4) はアメリカの，(5) はロシアの代表的な量子力学の教科書．(5) は原子分子の記述が多いので，量子化学の理解にも役立つ．
(6) 米沢貞次郎，永田親義，加藤博史，今村　詮，諸熊奎治，量子化学入門，(上), (下), 3 訂，化学同人 (1983)．○
　量子化学の広い範囲を実例を挙げながらわかりやすく解説している．
(7) 藤永　茂，分子軌道法，岩波書店 (1980)．○
(8) 藤永　茂，入門分子軌道法，講談社 (1990)．○
　(7) は分子軌道論の原理と方法を厳密に述べているが，初学者にはやや難しい．(8) は初学者向けに書かれている．
(9) 大野公一，量子化学，岩波書店 (1996)．○
　量子化学の基礎概念をわかりやすく解説している．
(10) J. N. Murrell, K. S. A. Kettle, J. M. Tedder, 神田慶也，島田良一，小柳元彦，島田広子 訳，量子化学，第 2 版，広川書店 (1973)．○
　量子化学の広い範囲を初学者向けに述べている．
(11) 永瀬 茂，平尾公彦，岩波講座 現代化学への入門 17, 分子理論の展開，岩波書店 (2002)．○
　分子の電子状態と反応の理論を最近の進歩まで含めて述べている．
(12) H. Eyring, J. Walter, G. E. Kimball, 小谷正雄，富田和久 訳，量子化学，生産

参　考　書　　　　　　　　　　　　　　445

　　　技術センター新社 (1978)．　○

　　内容は古いが，量子化学の基礎が定式化して述べられている．

(13) A. Szabo, N. S. Ostland, 大野公男，阪井健男，望月祐志 訳，新しい量子化学，
　　　(上)，(下)，東京大学出版会 (1987, 1988)．

　　電子構造理論の進んだ取り扱いをしている．大学院生向けの教科書．

(14) I. N. Levine, Quantum Chemistry, 5th ed., Prentice Hall (2000)．　○

　　豊富な引用文献を含めて量子化学全般を詳しく解説している．

(15) E. Lewars, Computaitional Chemistry, Kluwer Academic Pub. (2003)．　○

　　量子化学の計算について初学者向けに書かれた本．多数の引用文献が含まれている．

(16) W. J. Hehre, L. Radom, P. v. R. Schleyer, J. A. Pople, *Ab Initio* Molecular
　　　Orbital Theory, Wiley-Interscience (1986)．

　　ノーベル賞受賞者である Pople と共同研究者による本．*ab initio* 法による多数の計算結果が含まれている．

(17) R. McWeeny, 関 集三，千原秀昭，鈴木啓介 訳，クールソン化学結合論，(上)，
　　　(下)，岩波書店 (1983)．　○

　　ほとんど数式を用いないで化学結合を本質的に論じている．Coulson の化学結合論の McWeeny による改訂版．

(18) F. Jensen, Introduction to Computational Chemistry, 2nd ed., Wiley (2007)．

　　計算化学の広い範囲をカバーしており，多くの引用文献を含む．上級者向き．

(19) 藤本 博，山辺信一，稲垣都士，有機反応と軌道概念，化学同人 (1986)．　○

　　軌道概念を活用して，いろいろな有機反応を詳しく論じている．

(20) 廣田 穰，分子軌道法，裳華房 (1999)．　○

　　有機分子の構造と反応への分子軌道法の応用を広い範囲で扱っている．

(21) 近藤 保，真船文隆，量子化学，裳華房 (1997)．　○

　　分子分光学を含めて，量子化学の基礎をやさしく解説している．

(22) 友田修司，基礎量子化学，東京大学出版会 (2007)．　○

　　実験化学者の立場から書かれた本．化学反応に関する豊富なデータを含む．


　　以下は実際に計算をする上で役立つ本である．

(23) J. B. Foresman, Æ. Frisch, 田崎健三 訳，電子構造論による化学の探究，第 2

版，ガウシアン社 (1998).

Gaussian プログラムによる計算の例題と練習問題を解説した本．「Gaussian」を使いこなすために役立つ．

(24) 日本化学会編，実験化学講座 12，第 5 版，計算化学，丸善 (2004).

量子化学の理論の現状を紹介した後，計算化学全般を実際の計算法を例示しながら詳しく述べている．

(25) W. J. Hehre, A Guide to Molecular Mechanics and Quantum Chemical Calculations, Wavefunction Inc. (2003).

Spartan の開発者による本．分子の電子構造と反応の計算結果を多数収録している．

(26) 平尾公彦，武次徹也，すぐできる量子化学計算ビギナーズマニュアル，講談社 (2006).

主に Gaussian 03 および GAMESS の入出力の例を挙げて量子化学計算のテクニックがやさしく述べられている．

(27) 堀 憲次，山崎鈴子，計算化学実験，丸善 (1998).

(28) 櫻井 実，猪飼 篤，計算機化学入門，丸善 (1999).

(27), (28) はどちらも CD-ROM 付き．(27) では半経験的方法と $ab\ initio$ 法による計算を，(28) では半経験的方法，分子力学法，分子動力学法などの計算を実際に行うことができる．

(29) 大沢映二，平野恒夫，本多一彦，計算化学入門，講談社 (1994).

計算化学のうち，特に，分子力学法の実際について詳しい解説がある．

(30) 平野恒夫，田辺和俊 編，分子軌道法 MOPAC ガイドブック，2 訂版，海文堂 (1994).

半経験的方法による計算プログラムパック，MOPAC の詳しい解説書．

(31) 堀 憲次，山本豪紀，Gaussian プログラムで学ぶ情報化学・計算化学実験，丸善 (2006).

Gaussian 03 プログラムの入出力のいろいろな例が具体的に示されている．

# 事項索引

## ア

$I$ 下83
IRC 下367
IRC（キーワード） 下372, 445
IRC の方程式 下367
IEF-PCM 下266, 305
$I_h$ 下83
INDO/S 法 下325
INDO 法 下323
IMOMO 法 下360
アイソデスミック反応 下245
IPCM 下266
アクチノイド 214
ab initio 分子軌道法 下169
——応用 下225
ab initio 法 下169
アーベル群 下71
RHF 下154
RASSCF（restricted active space SCF）法 下192
ROHF 下154, 155
Arrhenius の式 下373
鞍点 下58, 435
AMBER 下342

## イ

ESR 149
ESCA 332
イオン化エネルギー（ポテンシャル） 15, 215, 下147
イオン構造 272, 326
異核2原子分子 305, 下125
——基底状態 312
ECP（effective core potential） 下182
異常 Zeeman 効果 141
位数 下72
位相
——複素数 430
一次演算子 68, 下6
1次元群 下423
1次元の箱 43
1次スケール法 下216
1次摂動 163, 下58, 201
一次独立 70
一次変換 下6
1重項 247, 367
1電子エネルギー 13
1電子近似 183
1電子励起配置 185
一般化勾配近似 292
一般化座標 下46
一般の角運動量 111
陰イオン 388, 下154
intruder state 下205

## ウ

Wheland の方法 426
WinMOPAC 下453

Walsh 則 354
Woodward-Hoffman 則 417
上向きスピン 144
運動の定数 91
運動量 68

## エ

ACES II 下452
HF 305, 315
HF エネルギー 182
永年方程式 173
AM 1 法 下330
$AH_2$ 型分子 355
$AH_n$ 型分子 下229
AO 256
S（substituent）値テスト 下363
$S_{2n}$ 下76
$S_n$ 下412
SI 単位 10
$S_N2$ 反応 下381, 400
SEMO 法 下307
SCIPCM 下267
ESCA 332
SCF エネルギー 182, 下447
STO 208, 下171
STO-3G 下176, 321
STO-$N$G 下175
$sp^2$ 混成 343
$sp^3$ 混成 339
$sp^3d^2$ 混成 348

事項索引

sp混成　344
SVWN　下291
SYBYL　下342
X$\alpha$法　下288
X線回折　22
XPS　332
NMR　149,下255,301
NDDO法　下326
エネルギー期待値　91
エネルギー固有関数　47
エネルギー固有値　47
エネルギー帯（バンド）　374
FIC（fractional ionic character）　316
Freq（キーワード）　下444
FF（far field）　下218
FMM（fast multipole method）　下217
FT NMR　150
MINDO/3　下331
MINDO法　下328
MRMP法　下203
MRCI法　下192
MEP（molecular electrostatic potential）　下253,336
MEPによる原子電荷　下254
MNDO法　下329
MM2　下342
MM3　下342
MM4　下342
MMFF94　下342
MM法　下340

MO　256
MOZYME　下339
MO法　323
MCSCF　下192
MC-QDPT法　下203
MP2　下202
MP3　下202
MP4　下202
MBPT　下199
MBPT(2)　下202
MBPT(3)　下202
MBPT(4)　下202
aug-cc-pVTZ　下181
LS項　248
──開殻　241
──閉殻　237
LS結合　233
LS多重項　228
LSDA　下290
LCAO MO　256,286
LDA法　下284
エルミート演算子　71
エルミート行列　173,下14
Hermiteの多項式　59
演算子　31
エントロピー　下247,449

オ

$O$　下83,421
$O_h$　下83,421
黄金分割法　下62
大野-Klopmanの式　下312
オーダー$N$法　下216
ONIOM 3　下361

ONIOM法　下359
OPLS　下342
オービタル　127
Opt（キーワード）　下444
Opt＝(TS, CalcFC)（キーワード）　下371
オブザーバブル　66

カ

回映　下74,86
開殻　241
開殻系　下154,155
環化
──ポリエン　424
開環反応　下377
回折　19,93
回転　下74,85
回転状態　下425
外部ポテンシャル　下273
解離エネルギー　299
Gaussian　下452
Gaussian 03　下441
Gaussian-$n$法　下214
Gauss型軌道　177,208,下171
ガウス単位系　10
Gaussの平面　429
GaussView　下443,450
化学シフト　151,下256
可換　83
角運動量　13,67
──交換関係　96
──合成　115
──状態の分類　225
──$z$成分の固有状態

102
——2原子分子　294
——2乗の固有状態　105
角運動量演算子　112
角運動量保存則　125
核磁気共鳴　149
核磁子　148
角振動数　28
核スピン　147
核スピン角運動量　148
拡張基底関数系　下181
拡張Hückel法　427
確定値　85
角波数　28
確率分布　132
確率密度　134,下164
重なり積分　185,258,下159,165
重なり密度　260
重ね合せの原理　69
cusp　下172
仮想軌道　下148
仮想電子系　下278
活性化エネルギー　下306,363
活性化エントロピー　下386
活性化自由エネルギー　下372
活性軌道　下192
価電子状態　下311
GAMESS　下451
可約表現　下91
CalcFC（キーワード）下371
環化

——ポリエン　424
換算質量　124,下405
干渉　19
環状ポリエン　374-379
完全規格直交系　78
完全基底系法　下214
完全系　77
完全CI (full CI) 法　下185
完全対GVB法　下197
完備系　77

キ

規格化　42
規格直交関数系　48
奇交互炭化水素　379
奇交互炭化水素ラジカル　385
基質　404
基準座標　下48,59
基準振動　下48
基準振動数　下60,366
期待値（平均値）　80
奇置換　433
基底
——表現　下102
基底関数　208,下107,113
基底関数切り捨て誤差　下186
基底関数系　下171
基底系重ね合せ誤差　下234
基底系相関エネルギー　下186
基底状態　15
軌道　127

軌道角運動量量子数　126
軌道対称性の保存　416
希土類元素　214
ギブズ自由エネルギー　下247,267,270,439
基本振動数　下42
逆行列　下4
逆元　下71
逆旋的　422
逆置換　433
既約表現　下91,114
CAS (complete active space) SCF法　下192
CAS-CI法　下260
CASRT2法　下203
Q-Chem　下453
QR法　下21
吸収スペクトル　9
球面調和関数　108,下38
QM/MM法　下261,358
QCI　下208
QCISDT　下208
QCLDB (Quantum Chemistry Literature Data Base)　下454
鏡映　下74,86
境界条件　47
協奏反応　416
共鳴エネルギー　317,358
共鳴振動数　下256
共鳴積分　260

共役
　　——群　下73
共役運動量　下46
共役環　370
共役勾配法　下62
共役鎖　370
共有結合構造　272, 326
許容遷移　193
行列　下1
行列式　435
行列の関数　下402
行列力学　17, 下23
局在化エネルギー　414
局在化モデル
　　——反応　413
局在分子軌道　326
極座標　98
局所スピン密度近似
　　下290
局所密度近似　下284
巨視的　1
均一電子気体　下284
均衡補正　下234
禁止遷移　193

## ク

空間量子化　109
空軌道　325
空孔　下262, 268
偶交互炭化水素　379
空孔内双極子モデル
　　下262
偶然縮重　下103
偶置換　433
空洞輻射　2
Koopmansの定理　331, 下147, 283

Klein-Gordonの式
　　下429
クラスター演算子
　　下205
Coulson-Rushbrookeの
　定理　385
Cramérの公式　442
global minimum　下58
クーロン積分　201, 221, 269, 360
クーロンポテンシャル
　　120
群　下70
群論　下67

## ケ

形式電荷　402
系の状態　64
Kekulé構造　358
結合エネルギー　299
結合角　下228
結合距離　下228
結合クラスター法
　　下205
結合次数（π電子）　300
結合次数（Mulliken）
　　下448
結合次数行列　下160
結合性軌道　263, 290
結合積分　260, 361
結合のイオン性　316
結合の極性　312
結合の法則
　　——行列　下3
結合の法則
　　——群　下70
結合分離反応　下246

結晶格子　23
結晶場理論　350
ケト-エノール反応
　　下270
ケトン　400
元　下70
原始（primitive）GTO
　　下177
原子
　　——イオン化エネルギー　216
　　——軌道半径　15
　　——全エネルギー　11
　　——電子親和力　18
原子化エンタルピー
　　下237
原子価殻電子対反発
　　351
原子価殻2倍基底関数系
　　下177, 179
原子価結合法　271
原子化熱　358
原子軌道　256
原子芯　141
原子タイプ　下341
原子単位　253
原子電荷
　　——MEP
　　下254, 336
原子電荷
　　——Mulliken
　　下254, 336

## コ

コア　360, 下309
コア積分　下308
交換エネルギー　271

# 事項索引

交換可能　83
交換関係　82, 95
交換子　83
交換積分　205, 221, 269
交換相関エネルギー
　　下 280, 292
交換相関ポテンシャル
　　下 281
交換相互作用　223
交換汎関数　下 291, 293
交互炭化水素　380
交差項
　　——MM 法　下 346
光子　6
合成軌道角運動量　111
構成原理　210
高精度エネルギー法
　　下 214, 245
構造最適化　下 227
剛体回転子　下 406
剛体回転子近似　下 40
光電効果　5
光電子スペクトル　332
光電子増倍管　40
光電子分光法　331
恒等操作　下 74, 86
恒等置換　432
恒等表現　下 87
勾配補正密度近似
　　下 292
光量子　6
ゴースト原子　下 234
氷　347
互換　433
黒体輻射　2
COSMO　下 267, 337
COSMO/RS　下 267

古典物理学　1
古典物理量　66
古典量子論　17
固有関数　47, 67, 下 23
　　——変分法　下 29
固有状態　70, 76, 下 24
固有値　47, 67, 下 17, 23
　　——変分法　下 29
固有値問題　下 16
固有反応座標　下 367
固有ベクトル　下 18
孤立電子対　307, 335
孤立分子モデル
　　——反応　407
Kohn-Sham の方程式
　　下 281
混成
　　——分子型　350
混成軌道　338
混成汎関数　下 294
Compton 効果　22

## サ

最急降下法　下 61
最高被占軌道　410
最小基底系　下 175
size-consistent　下 188, 205
最低空軌道　410
最適化構造　下 447
鎖状ポリエン　370-374, 390
SAC (symmetry-adapted cluster) 法
　　下 211
SAC-CI 法　下 212
SAM1 法　下 332

Sarrus の方法　436
3 次元の箱　49
3 重項　247, 267
参照配置　下 192
残余親和力　393

## シ

$C_{\infty v}$　下 84
$C_n$　下 75, 407, 409, 411
$C_{nh}$　下 78, 413
$C_{nv}$　下 77, 412
CI　277, 下 184
GIAO 法　下 256
CIS (CI singles) 法
　　下 197, 260
CISD　下 189
CISDTQ　下 189
$j$-$j$ 結合　236
CSF (configuration state function)　下 187
CNDO 法　下 319
CNDO/1 法　下 322
CNDO/2 法　下 323
CNDO/S 法　下 325
CFF93　下 342
GF 行列法　下 50
Schönflies 記号　下 75
時間依存密度汎関数法
　　下 302
時間発展演算子　下 25, 401
磁気モーメント
　　——原子核　148
　　——電子　139
磁気量子数　126
試行関数　176, 下 274

事 項 索 引

自己相互作用　下280
自己無撞着場　200
CCSD　下206
CCSD(T)　下208
CCSDT　下208
CCD　下206
GCDA　下292
CGTO　下177
cc-pVQZ　下181
cc-pVTZ　下181
cc-pVDZ　下181
CC法　下205
　——励起状態　下210
自然軌道　下193,282
自然発光　194
下向きスピン　144
実対称行列　下15
GTO　208,下171,177
CP (counterpoise) 補正　下234
CBS (complete basis set) 法　下214
C-PCM　下267
指標　下93
指標表　下410
GVB (generalized valence bond) 法　下197
射影演算子　下114
Jaguar　下452
試薬　405
しゃへい効果　下256
しゃへい定数
　——NMR　下255
周期表　213
周期律　209
自由原子価　392

——反応　410
集合　下70
重心運動　下404
自由電子　下431
自由度　下45
12-6ポテンシャル　下348
14-7ポテンシャル　下348
自由粒子　下429
縮重　53
縮重固有値　86
縮重度　53
縮退　53
縮約ガウス型軌道　下177
主軸　下74,117
出力　下445
出力ファイル　下445
Schmidtの直交化法　74
主量子数　126
Schrödingerの方程式
　——時間に依存しない場合　35
Schrödingerの方程式
　——時間に依存する場合　38
Schrödinger表示　下25
準Newton法　下64
昇位　337
昇降演算子　113
常磁性　301
正味の電子数　下165
親核試薬　405
親核反応　412,413,415

伸縮
　——MM法　下343
親電子試薬　405
親電子反応　412,413,415
ZINDO/S法　下325
振動
　——モルエネルギー　下243
振動回転遷移　下424
振動数　下229,297,334,352
振動遷移　下112
振動モード　下448

ス

水素原子　7
　——1s軌道　132
　——2p軌道　133
　——3d軌道　133
　——4f軌道　134
　——スペクトル　8
水素結合　下233,298,334,355
水素結合錯体　下236
水素分子　319,下155,191,229
　——MO法　273,276
　——結合エネルギー　285
　——GVB法　下198
　——正確な波動関数　283
　——VB法　264,272
　——平衡核間距離　285
水素分子イオン　255,

298
水素類似原子 118
　——エネルギー固有
　　関数 123,131
　——エネルギー固有
　　値 124
　——波動関数 130
垂直遷移 下112
Scan（キーワード）
　下372,445
Spartan 下453
スピン-スピンカップリ
　ング 下259
スピン汚染 下156,
　305
スピン角運動量 143
スピン軌道関数 202,
　下149
スピン軌道相互作用
　230,下429
スピン座標 145
スピン量子数 155
Slater 型軌道 208,
　下171
Slater 軌道 207
Slater 行列式 158,437,
　下132
Slater 行列式間の積分
　下131

**セ**

制限 Hartree-Fock
　(restricted
　Hartree-Fock, RHF)
　の式 下154
静止エネルギー 24
静止質量 下428

斉次方程式 443
正常 Zeeman 効果 141
正則行列 下4
正定値
　——行列 下65
静的電子相関 下191
静電相互作用
　——MM 法 下347
静電定理 264
正方行列 下1
Zeeman 効果 141
積
　——行列 下3
　——群論 下69
赤外吸収 下125
赤外スペクトル 下451
赤外線吸収 下49
積表 下69
絶対反応速度論 下435
摂動項 160
摂動的方法
　——DF 法 下295
摂動法 160
摂動論
　——時間に依存する
　　場合 188
　——縮重がある場合
　　168
　——縮重がない場合
　　160
ZDO 下310
Zマトリックス 下441
SEMO 下307
零行列 下2
零点エネルギー 46,47
　62,95
零点振動 99

ゼロ微分重なり 下309
全π電子エネルギー
　364
遷移確率 193
遷移元素 213
遷移状態 下366,377
遷移状態理論 403,
　下372,435
遷移モーメント 193,
　下109,125,424
全角運動量 231
全重なり電子数 下166
全軌道角運動量 225,
　300
前期量子論 17
線形応答理論 下303
全結合次数 390
全スピン角運動量 225
全対称 下122
選択則 下109
　——原子 195
　——調和振動子 194

**ソ**

相関 183
相関図 301
相関汎関数 下293
相互禁制律 下125
相互作用表示 下25
相互分極率 411
相似変換 下21
相対運動 下38,404
相対（性理）論 24,
　下184,428
測定値 79,91
速度定数 下373,437
速度論的制御 下397

# 事項索引

ソフト（量子化学）
    下 441
存在確率　41, 62
Sommerfeld
    ——量子論　17

## タ

第一原理法　下 169
対称数　下 108, 249
対称性　279
対称操作　下 68
    ——関数の変換
    下 97
対称適合クラスター展開
    下 211
対称な（symmetric）
    波動関数　155
大直交定理　下 92
楕円体座標　284
多原子分子
    ——MO 法　328
    ——核の運動　下 43
    ——VB 法　323
多項式法　57
多重極展開　下 218
多体摂動論　下 199
多中心積分　下 173
多配置 SCF
    (multiconfiguration
    SCF, MCSCF) 法
    下 192
Turbomole　下 453
単位行列　下 4
単位元　下 71
単純分子軌道法　下 309
単振動　54
炭素原子　207

断熱近似　下 34
断熱遷移　下 112
タンパク質　下 224,
    339, 349, 359

## チ

チェックポイント
    ファイル　下 451
置換　432
置換基効果　下 390
チャネル電子増倍管
    40
CHARMM　下 342
中間結合　236
超ウラン元素　214
超原子価結合　下 228
超非局在性　412
超流動　159
調和振動　54
調和振動近似　下 37
調和振動子
    ——解の性質　60
    ——古典論　53
    ——量子論　55
調和振動子近似　下 40
調和振動数　下 42
直積
    ——群　下 73
    ——表現　下 104
直和　下 91
直交　48
直交行列　下 9
直交変換　下 9

## ツ

つじつまの合う場　200

## テ

$T$　下 81
$T_d$　下 421
$T_h$　下 82
TS（キーワード）
    下 445
$D_{\infty h}$　下 85
$D_n$　下 79, 415
$D_{nh}$　下 80, 416
$D_{nd}$　下 80, 418
DFTB 法　428
DF 法　下 272
定常状態　12, 88
定常波　25, 32, 88
定積熱容量　下 449
TB (tight binding) 法
    428
Dirac 行列　下 430
Diels-Alder 反応　420,
    下 379, 387, 388
Debye　313
diffuse 軌道　下 180
Dewar 構造　358
展開定理　下 185
電気陰性度
    ——Pauling　319
    ——Mulliken　321
電気双極子モーメント
    191, 313, 下 167, 188,
    218, 251, 272, 295, 301,
    424, 448
電気四重極子モーメント
    下 218, 447
点群　下 72
典型元素　214
電子雲　133

電子顕微鏡　27
電子親和力　217，下148
電子数解析　下163，253，446
電子スピン　141
電子スピン共鳴　149
電子遷移　下110，425
電子線回折　26
電子相関　183，284，下170，183
電子配置　219
電子配置状態関数　下187
電子反発積分　下159，308
電子分布　下251，300，335
電子密度　263
　——反応指数　407
電子密度分布　133
転置行列　下2
転置行列式　436

ト

等核2原子分子　293，下125
　——基底状態　298
等極双極子　315
等高線図　132
同旋的　422
同値変換　下89
動的電子相関　下190
同等性　153
等密度連続体モデル　下266
de Broglie 波　24

Thomson モデル　7
Tripos　下342
DREIDING　下342
トンネル効果　下376

ナ

内部運動　下38
内部エネルギー　下448
内部座標　下49
長岡モデル　7
ナブラ　31

ニ

2原子分子
　——核の運動　下36
　——軌道　289
2次摂動　163
西本-又賀の式　下312
2重点群　下72
20面体群　下422
2体問題　下404
2電子励起配置　下185
2倍基底関数系　下177
2分法　下21
2面角　下228
入力　下441
入力データ　下447
Newton (-Raphson) 法　下64

ネ

ねじれ
　——MM法　下344
熱化学解析　下449
熱力学的制御　下397
燃焼熱　359

ハ

配位子場　170
配位子場理論　350
$\pi$結合次数　388
Heisenberg の運動方程式　91，下26
Heisenberg 表示　下24，402
配置間相互作用　277，下184
$\pi$電子　344
　——MO法　359
　——VB法　356
$\pi$電子密度　384
Heitler-London 法　271
HyperChem　下452
Householder 法　下21
Pauli の原理　158
波数ベクトル　30
波束　92
発光スペクトル　8
Paschen 系列　9
波動関数　35，65
波動性　34
　——光　19
波動方程式　31
波動力学　18
Hartree-Fock の SCF 法　204
Hartree-Fock の極限　下182
Hartree-Fock の方程式　203，下143
Hartree-Fock の方程式（正準型）　下144

Hartree の方程式　199, 下 145
ハミルトニアン　36
ハミルトン演算子　36
Pariser-Parr-Pople 法　下 310
Balmer 系列　9
汎関数　下 170, 273
汎関数微分　下 278, 434
半経験的分子軌道法　下 307
——応用　下 332
半経験的方法　下 169
反結合性軌道　263, 290
反作用場　下 262
反磁性　301
半整数　112
反対称な（anti-symmetric）波動関数　155
反転　下 75, 86
反応経路　下 364
反応座標　下 365, 436
反応性指数　403
反応速度　下 372
反応速度定数　404

**ヒ**

PES（potential energy surface）　下 57
比イオン性　316
BSSE（basis-set superposition error）　下 234
PM3 法　下 331
PM5 法　下 331
光吸収　下 424
光遷移　下 109
光放出　下 424
非局在化エネルギー　366
——炭化水素　368
非経験的方法　下 169
非結合性軌道　307
非交互炭化水素　379
非交叉則　302
PCM（polarizable-continuum model）　下 264
微視的　1
非制限 Hartree-Fock（unrestricted Hartree-Fock, UHF）の式　下 151
被占軌道　325
非調和定数　下 41
PPP 法　下 310
Hückel 近似　362
Hückel 法　362, 462
表現
——群　下 87
——演算子　下 7
標準生成エンタルピー　下 239, 298, 327, 334, 355
標準生成熱　下 240
ビリアル定理　136
頻度因子　下 373

**フ**

van der Waals 相互作用
——MM 法　下 347
VSEPR（valence shell electron pair repulsion）　351
VB 法　271, 323
$v$ 表現可能　下 276
フーリエ級数　78
フーリエ変換 NMR　150
Fermi-Dirac 統計　159
Fermi 準位　159
Fermi 粒子　155
付加環化反応　416
不確定性関係　95
不確定性原理　95, 192
不活性軌道　下 192
複素数　428
藤永-Dunning 基底　下 177
$cis$-ブタジエン
——環化　422-425
ブタジエン
——Diels-Alder 反応　420-422
不対電子　382
物質波　27
部分群　下 72
部分結合次数　388
部分原子価　393
フラグメント分子軌道（fragment MO）法　下 221
Brackett 系列　9
Bragg の条件　23
Franck-Condon 因子　下 112
Franck-Condon の原理　下 197
Planck の定数　4
Fourier 級数　77
Brillouin の定理

事項索引

下149,196
フロンティア軌道 411
フロンティア電子密度 410
分極関数系 下179
分極基底関数系 下178
分極率
　──反応 407
分極連続体モデル 下264
分子軌道 256
分子図 393
分子静電ポテンシャル (MEP) 下253
分子力学法 下170,340
　──応用 下350
分子力場 下341
Hundの規則 170,229
分配関数 下248,439

ヘ

閉殻 219,237,下153
平衡核間距離 261
併合原子 301
平衡構造 下251,295,333,351
平衡定数 404
閉集合性 下70
並進運動 下38
並進群 下72
平面構造 下225
平面波 29,92
Hesse行列 下58
ヘテロ原子
　──π電子系 397
　──パラメータ 399

ペニングイオン化電子スペクトル 337
ヘリウム原子（摂動法） 164
ヘリウム原子（変分法） 178
Hellmann-Feynmanの一般定理 下52
Hellmann-Feynmanの静電定理 下55
Hermann-Mauguin記号 下75
偏角 430
変角
　──MM法 下344
偏光 190
変数分離 51
変分原理 下432
変分的遷移状態理論 下366,400,440
変分法 175,下27

ホ

Bohr磁子 140
Bohrの理論 8
Bohr半径 16,254
方位量子数 126
方向量子化 111
飽和炭化水素 下357
Hohenberg-Kohnの第1定理 下273
Hohenberg-Kohnの第2定理 下276
Bose-Einstein凝縮 159
Bose-Einstein統計 159

Bose粒子 155
保存量 91
ポテンシャルエネルギー（曲）面 下35,57
population analysis 下163
HOMO 411
Polyrate 下376
Born-Oppenheimer近似 下34

マ

マイクロチャネルプレート 40
Mullikenの原子電荷 下254,448

ミ

密度行列 下160
密度汎関数法 下170,272
　──応用 下295
密度汎関数理論 下273

メ

Møller-Plessetの摂動論 下199
面外変角
　──MM法 下346

モ

Morse関数 下42
Morseポテンシャル 下343
MOPAC2002 下331
Molcas 下453
MOLEKEL 下454

458　事項索引

MOLCAT　下454
MOLDEN　下454
MOLPRO　下453

ヤ

Jacobi法　下21
Janakの定理　下283
Youngの実験　21

ユ

有効内核ポテンシャル
  (effective core
  potential, ECP)法
  下182
誘導発光　94
UHF (unrestricted
  Hartree-Fock)
  下151, 155, 156
UFF　下342
ユニタリー行列　下16
ユニタリー変換　下16

ヨ

余因子　439
陽イオン　387
要素
  ――行列　下1
陽電子　下431
溶媒効果　下261, 304, 337, 390
溶媒和　下268
溶媒和自由エネルギー
  下268

ラ

Lyman系列　9
Lagrangeの運動方程式
  下434
Lagrangeの未定係数法
  下140, 427
Laguerreの多項式　121
Laguerreの陪多項式　121
Rutherfordの実験　7
ラジカル　386, 下154
ラジカル試薬　405
ラジカル反応　412, 413, 415
Russell-Saunders方式　233
ラプラシアン　31
ラマン散乱　下125
ラマン分光　下49
ラムシフト (Lamb shift)　183
LanL1DZ　下182
LanL2DZ　下182
ランタノイド　214
Landéの間隔則　235

リ

律速段階　下370
立体エネルギー　下340
立体配置　下232, 298, 334, 353
Ritzの変分法　184, 下187

立方群　下420
粒子性　34
Rydberg軌道　下180
Rydberg定数　9, 14
量子Onsager SCRF法
  下262
量子化学　2
量子仮説　4
量子条件
  ――Dirac　84
  ――Planck　13
  ――Bohr　26
量子力学　2
リン光　下317

ル

類　下73
類別　下73
Roothaan-Hallの式
  下161
Legendreの多項式　107
Legendreの陪多項式　106, 195
LUMO　410

レ

励起状態　15, 下259, 302, 337
Rayleigh-Jeansの式　3
連続固有値　82
local minimum　下58
Lorentz変換　下430

## 物質名索引

無機化合物は分子式で，有機化合物は物質名で示してある．ただし，水素については事項名参照．

### A

$AlH_2$　355
$AsH_3$　324
$Au_2$　下428

### B

$B_2$　298
$BCl_3$　353
$Be_2$　298
$Be(CH_3)_2$　346
$BeCl_2$　346, 353
$BeH_2$　355
$BH_2$　355
$BH_2^+$　355
$Br_2$　319

### C

$C_2$　298
$C_{60}$　下79
$CH_2$　355
$CH_4$　下229
$Cl_2$　319
$ClF_3$　353
$CN$　312
$CO$　309, 311, 312, 下252, 300, 335
$CO^+$　312
$[Co(CN)_6]^{3-}$　169
$[Co(NH3)_6]^{3+}$　349
$CO_2$　下49

### D

DNA　下224

### F

F　307
$F_2$　298, 319
$F_2^+$　298
Fe　209, 252
$[Fe(CN)_6]^{3-}$　349
$[Fe(CN)_6]^{4-}$　169, 349
$Fe(CO)_5$　312
$[FeF_6]^{3-}$　349

### G

$GeH_4$　346

### H

$H_2CO^+$　下370
$H_2O$　323, 328-334, 346, 352, 355, 下49, 103, 116-125, 183, 184, 189, 190, 195, 196, 199, 204, 209, 210, 213, 229, 230, 238, 242, 250, 252, 255, 336
$H_2O$（氷）347
$(H_2O)_2$　下233, 236, 298
$H_2O_2$　下333, 351, 441-452
$H_2S$　324, 347, 355
$H_2Se$　324, 355
$H_2Te$　324, 355
HBr　315, 319
HCl　315, 316, 319, 下252
$HCO^+$　下370
$HCOH^+$　下370
$He_2$　298
$He_2^+$　298
HF　305, 306, 315, 316, 319, 下229, 252
HI　315, 316, 319

### I

$I_2$　319
$I_3^-$　353
$ICl_4^-$　353
$IF_5$　353

### L

Li　307
$Li_2$　298, 319
LiF　307, 308
LiH　319, 下229

### N

$N_2$　298, 302, 304
$N_2^+$　298
Na　142
NaCl　316

Ne$_2$  298
NH  下 368, 369
NH$_2$  355, 下 368, 369
NH$_2^+$  355
NH$_3$  324, 334-336, 352, 下 103, 229, 232, 252
NH$_4^+$  346
Ni  下 300
[Ni(CN)$_4$]$^{2-}$  351
Ni(CO)$_4$  312, 下 296, 300, 334
NO  309, 312

## O

O$_2$  298, 301
O$_2^+$  298
OH$_2^+$  355

## P

PCl$_5$  353
PH$_2$  355
PH$_3$  324, 347
[PtCl$_4$]$^{2-}$  351

## S

SbH$_3$  324
SF$_6$  349, 353
SiH$_2$  355
SiH$_4$  346
SO$_2$  353
SiX$_4$  346

## T

TeCl$_4$  353

## X

XeF$_4$  353

## ア

アクリロニトリル  下 392, 394
アクロレイン  下 362, 395, 396
アズレン  394, 413, 415
アセチレン  345, 390
アセトニトリル  下 267, 268, 304, 305, 338
アニリン  399, 401, 403
[18]アヌレン  371, 378
アリルアルコール  下 246
アリル基  394
アントラセン  368, 394

## イ

イソブタン  下 357
イソプレン  下 362, 363
イソペンタン  下 357

## エ

エタン  390, 下 81, 231, 233, 299, 334, 345, 353
エチレン（エテン）  343, 363, 373, 394, 下 309, 314-318, 352, 362, 380, 384-386, 388, 390, 391, 394
エチレン
——2量化  416-420
——Diels-Alder反応  420-422

## カ

核酸  下 339
カルベン  下 384-387
環状ポリエン  374-379

## キ

ギ酸  下 232, 334, 353

## ク

グラファイト  390
グルタミン酸  下 359
クロロエチレン  下 389, 390
クロロベンゼン  399
クロロメタン  下 245, 252, 301, 336, 382-384

## ケ

ケトン  399, 400

## サ

サイクリックAMP  下 224

## シ

シアノエチレン  下 390, 393-395
シクロオクタテトラエン  378, 379
シクロブタジエン  369, 378
シクロブタン  416
シクロブテン  422, 下 258, 374, 375, 377, 378, 388, 389
シクロプロパン  下 258,

物質名索引　　461

302
シクロヘキサン　下353, 357
シクロヘキシルラジカル　下397-399
シクロヘキセン　420, 下379-381
シクロペンタジエニル　378, 379
シクロペンタジエン　下391, 394, 396
シクロペンチルメチルラジカル　398, 399
ジクロロメタン　下245
1,1-ジシアノエチレン　下394
cis-ジシアノエチレン　下394
trans-ジシアノエチレン　下394
ジフルオロカルベン　下384-387

## ス
スチレン　394

## タ
タンパク質　下224, 339, 349, 359

## テ
テトラシアノエチレン　下394
テトラメチルシラン　下256, 257

## ト
トリシアノエチレン　下393, 394
トリフェニレン　394
トリメチレンメタン　392, 394
トリ-t-ブチルシクロブタジエン　378

## ナ
ナフタレン　394, 399, 407, 412

## ニ
ニトロベンゼン　402

## ネ
ネオペンタン　下357

## ヒ
2-ヒドロキシピリジン　下270
ビフェニル　368, 394, 下351
ピリジニウムイオン　399, 400
ピリジン　397, 399, 401
2-ピリドン　下270

## フ
フェノール　399, 400
フェナントレン　368, 394
ブタジエン　363, 365, 368, 373, 380, 385, 389, 392, 394, 下374, 379, 380, 388
ブタン　下57, 354, 357
2-t-ブチル-1,3-ブタジエン　下362, 363
tert-ブチルイオン　下399
フルオロエチレン　下389, 390
フルオロベンゼン　399, 400
フルオロメタン　下252, 301, 336, 382-384
フルベン　394
プロパノール　下223
プロパン　下348
ブロモベンゼン　399

## ヘ
ベンジル基　382, 383, 394
ベンゼニウムイオン　下399
ベンゼン　356, 367, 368, 376, 390, 394, 415, 下125-130, 191, 258, 302
ペンタジエニル基　383
ペンタン　下357

## ホ
ポリ（パラフェニレンビニレン）(PPV)　下220
ポリエン
　——環化　424
　——環状　374-379

――鎖状　370-374, 390
ホルムアルデヒド
　下259-261,295,297, 303-305,337,338

## メ

1,6-メタノ[10]アヌレン 378
メタノール　325, 下252,301,336
メタン　337,352,下245, 257,302
メチルアミン　下203, 252,301,336
メチルシクロペンタジエン　下395
メチルラジカル　411, 下299,335,400
メントール　下258

## モ

モノシアノエチレン　下392

**著者略歴**

原田義也(はらだよしや)

1934年　山口県に生まれる
1957年　東京大学理学部化学科卒業
1961年　〃　物性研究所助手
1969年　〃　教養学部助教授
1983年　〃　教養学部教授
1994年　千葉大学教授，東京大学名誉教授
1999年　聖徳大学教授
2012年　聖徳大学名誉教授　現在に至る

---

量子化学　上巻

2007年11月25日　第1版　発行
2019年 7月15日　第2版1刷発行
2022年10月15日　第2版3刷発行

検印省略

定価はカバーに表示してあります．

増刷表示について
2009年4月より「増刷」表示を『版』から『刷』に変更いたしました．詳しい表示基準は弊社ホームページ
http://www.shokabo.co.jp/
をご覧ください．

著作者　原田義也
発行者　吉野和浩
発行所　東京都千代田区四番町8-1
　　　　電話　03-3262-9166（代）
　　　　郵便番号　102-0081
　　　　株式会社　裳華房
印刷所　三報社印刷株式会社
製本所　株式会社　松岳社

一般社団法人
自然科学書協会会員

JCOPY〈出版者著作権管理機構　委託出版物〉
本書の無断複製は著作権法上での例外を除き禁じられています．複製される場合は，そのつど事前に，出版者著作権管理機構（電話03-5244-5088, FAX 03-5244-5089, e-mail: info@jcopy.or.jp）の許諾を得てください．

ISBN 978-4-7853-3073-6

© 原田義也，2007　Printed in Japan

> **物理化学入門シリーズ**　　各Ａ５判
>
> 物理化学の最も基本的な題材を選び，それらを初学者のために，できるだけ平易に，懇切に，しかも厳密さを失わないように，解説する．

## 化学結合論
　　　　　　　　　　　　　　　中田宗隆 著　192頁／定価 2310円（税込）

化学結合を包括的かつ系統的に楽しく学べる快著．
【主要目次】1. 原子の構造と性質　2. 原子軌道と電子配置　3. 分子軌道と共有結合　4. 異核二原子分子と電気双極子モーメント　5. 混成軌道と分子の形　6. 配位結合と金属錯体　7. 有機化合物の単結合と異性体　8. π結合と共役二重結合　9. 共有結合と巨大分子　10. イオン結合とイオン結晶　11. 金属結合と金属結晶　12. 水素結合と生体分子　13. 疎水結合と界面活性剤　14. ファンデルワールス結合と分子結晶

## 化学熱力学
　　　　　　　　　　　　　　　原田義也 著　212頁／定価 2420円（税込）

初学者を対象に，化学熱力学の基礎を，原子・分子の概念も援用してわかりやすく丁寧に解説．
【主要目次】1. 序章　2. 気体　3. 熱力学第１法則　4. 熱化学　5. 熱力学第２法則　6. エントロピー　7. 自由エネルギー　8. 開いた系　9. 化学平衡　10. 相平衡　11. 溶液　12. 電池

## 量子化学
　　　　　　　　　　　　　　　大野公一 著　264頁／定価 2970円（税込）

量子化学の基礎となる考え方や技法を，初学者を対象に丁寧に解説．
【主要目次】1. 量子論の誕生　2. 波動方程式　3. 箱の中の粒子　4. 振動と回転　5. 水素原子　6. 多電子原子　7. 結合力と分子軌道　8. 軌道間相互作用　9. 分子軌道の組み立て　10. 混成軌道と分子構造　11. 配位結合と三中心結合　12. 反応性と安定性　13. 結合の組換えと反応の選択性　14. ポテンシャル表面と化学　付録

## 反応速度論
　　　　　　　　　　　　　　　真船文隆・廣川　淳 著　236頁／定価 2860円（税込）

反応速度論の基礎から反応速度の解析法，固体表面反応，液体反応，光化学反応など，幅広い話題を丁寧に解説した反応速度論の新たなるスタンダード．
【主要目次】1. 反応速度と速度式　2. 素反応と複合反応　3. 定常状態近似とその応用　4. 触媒反応　5. 反応速度の解析法　6. 衝突と反応　7. 固体表面での反応　8. 溶液中の反応　9. 光化学反応

## 化学のための数学・物理
　　　　　　　　　　　　　　　河野裕彦 著　288頁／定価 3300円（税込）

背景となる数学・物理を適宜習得しながら，物理化学の高みに到達できるよう構成した．
【主要目次】1. 化学数学序論　2. 指数関数，対数関数，三角関数　3. 微分の基礎　4. 積分と反応速度式　5. ベクトル　6. 行列と行列式　7. ニュートン力学の基礎　8. 複素数とその関数　9. 線形常微分方程式の解法　10. フーリエ級数とフーリエ変換 −三角関数を使った信号の解析−　11. 量子力学の基礎　12. 水素原子の量子力学　13. 量子化学入門 −ヒュッケル分子軌道法を中心に−　14. 化学熱力学

裳華房ホームページ　**https://www.shokabo.co.jp/**

## SI 接頭語

| 倍数 | 接頭語 | 記号 | 倍数 | 接頭語 | 記号 |
| --- | --- | --- | --- | --- | --- |
| $10^{-1}$ | deci | d | $10$ | deca | da |
| $10^{-2}$ | centi | c | $10^{2}$ | hecto | h |
| $10^{-3}$ | milli | m | $10^{3}$ | kilo | k |
| $10^{-6}$ | micro | μ | $10^{6}$ | mega | M |
| $10^{-9}$ | nano | n | $10^{9}$ | giga | G |
| $10^{-12}$ | pico | p | $10^{12}$ | tera | T |
| $10^{-15}$ | femto | f | $10^{15}$ | peta | P |
| $10^{-18}$ | atto | a | $10^{18}$ | exa | E |
| $10^{-21}$ | zepto | z | $10^{21}$ | zetta | Z |
| $10^{-24}$ | yocto | y | $10^{24}$ | yotta | Y |

## エネルギー換算表

| | J | eV | cm$^{-1}$ | kJ mol$^{-1}$ | $E_h$ |
| --- | --- | --- | --- | --- | --- |
| 1 J | 1 | $6.241509 \times 10^{18}$ | $5.034117 \times 10^{22}$ | $6.022141 \times 10^{20}$ | $2.293712 \times 10^{17}$ |
| 1 eV | $1.602177 \times 10^{-19}$ | 1 | $8.065544 \times 10^{3}$ | $9.648533 \times 10^{1}$ | $3.674932 \times 10^{-2}$ |
| 1 cm$^{-1}$ | $1.986446 \times 10^{-23}$ | $1.239842 \times 10^{-4}$ | 1 | $1.196266 \times 10^{-2}$ | $4.556335 \times 10^{-6}$ |
| 1 kJ mol$^{-1}$ | $1.660539 \times 10^{-21}$ | $1.036427 \times 10^{-2}$ | $8.359347 \times 10^{1}$ | 1 | $3.808799 \times 10^{-4}$ |
| 1 $E_h$ | $4.359745 \times 10^{-18}$ | $2.721139 \times 10^{1}$ | $2.194746 \times 10^{5}$ | $2.625500 \times 10^{3}$ | 1 |